소방 승진

소방장·교 공통

화재예방, 소방시설 설치·유지 및
안전관리에 관한 법률

최종모의고사

Always with you
사람이 길에서 우연하게 만나거나 함께 살아가는 것만이 인연은 아니라고 생각합니다.
책을 펴내는 출판사와 그 책을 읽는 독자의 만남도 소중한 인연입니다.
SD에듀는 항상 독자의 마음을 헤아리기 위해 노력하고 있습니다.
늘 독자와 함께하겠습니다.
합격의 공식
SD에듀
잠깐!
자격증 • 공무원 • 금융/보험 • 면허증 • 언어/외국어 • 검정고시/독학사 • 기업체/취업
이 시대의 모든 합격! SD에듀에서 합격하세요!
www.youtube.com → SD에듀 → 구독
[소방학습 카페]

Preface

머리말

공부에 들어가기 전에...

오늘도 도움이 필요한 무수한 현장에서 국민의 안전을 지키기 위해 최선을 다하시고, 소방조직의 발전과 개개인의 목표를 위해 각자의 힘든 여건 속에서도 공부에 매진하는 수험생 여러분들에게 응원과 존경의 마음을 보냅니다. 저도 여러분들과 같은 수험생 시절, 꽃이 피고 바람이 선선해지는 계절마다 승진을 위해 독서실에서 보냈던 날들이 생각납니다.

항상 승진시험을 준비할 때마다, 모르는 부분이 있거나 이해가 안 되는 내용이 있어도 속 시원히 물어볼 사람이 없었기에 답답했고, 이해하기까지 여러 책들을 찾아보는 시간 또한 오래 걸렸습니다.

모든 법과목이 그렇겠지만 특히 소방교 · 장 승진시험에서 소방시설법은 가장 어려운 과목이 아닐까 생각됩니다. 그래서 이 책을 집필하면서 수험생 여러분들에게 소방시설법의 생소한 내용이나 이해하기 어려운 부분을 상세히 설명하려고 부단히 애썼고, 소방교 · 장 · 위 승진시험을 겪으면서 알게된 노하우를 알려드리기 위해 최선을 다했습니다. 기출문제 분석표를 통해 빈출되는 부분을 확인하시고, 법 원문 전체와 해설 그리고 기출문제와 다양한 유형의 모의고사를 풀어보며 소방시설법에 자신감을 갖게 되시길 바랍니다.

승진시험은 그 누구와도 아닌 자신과의 싸움입니다. 이 책을 통해 공부하시는 수험생 여러분들이 모두 승리하시고 합격의 영광을 누리시길 기도드리며, 끝으로 이 책이 나오기까지 도움을 주신 추현만 서장님, 김준태 서장님, 김재훈 님, 김일수 님께 깊은 감사를 드립니다.

2022.2. 수험생분들에게 온 힘을 다해 도움을 드리고 싶은

편저자 올림

이 책의 구성과 특징

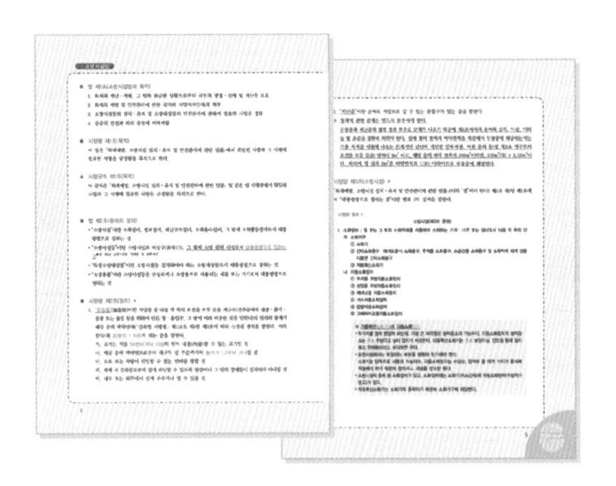

Point 1 최신법령 수록(2022.02.25. 기준)

「화재예방, 소방시설 설치 · 유지 및 안전관리에 관한 법률」 및 시행령, 시행규칙에 대한 내용을 정리하여 담았습니다. 설명이 필요한 조항마다 저자의 상세한 해설을 수록하여 수험생분들이 보다 쉽게 법령을 이해하고 암기할 수 있도록 하였습니다.

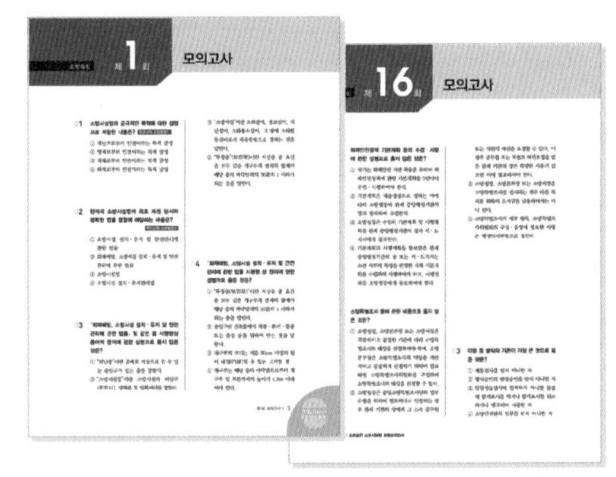

Point 2 법령 전체에 대한 최종모의고사

저자가 직접 구성한 총 16회분의 실전모의고사로 현재 나의 실력을 확인할 수 있습니다. 실제 시험장의 환경을 조성하여 문제를 풀어보며 이론이 제대로 학습되었는지 확인하고, 다양한 문제를 풀어보면서 시험의 유형을 익히고 실력을 완성해 보세요.

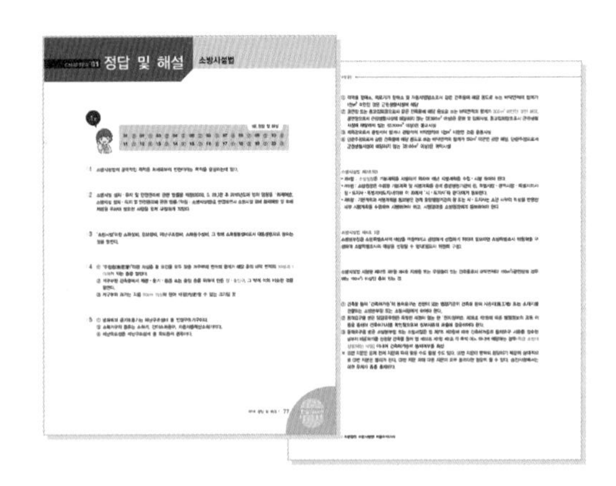

Point 3 자세한 해설

정답과 해설을 보며 법을 암기하고 이해할 수 있도록 문제의 해설마다 관련된 법 조항을 포함하였습니다. 자세한 해설을 통해 부족한 부분들을 채워나가 보세요.

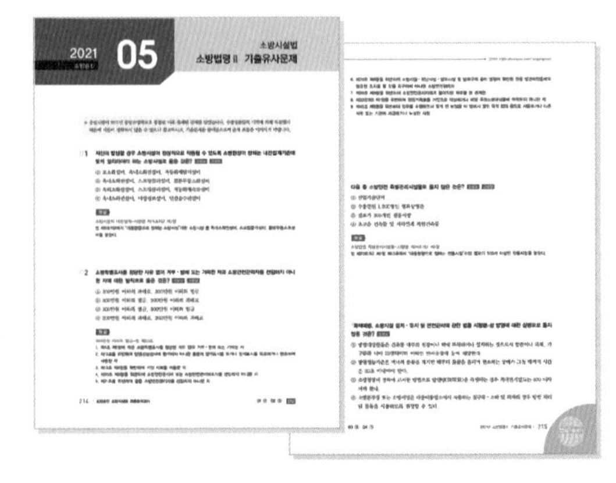

Point 4 최신기출유사문제

2017년부터 2021년까지의 소방장 · 소방교 승진시험 기출유사문제를 수록하였습니다. 기출유사문제를 풀어보며 최근의 시험 출제 경향도 파악하고 법 원문을 포함한 해설을 통해 실력을 키워나가 보세요.

소방공무원 승진 시험안내

필기시험과목

필기시험의 과목은 다음 표와 같다(소방공무원 승진임용 규정 시행규칙 제28조 관련 별표 8).

구 분	과목수	필기시험과목
소방령 및 소방경 승진시험	3	행정법, 소방법령 Ⅰ · Ⅱ · Ⅲ, 선택 1(행정학, 조직학, 재정학)
소방위 승진시험	3	행정법, 소방법령Ⅳ, 소방전술
소방장 승진시험	3	소방법령Ⅱ, 소방법령Ⅲ, 소방전술
소방교 승진시험	3	소방법령Ⅰ, 소방법령Ⅱ, 소방전술

※ 비 고

(1) 소방법령 Ⅰ : 소방공무원법(같은 법 시행령 및 시행규칙을 포함한다. 이하 같다)

(2) 소방법령 Ⅱ : 소방기본법, 화재예방, 소방시설 설치 · 유지 및 안전관리에 관한 법률

(3) 소방법령 Ⅲ : 위험물안전관리법, 다중이용업소의 안전관리에 관한 특별법

(4) 소방법령 Ⅳ : 소방공무원법, 위험물안전관리법

(5) 소방전술 : 화재진압 · 구조 · 구급 관련 업무수행을 위한 지식 · 기술 및 기법 등

시험의 합격결정(소방공무원 승진임용 규정 제34조)

❶ **제1차 시험 :** 매과목 만점의 40퍼센트 이상, 전과목 만점의 60퍼센트 이상 득점한 자로 한다.

❷ **제2차 시험 :** 당해 계급에서의 상벌, 교육훈련성적, 승진할 계급에서의 직무수행능력 등을 고려하여 만점의 60퍼센트 이상 득점한 자 중에서 결정한다.

❸ **최종합격자 결정 :** 제1차 시험성적의 50퍼센트, 제2차 시험성적 10퍼센트 및 당해 계급에서 최근 작성된 승진 대상자명부의 총평정점 40퍼센트를 합산한 성적의 고득점 순위에 의하여 결정한다. 다만, 제2차 시험을 실시하지 아니한 경우에는 제1차 시험성적을 60퍼센트의 비율로 합산한다.

❹ **동점자의 합격자 결정 :** 최종합격자를 결정함에 있어 시험승진임용예정 인원수를 초과하여 동점자가 있는 경우에는 다음 순위에 의하여 합격자를 결정한다.

㉠ 최근에 작성된 승진대상자명부의 총평정점이 높은 사람

㉡ 해당 계급에서 장기근무한 사람

㉢ 해당 계급의 바로 하위 계급에서 장기근무한 사람

㉣ 소방공무원으로 장기근무한 사람

최근 기출문제 분석

출제 범위 \ 연도	2017년	2018년	2019년	2020년	2021년
특정소방대상물	★	★	★★	★★	★
소방용품	★	★	★		
화재안전정책	★		★		
소방특별조사	★	★			
건축허가등의 동의	★		★	★	★
주택에 설치하는 소방시설		★			
소방시설의 종류와 설치기준	★★	★★★	★★	★★	★★
수용인원 산정		★	★		★
내진설계	★		★		★
성능위주설계	★		★	★	★
임시소방시설	★		★	★★	★
소방시설기준적용의 특례	★	★	★★	★	★
위원회		★	★		
방 염	★		★★	★	★
소방안전관리(소방안전관리자 등)		★		★★★	
소방안전특별관리시설물	★				★
공동소방안전관리		★		★	
피난계획, 유도		★		★	
자체점검등		★	★★	★★★★	
소방시설관리사	★	★	★		
소방시설관리업			★		★
과징금			★		★
소방용품의 형식승인 등			★		
권한의 위임 · 위탁		★			
조치명령등의 기간연장			★	★	
위반행위의 신고 및 신고포상금			★		
벌칙, 양벌규정	★		★		★★
과태료		★	★	★★	★
그 외(기간, 법령 전체 등)		★			★★

❶ ★ 개수는 같은 내용에서의 문제 수
❷ 2017년에는 소방교, 소방장 승진시험 소방법령2 과목 중 소방시설법이 거의 같은 문제로 출제
❸ 2018년부터 소방교와 소방장 소방시설법 문제가 같은 문제가 거의 없이 난이도를 다르게 출제
❹ 기출문제 분석에서 보듯이 범위가 넓고 암기하기가 어려운 부분에서 자주 출제되고 있음
❺ 그동안과 마찬가지로 21년 기출에서도 특정소방대상물, 소방시설의 종류와 설치기준, 벌칙과 과태료 부분은 출제가 되었음. 이 부분들은 암기할 분량이 상당히 많기 때문에 어렵게 느껴지지만, 확실히 암기만 한다면 매년 출제되는 부분이기 때문에 고득점을 얻을 수 있음
❻ 22년에는 그동안 출제빈도가 적었던 소방특별조사, 소방용품의 형식승인 등, 권한의 위임 · 위탁 부분도 반드시 살펴보길 바람
❼ 건축허가동의 대상물과 성능위주설계 대상이 변경되었음. 올해 출제가 예상되니 반드시 암기하기 바람

이 책의 목차

이 책의 목차

1~15회 최종모의고사 정답 및 해설

최신기출유사문제

화재예방 소방시설 설치 · 유지 및 안전관리에 관한 법률(소방법령 Ⅱ)

약칭 소 방 시 설 법

☞ 승진 시험 법률과목 Orientation!
- 반드시 법 원문을 읽으셔야 합니다(문제 지문을 원문에서 출제).
- 완벽하게 모든 조항을 외우기는 힘들기 때문에 읽는 횟수를 최대한 늘리세요.
  - 저자의 경험상 다독을 하다보면 눈으로 법을 익히게 됩니다. 예를 들어, 틀린 것을 찾는 문제 지문을 읽었을 때 정확히 기억이 안 날 경우, 무언가 어색하다면 정답일 확률이 높습니다.
- 법제처 어플을 활용해서 수시로 읽으세요.
- 시중에 나온 모든 문제집을 풀어보는 게 좋습니다(임용시험 과목인 소방관계법규 등).
- 문제를 풀 때는 모든 지문을 보셔야 합니다(왜 맞는지 틀리는지 본인 만의 방법으로 정리).
- 요즘 출제 형식을 보면 암기 위주의 단답식 보다는 법령 전체(법, 령, 규칙)에서 지문을 내기 때문에 관련된 조항도 같이 보면서 전체적인 흐름을 파악하셔야 합니다.
- ~하여야 한다, ~할 수 있다, 이상, 이하, 각종 숫자 및 수치 등 암기할 것은 확실하게 암기하셔서 실수를 하지 말아야 합니다(아는 문제를 틀리는 경우가 많습니다).
- 단어 하나 바꾸는 지문으로 문제가 나온다면 '어떻게 이런 문제를 낼 수가 있지'라고 생각하기 보다는 주는 문제라 생각하세요.
- 승진시험을 준비 중이시라면 시험에 나를 맞춰야지 시험이 나에게 맞춰 줄 거라는 생각은 절대 하시면 안 됩니다.

☞ 화재예방 소방시설 설치 · 유지 및 안전관리에 관한 법률 해설
- 법(■), 령(●), 규칙(▲)으로 구분하시면 됩니다(2022.2.25. 기준).
- 보충설명(※, 밑줄로 표시) 부분을 통해 법조문을 이해할 수 있습니다.
- 암기 두문자는 교재에 있는 것을 활용하셔도 좋고 본인만의 것으로 따로 만드셔도 좋습니다.
- 출제빈도가 높은 조항에 ★를 표시했습니다.

■ 소방시설법의 구성

이 법은 특정소방대상물 또는 대상자의 행위에 대한 제한을 중점적으로 하고 있는 소방과 관련한 안전성의 확보를 주된 목적으로 하는 안전관리에 관한 규제법이다. 소방시설의 설치 · 유지 및 소방대상물의 안전관리는 화재로부터 위험을 예방하고 최소화하는 가장 기본적인 사항이라 할 수 있으며 이 법에서는 특정소방대상물에 대하여 소방시설을 설치하게 하고 이를 유지 · 관리토록 하는 법률상의 근거를 둠으로써 화재발생 시 설치된 소방시설이 그 목적에 부합되게 정상 작동토록 하고 있다. 이 법률은 전체적으로 화재의 예방과 그 위험으로부터 안전을 확보하기 위하여 각종 소방용 기계 · 기구의 안전성을 확보하기 위한 규정을 두고, 안전 확보와 검증된 소방시설물을 설치하여야 하는 소방대상물을 규정하고 있으며 그 소방대상물의 화재의 위험정도를 기준하여 소방시설을 설치하고, 설치된 소방시설의 유지 · 관리를 위하여 인적인 요인인 소방시설관리사 및 소방안전관리자 등을 두어 설치된 소방시설이 유사시 항상 정상작동 될 수 있도록 하게 함으로써 궁극적으로는 화재로부터 안전이라는 목적을 달성하고자 함에 있다.

■ 소방시설법의 구성내용

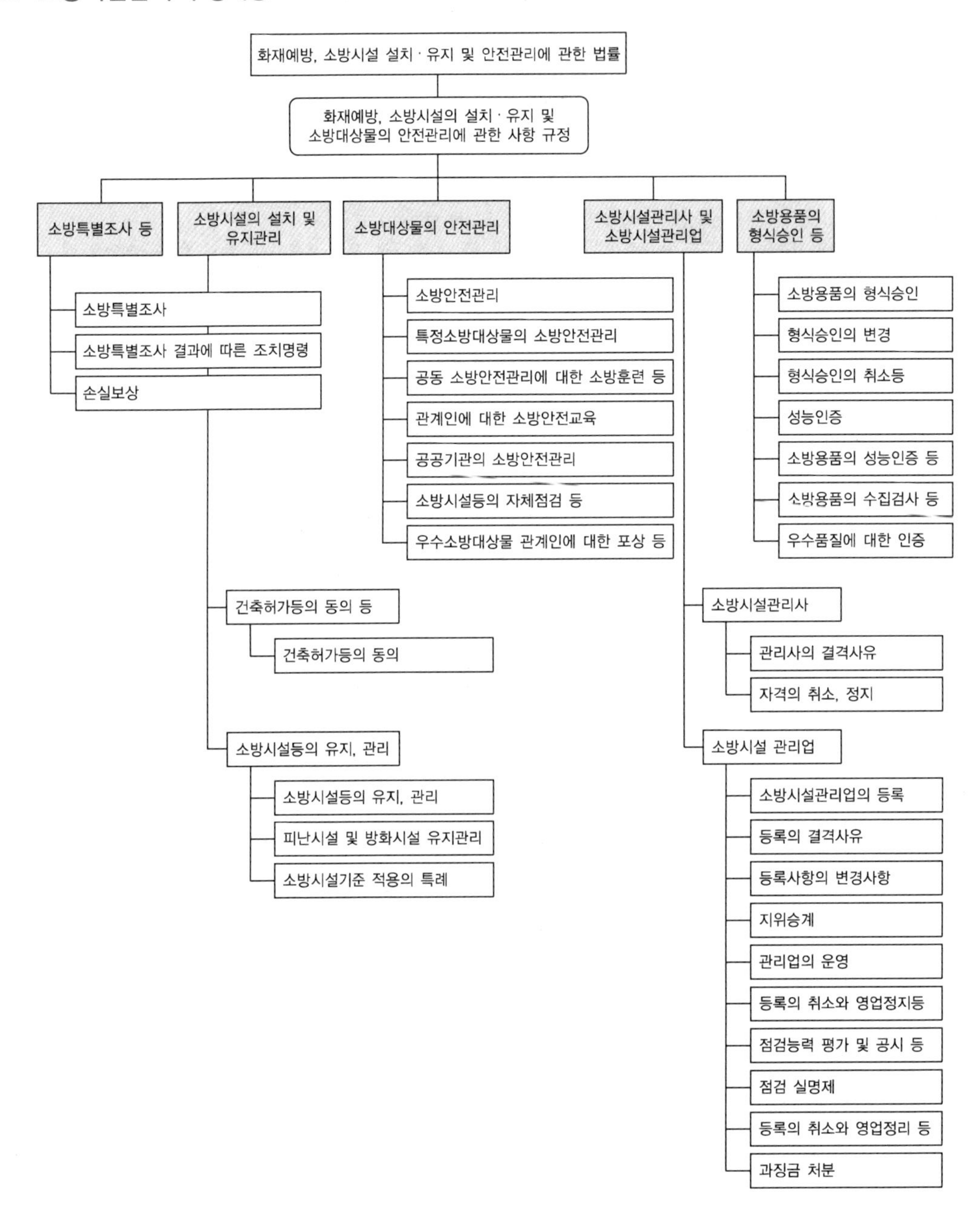
화재예방, 소방시설 설치 · 유지 및 안전관리에 관한 법률
화재예방, 소방시설의 설치 · 유지 및
소방대상물의 안전관리에 관한 사항 규정
소방특별조사 등
소방시설의 설치 및
유지관리
소방대상물의 안전관리
소방시설관리사 및
소방시설관리업
소방용품의
형식승인 등
소방특별조사
소방특별조사 결과에 따른 조치명령
손실보상
소방안전관리
특정소방대상물의 소방안전관리
공동 소방안전관리에 대한 소방훈련 등
관계인에 대한 소방안전교육
공공기관의 소방안전관리
소방시설등의 자체점검 등
우수소방대상물 관계인에 대한 포상 등
소방용품의 형식승인
형식승인의 변경
형식승인의 취소등
성능인증
소방용품의 성능인증 등
소방용품의 수집검사 등
우수품질에 대한 인증
건축허가등의 동의 등
건축허가등의 동의
소방시설관리사
관리사의 결격사유
자격의 취소, 정지
소방시설등의 유지, 관리
소방시설등의 유지, 관리
피난시설 및 방화시설 유지관리
소방시설기준 적용의 특례
소방시설 관리업
소방시설관리업의 등록
등록의 결격사유
등록사항의 변경사항
지위승계
관리업의 운영
등록의 취소와 영업정지등
점검능력 평가 및 공시 등
점검 실명제
등록의 취소와 영업정리 등
과징금 처분

■ 특정소방대상물 관계인의 의무 등 관계도

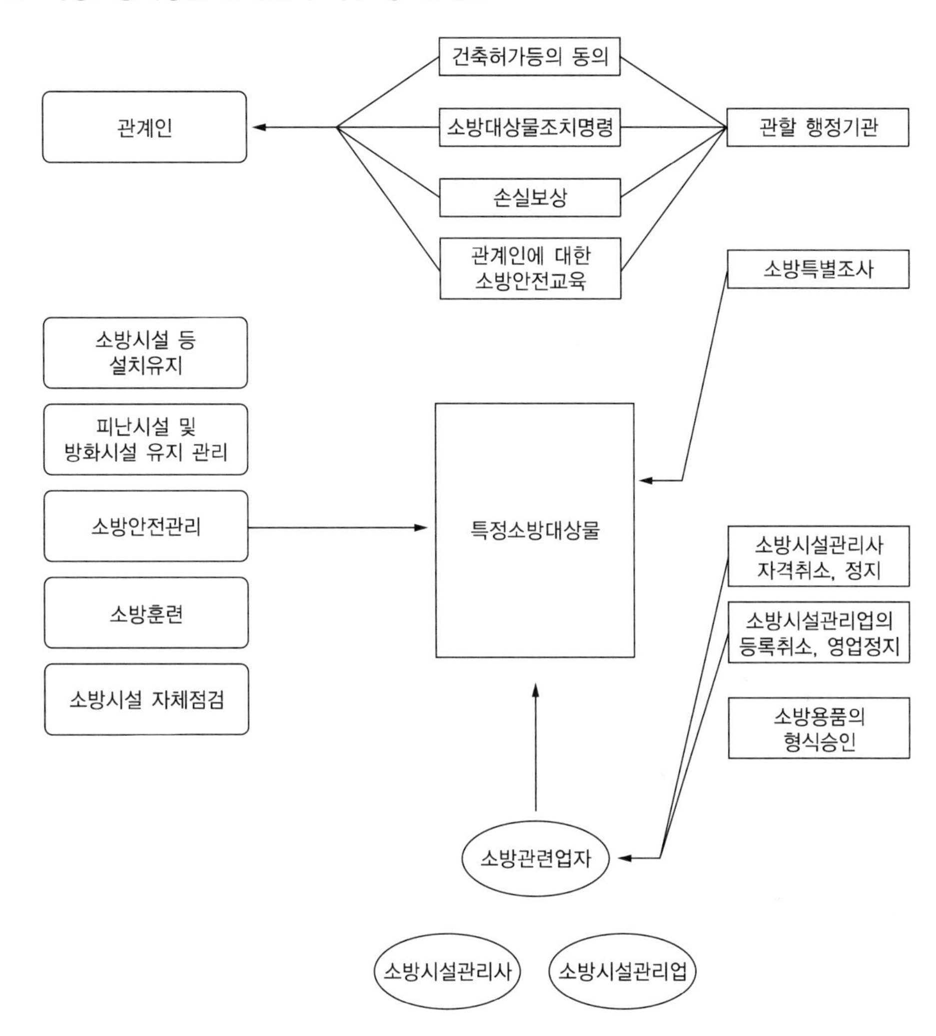

■ 법 제1조(소방시설법의 목적)

1. 화재와 재난·재해, 그 밖의 위급한 상황으로부터 국민의 생명·신체 및 재산을 보호
2. 화재의 예방 및 안전관리에 관한 국가와 지방자치단체의 책무
3. 소방시설등의 설치·유지 및 소방대상물의 안전관리에 관하여 필요한 사항을 정함
4. 공공의 안전과 복리 증진에 이바지함

● 시행령 제1조(목적)

이 영은 「화재예방, 소방시설 설치·유지 및 안전관리에 관한 법률」에서 위임된 사항과 그 시행에 필요한 사항을 규정함을 목적으로 한다.

▲ 시행규칙 제1조(목적)

이 규칙은 「화재예방, 소방시설 설치·유지 및 안전관리에 관한 법률」 및 같은 법 시행령에서 위임된 사항과 그 시행에 필요한 사항을 규정함을 목적으로 한다.

■ 법 제2조(용어의 정의)

1. "소방시설"이란 소화설비, 경보설비, 피난구조설비, 소화용수설비, 그 밖에 소화활동설비로서 대통령령으로 정하는 것
2. "소방시설등"이란 소방시설과 비상구(非常口), 그 밖에 소방 관련 시설로서 대통령령으로 정하는 것 ●령 제4조 소방시설등 "방화문 및 방화셔터"
3. "특정소방대상물"이란 소방시설을 설치하여야 하는 소방대상물로서 대통령령으로 정하는 것
4. "소방용품"이란 소방시설등을 구성하거나 소방용으로 사용되는 제품 또는 기기로서 대통령령으로 정하는 것

● 시행령 제2조(정의) ★

1. "무창층"(無窓層)이란 지상층 중 다음 각 목의 요건을 모두 갖춘 개구부(건축물에서 채광·환기·통풍 또는 출입 등을 위하여 만든 창·출입구, 그 밖에 이와 비슷한 것을 말한다)의 면적의 합계가 해당 층의 바닥면적(「건축법 시행령」 제119조 제1항 제3호에 따라 산정된 면적을 말한다. 이하 같다)의 30분의 1 이하가 되는 층을 말한다.
   가. 크기는 지름 50센티미터 이상의 원이 내접(內接)할 수 있는 크기일 것
   나. 해당 층의 바닥면으로부터 개구부 밑 부분까지의 높이가 1.2미터 이내일 것
   다. 도로 또는 차량이 진입할 수 있는 빈터를 향할 것
   라. 화재 시 건축물로부터 쉽게 피난할 수 있도록 창살이나 그 밖의 장애물이 설치되지 아니할 것
   마. 내부 또는 외부에서 쉽게 부수거나 열 수 있을 것

2. "피난층"이란 곧바로 지상으로 갈 수 있는 출입구가 있는 층을 말한다.

※ 정의에 관한 문제는 반드시 맞추어야 한다.

무창층과 피난층의 법적 정의 위주로 문제가 나오기 때문에 제2조에서의 용어와 숫자, 이상, 이하 등 법 조문을 정확히 외워야 한다. 실제 창의 면적과 바닥면적을 계산해서 무창층에 해당하는지는 각종 자격증 시험에 나오는 문제지만 간단히 개념만 말하자면, 어떤 층의 창(영 제2조 개구부의 요건을 모두 갖춘) 면적이 $3m^2$이고, 해당 층의 바닥 면적이 $100m^2$이라면, $100m^2/30 = 3.33m^2$이다. 따라서 창 면적 $3m^2$은 바닥면적의 1/30 이하이므로 무창층에 해당된다.

● 시행령 제3조(소방시설) ★

「화재예방, 소방시설 설치・유지 및 안전관리에 관한 법률」(이하 "법"이라 한다) 제2조 제1항 제1호에서 "대통령령으로 정하는 것"이란 별표 1의 설비를 말한다.

시행령 별표 1

소방시설(제3조 관련)

1. 소화설비 : 물 또는 그 밖의 소화약제를 사용하여 소화하는 기계・기구 또는 설비로서 다음 각 목의 것
   가. 소화기구
      ① 소화기
      ② 간이소화용구 : 에어로졸식 소화용구, 투척용 소화용구, 소공간용 소화용구 및 소화약제 외의 것을 이용한 간이소화용구
      ③ 자동확산소화기
   나. 자동소화장치
      ① 주거용 주방자동소화장치
      ② 상업용 주방자동소화장치
      ③ 캐비닛형 자동소화장치
      ④ 가스자동소화장치
      ⑤ 분말자동소화장치
      ⑥ 고체에어로졸자동소화장치

※ 자동확산소화기 VS 자동소화장치

- 두 가지를 많이 헷갈려 하는데, 가장 큰 차이점은 설치장소와 기능이다. 자동소화장치의 설치장소는 주로 주방이고 설치 업자가 시공한다. 자동확산소화기는 주로 보일러실, 건조실 등에 설치하고 완제품이라고 생각하면 된다.
- 승진시험에서는 헷갈리는 부분을 정확히 암기해야 한다.
  소화기는 단독으로 사용이 가능하고, 자동소화장치는 수신부, 감지부 등 여러 가지가 동시에 작동해야 하기 때문에 장치라고 개념을 잡으면 된다.
- 소방시설의 종류 중 소화설비가 있고, 소화설비에는 소화기구(소간자)와 자동소화장치(주상캐가분고)가 있다.
- 자동확산소화기는 소화기의 종류이기 때문에 소화기구에 해당된다.

다. 옥내소화전설비(호스릴옥내소화전설비를 포함한다)
라. 스프링클러설비등
① 스프링클러설비
② 간이스프링클러설비(캐비닛형 간이스프링클러설비를 포함한다)
③ 화재조기진압용 스프링클러설비
마. 물분무등소화설비
① 물 분무 소화설비
② 미분무소화설비
③ 포소화설비
④ 이산화탄소소화설비
⑤ 할론소화설비
⑥ 할로겐화합물 및 불활성기체(다른 원소와 화학 반응을 일으키기 어려운 기체를 말한다. 이하 같다) 소화설비
⑦ 분말소화설비
⑧ 강화액소화설비
⑨ 고체에어로졸소화설비
바. 옥외소화전설비
2. 경보설비 : 화재발생 사실을 통보하는 기계・기구 또는 설비로서 다음 각 목의 것
가. 단독경보형 감지기
나. 비상경보설비
① 비상벨설비
② 자동식사이렌설비
다. 시각경보기
라. 자동화재탐지설비
마. 비상방송설비
바. 자동화재속보설비
사. 통합감시시설
아. 누전경보기
자. 가스누설경보기
3. 피난구조설비 : 화재가 발생할 경우 피난하기 위하여 사용하는 기구 또는 설비로서 다음 각 목의 것
가. 피난기구
① 피난사다리
② 구조대
③ 완강기
④ 그 밖에 법 제9조 제1항에 따라 소방청장이 정하여 고시하는 화재안전기준(이하 "화재안전기준"이라 한다)으로 정하는 것
나. 인명구조기구
① 방열복, 방화복(안전모, 보호장갑 및 안전화를 포함한다)
② 공기호흡기
③ 인공소생기
다. 유도등
① 피난유도선
② 피난구유도등

③ 통로유도등
④ 객석유도등
⑤ 유도표지

라. 비상조명등 및 휴대용비상조명등

4. 소화용수설비 : 화재를 진압하는 데 필요한 물을 공급하거나 저장하는 설비로서 다음 각 목의 것
   가. 상수도소화용수설비
   나. 소화수조・저수조, 그 밖의 소화용수설비
5. 소화활동설비 : 화재를 진압하거나 인명구조활동을 위하여 사용하는 설비로서 다음 각 목의 것
   가. 제연설비
   나. 연결송수관설비
   다. 연결살수설비
   라. 비상콘센트설비
   마. 무선통신보조설비
   바. 연소방지설비

※ 별표 1 소방시설 암기법
- 소방시설 – 소경피구화활
- 소화기구 – 소간자
- 자동소화장치 – 주상캐가분고
- 물분무등 – 물미포이론할분강고
- 경보설비 – 단비자비속통시누가
- 피난구조설비 – 피인구유비휴
- 소화활동설비 – 3연무제비콘

시행령 제5조(특정소방대상물) ★★★

법 제2조 제1항 제3호에서 "대통령령으로 정하는 것"이란 별표 2의 소방대상물을 말한다.

시행령 별표 2

특정소방대상물(제5조 관련)

1. 공동주택
   가. 아파트등 : 주택으로 쓰이는 층수가 5층 이상인 주택
   나. 기숙사 : 학교 또는 공장 등에서 학생이나 종업원 등을 위하여 쓰는 것으로서 공동취사 등을 할 수 있는 구조를 갖추되, 독립된 주거의 형태를 갖추지 않은 것(「교육기본법」 제27조 제2항에 따른 학생복지주택을 포함한다)
2. 근린생활시설(※ 가장 출제 빈도가 높다.)
   가. 슈퍼마켓과 일용품(식품, 잡화, 의류, 완구, 서적, 건축자재, 의약품, 의료기기 등) 등의 소매점으로서 같은 건축물(하나의 대지에 두 동 이상의 건축물이 있는 경우에는 이를 같은 건축물로 본다. 이하 같다)에 해당 용도로 쓰는 바닥면적의 합계가 1천m^2 미만인 것
   나. 휴게음식점, 제과점, 일반음식점, 기원(棋院), 노래연습장 및 단란주점(단란주점은 같은 건축물에 해당 용도로 쓰는 바닥면적의 합계가 150m^2 미만인 것만 해당한다)

다. 이용원, 미용원, 목욕장 및 세탁소(공장이 부설된 것과 「대기환경보전법」, 「물환경보전법」 또는 「소음·진동관리법」에 따른 배출시설의 설치허가 또는 신고의 대상이 되는 것은 제외한다)

라. 의원, 치과의원, 한의원, 침술원, 접골원(接骨院), 조산원, 산후조리원 및 안마원(의료법 제82조 제4항에 따른 안마시술소를 포함한다)

마. 탁구장, 테니스장, 체육도장, 체력단련장, 에어로빅장, 볼링장, 당구장, 실내낚시터, 골프연습장, 물놀이형 시설(「관광진흥법」 제33조에 따른 안전성검사의 대상이 되는 물놀이형 시설을 말한다. 이하 같다), 그 밖에 이와 비슷한 것으로서 같은 건축물에 해당 용도로 쓰는 바닥면적의 합계가 500m² 미만인 것

바. 공연장(극장, 영화상영관, 연예장, 음악당, 서커스장, 「영화 및 비디오물의 진흥에 관한 법률」 제2조 제16호 가목에 따른 비디오물감상실업의 시설, 같은 호 나목에 따른 비디오물소극장업의 시설, 그 밖에 이와 비슷한 것을 말한다. 이하 같다) 또는 종교집회장[교회, 성당, 사찰, 기도원, 수도원, 수녀원, 제실(祭室), 사당, 그 밖에 이와 비슷한 것을 말한다. 이하 같다]으로서 같은 건축물에 해당 용도로 쓰는 바닥면적의 합계가 300m² 미만인 것

사. 금융업소, 사무소, 부동산중개사무소, 결혼상담소 등 소개업소, 출판사, 서점, 그 밖에 이와 비슷한 것으로서 같은 건축물에 해당 용도로 쓰는 바닥면적의 합계가 500m² 미만인 것

아. 제조업소, 수리점, 그 밖에 이와 비슷한 것으로서 같은 건축물에 해당 용도로 쓰는 바닥면적의 합계가 500m² 미만이고, 「대기환경보전법」, 「물환경보전법」 또는 「소음·진동관리법」에 따른 배출시설의 설치허가 또는 신고의 대상이 아닌 것

자. 「게임산업진흥에 관한 법률」 제2조 제6호의2에 따른 청소년게임제공업 및 일반게임제공업의 시설, 같은 조 제7호에 따른 인터넷컴퓨터게임시설제공업의 시설 및 같은 조 제8호에 따른 복합유통게임제공업의 시설로서 같은 건축물에 해당 용도로 쓰는 바닥면적의 합계가 500m² 미만인 것

차. 사진관, 표구점, 학원(같은 건축물에 해당 용도로 쓰는 바닥면적의 합계가 500m² 미만인 것만 해당하며, 자동차학원 및 무도학원은 제외한다), 독서실, 고시원(「다중이용업소의 안전관리에 관한 특별법」에 따른 다중이용업 중 고시원업의 시설로서 독립된 주거의 형태를 갖추지 않은 것으로서 같은 건축물에 해당 용도로 쓰는 바닥면적의 합계가 500m² 미만인 것을 말한다), 장의사, 동물병원, 총포판매사, 그 밖에 이와 비슷한 것

카. 의약품 판매소, 의료기기 판매소 및 자동차영업소로서 같은 건축물에 해당 용도로 쓰는 바닥면적의 합계가 1천m² 미만인 것

3. 문화 및 집회시설
   가. 공연장으로서 근린생활시설에 해당하지 않는 것
   나. 집회장 : 예식장, 공회당, 회의장, 마권(馬券) 장외 발매소, 마권 전화투표소, 그 밖에 이와 비슷한 것으로서 근린생활시설에 해당하지 않는 것
   다. 관람장 : 경마장, 경륜장, 경정장, 자동차 경기장, 그 밖에 이와 비슷한 것과 체육관 및 운동장으로서 관람석의 바닥면적의 합계가 1천m² 이상인 것
   라. 전시장 : 박물관, 미술관, 과학관, 문화관, 체험관, 기념관, 산업전시장, 박람회장, 견본주택, 그 밖에 이와 비슷한 것
   마. 동·식물원 : 동물원, 식물원, 수족관, 그 밖에 이와 비슷한 것
4. 종교시설
   가. 종교집회장으로서 근린생활시설에 해당하지 않는 것
   나. 가목의 종교집회장에 설치하는 봉안당(奉安堂)
5. 판매시설
   가. 도매시장 : 「농수산물 유통 및 가격안정에 관한 법률」 제2조 제2호에 따른 농수산물도매시장, 같은 조 제5호에 따른 농수산물공판장, 그 밖에 이와 비슷한 것(그 안에 있는 근린생활시설을 포함한다)

나. 소매시장 : 시장, 「유통산업발전법」 제2조 제3호에 따른 대규모점포, 그 밖에 이와 비슷한 것(그 안에 있는 근린생활시설을 포함한다)
다. 전통시장 : 「전통시장 및 상점가 육성을 위한 특별법」 제2조 제1호에 따른 전통시장(그 안에 있는 근린생활시설을 포함하며, 노점형시장은 제외한다)
라. 상점 : 다음의 어느 하나에 해당하는 것(그 안에 있는 근린생활시설을 포함한다)
① 제2호 가목에 해당하는 용도로서 같은 건축물에 해당 용도로 쓰는 바닥면적 합계가 1천m^2 이상인 것
② 제2호 자목에 해당하는 용도로서 같은 건축물에 해당 용도로 쓰는 바닥면적 합계가 500m^2 이상인 것

6. 운수시설
가. 여객자동차터미널
나. 철도 및 도시철도 시설(정비창 등 관련 시설을 포함한다)
다. 공항시설(항공관제탑을 포함한다)
라. 항만시설 및 종합여객시설

7. 의료시설
가. 병원 : 종합병원, 병원, 치과병원, 한방병원, 요양병원
나. 격리병원 : 전염병원, 마약진료소, 그 밖에 이와 비슷한 것
다. 정신의료기관
라. 「장애인복지법」 제58조 제1항 제4호에 따른 장애인 의료재활시설

8. 교육연구시설
가. 학교
① 초등학교, 중학교, 고등학교, 특수학교, 그 밖에 이에 준하는 학교 : 「학교시설사업 촉진법」 제2조 제1호 나목의 교사(校舍, 교실・도서실 등 교수・학습활동에 직접 또는 간접적으로 필요한 시설물을 말하되, 병설유치원으로 사용되는 부분은 제외한다. 이하 같다), 체육관, 「학교급식법」 제6조에 따른 급식시설, 합숙소(학교의 운동부, 기능선수 등이 집단으로 숙식하는 장소를 말한다. 이하 같다)
② 대학, 대학교, 그 밖에 이에 준하는 각종 학교 : 교사 및 합숙소
나. 교육원(연수원, 그 밖에 이와 비슷한 것을 포함한다)
다. 직업훈련소
라. 학원(근린생활시설에 해당하는 것과 자동차운전학원・정비학원 및 무도학원은 제외한다)
마. 연구소(연구소에 준하는 시험소와 계량계측소를 포함한다)
바. 도서관

9. 노유자시설
가. 노인 관련 시설 : 「노인복지법」에 따른 노인주거복지시설, 노인의료복지시설, 노인여가복지시설, 주・야간보호서비스나 단기보호서비스를 제공하는 재가노인복지시설(「노인장기요양보험법」에 따른 재가장기요양기관을 포함한다), 노인보호전문기관, 노인일자리지원기관, 학대피해노인 전용쉼터, 그 밖에 이와 비슷한 것
나. 아동 관련 시설 : 「아동복지법」에 따른 아동복지시설, 「영유아보육법」에 따른 어린이집, 「유아교육법」에 따른 유치원[제8호 가목 ①에 따른 학교의 교사 중 병설유치원으로 사용되는 부분을 포함한다], 그 밖에 이와 비슷한 것
다. 장애인 관련 시설 : 「장애인복지법」에 따른 장애인 거주시설, 장애인 지역사회재활시설(장애인 심부름센터, 한국수어통역센터, 점자도서 및 녹음서 출판시설 등 장애인이 직접 그 시설 자체를 이용하는 것을 주된 목적으로 하지 않는 시설은 제외한다), 장애인 직업재활시설, 그 밖에 이와 비슷한 것

라. 정신질환자 관련 시설 : 「정신건강증진 및 정신질환자 복지서비스 지원에 관한 법률」에 따른 정신재활시설(생산품판매시설은 제외한다), 정신요양시설, 그 밖에 이와 비슷한 것
마. 노숙인 관련 시설 : 「노숙인 등의 복지 및 자립지원에 관한 법률」 제2조 제2호에 따른 노숙인복지시설(노숙인일시보호시설, 노숙인자활시설, 노숙인재활시설, 노숙인요양시설 및 쪽방삼담소만 해당한다), 노숙인종합지원센터 및 그 밖에 이와 비슷한 것
바. 가목부터 마목까지에서 규정한 것 외에 「사회복지사업법」에 따른 사회복지시설 중 결핵환자 또는 한센인 요양시설 등 다른 용도로 분류되지 않는 것

10. 수련시설
가. 생활권 수련시설 : 「청소년활동 진흥법」에 따른 청소년수련관, 청소년문화의집, 청소년특화시설, 그 밖에 이와 비슷한 것
나. 자연권 수련시설 : 「청소년활동 진흥법」에 따른 청소년수련원, 청소년야영장, 그 밖에 이와 비슷한 것
다. 「청소년활동 진흥법」에 따른 유스호스텔

11. 운동시설
가. 탁구장, 체육도장, 테니스장, 체력단련장, 에어로빅장, 볼링장, 당구장, 실내낚시터, 골프연습장, 물놀이형 시설, 그 밖에 이와 비슷한 것으로서 근린생활시설에 해당하지 않는 것
나. 체육관으로서 관람석이 없거나 관람석의 바닥면적이 1천m^2 미만인 것
다. 운동장 : 육상장, 구기장, 볼링장, 수영장, 스케이트장, 롤러스케이트장, 승마장, 사격장, 궁도장, 골프장 등과 이에 딸린 건축물로서 관람석이 없거나 관람석의 바닥면적이 1천m^2 미만인 것(1천m^2 이상은 문화 및 집회시설)

12. 업무시설
가. 공공업무시설 : 국가 또는 지방자치단체의 청사와 외국공관의 건축물로서 근린생활시설에 해당하지 않는 것
나. 일반업무시설 : 금융업소, 사무소, 신문사, 오피스텔(업무를 주로 하며, 분양하거나 임대하는 구획 중 일부의 구획에서 숙식을 할 수 있도록 한 건축물로서 국토교통부장관이 고시하는 기준에 적합한 것을 말한다), 그 밖에 이와 비슷한 것으로서 근린생활시설에 해당하지 않는 것
다. 주민자치센터(동사무소), 경찰서, 지구대, 파출소, 소방서, 119안전센터, 우체국, 보건소, 공공도서관, 국민건강보험공단, 그 밖에 이와 비슷한 용도로 사용하는 것
라. 마을회관, 마을공동작업소, 마을공동구판장, 그 밖에 이와 유사한 용도로 사용되는 것
마. 변전소, 양수장, 정수장, 대피소, 공중화장실, 그 밖에 이와 유사한 용도로 사용되는 것

13. 숙박시설
가. 일반형 숙박시설 : 「공중위생관리법 시행령」 제4조 제1호 가목에 따른 숙박업의 시설
나. 생활형 숙박시설 : 「공중위생관리법 시행령」 제4조 제1호 나목에 따른 숙박업의 시설
다. 고시원(근린생활시설에 해당하지 않는 것을 말한다)
라. 그 밖에 가목부터 다목까지의 시설과 비슷한 것

14. 위락시설
가. 단란주점으로서 근린생활시설에 해당하지 않는 것
나. 유흥주점, 그 밖에 이와 비슷한 것
다. 「관광진흥법」에 따른 유원시설업(遊園施設業)의 시설, 그 밖에 이와 비슷한 시설(근린생활시설에 해당하는 것은 제외한다)
라. 무도장 및 무도학원
마. 카지노영업소

15. 공 장

물품의 제조・가공[세탁・염색・도장(塗裝)・표백・재봉・건조・인쇄 등을 포함한다] 또는 수리에 계속적으로 이용되는 건축물로서 근린생활시설, 위험물 저장 및 처리 시설, 항공기 및 자동차 관련 시설, 분뇨 및 쓰레기 처리시설, 묘지 관련 시설 등으로 따로 분류되지 않는 것

16. 창고시설(위험물 저장 및 처리 시설 또는 그 부속용도에 해당하는 것은 제외한다)

가. 창고(물품저장시설로서 냉장・냉동 창고를 포함한다)

나. 하역장

다. 「물류시설의 개발 및 운영에 관한 법률」에 따른 물류터미널

라. 「유통산업발전법」 제2조 제15호에 따른 집배송시설

17. 위험물 저장 및 처리 시설

가. 위험물 제조소등

나. 가스시설 : 산소 또는 가연성 가스를 제조・저장 또는 취급하는 시설 중 지상에 노출된 산소 또는 가연성 가스 탱크의 저장용량의 합계가 100톤 이상이거나 저장용량이 30톤 이상인 탱크가 있는 가스시설로서 다음의 어느 하나에 해당하는 것

① 가스 제조시설

㉠ 「고압가스 안전관리법」 제4조 제1항에 따른 고압가스의 제조허가를 받아야 하는 시설

㉡ 「도시가스사업법」 제3조에 따른 도시가스사업허가를 받아야 하는 시설

② 가스 저장시설

㉠ 「고압가스 안전관리법」 제4조 제3항에 따른 고압가스 저장소의 설치허가를 받아야 하는 시설

㉡ 「액화석유가스의 안전관리 및 사업법」 제8조 제1항에 따른 액화석유가스 저장소의 설치 허가를 받아야 하는 시설

③ 가스 취급시설

「액화석유가스의 안전관리 및 사업법」 제5조에 따른 액화석유가스 충전사업 또는 액화석유가스 집단공급사업의 허가를 받아야 하는 시설

18. 항공기 및 자동차 관련 시설(건설기계 관련 시설을 포함한다)

가. 항공기격납고

나. 차고, 주차용 건축물, 철골 조립식 주차시설(바닥면이 조립식이 아닌 것을 포함한다) 및 기계장치에 의한 주차시설

다. 세차장

라. 폐차장

마. 자동차 검사장

바. 자동차 매매장

사. 자동차 정비공장

아. 운전학원・정비학원

자. 다음의 건축물을 제외한 건축물의 내부(「건축법 시행령」 제119조 제1항 제3호 다목에 따른 필로티와 건축물 지하를 포함한다)에 설치된 주차장

① 「건축법 시행령」 별표 1 제1호에 따른 단독주택

② 「건축법 시행령」 별표 1 제2호에 따른 공동주택 중 50세대 미만인 연립주택 또는 50세대 미만인 다세대주택

차. 「여객자동차 운수사업법」, 「화물자동차 운수사업법」 및 「건설기계관리법」에 따른 차고 및 주기장(駐機場)

19. 동물 및 식물 관련 시설
    가. 축사[부화장(孵化場)을 포함한다]
    나. 가축시설 : 가축용 운동시설, 인공수정센터, 관리사(管理舍), 가축용 창고, 가축시장, 동물검역소, 실험동물 사육시설, 그 밖에 이와 비슷한 것
    다. 도축장
    라. 도계장
    마. 작물 재배사(栽培舍)
    바. 종묘배양시설
    사. 화초 및 분재 등의 온실
    아. 식물과 관련된 마목부터 사목까지의 시설과 비슷한 것(동·식물원은 제외한다)
20. 자원순환 관련 시설
    가. 하수 등 처리시설
    나. 고물상
    다. 폐기물재활용시설
    라. 폐기물처분시설
    마. 폐기물감량화시설
21. 교정 및 군사시설
    가. 보호감호소, 교도소, 구치소 및 그 지소
    나. 보호관찰소, 갱생보호시설, 그 밖에 범죄자의 갱생·보호·교육·보건 등의 용도로 쓰는 시설
    다. 치료감호시설
    라. 소년원 및 소년분류심사원
    마. 「출입국관리법」 제52조 제2항에 따른 보호시설
    바. 「경찰관 직무집행법」 제9조에 따른 유치장
    사. 국방·군사시설(「국방·군사시설 사업에 관한 법률」 제2조 제1호 가목부터 마목까지의 시설을 말한다)
22. 방송통신시설
    가. 방송국(방송프로그램 제작시설 및 송신·수신·중계시설을 포함한다)
    나. 전신전화국
    다. 촬영소
    라. 통신용 시설
    마. 그 밖에 가목부터 라목까지의 시설과 비슷한 것
23. 발전시설
    가. 원자력발전소
    나. 화력발전소
    다. 수력발전소(조력발전소를 포함한다)
    라. 풍력발전소
    마. 전기저장시설[20킬로와트시(kwh)를 초과하는 리튬·나트륨·레독스플로우 계열의 이차전지를 이용한 전기저장장치의 시설을 말한다]
    바. 그 밖에 가목부터 마목까지의 시설과 비슷한 것(집단에너지 공급시설을 포함한다)
24. 묘지 관련 시설
    가. 화장시설
    나. 봉안당(제4호나목의 봉안당은 제외한다)
    다. 묘지와 자연장지에 부수되는 건축물
    라. <u>동물화장시설, 동물건조장(乾燥葬)시설 및 동물 전용의 납골시설</u>

25. 관광 휴게시설
  가. 야외음악당
  나. 야외극장
  다. 어린이회관
  라. 관망탑
  마. 휴게소
  바. 공원・유원지 또는 관광지에 부수되는 건축물
26. 장례시설
  가. 장례식장[의료시설의 부수시설(「의료법」제36조 제1호에 따른 의료기관의 종류에 따른 시설을 말한다)은 제외한다]
  나. 동물 전용의 장례식장
27. 지하가
  지하의 인공구조물 안에 설치되어 있는 상점, 사무실, 그 밖에 이와 비슷한 시설이 연속하여 지하도에 면하여 설치된 것과 그 지하도를 합한 것
  가. 지하상가
  나. 터널 : 차량(궤도차량용은 제외한다) 등의 통행을 목적으로 지하, 해저 또는 산을 뚫어서 만든 것
28. 지하구
  가. 전력・통신용의 전선이나 가스・냉난방용의 배관 또는 이와 비슷한 것을 집합수용하기 위하여 설치한 지하 인공구조물로서 사람이 점검 또는 보수를 하기 위하여 출입이 가능한 것 중 다음의 어느 하나에 해당하는 것
    ① 전력 또는 통신사업용 지하 인공구조물로서 전력구(케이블 접속부가 없는 경우에는 제외한다) 또는 통신구 방식으로 설치된 것
    ② ①외의 지하 인공구조물로서 폭이 1.8미터 이상이고 높이가 2미터 이상이며 길이가 50미터 이상인 것
  나. 「국토의 계획 및 이용에 관한 법률」 제2조 제9호에 따른 공동구

※ 제28호 가목의 ②(전력 또는 통신사업용인 것은 500m 이상)인 것 삭제(2020.12.10.)
개정 이유 : 전력・통신용의 전선 등을 집합수용하기 위하여 설치하는 지하구의 화재안전관리를 강화하기 위하여 종전에는 소방시설을 설치해야 하는 특정소방대상물인 지하구에서 길이가 500미터 미만인 전력 또는 통신사업용 지하구를 제외하고 있던 것을, 앞으로는 전력 또는 통신사업용 지하구의 길이, 폭 및 높이에 관계없이 특정소방대상물인 지하구에 포함시켜 자동화재탐지설비, 통합감시시설 및 연소방지시설 등의 소방시설을 설치하도록 의무화하고, 지하구에 설치해야 하는 소방시설의 종류에 소화기구 및 유도등을 추가하려는 것임

29. 문화재
  「문화재보호법」에 따라 문화재로 지정된 건축물
30. 복합건축물
  가. 하나의 건축물이 제1호부터 제27호까지의 것 중 둘 이상의 용도로 사용되는 것. 다만, 다음의 어느 하나에 해당하는 경우에는 복합건축물로 보지 않는다.
    ① 관계 법령에서 주된 용도의 부수시설로서 그 설치를 의무화하고 있는 용도 또는 시설
    ② 「주택법」 제35조 제1항 제3호 및 제4호에 따라 주택 안에 부대시설 또는 복리시설이 설치되는 특정소방대상물

③ 건축물의 주된 용도의 기능에 필수적인 용도로서 다음의 어느 하나에 해당하는 용도
㉠ 건축물의 설비, 대피 또는 위생을 위한 용도, 그 밖에 이와 비슷한 용도
㉡ 사무, 작업, 집회, 물품저장 또는 주차를 위한 용도, 그 밖에 이와 비슷한 용도
㉢ 구내식당, 구내세탁소, 구내운동시설 등 종업원후생복리시설(기숙사는 제외한다) 또는 구내소각시설의 용도, 그 밖에 이와 비슷한 용도
㉡ 하나의 건축물이 근린생활시설, 판매시설, 업무시설, 숙박시설 또는 위락시설의 용도와 주택의 용도로 함께 사용되는 것

비 고

1. 내화구조로 된 하나의 특정소방대상물이 개구부(건축물에서 채광・환기・통풍・출입 등을 위하여 만든 창이나 출입구를 말한다)가 없는 내화구조의 바닥과 벽으로 구획되어 있는 경우에는 그 구획된 부분을 각각 별개의 특정소방대상물로 본다.
2. 둘 이상의 특정소방대상물이 다음 각 목의 어느 하나에 해당되는 구조의 복도 또는 통로(이하 이 표에서 "연결통로"라 한다)로 연결된 경우에는 이를 하나의 소방대상물로 본다.
   가. 내화구조로 된 연결통로가 다음의 어느 하나에 해당되는 경우
      ① 벽이 없는 구조로서 그 길이가 6m 이하인 경우
      ② 벽이 있는 구조로서 그 길이가 10m 이하인 경우. 다만, 벽 높이가 바닥에서 천장까지의 높이의 2분의 1 이상인 경우에는 벽이 있는 구조로 보고, 벽 높이가 바닥에서 천장까지의 높이의 2분의 1 미만인 경우에는 벽이 없는 구조로 본다.
   나. 내화구조가 아닌 연결통로로 연결된 경우
   다. 컨베이어로 연결되거나 플랜트설비의 배관 등으로 연결되어 있는 경우
   라. 지하보도, 지하상가, 지하가로 연결된 경우
   마. 방화셔터 또는 갑종 방화문이 설치되지 않은 피트로 연결된 경우
   바. 지하구로 연결된 경우
3. 제2호에도 불구하고 연결통로 또는 지하구와 소방대상물의 양쪽에 다음 각 목의 어느 하나에 적합한 경우에는 각각 별개의 소방대상물로 본다.
   가. 화재 시 경보설비 또는 자동소화설비의 작동과 연동하여 자동으로 닫히는 방화셔터 또는 갑종 방화문이 설치된 경우
   나. 화재 시 자동으로 방수되는 방식의 드렌처설비 또는 개방형 스프링클러헤드가 설치된 경우
4. 위 제1호부터 제30호까지의 특정소방대상물의 지하층이 지하가와 연결되어 있는 경우 해당 지하층의 부분을 지하가로 본다. 다만, 다음 지하가와 연결되는 지하층에 지하층 또는 지하가에 설치된 방화문이 자동폐쇄장치・자동화재탐지설비 또는 자동소화설비와 연동하여 닫히는 구조이거나 그 윗부분에 드렌처설비가 설치된 경우에는 지하가로 보지 않는다.

※ 별표 2 특정소방대상물 부분도 항상 출제된다. 근린생활시설의 면적별 대상과 그 외 특정소방대상물을 비교해서 암기해야 하고, 최근 기출에는 하나의 대상보다는 특정소방대상물 전체에서 지문을 만드는 추세이기 때문에 전체적으로 꼼꼼히 살펴보아야 한다. 특히, 비고 부분도 반드시 암기해야 한다.

● 시행령 제6조(소방용품) ★★

법 제2조 제1항 제4호에서 "대통령령으로 정하는 것"이란 별표 3의 제품 또는 기기를 말한다.

시행령 별표 3

소방용품(제6조 관련)

1. 소화설비를 구성하는 제품 또는 기기
   가. 별표 1 제1호 가목의 소화기구(소화약제 외의 것을 이용한 간이소화용구는 제외한다)
   나. 별표 1 제1호 나목의 자동소화장치
   다. 소화설비를 구성하는 소화전, 관창(菅槍), 소방호스, 스프링클러헤드, 기동용 수압개폐장치, 유수제어밸브 및 가스관선택밸브
2. 경보설비를 구성하는 제품 또는 기기
   가. 누전경보기 및 가스누설경보기
   나. 경보설비를 구성하는 발신기, 수신기, 중계기, 감지기 및 음향장치(경종만 해당한다)
3. 피난구조설비를 구성하는 제품 또는 기기
   가. 피난사다리, 구조대, 완강기(간이완강기 및 지지대를 포함한다)
   나. 공기호흡기(충전기를 포함한다)
   다. 피난구유도등, 통로유도등, 객석유도등 및 예비 전원이 내장된 비상조명등
4. 소화용으로 사용하는 제품 또는 기기
   가. 소화약제[별표 1 제1호 나목 2)와 3)의 자동소화장치와 같은 호 마목 3)부터 8)까지의 소화설비용만 해당한다]

   ※ 자동소화장치 중 상업용 주방자동소화장치, 캐비닛형 자동소화장치에 사용하는 소화약제
   ※ 물분무등소화설비 중 포소화설비, 이산화탄소소화설비, 할론소화설비, 할로겐화합물 및 불활성기체 소화설비, 분말소화설비, 강화액소화설비에 사용하는 소화약제

   나. 방염제(방염액・방염도료 및 방염성물질을 말한다)
5. 그 밖에 행정안전부령으로 정하는 소방 관련 제품 또는 기기

■ 법 제2조의2(국가 및 지방자치단체의 책무)

1. 국가는 화재로부터 국민의 생명과 재산을 보호할 수 있도록 종합적인 화재안전정책을 수립・시행하여야 한다.
2. 지방사치단체는 국가의 화재안전정책에 맞추어 지역의 실정에 부합하는 화재안전정책을 수립・시행하여야 한다.
3. 국가와 지방자치단체가 화재안전정책을 수립・시행할 때에는 과학적 합리성, 일관성, 사전 예방의 원칙이 유지되도록 하되, 국민의 생명・신체 및 재산보호를 최우선적으로 고려하여야 한다.

■ 법 제2조의3(화재안전정책 기본계획 등의 수립 · 시행) ★

1. 국가는 화재안전기반 확충을 위하여 화재안전정책에 관한 기본계획을 5년마다 수립 · 시행하여야 한다.
2. 기본계획은 대통령령으로 정하는 바에 따라 소방청장이 관계 중앙행정기관의 장과 협의하여 수립 한다.
3. 기본계획에 포함되어야 할 사항
   가. 화재안전정책의 기본목표 및 추진방향
   나. 화재안전을 위한 법령 · 제도의 마련 등 기반 조성에 관한 사항
   다. 화재예방을 위한 대국민 홍보 · 교육에 관한 사항
   라. 화재안전 관련 기술의 개발 · 보급에 관한 사항
   마. 화재안전분야 전문인력의 육성 · 지원 및 관리에 관한 사항
   바. 화재안전분야 국제경쟁력 향상에 관한 사항
   사. 그 밖에 대통령령으로 정하는 화재안전 개선에 필요한 사항

● 시행령 제6조의3(기본계획의 내용) 화재안전 개선에 필요한 사항
1. 화재현황, 화재발생 및 화재안전정책의 여건 변화에 관한 사항
2. 소방시설의 설치 · 유지 및 화재안전기준의 개선에 관한 사항

4. 소방청장은 기본계획을 시행하기 위하여 매년 시행계획을 수립 · 시행하여야 한다.
5. 소방청장은 수립된 기본계획 및 시행계획을 관계 중앙행정기관의 장, 특별시장 · 광역시장 · 특별자치시장 · 도지사 · 특별자치도지사(이하 이 조에서 "시 · 도지사"라 한다)에게 통보한다.
6. 기본계획과 시행계획을 통보받은 관계 중앙행정기관의 장 또는 시 · 도지사는 소관 사무의 특성을 반영한 세부 시행계획을 수립하여 시행하여야 하고, 시행결과를 소방청장에게 통보하여야 한다.
7. 소방청장은 기본계획 및 시행계획을 수립하기 위하여 필요한 경우에는 관계 중앙행정기관의 장 또는 시 · 도지사에게 관련 자료의 제출을 요청할 수 있다. 이 경우 자료제출을 요청받은 관계 중앙행정기관의 장 또는 시 · 도지사는 특별한 사유가 없으면 이에 따라야 한다.

● 시행령 제6조의2(화재안전정책기본계획의 협의 및 수립)

소방청장은 법 제2조의3에 따른 화재안전정책에 관한 기본계획(이하 "기본계획"이라 한다)을 계획 시행 전년도 8월 31일까지 관계 중앙행정기관의 장과 협의를 마친 후 계획 시행 전년도 9월 30일까지 수립하여야 한다.

● 시행령 제6조의4(화재안전정책시행계획의 수립 · 시행)

1. 소방청장은 법 제2조의3 제4항에 따라 기본계획을 시행하기 위한 시행계획(이하 "시행계획"이라 한다)을 계획 시행 전년도 10월 31일까지 수립하여야 한다.

2. 시행계획에는 다음 각 호의 사항이 포함되어야 한다.
   가. 기본계획의 시행을 위하여 필요한 사항
   나. 그 밖에 화재안전과 관련하여 소방청장이 필요하다고 인정하는 사항

● **시행령 제6조의5(화재안전정책 세부시행계획의 수립 · 시행)**

1. 관계 중앙행정기관의 장 또는 특별시장 · 광역시장 · 특별자치시장 · 도지사 · 특별자치도지사(이하 "시 · 도지사"라 한다)는 법 제2조의3 제6항에 따른 세부 시행계획(이하 "세부시행계획"이라 한다)을 계획 시행 전년도 12월 31일까지 수립하여야 한다.
2. 세부시행계획에는 다음 각 호의 사항이 포함되어야 한다.
   가. 기본계획 및 시행계획에 대한 관계 중앙행정기관 또는 특별시 · 광역시 · 특별자치시 · 도 · 특별자치도(이하 "시 · 도"라 한다)의 세부 집행계획
   나. 그 밖에 화재안전과 관련하여 관계 중앙행정기관의 장 또는 시 · 도지사가 필요하다고 결정한 사항

■ **법 제4조(소방특별조사)(권한 – 대상 – 방법 · 절차 – 조치 – 보상의 흐름 파악) ★**

1. 소방특별조사의 권한 : 소방청장, 소방본부장 또는 소방서장
   다만, 개인의 주거에 대하여는 관계인의 승낙이 있거나 화재발생의 우려가 뚜렷하여 긴급한 필요가 있는 때에 한정
2. 소방특별조사를 실시하는 경우
   가. 관계인이 이 법 또는 다른 법령에 따라 실시하는 소방시설등, 방화시설, 피난시설 등에 대한 자체점검 등이 불성실하거나 불완전하다고 인정되는 경우
   나. 「소방기본법」 제13조에 따른 화재경계지구에 대한 소방특별조사 등 다른 법률에서 소방특별조사를 실시하도록 한 경우

화재경계지구
시장지역, 공장 · 창고가 밀집한 지역, 목조건물이 밀집한 지역, 위험물의 저장 및 처리 시설이 밀집한 지역, 석유화학제품을 생산하는 공장이 있는 지역, 산업단지, 소방시설 · 소방용수시설 또는 소방 출동로가 없는 지역, 그 밖에 위에 준하는 지역으로서 소방청장 · 소방본부장 또는 소방서장이 화재경계지구로 지정할 필요가 있다고 인정하는 지역

   다. 국가적 행사 등 주요 행사가 개최되는 장소 및 그 주변의 관계 지역에 대하여 소방안전관리 실태를 점검할 필요가 있는 경우
   라. 화재가 자주 발생하였거나 발생할 우려가 뚜렷한 곳에 대한 점검이 필요한 경우
   마. 재난예측정보, 기상예보 등을 분석한 결과 소방대상물에 화재, 재난 · 재해의 발생 위험이 높다고 판단되는 경우

바. 위에서 규정한 경우 외에 화재, 재난·재해, 그 밖의 긴급한 상황이 발생할 경우 인명 또는 재산 피해의 우려가 현저하다고 판단되는 경우

3. 소방청장, 소방본부장 또는 소방서장은 객관적이고 공정한 기준에 따라 소방특별조사의 대상을 선정하여야 하며, 소방본부장은 소방특별조사의 대상을 객관적이고 공정하게 선정하기 위하여 필요하면 소방 특별조사 위원회를 구성하여 소방특별조사의 대상을 선정할 수 있다.
4. 소방청장은 소방특별조사를 할 때 필요하면 대통령령으로 정하는 바에 따라 중앙소방특별조사단을 편성하여 운영할 수 있다.
5. 소방청장은 중앙소방특별조사단의 업무수행을 위하여 필요하다고 인정하는 경우 관계 기관의 장에게 그 소속 공무원 또는 직원의 파견을 요청할 수 있다. 이 경우 공무원 또는 직원의 파견 요청을 받은 관계 기관의 장은 특별한 사유가 없으면 이에 협조하여야 한다.
6. 소방청장, 소방본부장 또는 소방서장은 소방특별조사를 실시하는 경우 다른 목적을 위하여 조사권을 남용하여서는 아니 된다.

※ 보충설명 : 소방특별조사란 특정소방대상물의 관계인이 안전관리에 대하여 책임의식을 가지고 스스로 소방대상물의 안전관리를 철저히 할 수 있도록 소방청장, 소방본부장 또는 소방서장에게 권한을 부여 하여 소방대상물, 관계 지역 또는 관계인에 대하여 소방시설 등이 이 법 또는 소방 관계 법령에 적합 하게 설치·유지·관리되고 있는지, 소방대상물에 화재, 재난·재해 등의 발생 위험이 있는지 등 소방안전관리에 관해 종합적이고 세부적인 조사를 할 수 있도록 한 것이며 또한 권력 남용을 방지하기 위하여 소방특별 조사위원회를 구성하여 소방특별조사의 대상을 선정하여 실시하도록 하였다.

● 시행령 제7조(소방특별조사의 항목)

법 제4조에 따른 소방특별조사(이하 "소방특별조사"라 한다)는 다음 각 호의 세부 항목에 대하여 실시한다. 다만, 소방특별조사의 목적을 달성하기 위하여 필요한 경우에는 법 제9조에 따른 소방시설 법 제10조에 따른 피난시설·방화구획·방화시설 및 법 제10조의2에 따른 임시소방시설의 설치·유지 및 관리에 관한 사항을 조사할 수 있다.

1. 법 제20조 및 제24조에 따른 소방안전관리 업무 수행에 관한 사항
2. 법 제20조 제6항 제1호에 따라 작성한 소방계획서의 이행에 관한 사항
3. 법 제25조 제1항에 따른 자체점검 및 정기적 점검 등에 관한 사항
4. 「소방기본법」 제12조에 따른 화재의 예방조치 등에 관한 사항
5. 「소방기본법」 제15조에 따른 불을 사용하는 설비 등의 관리와 특수가연물의 저장·취급에 관한 사항
6. 「다중이용업소의 안전관리에 관한 특별법」 제8조부터 제13조까지의 규정에 따른 안전관리에 관한 사항
7. 「위험물안전관리법」 제5조·제6조·제14조·제15조 및 제18조에 따른 안전관리에 관한 사항

● 시행령 제7조의2(소방특별조사위원회의 구성 등)

1. 법 제4조 제3항에 따른 소방특별조사위원회(이하 이 조 및 제7조의3부터 제7조의5까지에서 "위원회"라 한다)는 위원장 1명을 포함한 7명 이내의 위원으로 성별을 고려하여 구성하고, 위원장은 소방본부장이 된다.
2. 위원회의 위원은 다음 각 호의 어느 하나에 해당하는 사람 중에서 소방본부장이 임명하거나 위촉한다.
   가. 과장급 직위 이상의 소방공무원
   나. 소방기술사
   다. 소방시설관리사
   라. 소방 관련 분야의 석사학위 이상을 취득한 사람
   마. 소방 관련 법인 또는 단체에서 소방 관련 업무에 5년 이상 종사한 사람
   바. 소방공무원 교육기관, 「고등교육법」 제2조의 학교 또는 연구소에서 소방과 관련한 교육 또는 연구에 5년 이상 종사한 사람
3. 위촉위원의 임기는 2년으로 하고, 한 차례만 연임할 수 있다.
4. 위원회에 출석한 위원에게는 예산의 범위에서 수당, 여비, 그 밖에 필요한 경비를 지급할 수 있다. 다만, 공무원인 위원이 그 소관 업무와 직접적으로 관련하여 위원회에 출석하는 경우는 그러하지 아니하다.

● 시행령 제7조의3(위원의 제척 · 기피 · 회피)

1. 위원회의 위원이 다음 각 호의 어느 하나에 해당하는 경우에는 위원회의 심의 · 의결에서 제척(除斥)된다.
   가. 위원, 그 배우자나 배우자였던 사람 또는 위원의 친족이거나 친족이었던 사람이 다음의 어느 하나에 해당하는 경우
      ① 해당 안건의 소방대상물 등(이하 이 조에서 "소방대상물등"이라 한다)의 관계인이거나 그 관계인과 공동권리자 또는 공동의무자인 경우
      ② 소방대상물등의 설계, 공사, 감리 등을 수행한 경우
      ③ 소방대상물등에 대하여 제7조 각 호의 업무를 수행한 경우 등 소방대상물등과 직접적인 이해 관계가 있는 경우
   나. 위원이 소방대상물등에 관하여 자문, 연구, 용역(하도급을 포함한다), 감정 또는 조사를 한 경우
   다. 위원이 임원 또는 직원으로 재직하고 있거나 최근 3년 내에 재직하였던 기업 등이 소방대상물등에 관하여 자문, 연구, 용역(하도급을 포함한다), 감정 또는 조사를 한 경우
2. 소방대상물등의 관계인은 위원에게 공정한 심의 · 의결을 기대하기 어려운 사정이 있는 경우에는 위원회에 기피(忌避) 신청을 할 수 있고, 위원회는 의결로 이를 결정한다. 이 경우 기피 신청의 대상인 위원은 그 의결에 참여하지 못한다.

3. 위원이 제1항 각 호에 따른 제척 사유에 해당하는 경우에는 스스로 해당 안건의 심의·의결에서 회피(回避)하여야 한다.

※ 암기 : 위원이 제척(除斥)되고, 관계인은 기피(忌避) 신청을 할 수 있고, 스스로 회피(回避)한다.

● 시행령 제7조의4(위원의 해임·해촉)

소방본부장은 위원회의 위원이 다음 각 호의 어느 하나에 해당하는 경우에는 해당 위원을 해임하거나 해촉(解囑)할 수 있다.

1. 심신장애로 인하여 직무를 수행할 수 없게 된 경우
2. 직무태만, 품위손상이나 그 밖의 사유로 위원으로 적합하지 아니하다고 인정된 경우
3. 제7조의3 제1항 각 호의 어느 하나에 해당함에도 불구하고 회피하지 아니한 경우
4. 직무와 관련된 비위사실이 있는 경우
5. 위원 스스로 직무를 수행하는 것이 곤란하다고 의사를 밝히는 경우

● 시행령 제7조의6(중앙소방특별조사단의 편성·운영)

1. 법 제4조 제4항에 따른 중앙소방특별조사단(이하 "조사단"이라 한다)은 단장을 포함하여 21명 이내의 단원으로 성별을 고려하여 구성한다.
2. 조사단의 단원은 다음 각 호의 어느 하나에 해당하는 사람 중에서 소방청장이 임명 또는 위촉하고, 단장은 단원 중에서 소방청장이 임명 또는 위촉한다.
   가. 소방공무원
   나. 소방업무와 관련된 단체 또는 연구기관 등의 임직원
   다. 소방 관련 분야에서 5년 이상 연구 또는 실무 경험이 풍부한 사람

■ 법 제4조의3(소방특별조사의 방법·절차 등)

1. 소방청장, 소방본부장 또는 소방서장은 소방특별조사를 하려면 7일 전에 관계인에게 조사대상, 조사기간 및 조사사유 등을 서면으로 알려야 한다.
   서면으로 알리지 않아도 되는 경우
   가. 화재, 재난·재해가 발생할 우려가 뚜렷하여 긴급하게 조사할 필요가 있는 경우
   나. 소방특별조사의 실시를 사전에 통지하면 조사목적을 달성할 수 없다고 인정되는 경우
2. 소방특별조사는 관계인의 승낙 없이 해가 뜨기 전이나 해가 진 뒤에 할 수 없다. 다만, 위에 서면으로 알리지 않아도 되는 경우(2가지)에는 그러하지 아니하다.
3. 제1항에 따른 통지를 받은 관계인은 천재지변이나 그 밖에 대통령령으로 정하는 사유로 소방특별조사를 받기 곤란한 경우에는 소방특별조사를 통지한 소방청장, 소방본부장 또는 소방서장에게 대통령령으로 정하는 바에 따라 소방특별조사를 연기하여 줄 것을 신청할 수 있다.

4. 제3항에 따라 연기신청을 받은 소방청장, 소방본부장 또는 소방서장은 연기신청 승인 여부를 결정하고 그 결과를 조사 개시 전까지 관계인에게 알려주어야 한다.
5. 소방청장, 소방본부장 또는 소방서장은 소방특별조사를 마친 때에는 그 조사결과를 관계인에게 서면으로 통지하여야 한다.
6. 제1항부터 제5항까지에서 규정한 사항 외에 소방특별조사의 방법 및 절차에 필요한 사항은 대통령령으로 정한다.

● 시행령 제8조(소방특별조사의 연기)

1. 법 제4조의3 제3항에서 "대통령령으로 정하는 사유"란 다음 각 호의 어느 하나에 해당하는 사유를 말한다.
   가. 태풍, 홍수 등 재난(「재난 및 안전관리 기본법」 제3조 제1호에 해당하는 재난을 말한다)이 발생하여 소방대상물을 관리하기가 매우 어려운 경우
   나. 관계인이 질병, 장기출장 등으로 소방특별조사에 참여할 수 없는 경우
   다. 권한 있는 기관에 자체점검기록부, 교육·훈련일지 등 소방특별조사에 필요한 장부·서류 등이 압수되거나 영치(領置)되어 있는 경우
2. 법 제4조의3 제3항에 따라 소방특별조사의 연기를 신청하려는 관계인은 행정안전부령으로 정하는 연기신청서에 연기의 사유 및 기간 등을 적어 소방청장, 소방본부장 또는 소방서장에게 제출하여야 한다.
3. 소방청장, 소방본부장 또는 소방서장은 법 제4조의3 제4항에 따라 소방특별조사의 연기를 승인한 경우라도 연기기간이 끝나기 전에 연기사유가 없어졌거나 긴급히 조사를 하여야 할 사유가 발생하였을 때에는 관계인에게 통보하고 소방특별조사를 할 수 있다.

▲ 시행규칙 제1조의2(소방특별조사의 연기신청 등)

1. 「화재예방, 소방시설 설치·유지 및 안전관리에 관한 법률」(이하 "법"이라 한다) 제4조의3 제3항 및 「화재예방, 소방시설 설치·유지 및 안전관리에 관한 법률 시행령」(이하 "영"이라 한다) 제8조 제2항에 따라 소방특별조사의 연기를 신청하려는 자는 소방특별조사 시작 3일 전까지 별지 제1호 서식의 소방특별조사 연기신청서(전자문서로 된 신청서를 포함한다)에 소방특별조사를 받기가 곤란함을 증명할 수 있는 서류(전자문서로 된 서류를 포함한다)를 첨부하여 소방청장, 소방본부장 또는 소방서장에게 제출하여야 한다.
2. 제1항에 따른 신청서를 제출받은 소방청장, 소방본부장 또는 소방서장은 연기신청의 승인 여부를 결정한 때에는 별지 제1호의2 서식의 소방특별조사 연기신청 결과 통지서를 조사 시작 전까지 연기 신청을 한 자에게 통지하여야 하고, 연기기간이 종료하면 지체 없이 조사를 시작하여야 한다.

● 시행령 제9조(소방특별조사의 방법)

1. 소방청장, 소방본부장 또는 소방서장은 법 제4조의3 제6항에 따라 소방특별조사를 위하여 필요하면 관계 공무원으로 하여금 다음 각 호의 행위를 하게 할 수 있다.
   가. 관계인에게 필요한 보고를 하도록 하거나 자료의 제출을 명하는 것
   나. 소방대상물의 위치·구조·설비 또는 관리 상황을 조사하는 것
   다. 소방대상물의 위치·구조·설비 또는 관리 상황에 대하여 관계인에게 질문하는 것
2. 소방청장, 소방본부장 또는 소방서장은 필요하면 다음 각 호의 기관의 장과 합동조사반을 편성하여 소방특별조사를 할 수 있다.
   가. 관계 중앙행정기관 및 시(행정시를 포함한다)·군·자치구
   나. 「소방기본법」 제40조에 따른 한국소방안전원
   다. 「소방산업의 진흥에 관한 법률」 제14조에 따른 한국소방산업기술원(이하 "기술원"이라 한다)
   라. 「화재로 인한 재해보상과 보험가입에 관한 법률」 제11조에 따른 한국화재보험협회
   마. 「고압가스 안전관리법」 제28조에 따른 한국가스안전공사
   바. 「전기안전관리법」 제30조에 따른 한국전기안전공사
   사. 그 밖에 소방청장이 정하여 고시한 소방 관련 단체
3. 제1항 및 제2항에서 규정한 사항 외에 소방특별조사계획의 수립 등 소방특별조사에 필요한 사항은 소방청장이 정한다.

■ 법 제5조(소방특별조사 결과에 따른 조치명령)

1. 소방청장, 소방본부장 또는 소방서장은 소방특별조사 결과 소방대상물의 위치·구조·설비 또는 관리의 상황이 화재나 재난·재해 예방을 위하여 보완될 필요가 있거나 화재가 발생하면 인명 또는 재산의 피해가 클 것으로 예상되는 때에는 행정안전부령으로 정하는 바에 따라 관계인에게 그 소방대상물의 개수(改修)·이전·제거, 사용의 금지 또는 제한, 사용폐쇄, 공사의 정지 또는 중지, 그 밖의 필요한 조치를 명할 수 있다.
2. 소방청장, 소방본부장 또는 소방서장은 소방특별조사 결과 소방대상물이 법령을 위반하여 건축 또는 설비되었거나 소방시설등, 피난시설·방화구획, 방화시설 등이 법령에 적합하게 설치·유지·관리 되고 있지 아니한 경우에는 관계인에게 위에 따른 조치를 명하거나 관계 행정기관의 장에게 필요한 조치를 하여 줄 것을 요청할 수 있다.
3. 소방청장, 소방본부장 또는 소방서장은 관계인이 제1항 및 제2항에 따른 조치명령을 받고도 이를 이행하지 아니한 때에는 그 위반사실 등을 인터넷 등에 공개할 수 있다.

● 시행령 제10조(조치명령 미이행 사실 등의 공개)

1. 소방청장, 소방본부장 또는 소방서장은 법 제5조 제3항에 따라 소방특별조사 결과에 따른 조치명령(이하 "조치명령"이라 한다)의 미이행 사실 등을 공개하려면 공개내용과 공개방법 등을 공개대상 소방대상물의 관계인에게 미리 알려야 한다.
2. 소방청장, 소방본부장 또는 소방서장은 조치명령 이행기간이 끝난 때부터 소방청, 소방본부 또는 소방서의 인터넷 홈페이지에 조치명령 미이행 소방대상물의 명칭, 주소, 대표자의 성명, 조치명령의 내용 및 미이행 횟수를 게재하고, 다음 각 호의 어느 하나에 해당하는 매체를 통하여 1회 이상 같은 내용을 알려야 한다.
   가. 관보 또는 해당 소방대상물이 있는 지방자치단체의 공보
   나. 「신문 등의 진흥에 관한 법률」 제9조 제1항 제9호에 따라 전국 또는 해당 소방대상물이 있는 지역을 보급지역으로 등록한 같은 법 제2조 제1호 가목 또는 나목에 해당하는 일간신문
   다. 유선방송
   라. 반상회보
   마. 해당 소방대상물이 있는 지방자치단체에서 지역 주민들에게 배포하는 소식지
3. 소방청장, 소방본부장 또는 소방서장은 소방대상물의 관계인이 조치명령을 이행하였을 때에는 즉시 제2항에 따른 공개내용을 해당 인터넷 홈페이지에서 삭제하여야 한다.
4. 조치명령 미이행 사실 등의 공개가 제3자의 법익을 침해하는 경우에는 제3자와 관련된 사실을 제외하고 공개하여야 한다.

▲ 시행규칙 제2조(소방특별조사에 따른 조치명령 등의 절차)

1. 소방청장, 소방본부장 또는 소방서장은 법 제5조 제1항에 따른 소방대상물의 개수(改修)·이전·제거, 사용의 금지 또는 제한, 사용폐쇄, 공사의 정지 또는 중지, 그 밖의 필요한 조치를 명할 때에는 별지 제2호 서식의 소방특별조사 조치명령서를 해당 소방대상물의 관계인에게 발급하고, 별지 제2호의2 서식의 소방특별조사 조치명령대장에 이를 기록하여 관리하여야 한다.
2. 소방청장, 소방본부장 또는 소방서장은 법 제5조에 따른 명령으로 인하여 손실을 입은 자가 있는 경우에는 별지 제2호의3 서식의 소방특별조사 조치명령 손실확인서를 작성하여 관련 사진 및 그 밖의 증빙자료와 함께 보관하여야 한다.

■ 법 제6조(손실보상)(보상의 주체 : 청장, 시·도지사)

소방청장, 특별시장·광역시장·특별자치시장·도지사 또는 특별자치도지사(이하 "시·도지사"라 한다)는 제5조 제1항에 따른 명령으로 인하여 손실을 입은 자가 있는 경우에는 대통령령으로 정하는 바에 따라 보상하여야 한다.

● 시행령 제11조(손실보상)

1. 법 제6조에 따라 시·도지사가 손실을 보상하는 경우에는 시가(時價)로 보상하여야 한다.
2. 제1항에 따른 손실보상에 관하여는 시·도지사와 손실을 입은 자가 협의하여야 한다.
3. 제2항에 따른 보상금액에 관한 협의가 성립되지 아니한 경우에는 시·도지사는 그 보상금액을 지급하거나 공탁하고 이를 상대방에게 알려야 한다.
4. 제3항에 따른 보상금의 지급 또는 공탁의 통지에 불복하는 자는 지급 또는 공탁의 통지를 받은 날부터 30일 이내에 관할 토지수용위원회에 재결(裁決)을 신청할 수 있다.

▲ 시행규칙 제3조(손실보상 청구자가 제출하여야 하는 서류 등)

1. 법 제5조 제1항에 따른 명령으로 손실을 받은 자가 손실보상을 청구하고자 하는 때에는 별지 제3호 서식의 손실보상청구서(전자문서로 된 청구서를 포함한다)에 다음 각 호의 서류(전자문서를 포함한다)를 첨부하여 특별시장·광역시장·특별자치시장·도지사 또는 특별자치도지사(이하 "시·도지사"라 한다)에게 제출하여야 한다. 이 경우 담당 공무원은 「전자정부법」 제36조 제1항에 따른 행정정보의 공동이용을 통하여 건축물대장(소방대상물의 관계인임을 증명할 수 있는 서류가 건축물대장인 경우만 해당한다)을 확인하여야 한다.
   가. 소방대상물의 관계인임을 증명할 수 있는 서류(건축물대장은 제외한다)
   나. 손실을 증명할 수 있는 사진 그 밖의 증빙자료
   ※ 건축물대장은 공무원이 확인, 청구인은 증명할 서류가 건축물대장밖에 없을 경우 증빙자료만 제출
2. 시·도지사는 영 제11조 제2항에 따른 손실보상에 관하여 협의가 이루어진 때에는 손실보상을 청구한 자와 연명으로 별지 제4호 서식의 손실보상합의서를 작성하고 이를 보관하여야 한다.

■ 법 제7조(건축허가등의 동의 등)(본부장·서장 ↔ 권한이 있는 행정기관) ★★

1. 건축물 등의 신축·증축·개축·재축(再築)·이전·용도변경 또는 대수선(大修繕)의 허가·협의 및 사용승인(「주택법」 제15조에 따른 승인 및 같은 법 제49조에 따른 사용검사, 「학교시설사업 촉진법」 제4조에 따른 승인 및 같은 법 제13조에 따른 사용승인을 포함하며, 이하 "건축허가등"이라 한다)의 권한이 있는 행정기관은 건축허가등을 할 때 미리 그 건축물 등의 시공지(施工地) 또는 소재지를 관할하는 소방본부장이나 소방서장의 동의를 받아야 한다.
2. 건축물 등의 대수선·증축·개축·재축 또는 용도변경의 신고를 수리(受理)할 권한이 있는 행정기관은 그 신고를 수리하면 그 건축물 등의 시공지 또는 소재지를 관할하는 소방본부장이나 소방서장에게 지체 없이 그 사실을 알려야 한다.

3. 제1항에 따른 건축허가등의 권한이 있는 행정기관과 신고를 수리할 권한이 있는 행정기관은 건축허가등의 동의를 받거나 신고를 수리한 사실을 알릴 때 관할 소방본부장이나 소방서장에게 건축허가등을 하거나 신고를 수리할 때 건축허가등을 받으려는 자 또는 신고를 한 자가 제출한 설계도서 중 건축물의 내부구조를 알 수 있는 설계도면을 제출하여야 한다. 다만, 국가안보상 중요 하거나 국가 기밀에 속하는 건축물을 건축하는 경우로서 관계 법령에 따라 행정기관이 설계도면을 확보할 수 없는 경우에는 그러하지 아니하다.
4. 소방본부장이나 소방서장은 제1항에 따른 동의를 요구받으면 그 건축물 등이 이 법 또는 이 법에 따른 명령을 따르고 있는지를 검토한 후 행정안전부령으로 정하는 기간 이내에 해당 행정기관에 동의 여부를 알려야 한다.
5. 제1항에 따라 사용승인에 대한 동의를 할 때에는 「소방시설공사업법」 제14조 제3항에 따른 소방시설공사의 완공 검사증명서를 교부하는 것으로 동의를 갈음할 수 있다. 이 경우 건축허가등의 권한이 있는 행정기관은 소방시설공사의 완공검사증명서를 확인하여야 한다.
6. 제1항에 따른 건축허가등을 할 때에 소방본부장이나 소방서장의 동의를 받아야 하는 건축물 등의 범위는 대통령령으로 정한다.
7. 다른 법령에 따른 인가 · 허가 또는 신고 등(건축허가등과 제2항에 따른 신고는 제외하며, 이하 이 항에서 "인허가등"이라 한다)의 시설기준에 소방시설등의 설치 · 유지 등에 관한 사항이 포함되어 있는 경우 해당 인허가등의 권한이 있는 행정기관은 인허가등을 할 때 미리 그 시설의 소재지를 관할하는 소방본부장이나 소방서장에게 그 시설이 이 법 또는 이 법에 따른 명령을 따르고 있는지를 확인하여 줄 것을 요청할 수 있다. 이 경우 요청을 받은 소방본부장 또는 소방서장은 행정안전부령으로 정하는 기간 이내(7일)에 확인 결과를 알려야 한다.

※ 건축허가, 건축신고와 다른 법령에서의 인 · 허가등을 구분, (건축허가등의 동의 vs 명령을 따르고 있는지 확인 요청)

● 시행령 제12조(건축허가등의 동의대상물의 범위 등) ★★★

• 법 제7조 제1항에 따라 건축물 등의 신축 · 증축 · 개축 · 재축(再築) · 이전 · 용도변경 또는 대수선(大修繕)의 허가 · 협의 및 사용승인(이하 "건축허가등"이라 한다)을 할 때 미리 소방본부장 또는 소방서장의 동의를 받아야 하는 건축물 등의 범위는 다음 각 호와 같다.

1. 연면적(「건축법 시행령」 제119조 제1항 제4호에 따라 산정된 면적을 말한다. 이하 같다)이 400제곱미터 이상인 건축물. 다만, 다음 각 목의 어느 하나에 해당하는 시설은 해당 목에서 정한 기준 이상인 건축물로 한다.
   가. 「학교시설사업 촉진법」 제5조의2 제1항에 따라 건축 등을 하려는 학교시설 : 100제곱미터
   나. 노유자시설(老幼者施設) 및 수련시설 : 200제곱미터
   다. 「정신건강증진 및 정신질환자 복지서비스 지원에 관한 법률」 제3조 제5호에 따른 정신의료기관(입원실이 없는 정신건강의학과 의원은 제외하며, 이하 "정신의료기관"이라 한다) : 300제곱미터

라. 「장애인복지법」 제58조 제1항 제4호에 따른 장애인 의료재활시설(이하 "의료재활시설"이라 한다) : 300제곱미터

※ 장애인복지법 제58조 제1항 제4호
장애인 의료재활시설 : 장애인을 입원 또는 통원하게 하여 상담, 진단·판정, 치료 등 의료재활 서비스를 제공하는 시설

1의2. 층수(「건축법 시행령」 제119조 제1항 제9호에 따라 산정된 층수를 말한다. 이하 같다)가 6층 이상인 건축물

※ 연면적 $400m^2$ 미만인 경우에도 스프링클러가 설치되는 6층 이상 건축물은 건축허가등의 동의 대상

2. 차고·주차장 또는 주차용도로 사용되는 시설로서 다음 각 목의 어느 하나에 해당하는 것
   가. 차고·주차장으로 사용되는 바닥면적이 $200m^2$ 이상인 층이 있는 건축물이나 주차시설
   나. 승강기 등 기계장치에 의한 주차시설로서 자동차 20대 이상을 주차할 수 있는 시설
3. 항공기격납고, 관망탑, 항공관제탑, 방송용 송수신탑
4. 지하층 또는 무창층이 있는 건축물로서 바닥면적이 $150m^2$(공연장의 경우에는 $100m^2$) 이상인 층이 있는 것
5. 별표 2의 특정소방대상물 중 조산원, 산후조리원, 위험물 저장 및 처리 시설, 발전시설 중 전기저장시설, 지하구
6. 제1호에 해당하지 않는 노유자시설 중 다음 각 목의 어느 하나에 해당하는 시설. 다만, 가목 ② 및 나목부터 바목까지의 시설 중 「건축법 시행령」 별표 1의 단독주택 또는 공동주택에 설치되는 시설은 제외한다.
   가. 별표 2 제9호 가목에 따른 노인 관련 시설 중 다음의 어느 하나에 해당하는 시설
      ① 「노인복지법」 제31조 제1호·제2호 및 제4호에 따른 노인주거복지시설·노인의료복지시설 및 재가노인복지시설
      ② 「노인복지법」 제31조 제7호에 따른 학대피해노인 전용쉼터

※ 행정기관이 건축허가 등을 할 때 미리 소방본부장 또는 소방서장의 동의를 받아야 하는 건축물 등의 범위에서 "연면적이 200제곱미터 미만인 노유자시설의 노인관련 시설 중 단독주택 또는 공동주택에 설치되는 학대피해노인 전용쉼터"를 삭제함(2020.09.15)
※ 학대피해노인 전용쉼터는 면적에 상관 없음(단, 단독 또는 공동주택에 설치되는 시설 제외)

   나. 「아동복지법」 제52조에 따른 아동복지시설(아동상담소, 아동전용시설 및 지역아동센터는 제외한다)
   다. 「장애인복지법」 제58조 제1항 제1호에 따른 장애인 거주시설
   라. 정신질환자 관련 시설(「정신건강증진 및 정신질환자 복지서비스 지원에 관한 법률」 제27조 제1항 제2호에 따른 공동생활가정을 제외한 재활훈련시설과 같은 법 시행령 제16조 제3호에 따른 종합시설 중 24시간 주거를 제공하지 아니하는 시설은 제외한다)

마. 별표 2 제9호 마목에 따른 노숙인 관련 시설 중 노숙인자활시설, 노숙인재활시설 및 노숙인 요양시설

바. 결핵환자나 한센인이 24시간 생활하는 노유자시설

7. 「의료법」 제3조 제2항 제3호 라목에 따른 요양병원(이하 "요양병원"이라 한다). 다만, 정신의료기관 중 정신병원(이하 "정신병원"이라 한다)과 의료재활시설은 제외한다.

※ 「의료법」 제3조 제2항 제3호 라목

요양병원(「장애인복지법」 제58조 제1항 제4호에 따른 의료재활시설로서 제3조의2의 요건을 갖춘 의료기관을 포함한다. 이하 같다)

따라서, 정신의료기관(정신병원은 정신의료기관에 포함)과 요양병원에 포함되는 의료재활시설은 연면적 300제곱미터 이상만 건축허가등의 동의 대상이므로 제7호에서 제외라고 명시

※ 건축허가등의 동의 대상은 반드시 암기해야 한다. 대상의 종류와 면적의 숫자 그리고 연면적과 바닥면적을 구분하고, 같은 처종이라 하더라도 제외되는 것을 반드시 구분해야 한다. 시행령 제12조는 단어 하나만 바꿔서 지문으로 나오는 경우가 많기 때문에 정확하게 암기해야 풀 수 있고, 암기한다면 무조건 맞힐 수 있는 문제라 생각하자.

※ 소방시설법 시행령 제12조 건축허가등의 동의대상 정리

- 연면적 $400m^2$ 이상인 건축물
- 단, 학교 $100m^2$, 노유자 및 수련 $200m^2$
- **입원실이 없는 정신건강의학과 의원은 제외한** 정신의료기관과 장애인 의료재활시설 $300m^2$
- 층수가 6층 이상
- 차고 · 주차장**으로 사용되는** 바닥면적이 $200m^2$ 이상
- 승강기 등 기계장치에 의한 주차시설로서 **자동차** 20대 이상
- 항공기격납고, 관망탑, 항공관제탑, 방송용 송수신탑
- 지하층 또는 무창층**이 있는 건축물의** 바닥면적**이** $150m^2$(공연장의 경우에는 $100m^2$)이상인 층이 있는 것
- **노유자시설 중 노인주거복지시설, 노인의료복지시설 및 재가노인복지시설,** 단독주택 또는 공동주택에 설치되는 시설은 제외[**학대피해노인 전용쉼터, 아동복지시설(아동상담소, 아동전용시설 및 지역아동센터는 제외), 장애인 거주시설**]
- 공동생활가정을 제외한 재활훈련시설과 24시간 주거를 제공하지 아니하는 시설은 제외 정신질환자 관련 시설
- **노숙인 관련 시설 중** 노숙인자활시설, 노숙인재활시설 및 노숙인요양시설
- 결핵환자나 한센인이 24시간 생활하는 노유자시설
- **정신의료기관 중** 정신병원과 의료재활시설은 제외한 요양병원
- 조산원, 산후조리원, 위험물 저장 및 처리 시설, 발전시설 중 전기저장시설, 지하구

- 제1항에도 불구하고 다음 각 호의 어느 하나에 해당하는 특정소방대상물은 소방본부장 또는 소방서장의 건축허가등의 동의대상에서 제외된다.

1. 별표 5에 따라 특정소방대상물에 설치되는 소화기구, 누전경보기, 피난기구, 방열복 · 방화복 · 공기호흡기 및 인공소생기, 유도등 또는 유도표지가 법 제9조 제1항 전단에 따른 화재안전기준(이하 "화재안전기준"이라 한다)에 적합한 경우 그 특정소방대상물(암기 : 소누피 열화공 인유표)

※ 주로 완성된 소방시설을 설치(부착)할 경우에 동의 대상에서 제외된다고 개념을 잡으면 된다. 모든 소방시설에 대해 건축허가동의를 받게 할 경우 민원인 입장에서의 곤욕스러움을 생각해보면 된다.

2. 건축물의 증축 또는 용도변경으로 인하여 해당 특정소방대상물에 추가로 소방시설이 설치되지 아니하는 경우 그 특정소방대상물
3. 법 제9조의3 제1항에 따라 성능위주설계를 한 특정소방대상물

※ 성능위주설계를 한 특정소방대상물의 경우 성능심의 통과 시 건축허가등의 동의를 한 것으로 보기 때문에 설계검토가 중복으로 이루어지는 문제점을 개선하기 위해 건축허가 동의대상에서 제외

※ 시행령 제12조 제1항 건축허가등의 동의대상물의 범위 등에 포함 되는 것과 아닌 것이 문제로 출제될 수 있고, 제2항 동의대상에서 제외되는 규정들이 단독으로 또는 1, 2항 전체에서 출제될 수 있다.

- 법 제7조 제1항에 따라 건축허가등의 권한이 있는 행정기관은 건축허가등의 동의를 받으려는 경우에는 동의요구서에 행정안전부령으로 정하는 서류를 첨부하여 해당 건축물 등의 소재지를 관할하는 소방본부장 또는 소방서장에게 동의를 요구하여야 한다. 이 경우 동의 요구를 받은 소방본부장 또는 소방서장은 첨부서류가 미비한 경우에는 그 서류의 보완을 요구할 수 있다.

▲ 시행규칙 제4조(건축허가등의 동의요구)

1. 법 제7조 제1항에 따른 건축물 등의 신축·증축·개축·재축·이전·용도변경 또는 대수선의 허가·협의 및 사용승인(이하 "건축허가등"이라 한다)의 동의요구는 다음 각 호의 구분에 따른 기관이 건축물 등의 시공지(施工地) 또는 소재지를 관할하는 소방본부장 또는 소방서장에게 하여야 한다(권한이 있는 행정기관들).
   가. 영 제12조 제1항 제1호부터 제4호까지 및 제6호에 따른 건축물 등과 영 별표 2 제17호 가목에 따른 위험물 제조소등의 경우 : 「건축법」 제11조에 따른 허가(「건축법」 제29조 제1항에 따른 협의, 「주택법」 제16조에 따른 승인, 같은 법 제29조에 따른 사용검사, 「학교시설사업 촉진법」 제4조에 따른 승인 및 같은 법 제13조에 따른 사용승인을 포함한다)의 권한이 있는 행정기관
   나. 영 별표 2 제17호 나목에 따른 가스시설의 경우 : 「고압가스 안전관리법」 제4조, 「도시가스사업법」 제3조 및 「액화석유가스의 안전관리 및 사업법」 제3조·제6조에 따른 허가의 권한이 있는 행정기관
   다. 영 별표 2 제28호에 따른 지하구의 경우 : 「국토의 계획 및 이용에 관한 법률」 제88조 제2항에 따른 도시·군계획시설사업 실시계획 인가의 권한이 있는 행정기관
2. 제1항 각 호의 어느 하나에 해당하는 기관은 영 제12조 제3항에 따라 건축허가등의 동의를 요구하는 때에는 동의요구서(전자문서로 된 요구서를 포함한다)에 다음 각 호의 서류(전자문서를 포함한다)를 첨부하여야 한다.

※ 동의요구서 및 각 호의 서류 모두를 첨부하는 것이 원칙

가. 「건축법 시행규칙」 제6조・제8조 및 제12조의 규정에 의한 건축허가신청서 및 건축허가서 또는 건축・대수선・용도변경신고서 등 건축허가등을 확인할 수 있는 서류의 사본. 이 경우 동의 요구를 받은 담당공무원은 특별한 사정이 없는 한 「전자정부법」 제36조 제1항에 따른 행정정보의 공동 이용을 통하여 건축허가서를 확인함으로써 첨부서류의 제출에 갈음하여야 한다.

나. 다음 각 목의 설계도서. 다만, ① 및 ③의 설계도서는 「소방시설공사업법 시행령」 제4조에 따른 소방시설공사 착공신고대상에 해당되는 경우에 한한다.

① 건축물의 단면도 및 주단면 상세도(내장재료를 명시한 것에 한한다)

② 소방시설(기계・전기분야의 시설을 말한다)의 층별 평면도 및 층별 계통도(시설별 계산서를 포함한다)

③ 창호도

다. 소방시설 설치계획표

라. 임시소방시설 설치계획서(설치 시기・위치・종류・방법 등 임시소방시설의 설치와 관련한 세부 사항을 포함한다)

마. 소방시설설계업등록증과 소방시설을 설계한 기술인력자의 기술자격증 사본

바. 「소방시설공사업법」 제21조의3 제2항에 따라 체결한 소방시설설계 계약서 사본 1부

※ 건축허가등의 동의 대상(면적, 용도, 층으로 구분) 중 착공신고대상(소방시설 공사)만 첨부 서류 중 건축물의 단면도 및 주단면 상세도(내장재료를 명시한 것에 한한다)와 창호도(출입구나 문, 창과 같은 여러 창호의 마감, 치수, 재질, 유리의 종류와 크기, 철물의 종류와 수량 등의 정보를 나타내는 도면)를 제출

※ ①, ②, ③의 서류를 모두 첨부하는 게 원칙

※ 단서의 법률 해석 : ① 및 ③은 착공신고대상만 제출하는 것이 아니라 원래 건축허가동의 대상이라면 3개의 서류를 모두 제출해야 하는데 그중 두 개의 서류는 착공신고대상만 해당된다는 뜻입니다. 즉, 착공신고대상이 아니라면 ②에 해당하는 서류만 제출, 착공신고 대상이라면 ①, ②, ③ 모두 제출(건축허가동의 모든 대상과 소방시설착공신고 대상에 관해 소방시설법에서 정한 가장 중요한 사항이 소방시설이 잘 설치되어 있느냐일 것입니다. ② 서류는 꼭 필요한 서류입니다)

※ 실무적 설명 : 건축허가 동의를 우리(소방)에게 요구하는 기관(제1항 각 호)은 건축허가를 신청하는 민원인에게 여러 가지 서류를 받을텐데요. 그중에 우리(소방)에게 동의를 해달라고 하는 이유는 소방시설이 적법하게 설치되어 있는지 확인하기 위해서입니다. 모든 서류를 전부 제출하라고 한다면 민원인에게 너무 과하기 때문에 그중 가장 중요한 서류(②)만 제출하게 하고, 착공신고대상에 해당한다면 다른 서류까지 전부 제출해야 하는 것입니다.

3. 제1항에 따른 동의요구를 받은 소방본부장 또는 소방서장은 법 제7조 제3항에 따라 건축허가등의 동의요구서류를 접수한 날부터 5일(허가를 신청한 건축물 등이 영 제22조 제1항 제1호 각 목의 어느 하나에 해당하는 경우에는 10일) 이내에 건축허가등의 동의여부를 회신하여야 한다.

※ 건축허가등의 동의 회신 : 5일(특급 소방안전관리대상물 10일)

4. 소방본부장 또는 소방서장은 제3항의 규정에 불구하고 제2항의 규정에 의한 동의 요구서 및 첨부서류의 보완이 필요한 경우에는 4일 이내의 기간을 정하여 보완을 요구할 수 있다. 이 경우 보완기간은 제3항의 규정에 의한 회신기간에 산입하지 아니하고, 보완기간 내에 보완하지 아니하는 때에는 동의요구서를 반려하여야 한다.

   ※ 건축허가동의 보완기간 : 4일(특급의 경우 회신기간 10일 + 보완사항 4일 = 총 14일)

5. 제1항에 따라 건축허가등의 동의를 요구한 기관이 그 건축허가등을 취소하였을 때에는 취소한 날부터 7일 이내에 건축물 등의 시공지 또는 소재지를 관할하는 소방본부장 또는 소방서장에게 그 사실을 통보하여야 한다.

   ※ 건축허가 취소 시 본부장, 서장에게 통보 : 7일

6. 소방본부장 또는 소방서장은 제3항의 규정에 의하여 동의 여부를 회신하는 때에는 별지 제5호서식의 건축허가등의동의대장에 이를 기재하고 관리하여야 한다.

7. 법 제7조 제6항 후단에서 "행정안전부령으로 정하는 기간"이란 7일을 말한다.

   ※ 법 제7조 제7항 후단이다. 아직 시행규칙 개정이 되지 않았다.

   다른 법령에 따른 인허가등의 시설기준에 소방시설등의 설치·유지 등에 관한 사항이 포함되어 있는 경우 해당 인허가등의 권한이 있는 행정기관은 인허가등을 할 때 미리 그 시설의 소재지를 관할하는 소방본부장이나 소방서장에게 그 시설이 이 법 또는 이 법에 따른 명령을 따르고 있는지를 확인하여 줄 것을 요청했을 경우 확인결과 회신 : 7일

■ 법 제7조의2(전산시스템 구축 및 운영)

1. 소방청장, 소방본부장 또는 소방서장은 제7조 제3항에 따라 제출받은 설계도면의 체계적인 관리 및 공유를 위하여 전산시스템을 구축·운영하여야 한다.
2. 소방청장, 소방본부장 또는 소방서장은 전산시스템의 구축·운영에 필요한 자료의 제출 또는 정보의 제공을 관계 행정기관의 장에게 요청할 수 있다. 이 경우 자료의 제출이나 정보의 제공을 요청받은 관계 행정기관의 장은 정당한 사유가 없으면 이에 따라야 한다.

■ 법 제8조(주택에 설치하는 소방시설) ★

1. 설치대상 : 건축법상 단독주택, 공동주택(아파트 및 기숙사는 제외)

   ※ 기존 소방시설법상 특정소방대상물에 해당되는 아파트 및 기숙사뿐만 아니라 주택에서의 화재로 인한 인명피해를 방지하기 위하여 건축법상 주택에 소화기구 및 단독경보형감지기 설치 의무화

2. 설치의무자 : 주택 소유자
3. 소방시설 : 소화기 및 단독경보형감지기 ●시행령 제13조
4. 주택용 소방시설의 설치기준 및 자율적인 안전관리에 관한 사항은 특별시·광역시·특별자치시·도 또는 특별자치도의 조례로 정한다.

■ 법 제9조(특정소방대상물에 설치하는 소방시설의 유지·관리 등)

1. 특정소방대상물의 관계인은 대통령령으로 정하는 소방시설을 소방청장이 정하여 고시하는 화재안전기준에 따라 설치 또는 유지·관리하여야 한다. 이 경우 「장애인·노인·임산부 등의 편의증진 보장에 관한 법률」 제2조 제1호에 따른 장애인등이 사용하는 소방시설(경보설비 및 피난구조설비를 말한다)은 대통령령으로 정하는 바에 따라 장애인등에 적합하게 설치 또는 유지·관리하여야 한다.
2. 소방본부장이나 소방서장은 위에 따른 소방시설이 화재안전기준에 따라 설치 또는 유지·관리되어 있지 아니할 때에는 해당 특정소방대상물의 관계인에게 필요한 조치를 명할 수 있다.
3. 특정소방대상물의 관계인은 소방시설을 유지·관리할 때 소방시설의 기능과 성능에 지장을 줄 수 있는 폐쇄(잠금을 포함한다. 이하 같다)·차단 등의 행위를 하여서는 아니 된다. 다만, 소방시설의 점검·정비를 위한 폐쇄·차단은 할 수 있다.

● 시행령 제15조(특정소방대상물의 규모 등에 따라 갖추어야 하는 소방시설)

법 제9조 제1항 전단 및 제9조의4 제1항에 따라 특정소방대상물의 관계인이 특정소방대상물의 규모·용도 및 별표 4에 따라 산정된 수용 인원(이하 "수용인원"이라 한다) 등을 고려하여 갖추어야 하는 소방시설의 종류는 별표 5와 같다.

시행령 별표 4 ★★★

수용인원의 산정 방법(제15조 관련)

1. 숙박시설이 있는 특정소방대상물
   가. 침대가 있는 숙박시설 : 해당 특정소방물의 종사자 수에 침대 수(2인용 침대는 2개로 산정한다)를 합한 수
   나. 침대가 없는 숙박시설 : 해당 특정소방대상물의 종사자 수에 숙박시설 바닥면적의 합계를 $3m^2$로 나누어 얻은 수를 합한 수
2. 제1호 외의 특정소방대상물
   가. 강의실·교무실·상담실·실습실·휴게실 용도로 쓰이는 특정소방대상물 : 해당 용도로 사용하는 바닥면적의 합계를 $1.9m^2$로 나누어 얻은 수
   나. 강당, 문화 및 집회시설, 운동시설, 종교시설 : 해당 용도로 사용하는 바닥면적의 합계를 $4.6m^2$로 나누어 얻은 수(관람석이 있는 경우 고정식 의자를 설치한 부분은 그 부분의 의자 수로 하고, 긴 의자의 경우에는 의자의 정면너비를 0.45m로 나누어 얻은 수로 한다)
   다. 그 밖의 특정소방대상물 : 해당 용도로 사용하는 바닥면적의 합계를 $3m^2$로 나누어 얻은 수

비 고
- 위 표에서 바닥면적을 산정할 때에는 복도(「건축법 시행령」 제2조 제11호에 따른 준불연 재료 이상의 것을 사용하여 바닥에서 천장까지 벽으로 구획한 것을 말한다), 계단 및 화장실의 바닥면적을 포함하지 않는다.
- 계산 결과 소수점 이하의 수는 반올림한다.

※ 수용인원 산정방법 정리

1. 숙박시설이 있는 특정소방대상물
   가. 침대가 있는 숙박시설 : 종사자 수 + 침대 수(2인용 침대는 2개)
   나. 침대가 없는 숙박시설 : 종사자 수 + 숙박시설 바닥면적의 합계 ÷ $3m^2$
2. 제1호 외의 특정소방대상물
   가. 강의실 · 교무실 · 상담실 · 실습실 · 휴게실 : 바닥면적의 합계 ÷ $1.9m^2$
   나. 강당, 문화 및 집회시설, 운동시설, 종교시설 : 바닥면적의 합계 ÷ $4.6m^2$
   (관람석이 있는 경우 고정식 의자를 설치한 부분은 그 부분의 의자 수로 하고, 긴 의자의 경우에는 의자의 정면너비를 0.45m로 나누어 얻은 수로 한다)
   다. 그 밖의 특정소방대상물 : 바닥면적의 합계 ÷ $3m^2$

※ 암기 : 강의상실휴교 1.9
강문종운 4.6
그 밖에 3

※ 참 고

[보 기]

- 1층 운동시설, 2층 강당
- 각 층의 바닥면적은 $500m^2$(복도와 계단을 합친 면적 $50m^2$)
- 1층의 관람석에 고정식 의자 수 50개, 긴 의자 20개(1개당 정면 너비 2m)

[참고 1]

- 1층 운동시설 바닥면적($500m^2$ − $50m^2$) ÷ $4.6m^2$ = 97.8 ∴ 98명
  관람석 고정식 의자 50개 ∴ 50명, + [긴 의자(2m ÷ 0.45m = 4.44) ∴ 5 × 20개 = 100명]
- 2층 강당 바닥면적($500m^2$ − $50m^2$) ÷ $4.6m^2$ = 97.8 ∴ 98명

※ 98명 + 50명 + 100명 + 98명 = 수용인원 346명

[참고 2]

- 1층 운동시설 관람석 고정식 의자 50개 ∴ 50명, + [긴 의자(2m ÷ 0.45m = 4.44) ∴ 5 × 20개 = 100명]
- 2층 강당 바닥면적($500m^2$ − $50m^2$) ÷ $4.6m^2$ = 97.8 ∴ 98명

※ 50명 + 100명 + 98명 = 수용인원 248명

※ 저자의 경우 두 가지로 해석해서 수용인원을 계산했다.

※ 수용인원 산정의 관람석 부분은 실무를 적용함에 있어 각각 다르게 해석할 여지는 있다. 관람석 부분의 규정은 침대가 있는 숙박시설처럼 명확하게 정해져 있지 않기 때문이다. 1. 전체 바닥면적과 관람석의 바닥면적을 분리해서 고정식 의자와 긴 의자를 계산할 것인지, 2. 전체 바닥면적으로 계산하고 의자 부분을 계산해서 합할 것인지, 3. 관람석이 있는 경우 관람석 부분의 의자로만 수용인원을 계산할 것인지 등등 의견이 있을 수 있지만, 승진시험에 있어서는 '법 규정 → 이해 → 암기 → 실무 적용'의 순에서 봤을 때 암기가 가장 중요하기 때문에, 수험생 여러분들이 계산 방법을 참고해서 규정을 더 쉽게 암기할 수 있도록 참고 부분을 추가했다.

시행령 별표 5 ★★★

특정소방대상물의 관계인이 특정소방대상물의 규모·용도 및 수용인원 등을 고려하여 갖추어야 하는 소방시설의 종류(제15조 관련)

1. 소화설비

가. 화재안전기준에 따라 소화기구를 설치하여야 하는 특정소방대상물은 다음의 어느 하나와 같다.

① 연면적 $33m^2$ 이상인 것. 다만, 노유자시설의 경우에는 투척용 소화용구 등을 화재안전기준에 따라 산정된 소화기 수량의 2분의 1 이상으로 설치할 수 있다.

② ①에 해당하지 않는 시설로서 가스시설, 발전시설 중 전기저장시설 및 지정문화재

③ 터널

④ 지하구

나. 자동소화장치를 설치하여야 하는 특정소방대상물은 다음의 어느 하나와 같다.

① 주거용 주방자동소화장치를 설치하여야 하는 것 : 아파트등 및 30층 이상 오피스텔의 모든 층

② 캐비닛형 자동소화장치, 가스자동소화장치, 분말자동소화장치 또는 고체에어로졸자동소화장치를 설치하여야 하는 것 : 화재안전기준에서 정하는 장소

다. 옥내소화전설비를 설치하여야 하는 특정소방대상물(위험물 저장 및 처리 시설 중 가스시설, 지하구 및 방재실 등에서 스프링클러설비 또는 물분무등소화설비를 원격으로 조정할 수 있는 업무시설 중 무인변전소는 제외한다)은 다음의 어느 하나와 같다.

① 연면적 3천m^2 이상(지하가 중 터널은 제외한다)이거나 지하층·무창층(축사는 제외한다) 또는 층수가 4층 이상인 것 중 바닥면적이 $600m^2$ 이상인 층이 있는 것은 모든 층

② 지하가 중 터널로서 다음에 해당하는 터널

㉠ 길이가 1천 미터 이상인 터널

㉡ 예상교통량, 경사도 등 터널의 특성을 고려하여 총리령으로 정하는 터널

> ▲ 시행규칙 제6조(소방시설을 설치하여야 하는 터널)
> 영 별표 5 제1호 다목 2) 나)에서 "행정안전부령으로 정하는 터널"이란 「도로의 구조·시설 기준에 관한 규칙」 제48조에 따라 국토교통부장관이 정하는 도로의 구조 및 시설에 관한 세부기준에 의하여 옥내소화전설비를 설치하여야 하는 터널을 말한다.
> ※ 총리령 → 행정안전부령으로 개정되어야 함

③ ①에 해당하지 않는 근린생활시설, 판매시설, 운수시설, 의료시설, 노유자시설, 업무시설, 숙박시설, 위락시설, 공장, 창고시설, 항공기 및 자동차 관련 시설, 교정 및 군사시설 중 국방·군사시설, 방송통신시설, 발전시설, 장례시설 또는 복합건축물로서 연면적 1천5백m^2 이상이거나 지하층·무창층 또는 층수가 4층 이상인 층 중 바닥면적이 $300m^2$ 이상인 층이 있는 것은 모든 층

④ 건축물의 옥상에 설치된 차고 또는 주차장으로서 차고 또는 주차의 용도로 사용되는 부분의 면적이 $200m^2$ 이상인 것

⑤ ① 및 ③에 해당하지 않는 공장 또는 창고시설로서 「소방기본법 시행령」 별표 2에서 정하는 수량의 750배 이상의 특수가연물을 저장·취급하는 것

라. 스프링클러설비를 설치하여야 하는 특정소방대상물(위험물 저장 및 처리 시설 중 가스시설 또는 지하구는 제외한다)은 다음의 어느 하나와 같다.

① 문화 및 집회시설(동·식물원은 제외한다), 종교시설(주요구조부가 목조인 것은 제외한다), 운동시설(물놀이형 시설은 제외한다)로서 다음의 어느 하나에 해당하는 경우에는 모든 층

㉠ 수용인원이 100명 이상인 것

ⓛ 영화상영관의 용도로 쓰이는 층의 바닥면적이 지하층 또는 무창층인 경우에는 500m^2 이상, 그 밖의 층의 경우에는 1천m^2 이상인 것

ⓒ 무대부가 지하층 · 무창층 또는 4층 이상의 층에 있는 경우에는 무대부의 면적이 300m^2 이상인 것

ⓔ 무대부가 ⓒ 외의 층에 있는 경우에는 무대부의 면적이 500m^2 이상인 것

② 판매시설, 운수시설 및 창고시설(물류터미널에 한정한다)로서 바닥면적의 합계가 5천m^2 이상이거나 수용인원이 500명 이상인 경우에는 모든 층

③ 층수가 6층 이상인 특정소방대상물의 경우에는 모든 층. 다만, 다음의 어느 하나에 해당하는 경우에는 제외한다.

㉠ 주택 관련 법령에 따라 기존의 아파트등을 리모델링하는 경우로서 건축물의 연면적 및 층높이가 변경되지 않는 경우. 이 경우 해당 아파트등의 사용검사 당시의 소방시설의 설치에 관한 대통령령 또는 화재안전기준을 적용한다.

ⓛ 스프링클러설비가 없는 기존의 특정소방대상물을 용도변경하는 경우. 다만, ① · ② · ④ · ⑤ 및 ⑧부터 ⑫까지의 규정에 해당하는 특정소방대상물로 용도변경 하는 경우에는 해당 규정에 따라 스프링클러설비를 설치한다.

④ 다음의 어느 하나에 해당하는 용도로 사용되는 시설의 바닥면적의 합계가 600m^2 이상인 것은 모든 층

㉠ 근린생활시설 중 조산원 및 산후조리원

ⓛ 의료시설 중 정신의료기관

ⓒ 의료시설 중 종합병원, 병원, 치과병원, 한방병원 및 요양병원(정신병원은 제외한다)

ⓔ 노유자시설

ⓜ 숙박이 가능한 수련시설

⑤ 창고시설(물류터미널은 제외한다)로서 바닥면적 합계가 5천m^2 이상인 경우에는 모든 층

⑥ 천장 또는 반자(반자가 없는 경우에는 지붕의 옥내에 면하는 부분)의 높이가 10m를 넘는 랙식 창고(rack warehouse, 물건을 수납할 수 있는 선반이나 이와 비슷한 것을 갖춘 것을 말한다)로서 바닥면적의 합계가 1천5백m^2 이상인 것

⑦ ①부터 ⑥까지의 특정소방대상물에 해당하지 않는 특정소방대상물의 지하층 · 무창층(축사는 제외한다) 또는 층수가 4층 이상인 층으로서 바닥면적이 1천m^2 이상인 층

⑧ ⑥에 해당하지 않는 공장 또는 창고시설로서 다음의 어느 하나에 해당하는 시설

㉠ 「소방기본법 시행령」 별표 2에서 정하는 수량의 1천 배 이상의 특수가연물을 저장 · 취급하는 시설

ⓛ 「원자력안전법 시행령」 제2조 제1호에 따른 중 · 저준위방사성폐기물(이하 "중 · 저준위방사성폐기물"이라 한다)의 저장시설 중 소화수를 수집 · 처리하는 설비가 있는 저장시설

⑨ 지붕 또는 외벽이 불연재료가 아니거나 내화구조가 아닌 공장 또는 창고시설로서 다음의 어느 하나에 해당하는 것

㉠ 창고시설(물류터미널에 한정한다) 중 ②에 해당하지 않는 것으로서 바닥면적의 합계가 2천5백m^2 이상이거나 수용인원이 250명 이상인 것

ⓛ 창고시설(물류터미널은 제외한다) 중 ⑤에 해당하지 않는 것으로서 바닥면적의 합계가 2천5백m^2 이상인 것

ⓒ 랙식 창고시설 중 ⑥에 해당하지 않는 것으로서 바닥면적의 합계가 750m^2 이상인 것

ⓔ 공장 또는 창고시설 중 ⑦에 해당하지 않는 것으로서 지하층 · 무창층 또는 층수가 4층 이상인 것 중 바닥면적이 500m^2 이상인 것

ⓜ 공장 또는 창고시설 중 ⑧ ㉠에 해당하지 않는 것으로서 「소방기본법 시행령」 별표 2에서 정하는 수량의 500배 이상의 특수가연물을 저장 · 취급하는 시설

⑩ 지하가(터널은 제외한다)로서 연면적 1천m^2 이상인 것

⑪ 기숙사(교육연구시설·수련시설 내에 있는 학생 수용을 위한 것을 말한다) 또는 복합건축물로서 연면적 5천m^2 이상인 경우에는 모든 층

⑫ 교정 및 군사시설 중 다음의 어느 하나에 해당하는 경우에는 해당 장소

㉠ 보호감호소, 교도소, 구치소 및 그 지소, 보호관찰소, 갱생보호시설, 치료감호시설, 소년원 및 소년분류심사원의 수용거실

㉡ 「출입국관리법」 제52조 제2항에 따른 보호시설(외국인보호소의 경우에는 보호대상자의 생활공간으로 한정한다. 이하 같다)로 사용하는 부분. 다만, 보호시설이 임차건물에 있는 경우는 제외한다.

㉢ 「경찰관 직무집행법」 제9조에 따른 유치장

⑬ 발전시설 중 전기저장시설

⑭ ①부터 ⑬까지의 특정소방대상물에 부속된 보일러실 또는 연결통로 등

마. 간이스프링클러설비를 설치하여야 하는 특정소방대상물은 다음의 어느 하나와 같다.

① 근린생활시설 중 다음의 어느 하나에 해당하는 것

㉠ 근린생활시설로 사용하는 부분의 바닥면적 합계가 1천m^2 이상인 것은 모든 층

㉡ 의원, 치과의원 및 한의원으로서 입원실이 있는 시설

㉢ 조산원 및 산후조리원으로서 연면적 600m^2 미만인 시설

② 교육연구시설 내에 합숙소로서 연면적 100m^2 이상인 것

③ 의료시설 중 다음의 어느 하나에 해당하는 시설

㉠ 종합병원, 병원, 치과병원, 한방병원 및 요양병원(정신병원과 의료재활시설은 제외한다)으로 사용되는 바닥면적의 합계가 600m^2 미만인 시설

㉡ 정신의료기관 또는 의료재활시설로 사용되는 바닥면적의 합계가 300m^2 이상 600m^2 미만인 시설

㉢ 정신의료기관 또는 의료재활시설로 사용되는 바닥면적의 합계가 300m^2 미만이고, 창살(철재·플라스틱 또는 목재 등으로 사람의 탈출 등을 막기 위하여 설치한 것을 말하며, 화재 시 자동으로 열리는 구조로 되어 있는 창살은 제외한다)이 설치된 시설

④ 노유자시설로서 다음의 어느 하나에 해당하는 시설

㉠ 제12조 제1항 제6호 각 목에 따른 시설[제12조 제1항 제6호 가목 2) 및 같은 호 나목부터 바목까지의 시설 중 단독주택 또는 공동주택에 설치되는 시설은 제외하며, 이하 "노유자 생활시설"이라 한다]

㉡ ㉠에 해당하지 않는 노유자시설로 해당 시설로 사용하는 바닥면적의 합계가 300m^2 이상 600m^2 미만인 시설

㉢ ㉠에 해당하지 않는 노유자시설로 해당 시설로 사용하는 바닥면적의 합계가 300m^2 미만이고, 창살(철재·플라스틱 또는 목재 등으로 사람의 탈출 등을 막기 위하여 설치한 것을 말하며, 화재 시 자동으로 열리는 구조로 되어 있는 창살은 제외한다)이 설치된 시설

⑤ 건물을 임차하여 「출입국관리법」 제52조 제2항에 따른 보호시설로 사용하는 부분

⑥ 숙박시설 중 생활형 숙박시설로서 해당 용도로 사용되는 바닥면적의 합계가 600m^2 이상인 것

⑦ 복합건축물(별표 2 제30호 나목의 복합건축물만 해당한다)로서 연면적 1천m^2 이상인 것은 모든 층

바. 물분무등소화설비를 설치하여야 하는 특정소방대상물(위험물 저장 및 처리 시설 중 가스시설 또는 지하구는 제외한다)은 다음의 어느 하나와 같다.

① 항공기 및 자동차 관련 시설 중 항공기격납고

② 차고, 주차용 건축물 또는 철골 조립식 주차시설. 이 경우 연면적 800m^2 이상인 것만 해당한다.

③ 건축물 내부에 설치된 차고 또는 주차장으로서 차고 또는 주차의 용도로 사용되는 부분의 바닥면적이 200m^2 이상인 층

④ 기계장치에 의한 주차시설을 이용하여 20대 이상의 차량을 주차할 수 있는 것

⑤ 특정소방대상물에 설치된 전기실 · 발전실 · 변전실(가연성 절연유를 사용하지 않는 변압기 · 전류차단기 등의 전기기기와 가연성 피복을 사용하지 않은 전선 및 케이블만을 설치한 전기실 · 발전실 및 변전실은 제외한다) · 축전지실 · 통신기기실 또는 전산실, 그 밖에 이와 비슷한 것으로서 바닥면적이 300m² 이상인 것[하나의 방화구획 내에 둘 이상의 실(室)이 설치되어 있는 경우에는 이를 하나의 실로 보아 바닥면적을 산정한다]. 다만, 내화구조로 된 공정제어실 내에 설치된 주조정실로서 양압시설이 설치되고 전기기기에 220볼트 이하인 저전압이 사용되며 종업원이 24시간 상주하는 곳은 제외한다.

⑥ 소화수를 수집 · 처리하는 설비가 설치되어 있지 않은 중 · 저준위방사성폐기물의 저장시설. 다만, 이 경우에는 이산화탄소소화설비, 할론소화설비 또는 할로겐화합물 및 불활성기체 소화설비를 설치하여야 한다.

⑦ 지하가 중 예상 교통량, 경사도 등 터널의 특성을 고려하여 행정안전부령으로 정하는 터널. 다만, 이 경우에는 물분무소화설비를 설치하여야 한다.

▲ 시행규칙 제6조(소방시설을 설치하여야 하는 터널)

② 영 별표 5 제1호 바목 ⑦ 본문에서 "행정안전부령으로 정하는 터널"이란 「도로의 구조 · 시설 기준에 관한 규칙」 제48조에 따라 국토교통부장관이 정하는 도로의 구조 및 시설에 관한 세부기준에 의하여 물분무설비를 설치하여야 하는 터널을 말한다.

⑧ 「문화재보호법」 제2조 제3항 제1호 및 제2호에 따른 지정문화재 중 소방청장이 문화재청장과 협의하여 정하는 것

사. 옥외소화전설비를 설치하여야 하는 특정소방대상물(아파트등, 위험물 저장 및 처리 시설 중 가스시설, 지하구 또는 지하가 중 터널은 제외한다)은 다음의 어느 하나와 같다.

① 지상 1층 및 2층의 바닥면적의 합계가 9천m² 이상인 것. 이 경우 같은 구(區) 내의 둘 이상의 특정소방대상물이 행정안전부령으로 정하는 연소(延燒) 우려가 있는 구조인 경우에는 이를 하나의 특정소방대상물로 본다.

▲ 시행규칙 제7조(연소 우려가 있는 건축물의 구조)

영 별표 5 제1호 사목 ① 후단에서 "행정안전부령으로 정하는 연소(延燒) 우려가 있는 구조"란 다음 각 호의 기준에 모두 해당하는 구조를 말한다.

1. 건축물대장의 건축물 현황도에 표시된 대지경계선 안에 둘 이상의 건축물이 있는 경우
2. 각각의 건축물이 다른 건축물의 외벽으로부터 수평거리가 1층의 경우에는 6미터 이하, 2층 이상의 층의 경우에는 10미터 이하인 경우
3. 개구부(영 제2조 제1호에 따른 개구부를 말한다)가 다른 건축물을 향하여 설치되어 있는 경우

※ 연소 우려가 있는 건축물의 구조 암기 : 대지경계둘 외수16 이10 개구부

② 「문화재보호법」 제23조에 따라 보물 또는 국보로 지정된 목조건축물

③ ①에 해당하지 않는 공장 또는 창고시설로서 「소방기본법 시행령」 별표 2에서 정하는 수량의 750배 이상의 특수가연물을 저장 · 취급하는 것

2. 경보설비

가. 비상경보설비를 설치하여야 할 특정소방대상물(지하구, 모래 · 석재 등 불연재료 창고 및 위험물 저장 · 처리 시설 중 가스시설은 제외한다)은 다음의 어느 하나와 같다.

① 연면적 400m²(지하가 중 터널 또는 사람이 거주하지 않거나 벽이 없는 축사 등 동 · 식물 관련 시설은 제외한다) 이상이거나 지하층 또는 무창층의 바닥면적이 150m²(공연장의 경우 100m²) 이상인 것

② 지하가 중 터널로서 길이가 500m 이상인 것
③ 50명 이상의 근로자가 작업하는 옥내 작업장

나. 비상방송설비를 설치하여야 하는 특정소방대상물(위험물 저장 및 처리 시설 중 가스시설, 사람이 거주하지 않는 동물 및 식물 관련 시설, 지하가 중 터널, 축사 및 지하구는 제외한다)은 다음의 어느 하나와 같다.
① 연면적 3천5백m^2 이상인 것
② 지하층을 제외한 층수가 11층 이상인 것
③ 지하층의 층수가 3층 이상인 것

다. 누전경보기는 계약전류용량(같은 건축물에 계약 종류가 다른 전기가 공급되는 경우에는 그 중 최대계약전류용량을 말한다)이 100암페어를 초과하는 특정소방대상물(내화구조가 아닌 건축물로서 벽·바닥 또는 반자의 전부나 일부를 불연재료 또는 준불연재료가 아닌 재료에 철망을 넣어 만든 것만 해당한다)에 설치하여야 한다. 다만, 위험물 저장 및 처리 시설 중 가스시설, 지하가 중 터널 또는 지하구의 경우에는 그러하지 아니하다.

라. 자동화재탐지설비를 설치하여야 하는 특정소방대상물은 다음의 어느 하나와 같다.
① 근린생활시설(목욕장은 제외한다), 의료시설(정신의료기관 또는 요양병원은 제외한다), 숙박시설, 위락시설, 장례시설 및 복합건축물로서 연면적 600m^2 이상인 것
② 공동주택, 근린생활시설 중 목욕장, 문화 및 집회시설, 종교시설, 판매시설, 운수시설, 운동시설, 업무시설, 공장, 창고시설, 위험물 저장 및 처리 시설, 항공기 및 자동차 관련 시설, 교정 및 군사시설 중 국방·군사시설, 방송통신시설, 발전시설, 관광 휴게시설, 지하가(터널은 제외한다)로서 연면적 1천m^2 이상인 것
③ 교육연구시설(교육시설 내에 있는 기숙사 및 합숙소를 포함한다), 수련시설(수련시설 내에 있는 기숙사 및 합숙소를 포함하며, 숙박시설이 있는 수련시설은 제외한다), 동물 및 식물 관련 시설(기둥과 지붕만으로 구성되어 외부와 기류가 통하는 장소는 제외한다), 분뇨 및 쓰레기 처리시설, 교정 및 군사시설(국방·군사시설은 제외한다) 또는 묘지 관련 시설로서 연면적 2천m^2 이상인 것
④ 지하구
⑤ 지하가 중 터널로서 길이가 1천m 이상인 것
⑥ 노유자 생활시설
⑦ ⑥에 해당하지 않는 노유자시설로서 연면적 400m^2 이상인 노유자시설 및 숙박시설이 있는 수련시설로서 수용인원 100명 이상인 것
⑧ ②에 해당하지 않는 공장 및 창고시설로서 「소방기본법 시행령」 별표 2에서 정하는 수량의 500배 이상의 특수가연물을 저장·취급하는 것
⑨ 의료시설 중 정신의료기관 또는 요양병원으로서 다음의 어느 하나에 해당하는 시설
㉠ 요양병원(정신병원과 의료재활시설은 제외한다)
㉡ 정신의료기관 또는 의료재활시설로 사용되는 바닥면적의 합계가 300m^2 이상인 시설
㉢ 정신의료기관 또는 의료재활시설로 사용되는 바닥면적의 합계가 300m^2 미만이고, 창살(철재·플라스틱 또는 목재 등으로 사람의 탈출 등을 막기 위하여 설치한 것을 말하며, 화재 시 자동으로 열리는 구조로 되어 있는 창살은 제외한다)이 설치된 시설
⑩ 판매시설 중 전통시장
⑪ ①에 해당하지 않는 근린생활시설 중 조산원 및 산후조리원
⑫ ②에 해당하지 않는 발전시설 중 전기저장시설

마. 자동화재속보설비를 설치하여야 하는 특정소방대상물은 다음의 어느 하나와 같다.

① 업무시설, 공장, 창고시설, 교정 및 군사시설 중 국방·군사시설, 발전시설(사람이 근무하지 않는 시간에는 무인경비시스템으로 관리하는 시설만 해당한다)로서 바닥면적이 1천5백m^2 이상인 층이 있는 것. 다만, 사람이 24시간 상시 근무하고 있는 경우에는 자동화재속보설비를 설치하지 않을 수 있다.

② 노유자 생활시설

③ ②에 해당하지 않는 노유자시설로서 바닥면적이 500m^2 이상인 층이 있는 것. 다만, 사람이 24시간 상시 근무하고 있는 경우에는 자동화재속보설비를 설치하지 않을 수 있다.

④ 수련시설(숙박시설이 있는 건축물만 해당한다)로서 바닥면적이 500m^2 이상인 층이 있는 것. 다만, 사람이 24시간 상시 근무하고 있는 경우에는 자동화재속보설비를 설치하지 않을 수 있다.

⑤ 「문화재보호법」 제23조에 따라 보물 또는 국보로 지정된 목조건축물. 다만, 사람이 24시간 상시 근무하고 있는 경우에는 자동화재속보설비를 설치하지 않을 수 있다.

⑥ 근린생활시설 중 다음의 어느 하나에 해당하는 시설

㉠ 의원, 치과의원 및 한의원으로서 입원실이 있는 시설

㉡ 조산원 및 산후조리원

⑦ 의료시설 중 다음의 어느 하나에 해당하는 것

㉠ 종합병원, 병원, 치과병원, 한방병원 및 요양병원(정신병원과 의료재활시설은 제외한다)

㉡ 정신병원 및 의료재활시설로 사용되는 바닥면적의 합계가 500m^2 이상인 층이 있는 것

⑧ 판매시설 중 전통시장

⑨ ①에 해당하지 않는 발전시설 중 전기저장시설

⑩ ①부터 ⑨까지에 해당하지 않는 특정소방대상물 중 층수가 30층 이상인 것

바. 단독경보형 감지기를 설치하여야 하는 특정소방대상물은 다음의 어느 하나와 같다.

① 연면적 1천m^2 미만의 아파트등

② 연면적 1천m^2 미만의 기숙사

③ 교육연구시설 또는 수련시설 내에 있는 합숙소 또는 기숙사로서 연면적 2천m^2 미만인 것

④ 연면적 600m^2 미만의 숙박시설

⑤ 라목 ⑦에 해당하지 않는 수련시설(숙박시설이 있는 것만 해당한다)

⑥ 연면적 400m^2 미만의 유치원

사. 시각경보기를 설치하여야 하는 특정소방대상물은 라목에 따라 자동화재탐지설비를 설치하여야 하는 특정소방대상물 중 다음의 어느 하나에 해당하는 것과 같다.

① 근린생활시설, 문화 및 집회시설, 종교시설, 판매시설, 운수시설, 운동시설, 위락시설, 창고시설 중 물류터미널

② 의료시설, 노유자시설, 업무시설, 숙박시설, 발전시설 및 장례시설

③ 교육연구시설 중 도서관, 방송통신시설 중 방송국

④ 지하가 중 지하상가

아. 가스누설경보기를 설치하여야 하는 특정소방대상물(가스시설이 설치된 경우만 해당한다)은 다음의 어느 하나와 같다.

① 판매시설, 운수시설, 노유자시설, 숙박시설, 창고시설 중 물류터미널

② 문화 및 집회시설, 종교시설, 의료시설, 수련시설, 운동시설, 장례시설

자. 통합감시시설을 설치하여야 하는 특정소방대상물은 지하구로 한다.

특정소방대상물 소방시설 적용 변경

소방시설	조산원 및 산후조리원	전기저장시설
간이스프링클러설비	바닥면적 합계 600m^2 미만 적용	해당없음
스프링클러설비	바닥면적 합계 600m^2 이상 적용	면적 상관없이 적용
자동화재탐지설비	면적 상관없이 적용	
자동화재속보설비		

소방시설 설치에 관한 적용 시점
• 전기저장시설 : 전기사업법에 따른 설치 · 변경공사 계획 인가 또는 신고 시
• 조산원 및 산후조리원 : 건축허가등 신청 또는 신고 시
※ 개설변경의 경우 개설 장소의 이전만 해당

3. 피난구조설비
  가. 피난기구는 특정소방대상물의 모든 층에 화재안전기준에 적합한 것으로 설치하여야 한다. 다만, 피난층, 지상 1층, 지상 2층(별표 2 제9호에 따른 노유자시설 중 피난층이 아닌 지상 1층과 피난층이 아닌 지상 2층은 제외한다) 및 층수가 11층 이상인 층과 위험물 저장 및 처리시설 중 가스시설, 지하가 중 터널 또는 지하구의 경우에는 그러하지 아니하다(1층, 2층, 11층 이상 제외).
  나. 인명구조기구를 설치하여야 하는 특정소방대상물은 다음의 어느 하나와 같다.
    ① 방열복 또는 방화복(안전모, 보호장갑 및 안전화를 포함한다), 인공소생기 및 공기호흡기를 설치하여야 하는 특정소방대상물 : 지하층을 포함하는 층수가 7층 이상인 관광호텔
    ② 방열복 또는 방화복(안전모, 보호장갑 및 안전화를 포함한다) 및 공기호흡기를 설치하여야 하는 특정소방대상물 : 지하층을 포함하는 층수가 5층 이상인 병원
    ③ 공기호흡기를 설치하여야 하는 특정소방대상물은 다음의 어느 하나와 같다.
      ㉠ 수용인원 100명 이상인 문화 및 집회시설 중 영화상영관
      ㉡ 판매시설 중 대규모점포
      ㉢ 운수시설 중 지하역사
      ㉣ 지하가 중 지하상가
      ㉤ 제1호 바목 및 화재안전기준에 따라 이산화탄소소화설비(호스릴이산화탄소소화설비는 제외한다)를 설치하여야 하는 특정소방대상물
  다. 유도등을 설치하여야 할 대상은 다음의 어느 하나와 같다.
    ① 피난구유도등, 통로유도등 및 유도표지는 별표 2의 특정소방대상물에 설치한다. 다만, 다음의 어느 하나에 해당하는 경우는 제외한다.
      ㉠ 지하가 중 터널
      ㉡ 별표 2 제19호에 따른 동물 및 식물 관련 시설 중 축사로서 가축을 직접 가두어 사육하는 부분
    ② 객석유도등은 다음의 어느 하나에 해당하는 특정소방대상물에 설치한다.
      ㉠ 유흥주점영업시설(「식품위생법 시행령」 제21조 제8호 라목의 유흥주점영업 중 손님이 춤을 출 수 있는 무대가 설치된 카바레, 나이트클럽 또는 그 밖에 이와 비슷한 영업시설만 해당한다)
      ㉡ 문화 및 집회시설
      ㉢ 종교시설
      ㉣ 운동시설

라. 비상조명등을 설치하여야 하는 특정소방대상물(창고시설 중 창고 및 하역장, 위험물 저장 및 처리 시설 중 가스시설은 제외한다)은 다음의 어느 하나와 같다.
① 지하층을 포함하는 층수가 5층 이상인 건축물로서 연면적 3천m^2 이상인 것
② ①에 해당하지 않는 특정소방대상물로서 그 지하층 또는 무창층의 바닥면적이 450m^2 이상인 경우에는 그 지하층 또는 무창층
③ 지하가 중 터널로서 그 길이가 500m 이상인 것

마. 휴대용 비상조명등을 설치하여야 하는 특정소방대상물은 다음의 어느 하나와 같다.
① 숙박시설
② 수용인원 100명 이상의 영화상영관, 판매시설 중 대규모점포, 철도 및 도시철도 시설 중 지하역사, 지하가 중 지하상가

4. 소화용수설비

상수도소화용수설비를 설치하여야 하는 특정소방대상물은 다음 각 목의 어느 하나와 같다. 다만, 상수도소화용수설비를 설치하여야 하는 특정소방대상물의 대지 경계선으로부터 180m 이내에 지름 75mm 이상인 상수도용 배수관이 설치되지 않은 지역의 경우에는 화재안전기준에 따른 소화수조 또는 저수조를 설치하여야 한다.

가. 연면적 5천m^2 이상인 것. 다만, 위험물 저장 및 처리 시설 중 가스시설, 지하가 중 터널 또는 지하구의 경우에는 그러하지 아니하다.
나. 가스시설로서 지상에 노출된 탱크의 저장용량의 합계가 100톤 이상인 것

5. 소화활동설비

가. 제연설비를 설치하여야 하는 특정소방대상물은 다음의 어느 하나와 같다.
① 문화 및 집회시설, 종교시설, 운동시설로서 무대부의 바닥면적이 200m^2 이상 또는 문화 및 집회시설 중 영화상영관으로서 수용인원 100명 이상인 것
② 지하층이나 무창층에 설치된 근린생활시설, 판매시설, 운수시설, 숙박시설, 위락시설, 의료시설, 노유자시설 또는 창고시설(물류터미널만 해당한다)로서 해당 용도로 사용되는 바닥면적의 합계가 1천m^2 이상인 층
③ 운수시설 중 시외버스정류장, 철도 및 도시철도 시설, 공항시설 및 항만시설의 대기실 또는 휴게시설로서 지하층 또는 무창층의 바닥면적이 1천m^2 이상인 것
④ 지하가(터널은 제외한다)로서 연면적 1천m^2 이상인 것
⑤ 지하가 중 예상 교통량, 경사도 등 터널의 특성을 고려하여 행정안전부령으로 정하는 터널

▲ 시행규칙 제6조(소방시설을 설치하여야 하는 터널)
영 별표 5 제5호 가목 ⑤에서 "행정안전부령으로 정하는 터널"이란 「도로의 구조 · 시설 기준에 관한 규칙」 제48조에 따라 국토교통부장관이 정하는 도로의 구조 및 시설에 관한 세부기준에 의하여 제연설비를 설치하여야 하는 터널을 말한다.

⑥ 특정소방대상물(갓복도형 아파트등은 제외한다)에 부설된 특별피난계단, 비상용 승강기의 승강장 또는 피난용 승강기의 승강장

나. 연결송수관설비를 설치하여야 하는 특정소방대상물(위험물 저장 및 처리 시설 중 가스시설 또는 지하구는 제외한다)은 다음의 어느 하나와 같다.
① 층수가 5층 이상으로서 연면적 6천m^2 이상인 것
② ①에 해당하지 않는 특정소방대상물로서 지하층을 포함하는 층수가 7층 이상인 것
③ ① 및 ②에 해당하지 않는 특정소방대상물로서 지하층의 층수가 3층 이상이고 지하층의 바닥면적의 합계가 1천m^2 이상인 것
④ 지하가 중 터널로서 길이가 1천m 이상인 것

다. 연결살수설비를 설치하여야 하는 특정소방대상물(지하구는 제외한다)은 다음의 어느 하나와 같다.

① 판매시설, 운수시설, 창고시설 중 물류터미널로서 해당 용도로 사용되는 부분의 바닥면적의 합계가 1천m^2 이상인 것

② 지하층(피난층으로 주된 출입구가 도로와 접한 경우는 제외한다)으로서 바닥면적의 합계가 150m^2 이상인 것. 다만, 「주택법 시행령」 제21조 제4항에 따른 국민 주택규모 이하인 아파트등의 지하층(대피시설로 사용하는 것만 해당한다)과 교육연구시설 중 학교의 지하층의 경우에는 700m^2 이상인 것으로 한다.

③ 가스시설 중 지상에 노출된 탱크의 용량이 30톤 이상인 탱크시설

④ ① 및 ②의 특정소방대상물에 부속된 연결통로

라. 비상콘센트설비를 설치하여야 하는 특정소방대상물(위험물 저장 및 처리 시설 중 가스시설 또는 지하구는 제외한다)은 다음의 어느 하나와 같다.

① 층수가 11층 이상인 특정소방대상물의 경우에는 11층 이상의 층

② 지하층의 층수가 3층 이상이고 지하층의 바닥면적의 합계가 1천m^2 이상인 것은 지하층의 모든 층

③ 지하가 중 터널로서 길이가 500m 이상인 것

마. 무선통신보조설비를 설치하여야 하는 특정소방대상물(위험물 저장 및 처리 시설 중 가스시설은 제외한다)은 다음의 어느 하나와 같다.

① 지하가(터널은 제외한다)로서 연면적 1천m^2 이상인 것

② 지하층의 바닥면적의 합계가 3천m^2 이상인 것 또는 지하층의 층수가 3층 이상이고 지하층의 바닥면적의 합계가 1천m^2 이상인 것은 지하층의 모든 층

③ 지하가 중 터널로서 길이가 500m 이상인 것

④ 「국토의 계획 및 이용에 관한 법률」 제2조 제9호에 따른 공동구

⑤ 층수가 30층 이상인 것으로서 16층 이상 부분의 모든 층

바. 연소방지설비는 지하구(전력 또는 통신사업용인 것만 해당한다)에 설치하여야 한다.

비 고

별표 2 제1호부터 제27호까지 중 어느 하나에 해당하는 시설(이하 이 표에서 "근린생활시설등"이라 한다)의 소방시설 설치기준이 복합건축물의 소방시설 설치기준보다 강한 경우 복합건축물 안에 있는 해당 근린생활시설등에 대해서는 그 근린생활시설등의 소방시설 설치기준을 적용한다.

※ 설치유지법 시행령 별표는 위험물안전관리법 시행규칙 별표 제조소등의 시설기준과 마찬가지로 수험생 여러분들이 가장 어려워하는 부분 중 하나이다. 하지만 어렵다고 포기하거나 '설마 여기서 문제가 나오겠어?'라고 생각한다면 절대 합격할 수 없다. 어려운 과목부터 공부해야 끝까지 포기하지 않게 된다. 공부를 할수록 쉬워지기 때문이다.
별표 5 소방시설의 종류는 하나의 시설에 대해 문제가 나올 수도 있고, '터널 500미터에 설치하는 소방시설의 종류가 아닌 것은?' 식의 문제가 나올 수도 있다. 큰 줄기(소방시설의 종류)부터 차근차근 암기하고, 하루 또는 3일에 한 가지씩 외우는 것을 목표로 시험 당일 날까지 꾸준히 보길 바란다.

터널에 설치하여야 하는 소방시설의 종류

- 소화기구, 유도등 : 길이에 상관없이 설치
- 옥내소화전설비, 자동화재탐지설비, 연결송수관설비 : 지하가 중 터널로서 길이가 1천m 이상인 것
- 비상경보설비, 비상조명등, 비상콘센트설비, 무선통신보조설비 : 지하가 중 터널로서 길이가 500m 이상인 것
- 옥내소화전설비, 물분무소화설비, 제연설비 : 예상교통량, 경사도 등 터널의 특성을 고려하여 행정안전부령으로 정하는 터널

※ 터널 소방시설 암기 : 소유, 비(경조콘)무 5백, 옥자연 천, 행안부 제물옥

■ 법 제9조2(소방시설의 내진설계기준)

「지진・화산재해대책법」 제14조 제1항 각 호의 시설 중 대통령령으로 정하는 특정소방대상물에 대통령령으로 정하는 소방시설을 설치하려는 자는 지진이 발생할 경우 소방시설이 정상적으로 작동될 수 있도록 소방청장이 정하는 내진설계기준에 맞게 소방시설을 설치하여야 한다.

● 시행령 제15조의2(소방시설의 내진설계) ★

1. 법 제9조의2에서 "대통령령으로 정하는 특정소방대상물"이란 「건축법」 제2조 제1항 제2호에 따른 건축물로서 「지진・화산재해대책법 시행령」 제10조 제1항 각 호에 해당하는 시설을 말한다.
2. 법 제9조의2에서 "대통령령으로 정하는 소방시설"이란 소방시설 중 옥내소화전설비, 스프링클러설비, 물분무등소화설비를 말한다.

※ 참고 : 「지진・화산재해대책법 시행령」 제10조 제1항(내진설계기준의 설정 대상 시설)

1. 법 제14조 제1항 각 호 외의 부분에서 "대통령령으로 정하는 시설"이란 다음 각 호의 시설을 말한다.
   ① 「건축법 시행령」 제32조 제2항 각 호에 해당하는 건축물
   ② 「공유수면 관리 및 매립에 관한 법률」과 「방조제관리법」 등 관계 법령에 따라 국가에서 설치・관리하고 있는 배수갑문 및 방조제
   ③ 「공항시설법」 제2조 제7호에 따른 공항시설
   ④ 「하천법」 제7조 제2항에 따른 국가하천의 수문 중 국토교통부장관이 정하여 고시한 수문
   ⑤ 「농어촌정비법」 제2조 제6호에 따른 저수지 중 총저수용량 30만톤 이상인 저수지
   ⑥ 「댐건설 및 주변지역지원 등에 관한 법률」 제2조 제2호에 따른 다목적댐
   ⑦ 「댐건설 및 주변지역지원 등에 관한 법률」 외에 다른 법령에 따른 댐 중 생활・공업 및 농업 용수의 저장, 발전, 홍수 조절 등의 용도로 이용하기 위한 높이 15미터 이상인 댐 및 그 부속시설
   ⑧ 「도로법 시행령」 제2조 제2호에 따른 교량・터널
   ⑨ 「도시가스사업법」 제2조 제5호에 따른 가스공급시설 및 「고압가스 안전관리법」 제4조 제4항에 따른 고압가스의 제조・저장 및 판매의 시설과 「액화석유가스의 안전관리 및 사업법」 제5조 제4항의 기준에 따른 액화저장탱크, 지지구조물, 기초 및 배관
   ⑩ 「도시철도법」 제2조 제3호에 따른 도시철도시설 중 역사(驛舍), 본선박스, 다리
   ⑪ 「산업안전보건법」 제83조에 따라 고용노동부장관이 유해하거나 위험한 기계・기구 및 설비에 대한 안전인증기준을 정하여 고시한 시설
   ⑫ 「석유 및 석유대체연료 사업법」에 따른 석유정제시설, 석유비축시설, 석유저장시설, 「액화석유가스의 안전관리 및 사업법 시행령」 제8조에 따른 액화석유가스 저장시설 및 같은 영 제11조의 비축의무를 위한 저장시설
   ⑬ 「송유관 안전관리법」 제2조 제2호에 따른 송유관
   ⑭ 「물환경보전법 시행령」 제61조 제1호에 따른 산업단지 공공폐수처리시설
   ⑮ 「수도법」 제3조 제17호에 따른 수도시설
   ⑯ 「어촌・어항법」 제2조 제5호에 따른 어항시설

⑰ 「원자력안전법」 제2조 제20호 및 같은 법 시행령 제10조에 따른 원자력이용시설 중 원자로 및 관계시설, 핵연료주기시설, 사용후핵연료 중간저장시설, 방사성폐기물의 영구처분시설, 방사성폐기물의 처리 및 저장시설
⑱ 「전기사업법」 제2조에 따른 발전용 수력설비·화력설비, 송전설비, 변전설비 및 배전설비
⑲ 「철도산업발전 기본법」 제3조 제2호 및 「철도의 건설 및 철도시설 유지관리에 관한 법률」 제2조 제6호에 따른 철도시설 중 다리, 터널 및 역사
⑳ 「폐기물관리법」 제2조 제8호에 따른 폐기물처리시설
㉑ 「하수도법」 제2조 제9호에 따른 공공하수처리시설
㉒ 「항만법」 제2조 제5호에 따른 항만시설
㉓ 「국토의 계획 및 이용에 관한 법률」 제2조 제9호에 따른 공동구
㉔ 「학교시설사업 촉진법」 제2조 제1호 및 같은 법 시행령 제1조의2에 따른 학교시설 중 교사(校舍), 체육관, 기숙사, 급식시설 및 강당
㉕ 「궤도운송법」에 따른 궤도
㉖ 「관광진흥법」 제3조 제1항 제6호에 따른 유기시설(遊技施設) 및 유기기구(遊技機具)
㉗ 「의료법」 제3조에 따른 종합병원, 병원 및 요양병원
㉘ 「물류시설의 개발 및 운영에 관한 법률」 제2조 제2호에 따른 물류터미널
㉙ 「집단에너지사업법」 제2조 제6호에 따른 공급시설 중 열수송관
㉚ 제2항에 해당하는 시설

2. 법 제14조 제1항 제32호에서 "대통령령으로 정하는 시설"이란 「방송통신발전 기본법」 제2조 제3호에 따른 방송통신설비 중에서 「방송통신설비의 기술기준에 관한 규정」 제22조 제2항에 따라 기준을 정한 설비를 말한다.

■ 법 제9조3(성능위주설계)

대통령령으로 정하는 특정소방대상물(신축하는 것만 해당한다)에 소방시설을 설치하려는 자는 그 용도, 위치, 구조, 수용 인원, 가연물(可燃物)의 종류 및 양 등을 고려하여 설계(이하 "성능위주설계"라 한다)하여야 한다.

※ 암기 : 용구위수가

● 시행령 제15조의3 성능위주설계를 하여야 하는 특정소방대상물의 범위 ★★★

법 제9조의3 제1항에서 "대통령령으로 정하는 특정소방대상물"이란 다음 각 호의 어느 하나에 해당하는 특정소방대상물(신축하는 것만 해당한다)을 말한다.

1. 연면적 20만m^2 이상인 특정소방대상물. 다만, 별표 2 제1호에 따른 공동주택 중 주택으로 쓰이는 층수가 5층 이상인 주택(이하 이 조에서 "아파트등"이라 한다)은 제외한다.
2. 다음 각 목의 특정소방대상물
   가. 50층 이상(지하층은 제외한다)이거나 지상으로부터 높이가 200미터 이상인 아파트등
   나. 30층 이상(지하층을 포함한다)이거나 지상으로부터 높이가 120미터 이상인 특정소방대상물(아파트등은 제외한다)

3. 연면적 3만m^2 이상인 특정소방대상물로서 다음 각 목의 어느 하나에 해당하는 특정소방대상물
   가. 별표 2 제6호 나목의 철도 및 도시철도 시설
   나. 별표 2 제6호 다목의 공항시설
4. 하나의 건축물에 「영화 및 비디오물의 진흥에 관한 법률」 제2조 제10호에 따른 영화상영관이 10개 이상인 특정소방대상물
5. 「초고층 및 지하연계 복합건축물 재난관리에 관한 특별법」 제2조 제2호에 따른 지하연계 복합건축물에 해당하는 특정소방대상물

※ 성능위주설계에 대한 개념은 소방청고시 「소방시설 등의 성능위주설계 방법 및 기준」 참고

■ 법 제9조의4(특정소방대상물별로 설치하여야 하는 소방시설의 정비 등)

1. 제9조 제1항에 따라 대통령령으로 소방시설을 정할 때에는 특정소방대상물의 규모・용도 및 수용인원 등을 고려하여야 한다.
2. 소방청장은 건축 환경 및 화재위험특성 변화사항을 효과적으로 반영할 수 있도록 위에 따른 소방시설 규정을 3년에 1회 이상 정비하여야 한다.
3. 소방청장은 건축 환경 및 화재위험특성 변화 추세를 체계적으로 연구하여 제2항에 따른 정비를 위한 개선방안을 마련하여야 한다.
4. 제3항에 따른 연구의 수행 등에 필요한 사항은 행정안전부령으로 정한다.

※ 최근 이법이 개정되면서 제9조(특정소방대상물에 설치하는 소방시설의 유지・관리 등) 제1항에서 명시하고 있던 특정소방대상물의 규모・용도 및 수용인원 등이 고려되어 소방시설을 설치하던 내용을 본조로 이전하여 세분화하였으며, 특정소방대상물에 설치하여야 하는 소방시설의 기준이 건축 환경 및 화재위험특성 변화사항을 효과적으로 반영할 수 있도록 3년에 1회 이상 정비하도록 하고, 이를 위한 연구 업무를 화재안전 관련 전문 연구기관에 위탁할 수 있도록 함

■ 법 제9조의5(소방용품의 내용연수 등)

1. 특정소방대상물의 관계인은 내용연수가 경과한 소방용품을 교체하여야 한다. 이 경우 내용연수를 설정하여야 하는 소방용품의 종류 및 그 내용연수 연한에 필요한 사항은 대통령령으로 정한다.
2. 제1항에도 불구하고 행정안전부령으로 정하는 절차 및 방법 등에 따라 소방용품의 성능을 확인받은 경우에는 그 사용기한을 연장할 수 있다.

● 시행령 제15조의4(내용연수 설정 대상 소방용품)

1. 법 제9조의5 제1항 후단에 따라 내용연수를 설정하여야 하는 소방용품은 분말형태의 소화약제를 사용하는 소화기로 한다.
2. 제1항에 따른 소방용품의 내용연수는 10년으로 한다.

■ 법 제10조(피난시설, 방화구획 및 방화시설의 유지 · 관리)

1. 특정소방대상물의 관계인은 「건축법」 제49조에 따른 피난시설, 방화구획(防火區劃) 및 같은 법 제50조부터 제53조까지의 규정에 따른 방화벽, 내부 마감재료 등(이하 "방화시설"이라 한다)에 대하여 다음의 행위를 하여서는 아니 된다.

- 피난시설, 방화구획 및 방화시설을 폐쇄하거나 훼손하는 등의 행위
- 피난시설, 방화구획 및 방화시설의 주위에 물건을 쌓아두거나 장애물을 설치하는 행위
- 피난시설, 방화구획 및 방화시설의 용도에 장애를 주거나 「소방기본법」 제16조에 따른 소방활동에 지장을 주는 행위
- 그 밖에 피난시설, 방화구획 및 방화시설을 변경하는 행위

※ 피난시설, 방화구획, 방화벽, 내부 마감재료 등에 관한 건축법상 규정들은 한번쯤 정리해도 무방하지만 승진시험 범위는 아니라고 판단된다. 그것보다는 위반행위를 확실하게 암기해야 한다.

2. 소방본부장이나 소방서장은 특정소방대상물의 관계인이 제1항 각 호의 행위를 한 경우에는 피난시설, 방화구획 및 방화시설의 유지 · 관리를 위하여 필요한 조치를 명할 수 있다.

■ 법 제10조의2(특정소방대상물의 공사 현장에 설치하는 임시소방시설의 유지 · 관리 등)

1. 특정소방대상물의 건축 · 대수선 · 용도변경 또는 설치 등을 위한 공사를 시공하는 자(이하 이 조에서 "시공자"라 한다)는 공사 현장에서 인화성(引火性) 물품을 취급하는 작업 등 대통령령으로 정하는 작업(이하 이 조에서 "화재위험작업"이라 한다)을 하기 전에 설치 및 철거가 쉬운 화재대비시설(이하 이 조에서 "임시소방시설"이라 한다)을 설치하고 유지 · 관리하여야 한다.
2. 제1항에도 불구하고 시공자가 화재위험작업 현장에 소방시설 중 임시소방시설과 기능 및 성능이 유사한 것으로서 대통령령으로 정하는 소방시설을 제9조 제1항 전단에 따른 화재안전기준에 맞게 설치하고 유지 · 관리하고 있는 경우에는 임시소방시설을 설치하고 유지 · 관리한 것으로 본다.
3. 소방본부장 또는 소방서장은 위에 따라 임시소방시설 또는 소방시설이 설치 또는 유지 · 관리되지 아니할 때에는 해당 시공자에게 필요한 조치를 하도록 명할 수 있다.
4. 제1항에 따라 임시소방시설을 설치하여야 하는 공사의 종류와 규모, 임시소방시설의 종류 등에 관하여 필요한 사항은 대통령령으로 정하고, 임시소방시설의 설치 및 유지 · 관리 기준은 소방청장이 정하여 고시한다.

※ 가끔 기출문제로 근거규정이 나온다. 대통령령으로 정하여야 할 사항과 고시해야 할 내용을 구분할 필요가 있다.

● 시행령 제15조의5(임시소방시설의 종류 및 설치기준 등)

1. 법 제10조의2 제1항에서 "인화성(引火性) 물품을 취급하는 작업 등 대통령령으로 정하는 작업"이란 다음 각 호의 어느 하나에 해당하는 작업을 말한다.
   가. 인화성·가연성·폭발성 물질을 취급하거나 가연성 가스를 발생시키는 작업
   나. 용접·용단 등 불꽃을 발생시키거나 화기(火氣)를 취급하는 작업
   다. 전열기구, 가열전선 등 열을 발생시키는 기구를 취급하는 작업
   라. 소방청장이 정하여 고시하는 폭발성 부유분진을 발생시킬 수 있는 작업
   마. 그 밖에 제1호부터 제4호까지와 비슷한 작업으로 소방청장이 정하여 고시하는 작업
2. 법 제10조의2 제1항에 따라 공사 현장에 설치하여야 하는 설치 및 철거가 쉬운 화재대비시설(이하 "임시소방시설"이라 한다)의 종류와 임시소방시설을 설치하여야 하는 공사의 종류 및 규모는 별표 5의2 제1호 및 제2호와 같다.
3. 법 제10조의2 제2항에 따른 임시소방시설과 기능과 성능이 유사한 소방시설은 별표 5의2 제3호와 같다.

시행령 별표5의2 ★★

임시소방시설의 종류와 설치기준 등(제15조의5 제2항·제3항 관련)

1. 임시소방시설의 종류
   가. 소화기
   나. 간이소화장치 : 물을 방사(放射)하여 화재를 진화할 수 있는 장치로서 소방청장이 정하는 성능을 갖추고 있을 것
   다. 비상경보장치 : 화재가 발생한 경우 주변에 있는 작업자에게 화재사실을 알릴 수 있는 장치로서 소방청장이 정하는 성능을 갖추고 있을 것
   라. 간이피난유도선 : 화재가 발생한 경우 피난구 방향을 안내할 수 있는 장치로서 소방청장이 정하는 성능을 갖추고 있을 것
2. 임시소방시설을 설치하여야 하는 공사의 종류와 규모
   가. 소화기 : 제12조 제1항에 따라 건축허가등을 할 때 소방본부장 또는 소방서장의 동의를 받아야 하는 특정소방대상물의 건축·대수선·용도변경 또는 설치 등을 위한 공사 중 제15조의5 제1항 각 호에 따른 작업을 하는 현장(이하 "작업현장"이라 한다)에 설치한다.
   나. 간이소화장치 : 다음의 어느 하나에 해당하는 공사의 작업현장에 설치한다.
      ① 연면적 3천 이상
      ② 지하층, 무창층 또는 4층 이상의 층. 이 경우 해당 층의 바닥면적이 600m² 이상인 경우만 해당한다.
   다. 비상경보장치 : 다음의 어느 하나에 해당하는 공사의 작업현장에 설치한다.
      ① 연면적 400m² 이상
      ② 지하층 또는 무창층. 이 경우 해당 층의 바닥면적이 150m² 이상인 경우만 해당한다.
   라. 간이피난유도선 : 바닥면적이 150m² 이상인 지하층 또는 무창층의 작업현장에 설치한다.
3. 임시소방시설과 기능 및 성능이 유사한 소방시설로서 임시소방시설을 설치한 것으로 보는 소방시설
   가. 간이소화장치를 설치한 것으로 보는 소방시설 : 옥내소화전 또는 소방청장이 정하여 고시하는 기준에 맞는 소화기

나. 비상경보장치를 설치한 것으로 보는 소방시설 : 비상방송설비 또는 자동화재탐지설비
다. 간이피난유도선을 설치한 것으로 보는 소방시설 : 피난유도선, 피난구유도등, 통로 유도등 또는 비상조명등

■ 법 제11조(소방시설기준 적용의 특례) ★★★

– 기준적용, 면제, 증축과 용도변경 시, 소방시설을 설치하지 않는 경우 구분

1. 소방본부장이나 소방서장은 대통령령 또는 화재안전기준이 변경되어 그 기준이 강화되는 경우 기존의 특정소방대상물(건축물의 신축·개축·재축·이전 및 대수선 중인 특정소방대상물을 포함)의 소방시설에 대하여는 변경 전의 대통령령 또는 화재안전기준을 적용한다. 다만, 다음 각 호의 어느 하나에 해당하는 소방시설의 경우에는 대통령령 또는 화재안전기준의 변경으로 강화된 기준을 적용한다(변경되기 전으로 적용하는 것이 원칙이나 강화된 기준을 적용하는 예외대상 규정).

- 다음 소방시설 중 대통령령으로 정하는 것
  [대통령령으로 정하는 것 : 특정소방대상물의 규모·용도 및 수용인원 등(시행령 별표 5)]
  가. 소화기구
  나. 비상경보설비
  다. 자동화재속보설비
  라. 피난구조설비
- 다음 각 목의 지하구에 설치하여야 하는 소방시설
  가. 「국토의 계획 및 이용에 관한 법률」 제2조 제9호에 따른 공동구 : 무선통신보조설비
  나. 전력 또는 통신사업용 지하구 : 연소방지설비

※ 시행령 별표 2 특정소방대상물 제28호 지하구의 종류
① 전력 또는 통신사업용 지하 인공구조물로서 전력구(케이블 접속부가 없는 경우에는 제외한다) 또는 통신구 방식으로 설치된 것
② ①외의 지하 인공구조물로서 폭이 1.8미터 이상이고 높이가 2미터 이상이며 길이가 50미터 이상인 것
나. 「국토의 계획 및 이용에 관한 법률」 제2조 제9호에 따른 공동구

※ 지하구의 경우 크게 3가지로 구분할 수 있다.
모든 종류의 지하구에 설치하여야 하는 소방시설은 소화기구, 자동화재탐지설비, 피난구유도등, 통로유도등 및 유도표지, 통합감시시설이다. 따라서 대통령령 또는 화재안전기준의 변경으로 강화된 기준을 적용하는 소방시설 중 지하구에 설치하는 것은 위에 8가지이다.

- 노유자(老幼者)시설, 의료시설에 설치하여야 하는 소방시설 중 대통령령으로 정하는 것

● 시행령 제15조의6 강화된 소방시설기준의 적용대상
법 제11조 제1항 제3호에서 "대통령령으로 정하는 것"이란 다음 각 호의 어느 하나에 해당하는 설비를 말한다.
- 노유자(老幼者)시설 : 간이스프링클러설비, 자동화재탐지설비 및 단독경보형 감지기
- 의료시설 : 스프링클러설비, 간이스프링클러설비, 자동화재탐지설비 및 자동화재속보설비

(※ 암기 : 노간자단, 의스간자속)

※ "소방시설의 기준에 관한 법령의 변경으로 그 기준이 강화되는 경우 기존의 특정소방대상물의 소방시설 등에 대하여는 변경 전의 대통령령 또는 화재안전기준을 적용한다."라고 규정함으로써 소방시설의 적용기준을 행위시법주의에 의거하여 당해 소방대상물의 건립당시(건축허가 당시)를 기준하여 소방시설의 기준을 적용토록 하고 있다.

이는 제정되거나 개정된 법률이 그 시행 이전의 관계에까지 소급하여 적용되지 않는다는 원칙(법률은 효력발생 이전에 종결된 사실에 대해서는 법률을 적용하지 않는다) 즉, 법률불소급의 원칙이며, 기득권 보호와, 법적 생활의 안정 및 기존 법질서의 존중 또는 법치주의의 요청에 의한 원리라 할 수 있다. 하지만 이러한 법률불소급의 원칙은 절대적인 것이 아니고 새로운 법률의 적용이 관계자에게 유리한 경우 또는 기득권을 어느 정도 침해하더라도 신법을 소급 적용시킬 공익적·정책적 필요가 있을 때에는 소급효를 인정할 수 있으며, 이 법 후단에 있어서 "각 호의 1에 해당하는 소방시설 등의 경우에는 대통령령 또는 화재안전기준의 변경으로 강화된 기준을 적용한다."고 규정함으로써 화재의 예방이라는 공공의 복리를 위하여 기존의 기득권자가 가지고 있는 법익의 과다한 침해를 하지 않는 합리적인 범위에서 소급하여 적용할 수 있는 특례를 두고 있다.

2. 소방본부장이나 소방서장은 특정소방대상물에 설치하여야 하는 소방시설 가운데 기능과 성능이 유사한 물 분무 소화설비, 간이 스프링클러 설비, 비상경보설비 및 비상방송설비 등의 소방시설의 경우에는 대통령령으로 정하는 바에 따라 유사한 소방시설의 설치를 면제할 수 있다.

● 시행령 제16조(유사한 소방시설의 설치 면제의 기준)

1. 법 제11조 제2항에 따라 소방본부장 또는 소방서장은 특정소방대상물에 설치하여야 하는 소방시설 가운데 기능과 성능이 유사한 소방시설의 설치를 면제하려는 경우에는 별표 6의 기준에 따른다.

시행령 별표 6

특정소방대상물의 소방시설 설치의 면제기준(제16조 관련)

설치가 면제되는 소방시설	설치면제 기준
스프링클러설비	스프링클러설비를 설치하여야 하는 특정소방대상물에 물분무등소화설비를 화재안전기준에 적합하게 설치한 경우에는 그 설비의 유효범위(해당 소방시설이 화재를 감지·소화 또는 경보할 수 있는 부분을 말한다. 이하 같다)에서 설치가 면제된다.
물분무등소화설비	물분무등소화설비를 설치하여야 하는 차고·주차장에 스프링클러설비를 화재안전기준에 적합하게 설치한 경우에는 그 설비의 유효범위에서 설치가 면제된다.
간이스프링클러설비	간이스프링클러설비를 설치하여야 하는 특정소방대상물에 스프링클러설비, 물분무소화설비 또는 미분무소화설비를 화재안전기준에 적합하게 설치한 경우에는 그 설비의 유효범위에서 설치가 면제된다.
비상경보설비 또는 단독경보형 감지기	비상경보설비 또는 단독경보형 감지기를 설치하여야 하는 특정소방대상물에 자동화재탐지설비를 화재안전기준에 적합하게 설치한 경우에는 그 설비의 유효범위에서 설치가 면제된다.
비상경보설비	비상경보설비를 설치하여야 할 특정소방대상물에 단독경보형 감지기를 2개 이상의 단독경보형 감지기와 연동하여 설치하는 경우에는 그 설비의 유효범위에서 설치가 면제된다.
비상방송설비	비상방송설비를 설치하여야 하는 특정소방대상물에 자동화재탐지설비 또는 비상경보설비와 같은 수준 이상의 음향을 발하는 장치를 부설한 방송설비를 화재안전기준에 적합하게 설치한 경우에는 그 설비의 유효범위에서 설치가 면제된다.
피난구조설비	피난구조설비를 설치하여야 하는 특정소방대상물에 그 위치·구조 또는 설비의 상황에 따라 피난상 지장이 없다고 인정되는 경우에는 화재안전기준에서 정하는 바에 따라 설치가 면제된다.
연결살수설비	• 연결살수설비를 설치하여야 하는 특정소방대상물에 송수구를 부설한 스프링클러설비, 간이스프링클러설비, 물분무소화설비 또는 미분무소화설비를 화재안전기준에 적합하게 설치한 경우에는 그 설비의 유효범위에서 설치가 면제된다. • 가스 관계 법령에 따라 설치되는 물분무장치 등에 소방대가 사용할 수 있는 연결송수구가 설치되거나 물분무장치 등에 6시간 이상 공급할 수 있는 수원(水源)이 확보된 경우에는 설치가 면제된다.

제연설비	• 제연설비를 설치하여야 하는 특정소방대상물(별표 5 제5호 가목 6은 제외한다)에 다음의 어느 하나에 해당하는 설비를 설치한 경우에는 설치가 면제된다. – 공기조화설비를 화재안전기준의 제연설비기준에 적합하게 설치하고 공기조화설비가 화재 시 제연설비기능으로 자동전환되는 구조로 설치되어 있는 경우 – 직접 외부 공기와 통하는 배출구의 면적의 합계가 해당 제연구역[제연경계(제연설비의 일부인 천장을 포함한다)에 의하여 구획된 건축물 내의 공간을 말한다] 바닥면적의 100분의 1 이상이고, 배출구부터 각 부분까지의 수평거리가 30m 이내이며, 공기유입구가 화재안전기준에 적합하게(외부 공기를 직접 자연 유입할 경우에 유입구의 크기는 배출구의 크기 이상이어야 한다) 설치되어 있는 경우 • 별표 5 제5호 가목 6에 따라 제연설비를 설치하여야 하는 특정소방대상물 중 노대(露臺)와 연결된 특별피난계단, 노대가 설치된 비상용 승강기의 승강장 또는 「건축법 시행령」 제91조 제5호의 기준에 따라 배연설비가 설치된 피난용 승강기의 승강장에는 설치가 면제된다.
비상조명등	비상조명등을 설치하여야 하는 특정소방대상물에 피난구유도등 또는 통로유도등을 화재안전기준에 적합하게 설치한 경우에는 그 유도등의 유효범위에서 설치가 면제된다.
누전경보기	누전경보기를 설치하여야 하는 특정소방대상물 또는 그 부분에 아크경보기(옥내 배전선로의 단선이나 선로 손상 등으로 인하여 발생하는 아크를 감지하고 경보하는 장치를 말한다) 또는 전기 관련 법령에 따른 지락차단장치를 설치한 경우에는 그 설비의 유효범위에서 설치가 면제된다.
무선통신보조설비	무선통신보조설비를 설치하여야 하는 특정소방대상물에 이동통신 구내 중계기 선로설비 또는 무선이동중계기(「전파법」 제58조의2에 따른 적합성평가를 받은 제품만 해당한다) 등을 화재안전기준의 무선통신보조설비기준에 적합하게 설치한 경우에는 설치가 면제된다.
상수도소화용수 설비	• 상수도소화용수설비를 설치하여야 하는 특정소방대상물의 각 부분으로부터 수평거리 140m 이내에 공공의 소방을 위한 소화전이 화재안전기준에 적합하게 설치되어 있는 경우에는 설치가 면제된다. • 소방본부장 또는 소방서장이 상수도소화용수설비의 설치가 곤란하다고 인정하는 경우로서 화재안전기준에 적합한 소화수조 또는 저수조가 설치되어 있거나 이를 설치하는 경우에는 그 설비의 유효범위에서 설치가 면제된다.
연소방지설비	연소방지설비를 설치하여야 하는 특정소방대상물에 스프링클러설비, 물분무소화설비 또는 미분무소화설비를 화재안전기준에 적합하게 설치한 경우에는 그 설비의 유효범위에서 설치가 면제된다.
연결송수관설비	연결송수관설비를 설치하여야 하는 소방대상물에 옥외에 연결송수구 및 옥내에 방수구가 부설된 옥내소화전설비, 스프링클러설비, 간이스프링클러설비 또는 연결살수설비를 화재안전기준에 적합하게 설치한 경우에는 그 설비의 유효범위에서 설치가 면제된다. 다만, 지표면에서 최상층 방수구의 높이가 70m 이상인 경우에는 설치하여야 한다.

자동화재탐지설비	자동화재탐지설비의 기능(감지 · 수신 · 경보기능을 말한다)과 성능을 가진 스프링클러설비 또는 물분무등소화설비를 화재안전기준에 적합하게 설치한 경우에는 그 설비의 유효범위에서 설치가 면제된다.
옥외소화전설비	옥외소화전설비를 설치하여야 하는 보물 또는 국보로 지정된 목조문화재에 상수도소화용수설비를 옥외소화전설비의 화재안전기준에서 정하는 방수압력 · 방수량 · 옥외소화전함 및 호스의 기준에 적합하게 설치한 경우에는 설치가 면제된다.
옥내소화전설비	소방본부장 또는 소방서장이 옥내소화전설비의 설치가 곤란하다고 인정하는 경우로서 호스릴 방식의 미분무소화설비 또는 옥외소화전설비를 화재안전기준에 적합하게 설치한 경우에는 그 설비의 유효범위에서 설치가 면제된다.
자동소화장치	자동소화장치(주거용 주방자동소화장치는 제외한다)를 설치하여야 하는 특정소방대상물에 물분무등소화설비를 화재안전기준에 적합하게 설치한 경우에는 그 설비의 유효범위에서 설치가 면제된다.

※ 면제라 함은 당연히 제외되는 것이 아니라 원칙적으로는 설치하여야 하나 기능의 중복, 불필요한 재산권의 침해 등을 하지 않기 위하여 법령에 의하여 설치하여야 하는 의무를 배제하여 준다는 의미이다.

2. 소방본부장이나 소방서장은 기존의 특정소방대상물이 증축되거나 용도변경되는 경우에는 대통령령으로 정하는 바에 따라 증축 또는 용도변경 당시의 소방시설의 설치에 관한 대통령령 또는 화재안전기준을 적용한다(원칙).

● 시행령 제17조(특정소방대상물의 증축 또는 용도변경 시의 소방시설기준 적용의 특례)

1. 법 제11조 제3항에 따라 소방본부장 또는 소방서장은 특정소방대상물이 증축되는 경우에는 기존 부분을 포함한 특정소방 대상물의 전체에 대하여 증축 당시의 소방시설의 설치에 관한 대통령령 또는 화재안전기준을 적용 해야 한다. 다만, 다음 각 호의 어느 하나에 해당하는 경우에는 기존 부분에 대해서는 증축 당시의 소방시설의 설치에 관한 대통령령 또는 화재안전기준을 적용하지 않는다(증축은 기존 부분 포함 대상물 전체가 원칙).

① 기존 부분과 증축 부분이 내화구조(耐火構造)로 된 바닥과 벽으로 구획된 경우
② 기존 부분과 증축 부분이 「건축법 시행령」 제46조 제1항 제2호에 따른 방화문 또는 자동방화셔터로 구획되어 있는 경우(보충설명 참고)
③ 자동차 생산공장 등 화재 위험이 낮은 특정소방대상물 내부에 연면적 $33m^2$ 이하의 직원 휴게실을 증축하는 경우
④ 자동차 생산공장 등 화재 위험이 낮은 특정소방대상물에 캐노피(기둥으로 받치거나 매달아 놓은 덮개를 말하며, 3면 이상에 벽이 없는 구조의 것을 말한다)를 설치하는 경우

※ 증축되는 부분을 포함하여 증축 당시의 법 적용이 원칙이나 위의 각 호의 경우는 기존부분에 대해서 증축 당시의 법을 적용하지 않는 특례를 준 것임(반드시 암기!)

※ 「건축법 시행령」 제46조 제1항 제2호에 대한 보충설명

- 기존 소방시설법 시행령 제17조 제1항 제2호 : '기존 부분과 증축 부분이 「건축법 시행령」 제64조에 따른 갑종 방화문(국토교통부장관이 정하는 기준에 적합한 자동방화셔터를 포함한다)으로 구획되어 있는 경우'
- 소방시설법 시행령 제17조 제1항 제2호 : 기존 부분과 증축 부분이 「건축법 시행령」 제46조 제1항 제2호에 따른 방화문 또는 자동방화셔터로 구획되어 있는 경우
- 건축법 시행령 제46조 제1항 제2호 : 건축법 시행령 제64조 제1항 제1호 · 제2호에 따른 방화문 또는 자동방화셔터(국토교통부령으로 정하는 기준에 적합한 것을 말한다)
- 건축법 시행령 제64조(방화문의 구분) 방화문은 다음 각 호와 같이 구분한다.
  1. 60분+ 방화문 : 연기 및 불꽃을 차단할 수 있는 시간이 60분 이상이고, 열을 차단할 수 있는 시간이 30분 이상인 방화문
  2. 60분 방화문 : 연기 및 불꽃을 차단할 수 있는 시간이 60분 이상인 방화문
  3. 30분 방화문 : 연기 및 불꽃을 차단할 수 있는 시간이 30분 이상 60분 미만인 방화문

〈기존 소방시설법 증축 특례 시 갑종방화문 → 건축법 시행령 제64조 제1항 제1호, 제2호로 바뀜〉

2. 법 제11조 제3항에 따라 소방본부장 또는 소방서장은 특정소방대상물이 용도변경되는 경우에는 용도변경되는 부분에 대해서만 용도변경 당시의 소방시설의 설치에 관한 대통령령 또는 화재안전기준을 적용한다. 다만, 다음 각 호의 어느 하나에 해당하는 경우에는 특정소방대상물 전체에 대하여 용도변경 전에 해당 특정소방대상물에 적용되던 소방시설의 설치에 관한 대통령령 또는 화재안전기준을 적용한다(용도변경은 용도변경 되는 부분에 대해서만 적용이 원칙).

① 특정소방대상물의 구조 · 설비가 화재연소 확대 요인이 적어지거나 피난 또는 화재진압활동이 쉬워지도록 변경되는 경우
② 문화 및 집회시설 중 공연장 · 집회장 · 관람장, 판매시설, 운수시설, 창고시설 중 물류터미널이 불특정 다수인이 이용하는 것이 아닌 일정한 근무자가 이용하는 용도로 변경되는 경우
③ 용도변경으로 인하여 천장 · 바닥 · 벽 등에 고정되어 있는 가연성 물질의 양이 줄어드는 경우
④ 「다중이용업소의 안전관리에 관한 특별법」 제2조 제1항 제1호에 따른 다중이용업의 영업소(이하 "다중이용업소"라 한다), 문화 및 집회시설, 종교시설, 판매시설, 운수시설, 의료시설, 노유자시설, 수련시설, 운동시설, 숙박시설, 위락시설, 창고시설 중 물류터미널, 위험물 저장 및 처리 시설 중 가스시설, 장례식장이 각각 이 호에 규정된 시설 외의 용도로 변경되는 경우

※ 용도변경 되는 부분에 대해서 강화된 기준을 적용해야 하지만 위의 각 호의 경우는 위험성이 적어진 것으로 판단하여 용도변경 하더라도 용도변경 전의 기준을 적용한다고 이해하고 반드시 암기하기 바란다.

※ 증축과 용도변경 정리(반드시 구분해서 암기하기 바란다)

증축되거나 용도변경 되는 경우에는 증축 또는 용도변경 당시의 소방시설의 설치에 관한 대통령령 또는 화재안전기준을 적용한다.

[증 축]

- 건축물의 "증축"이라 함은 기존건축물이 있는 대지 안에서 건축물의 건축면적·연면적·층수 또는 높이를 증가시키는 것을 말한다. 이 법은 소방시설의 적용기준의 산정 시 건축물의 규모·용도 및 수용인원을 고려하는 바, 증축은 규모의 증가로 인하여 당해 소방 대상물 전체에 대한 화재 등 소방상 위험의 정도가 변화하였음을 의미하며 이에 대해 이 법령은 원칙적으로는 신축의 개념을 적용하여 기존 부분 및 증축되는 부분 전체에 대하여 증축 당시의 소방시설 적용기준을 적용하나 증축되는 건물의 구조에 따라 다른 특례를 규정하고 있다.
- 첫째 : 신축의 개념을 적용하여 증축되는 건물 전체에 대한 증축 당시의 소방시설 기준의 적용
- 증축은 소방대상물의 규모의 증가를 의미하고 이는 바로 당해 소방대상물의 화재 위험성이 전체적으로 변동되었음을 말한다. 따라서 이 법령은 변경된 화재의 위험을 기준하여 전체에 소방시설 기준을 적용함을 원칙으로 하고 있다.
- 둘째 : 기존부분에 있어서의 증축 당시 소방시설기준 적용을 면제하는 특례 규정이 있다.

[용도변경]

- 기존의 특수 장소가 용도변경되는 경우 또한 변경된 용도의 성격에 따라 화재의 위험성이 변화되었음은 당연하며 그러한 위험을 제어할 수 있는 소방시설의 기준을 적용하여야 함은 "소방시설 기준의 적용에 있어서 규모·용도 및 수용인원을 고려하여..."(법 제9조)라는 조항을 비추어 보아도 알 수 있다.

하지만 이 법령은 이에 대하여도 여러 특례를 규정하고 있는 바,

- 첫째 : 용도변경 당시의 소방시설 기준을 적용함을 원칙으로 하고 있다.
- 둘째 : 용도변경 당시의 소방시설 기준을 적용하되, 그 범위는 용도변경되는 부분에 대해서만 적용한다(기존부분과 용도변경 부분 전체에 대한 재용도의 분류를 하지 않음).
- 다만, 특정소방대상물 전체에 대하여 용도변경 전에 당해 특정소방대상물에 적용되던 기준을 적용하는 특례 규정 있다.

3. 다음 각 호의 어느 하나에 해당하는 특정소방대상물 가운데 대통령령으로 정하는 특정소방대상물에는 제9조 제1항 전단에도 불구하고 대통령령으로 정하는 소방시설을 설치하지 아니할 수 있다.

① 화재 위험도가 낮은 특정소방대상물
② 화재안전기준을 적용하기 어려운 특정소방대상물
③ 화재안전기준을 다르게 적용하여야 하는 특수한 용도 또는 구조를 가진 특정소방대상물
④ 「위험물 안전관리법」 제19조에 따른 자체소방대가 설치된 특정소방대상물

시행령 제18조(소방시설을 설치하지 아니하는 특정소방대상물의 범위)

법 제11조 제4항에 따라 소방시설을 설치하지 아니할 수 있는 특정소방대상물 및 소방시설의 범위는 별표 7과 같다.

시행령 별표 7

소방시설을 설치하지 아니할 수 있는 특정소방대상물 및 소방시설의 범위(제18조 관련)

구 분	특정소방대상물	소방시설
화재 위험도가 낮은 특정소방대상물	석재, 불연성금속, 불연성 건축재료 등의 가공공장・기계조립공장・주물공장 또는 불연성 물품을 저장하는 창고	옥외소화전 및 연결살수설비
	「소방기본법」 제2조 제5호에 따른 소방대(消防隊)가 조직되어 24시간 근무하고 있는 청사 및 차고	옥내소화전설비, 스프링클러설비, 물분무등소화설비, 비상방송설비, 피난기구, 소화용수설비, 연결송수관설비, 연결살수설비
화재안전기준을 적용하기 어려운 특정소방대상물	펄프공장의 작업장, 음료수 공장의 세정 또는 충전을 하는 작업장, 그 밖에 이와 비슷한 용도로 사용하는 것	스프링클러설비, 상수도소화용수설비 및 연결살수설비
	정수장, 수영장, 목욕장, 농예・축산・어류양식용 시설, 그 밖에 이와 비슷한 용도로 사용되는 것	자동화재탐지설비, 상수도소화용수설비 및 연결살수설비
화재안전기준을 달리 적용하여야 하는 특수한 용도 또는 구조를 가진 특정소방대상물	원자력발전소, 핵폐기물처리시설	연결송수관설비 및 연결살수설비
「위험물 안전관리법」 제19조에 따른 자체소방대가 설치된 특정소방대상물	자체소방대가 설치된 위험물 제조소등에 부속된 사무실	옥내소화전설비, 소화용수설비, 연결살수설비 및 연결송수관설비

※ 소방시설 설치의무를 면제할 수 있는 특정소방대상물을 규정하여 둠으로써 화재위험이 현저하게 낮아 소방시설의 적용이 불합리한 경우 또는 조그만 화재 시 소방시설의 동작으로 형평에 맞지 않는 재산상의 피해를 유발하는 대상 또는 법정소방시설이 당해 특정소방대상물의 특이한 구조 또는 용도로 인하여 실효성을 담보할 수 없는 등의 특별한 사안에 대해서는 이 법이 규정하고 있는 각종 소방시설 설치의무를 면제하여 줄 수 있도록 규정하고 있다.

※ 암기

예 1. 화재안전기준을 적용하기 어려운 특정소방대상물 중에서 정수장, 수영장, 목욕장, 농예・축산・어류양식용 시설은 자동화재탐지설비, 상수도소화용수설비 및 연결살수설비를 면제한다.

2. 화재안전기준을 달리 적용하여야 하는 특수한 용도 또는 구조를 가진 특정소방대상물 중에서 원자력발전소, 핵폐기물처리시설은 연결송수관설비 및 연결살수설비를 면제한다.

제4항 각 호의 어느 하나에 해당하는 특정소방대상물(위의 소방시설을 설치하지 않는 경우)에 구조 및 원리 등에서 공법이 특수한 설계로 인정된 소방시설을 설치하는 경우에는 제11조의2 제1항에 따른 중앙소방기술심의위원회의 심의를 거쳐 제9조 제1항(특정소방대상물에 설치하는 소방시설의 유지·관리 등) 전단에 따른 화재안전기준을 적용하지 아니 할 수 있다.

■ 법 제11조의2(소방기술심의위원회)

1. 소방청에 중앙소방기술심의위원회("중앙위원회"라 한다)를 둔다.

   심의사항

   가. 화재안전기준에 관한 사항

   나. 소방시설의 구조 및 원리 등에서 공법이 특수한 설계 및 시공에 관한 사항

   다. 소방시설의 설계 및 공사감리의 방법에 관한 사항

   라. 소방시설공사의 하자를 판단하는 기준에 관한 사항

   마. 그 밖에 소방기술 등에 관하여 대통령령으로 정하는 사항

2. 특별시·광역시·특별자치시·도 및 특별자치도에 지방소방기술심의위원회("지방위원회"라 한다)를 둔다.

   심의사항

   가. 소방시설에 하자가 있는지의 판단에 관한 사항

   나. 그 밖에 소방기술 등에 관하여 대통령령으로 정하는 사항

3. 제1항과 제2항에 따른 중앙위원회 및 지방위원회의 구성·운영에 필요한 사항은 대통령령으로 정한다. ● 시행령 제18조의3 ~ 제18조의10

● 시행령 제18조의2(소방기술심의위원회의 심의사항)

1. 법 제11조의2 제1항 제5호에서 "대통령령으로 정하는 사항"이란 다음 각 호의 사항을 말한다. 〈"중앙위원회"〉

   가. 연면적 10만m^2 이상의 특정소방대상물에 설치된 소방시설의 설계·시공·감리의 하자 유무에 관한 사항

   나. 새로운 소방시설과 소방용품 등의 도입 여부에 관한 사항

   다. 그 밖에 소방기술과 관련하여 소방청장이 심의에 부치는 사항

2. 법 제11조의2 제2항 제2호에서 "대통령령으로 정하는 사항"이란 다음 각 호의 사항을 말한다. 〈"지방위원회"〉

   가. 연면적 10만m^2 미만의 특정소방대상물에 설치된 소방시설의 설계·시공·감리의 하자 유무에 관한 사항

나. 소방본부장 또는 소방서장이 화재안전기준 또는 위험물 제조소등(「위험물안전관리법」 제2조 제1항 제6호에 따른 제조소등을 말한다. 이하 같다)의 시설기준의 적용에 관하여 기술검토를 요청하는 사항

다. 그 밖에 소방기술과 관련하여 시 · 도지사가 심의에 부치는 사항

● 시행령 제18조의3(소방기술심의위원회의 구성 등)

1. 법 제11조의2 제1항에 따른 중앙소방기술심의위원회(이하 "중앙위원회"라 한다)는 성별을 고려하여 위원장을 포함한 60명 이내의 위원으로 구성한다.
2. 법 제11조의2 제2항에 따른 지방소방기술심의위원회(이하 "지방위원회"라 한다)는 위원장을 포함하여 5명 이상 9명 이하의 위원으로 구성한다.
3. 중앙위원회의 회의는 위원장과 위원장이 회의마다 지정하는 6명 이상 12명 이하의 위원으로 구성하고, 중앙위원회는 분야별 소위원회를 구성 · 운영할 수 있다.

● 시행령 제18조의4(위원의 임명 · 위촉)(중앙 – 소방청장/지방 – 시 · 도지사)

1. 중앙위원회의 위원은 과장급 직위 이상의 소방공무원과 다음 각 호의 어느 하나에 해당하는 사람 중에서 소방청장이 임명하거나 성별을 고려하여 위촉한다.
   가. 소방기술사
   나. 석사 이상의 소방 관련 학위를 소지한 사람
   다. 소방시설관리사
   라. 소방 관련 법인 · 단체에서 소방 관련 업무에 5년 이상 종사한 사람
   마. 소방공무원 교육기관, 대학교 또는 연구소에서 소방과 관련된 교육이나 연구에 5년 이상 종사한 사람
2. 지방위원회의 위원은 해당 시 · 도 소속 소방공무원과 제1항 각 호의 어느 하나에 해당하는 사람 중에서 시 · 도지사가 임명하거나 성별을 고려하여 위촉한다.
3. 중앙위원회의 위원장은 소방청장이 해당 위원 중에서 위촉하고, 지방위원회의 위원장은 시 · 도지사가 해당 위원 중에서 위촉한다.
4. 중앙위원회 및 지방위원회의 위원 중 위촉위원의 임기는 2년으로 하되, 한 차례만 연임할 수 있다.

● 시행령 제18조의5(위원장 및 위원의 직무)

1. 중앙위원회 및 지방위원회(이하 "위원회"라 한다)의 위원장(이하 "위원장"이라 한다)은 위원회의 회의를 소집하고 그 의장이 된다.
2. 위원장이 부득이한 사유로 직무를 수행할 수 없을 때에는 위원장이 지정한 위원이 그 직무를 대리한다.

● 시행령 제18조의6(위원의 제척 · 기피 · 회피)

1. 위원회의 위원이 다음 각 호의 어느 하나에 해당하는 경우에는 위원회의 심의 · 의결에서 제척(除斥)된다.
   가. 위원이나 그 배우자 또는 배우자였던 사람이 해당 안건의 당사자(당사자가 법인 · 단체 등인 경우에는 그 임원을 포함한다. 이하 이 호 및 제2호에서 같다)가 되거나 그 안건의 당사자와 공동 권리자 또는 공동의무자인 경우
   나. 위원이 해당 안건의 당사자와 친족인 경우
   다. 위원이 해당 안건에 관하여 증언, 진술, 자문, 연구, 용역 또는 감정을 한 경우
   라. 위원이나 위원이 속한 법인 · 단체 등이 해당 안건의 당사자의 대리인이거나 대리인이었던 경우
2. 해당 안건의 당사자는 위원에게 공정한 심의 · 의결을 기대하기 어려운 사정이 있는 경우에는 위원회에 기피신청을 할 수 있고, 위원회는 의결로 이를 결정한다. 이 경우 기피신청의 대상인 위원은 그 의결에 참여하지 못한다.
3. 위원이 제1항 각 호에 따른 제척사유에 해당하는 경우에는 스스로 해당 안건의 심의 · 의결에서 회피(回避)하여야 한다.

● 시행령 제18조의7(위원의 해임 및 해촉)

소방청장 또는 시 · 도지사는 위원이 다음 각 호의 어느 하나에 해당하는 경우에는 해당 위원을 해임하거나 해촉(解囑)할 수 있다.

1. 심신장애로 인하여 직무를 수행할 수 없게 된 경우
2. 직무와 관련된 비위사실이 있는 경우
3. 직무태만, 품위손상이나 그 밖의 사유로 인하여 위원으로 적합하지 아니하다고 인정되는 경우
4. 제18조의6 제1항 각 호의 어느 하나에 해당하는 데에도 불구하고 회피하지 아니한 경우
5. 위원 스스로 직무를 수행하는 것이 곤란하다고 의사를 밝히는 경우

● 시행령 제18조의8(시설 등의 확인 및 의견청취)

소방청장 또는 시 · 도지사는 위원회의 원활한 운영을 위하여 필요하다고 인정하는 경우 위원회 위원으로 하여금 관련 시설 등을 확인하게 하거나 해당 분야의 전문가 또는 이해관계자 등으로부터 의견을 청취하게 할 수 있다.

● 시행령 제18조의9(위원의 수당)

위원회의 위원에게는 예산의 범위에서 참석 및 조사 · 연구 수당을 지급할 수 있다.

● 시행령 제18조의10(운영세칙)

이 영에서 정한 것 외에 위원회의 운영에 필요한 사항은 소방청장 또는 시・도지사가 정한다.

■ 법 제12조(방염) ★★★

1. 대통령령으로 정하는 특정소방대상물에 실내장식 등의 목적으로 설치 또는 부착하는 물품으로서 대통령령으로 정하는 물품(이하 "방염대상물품"이라 한다)은 방염성능기준 이상의 것으로 설치하여야 한다.
2. 소방본부장이나 소방서장은 방염대상물품이 방염성능기준에 미치지 못하거나 방염성능검사를 받지 아니한 것이면 소방대상물의 관계인에게 방염대상물품을 제거하도록 하거나 방염성능검사를 받도록 하는 등 필요한 조치를 명할 수 있다.
3. 제1항에 따른 방염성능기준은 대통령령으로 정한다.

※ 방염(防炎)이라 함은 불꽃의 전파를 차단 또는 지연하는 것을 말하며 방염성능이라 함은 특정의 물품이 가지고 있는 방염의 능력을 말한다. 본 절은 특정소방대상물의 화재 시 급격한 연소 확대의 방지를 통하여 재실자의 피난을 용이하게 하여 인명을 보호하고자 하는 취지에서 먼저 방염대상의 특정소방대상물에 대한 규정을 하고, 그 대상에 있어서 특정 물품에 대해서 방염성능기준 이상의 물품을 설치하도록 함으로써 방염제도의 실효성을 담보하고, 나아가 특정소방대상물을 화재로 부터 안전을 확보하고자 하는 데 있다.

● 시행령 제19조(방염성능기준 이상의 실내장식물 등을 설치해야 하는 특정소방대상물)

법 제12조 제1항에서 "대통령령으로 정하는 특정소방대상물"이란 다음 각 호의 어느 하나에 해당하는 것을 말한다.

1. 근린생활시설 중 의원, 조산원, 산후조리원, 체력단련장, 공연장 및 종교집회장
2. 건축물의 옥내에 있는 시설로서 다음 각 목의 시설
   가. 문화 및 집회시설
   나. 종교시설
   다. 운동시설(수영장은 제외한다)
3. 의료시설
4. 교육연구시설 중 합숙소
5. 노유자시설
6. 숙박이 가능한 수련시설
7. 숙박시설
8. 방송통신시설 중 방송국 및 촬영소
9. 다중이용업소

10. 제1호부터 제9호까지의 시설에 해당하지 않는 것으로서 층수가 11층 이상인 것(아파트는 제외한다)

※ 암기 : (근린)의체종연(옥내)문종운 의숙다방 숙수 노 11층 합숙

● 시행령 제20조(방염대상물품 및 방염성능기준)

1. 법 제12조 제1항에서 "대통령령으로 정하는 물품"이란 다음 각 호의 어느 하나에 해당하는 것을 말한다.
   가. 제조 또는 가공 공정에서 방염처리를 한 물품(합판・목재류의 경우에는 설치 현장에서 방염처리를 한 것을 포함한다)으로서 다음 각 목의 어느 하나에 해당하는 것
      ① 창문에 설치하는 커튼류(블라인드를 포함한다)
      ② 카펫, 두께가 2mm 미만인 벽지류(종이벽지는 제외한다)
      ③ 전시용 합판 또는 섬유판, 무대용 합판 또는 섬유판
      ④ 암막・무대막(「영화 및 비디오물의 진흥에 관한 법률」 제2조 제10호에 따른 영화상영관에 설치하는 스크린과 「다중이용업소의 안전관리에 관한 특별법 시행령」 제2조 제7호의4에 따른 가상체험 체육시설업에 설치하는 스크린을 포함한다)
      ⑤ 섬유류 또는 합성수지류 등을 원료로 하여 제작된 소파・의자(「다중이용업소의 안전관리에 관한 특별법 시행령」 제2조 제1호 나목 및 같은 조 제6호에 따른 단란주점영업, 유흥주점영업 및 노래연습장업의 영업장에 설치하는 것만 해당한다)
   나. 건축물 내부의 천장이나 벽에 부착하거나 설치하는 것으로서 다음 각 목의 어느 하나에 해당하는 것. 다만, 가구류(옷장, 찬장, 식탁, 식탁용 의자, 사무용 책상, 사무용 의자, 계산대 및 그 밖에 이와 비슷한 것을 말한다. 이하 이 조에서 같다)와 너비 10cm 이하인 반자돌림대 등과 「건축법」 제52조에 따른 내부마감재료는 제외한다.
      ① 종이류(두께 2mm 이상인 것을 말한다)・합성수지류 또는 섬유류를 주원료로 한 물품
      ② 합판이나 목재
      ③ 공간을 구획하기 위하여 설치하는 간이 칸막이(접이식 등 이동 가능한 벽체나 천장 또는 반자가 실내에 접하는 부분까지 구획하지 아니하는 벽체를 말한다)
      ④ 흡음(吸音)이나 방음(防音)을 위하여 설치하는 흡음재(흡음용 커튼을 포함한다) 또는 방음재(방음용 커튼을 포함한다)
2. 법 제12조 제3항에 따른 방염성능기준은 다음 각 호의 기준에 따르되, 제1항에 따른 방염대상물품의 종류에 따른 구체적인 방염성능기준은 다음 각 호의 기준의 범위에서 소방청장이 정하여 고시하는 바에 따른다.
   가. 버너의 불꽃을 제거한 때부터 불꽃을 올리며 연소하는 상태가 그칠 때까지 시간은 20초 이내일 것
   나. 버너의 불꽃을 제거한 때부터 불꽃을 올리지 아니하고 연소하는 상태가 그칠 때까지 시간은 30초 이내일 것

다. 탄화(炭化)한 면적은 50cm^2 이내, 탄화한 길이는 20cm 이내일 것

라. 불꽃에 의하여 완전히 녹을 때까지 불꽃의 접촉 횟수는 3회 이상일 것

마. 소방청장이 정하여 고시한 방법으로 발연량(發煙量)을 측정하는 경우 최대연기밀도는 400 이하일 것

3. 소방본부장 또는 소방서장은 제1항에 따른 물품 외에 다음 각 호의 어느 하나에 해당하는 물품의 경우에는 방염처리 된 물품을 사용하도록 권장할 수 있다.

가. 다중이용업소, 의료시설, 노유자시설, 숙박시설 또는 장례식장에서 사용하는 침구류 · 소파 및 의자

나. 건축물 내부의 천장 또는 벽에 부착하거나 설치하는 가구류

※ 암기 : 본서(본부장, 서장) 권장 다의숙장노 침소의 내천벽부설가

※ 참고 : 소방서장에게 "방염제품을 사용하도록 권장할 수 있다"라고 규정함으로써 행정지도(화재예방 및 인명안전이라는 소방행정목적의 달성을 위하여 방염제품을 사용하도록 지도하는 행위)형식을 통한 소방행정의 목적을 달성하고자 하고 있다. 하지만 이러한 행정지도는 강제성이 없는 비권력적 행정행위라는 점과, 타 관할소방서 및 지방소방기관과의 소방행정의 형평성, 행정책임의 불명확 및 민원발생 시의 구제수단의 불비 등이 발생할 수 있는 바, 이의 실행에 있어서는 행정상대방의 설득과 자발적인 동의가 선행되도록 하여 발생될 수 있는 마찰을 최소화 하는 노력이 필요하다 하겠다.

■ 법 제13조(방염성능의 검사)

1. 특정소방대상물에서 사용하는 방염대상물품은 소방청장(대통령령으로 정하는 방염대상물품의 경우에는 시 · 도지사를 말한다)이 실시하는 방염성능검사를 받은 것이어야 한다.
2. 「소방시설공사업법」 제4조에 따라 방염처리업의 등록을 한 자는 제1항에 따른 방염성능검사를 할 때에 거짓 시료(試料)를 제출하여서는 아니 된다.
3. 제1항에 따른 방염성능검사의 방법과 검사 결과에 따른 합격 표시 등에 필요한 사항은 행정안전부령으로 정한다.

● 시행령 제20조의2(시 · 도지사가 실시하는 방염성능검사)

법 제13조 제1항에서 "대통령령으로 정하는 방염대상물품"이란 제20조 제1항에 따른 방염대상물품 중 설치 현장에서 방염처리를 하는 합판 · 목재를 말한다.

※ 방염은 연소하기 쉬운 재질에 발화 및 화염확산을 지연시키는 가공처리 방법을 말한다. 화재의 발생빈도가 높고 화재 시 인적 또는 물적 피해가 클 것으로 예상되는 특정 소방대상물에 사용하는 실내마감재 등에 방염처리를 하여야 한다. 방염처리는 선처리가 원칙이다. 하지만 예외적으로 목재, 합판은 후처리(현장처리)가 가능하다.

※ 참 고

건축법령에 있어서의 불연재료・준불연재료・난연재료의 규정대상은 거실 및 반자의 실내에 면하는 부분의 내부마감에 대하여 불연재료 등을 사용하도록 규정하고 있으며, 이 법령에서는 건축물 내부의 미관 또는 장식을 위하여 천장 또는 벽에 설치하는 칸막이(간이칸막이를 포함한다), 종이류, 합성수지류, 섬유류를 주 원료로 한 물품, 합판 또는 목재에 대하여 방염을 하도록 규정하고 있다.

건축법에 있어서의 불연재료 또는 준불연재료・난연재료의 구분은 건설교통부령이 정하는 기준에 적합한 물질을 말하며, 그 시험방식으로는 표면시험・가열시험・부가시험・가스유해시험 등의 시험에 의하여 난연1급의 경우 불연재료, 난연2급의 경우 준불연재료, 난연3급의 경우 난연재료 등으로 구분하고 있다. 이 법령에 있어서의 방염의 규정은 탄화면적・탄화길이・잔염시간・잔신시간・용융시험・내세탁성 등을 거쳐 방염성능 여부를 판단하고 있다.

★ 방염 총정리

개념 정리 순서와 암기사항

1. 방염의 개념(본질적인 목표는 화재 시 확산 예방과 유독물질 차단)
2. 방염 대상(암기법 참조)
3. 방염 물품의 종류(방염처리 물품과 실내장식물)

① 방염처리 물품

건축물의 주요구조부가 아닌 실내에 설치되는 것들 중에 화재 시 특히 위험한 것들이라고 이해하면 된다. 본인만의 방법으로 두문자를 만들어서 암기하는 것이 가장 좋다.

예 창커 카벽두2 전무합섬 안무막스 단유노소의

특히, 수험생들이 가장 이해하기 어려운 부분인 방염대상물품의 종이벽지와 실내장식물의 종이류는 개념을 확실히 알고 정확하게 암기해야 한다.

- 벽 전체에 붙이는 벽지는 종류가 다양하다(실크벽지, 종이(합지)벽지, 방염벽지 등). 제조 또는 가공공정에서 방염처리를 하기 때문에 완성품이라 생각하면 되는데, 각 벽지의 장・단점이나 민원처리에 있어서 실무적용은 사례마다 다르기 때문에 기준 자체만 확실히 이해하고 암기하면 된다(승진시험은 법 해석보다 법조문 자체!).

※ 2mm 미만인 벽지류만 방염처리물품에 해당한다(종이벽지는 두께에 상관없이 방염처리물품이 아니다).

- 벽지류는 두께가 두꺼워질수록 여러 장을 겹쳐서 시공하기 때문에 위험성이 덜하다고 생각해야 한다.
- 벽에 붙어 있는 종이벽지는 타더라도 유독물질이 발생하지 않아서 방염물품이 아니라고 이해해야 한다.
- 종이벽지 제외에 대한 해석 : ‘두께가 2mm 미만인 벽지류만’ 해당되는데 종이벽지는 제외라고 명시되어 있으니 2mm 미만이어도 종이벽지는 방염물품이 아니다. 벽지류 중에서도 2mm 이상은 애초에 방염물품에 해당하지 않는다. 종이벽지도 마찬가지이다(방염물품에 해당되는 부분에서 제외라고 명시해놨으니, 해당되지 않는 부분은 당연히 제외!).

② 건축물 내부의 천장이나 벽에 부착하거나 설치하는 것(실내장식물)

- 가구류(옷장, 찬장, 식탁, 식탁용 의자, 사무용 책상, 사무용 의자, 계산대 및 그 밖에 이와 비슷한 것을 말한다. 이하 이 조에서 같다)와 너비 10센티미터 이하인 반자돌림대 등과 「건축법」 제52조에 따른 내부마감재료는 제외한다(제외 대상 암기).

※ 주로 이동이 가능한 가구류나 10cm 이하인 반자돌림대(천장과 벽 모서리의 몰딩 또는 바닥의 걸레받이), 「건축법」 제52조에 따른 벽, 반자, 지붕(반자가 없는 경우에 한정한다) 등 내부의 마감 재료는 실내장식물로 적용하지 않는다. '모든 것을 다 방염처리해야 한다면 방염을 함으로써 추구하려는 공익보다 침해되는 사익(비용 등)이 크기 때문이다'라고 이해하면 된다.

- 종이류(두께 2mm 이상인 것을 말한다) · 합성수지류 또는 섬유류를 주원료로 한 물품(실내를 장식하기 위해 곳곳에 붙이는 벽지가 아닌 종이류는 두께가 두꺼울수록 연소 또는 연소 확대의 위험성이 커지기 때문에)
- 합판이나 목재
- 공간을 구획하기 위하여 설치하는 간이 칸막이(접이식 등 이동 가능한 벽체나 천장 또는 반자가 실내에 접하는 부분까지 구획하지 아니하는 벽체를 말한다 : 벽 윗부분은 뚫려 있는 경우)
- 흡음(吸音)이나 방음(防音)을 위하여 설치하는 흡음재(흡음용 커튼을 포함한다) 또는 방음재(방음용 커튼을 포함한다)

4. 방염성능기준(암기법)
   ① 불꽃 올려 20, 없이 30(이내)
   ② 면적 50, 길이 20(이내), 접촉 3회(이상)
   ③ 연기밀도 400(이하)

■ 법 제20조(특정소방대상물의 소방안전관리) ★★

1. 특정소방대상물의 관계인은 그 특정소방대상물에 대하여 제6항에 따른 소방안전관리 업무를 수행하여야 한다.
2. 대통령령으로 정하는 특정소방대상물(이하 이 조에서 "소방안전관리대상물"이라 한다)의 관계인은 소방안전관리 업무를 수행하기 위하여 대통령령으로 정하는 자를 행정안전부령으로 정하는 바에 따라 소방안전관리자 및 소방안전관리보조자로 선임하여야 한다. 이 경우 소방안전관리보조자의 최소인원 기준 등 필요한 사항은 대통령령으로 정하고, 제4항 · 제5항 및 제7항은 소방안전관리보조자에 대하여 준용한다.
3. 대통령령으로 정하는 소방안전관리대상물의 관계인은 제2항에도 불구하고 제29조 제1항에 따른 소방시설관리업의 등록을 한 자(이하 "관리업자"라 한다)로 하여금 제1항에 따른 소방안전관리 업무 중 대통령령으로 정하는 업무를 대행하게 할 수 있으며, 이 경우 소방안전관리 업무를 대행하는 자를 감독할 수 있는 자를 소방안전관리자로 선임할 수 있다.
4. 소방안전관리대상물의 관계인이 소방안전관리자를 선임한 경우에는 행정안전부령으로 정하는 바에 따라 선임한 날부터 14일 이내에 소방본부장이나 소방서장에게 신고하고, 소방안전관리 대상물의 출입자가 쉽게 알 수 있도록 소방안전관리자의 성명과 그 밖에 행정안전부령으로 정하는 사항을 게시하여야 한다.

▲ 시행규칙 제14조 제8항(소방안전관리자의 선임신고 등)
법 제20조 제4항에서 "행정안전부령으로 정하는 사항"이란 다음 각 호의 사항을 말한다.
① 소방안전관리대상물의 명칭
② 소방안전관리자의 선임일자
③ 소방안전관리대상물의 등급
④ 소방안전관리자의 연락처

5. 소방안전관리대상물의 관계인이 소방안전관리자를 해임한 경우에는 그 관계인 또는 해임된 소방안전관리자는 소방본부장이나 소방서장에게 그 사실을 알려 해임한 사실의 확인을 받을 수 있다.

※ 화재의 예방 및 소방안전업무의 수행은 일반인이 쉽게 할 수 있는 성격이 아니고 전문지식과 전문기술이 요구되고 있다. 이러한 이유로 이 법은 화재예방 등과 관련하여 교육을 받은 자, 또는 일정수준의 전문가로 하여금 소방안전관리를 할 수 있도록 소방안전관리자를 선임하여 소방안전관리업무를 할 수 있도록 하여 소방안전의 실효성을 확보하도록 하고 있다. 하지만, 모든 소방대상물에 있어서 소방안전관리자라는 자격을 가진 사람으로 하여금 소방안전관리 업무를 행하도록 규정하는 것은 화재의 위험성이 많은 특정소방대상물에 비하여 상대적으로 위험성이 적은 소규모 소방대상물에 있어서는 과다한 경제적인 부담이며, 달성하고자 하는 소방행정의 목적에 비추어 볼 때 과다한 규제가 될 수 있는 바이다. 이 법은 특정소방대상물의 화재위험정도에 따라 위험 정도가 커서 특히, 소방안전관리업무의 전문성이 요구되는 대상을 특급, 1급, 2급, 3급 및 공동 소방안전관리으로 규정하고, 위험이 상대적으로 적은 소규모 소방대상물인 기타 소방안전관리대상물에 있어서는 소방안전관리업무를 행하되 소방안전관리자라는 전문교육을 이수하고 자격을 가진 사람으로 하여금 하도록 하는것이 아니라 특정소방대상물의 관계인이 하도록 규정하고 있다.

6. 특정소방대상물(소방안전관리대상물은 제외한다)의 관계인과 소방안전관리대상물의 소방안전관리자의 업무는 다음 각 호와 같다. 다만, 제①호・제②호 및 제④호의 업무는 소방안전관리 대상물의 경우에만 해당한다(③, ⑤, ⑥, ⑦호는 관계인의 업무도 해당됨).
① 제21조의2에 따른 피난계획에 관한 사항과 대통령령으로 정하는 사항이 포함된 소방계획서의 작성 및 시행
② 자위소방대(自衛消防隊) 및 초기대응체계의 구성・운영・교육
③ 제10조에 따른 피난시설, 방화구획 및 방화시설의 유지・관리
④ 제22조에 따른 소방훈련 및 교육
⑤ 소방시설이나 그 밖의 소방 관련 시설의 유지・관리
⑥ 화기(火氣) 취급의 감독
⑦ 그 밖에 소방안전관리에 필요한 업무

▲ 시행규칙 제14조의3(자위소방대 및 초기대응체계의 구성, 운영 및 교육 등)

① 소방안전관리대상물의 소방안전관리자는 법 제20조 제6항 제2호에 따른 자위소방대를 다음 각 호의 기능을 효율적으로 수행할 수 있도록 편성·운영하되, 소방안전관리대상물의 규모·용도 등의 특성을 고려하여 응급구조 및 방호안전기능 등을 추가하여 수행할 수 있도록 편성할 수 있다.

㉠ 화재 발생 시 비상연락, 초기소화 및 피난유도

㉡ 화재 발생 시 인명·재산피해 최소화를 위한 조치

② 소방안전관리대상물의 소방안전관리자는 법 제20조 제6항 제2호에 따른 초기대응체계를 제1항에 따른 자위소방대에 포함하여 편성하되, 화재 발생 시 초기에 신속하게 대처할 수 있도록 해당 소방안전관리대상물에 근무하는 사람의 근무위치, 근무인원 등을 고려하여 편성하여야 한다.

③ 소방안전관리대상물의 소방안전관리자는 해당 특정소방대상물이 이용되고 있는 동안 제2항에 따른 초기대응체계를 상시적으로 운영하여야 한다.

④ 소방안전관리대상물의 소방안전관리자는 연 1회 이상 자위소방대(초기대응체계를 포함한다)를 소집하여 그 편성 상태를 점검하고, 소방교육을 실시하여야 한다. 이 경우 초기대응체계에 편성된 근무자 등에 대하여는 화재 발생 초기대응에 필요한 기본 요령을 숙지할 수 있도록 소방교육을 실시하여야 한다.

⑤ 소방안전관리대상물의 소방안전관리자는 제4항에 따른 소방교육을 제15조 제1항에 따른 소방훈련과 병행하여 실시할 수 있다.

⑥ 소방안전관리대상물의 소방안전관리자는 제4항에 따른 소방교육을 실시하였을 때에는 그 실시 결과를 별지 제19호의5 서식의 자위소방대 및 초기대응체계 소방교육 실시 결과 기록부에 기록하고, 이를 2년간 보관하여야 한다.

⑦ 소방청장은 자위소방대의 구성, 운영 및 교육, 초기대응체계의 편성·운영 등에 필요한 지침을 작성하여 배포할 수 있으며, 소방본부장 또는 소방서장은 소방안전관리대상물의 소방안전관리자가 해당 지침을 준수하도록 지도할 수 있다.

7. 소방안전관리대상물의 관계인은 소방안전관리자가 소방안전관리 업무를 성실하게 수행할 수 있도록 지도·감독하여야 한다.
8. 소방안전관리자는 인명과 재산을 보호하기 위하여 소방시설·피난시설·방화시설 및 방화구획 등이 법령에 위반된 것을 발견한 때에는 지체 없이 소방안전관리대상물의 관계인에게 소방대상물의 개수·이전·제거·수리 등 필요한 조치를 할 것을 요구하여야 하며, 관계인이 시정하지 아니하는 경우 소방본부장 또는 소방서장에게 그 사실을 알려야 한다. 이 경우 소방안전관리자는 공정하고 객관적으로 그 업무를 수행하여야 한다.
9. 소방안전관리자로부터 제8항에 따른 조치요구 등을 받은 소방안전관리대상물의 관계인은 지체 없이 이에 따라야 하며 제8항에 따른 조치요구 등을 이유로 소방안전관리자를 해임하거나 보수(報酬)의 지급을 거부하는 등 불이익한 처우를 하여서는 아니 된다.
10. 제3항에 따라 소방안전관리 업무를 관리업자에게 대행하게 하는 경우의 대가(代價)는 「엔지니어링 산업 진흥법」 제31조에 따른 엔지니어링사업의 대가 기준 가운데 행정안전부령으로 정하는 방식에 따라 산정한다.
11. 제6항 제2호에 따른 자위소방대와 초기대응체계의 구성, 운영 및 교육 등에 관하여 필요한 사항은 행정안전부령으로 정한다.

12. 소방본부장 또는 소방서장은 제2항에 따른 소방안전관리자를 선임하지 아니한 소방안전관리대상물의 관계인에게 소방안전관리자를 선임하도록 명할 수 있다.
13. 소방본부장 또는 소방서장은 제6항에 따른 업무를 다하지 아니하는 특정소방대상물의 관계인 또는 소방안전관리자에게 그 업무를 이행하도록 명할 수 있다.

※ 소방안전관리대상물(특급, 1급, 2급, 3급)의 구분과 소방안전관리자의 자격을 구분해야 한다.

※ 특정소방대상물 등급 구분
- 층수와 면적으로 구분 : 특급, 1급, 2급
- 소방시설로 구분 : 2급, 3급

〈※ 본 교재는 시행령 제22조와 제23조를 등급별로 정리〉 ★★

● 시행령 제22조 제1항(소방안전관리자를 두어야 하는 특정소방대상물)

법 제20조 제2항에 따라 소방안전관리자를 선임하여야 하는 특정소방대상물(이하 "소방안전관리대상물"이라 한다)은 다음 각 호의 어느 하나에 해당하는 특정소방대상물로 한다. 다만, 「공공기관의 소방안전관리에 관한 규정」을 적용받는 특정소방대상물은 제외한다.

1. 별표 2의 특정소방대상물 중 다음 각 목의 어느 하나에 해당하는 것으로서 동·식물원, 철강 등 불연성 물품을 저장·취급하는 창고, 위험물 저장 및 처리 시설 중 위험물 제조소등, 지하구를 제외한 것(이하 "특급 소방안전관리대상물"이라 한다)
   가. 50층 이상(지하층은 제외한다)이거나 지상으로부터 높이가 200미터 이상인 아파트
   나. 30층 이상(지하층을 포함한다)이거나 지상으로부터 높이가 120미터 이상인 특정소방대상물(아파트는 제외한다)
   다. 나목에 해당하지 아니하는 특정소방대상물로서 연면적이 20만제곱미터 이상인 특정소방대상물(아파트는 제외한다)

   ※ 특급 암기 : 아파트 지제 52 나머지 지포 312 연2

● 시행령 제23조 제1항(소방안전관리자 및 소방안전관리보조자의 선임대상자)

특급 소방안전관리대상물의 관계인은 다음 각 호의 어느 하나에 해당하는 사람 중에서 소방안전 관리자를 선임해야 한다.

1. 소방기술사 또는 소방시설관리사의 자격이 있는 사람
2. 소방설비기사의 자격을 취득한 후 5년 이상 1급 소방안전관리대상물의 소방안전관리자로 근무한 실무경력(법 제20조 제3항에 따라 소방안전관리자로 선임되어 근무한 경력은 제외한다. 이하 이 조에서 같다)이 있는 사람(※ 업무대행 경력 제외 : 업무대행을 하게 한 경우 소방안전관리 업무를 대행하는 자를 감독할 수 있는 자를 소방안전관리자로 선임하기 때문에 실무경력에 포함되지 않는다)

3. 소방설비산업기사의 자격을 취득한 후 7년 이상 1급 소방안전관리대상물의 소방안전관리자로 근무한 실무경력이 있는 사람
4. 소방공무원으로 20년 이상 근무한 경력이 있는 사람
5. 소방청장이 실시하는 특급 소방안전관리대상물의 소방안전관리에 관한 시험에 합격한 사람. 이 경우 해당 시험은 다음 각 목의 어느 하나에 해당하는 사람만 응시할 수 있다.
   가. 1급 소방안전관리대상물의 소방안전관리자로 5년(소방설비기사의 경우 2년, 소방설비산업기사의 경우 3년) 이상 근무한 실무경력이 있는 사람
   나. 1급 소방안전관리대상물의 소방안전관리자로 선임될 수 있는 자격이 있는 사람으로서 특급 또는 1급 소방안전관리대상물의 소방안전관리보조자로 7년 이상 근무한 실무경력이 있는 사람
   다. 소방공무원으로 10년 이상 근무한 경력이 있는 사람
   라. 「고등교육법」 제2조 제1호부터 제6호까지의 어느 하나에 해당하는 학교(이하 "대학"이라 한다)에서 소방안전관리학과(소방청장이 정하여 고시하는 학과를 말한다. 이하 같다)를 전공하고 졸업한 사람(법령에 따라 이와 같은 수준의 학력이 있다고 인정되는 사람을 포함한다)으로서 해당 학과를 졸업한 후 2년 이상 1급 소방안전관리대상물의 소방안전관리자로 근무한 실무경력이 있는 사람
   마. 다음 ①부터 ③까지의 어느 하나에 해당하는 사람으로서 해당 요건을 갖춘 후 3년 이상 1급 소방안전관리대상물의 소방안전관리자로 근무한 실무경력이 있는 사람
      ① 대학에서 소방안전 관련 교과목(소방청장이 정하여 고시하는 교과목을 말한다. 이하 같다)을 12학점 이상 이수하고 졸업한 사람
      ② 법령에 따라 ㉠에 해당하는 사람과 같은 수준의 학력이 있다고 인정되는 사람으로서 해당 학력 취득 과정에서 소방안전 관련 교과목을 12학점 이상 이수한 사람
      ③ 대학에서 소방안전 관련 학과(소방청장이 정하여 고시하는 학과를 말한다. 이하 같다)를 전공하고 졸업한 사람(법령에 따라 이와 같은 수준의 학력이 있다고 인정되는 사람을 포함한다)
   바. 소방행정학(소방학 및 소방방재학을 포함한다) 또는 소방안전공학(소방방재공학 및 안전공학을 포함한다) 분야에서 석사학위 이상을 취득한 후 2년 이상 1급 소방안전관리대상물의 소방안전관리자로 근무한 실무경력이 있는 사람
   사. 특급 소방안전관리대상물의 소방안전관리보조자로 10년 이상 근무한 실무경력이 있는 사람
   아. 법 제41조 제1항 제3호 및 이 영 제38조에 따라 특급 소방안전관리대상물의 소방안전관리에 대한 강습교육을 수료한 사람
   자. 「초고층 및 지하연계 복합건축물 재난관리에 관한 특별법」 제12조 제1항 본문에 따라 총괄재난 관리자로 지정되어 1년 이상 근무한 경력이 있는 사람

※ 특급안전관리자 암기 : 기술사, 관리사, 기사 5년 1급, 산업기사 7년 1급, 소방관 20년[시험응시 기사 1급 2년 산업기사 3년, 나머지 5년, 특급 1급 보조자 7년, 소방관 10년, 관리학과 전공 졸업 1급 2년, 12학점 관련학과 전공 졸업 1급 3년, 석사 1급 2년, 특급 보조 10년, 강습수료, 초고층 관리자 1년(에 해당하는 사람만 응시할 수 있고 합격해야 함-1, 2급도)]

● 시행령 제22조 제1항(소방안전관리자를 두어야 하는 특정소방대상물)

2. 별표 2의 특정소방대상물 중 특급 소방안전관리대상물을 제외한 다음 각 목의 어느 하나에 해당하는 것으로서 동·식물원, 철강 등 불연성 물품을 저장·취급하는 창고, 위험물 저장 및 처리 시설 중 위험물 제조소등, 지하구를 제외한 것(이하 "1급 소방안전관리대상물"이라 한다)
   가. 30층 이상(지하층은 제외한다)이거나 지상으로부터 높이가 120미터 이상인 아파트
   나. 연면적 1만5천제곱미터 이상인 특정소방대상물(아파트는 제외한다)
   다. 나목에 해당하지 아니하는 특정소방대상물로서 층수가 11층 이상인 특정소방대상물(아파트는 제외한다)
   라. 가연성 가스를 1천톤 이상 저장·취급하는 시설
   ※ 1급 암기 : 아파트 지제 312, 아파트 제외 연만5 나머지 11층, 가스천

● 시행령 제23조 제2항(소방안전관리자 및 소방안전관리보조자의 선임대상자)

1급 소방안전관리대상물의 관계인은 다음 각 호의 어느 하나에 해당하는 사람 중에서 소방안전관리자를 선임하여야 한다. 다만, 제4호부터 제6호까지에 해당하는 사람은 안전관리자로 선임된 해당 소방안전관리대상물의 소방안전관리자로만 선임할 수 있다.

1. 소방설비기사 또는 소방설비산업기사의 자격이 있는 사람
2. 산업안전기사 또는 산업안전산업기사의 자격을 취득한 후 2년 이상 2급 소방안전관리대상물 또는 3급 소방안전관리대상물의 소방안전관리자로 근무한 실무경력이 있는 사람
3. 소방공무원으로 7년 이상 근무한 경력이 있는 사람
4. 위험물기능장·위험물산업기사 또는 위험물기능사 자격을 가진 사람으로서 「위험물안전관리법」 제15조 제1항에 따라 위험물안전관리자로 선임된 사람
5. 「고압가스 안전관리법」 제15조 제1항, 「액화석유가스의 안전관리 및 사업법」 제34조 제1항 또는 「도시가스사업법」 제29조 제1항에 따라 안전관리자로 선임된 사람
6. 「전기안전관리법」 제22조 제1항 및 제2항에 따라 전기안전관리자로 선임된 사람
7. 소방청장이 실시하는 1급 소방안전관리대상물의 소방안전관리에 관한 시험에 합격한 사람. 이 경우 해당 시험은 다음 각 목의 어느 하나에 해당하는 사람만 응시할 수 있다.
   가. 대학에서 소방안전관리학과를 전공하고 졸업한 사람(법령에 따라 이와 같은 수준의 학력이 있다고 인정되는 사람을 포함한다)으로서 해당 학과를 졸업한 후 2년 이상 2급 소방안전관리대상물 또는 3급 소방안전관리대상물의 소방안전관리자로 근무한 실무경력이 있는 사람

나. 다음 ①부터 ③까지의 어느 하나에 해당하는 사람으로서 해당 요건을 갖춘 후 3년 이상 2급 소방안전관리대상물 또는 3급 소방안전관리대상물의 소방안전관리자로 근무한 실무경력이 있는 사람

① 대학에서 소방안전 관련 교과목을 12학점 이상 이수하고 졸업한 사람

② 법령에 따라 ①에 해당하는 사람과 같은 수준의 학력이 있다고 인정되는 사람으로서 해당 학력 취득 과정에서 소방안전 관련 교과목을 12학점 이상 이수한 사람

③ 대학에서 소방안전 관련 학과를 전공하고 졸업한 사람(법령에 따라 이와 같은 수준의 학력이 있다고 인정되는 사람을 포함한다)

다. 소방행정학(소방학, 소방방재학을 포함한다) 또는 소방안전공학(소방방재공학, 안전공학을 포함한다) 분야에서 석사학위 이상을 취득한 사람

라. 가목 및 나목에 해당하는 경우 외에 5년 이상 2급 소방안전관리대상물의 소방안전관리자로 근무한 실무경력이 있는 사람

마. 법 제41조 제1항 제3호 및 이 영 제38조에 따라 특급 소방안전관리대상물 또는 1급 소방안전관리 대상물의 소방안전관리에 대한 강습교육을 수료한 사람

바. 「공공기관의 소방안전관리에 관한 규정」 제5조 제1항 제2호 나목에 따른 강습교육을 수료한 사람

사. 2급 소방안전관리대상물의 소방안전관리자로 선임될 수 있는 자격이 있는 사람으로서 특급 또는 1급 소방안전관리대상물의 소방안전관리보조자로 5년 이상 근무한 실무경력이 있는 사람

아. 2급 소방안전관리대상물의 소방안전관리자로 선임될 수 있는 자격이 있는 사람으로서 2급 소방안전관리대상물의 소방안전관리보조자로 7년 이상 근무한 실무경력(특급 또는 1급 소방안전 관리대상물의 소방안전관리보조자로 근무한 5년 미만의 실무경력이 있는 경우에는 이를 포함하여 합산한다)이 있는 사람

8. 제1항에 따라 특급 소방안전관리대상물의 소방안전관리자 자격이 인정되는 사람(윗 등급 자격자는 아래등급 자격을 당연히 가질 수 있음)

※ 1급 안전관리자 암기 : 기사, 산업기사, 산안기 2급 3급 2년, 소방관 7년, 위험물, 가스, 전기(시험응시 관리학과 전공 졸업 2급 3급 2년, 12학점 관련학과 전공 졸업 2급 3년, 석사, 나머지 2급 5년, 특1 공공 강습수료, 특급 1급 보조 5년, 2급 보조 7년)

● **시행령 제22조 제1항(소방안전관리자를 두어야 하는 특정소방대상물)**

3. 별표 2의 특정소방대상물 중 특급 소방안전관리대상물 및 1급 소방안전관리대상물을 제외한 다음 각 목의 어느 하나에 해당하는 것(이하 "2급 소방안전관리대상물"이라 한다)

가. 별표 5 제1호 다목부터 바목까지(옥내소화전, 스프링클러, 간이스프링클러, 물분무등소화설비)의 규정에 해당하는 특정소방대상물[호스릴(Hose Reel) 방식의 물분무등소화설비만을 설치한 경우는 제외한다]

나. 가스 제조설비를 갖추고 도시가스사업의 허가를 받아야 하는 시설 또는 가연성 가스를 100톤 이상 1천톤 미만 저장·취급하는 시설

다. 지하구

라. 「공동주택관리법 시행령」 제2조 각 호의 어느 하나에 해당하는 공동주택

※ 공동주택의 정의는 공동주택관리법 제2조에 규정

마. 「문화재보호법」 제23조에 따라 보물 또는 국보로 지정된 목조건축물

※ 2급 암기 : 옥스간물, 가스백천, 지구목공

● 시행령 제23조 제3항(소방안전관리자 및 소방안전관리보조자의 선임대상자)

2급 소방안전관리대상물의 관계인은 다음 각 호의 어느 하나에 해당하는 사람 중에서 소방안전관리자를 선임하여야 한다. 다만, 제3호에 해당하는 사람은 보안관리자 또는 보안감독자로 선임된 해당 소방안전관리대상물의 소방안전관리자로만 선임할 수 있다.

1. 건축사·산업안전기사·산업안전산업기사·건축기사·건축산업기사·일반기계기사·전기기능장·전기기사·전기산업기사·전기공사기사 또는 전기공사산업기사 자격을 가진 사람
2. 위험물기능장·위험물산업기사 또는 위험물기능사 자격을 가진 사람
3. 광산보안기사 또는 광산보안산업기사 자격을 가진 사람으로서 「광산안전법」 제13조에 따라 광산안전관리직원(안전관리자 또는 안전감독자만 해당한다)으로 선임된 사람
4. 소방공무원으로 3년 이상 근무한 경력이 있는 사람
5. 소방청장이 실시하는 2급 소방안전관리대상물의 소방안전관리에 관한 시험에 합격한 사람. 이 경우 해당 시험은 다음 각 목의 어느 하나에 해당하는 사람만 응시할 수 있다.

가. 대학에서 소방안전관리학과를 전공하고 졸업한 사람(법령에 따라 이와 같은 수준의 학력이 있다고 인정되는 사람을 포함한다)

나. 다음 ①부터 ③까지의 어느 하나에 해당하는 사람

① 대학에서 소방안전 관련 교과목을 6학점 이상 이수하고 졸업한 사람

② 법령에 따라 ①에 해당하는 사람과 같은 수준의 학력이 있다고 인정되는 사람으로서 해당 학력 취득 과정에서 소방안전 관련 교과목을 6학점 이상 이수한 사람

③ 대학에서 소방안전 관련 학과를 전공하고 졸업한 사람(법령에 따라 이와 같은 수준의 학력이 있다고 인정되는 사람을 포함한다)

다. 소방본부 또는 소방서에서 1년 이상 화재진압 또는 그 보조 업무에 종사한 경력이 있는 사람

라. 의용소방대원으로 3년 이상 근무한 경력이 있는 사람

마. 군부대(주한 외국군부대를 포함한다) 및 의무소방대의 소방대원으로 1년 이상 근무한 경력이 있는 사람

바. 「위험물안전관리법」 제19조에 따른 자체소방대의 소방대원으로 3년 이상 근무한 경력이 있는 사람

사. 「대통령 등의 경호에 관한 법률」에 따른 경호공무원 또는 별정직공무원으로서 2년 이상 안전검측 업무에 종사한 경력이 있는 사람

아. 경찰공무원으로 3년 이상 근무한 경력이 있는 사람

자. 법 제41조 제1항 제3호 및 이 영 제38조에 따라 특급 소방안전관리대상물, 1급 소방안전관리대상물 또는 2급 소방안전관리대상물의 소방안전관리에 대한 강습교육을 수료한 사람

차. 제2항 제7호 바목에 해당하는 사람(공공기관 강습수료)

카. 소방안전관리보조자로 선임될 수 있는 자격이 있는 사람으로서 특급 소방안전관리대상물, 1급 소방안전관리대상물, 2급 소방안전관리대상물 또는 3급 소방안전관리대상물의 소방안전관리보조자로 3년 이상 근무한 실무경력이 있는 사람

타. 3급 소방안전관리대상물의 소방안전관리자로 2년 이상 근무한 실무경력이 있는 사람

6. 제1항 및 제2항에 따라 특급 또는 1급 소방안전관리대상물의 소방안전관리자 자격이 인정되는 사람(윗 등급 자격자는 아래등급 자격을 당연히 가질 수 있음)

※ 2급 안전관리자 암기 : 건축사, 산안기, 건기, 기기, 전기, 위험물, 광산, 소방관 3년, [시험응시 관리학과 전공 졸업, 6학점 관련학과 전공 졸업, 소방본서 군부대 위무소방 1년, 경호별 2년, 의소대 자체소방 경찰 특123 보조 3년, 특12 공공 강습, 3급 2년]

● 시행령 제22조 제1항(소방안전관리자를 두어야 하는 특정소방대상물)

4. 별표 2의 특정소방대상물 중 이 항 제1호부터 제3호까지에 해당하지 아니하는 특정소방대상물로서 별표 5 제2호 라목에 해당하는 특정소방대상물(이하 "3급 소방안전관리대상물"이라 한다)

※ 별표 5 제2호 라목 : 자동화재탐지설비를 설치하여야 하는 특정소방대상물

● 시행령 제23조 제4항(소방안전관리자 및 소방안전관리보조자의 선임대상자)

3급 소방안전관리대상물의 관계인은 다음 각 호의 어느 하나에 해당하는 사람 중에서 소방안전 관리자를 선임하여야 한다.

1. 소방공무원으로 1년 이상 근무한 경력이 있는 사람
2. 소방청장이 실시하는 3급 소방안전관리대상물의 소방안전관리에 관한 시험에 합격한 사람. 이 경우 해당 시험은 다음 각 목의 어느 하나에 해당하는 사람만 응시할 수 있다.

가. 의용소방대원으로 2년 이상 근무한 경력이 있는 사람

나. 「위험물안전관리법」 제19조에 따른 자체소방대의 소방대원으로 1년 이상 근무한 경력이 있는 사람

다. 「대통령 등의 경호에 관한 법률」에 따른 경호공무원 또는 별정직공무원으로 1년 이상 안전검측 업무에 종사한 경력이 있는 사람

라. 경찰공무원으로 2년 이상 근무한 경력이 있는 사람

마. 법 제41조 제1항 제3호 및 이 영 제38조에 따라 특급 소방안전관리대상물, 1급 소방안전관리대상물, 2급 소방안전관리대상물 또는 3급 소방안전관리대상물의 소방안전관리에 대한 강습교육을 수료한 사람

바. 제2항 제7호 바목에 해당하는 사람(공공기관 강습수료)

사. 소방안전관리보조자로 선임될 수 있는 자격이 있는 사람으로서 특급 소방안전관리대상물, 1급 소방안전관리대상물, 2급 소방안전관리대상물 또는 3급 소방안전관리대상물의 소방안전관리보조자로 2년 이상 근무한 실무경력이 있는 사람

3. 제1항부터 제3항까지의 규정에 따라 특급 소방안전관리대상물, 1급 소방안전관리대상물 또는 2급 소방안전관리대상물의 소방안전관리자 자격이 인정되는 사람(윗 등급 자격자는 아래등급 자격을 당연히 가질 수 있음)

※ 3급 안전관리자 암기 : 소방관 1년,
[시험응시 경호별 자체소방 1년, 의소대 경찰 2년, 특123 공공 강습, 특123 보조 2년]

● 시행령 제22조 제2항(소방안전관리자를 두어야 하는 특정소방대상물)

제1항에도 불구하고 건축물대장의 건축물현황도에 표시된 대지경계선 안의 지역 또는 인접한 2개 이상의 대지에 제1항에 따라 소방안전관리자를 두어야 하는 특정소방대상물이 둘 이상 있고, 그 관리에 관한 권원(權原)을 가진 자가 동일인인 경우에는 이를 하나의 특정소방대상물로 보되, 그 특정소방대상물이 제1항 제1호부터 제4호까지의 규정 중 둘 이상에 해당하는 경우에는 그 중에서 급수가 높은 특정소방대상물로 본다.

▲ 시행규칙 제34조(시험방법, 시험의 공고 및 합격자 결정 등)(특, 1, 2, 3급 전부 해당되는 조항)

1. 영 제23조 제1항 제5호에 따른 특급 소방안전관리대상물의 소방안전관리에 관한 시험(이하 "특급 소방안전관리자시험"이라 한다)은 선택형과 서술형으로 구분하여 실시하고, 영 제23조 제2항 제7호에 따른 1급 소방안전관리대상물의 소방안전관리에 관한 시험(이하 "1급 소방안전관리자시험"이라 한다), 같은 조 제3항 제5호에 따른 2급 소방안전관리대상물의 소방안전관리에 관한 시험(이하 "2급 소방안전관리자시험"이라 한다) 및 같은 조 제4항 제2호에 따른 3급 소방안전관리대상물의 소방안전관리에 관한 시험(이하 "3급 소방안전관리자시험"이라 한다)은 선택형을 원칙으로 하되, 기입형을 덧붙일 수 있다.
2. 소방청장은 특급, 1급, 2급 또는 3급 소방안전관리자시험을 실시하고자 하는 때에는 응시자격・시험과목・일시・장소 및 응시절차 등에 관하여 필요한 사항을 모든 응시 희망자가 알 수 있도록 시험 시행일 30일 전에 일간신문 또는 인터넷 홈페이지에 공고하여야 한다.
3. 소방안전관리자시험에 응시하고자 하는 자는 별지 제34호 서식의 특급, 1급, 2급 또는 3급 소방안전관리자시험 응시원서에 사진(가로 3.5센티미터×세로 4.5센티미터) 2매와 학력・경력증명 서류(해당하는 사람만 제출하되, 특급・1급・2급 또는 3급 소방안전관리에 대한 강습교육 수료증을 포함한다)를 첨부하여 소방청장에게 제출하여야 한다.

4. 소방청장은 제3항에 따른 특급, 1급, 2급 또는 3급 소방안전관리자시험응시원서를 접수한 때에는 응시표를 발급하여야 한다.
5. 특급, 1급, 2급 또는 3급 소방안전관리자시험의 과목은 각각 제32조 및 별표 5에 따른 특급, 1급, 2급 또는 3급 소방안전관리대상물의 소방안전관리에 관한 강습교육의 과목으로 한다.
6. 제1항의 규정에 의한 시험에 있어서는 매과목 100점을 만점으로 하여 매과목 40점 이상, 전 과목 평균 70점 이상을 득점한 자를 합격자로 한다.
7. 시험문제의 출제방법, 시험위원의 위촉, 합격자의 발표, 응시수수료 및 부정행위자에 대한 조치 등 시험실시에 관하여 필요한 사항은 소방청장이 이를 정하여 고시한다.

▲ 시행규칙 별표 5(소방안전관리자 시험과목과 강습교육의 과목)

강습교육 과목, 시간 및 운영방법 등(제32조 관련)

1. 교육과정별 과목 및 시간

구 분	교육과목	교육시간
특급 소방안전관리자	직업윤리 및 리더십	80시간
	소방관계법령	
	건축·전기·가스 관계법령 및 안전관리	
	재난관리 일반 및 관련법령	
	초고층특별법	
	소방기초이론	
	연소·방화·방폭공학	
	고층건축물 소방시설 적용기준	
	소방시설(소화설비, 경보설비, 피난설비, 소화용수설비, 소화활동설비)의 구조·점검·실습·평가	
	공사장 안전관리 계획 및 화기취급 감독	
	종합방재실 운용	
	고층건축물 화재 등 재난사례 및 대응방법	
	화재원인 조사실무	
	위험성 평가기법 및 성능위주 설계	
	소방계획 수립 이론·실습·평가	
	방재계획 수립 이론·실습·평가	
	작동기능점검표 작성 실습·평가	
	구조 및 응급처치 이론·실습·평가	
	소방안전 교육 및 훈련 이론·실습·평가	
	화재대응 및 피난 실습·평가	

특급 소방안전관리자	화재피해 복구	80시간
	초고층 건축물 안전관리 우수사례 토의	
	소방신기술 동향	
	시청각 교육	
1급 소방안전관리자	소방관계법령	40시간
	건축관계법령	
	소방학개론	
	화기취급감독(위험물 · 전기 · 가스 안전관리 등)	
	종합방재실 운영	
	소방시설(소화설비, 경보설비, 피난설비, 소화용수설비, 소화활동설비)의 구조 · 점검 · 실습 · 평가	
	소방계획 수립 이론 · 실습 · 평가	
	작동기능점검표 작성 실습 · 평가	
	구조 및 응급처치 이론 · 실습 · 평가	
	소방안전 교육 및 훈련 이론 · 실습 · 평가	
	화재대응 및 피난 실습 · 평가	
	형성평가(시험)	
공공기관 소방안전관리자	소방관계법령	40시간
	건축관계법령	
	공공기관 소방안전규정의 이해	
	소방학개론	
	소방시설(소화설비, 경보설비, 피난설비, 소화용수설비, 소화활동설비)의 구조 · 점검 · 실습 · 평가	
	종합방재실 운영	
	소방안전관리 업무대행 감독	
	공사장 안전관리 계획 및 감독	
	화기취급감독(위험물 · 전기 · 가스 안전관리 등)	
	소방계획 수립 이론 · 실습 · 평가	
	외관점검표 작성 실습 · 평가	
	응급처치 이론 · 실습 · 평가	
	소방안전 교육 및 훈련 이론 · 실습 · 평가	
	화재대응 및 피난 실습 · 평가	
	공공기관 소방안전관리 우수사례 토의	

2급 소방안전관리자	소방관계법령(건축관계법령 포함)	32시간
	소방학개론	
	화기취급감독(위험물 · 전기 · 가스 안전관리 등)	
	소방시설(소화설비, 경보설비, 피난설비)의 구조 · 점검 · 실습 · 평가	
	소방계획 수립 이론 · 실습 · 평가	
	작동기능점검 방법 및 점검표 작성방법 실습 · 평가	
	응급처치 이론 · 실습 · 평가	
	소방안전 교육 및 훈련 이론 · 실습 · 평가	
	화재대응 및 피난 실습 · 평가	
	형성평가(시험)	
3급 소방안전관리자	화재예방, 소방시설 설치 · 유지 및 안전관리에 관한 법령	24시간
	화재일반	
	화기취급감독(위험물 · 전기 · 가스 안전관리 등)	
	소방시설(소화기, 경보설비, 피난설비)의 구조 · 점검 · 실습 · 평가	
	소방계획 수립 이론 · 실습 · 평가	
	작동기능점검표 작성 실습 · 평가	
	응급처치 이론 · 실습 · 평가	
	소방안전 교육 및 훈련 이론 · 실습 · 평가	
	화재대응 및 피난 실습 · 평가	
	형성평가(시험)	

2. 교육운영방법 등

가. 교육과정별 교육시간 운영 편성기준

구 분	이론(30%)	실무(70%)	
		일반(30%)	실습 및 평가(40%)
특급 소방안전관리자	24시간	24시간	32시간
1급 및 공공기관 소방안전관리자	12시간	12시간	16시간
2급 소방안전관리자	9시간	10시간	13시간
3급 소방안전관리자	7시간	7시간	10시간

나. 가목에 따른 평가는 서식작성, 설비운용(소방시설에 대한 점검능력을 포함한다) 및 비상대응 등 실습내용에 대한 평가를 말한다.

다. 교육과정을 수료하고자 하는 사람은 나목에 따른 실습내용 평가에 합격하여야 한다.

라. 「위험물안전관리법」 제28조 제1항에 따라 위험물 안전관리에 관한 강습교육을 받은 자가 2급 소방안전관리대상물의 소방안전관리에 관한 강습교육을 받으려는 경우에는 8시간 범위에서 면제할 수 있다.

마. 공공기관 소방안전관리 업무에 관한 강습과목 중 일부 과목은 16시간 범위에서 사이버교육으로 실시할 수 있다.

바. 구조 및 응급처치요령에는 「응급의료에 관한 법률 시행규칙」 제6조 제1항에 따른 구조 및 응급처치에 관한 교육의 내용과 시간이 포함되어야 한다.

▲ 시행규칙 제35조(소방안전관리자수첩의 발급)

1. 다음 각 호의 어느 하나에 해당하는 자가 소방안전관리자수첩을 발급받고자 하는 때에는 소방청장에게 소방안전관리자수첩의 발급을 신청할 수 있다.
   가. 제34조에 따라 특급, 1급, 2급 또는 3급 소방안전관리자시험에 합격한 자
   나. 영 제23조 제1항 제2호부터 제4호까지, 같은 조 제2항 제2호・제3호, 같은 조 제3항 제4호 및 같은 조 제4항 제1호에 해당하는 사람(실무경력자, 소방공무원 경력자)
2. 소방청장은 제1항에 따라 소방안전관리자수첩의 발급을 신청받은 때에는 신청인에게 특급, 1급, 2급 또는 3급 소방안전관리대상물 소방안전관리자수첩 중 해당하는 수첩을 발급하여야 한다.
3. 소방청장은 제1항에 따른 수첩을 발급받은 자가 그 수첩을 잃어버리거나 수첩이 헐어 못쓰게 되어 수첩의 재발급을 신청한 때에는 수첩을 재발급하여야 한다.
4. 소방안전관리자수첩의 서식 그 밖에 소방안전관리자수첩의 발급・재발급에 관하여 필요한 사항은 소방청장이 이를 정하여 고시한다.

● 시행령 제22조의2(소방안전관리보조자를 두어야 하는 특정소방대상물) ★

1. 법 제20조 제2항에 따라 소방안전관리보조자를 선임하여야 하는 특정소방대상물은 제22조에 따라 소방안전관리자를 두어야 하는 특정소방대상물 중 다음 각 호의 어느 하나에 해당하는 특정소방대상물(이하 "보조자선임대상 특정소방대상물"이라 한다)로 한다. 다만, 제3호에 해당하는 특정소방대상물로서 해당 특정소방대상물이 소재하는 지역을 관할하는 소방서장이 야간이나 휴일에 해당 특정소방대상물이 이용되지 아니한다는 것을 확인한 경우에는 소방안전관리보조자를 선임하지 아니할 수 있다.
   가. 「건축법 시행령」 별표 1 제2호 가목에 따른 아파트(300세대 이상인 아파트만 해당한다)
      ※ 「건축법 시행령」 별표 1 제2호 가목 : 공동주택으로 아파트(주택으로 쓰는 층수 5개 층 이상)
   나. 제1호에 따른 아파트를 제외한 연면적이 1만5천제곱미터 이상인 특정소방대상물

다. 제1호 및 제2호에 따른 특정소방대상물을 제외한 특정소방대상물 중 다음 각 목의 어느 하나에 해당하는 특정소방대상물

① 공동주택 중 기숙사

② 의료시설

③ 노유자시설

④ 수련시설

⑤ 숙박시설(숙박시설로 사용되는 바닥면적의 합계가 1천500제곱미터 미만이고 관계인이 24시간 상시 근무하고 있는 숙박시설은 제외한다)

※ 보조자 암기 : 아파트 300, 아파트 제외 연만5, 박(천5, 24) 수노의기

2. 보조자선임대상 특정소방대상물의 관계인이 선임하여야 하는 소방안전관리보조자의 최소 선임 기준은 다음 각 호와 같다.

가. 제1항 가의 경우 : 1명. 다만, 초과되는 300세대마다 1명 이상을 추가로 선임하여야 한다.

나. 제1항 나의 경우 : 1명. 다만, 초과되는 연면적 1만5천제곱미터(특정소방대상물의 방재실에 자위소방대가 24시간 상시 근무하고 「소방장비관리법 시행령」 별표 1 제1호 가목에 따른 소방자동차 중 소방펌프차, 소방물탱크차, 소방화학차 또는 무인방수차를 운용하는 경우에는 3만제곱미터로 한다)마다 1명 이상을 추가로 선임해야 한다.

다. 제1항 다의 경우 : 1명

● 시행령 제23조 제5항 및 제6항(소방안전관리자 및 소방안전관리보조자의 선임대상자)

5. 제22조의2 제1항에 따라 소방안전관리보조자를 선임하여야 하는 특정소방대상물의 관계인은 다음 각 호의 어느 하나에 해당하는 사람을 소방안전관리보조자로 선임하여야 한다.

가. 제1항부터 제4항까지의 규정에 따라 특급 소방안전관리대상물, 1급 소방안전관리대상물, 2급 소방안전관리대상물 또는 3급 소방안전관리대상물의 소방안전관리자 자격이 있는 사람(윗 등급 자격자는 아래등급 자격을 당연히 가질 수 있음)

나. 「국가기술자격법」 제9조 제1항 제1호에 따른 기술·기능 분야 국가기술자격 중에서 행정안전부령으로 정하는 국가기술자격이 있는 사람

다. 제2항 제7호 바목 또는 제4항 제2호 마목에 해당하는 사람(특123 공공 강습)

라. 소방안전관리대상물에서 소방안전 관련 업무에 2년 이상 근무한 경력이 있는 사람

※ 안전관리보조자 암기 : 국가기술, 특123 공공 강습, 안전관련 2년

6. 제1항 제5호, 제2항 제7호, 제3항 제5호 및 제4항 제2호에 따른 강습교육의 시간·기간·교과목 및 소방안전관리에 관한 시험 등에 관하여 필요한 사항은 행정안전부령으로 정한다.

● 시행령 제23조의2(소방안전관리 업무의 대행) ★

1. 법 제20조 제3항에서 "대통령령으로 정하는 소방안전관리대상물"이란 제22조 제1항 제2호 다목 또는 같은 항 제3호・제4호에 해당하는 특정소방대상물을 말한다.
   ※ 제22조 제1항 제2호 다목 또는 같은 항 제3호・제4호 : 1급 중 아파트를 제외한 연면적 1만5천m^2에 해당하지 않는 층수가 11층 이상인 특정소방대상물, 2급, 3급
2. 법 제20조 제3항에서 "소방안전관리 업무 중 대통령령으로 정하는 업무"란 법 제20조 제6항 제3호 또는 제5호에 해당하는 업무를 말한다.
   ※ 제20조 제6항 제3호 또는 제5호 : 3. 피난시설, 방화구획 및 방화시설의 유지・관리
   5. 소방시설이나 그 밖의 소방 관련 시설의 유지・관리
   ※ 소방안전관리 업무 대행의 이해 : 보통 자격자가 없을 때 대행을 맡긴다. 감독할 수 있는 자는 직원 또는 입주자 대표 등 다양하고 대행을 맡길 경우 사적 계약에 의해 보수를 지급하며, 소방안전 관리 업무 중 피난시설, 방화구획 및 방화시설, 소방시설이나 그 밖의 소방 관련 시설의 유지・관리 업무만 전문적으로 하는 것이기 때문에 나머지 소방안전관리자의 업무는 선임된 감독적 직위에 있는 사람이 해야 한다(전문 자격자가 아니라도 할 수 있기 때문).

● 시행령 제24조(소방안전관리대상물의 소방계획서 작성 등)

1. 법 제20조 제6항 제1호에 따른 소방계획서에는 다음 각 호의 사항이 포함되어야 한다.
   가. 소방안전관리대상물의 위치・구조・연면적・용도 및 수용인원 등 일반 현황
   나. 소방안전관리대상물에 설치한 소방시설・방화시설(防火施設), 전기시설・가스시설 및 위험물 시설의 현황
   다. 화재 예방을 위한 자체점검계획 및 진압대책
   라. 소방시설・피난시설 및 방화시설의 점검・정비계획
   마. 피난층 및 피난시설의 위치와 피난경로의 설정, 장애인 및 노약자의 피난계획 등을 포함한 피난계획
   바. 방화구획, 제연구획, 건축물의 내부 마감재료(불연재료・준불연재료 또는 난연재료로 사용된 것을 말한다) 및 방염물품의 사용현황과 그 밖의 방화구조 및 설비의 유지・관리계획
   사. 법 제22조에 따른 소방훈련 및 교육에 관한 계획
   아. 법 제22조를 적용받는 특정소방대상물의 근무자 및 거주자의 자위소방대 조직과 대원의 임무(장애인 및 노약자의 피난 보조 임무를 포함한다)에 관한 사항
   자. 화기 취급 작업에 대한 사전 안전조치 및 감독 등 공사 중 소방안전관리에 관한 사항
   차. 공동 및 분임 소방안전관리에 관한 사항
   카. 소화와 연소 방지에 관한 사항
   타. 위험물의 저장・취급에 관한 사항(「위험물안전관리법」 제17조에 따라 예방규정을 정하는 제조소등은 제외한다)

※ 예방규정은 규모가 큰 위험물제조소등에서 작성하는 제조소등의 특성에 맞게 작성하는 계획서라고 이해하면 된다.

파. 그 밖에 소방안전관리를 위하여 소방본부장 또는 소방서장이 소방안전관리대상물의 위치・구조・설비 또는 관리 상황 등을 고려하여 소방안전관리에 필요하여 요청하는 사항

※ '소방계획서에 포함해야 할 사항' 암기의 흐름 : 대상물-대상물의 각종 시설-점검, 진압, 정비-피난-내부 구획, 방염-훈련, 교육-자위소방대-안전관리(건물-화재 시-사람)

※ 소방계획서 내용 암기 : 대위구연수일, 소방위가 전시, 화재점진, 소피방검정, 피난, 방제내염 훈교자위, 화기공분소연방위

2. 소방본부장 또는 소방서장은 제1항에 따른 특정소방대상물의 소방계획의 작성 및 실시에 관하여 지도・감독한다.

▲ 시행규칙 제14조(소방안전관리자의 선임신고 등)

1. 특정소방대상물의 관계인은 법 제20조 제2항 및 법 제21조(공동 소방안전관리)에 따라 소방안전관리자를 다음 각 호의 어느 하나에 해당하는 날부터 30일 이내에 선임하여야 한다.

가. 신축・증축・개축・재축・대수선 또는 용도변경으로 해당 특정소방대상물의 소방안전관리자를 신규로 선임하여야 하는 경우 : 해당 특정소방대상물의 완공일(건축물의 경우에는 「건축법」 제22조에 따라 건축물을 사용할 수 있게 된 날을 말한다. 이하 이 조 및 제14조의2에서 같다)

나. 증축 또는 용도변경으로 인하여 특정소방대상물이 영 제22조 제1항에 따른 소방안전관리대상물(이하 "소방안전관리대상물"이라 한다)로 된 경우 : 증축공사의 완공일 또는 용도변경 사실을 건축물 관리대장에 기재한 날

다. 특정소방대상물을 양수하거나 「민사집행법」에 의한 경매, 「채무자 회생 및 파산에 관한 법률」에 의한 환가, 「국세징수법」・「관세법」 또는 「지방세기본법」에 의한 압류재산의 매각 그 밖에 이에 준하는 절차에 의하여 관계인의 권리를 취득한 경우 : 해당 권리를 취득한 날 또는 관할 소방서장으로부터 소방안전관리자 선임 안내를 받은 날. 다만, 새로 권리를 취득한 관계인이 종전의 특정소방대상물의 관계인이 선임 신고한 소방안전관리자를 해임하지 아니하는 경우를 제외한다.

라. 법 제21조에 따른 특정소방대상물의 경우 : 소방본부장 또는 소방서장이 공동 소방안전관리 대상으로 지정한 날

마. 소방안전관리자를 해임한 경우 : 소방안전관리자를 해임한 날

바. 법 제20조 제3항에 따라 소방안전관리업무를 대행하는 자를 감독하는 자를 소방안전관리자로 선임한 경우로서 그 업무대행 계약이 해지 또는 종료된 경우 : 소방안전관리업무 대행이 끝난 날

2. 영 제22조 제1항 제3호 및 제4호에 따른 2급 또는 3급 소방안전관리대상물의 관계인은 제29조에 따른 소방안전관리자에 대한 강습교육이나 영 제23조 제3항 제5호 또는 같은 조 제4항 제2호에 따른 2급 또는 3급 소방안전관리대상물의 소방안전관리에 관한 시험이 제1항에 따른 소방안전관리자 선임 기간 내에 있지 아니하여 소방안전관리자를 선임할 수 없는 경우에는 소방안전관리자 선임의 연기를 신청할 수 있다.
3. 제2항에 따라 소방안전관리자 선임의 연기를 신청하려는 2급 또는 3급 소방안전관리대상물의 관계인은 별지 제18호 서식의 선임 연기신청서에 소방안전관리 강습교육접수증 사본 또는 소방안전관리자 시험응시표 사본을 첨부하여 소방본부장 또는 소방서장에게 제출하여야 한다. 이 경우 2급 또는 3급 소방안전관리대상물의 관계인은 소방안전관리자가 선임될 때까지 법 제20조 제6항 각 호의 소방안전관리 업무를 수행하여야 한다.
4. 소방본부장 또는 소방서장은 제3항에 따른 신청을 받은 때에는 소방안전관리자 선임기간을 정하여 2급 또는 3급 소방안전관리대상물의 관계인에게 통보하여야 한다.
5. 소방안전관리대상물의 관계인은 법 제20조 제2항에 따른 소방안전관리자 및 법 제21조에 따른 공동 소방안전관리자(「기업활동 규제완화에 관한 특별조치법」 제29조 제3항 · 제30조 제2항 또는 제32조 제2항에 따라 소방안전 관리자를 겸임하거나 공동으로 선임되는 자를 포함한다)를 선임한 때에는 법 제20조 제4항에 따라 별지 제19호 서식의 소방안전관리자 선임신고서(전자문서로 된 신고서를 포함한다)에 다음 각 호의 어느 하나에 해당하는 서류(전자문서를 포함한다)를 첨부하여 소방본부장 또는 소방서장에게 제출하여야 한다. 이 경우 담당 공무원은 「전자정부법」 제36조 제1항에 따른 행정정보의 공동 이용을 통하여 선임된 소방안전관리자의 국가기술자격증(영 제23조 제1항 제2호 · 제3호, 같은 조 제2항 제1호 · 제2호 및 같은 조 제3항 제1호 · 제2호에 해당하는 사람만 해당한다)을 확인하여야 하며, 신고인이 확인에 동의하지 아니하는 경우에는 그 서류(국가기술자격증의 경우에는 그 사본을 말한다)를 제출하도록 하여야 한다.
   가. 소방시설관리사증
   나. 제35조에 따른 소방안전관리자수첩(영 제23조 제1항 제2호부터 제5호까지, 같은 조 제2항 제2호 · 제3호 및 제7호, 같은 조 제3항 제4호 및 제5호, 같은 조 제4항 제1호 및 제2호에 해당하는 사람만 해당한다)
   다. 소방안전관리대상물의 소방안전관리에 관한 업무를 감독할 수 있는 직위에 있는 자임을 증명하는 서류(법 제20조 제3항에 따라 소방안전관리대상물의 관계인이 소방안전관리 업무를 대행하게 하는 경우만 해당한다) 1부
   라. 「위험물안전관리법」 제19조에 따른 자체소방대장임을 증명하는 서류 또는 소방시설관리업자에게 소방안전관리 업무를 대행하게 한 사실을 증명할 수 있는 서류(법 제20조 제3항에 따라 소방대상물의 자체소방대장 또는 소방시설관리업자에게 소방안전관리 업무를 대행하게 한 경우에 한한다) 1부

마. 「기업활동 규제완화에 관한 특별조치법」 제29조 제3항 또는 제30조 제2항에 따라 해당 특정소방대상물의 소방안전관리자를 겸임할 수 있는 안전관리자로 선임된 사실을 증명할 수 있는 서류 또는 선임사항이 기록된 자격수첩

6. 소방본부장 또는 소방서장은 특정소방대상물의 관계인이 법 제20조 제3항에 따른 소방안전관리자를 선임하여 신고하는 경우에는 신고인에게 별지 제19호의2 서식의 소방안전관리자 선임증을 발급하여야 한다.

7. 특정소방대상물의 관계인은 「전자정부법」 제9조에 따라 소방청장이 설치한 전산시스템을 이용하여 제5항에 따른 소방안전관리자의 선임신고를 할 수 있으며, 이 경우 소방본부장 또는 소방서장은 별지 제19호의2 서식의 소방안전관리자 선임증을 발급하여야 한다.

8. 법 제20조 제4항에서 "행정안전부령으로 정하는 사항"이란 다음 각 호의 사항을 말한다.
   가. 소방안전관리대상물의 명칭
   나. 소방안전관리자의 선임일자
   다. 소방안전관리대상물의 등급
   라. 소방안전관리자의 연락처

9. 법 제20조 제4항에 따른 소방안전관리자 성명 등의 게시는 별지 제19호의3 서식에 따른다.

▲ 시행규칙 제14조의2(소방안전관리보조자의 선임신고 등)

1. 특정소방대상물의 관계인은 법 제20조 제2항에 따라 소방안전관리자보조자를 다음 각 호의 어느 하나에 해당하는 날부터 30일 이내에 선임하여야 한다.
   가. 신축・증축・개축・재축・대수선 또는 용도변경으로 해당 특정소방대상물의 소방안전관리보조자를 신규로 선임하여야 하는 경우 : 해당 특정소방대상물의 완공일
   나. 특정소방대상물을 양수하거나 「민사집행법」에 의한 경매, 「채무자 회생 및 파산에 관한 법률」에 의한 환가, 「국세징수법」・「관세법」 또는 「지방세기본법」에 의한 압류재산의 매각 그 밖에 이에 준하는 절차에 의하여 관계인의 권리를 취득한 경우 : 해당 권리를 취득한 날 또는 관할 소방서장으로부터 소방안전관리보조자 선임 안내를 받은 날. 다만, 새로 권리를 취득한 관계인이 종전의 특정소방대상물의 관계인이 선임 신고한 소방안전관리보조자를 해임하지 아니하는 경우를 제외한다.
   다. 소방안전관리보조자를 해임한 경우 : 소방안전관리보조자를 해임한 날

2. 영 제22조의2 제1항에 따른 소방안전관리보조자를 선임하여야 하는 특정소방대상물(이하 "보조자 선임 대상 특정소방대상물"이라 한다)의 관계인은 제29조의 강습교육이 제1항에 따른 소방안전관리보조자 선임기간 내에 있지 아니하여 소방안전관리보조자를 선임할 수 없는 경우에는 소방안전관리보조자 선임의 연기를 신청할 수 있다.

3. 제2항에 따라 소방안전관리보조자 선임의 연기를 신청하려는 보조자선임대상 특정소방대상물의 관계인은 별지 제18호 서식의 선임 연기신청서에 소방안전관리 강습교육접수증 사본을 첨부하여 소방본부장 또는 소방서장에게 제출하여야 한다.

4. 소방본부장 또는 소방서장은 제3항에 따라 선임 연기신청서를 제출받은 경우에는 소방안전관리보조자 선임기간을 정하여 보조자선임대상 특정소방대상물의 관계인에게 통보하여야 한다.
5. 특정소방대상물의 관계인은 법 제20조 제2항에 따른 소방안전관리보조자를 선임한 때에는 법 제20조 제4항에 따라 별지 제19호의4 서식의 소방안전관리보조자 선임신고서(전자문서로 된 신고서를 포함한다)에 다음 각 호의 어느 하나에 해당하는 서류(전자문서를 포함하며, 영 제23조 제5항 각 호의 자격요건 중 해당 자격을 증명할 수 있는 서류를 말한다)를 첨부하여 소방본부장 또는 소방서장에게 제출하여야 한다. 이 경우 담당 공무원은 「전자정부법」 제36조 제1항에 따른 행정정보의 공동이용을 통하여 선임된 소방안전관리보조자의 국가기술자격증(영 제23조 제5항 제1호에 해당하는 사람 중 같은 조 제1항 제2호·제3호, 같은 조 제2항 제1호·제2호, 같은 조 제3항 제1호·제2호에 해당하는 사람 및 같은 조 제5항 제2호에 해당하는 사람만 해당한다)을 확인하여야 하며, 신고인이 확인에 동의하지 아니하는 경우에는 국가기술자격증의 사본을 제출하도록 하여야 한다.
   가. 소방시설관리사증
   나. 제35조에 따른 소방안전관리자수첩
   다. 특급, 1급, 2급 또는 3급 소방안전관리에 관한 강습교육수료증 1부
   라. 해당 소방안전관리대상물에 소방안전 관련 업무에 근무한 경력이 있는 사람임을 증명할 수 있는 서류 1부
6. 영 제23조 제5항 제2호에서 "행정안전부령으로 정하는 국가기술자격"이란 「국가기술자격법 시행규칙」 별표 2의 중직무분야에서 건축, 기계제작, 기계장비설비·설치, 화공, 위험물, 전기, 안전관리에 해당하는 국가기술자격을 말한다.
7. 특정소방대상물의 관계인은 「전자정부법」 제9조에 따라 소방청장이 설치한 전산시스템을 이용하여 제2항에 따른 소방안전관리자보조자의 선임신고를 할 수 있으며, 이 경우 소방본부장 또는 소방서장은 별지 제19호의2 서식의 소방안전관리보조자 선임증을 발급하여야 한다.

■ 법 제20조의2(소방안전 특별관리시설물의 안전관리) ★★

화재 등 재난이 발생할 경우 사회·경제적으로 피해가 큰 다음 각 호의 시설(이하 이 조에서 "소방안전 특별관리시설물"이라 한다)에 대하여 소방안전 특별관리를 하여야 한다.

• 관리주체 : 소방청장
  - 소방청장은 특별관리를 체계적이고 효율적으로 하기 위하여 시·도지사와 협의하여 소방안전 특별관리 기본계획을 수립하여 시행하여야 한다.
  - 시·도지사는 소방안전 특별관리기본계획에 저촉되지 아니하는 범위에서 관할 구역에 있는 소방안전 특별관리 시설물의 안전관리에 적합한 소방안전 특별관리시행계획을 수립하여 시행하여야 한다.

• 소방안전 특별관리시설물

공항시설, 철도시설, 도시철도시설, 항만시설, 지정문화재인 시설(시설이 아닌 지정문화재를 보호하거나 소장하고 있는 시설을 포함한다), 산업기술단지, 산업단지, 초고층 건축물 및 지하연계 복합건축물, 영화상영관 중 수용인원 1,000명 이상인 영화상영관, 지하구, 석유비축시설, 천연가스 인수기지 및 공급망, 전통시장으로서 대통령령으로 정하는 전통시장, 그 밖에 대통령령으로 정하는 시설물

● 시행령 제24조의2(소방안전 특별관리시설물)

1. 법 제20조의2 제1항 제13호에서 "대통령령으로 정하는 전통시장"이란 점포가 500개 이상인 전통시장을 말한다.
2. 법 제20조의2 제1항 제14호에서 "대통령령으로 정하는 시설물"이란 「전기사업법」 제2조 제4호에 따른 발전사업자가 가동 중인 발전소[발전원의 종류별로 「발전소주변지역 지원에 관한 법률 시행령」 제2조 제2항에 따른 발전소(시설용량이 2천킬로와트 이하인 발전소)는 제외한다]를 말한다.

※ 참고 : 발전소주변지역 지원에 관한 법률 시행령 제2조 제2항

신에너지 및 재생에너지를 이용하여 발전하는 발전소(수력을 생산하는 발전소 중 시설용량이 1만킬로와트를 초과하는 수력발전소는 제외한다) : 시설용량이 2천킬로와트 이하인 발전소

※ 공항시설, 철도시설, 도시철도시설, 항만시설, 지정문화재, 산업기술단지, 산업단지, 초고층건축물, 지하연계 복합건축물 등은 화재 등 재난이 발생하면 사회・경제적으로 큰 피해를 줄 수 있음에도 안전관리가 미흡하여 이들 시설을 소방안전 특별관리시설물로 규정하고 소방안전특별관리기본계획 및 소방안전특별관리시행계획을 수립하여 시행하게 공공의 안전과 복리증진에 이바지라는 법 목적을 달성하고자 한다.

※ 소방안전 특별관리시설물 암기 : 철공도철만 산기산단 복합영화천명 지구석천 전통500 문발

● 시행령 제24조의3(소방안전 특별관리기본계획・시행계획의 수립・시행)

1. 소방청장은 법 제20조의2 제2항에 따른 소방안전 특별관리기본계획(이하 이 조에서 "특별관리기본계획" 이라 한다)을 5년마다 수립・시행하여야 하고, 계획 시행 전년도 10월 31일까지 수립하여 시・도에 통보한다.
2. 특별관리기본계획에는 다음 각 호의 사항이 포함되어야 한다.
   가. 화재예방을 위한 중기・장기 안전관리정책
   나. 화재예방을 위한 교육・홍보 및 점검・진단
   다. 화재대응을 위한 훈련
   라. 화재대응 및 사후조치에 관한 역할 및 공조체계
   마. 그 밖에 화재 등의 안전관리를 위하여 필요한 사항

3. 시·도지사는 특별관리기본계획을 시행하기 위하여 매년 법 제20조의2 제3항에 따른 소방안전 특별관리시행계획(이하 이 조에서 "특별관리시행계획"이라 한다)을 계획 시행 전년도 12월 31일까지 수립하여야 하고, 시행 결과를 계획 시행 다음 연도 1월 31일까지 소방청장에게 통보하여야 한다.
4. 특별관리시행계획에는 다음 각 호의 사항이 포함되어야 한다.
   가. 특별관리기본계획의 집행을 위하여 필요한 사항
   나. 시·도에서 화재 등의 안전관리를 위하여 필요한 사항
5. 소방청장 및 시·도지사는 특별관리기본계획 및 특별관리시행계획을 수립하는 경우 성별, 연령별, 재해약자(장애인·노인·임산부·영유아·어린이 등 이동이 어려운 사람을 말한다)별 화재 피해 현황 및 실태 등에 관한 사항을 고려하여야 한다.

■ 법 제21조(공동 소방안전관리)

관리의 권원(權原)이 분리되어 있는 것 가운데 소방본부장이나 소방서장이 지정하는 특정소방대상물의 관계인은 행정안전부령으로 정하는 바(시행규칙 제14조 소방안전관리자의 선임신고 등)에 따라 대통령령으로 정하는 자를 공동 소방안전관리자로 선임하여야 한다.

1. 고층 건축물(지하층을 제외한 층수가 11층 이상인 건축물만 해당한다)
2. 지하가(지하의 인공구조물 안에 설치된 상점 및 사무실, 그 밖에 이와 비슷한 시설이 연속하여 지하도에 접하여 설치된 것과 그 지하도를 합한 것을 말한다)
3. 그 밖에 대통령령으로 정하는 특정소방대상물

※ 하나의 소방대상물은 전체적으로 하나의 통일된 소방안전관리 업무가 수행되어야 한다. 하지만 당해 소방대상물의 관리권원 또는 소유권이 여러 사람에게 분리되어 있는 경우 관리권 및 소유권의 다양화로 인하여 효율적인 소방안전관리가 이루어지기 어려우며, 책임 등의 소재가 불분명한 관계로 인하여 소방안전관리 업무의 명확성이 떨어지는바, 체계적이고 일관성 있는 소방안전관리 업무를 담보하기 위하여 소방본부장 또는 소방서장이 일정규모 이상의 소방대상물에 대하여 특히 공동 소방안전관리 대상물로 지정함으로써 소방안전관리업무의 소홀·혼란 및 책임전가 등을 방지하여 체계적이고 통일적인 소방안전관리업무를 담보할 수 있도록 하고 있다.

● 시행령 제24조의4(공동 소방안전관리자)

법 제21조 각 호 외의 부분에서 "대통령령으로 정하는 자"란 제23조 제3항 각 호의 어느 하나에 해당하는 사람을 말한다(2급 소방안전관리자 자격이 인정되는 사람).

● 시행령 제25조(공동 소방안전관리자 선임대상) ★★

특정소방대상물 법 제21조 제3호에서 "대통령령으로 정하는 특정소방대상물"이란 다음 각 호의 어느 하나에 해당하는 특정소방대상물을 말한다.

1. 별표 2에 따른 복합건축물로서 연면적이 5천m^2 이상인 것 또는 층수가 5층 이상인 것
2. 별표 2에 따른 판매시설 중 도매시장, 소매시장 및 전통시장
3. 제22조 제1항에 따른 특정소방대상물 중 소방본부장 또는 소방서장이 지정하는 것

※ 공동 소방안전관리 대상물 암기 : 지제11고 지 복연면55 도소 본서지

■ 법 제21조의2(피난계획의 수립 및 시행)

1. 소방안전관리대상물의 관계인은 그 장소에 근무하거나 거주 또는 출입하는 사람들이 화재가 발생한 경우에 안전하게 피난할 수 있도록 피난계획을 수립하여 시행하여야 한다.
2. 제1항의 피난계획에는 그 특정소방대상물의 구조, 피난시설 등을 고려하여 설정한 피난경로가 포함 되어야 한다.
3. 제1항의 소방안전관리대상물의 관계인은 피난시설의 위치, 피난경로 또는 대피요령이 포함된 피난유도 안내정보를 근무자 또는 거주자에게 정기적으로 제공하여야 한다.
4. 제1항에 따른 피난계획의 수립·시행, 제3항에 따른 피난유도 안내정보 제공에 필요한 사항은 행정안전부령으로 정한다.

▲ 시행규칙 제14조의4(피난계획의 수립·시행)

1. 법 제21조의2 제1항에 따른 피난계획(이하 "피난계획"이라 한다)에는 다음 각 호의 사항이 포함되어야 한다.
   가. 화재경보의 수단 및 방식
   나. 층별, 구역별 피난대상 인원의 현황
   다. 장애인, 노인, 임산부, 영유아 및 어린이 등 이동이 어려운 사람(이하 "재해약자"라 한다)의 현황
   라. 각 거실에서 옥외(옥상 또는 피난안전구역을 포함한다)로 이르는 피난경로
   마. 재해약자 및 재해약자를 동반한 사람의 피난동선과 피난방법
   바. 피난시설, 방화구획, 그 밖에 피난에 영향을 줄 수 있는 제반 사항
2. 소방안전관리대상물의 관계인은 해당 소방안전관리대상물의 구조·위치, 소방시설 등을 고려하여 피난계획을 수립하여야 한다.
3. 소방안전관리대상물의 관계인은 해당 소방안전관리대상물의 피난시설이 변경된 경우에는 그 변경사항을 반영하여 피난계획을 정비하여야 한다.

4. 제1항부터 제3항까지에서 규정한 사항 외에 피난계획의 수립・시행에 필요한 세부사항은 소방청장이 정하여 고시한다.

▲ 시행규칙 14조의5(피난유도 안내정보의 제공) ★★

1. 법 제21조의2 제3항에 따른 피난유도 안내정보 제공은 다음 각 호의 어느 하나에 해당하는 방법으로 하여야 한다.
   가. 연 2회 피난안내 교육을 실시하는 방법
   나. 분기별 1회 이상 피난안내방송을 실시하는 방법
   다. 피난안내도를 층마다 보기 쉬운 위치에 게시하는 방법
   라. 엘리베이터, 출입구 등 시청이 용이한 지역에 피난안내영상을 제공하는 방법
2. 제1항에서 규정한 사항 외에 피난유도 안내정보의 제공에 필요한 세부사항은 소방청장이 정하여 고시한다.

■ 법 제22조(특정소방대상물의 근무자 및 거주자에 대한 소방훈련 등)

1. 대통령령으로 정하는 특정소방대상물의 관계인은 그 장소에 상시 근무하거나 거주하는 사람에게 소화・통보・피난 등의 훈련(이하 "소방훈련"이라 한다)과 소방안전관리에 필요한 교육을 하여야 한다. 이 경우 피난훈련은 그 소방대상물에 출입하는 사람을 안전한 장소로 대피시키고 유도하는 훈련을 포함하여야 한다.
2. 소방본부장이나 소방서장은 제1항에 따라 특정소방대상물의 관계인이 실시하는 소방훈련을 지도・감독할 수 있다.
3. 제1항에 따른 소방훈련과 교육의 횟수 및 방법 등에 관하여 필요한 사항은 행정안전부령으로 정한다.

● 시행령 제26조(근무자 및 거주자에게 소방훈련・교육을 실시하여야 하는 특정소방대상물)

법 제22조 제1항 전단에서 "대통령령으로 정하는 특정소방대상물"이란 제22조 제1항에 따른 특정소방대상물 중 상시 근무하거나 거주하는 인원(숙박시설의 경우에는 상시 근무하는 인원을 말한다)이 10명 이하인 특정소방대상물을 제외한 것을 말한다.

▲ 시행규칙 제15조(특정소방대상물의 근무자 및 거주자에 대한 소방훈련과 교육)

1. 영 제22조의 규정에 의한 특정소방대상물의 관계인은 법 제22조 제3항의 규정에 의한 소방훈련과 교육을 연 1회 이상 실시하여야 한다. 다만, 소방서장이 화재예방을 위하여 필요하다고 인정하여 2회의 범위 안에서 추가로 실시할 것을 요청하는 경우에는 소방훈련과 교육을 실시하여야 한다.
2. 소방서장은 영 제22조 제1항 제1호 및 제2호에 따른 특급 및 1급 소방안전관리대상물의 관계인으로 하여금 제1항에 따른 소방훈련을 소방기관과 합동으로 실시하게 할 수 있다.

3. 법 제22조의 규정에 의하여 소방훈련을 실시하여야 하는 관계인은 소방훈련에 필요한 장비 및 교재 등을 갖추어야 한다.
4. 소방안전관리대상물의 관계인은 제1항에 따른 소방훈련과 교육을 실시하였을 때에는 그 실시 결과를 별지 제20호 서식의 소방훈련·교육 실시 결과 기록부에 기록하고, 이를 소방훈련과 교육을 실시한 날의 다음 날부터 2년간 보관하여야 한다.

■ 법 제23조(특정소방대상물의 관계인에 대한 소방안전교육)

1. 소방본부장이나 소방서장은 제22조를 적용받지 아니하는 특정소방대상물의 관계인에 대하여 특정소방대상물의 화재 예방과 소방안전을 위하여 행정안전부령으로 정하는 바에 따라 소방안전 교육을 하여야 한다.
2. 제1항에 따른 교육대상자 및 특정소방대상물의 범위 등에 관하여 필요한 사항은 행정안전부령으로 정한다.

※ 소방안전관리자 선임 대상의 특정소방대상물은 화재예방 및 소방안전과 관련하여 전문지식을 겸비하고 교육을 받은 전문가인 소방안전관리자가 있어 소방안전관리자로 하여금 소방교육 및 각종 소방훈련을 실시할 수 있지만, 소방안전관리자를 선임하여야 하는 대상이 아닌 기타 소방안전관리대상물의 관계인은 화재예방 및 소방안전과 관련한 지식과 기술이 상대적으로 부족하므로 소방환경의 변화에 대한 인식 및 화재예방 등의 적극성이 떨어지는 바, 본 조는 소방본부장 또는 소방서장으로 하여금 기타 소방안전관리대상의 관계인에게 소방안전교육을 실시토록 함으로써 소방안전의 사각 지대인 소규모 소방대상물의 안전을 도모하고 화재예방에 대한 의식을 제고하여 화재 등으로부터 안전을 도모하고 있다.

▲ 시행규칙 제16조(소방안전교육 대상자 등)

1. 소방본부장 또는 소방서장은 법 제23조 제1항의 규정에 의하여 소방안전교육을 실시하고자 하는 때에는 교육일시·장소 등 교육에 필요한 사항을 명시하여 교육일 10일 전까지 교육대상자에게 통보하여야 한다.
2. 법 제23조 제2항에 따른 소방안전교육대상자는 다음 각 호의 어느 하나에 해당하는 특정소방 대상물의 관계인으로서 관할 소방서장이 교육이 필요하다고 인정하는 사람으로 한다.
   가. 소규모의 공장·작업장·점포 등이 밀집한 지역 안에 있는 특정소방대상물
   나. 주택으로 사용하는 부분 또는 층이 있는 특정소방대상물
   다. 목조 또는 경량철골조 등 화재에 취약한 구조의 특정소방대상물
   라. 그 밖에 화재에 대하여 취약성이 높다고 관할 소방본부장 또는 소방서장이 인정하는 특정소방 대상물

※ 시행령 제26조 근무자 및 거주자에게 소방훈련·교육을 실시하여야 하는 특정소방대상물과 비교해서 구분

법 제22조 제1항 전단에서 "대통령령으로 정하는 특정소방대상물"이란 제22조 제1항에 따른 특정소방대상물 중 상시 근무하거나 거주하는 인원(숙박시설의 경우에는 상시 근무하는 인원을 말한다)이 10명 이하인 특정소방대상물을 제외한 것을 말한다.

- 근무하거나 거주하는 인원이 10명 이하 : 관계인에게 소방안전교육을 하는 특정소방대상물
- 10명 이하 특정소방대상물을 제외한 것 : 그 특정소방대상물의 관계인이 특정소방대상물의 근무자 및 거주자에 대한 소방훈련과 교육을 실시하여야 한다.

■ 법 제24조(공공기관의 소방안전관리)

1. 국가, 지방자치단체, 국공립학교 등 대통령령으로 정하는 공공기관의 장은 소관 기관의 근무자 등의 생명·신체와 건축물·인공구조물 및 물품 등을 화재로부터 보호하기 위하여 화재 예방, 자위 소방대의 조직 및 편성, 소방시설의 자체점검과 소방훈련 등의 소방안전관리를 하여야 한다.
2. 제1항에 따른 공공기관에 대한 다음 각 호의 사항에 관하여는 제20조부터 제23조까지의 규정에도 불구하고 대통령령[공공기관의 소방안전관리에 관한 규정]으로 정하는 바에 따른다.

   가. 소방안전관리자의 자격, 책임 및 선임 등

   나. 소방안전관리의 업무대행

   다. 자위소방대의 구성, 운영 및 교육

   라. 근무자 등에 대한 소방훈련 및 교육

   마. 그 밖에 소방안전관리에 필요한 사항

■ 법 제25조(소방시설 등의 자체점검 등)

1. 특정소방대상물의 관계인은 그 대상물에 설치되어 있는 소방시설 등에 대하여 정기적으로 자체점검을 하거나 관리업자 또는 행정안전부령으로 정하는 기술자격자로 하여금 정기적으로 점검하게 하여야 한다.

▲ 시행규칙 제17조(소방시설등 자체점검 기술자격자의 범위)

법 제25조 제1항에서 "행정안전부령으로 정하는 기술자격자"란 소방안전관리자로 선임된 소방시설관리사 및 소방기술사를 말한다.

2. 제1항에 따라 특정소방대상물의 관계인 등이 점검을 한 경우에는 관계인이 그 점검 결과를 행정안전부령으로 정하는 바에 따라 소방본부장이나 소방서장에게 보고하여야 한다.
3. 제1항에 따른 점검의 구분과 그 대상, 점검인력의 배치기준 및 점검자의 자격, 점검 장비, 점검 방법 및 횟수 등 필요한 사항은 행정안전부령으로 정한다.

4. 제1항에 따라 관리업자나 기술자격자로 하여금 점검하게 하는 경우의 점검 대가는 「엔지니어링산업 진흥법」 제31조에 따른 엔지니어링사업의 대가의 기준 가운데 행정안전부령으로 정하는 방식에 따라 산정한다.

▲ 시행규칙 제18조(소방시설등 자체점검의 구분 및 대상)

1. 법 제25조 제3항에 따른 소방시설등의 자체점검의 구분・대상・점검자의 자격・점검방법 및 점검 횟수는 별표 1과 같고, 소방시설관리업자 또는 소방안전관리자로 선임된 소방시설관리사 및 소방기술사가 점검하는 경우 점검인력의 배치기준은 별표 2와 같다.
2. 법 제25조 제3항에 따른 소방시설별 점검 장비는 별표 2의2와 같다.
3. 소방시설관리업자는 법 제25조 제1항에 따라 점검을 실시한 경우 점검이 끝난 날부터 10일 이내에 별표 2에 따른 점검인력 배치 상황을 포함한 소방시설등에 대한 자체점검실적(별표 1 제4호에 따른 외관점검은 제외한다)을 법 제45조 제6항에 따라 소방시설관리업자에 대한 평가 등에 관한 업무를 위탁받은 법인 또는 단체(이하 "평가기관"이라 한다)에 통보하여야 한다.
4. 제1항의 규정에 의한 자체점검 구분에 따른 점검사항・소방시설등점검표・점검인원 및 세부 점검방법 그 밖의 자체점검에 관하여 필요한 사항은 소방청장이 이를 정하여 고시한다.

▲ 시행규칙 별표 1 ★★★

소방시설등의 자체점검의 구분과 그 대상, 점검자의 자격, 점검 방법・횟수 및 시기

(제18조 제1항 관련)

1. 소방시설등에 대한 자체점검은 다음 각 목과 같이 구분한다.
   가. 작동기능점검 : 소방시설등을 인위적으로 조작하여 정상적으로 작동하는지를 점검하는 것
   나. 종합정밀점검 : 소방시설등의 작동기능점검을 포함하여 소방시설등의 설비별 주요 구성 부품의 구조기준이 법 제9조 제1항에 따라 소방청장이 정하여 고시하는 화재안전기준 및 「건축법」 등 관련 법령에서 정하는 기준에 적합한지 여부를 점검하는 것을 말한다.
2. 작동기능점검은 다음의 구분에 따라 실시한다.
   가. 작동기능점검은 영 제5조에 따른 특정소방대상물을 대상으로 한다. 다만, 다음의 어느 하나에 해당하는 특정소방대상물은 제외한다.
      ① 위험물 제조소등과 영 별표 5에 따라 소화기구만을 설치하는 특정소방대상물
      ② 영 제22조 제1항 제1호에 해당하는 특정소방대상물(특급)
   나. 작동기능점검은 해당 특정소방대상물의 관계인・소방안전관리자 또는 소방시설관리업자(소방시설관리사를 포함하여 등록된 기술인력을 말한다)가 점검할 수 있다. 이 경우 소방시설관리업자 또는 소방안전관리자로 선임된 소방시설관리사 및 소방기술사가 점검하는 경우에는 별표 2에 따른 점검인력 배치기준을 따라야 한다.

다. 작동기능점검은 별표 2의2에 따른 점검 장비를 이용하여 점검할 수 있다.

라. 작동기능점검은 연 1회 이상 실시한다.

마. 작동기능점검의 점검 시기는 다음과 같다.

① 제3호 가목에 따른 종합정밀점검대상 : 종합정밀점검을 받은 달부터 6개월이 되는 달에 실시한다.

② 제19조 제1항에 따라 작동기능점검 결과를 보고하여야 하는 대상(①에 해당하는 경우는 제외한다)

㉠ 건축물의 사용승인일(건축물의 경우에는 건축물관리대장 또는 건물 등기사항증명서에 기재되어 있는 날, 시설물의 경우에는 「시설물의 안전 및 유지관리에 관한 특별법」 제55조 제1항에 따른 시설물통합정보관리체계에 저장·관리되고 있는 날을 말하며, 건축물관리대장, 건물 등기사항증명서 및 시설물통합정보관리체계를 통해 확인되지 않는 경우에는 소방시설완공검사증명서에 기재된 날을 말한다. 이하 이 표에서 같다)이 속하는 달의 말일까지 실시한다.

㉡ 신규로 건축물의 사용승인을 받은 건축물은 그 다음 해(건축물이 아닌 경우에는 그 특정소방대상물을 이용 또는 사용하기 시작한 해의 다음 해를 말한다. 이하 이 표에서 같다)부터 실시하되, 소방시설완공검사증명서를 받은 후 1년이 경과한 후에 사용승인을 받은 경우에는 사용승인을 받은 그 해부터 실시한다. 다만, 그 해의 작동기능점검은 ㉠에도 불구하고 사용승인일부터 3개월 이내에 실시할 수 있다.

③ 그 밖의 점검대상 : 연중 실시한다.

3. 종합정밀점검은 다음의 구분에 따라 실시한다.

가. 종합정밀점검은 다음의 어느 하나에 해당하는 특정소방대상물을 대상으로 한다.

① 스프링클러설비가 설치된 특정소방대상물

② 물분무등소화설비[호스릴(Hose Reel) 방식의 물분무등소화설비만을 설치한 경우는 제외한다]가 설치된 연면적 5,000m^2 이상인 특정소방대상물(위험물 제조소등은 제외)

③ 「다중이용업소의 안전관리에 관한 특별법 시행령」 제2조 제1호 나목(단란주점영업과 유흥주점영업), 같은 조 제2호(영화상영관·비디오물감상실업 및 복합영상물제공업, [비디오물소극장업은 제외한다])·제6호(노래연습장업)·제7호(산후조리업)·제7호의2(고시원업) 및 제7호의5(안마시술소)의 다중이용업의 영업장이 설치된 특정소방대상물로서 연면적이 2,000m^2 이상인 것

④ 제연설비가 설치된 터널

⑤ 「공공기관의 소방안전관리에 관한 규정」 제2조에 따른 공공기관 중 연면적(터널·지하구의 경우 그 길이와 평균폭을 곱하여 계산된 값을 말한다)이 1,000m^2 이상인 것으로서 옥내소화전설비 또는 자동화재탐지설비가 설치된 것. 다만, 「소방기본법」 제2조 제5호에 따른 소방대가 근무하는 공공기관은 제외한다.

나. 종합정밀점검은 소방시설관리업자 또는 소방안전관리자로 선임된 소방시설관리사 및 소방기술사가 실시할 수 있다. 이 경우 별표 2에 따른 점검인력 배치기준을 따라야 한다.

다. 종합정밀점검은 별표 2의2에 따른 점검 장비를 이용하여 점검하여야 한다.

라. 종합정밀점검의 점검횟수는 다음과 같다.

① 연 1회 이상(영 제22조 제1항 제1호에 해당하는 특정소방대상물의 경우에는 반기에 1회 이상) 실시한다.

② ①에도 불구하고 소방본부장 또는 소방서장은 소방청장이 소방안전관리가 우수하다고 인정한 특정소방대상물에 대해서는 3년의 범위에서 소방청장이 고시하거나 정한 기간 동안 종합정밀점검을 면제할 수 있다. 다만, 면제기간 중 화재가 발생한 경우는 제외한다.

마. 종합정밀점검의 점검 시기는 다음 기준에 의한다.

① 건축물의 사용승인일이 속하는 달에 실시한다. 다만, 「공공기관의 안전관리에 관한 규정」 제2조 제2호 또는 제5호에 따른 학교의 경우에는 해당 건축물의 사용승인일이 1월에서 6월 사이에 있는 경우에는 6월 30일까지 실시할 수 있다.

② ①에도 불구하고 신규로 건축물의 사용승인을 받은 건축물은 그 다음 해부터 실시하되, 건축물의 사용승인일이 속하는 달의 말일까지 실시한다. 다만, 소방시설완공 검사증명서를 받은 후 1년이 경과한 이후에 사용승인을 받은 경우에는 사용승인을 받은 그 해부터 실시하되, 그 해의 종합정밀점검은 사용승인일부터 3개월 이내에 실시할 수 있다.

③ 건축물 사용승인일 이후 제3호 가목 ③에 해당하게 된 때에는 그 다음 해부터 실시한다.

④ 하나의 대지경계선 안에 2개 이상의 점검 대상 건축물이 있는 경우에는 그 건축물 중 사용승인일이 가장 빠른 건축물의 사용승인일을 기준으로 점검할 수 있다.

4. 제1호에도 불구하고 「공공기관의 소방안전관리에 관한 규정」 제2조에 따른 공공기관의 장(이하 "기관장"이라 한다)은 공공기관에 설치된 소방시설등의 유지·관리상태를 육안 또는 신체감각을 이용하여 점검하는 외관점검을 월 1회 이상 실시(작동기능점검 또는 종합정밀점검을 실시한 달에는 실시하지 않을 수 있다)하고, 그 점검결과를 2년간 자체 보관하여야 한다. 이 경우 외관점검의 점검자는 해당 특정소방대상물의 관계인, 소방안전관리자 또는 소방시설관리업자(소방시설관리사를 포함하여 등록된 기술인력을 말한다)로 하여야 한다.

5. 제1호 및 제4호에도 불구하고 기관장은 해당 공공기관의 전기시설물 및 가스시설에 대하여 다음 각 목의 구분에 따른 점검 또는 검사를 받아야 한다.

가. 전기시설물의 경우 : 「전기사업법」 제63조에 따른 사용전검사, 같은 법 제65조에 따른 정기검사 및 같은 법 제66조에 따른 일반용전기설비의 점검

나. 가스시설의 경우 : 「도시가스사업법」 제17조에 따른 검사, 「고압가스 안전관리법」 제16조의2 및 제20조 제4항에 따른 검사 또는 「액화석유가스의 안전관리 및 사업법」 제37조 및 제44조 제2항·제4항에 따른 검사

★ 소방시설등의 자체점검 정리

개념 정리

※ "자체점검"이라 함은 특수 장소에 설치된 소방시설을 시설주 책임하에 소방안전관리자(소방안전관리자 미선임대상인 경우 관계인)에 의한 점검 또는 이 법의 규정에 의한 기술자격자가 점검하는 것을 말하는 것으로 이 법은 자체점검의 의무를 일차적으로 관계인에게 두고 있으나, 소방대상물의 규모와 용도 및 설치된 소방시설의 종류에 의하여 자체점검자의 자격·절차·방법 등을 달리 규정하고 있다. 자체점검은 점검의 방식에 따라 작동기능점검과 종합정밀 점검으로 구분하고 있으며, 자체점검대상에는 위험물제조소등을 제외한다.

[점검의 방법]

- 작동기능점검 : 소방시설 등을 인위적으로 조작하여 정상작동여부를 점검하는 것(정상적으로 작동하는지 조작하여 점검)
- 종합정밀점검 : 소방시설 등의 작동기능점검을 포함하여 소방시설 설비별 주요 구성 부품의 구조 기준이 화재안전기준에 적합한지를 점검하는 것(작동기능점검 포함, 기준에 적합한지 점검)

[자체점검 사항]

점검구분	작동기능점검
대 상	영 제5조에 따른 특정소방대상물(위험물제조소 등, 소화기구만을 설치하는 특정소방대상물, 특급 제외) 〈위험물제조소등은 관련법에 따라 정기점검 및 정기검사 실시 특급은 종합정밀점검만〉
점검자의 자격	당해 특정소방대상물의 관계인·소방안전관리자 또는 소방시설관리업자(소방시설관리사를 포함하여 등록된 기술인력을 말한다)
점검횟수 및 시기	1. 횟수 : 연 1회 이상 실시 2. 시 기 가. 작동기능점검결과보고대상 ① 건축물의 사용승인일이 속하는 달의 말일까지 ② 신규 사용승인 건축물은 그 다음해 실시하되, 소방 시설완공증명서를 받은 후 1년이 경과한 후에 사용 승인을 받은 경우는 그 해부터 실시(다만, 그 해의 작동기능점검은 ①에도 불구하고 사용승인일부터 3개월 이내 실시가능) 나. 종합정밀점검대상 : 종합정밀점검을 받은 달부터 6개월이 되는 달에 실시 다. 그 밖의 대상 : 연중 실시

작동기능점검의 시기 정리 : 건축물 사용승인일이 속하는 달의 말일까지, 신규 사용승인 건축물은 다음해에 실시, 완공만 받고 사용승인이 1년 뒤인 건물은 사용승인을 받은 해부터 실시(이 경우 승인일이 속한 달의 말일이 아니라 사용승인일 부터 3개월 이내 가능), 종합정밀점검 대상은 점검 후 6개월이 되는 달, 나머지는 연중

점검구분	종합정밀점검
대 상	• 스프링클러 설치 • 물분무등소화설비 설치된 연면적 5천m^2 이상[호스릴 방식(사람이 호스를 끌고 가는 방식)제외] • 다중이용업소 영업장이 설치된 연면적 2천m^2 이상(단란, 유흥, 영화, 비디오, 복합영상, 노래, 산후, 고시원, 안마) – 비디오물소극장 제외 • 제연설비가 설치된 터널 • 공공기관 연면적 1천m^2 이상(옥내, 자탐) ※ 암기 : 스, 물5, 다중2, (비소제외, 단유복비영노안산고), 제연, 공1천 옥자
점검자의 자격	• 소방시설관리업자(소방시설관리사가 참여한 경우만 해당) • 소방안전관리자로 선임된 소방시설관리사 • 소방기술사 1명 이상을 점검자로 한다. ※ 소방본부장 또는 소방서장은 소방청장이 소방안전관리가 우수하다고 인정한 특정소방대상물에 대해서는 3년의 범위에서 소방청장이 고시하거나 정한 기간 동안 종합정밀점검을 면제할 수 있다.
점검횟수 및 시기	1. 횟수 : 연 1회 이상(특급소방안전관리대상물은 반기별로 1회 이상) 실시〈안전관리 우수 : 3년 면제〉 2. 시 기 가. 건축물의 사용승인일이 속하는 달에 실시(다만, 학교의 경우 해당건축물의 사용승인일이 1월에서 6월 사이에 있는 경우에는 6월 30일까지 실시할 수 있다) 나. 가목에도 불구하고 신규로 사용승인을 받은 건축물은 그 다음해부터 실시하되, 사용승인일이 속하는 달의 말일까지 실시(소방시설완공증명서를 받은 후 1년이 경과한 후에 사용승인을 받은 경우는 그 해부터 실시, 사용승인일부터 3개월 이내에 실시할 수 있다. 다. 사용승인일 이후 제3호 가목 ③에 해당하게 된 때에는 그 다음 해부터 실시 라. 하나의 대지경계선 안에 2개 이상의 점검대상 건축물이 있는 경우에는 그 건축물 중 사용승인일이 가장 빠른 건축물의 사용승인을 기준으로 점검할 수 있다.

종합정밀점검의 시기 정리 : 건축물 사용승인일이 속하는 달에 실시, 신규 사용승인 건축물은 다음해에 실시, 완공만 받고 사용승인이 1년 뒤인 건물은 사용승인을 받은 해부터 실시(이 경우 승인일이 속한 달의 말일이 아니라 사용승인일 부터 3개월 이내 가능), 사용승인일 이후 제3호 가목 ③에 해당하게 된 때(다중이용업소 영업장 설치)에는 그 다음 해부터 실시, 하나의 대지경계선 안에 2개 이상의 점검대상 건축물이 있는 경우에는 그 건축물 중 사용승인일이 가장 빠른 건축물의 사용승인을 기준으로 점검

▲ 시행규칙 별표 2

소방시설등의 자체점검 시 점검인력 배치기준(제18조 제1항 관련)

1. 소방시설관리업자가 점검하는 경우에는 소방시설관리사 1명과 영 별표 9 제2호에 따른 보조 기술인력(이하 "보조인력"이라 한다) 2명을 점검인력 1단위로 하되, 점검인력 1단위에 2명(같은 건축물을 점검할 때에는 4명) 이내의 보조인력을 추가할 수 있다. 다만, 시행규칙 제26조의2 제2호에 따른 작동기능점검(이하 "소규모점검"이라 한다)의 경우에는 보조인력 1명을 점검인력 1단위로 한다.

※ 소규모점검 : 소방안전관리대상물 외의 특정소방대상물에 대한 작동기능점검

1의2. 소방안전관리자로 선임된 소방시설관리사 및 소방기술사가 점검하는 경우에는 소방시설관리사 또는 소방기술사 중 1명과 보조인력 2명을 점검인력 1단위로 하되, 점검인력 1단위에 4명 이내의 보조인력을 추가할 수 있다. 다만, 보조인력은 해당 특정소방대상물의 관계인 또는 소방안전관리 보조자로 할 수 있으며, 소규모점검의 경우에는 보조인력 1명을 점검인력 1단위로 한다.

2. 점검인력 1단위가 하루 동안 점검할 수 있는 특정소방대상물의 연면적(이하 "점검한도 면적"이라 한다)은 다음 각 목과 같다.
   가. 종합정밀점검 : 10,000m^2
   나. 작동기능점검 : 12,000m^2(소규모점검의 경우에는 3,500m^2)

3. 점검인력 1단위에 보조인력을 1명씩 추가할 때마다 종합정밀점검의 경우에는 3,000m^2, 작동기능점검의 경우에는 3,500m^2씩을 점검한도 면적에 더한다.

※ 배치기준 점검인력 1단위의 개념과 점검면적
- 소방시설관리업자가 점검하는 경우 기본 1단위 : 소방시설관리사 1명 + 보조인력 2명
  - 점검인력 1단위에 보조인력 2명(같은 건축물을 점검할 때에는 4명) 이내 추가
- 소방안전관리자로 선임된 소방시설관리사 및 소방기술사가 점검하는 경우 기본 1단위 : 소방시설관리사 또는 소방기술사 중 1명 + 보조인력 2명
  - 점검인력 1단위에 보조인력 4명 이내 추가
- 점검 한도면적
  - 종합정밀점검 : 10,000m^2
  - 작동기능점검 : 12,000m^2(소규모점검의 경우에는 3,500m^2)

※ 점검 한도면적 암기 : 종만이, 작12 소35, 보조추가 종3, 작35
※ 하루에 점검할 수 있는 면적과 인력이 정해져 있기 때문에 할 수 있다거나 하고 싶다고 무한정 할 수 있는 게 아니구나라고 이해하면 된다.

4. 소방시설관리업자 또는 소방안전관리자로 선임된 소방시설관리사 및 소방기술사가 하루 동안 점검한 면적은 실제 점검면적(지하구는 그 길이에 폭의 길이 1.8m를 곱하여 계산된 값을 말하며, 터널은 3차로 이하인 경우에는 그 길이에 폭의 길이 3.5m를 곱하고, 4차로 이상인 경우에는 그 길이에 폭의 길이 7m를 곱한 값을 말한다. 다만, 한쪽 측벽에 소방시설이 설치된 4차로 이상인 터널의 경우는 그 길이와 폭의 길이 3.5m를 곱한 값을 말한다. 이하 같다)에 다음 각 목의 기준을 적용하여 계산한 면적(이하 "점검면적"이라 한다)으로 하되, 점검면적은 점검한도 면적을 초과하여서는 아니된다.

가. 실제 점검면적에 다음의 가감계수를 곱한다.

구 분	대상용도	가감계수
1류	노유자시설, 숙박시설, 위락시설, 의료시설(정신보건의료기관), 수련시설, 복합건축물(1류에 속하는 시설이 있는 경우)	1.2
2류	문화 및 집회시설, 종교시설, 의료시설(정신보건시설 제외), 교정 및 군사시설(군사시설 제외), 지하가, 복합건축물(1류에 속하는 시설이 있는 경우 제외), 발전시설, 판매시설	1.1
3류	근린생활시설, 운동시설, 업무시설, 방송통신시설, 운수시설	1.0
4류	공장, 위험물 저장 및 처리시설, 창고시설	0.9
5류	공동주택(아파트 제외), 교육연구시설, 항공기 및 자동차 관련 시설, 동물 및 식물 관련 시설, 분뇨 및 쓰레기 처리시설, 군사시설, 묘지 관련 시설, 관광휴게시설, 장례식장, 지하구, 문화재	0.8

나. 점검한 특정소방대상물이 다음의 어느 하나에 해당할 때에는 다음에 따라 계산된 값을 가목에 따라 계산된 값에서 뺀다.

① 영 별표 5 제1호 라목에 따라 스프링클러설비가 설치되지 않은 경우 : 가목에 따라 계산된 값에 0.1을 곱한 값

② 영 별표 5 제1호 바목에 따라 물분무등소화설비가 설치되지 않은 경우 : 가목에 따라 계산된 값에 0.15를 곱한 값

③ 영 별표 5 제5호 가목에 따라 제연설비가 설치되지 않은 경우 : 가목에 따라 계산된 값에 0.1을 곱한 값

다. 2개 이상의 특정소방대상물을 하루에 점검하는 경우에는 나중에 점검하는 특정소방대상물에 대하여 특정소방대상물 간의 최단 주행거리 5km마다 나목에 따라 계산된 값(나목에 따라 계산된 값이 없을 때에는 가목에 따라 계산된 값을 말한다)에 0.02를 곱한 값을 더한다(곱한 값을 더하면 점검면적이 늘어남).

※ 가감계수의 이해

- 점검면적 : 실제 점검면적에 각 목의 기준을 적용하여 계산한 면적(점검한 면적)
- 쉽게 정리해서 가감계수가 1 초과면 점검(한)면적이 늘어난다. 그럴 경우 하루에 점검할 수 있는 면적(점검한도 면적)과 세대가 정해져 있기 때문에 점검 기간이 더 늘어난다.
- 소방시설 설치에 따라 나목의 기준을 적용하면 점검면적이 줄어든다.
- 쉬운 개념 정리 : '좀 더 위험한 대상은 점검면적을 늘려서 하루에 다 하지 못하게 하고, 그런 대상이라 할지라도 소방시설 설치 유무에 따라 감소면적을 두어 하루에 점검이 가능하게 함'
- 실제 적용 사례를 보면,

  예 복합건축물(1류에 속한 시설 없음), 연면적 23,500m^2, 스프링클러 있음, 제연설비 없음, 물분무등소화설비 없음, 종합정밀점검의 경우(소수점 이하 둘째 자리에서 반올림)

  – 23,500m^2(실제 면적) × 1.1(가감계수) = 25,850m^2

  – 25,850m^2 × 0.1(제연) + 25,850m^2 × 0.15(물분무등) = 2,585m^2 + 3,878m^2 = 6,463m^2

- 점검면적 : 25,850m^2 - 6,463m^2 = 19,387m^2
  1. 19,387/10000(점검인력 1단위) = 1.9일
  2. 19,387/22000(점검인력 1단위+보조인력 4명) = 0.8(1일)
- 예시는 실제 적용 사례를 보며 개념만 이해할 수 있게 정리한 것이다.
- 승진시험의 경우 적용사례 보다는 대상, 횟수, 시기 등 하나의 법조항부터 가감계수 등 전체적인 개념을 확실히 암기하는 게 중요하다.
- 가감계수 암기
  1류 노숙위정의수(복) 12, 2류 문종교군의지발판복 11, 3류 방근업운운 1, 4류 공위창9
  5류 공교관장 지구문항 자동분 묘군8

5. 제2호부터 제4호까지의 규정에도 불구하고 아파트(공용시설, 부대시설 또는 복리시설은 포함하고, 아파트가 포함된 복합건축물의 아파트 외의 부분은 제외한다. 이하 이 표에서 같다)를 점검할 때에는 다음 각 목의 기준에 따른다.
   가. 점검인력 1단위가 하루 동안 점검할 수 있는 아파트의 세대수(이하 "점검한도 세대수"라 한다)는 다음과 같다.
      ① 종합정밀점검 : 300세대
      ② 작동기능점검 : 350세대(소규모점검의 경우에는 90세대)
   나. 점검인력 1단위에 보조인력을 1명씩 추가할 때마다 종합정밀점검의 경우에는 70세대, 작동기능점검의 경우에는 90세대씩을 점검한도 세대수에 더한다.
   다. 소방시설관리업자 또는 소방안전관리자로 선임된 소방시설관리사 및 소방기술사가 하루 동안 점검한 세대수는 실제 점검 세대수에 다음의 기준을 적용하여 계산한 세대수(이하 "점검세대수"라 한다)로 하되, 점검세대수는 점검한도 세대수를 초과하여서는 아니 된다.
      ① 점검한 아파트가 다음의 어느 하나에 해당할 때에는 다음에 따라 계산된 값을 실제 점검 세대수에서 뺀다.
         ㉠ 영 별표 5 제1호 라목에 따라 스프링클러설비가 설치되지 않은 경우 : 실제 점검 세대수에 0.1을 곱한 값
         ㉡ 영 별표 5 제1호 바목에 따라 물분무등소화설비가 설치되지 않은 경우 : 실제 점검 세대수에 0.15를 곱한 값
         ㉢ 영 별표 5 제5호 가목에 따라 제연설비가 설치되지 않은 경우 : 실제 점검 세대수에 0.1을 곱한 값
      ② 2개 이상의 아파트를 하루에 점검하는 경우에는 나중에 점검하는 아파트에 대하여 아파트 간의 최단 주행거리 5km마다 ①에 따라 계산된 값(①에 따라 계산된 값이 없을 때에는 실제 점검 세대수를 말한다)에 0.02를 곱한 값을 더한다.
      ※ 아파트의 경우 세대수로 구분(가감계수 미반영)해서 암기하기 바란다.
      ※ 암기 : 아파트세대 종300, 작35 소90, 보조추가 종7, 작9(종치리작두)

6. 아파트와 아파트 외 용도의 건축물을 하루에 점검할 때에는 종합정밀점검의 경우 제5호에 따라 계산된 값에 33.3, 작동기능점검의 경우 제5호에 따라 계산된 값에 34.3(소규모 점검의 경우에는 38.9)을 곱한 값을 점검면적으로 보고 제2호 및 제3호를 적용한다.

   ※ 아파트 외 용도의 건축물이 있을 경우 면적으로 계산, 곱한 값이 클수록 점검면적이 늘어남

7. 종합정밀점검과 작동기능점검을 하루에 점검하는 경우에는 작동기능점검의 점검면적 또는 점검세대수에 0.8을 곱한 값을 종합정밀점검 점검면적 또는 점검세대수로 본다.

   ※ 종합과 작동을 하루에 하는 경우 종합정밀점검의 면적은 작동기능점검의 면적보다 줄어듦

8. 제3호부터 제7호까지의 규정에 따라 계산된 값은 소수점 이하 둘째 자리에서 반올림한다.

▲ 시행규칙 별표 2의2

소방시설별 점검 장비(제18조 제2항 관련)

소방시설	장 비	규 격
공통시설	방수압력측정계, 절연저항계, 전류전압측정계	
소화기구	저 울	
옥내소화전설비 옥외소화전설비	소화전밸브압력계	
스프링클러설비 포소화설비	헤드결합렌치	
이산화탄소소화설비 분말소화설비 할론소화설비 할로겐화합물 및 불활성기체 소화설비	검량계, 기동관누설시험기, 그 밖에 소화약제의 저장량을 측정할 수 있는 점검기구	
자동화재탐지설비 시각경보기	열감지기시험기, 연(煙)감지기시험기, 공기주입시험기, 감지기시험기연결폴대, 음량계	
누전경보기	누전계	누전전류 측정용
무선통신보조설비	무선기	통화시험용
제연설비	풍속풍압계, 폐쇄력측정기, 차압계	
통로유도등 비상조명등	조도계	최소눈금이 0.1럭스 이하인 것

비고 : 종합정밀점검의 경우에는 위 점검 장비를 사용하여야 하며, 작동기능점검의 경우에 점검 장비를 사용하지 않을 수 있다.

▲ 시행규칙 제19조(점검결과보고서의 제출)

1. 법 제20조 제2항 전단에 따른 소방안전관리대상물의 관계인 및 「공공기관의 소방안전관리에 관한 규정」 제5조에 따라 소방안전관리자를 선임해야 하는 공공기관의 장은 별표 1에 따른 작동기능점검 또는 종합정밀점검을 실시한 경우 법 제25조 제2항에 따라 7일 이내에 별지 제21호 서식의 소방시설등 자체점검 실시 결과 보고서를 소방본부장 또는 소방서장에게 제출해야 한다. 이 경우 소방청장이 지정하는 전산망을 통하여 그 점검결과보고서를 제출할 수 있다.
2. 삭제〈2021.3.25〉
3. 법 제20조 제2항 전단에 따른 소방안전관리대상물의 관계인 및 「공공기관의 소방안전관리에 관한 규정」 제5조에 따라 소방안전관리자를 선임해야 하는 공공기관의 기관장은 법 제25조 제3항에 따라 별표 1에 따른 작동기능점검 또는 종합정밀점검을 실시한 경우 그 점검결과를 2년간 자체 보관해야 한다.

▲ 시행규칙 제20조(소방안전관리 업무대행 등의 대가)(생략)

■ 법 제25조의2(우수 소방대상물 관계인에 대한 포상 등)

1. 소방청장은 소방대상물의 자율적인 안전관리를 유도하기 위하여 안전관리 상태가 우수한 소방 대상물을 선정하여 우수 소방대상물 표지를 발급하고, 소방대상물의 관계인을 포상할 수 있다.
2. 우수 소방대상물의 선정 방법, 평가 대상물의 범위 및 평가 절차 등 필요한 사항은 행정안전부령으로 정한다.

▲ 시행규칙 제20조의2(우수 소방대상물의 선정 등)

1. 소방청장은 법 제25조의2에 따른 우수 소방대상물의 선정 및 관계인에 대한 포상을 위하여 우수 소방대상물의 선정 방법, 평가 대상물의 범위 및 평가 절차 등에 관한 내용이 포함된 시행계획(이하 "시행계획"이라 한다)을 매년 수립·시행하여야 한다.
2. 소방청장은 제4항에 따라 우수 소방대상물로 선정된 소방대상물의 관계인 또는 소방안전관리자를 포상할 수 있다.
3. 소방청장은 우수소방대상물 선정을 위하여 필요한 경우에는 소방대상물을 직접 방문하여 필요한 사항을 확인할 수 있다.
4. 소방청장은 우수 소방대상물 선정 등 업무의 객관성 및 전문성을 확보하기 위하여 필요한 경우에는 다음 각 호의 어느 하나에 해당하는 사람이 2명 이상 포함된 평가위원회를 구성하여 운영할 수 있다. 이 경우 평가위원회의 위원에게는 예산의 범위에서 수당, 여비 등 필요한 경비를 지급할 수 있다.
   가. 소방기술사(소방안전관리자로 선임된 사람은 제외한다)
   나. 소방 관련 석사 학위 이상을 취득한 사람

다. 소방 관련 법인 또는 단체에서 소방 관련 업무에 5년 이상 종사한 사람
라. 소방공무원 교육기관, 대학 또는 연구소에서 소방과 관련한 교육 또는 연구에 5년 이상 종사한 사람

5. 제1항부터 제4항까지에서 규정한 사항 외에 우수 소방대상물의 평가, 평가위원회 구성・운영, 포상의 종류・명칭 및 우수 소방대상물 인증표지 등에 관한 사항은 소방청장이 정하여 고시한다.

■ 법 제26조(소방시설관리사)

1. 소방시설관리사(이하 "관리사"라 한다)가 되려는 사람은 소방청장이 실시하는 관리사시험에 합격하여야 한다.
2. 제1항에 따른 관리사시험의 응시자격, 시험 방법, 시험 과목, 시험 위원, 그 밖에 관리사 시험에 필요한 사항은 대통령령으로 정한다.
3. 소방기술사 등 대통령령으로 정하는 사람에 대하여는 관리사시험 과목 가운데 일부를 면제할 수 있다.
4. 소방청장은 관리사시험에 합격한 사람에게는 행정안전부령으로 정하는 바에 따라 소방시설관리사증을 발급하여야 한다.

▲ 시행규칙 제20조의3(소방시설관리사증의 발급)
영 제39조 제5항 제1호에 따라 소방시설관리사증의 발급・재발급에 관한 업무를 위탁받은 법인 또는 단체(이하 "소방시설관리사증발급자"라 한다)는 법 제26조 제4항에 따라 소방시설관리사 시험 합격자에게 합격자 공고일부터 1개월 이내에 별지 제40호 서식의 소방시설관리사증을 발급하여야 하며, 이를 별지 제41호 서식의 소방시설관리사증 발급대장에 기록하고 관리하여야 한다.

5. 제4항에 따라 소방시설관리사증을 발급받은 사람은 소방시설관리사증을 잃어버렸거나 못 쓰게 된 경우에는 행정안전부령으로 정하는 바에 따라 소방시설관리사증을 재발급 받을 수 있다.

▲ 시행규칙 제20조의4(소방시설관리사증 재발급)
① 법 제26조 제5항에 따라 소방시설관리사가 소방시설관리사증을 잃어버리거나 못쓰게 되어 소방시설관리사증의 재발급을 신청하는 때에는 별지 제40호의2 서식의 소방시설관리사증 재발급 신청서(전자문서로 된 신청서를 포함한다)를 소방시설관리사증발급자에게 제출하여야 한다.
② 소방시설관리사증발급자는 제1항에 따라 재발급신청서를 제출받은 때에는 3일 이내에 소방시설관리사증을 재발급하여야 한다.

6. 관리사는 제4항에 따라 받은 소방시설관리사증을 다른 자에게 빌려주어서는 아니 된다.
7. 관리사는 동시에 둘 이상의 업체에 취업하여서는 아니 된다.
8. 제25조 제1항에 따른 기술자격자 및 제29조 제2항에 따라 관리업의 기술 인력으로 등록된 관리사는 성실하게 자체점검 업무를 수행하여야 한다.

● 시행령 제27조(소방시설관리사시험의 응시자격) ★

법 제26조 제2항에 따른 소방시설관리사시험(이하 "관리사시험"이라 한다)에 응시할 수 있는 사람은 다음 각 호와 같다.

1. 소방기술사 · 위험물기능장 · 건축사 · 건축기계설비기술사 · 건축전기설비기술사 또는 공조냉동기계기술사
2. 소방설비기사 자격을 취득한 후 2년 이상 소방청장이 정하여 고시하는 소방에 관한 실무경력(이하 "소방실무경력"이라 한다)이 있는 사람
3. 소방설비산업기사 자격을 취득한 후 3년 이상 소방실무경력이 있는 사람
4. 「국가과학기술 경쟁력 강화를 위한 이공계지원 특별법」 제2조 제1호에 따른 이공계(이하 "이공계"라 한다) 분야를 전공한 사람으로서 다음 각 목의 어느 하나에 해당하는 사람
   가. 이공계 분야의 박사학위를 취득한 사람
   나. 이공계 분야의 석사학위를 취득한 후 2년 이상 소방실무경력이 있는 사람
   다. 이공계 분야의 학사학위를 취득한 후 3년 이상 소방실무경력이 있는 사람
5. 소방안전공학(소방방재공학, 안전공학을 포함한다) 분야를 전공한 후 다음 각 목의 어느 하나에 해당하는 사람
   가. 해당 분야의 석사학위 이상을 취득한 사람
   나. 2년 이상 소방실무경력이 있는 사람
6. 위험물산업기사 또는 위험물기능사 자격을 취득한 후 3년 이상 소방실무경력이 있는 사람
7. 소방공무원으로 5년 이상 근무한 경력이 있는 사람
8. 소방안전 관련 학과의 학사학위를 취득한 후 3년 이상 소방실무경력이 있는 사람
9. 산업안전기사 자격을 취득한 후 3년 이상 소방실무경력이 있는 사람
10. 다음 각 목의 어느 하나에 해당하는 사람
   가. 특급 소방안전관리대상물의 소방안전관리자로 2년 이상 근무한 실무경력이 있는 사람
   나. 1급 소방안전관리대상물의 소방안전관리자로 3년 이상 근무한 실무경력이 있는 사람
   다. 2급 소방안전관리대상물의 소방안전관리자로 5년 이상 근무한 실무경력이 있는 사람
   라. 3급 소방안전관리대상물의 소방안전관리자로 7년 이상 근무한 실무경력이 있는 사람
   마. 10년 이상 소방실무경력이 있는 사람

● 시행령 제28조(시험의 시행방법)

1. 관리사시험은 제1차 시험과 제2차 시험으로 구분하여 시행한다. 다만, 소방청장은 필요하다고 인정하는 경우에는 제1차 시험과 제2차 시험을 구분하되, 같은 날에 순서대로 시행할 수 있다.
2. 제1차 시험은 선택형을 원칙으로 하고, 제2차 시험은 논문형을 원칙으로 하되, 제2차 시험의 경우에는 기입형을 포함할 수 있다.
3. 제1차 시험에 합격한 사람에 대해서는 다음 회의 관리사시험에 한정하여 제1차 시험을 면제한다. 다만, 면제받으려는 시험의 응시자격을 갖춘 경우로 한정한다.
4. 제2차 시험은 제1차 시험에 합격한 사람만 응시할 수 있다. 다만, 제1항 단서에 따라 제1차 시험과 제2차 시험을 병행하여 시행하는 경우에 제1차 시험에 불합격한 사람의 제2차 시험 응시는 무효로 한다.

● 시행령 제29조(시험 과목) ★

관리사시험의 제1차시험 및 제2차시험 과목은 다음 각 호와 같다.

1. 제1차 시험
   가. 소방안전관리론(연소 및 소화, 화재예방관리, 건축물소방안전기준, 인원수용 및 피난계획에 관한 부분으로 한정한다) 및 화재역학[화재의 성질·상태, 화재하중(火災荷重), 열전달, 화염확산, 연소속도, 구획화재, 연소생성물 및 연기의 생성·이동에 관한 부분으로 한정한다]
   나. 소방수리학, 약제화학 및 소방전기(소방 관련 전기공사재료 및 전기제어에 관한 부분으로 한정한다)
   다. 다음의 소방 관련 법령
      ① 「소방기본법」, 같은 법 시행령 및 같은 법 시행규칙
      ② 「소방시설공사업법」, 같은 법 시행령 및 같은 법 시행규칙
      ③ 「화재예방, 소방시설 설치·유지 및 안전관리에 관한 법률」, 같은 법 시행령 및 같은 법 시행규칙
      ④ 「위험물안전관리법」, 같은 법 시행령 및 같은 법 시행규칙
      ⑤ 「다중이용업소의 안전관리에 관한 특별법」, 같은 법 시행령 및 같은 법 시행규칙
   라. 위험물의 성질·상태 및 시설기준
   마. 소방시설의 구조 원리(고장진단 및 정비를 포함한다)
2. 제2차 시험
   가. 소방시설의 점검실무행정(점검절차 및 점검기구 사용법을 포함한다)
   나. 소방시설의 설계 및 시공

● 시행령 제30조(시험위원)

1. 소방청장은 법 제26조 제2항에 따라 관리사시험의 출제 및 채점을 위하여 다음 각 호의 어느 하나에 해당하는 사람 중에서 시험위원을 임명하거나 위촉하여야 한다.
   가. 소방 관련 분야의 박사학위를 가진 사람
   나. 대학에서 소방안전 관련 학과 조교수 이상으로 2년 이상 재직한 사람
   다. 소방위 이상의 소방공무원
   라. 소방시설관리사
   마. 소방기술사
2. 제1항에 따른 시험위원의 수는 다음 각 호의 구분에 따른다.
   가. 출제위원 : 시험 과목별 3명
   나. 채점위원 : 시험 과목별 5명 이내(제2차 시험의 경우로 한정한다)
3. 제1항에 따라 시험위원으로 임명되거나 위촉된 사람은 소방청장이 정하는 시험문제 등의 출제 시 유의사항 및 서약서 등에 따른 준수사항을 성실히 이행하여야 한다.
4. 제1항에 따라 임명되거나 위촉된 시험위원과 시험감독 업무에 종사하는 사람에게는 예산의 범위에서 수당과 여비를 지급할 수 있다.

● 시행령 제31조(시험 과목의 일부 면제) ★

1. 법 제26조 제3항에 따라 관리사시험의 제1차 시험 과목 가운데 일부를 면제받을 수 있는 사람과 그 면제과목은 다음 각 호의 구분에 따른다. 다만, 제1호 및 제2호에 모두 해당하는 사람은 본인이 선택한 한 과목만 면제받을 수 있다.
   가. 소방기술사 자격을 취득한 후 15년 이상 소방실무경력이 있는 사람 : 제29조 제1호 나목의 과목
      - 면제 : 소방수리학, 약제화학 및 소방전기(소방 관련 전기공사재료 및 전기제어에 관한 부분으로 한정)
   나. 소방공무원으로 15년 이상 근무한 경력이 있는 사람으로서 5년 이상 소방청장이 정하여 고시하는 소방 관련 업무 경력이 있는 사람 : 제29조 제1호 다목의 과목
      - 면제 : 소방관련법령
2. 법 제26조 제3항에 따라 관리사시험의 제2차 시험 과목 가운데 일부를 면제받을 수 있는 사람과 그 면제과목은 다음 각 호의 구분에 따른다. 다만, 제1호 및 제2호에 모두 해당하는 사람은 본인이 선택한 한 과목만 면제받을 수 있다.
   가. 제27조 제1호에 해당하는 사람 : 제29조 제2호 나목의 과목
   ※ 소방기술사 · 위험물기능장 · 건축사 · 건축기계설비기술사 · 건축전기설비기술사 또는 공조냉동기계기술사 : 소방시설의 설계 및 시공 면제

나. 제27조 제7호에 해당하는 사람 : 제29조 제2호 가목의 과목

※ 소방공무원으로 5년 이상 근무한 경력이 있는 사람 : 소방시설의 점검실무행정 면제

※ 예를 들어 위험물기능장을 보유한 소방공무원으로서 5년 이상 근무한 사람은 2차 시험 두 과목 중 본인이 선택하면 된다.

● 시행령 제32조(시험의 시행 및 공고)

1. 관리사시험은 1년마다 1회 시행하는 것을 원칙으로 하되, 소방청장이 필요하다고 인정하는 경우에는 그 횟수를 늘리거나 줄일 수 있다.
2. 소방청장은 관리사시험을 시행하려면 응시자격, 시험 과목, 일시·장소 및 응시절차 등에 관하여 필요한 사항을 모든 응시 희망자가 알 수 있도록 관리사시험 시행일 90일 전까지 소방청 홈페이지 등에 공고하여야 한다.

● 시행령 제33조(응시원서 제출 등)

1. 관리사시험에 응시하려는 사람은 행정안전부령으로 정하는 관리사시험 응시원서를 소방청장에게 제출하여야 한다.

▲ 시행규칙 제42조(서식) ※ 서식 생략
① 영 제33조 제1항의 규정에 의한 소방시설관리사시험응시원서는 별지 제37호 서식과 같다.
② 영 제33조 제3항의 규정에 의한 경력(재직)증명원은 별지 제38호 서식과 같다.

2. 제31조에 따라 시험 과목의 일부를 면제받으려는 사람은 제1항에 따른 응시원서에 그 뜻을 적어야 한다.
3. 관리사시험에 응시하는 사람은 제27조에 따른 응시자격에 관한 증명서류를 소방청장이 정하는 원서 접수기간 내에 제출하여야 하며, 증명서류는 해당 자격증(「국가기술자격법」에 따른 국가기술자격 취득자의 자격증은 제외한다) 사본과 행정안전부령으로 정하는 경력·재직증명원 또는 「소방시설 공사업법 시행령」 제20조 제4항에 따른 수탁기관이 발행하는 경력증명서로 한다. 다만, 국가·지방자치단체, 「공공기관의 운영에 관한 법률」 제4조에 따른 공공기관, 「지방공기업법」에 따른 지방공사 또는 지방공단이 증명하는 경력증명원은 해당 기관에서 정하는 서식에 따를 수 있다.
4. 제1항에 따라 응시원서를 받은 소방청장은 「전자정부법」 제36조 제1항에 따른 행정정보의 공동이용을 통하여 다음 각 호의 서류를 확인해야 한다. 다만, 응시자가 확인에 동의하지 않는 경우에는 그 사본을 첨부하게 해야 한다.

   가. 응시자의 해당 국가기술자격증

   나. 국민연금가입자가입증명 또는 건강보험자격득실확인서

● 시행령 제34조(시험의 합격자 결정 등)

1. 제1차 시험에서는 과목당 100점을 만점으로 하여 모든 과목의 점수가 40점 이상이고, 전 과목 평균 점수가 60점 이상인 사람을 합격자로 한다.
2. 제2차 시험에서는 과목당 100점을 만점으로 하되, 시험위원의 채점점수 중 최고점수와 최저점수를 제외한 점수가 모든 과목에서 40점 이상, 전 과목에서 평균 60점 이상인 사람을 합격자로 한다.
3. 소방청장은 제1항과 제2항에 따라 관리사시험 합격자를 결정하였을 때에는 이를 소방청 홈페이지 등에 공고하여야 한다.

■ 법 제26조의2(부정행위자에 대한 제재)

소방청장은 시험에서 부정한 행위를 한 응시자에 대하여는 그 시험을 정지 또는 무효로 하고, 그 처분이 있은 날부터 2년간 시험 응시자격을 정지한다.

■ 법 제27조(관리사의 결격사유)

다음 각 호의 어느 하나에 해당하는 사람은 관리사가 될 수 없다.

1. 피성년후견인
2. 이 법, 「소방기본법」, 「소방시설공사업법」 또는 「위험물 안전관리법」에 따른 금고 이상의 실형을 선고받고 그 집행이 끝나거나(집행이 끝난 것으로 보는 경우를 포함한다) 집행이 면제된 날부터 2년이 지나지 아니한 사람
3. 이 법, 「소방기본법」, 「소방시설공사업법」 또는 「위험물 안전관리법」에 따른 금고 이상의 형의 집행유예를 선고받고 그 유예기간 중에 있는 사람
4. 제28조에 따라 자격이 취소(제27조 제1호에 해당하여 자격이 취소된 경우는 제외한다)된 날부터 2년이 지나지 아니한 사람(피성년후견인은 자격이 취소 된 후 2년이 지나도 결격사유에 해당한다. 법 제27조 각 호에 해당되는 사람은 관리사의 결격사유와 자격의 필요적 취소사유에 해당한다)

※ 피성년후견인

피성년후견인이란 질병, 장애, 노령, 그 밖의 사유로 인한 정신적 제약으로 사무를 처리할 능력이 지속적으로 결여된 사람으로서 가정법원으로부터 성년후견개시의 심판을 받은 사람을 말한다. 피성년후견인을 결격사유로 하는 것은 본인의 보호 및 거래의 안전을 꾀하고자 함에 그 취지가 있다.

■ 법 제28조(자격의 취소 · 정지)

– 기준에 따른 행정처분 1, 2, 3차 까지 암기!

소방청장은 관리사가 다음 각 호의 어느 하나에 해당할 때에는 행정안전부령으로 정하는 바에 따라 그 자격을 취소하거나 2년 이내의 기간을 정하여 그 자격의 정지를 명할 수 있다. 다만, 제1호, 제4호, 제5호 또는 제7호에 해당하면 그 자격을 취소하여야 한다.

1. 거짓이나 그 밖의 부정한 방법으로 시험에 합격한 경우
2. 제20조 제6항에 따른 소방안전관리 업무를 하지 아니하거나 거짓으로 한 경우
3. 제25조에 따른 점검을 하지 아니하거나 거짓으로 한 경우
4. 제26조 제6항을 위반하여 소방시설관리사증을 다른 자에게 빌려준 경우
5. 제26조 제7항을 위반하여 동시에 둘 이상의 업체에 취업한 경우
6. 제26조 제8항을 위반하여 성실하게 자체점검 업무를 수행하지 아니한 경우
7. 제27조 각 호의 어느 하나에 따른 결격사유에 해당하게 된 경우

※ 암기 : 관리사 거싯부렁 둘 이상 빌려줘 결격사유에 해당하면 취소

▲ 시행규칙 제44조(행정처분의 기준) ★★★

법 제28조 및 법 제34조에 따른 소방시설관리사 및 소방시설관리업의 등록의 취소(자격취소를 포함한다)・영업정지(자격정지를 포함한다) 등 행정처분의 기준은 별표 8과 같다.

시행규칙 별표 8

행정처분기준(제44조 관련)

1. 일반기준
   가. 위반행위가 동시에 둘 이상 발생한 때에는 그 중 중한 처분기준(중한 처분기준이 동일한 경우에는 그 중 하나의 처분기준을 말한다. 이하 같다)에 의하되, 둘 이상의 처분기준이 동일한 영업정지이거나 사용정지인 경우에는 중한 처분의 2분의 1까지 가중하여 처분할 수 있다.
   나. 영업정지 또는 사용정지 처분기간 중 영업정지 또는 사용정지에 해당하는 위반사항이 있는 경우에는 종전의 처분기간 만료일의 다음 날부터 새로운 위반사항에 의한 영업정지 또는 사용정지의 행정처분을 한다.
   다. 위반행위의 차수에 따른 행정처분의 가중된 처분기준은 최근 1년간 같은 위반행위로 행정처분을 받은 경우에 적용한다. 이 경우 기간의 계산은 위반행위에 대하여 행정처분을 받은 날과 그 처분 후 다시 같은 위반행위를 하여 적발된 날을 기준으로 한다.
   라. 다목에 따라 가중된 행정처분을 하는 경우 가중처분의 적용 차수는 그 위반행위 전 행정처분 차수(다목에 따른 기간 내에 행정처분이 둘 이상 있었던 경우에는 높은 차수를 말한다)의 다음 차수로 한다.
   마. 영업정지 등에 해당하는 위반사항으로서 위반행위의 동기・내용・횟수・사유 또는 그 결과를 고려하여 다음의 어느 하나에 해당하는 경우에는 그 처분을 가중하거나 감경할 수 있다. 이 경우 그 처분이 영업정지 또는 자격정지일 때에는 그 처분기준의 2분의 1의 범위에서 가중하거나 감경할 수 있고, 등록취소 또는 자격취소일 때에는 등록취소 또는 자격취소 전 차수의 행정처분이 영업정지 또는 자격정지이면 그 처분 기준의 2배 이상의 영업정지 또는 자격정지로 감경(법 제19조 제1항 제1호・제3호, 법 제28조 제1호・제4호・제5호・제7호, 및 법 제34조 제1항 제1호・제4호・제7호를 위반하여 등록취소 또는 자격취소 된 경우는 제외한다)할 수 있다.

   ※ 예를 들어 영업정지 6개월이면 3개월(처분기준의 2분의 1의 범위) 가중 또는 감경할 수 있고, 등록취소일 때 전 차수의 행정처분이 영업정지 6개월이면 12개월(처분 기준의 2배 이상) 이상의 영업정지로 감경(마.에서 규정한 제외 사유 있음)

※ 밑줄부분 보충설명 : 법 제19조는 삭제되었으나 시행규칙은 개정이 되지 않았다. 제외사유는 관리사, 관리업의 당연취소 사유에 해당한다. 1차 행정처분이 자격 또는 등록취소인데 전 차수도 없을 뿐더러 가중이나 감경사유를 적용 시킬 수도 없기 때문이다.

① 가중 사유

㉠ 위반행위가 사소한 부주의나 오류가 아닌 고의나 중대한 과실에 의한 것으로 인정되는 경우

㉡ 위반의 내용·정도가 중대하여 관계인에게 미치는 피해가 크다고 인정되는 경우

② 감경 사유

㉠ 위반행위가 사소한 부주의나 오류 등 과실에 의한 것으로 인정되는 경우

㉡ 위반의 내용·정도가 경미하여 관계인에게 미치는 피해가 적다고 인정되는 경우

㉢ 위반행위를 처음으로 한 경우로서, 5년 이상 방염처리업, 소방시설관리업 등을 모범적으로 해 온 사실이 인정되는 경우

㉣ 그 밖에 다음의 경미한 위반사항에 해당되는 경우

- 스프링클러설비 헤드가 살수(撒水)반경에 미치지 못하는 경우
- 자동화재탐지설비 감지기 2개 이하가 설치되지 않은 경우
- 유도등(誘導燈)이 일시적으로 점등(點燈)되지 않는 경우
- 유도표지(誘導標識)가 정해진 위치에 붙어 있지 않은 경우

2. 개별기준

소방시설관리사에 대한 행정처분기준

위반사항	근거 법조문	행정처분기준		
		1차	2차	3차
거짓, 그 밖의 부정한 방법으로 시험에 합격한 경우	법 제28조 제1호	자격취소		
법 제20조 제6항에 따른 소방안전관리 업무를 하지 않거나 거짓으로 한 경우	법 제28조 제2호	경고 (시정명령)	자격정지 6월	자격취소
법 제25조에 따른 점검을 하지 않거나 거짓으로 한 경우	법 제28조 제3호	경고 (시정명령)	자격정지 6월	자격취소
법 제26조 제6항을 위반하여 소방시설관리사증을 다른 자에게 빌려준 경우	법 제28조 제4호	자격취소		
법 제26조 제7항을 위반하여 동시에 둘 이상의 업체에 취업한 경우	법 제28조 제5호	자격취소		
법 제26조 제8항을 위반하여 성실하게 자체점검업무를 수행하지 아니한 경우	법 제28조 제6호	경 고	자격정지 6월	자격취소
법 제27조 각 호의 어느 하나의 결격사유에 해당하게 된 경우	법 제28조 제7호	자격취소		

■ 법 제29조(소방시설관리업의 등록 등)

1. 제20조에 따른 소방안전관리 업무의 대행 또는 소방시설등의 점검 및 유지·관리의 업을 하려는 자는 시·도지사에게 소방시설관리업(이하 "관리업"이라 한다)의 등록을 하여야 한다.
2. 제1항에 따른 기술 인력, 장비 등 관리업의 등록기준에 관하여 필요한 사항은 대통령령으로 정한다.
3. 제1항에 따른 관리업의 등록신청과 등록증·등록수첩의 발급·재발급 신청, 그 밖에 관리업의 등록에 필요한 사항은 행정안전부령으로 정한다.

※ "소방시설관리업"이라 함은 소방안전관리업무의 대행 또는 필요한 기술인력·장비 등을 갖추고 소방시설 등의 점검 및 유지·관리의 사업을 하기 위한 "업"을 말하며, 본 조는 소방시설관리업을 하고자 하는 사람에 대하여 일정한 인력·장비 등을 갖추어 등록하도록 규정하고 있다. 또한, 소방시설관리업을 행하고자 하는 사람에 대하여 등록이란 절차를 둠으로 인하여 이 법이 정한 일정 요건을 충족하면 누구나 이 업을 행할 수 있도록 하여 한편으로는 소방시설관리업의 건전한 경쟁을 유도하여 좀더 향상되고 양질의 업무수행을 담보하여 소방 관련 산업의 발전을 도모하고 있다.

※ 등록절차 : 소방시설관리업 등록신청서(기술인력의 연명부·기술자격증 및 자격수첩, 법인등기부등본, 소방시설점검기구 명세서) → 시·도지사에 등록 → 심사 → 등록증 및 등록수첩 교부 → 시·도 공보에 고시

● 시행령 제36조(소방시설관리업의 등록기준)

1. 법 제29조 제2항에 따른 소방시설관리업의 등록기준은 별표 9와 같다.

> 시행령 별표 9
>
> 소방시설관리업의 등록기준(제36조 제1항 관련)
>
> 1. 주된 기술인력 : 소방시설관리사 1명 이상
> 2. 보조 기술인력 : 다음의 어느 하나에 해당하는 사람 2명 이상. 다만, 나목부터 라목까지의 규정에 해당하는 사람은 「소방시설공사업법」 제28조 제2항에 따른 소방기술 인정자격수첩을 발급받은 사람이어야 한다.
>   가. 소방설비기사 또는 소방설비산업기사
>   나. 소방공무원으로 3년 이상 근무한 사람
>   다. 소방 관련 학과의 학사학위를 취득한 사람
>   라. 행정안전부령으로 정하는 소방기술과 관련된 자격·경력 및 학력이 있는 사람

2. 시·도지사는 법 제29조 제1항에 따른 등록신청이 다음 각 호의 어느 하나에 해당하는 경우를 제외하고는 등록을 해 주어야 한다.
   가. 제1항에 따른 등록기준에 적합하지 아니한 경우
   나. 등록을 신청한 자가 법 제30조 각 호의 결격사유 중 어느 하나에 해당하는 경우
   다. 그 밖에 이 법 또는 다른 법령에 따른 제한에 위배되는 경우

▲ 시행규칙 제21조(소방시설관리업의 등록신청)

1. 법 제29조 제1항에 따라 소방시설관리업을 하려는 자는 별지 제22호 서식의 소방시설관리업등록 신청서(전자문서로 된 신청서를 포함한다)에 별지 제23호 서식의 기술인력연명부 및 기술자격증(자격수첩을 포함한다)을 첨부하여 시・도지사에게 제출(전자문서로 제출하는 경우를 포함한다)하여야 한다.
2. 제1항에 따른 신청서를 제출받은 담당 공무원은 「전자정부법」 제36조 제1항에 따라 행정정보의 공동이용을 통하여 법인등기부 등본(법인인 경우만 해당한다)과 제1항에 따라 제출하는 기술인력 연명부에 기록된 소방기술인력의 국가기술자격증을 확인하여야 한다. 다만, 신청인이 국가기술자격증의 확인에 동의하지 아니하는 경우에는 그 사본을 제출하도록 하여야 한다.

▲ 시행규칙 제22조(소방시설관리업의 등록증 및 등록수첩 발급 등)

1. 시・도지사는 제21조에 따른 소방시설관리업의 등록신청 내용이 영 제36조 제1항 및 별표 9에 따른 소방시설관리업의 등록기준에 적합하다고 인정되면 신청인에게 별지 제24호 서식의 소방시설 관리업등록증과 별지 제25호 서식의 소방시설관리업등록수첩을 발급하고, 별지 제26호 서식의 소방 시설관리업등록대장을 작성하여 관리하여야 한다. 이 경우 시・도지사는 제21조 제1항 제1호에 따라 제출된 소방기술인력의 기술자격증(자격수첩을 포함한다)에 해당 소방기술인력이 그 소방시설관리업자 소속임을 기록하여 내주어야 한다.
2. 시・도지사는 제21조의 규정에 의하여 제출된 서류를 심사한 결과 다음 각 호의 1에 해당하는 때에는 10일 이내의 기간을 정하여 이를 보완하게 할 수 있다.
   가. 첨부서류가 미비되어 있는 때
   나. 신청서 및 첨부서류의 기재내용이 명확하지 아니한 때
3. 시・도지사는 제1항의 규정에 의하여 소방시설관리업등록증을 교부하거나 법 제34조의 규정에 의하여 등록의 취소 또는 영업정지처분을 한 때에는 이를 시・도의 공보에 공고하여야 한다.

▲ 시행규칙 제23조(소방시설관리업의 등록증・등록수첩의 재교부 및 반납)

1. 법 제29조 제3항의 규정에 의하여 소방시설관리업자는 소방시설관리업등록증 또는 등록수첩을 잃어버리거나 소방시설관리업등록증 또는 등록수첩이 헐어 못쓰게 된 경우에는 시・도지사에게 소방시설관리업등록증 또는 등록수첩의 재교부를 신청할 수 있다.
2. 소방시설관리업자는 제1항의 규정에 의하여 재교부를 신청하는 때에는 별지 제27호 서식의 소방시설관리업등록증(등록수첩)재교부신청서(전자문서로 된 신청서를 포함한다)를 시・도지사에게 제출하여야 한다.
3. 시・도지사는 제1항의 규정에 의한 재교부신청서를 제출받은 때에는 3일 이내에 소방시설관리업 등록증 또는 등록수첩을 재교부하여야 한다.
4. 소방시설관리업자는 다음 각 호의 1에 해당하는 때에는 지체 없이 시・도지사에게 그 소방시설 관리업등록증 및 등록수첩을 반납하여야 한다.

가. 법 제34조의 규정에 의하여 등록이 취소된 때
나. 소방시설관리업을 휴·폐업한 때
다. 제1항의 규정에 의하여 재교부를 받은 때. 다만, 등록증 또는 등록수첩을 잃어버리고 재교부를 받은 경우에는 이를 다시 찾은 때에 한한다.

■ 법 제30조(등록의 결격사유)

다음 각 호의 어느 하나에 해당하는 자는 관리업의 등록을 할 수 없다.

1. 피성년후견인
2. 이 법, 「소방기본법」, 「소방시설공사업법」 또는 「위험물 안전관리법」에 따른 금고 이상의 실형을 선고받고 그 집행이 끝나거나(집행이 끝난 것으로 보는 경우를 포함한다) 집행이 면제된 날부터 2년이 지나지 아니한 사람
3. 이 법, 「소방기본법」, 「소방시설공사업법」 또는 「위험물 안전관리법」에 따른 금고 이상의 형의 집행유예를 선고받고 그 유예기간 중에 있는 사람
4. 제34조 제1항에 따라 관리업의 등록이 취소(제30조 제1호에 해당하여 등록이 취소된 경우는 제외한다)된 날부터 2년이 지나지 아니한 자
5. 임원 중에 제1호부터 제4호까지의 어느 하나에 해당하는 사람이 있는 법인

※ 임원 중에 제1호부터 제4호까지의 어느 하나에 해당하는 사람이 있는 법인 임원 중 결격사유가 있는 법인에 대한 배제는 소방시설관리업의 운영에 영향을 미칠 수 있으며, 이로 인하여 적정·적법업무의 이행에 장애가 발생할 수 있음으로 이를 배제하고 있다.

※ 제4호 '제30조 제1호에 해당하여 등록이 취소된 경우는 제외한다.'는 '피성년후견인으로 등록이 취소되면 2년이 지나도 결격사유에 해당한다.'라고 이해하면 된다.

■ 법 제31조(등록사항의 변경신고) ★

관리업자는 제29조에 따라 등록한 사항 중 행정안전부령으로 정하는 중요 사항이 변경되었을 때에는 행정안전부령으로 정하는 바에 따라 시·도지사에게 변경사항을 신고하여야 한다.

▲ 시행규칙 제24조(등록사항의 변경신고 사항)

법 제31조에서 "행정안전부령이 정하는 중요사항"이라 함은 다음 각 호의 1에 해당하는 사항을 말한다.

1. 명칭·상호 또는 영업소소재지
2. 대표자
3. 기술인력

※ 암기 : 명상소대기

▲ 시행규칙 제25조(등록사항의 변경신고 등)

1. 소방시설관리업자는 법 제31조의 규정에 의하여 등록사항의 변경이 있는 때에는 변경일부터 30일 이내에 별지 제28호 서식의 소방시설관리업등록사항변경신고서(전자문서로 된 신고서를 포함한다)에 그 변경사항별로 다음 각 호의 구분에 의한 서류(전자문서를 포함한다)를 첨부하여 시・도지사에게 제출하여야 한다.
   가. 명칭・상호 또는 영업소소재지를 변경하는 경우 : 소방시설관리업등록증 및 등록수첩
   나. 대표자를 변경하는 경우 : 소방시설관리업등록증 및 등록수첩
   다. 기술인력을 변경하는 경우(등록증 없음을 기억!)
      ① 소방시설관리업등록수첩
      ② 변경된 기술인력의 기술자격증(자격수첩)
      ③ 별지 제23호 서식의 기술인력연명부
2. 제1항 제1호 또는 제2호에 따른 신고서를 제출받은 담당 공무원은 「전자정부법」 제36조 제1항에 따라 법인등기부 등본(법인인 경우에 한한다) 또는 사업자등록증 사본(개인인 경우에 한한다)을 확인하여야 한다. 다만, 신고인이 확인에 동의하지 아니하는 경우에는 이를 첨부하도록 하여야 한다.
3. 시・도지사는 제1항의 규정에 의하여 변경신고를 받은 때에는 5일 이내에 소방시설관리업등록증 및 등록수첩을 새로 교부하거나 제1항의 규정에 의하여 제출된 소방시설관리업등록증 및 등록수첩과 기술인력의 기술자격증(자격수첩)에 그 변경된 사항을 기재하여 교부하여야 한다.
4. 시・도지사는 제1항의 규정에 의하여 변경신고를 받은 때에는 별지 제26호 서식의 소방시설관리업 등록대장에 변경사항을 기재하고 관리하여야 한다.

■ 법 제32조(소방시설관리업자의 지위승계)

1. 다음 각 호의 어느 하나에 해당하는 자는 관리업자의 지위를 승계한다.
   가. 관리업자가 사망한 경우 그 상속인
   나. 관리업사가 그 영업을 양도한 경우 그 양수인
   다. 법인인 관리업자가 합병한 경우 합병 후 존속하는 법인이나 합병으로 설립되는 법인
2. 「민사집행법」에 따른 경매, 「채무자 회생 및 파산에 관한 법률」에 따른 환가, 「국세징수법」, 「관세법」 또는 「지방세징수법」에 따른 압류재산의 매각과 그 밖에 이에 준하는 절차에 따라 관리업의 시설 및 장비의 전부를 인수한 자는 그 관리업자의 지위를 승계한다.
3. 제1항이나 제2항에 따라 관리업자의 지위를 승계한 자는 행정안전부령으로 정하는 바에 따라 시・도지사에게 신고하여야 한다.
4. 제1항이나 제2항에 따른 지위승계에 관하여는 제30조를 준용한다. 다만, 상속인이 제30조 각 호의 어느 하나에 해당하는 경우에는 상속받은 날부터 3개월 동안은 그러하지 아니하다.

※ 소방시설관리업의 영업의 등록을 한 자가 해외이주·직업변경 등 개인적 사유로 그 영업을 계속할 수 없게 되는 경우나 영업자가 사망한 경우에는 그 등록증을 양도하거나 상속하게 됨이 일반적이며, 본 조는 위와 같은 사안(소방시설관리업에 대하여 양수 또는 상속 등)에 대하여 법률관계를 명확하게 규정하기 위함이다.

제4항은 제34조 추가설명 참조. 제30조를 준용한다는 것은 등록의 결격사유 → 지위승계 시 결격사유에 해당 그리고 지위승계 당시에 결격사유에 해당한다면 3개월의 '지위승계 결격사유' 유예기간, 등록 이후에 결격사유에 해당하게 된 경우는 '등록의 취소' 유예기간 6개월로 구분한다.

▲ 시행규칙 제26조(지위승계신고 등)

1. 법 제32조 제1항 또는 제2항의 규정에 의하여 소방시설관리업자의 지위를 승계한 자는 그 지위를 승계한 날부터 30일 이내에 법 제32조 제3항의 규정에 의하여 상속인, 영업을 양수한 자 또는 시설의 전부를 인수한 자는 법 별지 제29호 서식의 소방시설관리업지위승계신고서(전자문서로 된 신고서를 포함한다)에, 합병 후 존속하는 법인 또는 합병에 의하여 설립되는 법인은 별지 제30호 서식의 소방시설관리업합병신고서(전자문서로 된 신고서를 포함한다)에 각각 다음 각 호의 서류(전자문서를 포함한다)를 첨부하여 시·도지사에게 제출하여야 한다.
   가. 소방시설관리업등록증 및 등록수첩
   나. 계약서사본 등 지위승계를 증명하는 서류 1부
   다. 별지 제23호 서식의 소방기술인력연명부 및 기술자격증(자격수첩)
   라. 영 별표 8 제2호의 장비기준에 따른 장비명세서 1부
2. 제1항에 따른 신고서를 제출받은 담당 공무원은 「전자정부법」 제36조 제1항에 따라 행정정보의 공동이용을 통하여 다음 각 호의 서류를 확인하여야 한다. 다만, 신고인이 사업자등록증 및 국가기술자격증의 확인에 동의 하지 않는 때에는 그 사본을 첨부하도록 하여야 한다.
   가. 법인등기부 등본(지위승계인이 법인인 경우에 한한다)
   나. 사업자등록증(지위승계인이 개인인 경우만 해당한다)
   다. 제21조에 따라 제출하는 기술인력연명부에 기록된 소방기술인력의 국가기술자격증
3. 시·도지사는 제1항의 규정에 의하여 신고를 받은 때에는 소방시설관리업등록증 및 등록수첩을 새로 교부하고, 기술인력의 자격증 및 자격수첩에 그 변경사항을 기재하여 교부하며, 별지 제26호 서식의 소방시설관리업 등록대장에 지위승계에 관한 사항을 기재하고 관리하여야 한다.

■ 법 제33조(관리업의 운영)

1. 관리업자는 관리업의 등록증이나 등록수첩을 다른 자에게 빌려주어서는 아니 된다.
2. 관리업자는 다음 각 호의 어느 하나에 해당하면 제20조에 따라 소방안전관리 업무를 대행하게 하거나 제25조 제1항에 따라 소방시설등의 점검업무를 수행하게 한 특정소방대상물의 관계인에게 지체 없이 그 사실을 알려야 한다.

가. 제32조에 따라 관리업자의 지위를 승계한 경우

나. 제34조 제1항에 따라 관리업의 등록취소 또는 영업정지처분을 받은 경우

다. 휴업 또는 폐업을 한 경우

3. 관리업자는 제25조 제1항에 따라 자체점검을 할 때에는 행정안전부령으로 정하는 바에 따라 기술인력을 참여시켜야 한다.

※ 관리업자가 관계자에게 알려야 할 사항 암기 : 지승 등취영정 휴폐

▲ 시행규칙 제26조의2(자체점검 시의 기술인력 참여 기준)

법 제33조 제3항에 따라 소방시설관리업자가 자체점검을 할 때 참여시켜야 하는 기술인력의 기준은 다음 각 호와 같다.

1. 작동기능점검(영 제22조 제1항 각 호의 소방안전관리대상물만 해당한다) 및 종합정밀점검 : 소방시설관리사와 영 별표 9 제2호의 보조기술인력
2. 그 밖의 특정소방대상물에 대한 작동기능점검 : 소방시설관리사 또는 영 별표 9 제2호의 보조기술인력

참고 : 시행령 별표 9

소방시설관리업의 등록기준(제36조 제1항 관련)

1. 주된 기술인력 : 소방시설관리사 1명 이상
2. 보조 기술인력 : 다음의 어느 하나에 해당하는 사람 2명 이상. 다만, 나목부터 라목까지의 규정에 해당하는 사람은 「소방시설공사업법」 제28조 제2항에 따른 소방기술 인정자격수첩을 발급받은 사람이어야 한다.
   가. 소방설비기사 또는 소방설비산업기사
   나. 소방공무원으로 3년 이상 근무한 사람
   다. 소방 관련 학과의 학사학위를 취득한 사람
   라. 행정안전부령으로 정하는 소방기술과 관련된 자격·경력 및 학력이 있는 사람

■ 법 제33조의2(점검능력 평가 및 공시 등)

1. 소방청장은 관계인 또는 건축주가 적정한 관리업자를 선정할 수 있도록 하기 위하여 관리업자의 신청이 있는 경우 해당 관리업자의 점검능력을 종합적으로 평가하여 공시할 수 있다.
2. 제1항에 따라 점검능력 평가를 신청하려는 관리업자는 소방시설등의 점검실적을 증명하는 서류 등 행정안전부령으로 정하는 서류를 소방청장에게 제출하여야 한다.
3. 제1항에 따른 점검능력 평가 및 공시방법, 수수료 등 필요한 사항은 행정안전부령으로 정한다.
4. 소방청장은 제1항에 따른 점검능력을 평가하기 위하여 관리업자의 기술인력 및 장비 보유현황, 점검실적, 행정처분이력 등 필요한 사항에 대하여 데이터베이스를 구축할 수 있다.

▲ 시행규칙 제26조의3(점검능력 평가의 신청 등)

1. 법 제33조의2에 따라 점검능력을 평가받으려는 소방시설관리업자는 별지 제30호의2 서식의 소방시설등 점검능력 평가신청서(전자문서로 된 신청서를 포함한다)에 다음 각 호의 서류(전자문서를 포함한다)를 첨부하여 평가기관에 매년 2월 15일까지 제출하여야 한다.
   가. 소방시설등의 점검실적을 증명하는 서류로서 다음 각 목의 구분에 따른 서류
      ① 국내 소방시설등에 대한 점검실적 : 발주자가 별지 제30호의3 서식에 따라 발급한 소방시설등의 점검실적 증명서 및 세금계산서(공급자 보관용) 사본
      ② 해외 소방시설등에 대한 점검실적 : 외국환은행이 발행한 외화입금증명서 및 재외공관장이 발행한 해외점검실적 증명서 또는 관리계약서 사본
      ③ 주한 외국군의 기관으로부터 도급받은 소방시설등에 대한 점검실적 : 외국환은행이 발행한 외화입금증명서 및 도급 계약서 사본
   나. 소방시설관리업등록수첩 사본
   다. 별지 제30호의4 서식의 소방기술인력 보유 현황 및 국가기술자격증 사본 등 이를 증명할 수 있는 서류
   라. 별지 제30호의5 서식의 신인도평가 가점사항 신고서 및 가점 사항을 확인할 수 있는 다음 각 목의 해당 서류
      ① 품질경영인증서(ISO 9000 시리즈) 사본
      ② 소방시설등의 점검 관련 표창 사본
      ③ 특허증 사본
      ④ 소방시설관리업 관련 기술 투자를 증명할 수 있는 서류
2. 제1항에 따른 신청을 받은 평가기관의 장은 제1항 각 호의 서류가 첨부되어 있지 않은 경우에는 신청인으로 하여금 15일 이내의 기간을 정하여 보완하게 할 수 있다.
3. 제1항에도 불구하고 다음 각 호의 어느 하나에 해당하는 자는 2월 15일 후에 점검능력 평가를 신청할 수 있다.
   가. 법 제29조에 따라 신규로 소방시설관리업의 등록을 한 자
   나. 법 제32조 제1항 또는 제2항에 따라 소방시설관리업자의 지위를 승계한 자

▲ 시행규칙 제26조의4(점검능력의 평가)

1. 법 제33조의2에 따른 점검능력 평가 항목은 다음과 같다.
   가. 대행실적(법 제20조 제3항에 따라 소방안전관리 업무를 대행하여 수행한 실적을 말한다)
   나. 점검실적(법 제25조 제1항에 따른 소방시설등에 대한 점검실적을 말한다). 이 경우 점검실적은 제18조 제1항 및 별표 2에 따른 점검인력 배치기준에 적합한 것으로 확인된 경우만 인정한다.

다. 기술력

라. 경 력

마. 신인도(※ 어떤 기업에 대한 믿고 인정할 만한 정도)

※ 암기 : 점검 대행 기경신

2. 평가기관은 점검능력 평가 결과를 매년 7월 31일까지 1개 이상의 일간신문(「신문 등의 진흥에 관한 법률」 제9조 제1항에 따라 전국을 보급지역으로 등록한 일간신문을 말한다) 또는 평가기관의 인터넷 홈페이지를 통하여 공시하고, 시・도지사에게 이를 통보하여야 한다.
3. 점검능력 평가 결과는 소방시설관리업자가 도급받을 수 있는 1건의 점검 도급금액으로 하고, 점검능력 평가의 유효기간은 평가 결과를 공시한 날(이하 이 조에서 "정기공시일"이라 한다)부터 1년간으로 한다. 다만, 제4항 및 제26조의3 제3항에 해당하는 자에 대한 점검능력 평가 결과가 정기공시일 후에 공시된 경우에는 그 평가 결과를 공시한 날부터 다음 해의 정기공시일 전날까지를 유효기간으로 한다.
4. 평가기관은 제26조의3에 따라 제출된 서류의 일부가 거짓으로 확인된 경우에는 확인된 날부터 10일 이내에 점검능력을 새로 평가하여 공시하고, 시・도지사에게 이를 통보하여야 한다.
5. 제2항 및 제4항에 따라 점검능력 평가 결과를 통보받은 시・도지사는 해당 소방시설관리업자의 등록수첩에 그 사실을 기록하여 발급하여야 한다.
6. 점검능력 평가에 따른 수수료(제1항에 따른 점검인력 배치기준 적합 여부 확인에 관한 수수료를 포함한다)는 평가기관이 정하여 소방청장의 승인을 받아야 한다. 이 경우 소방청장은 승인한 수수료 관련 사항을 고시하여야 한다.
7. 제1항의 평가 항목에 대한 세부적인 평가기준은 소방청장이 정하여 고시한다.

■ 법 제33조의3(점검실명제)

1. 관리업자가 소방시설등의 점검을 마친 경우 점검일시, 점검자, 점검업체 등 점검과 관련된 사항을 점검기록표에 기록하고 이를 해당 특정소방대상물에 부착하여야 한다.
2. 제1항에 따른 점검기록표에 관한 사항은 행정안전부령으로 정한다.

▲ 시행규칙 제26조의5(점검기록표)

소방시설관리업자는 법 제33조의3에 따라 별표 3의 점검기록표에 점검과 관련된 사항을 기록하여야 한다.

시행규칙 별표 3

점검기록표(제26조의5 관련)

1. 작동기능점검의 기록표

소방시설 점검기록표

- 점 검 기 간 : 년 월 일 ~ 년 월 일
- 점검업체명 :
- 점 검 자 : 소방시설관리사 외 명
- 점검의 구분 : 작동기능점검
- 유 효 기 간 : 년 월 일 ~ 년 월 일

「소방시설 설치 유지 및 안전관리에 관한 법률」 제25조에 따른 자체점검을 완료하고 같은 법 제33조의3 제1항에 따라 이 표지를 붙입니다.

대상명 :

2. 종합정밀점검의 기록표

소방시설 점검기록표

- 점 검 기 간 : 년 월 일 ~ 년 월 일
- 점검업체명 :
- 점 검 자 : 소방시설관리사 외 명
- 점검의 구분 : 종합정밀점검
- 유 효 기 간 : 년 월 일 ~ 년 월 일

「소방시설 설치 유지 및 안전관리에 관한 법률」 제25조에 따른 자체점검을 완료하고 같은 법 제33조의3 제1항에 따라 이 표지를 붙입니다.

대상명 :

※ 비고 : 점검기록표의 규격은 다음과 같다.

가. 규격 : 원지름 130mm

나. 재질 : 유포지(스티커), 아트지(스티커)

다. 메인컬러

① 종합정밀점검 : 파랑 PANTONE 279C

② 작동기능점검 : 연두 PANTONE 376C

다. 글씨체(크기)

① 소방시설 점검기록표 : 옥션고딕 Bold(28pt)

② 본문타이틀 : Yoon 가변 윤고딕300s 두께 : 30(12pt)

③ 본문내용 : Yoon 가변 윤고딕300s 두께 : 20(12pt)

④ 하단내용 : Yoon 가변 윤고딕300s 두께 : 30+20(10pt)

㉠ 「소방시설 설치 유지 및 안전관리에 관한 법률」은 두께 30

㉡ 나머지 내용은 두께 20

⑤ 대상명 : Yoon 가변 윤고딕300s 두께 : 30(18pt)

■ 법 제34조(등록의 취소와 영업정지 등)

– 기준에 따른 행정처분 1, 2, 3차 까지 암기!

시·도지사는 관리업자가 다음 각 호의 어느 하나에 해당할 때에는 행정안전부령으로 정하는 바에 따라 그 등록을 취소하거나 6개월 이내의 기간을 정하여 이의 시정이나 그 영업의 정지를 명할 수 있다. 다만, 제1호·제4호 또는 제7호에 해당할 때에는 등록을 취소하여야 한다.

1. 거짓이나 그 밖의 부정한 방법으로 등록을 한 경우
2. 제25조 제1항에 따른 점검을 하지 아니하거나 거짓으로 한 경우
3. 제29조 제2항에 따른 등록기준에 미달하게 된 경우

4. 제30조 각 호의 어느 하나의 등록의 결격사유에 해당하게 된 경우. 다만, 제30조 제5호에 해당하는 법인으로서 결격사유에 해당하게 된 날부터 2개월 이내에 그 임원을 결격사유가 없는 임원으로 바꾸어 선임한 경우는 제외한다.
5. 제33조 제1항을 위반하여 다른 자에게 등록증이나 등록수첩을 빌려준 경우

※ 암기 : 관리업자 거짓부렁 빌려줘 결격사유에 해당하면 취소(관리사와 다른 점 : 둘 이상)

▲ 시행규칙 제44조(행정처분의 기준) ★★★

법 제28조 및 법 제34조에 따른 소방시설관리사 및 소방시설관리업의 등록의 취소(자격취소를 포함한다)・영업정지(자격정지를 포함한다) 등 행정처분의 기준은 별표 8과 같다.

시행규칙 별표 8

행정처분기준(제44조 관련)

1. 일반기준
   가. 위반행위가 동시에 둘 이상 발생한 때에는 그 중 중한 처분기준(중한 처분기준이 동일한 경우에는 그 중 하나의 처분기준을 말한다. 이하 같다)에 의하되, 둘 이상의 처분기준이 동일한 영업정지이거나 사용정지인 경우에는 중한 처분의 2분의 1까지 가중하여 처분할 수 있다.
   나. 영업정지 또는 사용정지 처분기간 중 영업정지 또는 사용정지에 해당하는 위반사항이 있는 경우에는 종전의 처분기간 만료일의 다음 날부터 새로운 위반사항에 의한 영업정지 또는 사용정지의 행정처분을 한다.
   다. 위반행위의 차수에 따른 행정처분의 가중된 처분기준은 최근 1년간 같은 위반행위로 행정처분을 받은 경우에 적용한다. 이 경우 기간의 계산은 위반행위에 대하여 행정처분을 받은 날과 그 처분 후 다시 같은 위반행위를 하여 적발된 날을 기준으로 한다.
   라. 다목에 따라 가중된 행정처분을 하는 경우 가중처분의 적용 차수는 그 위반행위 전 행정처분 차수(다목에 따른 기간 내에 행정처분이 둘 이상 있었던 경우에는 높은 차수를 말한다)의 다음 차수로 한다.
   마. 영업정지 등에 해당하는 위반사항으로서 위반행위의 동기・내용・횟수・사유 또는 그 결과를 고려하여 다음의 어느 하나에 해당하는 경우에는 그 처분을 가중하거나 감경할 수 있다. 이 경우 그 처분이 영업정지 또는 자격정지일 때에는 그 처분기준의 2분의 1의 범위에서 가중하거나 감경할 수 있고, 등록취소 또는 자격취소일 때에는 등록취소 또는 자격취소 전 차수의 행정처분이 영업정지 또는 자격정지이면 그 처분 기준의 2배 이상의 영업정지 또는 자격정지로 감경(법 제19조 제1항 제1호・제3호, 법 제28조 제1호・제4호・제5호・제7호, 및 법 제34조 제1항 제1호・제4호・제7호를 위반하여 등록취소 또는 자격취소 된 경우는 제외한다)할 수 있다.

※ 밑줄부분 보충설명 : 법 제19조는 삭제되었으나 시행규칙은 개정이 되지 않았다. 나머지 조항은 관리사, 관리업의 당연취소 사유에 해당한다. 제외하는 이유는 1차 행정처분이 자격 또는 등록취소인데 전 차수도 없을 뿐더러 가중이나 감경사유를 적용시킬 수도 없기 때문이다.

① 가중 사유
   ㉠ 위반행위가 사소한 부주의나 오류가 아닌 고의나 중대한 과실에 의한 것으로 인정되는 경우
   ㉡ 위반의 내용・정도가 중대하여 관계인에게 미치는 피해가 크다고 인정되는 경우

② 감경 사유
㉠ 위반행위가 사소한 부주의나 오류 등 과실에 의한 것으로 인정되는 경우
㉡ 위반의 내용·정도가 경미하여 관계인에게 미치는 피해가 적다고 인정되는 경우
㉢ 위반행위를 처음으로 한 경우로서, 5년 이상 방염처리업, 소방시설관리업 등을 모범적으로 해온 사실이 인정되는 경우
㉣ 그 밖에 다음의 경미한 위반사항에 해당되는 경우
- 스프링클러설비 헤드가 살수(撒水)반경에 미치지 못하는 경우
- 자동화재탐지설비 감지기 2개 이하가 설치되지 않은 경우
- 유도등(誘導燈)이 일시적으로 점등(點燈)되지 않는 경우
- 유도표지(誘導標識)가 정해진 위치에 붙어 있지 않은 경우

2. 개별기준

소방시설관리업에 대한 행정처분기준

위반사항	근거 법조문	행정처분기준		
		1차	2차	3차
거짓, 그 밖의 부정한 방법으로 등록을 한 경우	법 제34조 제1항 제1호	등록취소		
법 제25조 제1항에 따른 점검을 하지 않거나 거짓으로 한 경우	법 제34조 제1항 제2호	경고 (시정명령)	영업정지 3개월	등록취소
법 제29조 제2항에 따른 등록기준에 미달하게 된 경우. 다만, 기술인력이 퇴직하거나 해임되어 30일 이내에 재선임하여 신고하는 경우는 제외한다.	법 제34조 제1항 제3호	경고 (시정명령)	영업정지 3개월	등록취소
법 제30조 각 호의 어느 하나의 등록의 결격사유에 해당하게 된 경우	법 제34조 제1항 제4호	등록취소		
법 제33조 제1항을 위반하여 다른 자에게 등록증 또는 등록수첩을 빌려준 경우	법 제34조 제1항 제7호	등록취소		

제32조에 따라 관리업자의 지위를 승계한 상속인이 제30조 각 호의 어느 하나에 해당하는 경우에는 상속을 개시한 날부터 6개월 동안은 제1항 제4호를 적용하지 아니한다.

※ 저자 본인도 승진시험을 공부할 때 법 제34조를 이해하기 어려웠다. 승진시험에서 법령 해석에 관한 부분은 문제로 나오지 않기 때문에 조항 그대로 간단하게 생각하면 된다.
관리업 등록 이후 결격사유에 해당하게 된 경우, 곧바로 취소하지 않고 결격사유를 해소할 수 있는 일정 기간을 주는 것이라 생각하면 된다. 즉, 법인이라면 2개월 안에 임원을 바꾸어 선임하면 되고, 승계한 상속인(즉, 승계 받은 자)이 나머지 결격사유에 해당할 경우 바로 등록이 취소되지 않고 6개월 안에 결격사유를 해결하면 되는구나라고 이해하면 될 것이다(예를 들어 피성년후견인이라면 법원의 판결을 다시 받거나 다른 상속인을 찾으면 될 것이고, 소방관련법에 따른 금고 이상의 형의 집행유예를 선고받고 그 유예기간 중에 있는 사람이라면 6개월 안에 유예가 종료되면 가능, 종료되지 않는다면 다른 상속인을 찾으면 된다). 승진시험은 법 조문 그대로 지문이 나오기 때문에 영업의 취소와 영업정지에 해당하는 경우를 정확이 암기하길 바란다.

■ 법 제35조(과징금처분) ★

1. 시·도지사는 제34조 제1항에 따라 영업정지를 명하는 경우로서 그 영업정지가 국민에게 심한 불편을 주거나 그 밖에 공익을 해칠 우려가 있을 때에는 영업정지처분을 갈음하여 3천만원 이하의 과징금을 부과할 수 있다.
2. 제1항에 따른 과징금을 부과하는 위반행위의 종류와 위반 정도 등에 따른 과징금의 금액, 그 밖의 필요한 사항은 행정안전부령으로 정한다.
3. 시·도지사는 제1항에 따른 과징금을 내야 하는 자가 납부기한까지 내지 아니하면 「지방행정제재·부과금의 징수 등에 관한 법률」에 따라 징수한다.

※ 과징금이란 일정한 행정법상 의무를 위반하거나 이를 이행하지 않은 경우에 행정청이 그 의무자에게 부담시키는 제재금을 의미한다. 본 조에서 규정하고 있는 과징금은 행정청의 소방시설관리업자에 대한 처분으로 인하여 다수의 국민이 이용하는 특정소방 대상물에 있어서의 소방시설의 유지·관리 등의 업무가 중지되어 그 안전상의 문제가 발생할 수 있는 등 공공에 중대한 영향을 미치는 우려가 있을 때 이 법에서 규정하고 있는 의무위반에 대한 사업정지처분에 갈음하여 부과하는 금전적 제재를 부과함으로서 처분 등으로 인한 부정적인 영향을 최소화하고자 함에 그 취지가 있다.

※ 예를 들어 과징금의 개념에 대해 설명해보자면, 어느 지역에 관리업자가 딱 1명 있다고 가정했을 때 영업정지를 한다면 지역 시민들이 큰 불편을 겪을 수 밖에 없다. 따라서 '영업정지 대신 과징금을 부과하는구나'라고 이해하면 된다(단적인 예를 들었으니 개념만 잡길 바란다).

▲ 시행규칙 제27조(과징금을 부과할 위반행위의 종별과 과징금의 부과금액 등)

법 제35조 제2항에 따라 과징금을 부과하는 위반행위의 종별과 그에 대한 과징금의 부과기준은 별표 4와 같다.

시행규칙 별표 4 ★

과징금의 부과기준(제27조 관련)

1. 일반기준
   - 가. 영업정지 1개월은 30일로 계산한다.
   - 나. 과징금 산정은 영업정지기간(일)에 제2호 나목의 영업정지 1일에 해당하는 금액을 곱한 금액으로 한다.
   - 다. 위반행위가 둘 이상 발생한 경우 과징금 부과에 의한 영업정지기간(일) 산정은 제2호 가목의 개별기준에 따른 각각의 영업정지 처분기간을 합산한 기간으로 한다.
   - 라. 영업정지에 해당하는 위반사항으로서 위반행위의 동기·내용·횟수 또는 그 결과를 고려하여 그 처분기준의 2분의 1까지 감경한 경우 과징금 부과에 의한 영업정지기간(일) 산정은 감경한 영업정지기간으로 한다.
   - 마. 연간 매출액은 해당 업체에 대한 처분일이 속한 연도의 전년도의 1년간 위반사항이 적발된 업종의 각 매출금액을 기준으로 한다. 다만, 신규사업·휴업 등으로 인하여 1년간의 위반 사항이 적발된 업종의 각 매출금액을 산출할 수 없거나 1년 간의 위반사항이 적발된 업종의 각 매출금액을 기준으로 하는 것이 불합리하다고 인정되는 경우에는 분기별·월별 또는 일별 매출금액을 기준으로 산출 또는 조정한다.
   - 바. 가목부터 마목까지의 규정에도 불구하고 과징금 산정금액이 3천만원을 초과하는 경우 3천만원으로 한다.

2. 개별기준

가. 과징금을 부과할 수 있는 위반행위의 종별

소방시설관리업

위반사항	근거 법조문	행정처분기준		
		1차	2차	3차
법 제25조 제1항에 따른 점검을 하지 않거나 거짓으로 한 경우	법 제34조 제1항 제2호		영업정지 3개월	
법 제29조 제2항에 따른 등록기준에 미달하게 된 경우	법 제34조 제1항 제3호		영업정지 3개월	

나. 과징금 금액 산정기준

등 급	연간매출액(단위 : 백만원)	영업정지 1일에 해당되는 금액(단위 : 원)
1	10 이하	25,000
2	10 초과 ~ 30 이하	30,000
3	30 초과 ~ 50 이하	35,000
4	50 초과 ~ 100 이하	45,000
5	100 초과 ~ 150 이하	50,000
6	150 초과 ~ 200 이하	55,000
7	200 초과 ~ 250 이하	65,000
8	250 초과 ~ 300 이하	80,000
9	300 초과 ~ 350 이하	95,000
10	350 초과 ~ 400 이하	110,000
11	400 초과 ~ 450 이하	125,000
12	450 초과 ~ 500 이하	140,000
13	500 초과 ~ 750 이하	160,000
14	750 초과 ~ 1,000 이하	180,000
15	1,000 초과 ~ 2,500 이하	210,000
16	2,500 초과 ~ 5,000 이하	240,000
17	5,000 초과 ~ 7,500 이하	270,000
18	7,500 초과 ~ 10,000 이하	300,000
19	10,000 초과	330,000

※ 과징금의 개별액수 보다는 일반기준 위주로 암기하기 바란다.

▲ 시행규칙 제28조(과징금 징수절차)

법 제35조 제2항에 따른 과징금의 징수절차에 관하여는 「국고금관리법 시행규칙」을 준용한다.

■ 법 제36조(소방용품의 형식승인 등) ★★

1. 대통령령으로 정하는 소방용품을 제조하거나 수입하려는 자는 소방청장의 형식승인을 받아야 한다. 다만, 연구개발 목적으로 제조하거나 수입하는 소방용품은 그러하지 아니하다.
2. 제1항에 따른 형식승인을 받으려는 자는 행정안전부령으로 정하는 기준에 따라 형식승인을 위한 시험시설을 갖추고 소방청장의 심사를 받아야 한다. 다만, 소방용품을 수입하는 자가 판매를 목적으로 하지 아니하고 자신의 건축물에 직접 설치하거나 사용하려는 경우 등 행정안전부령으로 정하는 경우에는 시험시설을 갖추지 아니할 수 있다.
3. 제1항과 제2항에 따라 형식승인을 받은 자는 그 소방용품에 대하여 소방청장이 실시하는 제품검사를 받아야 한다.
4. 제1항에 따른 형식승인의 방법・절차 등과 제3항에 따른 제품검사의 구분・방법・순서・합격표시 등에 관한 사항은 행정안전부령으로 정한다.
5. 소방용품의 형상・구조・재질・성분・성능 등(이하 "형상등"이라 한다)의 형식승인 및 제품검사의 기술기준 등에 관한 사항은 소방청장이 정하여 고시한다.
6. 누구든지 다음 각 호의 어느 하나에 해당하는 소방용품을 판매하거나 판매 목적으로 진열하거나 소방시설공사에 사용할 수 없다.
   가. 형식승인을 받지 아니한 것
   나. 형상등을 임의로 변경한 것
   다. 제품검사를 받지 아니하거나 합격표시를 하지 아니한 것
7. 소방청장, 소방본부장 또는 소방서장은 제6항을 위반한 소방용품에 대하여는 그 제조자・수입자・판매자 또는 시공자에게 수거・폐기 또는 교체 등 행정안전부령으로 정하는 필요한 조치를 명할 수 있다.
8. 소방청장은 소방용품의 작동기능, 제조방법, 부품 등이 제5항에 따라 소방청장이 고시하는 형식승인 및 제품검사의 기술기준에서 정하고 있는 방법이 아닌 새로운 기술이 적용된 제품의 경우에는 관련 전문가의 평가를 거쳐 행정안전부령으로 정하는 바에 따라 제4항에 따른 방법 및 절차와 다른 방법 및 절차로 형식승인을 할 수 있으며, 외국의 공인기관으로부터 인정받은 신기술 제품은 형식승인을 위한 시험 중 일부를 생략하여 형식승인을 할 수 있다.
9. 다음 각 호의 어느 하나에 해당하는 소방용품의 형식승인 내용에 대하여 공인기관의 평가결과가 있는 경우 형식승인 및 제품검사 시험 중 일부만을 적용하여 형식승인 및 제품검사를 할 수 있다.
   가. 「군수품관리법」 제2조에 따른 군수품
   나. 주한외국공관 또는 주한외국군 부대에서 사용되는 소방용품
   다. 외국의 차관이나 국가 간의 협약 등에 의하여 건설되는 공사에 사용되는 소방용품으로서 사전에 합의된 것
   라. 그 밖에 특수한 목적으로 사용되는 소방용품으로서 소방청장이 인정하는 것

10. 하나의 소방용품에 두 가지 이상의 형식승인 사항 또는 형식승인과 성능인증 사항이 결합된 경우에는 두 가지 이상의 형식승인 또는 형식승인과 성능인증 시험을 함께 실시하고 하나의 형식승인을 할 수 있다.
11. 제9항 및 제10항에 따른 형식승인의 방법 및 절차 등에 관하여는 행정안전부령으로 정한다.

● 시행령 제37조(형식승인대상 소방용품) ★

법 제36조 제1항 본문에서 "대통령령으로 정하는 소방용품"이란 별표 3 제1호[별표 1 제1호 나목 2)에 따른 상업용 주방소화장치는 제외한다] 및 같은 표 제2호부터 제4호까지에 해당하는 소방용품을 말한다.

소방용품(제6조 관련)

1. 소화설비를 구성하는 제품 또는 기기
   가. 별표 1 제1호 가목의 소화기구(소화약제 외의 것을 이용한 간이소화용구는 제외한다)
   나. 별표 1 제1호 나목의 자동소화장치(※ 상업용 주방자동소화장치는 제외)

   ※ 상업용 주방자동소화장치가 제외되는 이유 : 화재안전기준에 따라 성능인증을 받아야 하기 때문. 자동소화장치는 형식승인을 받아야 하지만 상업용은 성능인증이기 때문에 제외라고 암기!

   다. 소화설비를 구성하는 소화전, 관창(菅槍), 소방호스, 스프링클러헤드, 기동용 수압개폐장치, 유수제어밸브 및 가스관선택밸브
2. 경보설비를 구성하는 제품 또는 기기
   가. 누전경보기 및 가스누설경보기
   나. 경보설비를 구성하는 발신기, 수신기, 중계기, 감지기 및 음향장치(경종만 해당한다)
3. 피난구조설비를 구성하는 제품 또는 기기
   가. 피난사다리, 구조대, 완강기(간이완강기 및 지지대를 포함한다)
   나. 공기호흡기(충전기를 포함한다)
   다. 피난구유도등, 통로유도등, 객석유도등 및 예비 전원이 내장된 비상조명등
4. 소화용으로 사용하는 제품 또는 기기
   가. 소화약제[별표 1 제1호 나목 2)와 3)의 자동소화장치와 같은 호 마목 3)부터 8)까지의 소화설비용만 해당한다]

   ※ 자동소화장치 중 상업용 주방자동소화장치, 캐비닛형 자동소화장치에 사용하는 소화약제
   ※ 물분무등소화설비 중 포소화설비, 이산화탄소소화설비, 할론소화설비, 할로겐화합물 및 불활성기체 소화설비, 분말소화설비, 강화액소화설비에 사용하는 소화약제
   ※ 상업용자동소화장치는 제외지만 소화장치에 사용되는 소화약제는 해당!

   나. 방염제(방염액・방염도료 및 방염성물질을 말한다)

5. 그 밖에 행정안전부령으로 정하는 소방 관련 제품 또는 기기

※ 암기 : 소자(상성) 전관호헤 기수유가 누가발수감중향 사구완공유비조 소약방(암기하기 어렵기 때문에 승진 시험 문제로 나오기 좋은 부분이다. 확실한 암기가 필요하다.)

※ 소방용품은 평상시 작동 대기 상태로 있지만 유사시 적정 · 정확하게 작동되도록 완벽한 성능이 보장되어야 하는 것으로, 한편으로 일반 공산품인 개인 사유물의 성격이 있지만 불특정 다수인과 사회전체의 안전이라는 소방의 목적에 제공되는 공공적인 성격도 같이 포함되어 있다. 이 법령은 이러한 소방용품이 국민의 생명과 재산을 보호하기 위하여 필요한 방재용 기계 · 기구라는 특성이 있기에 일반 공산품과 달리 국가공인 검정이라는 과정을 거치도록 규정하고 있으며, 이러한 적법 적정의 검정을 받지 않는 소방용품에 대해서는 무 검정 소방용품이라 하여 전시 · 판매 · 시공 · 설치 등을 엄격히 제한하고 있다.
이러한 검정제도는 그 방식의 차이는 있지만 세계적으로 채택되고 있는 제도이며, 이 법은 한국소방산업기술원에 이 업무를 위탁하고 있다.

■ 법 제37조(형식승인의 변경)

1. 제36조 제1항 및 제10항에 따른 형식승인을 받은 자가 해당 소방용품에 대하여 형상등의 일부를 변경하려면 소방청장의 변경승인을 받아야 한다.
2. 제1항에 따른 변경승인의 대상 · 구분 · 방법 및 절차 등에 관하여 필요한 사항은 행정안전부령으로 정한다.

■ 법 제38조(형식승인의 취소 등)

1. 소방청장은 소방용품의 형식승인을 받았거나 제품검사를 받은 자가 다음 각 호의 어느 하나에 해당될 때에는 행정안전부령으로 정하는 바에 따라 그 형식승인을 취소하거나 6개월 이내의 기간을 정하여 제품검사의 중지를 명할 수 있다. 다만, 제1호 · 제3호 또는 제7호의 경우에는 형식승인을 취소하여야 한다.
   ① 거짓이나 그 밖의 부정한 방법으로 제36조 제1항 및 제10항에 따른 형식승인을 받은 경우
   ② 제36조 제2항에 따른 시험시설의 시설기준에 미달되는 경우
   ③ 거짓이나 그 밖의 부정한 방법으로 제36조 제3항에 따른 제품검사를 받은 경우
   ④ 제품검사 시 제36조 제5항에 따른 기술기준에 미달되는 경우
   ⑤, ⑥, ⑧, ⑨ 〈삭 제〉
   ⑦ 제37조에 따른 변경승인을 받지 아니하거나 거짓이나 그 밖의 부정한 방법으로 변경승인을 받은 경우
2. 제1항에 따라 소방용품의 형식승인이 취소된 자는 그 취소된 날부터 2년 이내에는 형식승인이 취소된 동일 품목에 대하여 형식승인을 받을 수 없다.

■ 법 제39조 소방용품의(성능인증 등)

1. 소방청장은 제조자 또는 수입자 등의 요청이 있는 경우 소방용품에 대하여 성능인증을 할 수 있다.
2. 제1항에 따라 성능인증을 받은 자는 그 소방용품에 대하여 소방청장의 제품검사를 받아야 한다.
3. 제1항에 따른 성능인증의 대상・신청・방법 및 성능인증서 발급에 관한 사항과 제2항에 따른 제품검사의 구분・대상・절차・방법・합격표시 및 수수료 등에 관한 사항은 행정안전부령으로 정한다.
4. 제1항에 따른 성능인증 및 제2항에 따른 제품검사의 기술기준 등에 관한 사항은 소방청장이 정하여 고시한다.
5. 제2항에 따른 제품검사에 합격하지 아니한 소방용품에는 성능인증을 받았다는 표시를 하거나 제품검사에 합격하였다는 표시를 하여서는 아니 되며, 제품검사를 받지 아니하거나 합격표시를 하지 아니한 소방용품을 판매 또는 판매 목적으로 진열하거나 소방시설공사에 사용하여서는 아니 된다.
6. 하나의 소방용품에 성능인증 사항이 두 가지 이상 결합된 경우에는 해당 성능인증 시험을 모두 실시하고 하나의 성능인증을 할 수 있다.
7. 제6항에 따른 성능인증의 방법 및 절차 등에 관하여는 행정안전부령으로 정한다.

■ 법 제39조의2(성능인증의 변경)

1. 제39조 제1항 및 제6항에 따른 성능인증을 받은 자가 해당 소방용품에 대하여 형상등의 일부를 변경하려면 소방청장의 변경인증을 받아야 한다.
2. 제1항에 따른 변경인증의 대상・구분・방법 및 절차 등에 필요한 사항은 행정안전부령으로 정한다.

■ 법 제39조의3(성능인증의 취소 등)

1. 소방청장은 소방용품의 성능인증을 받았거나 제품검사를 받은 자가 다음 각 호의 어느 하나에 해당되는 때에는 행정안전부령으로 정하는 바에 따라 해당 소방용품의 성능인증을 취소하거나 6개월 이내의 기간을 정하여 해당 소방용품의 제품검사 중지를 명할 수 있다. 다만, 제①호・제②호 또는 제⑤호에 해당하는 경우에는 해당 소방용품의 성능인증을 취소하여야 한다.
   ① 거짓이나 그 밖의 부정한 방법으로 제39조 제1항 및 제6항에 따른 성능인증을 받은 경우
   ② 거짓이나 그 밖의 부정한 방법으로 제39조 제2항에 따른 제품검사를 받은 경우
   ③ 제품검사 시 제39조 제4항에 따른 기술기준에 미달되는 경우
   ④ 제39조 제5항을 위반한 경우(합격표시에 관한)
   ⑤ 제39조의2에 따라 변경인증을 받지 아니하고 해당 소방용품에 대하여 형상 등의 일부를 변경하거나 거짓이나 그 밖의 부정한 방법으로 변경인증을 받은 경우
2. 제1항에 따라 소방용품의 성능인증이 취소된 자는 그 취소된 날부터 2년 이내에 성능인증이 취소된 소방용품과 동일한 품목에 대하여는 성능인증을 받을 수 없다.

■ 법 제40조(우수품질 제품에 대한 인증)

1. 소방청장은 제36조에 따른 형식승인의 대상이 되는 소방용품 중 품질이 우수하다고 인정하는 소방용품에 대하여 인증(이하 "우수품질인증"이라 한다)을 할 수 있다.
2. 우수품질인증을 받으려는 자는 행정안전부령으로 정하는 바에 따라 소방청장에게 신청하여야 한다.
3. 우수품질인증을 받은 소방용품에는 우수품질인증 표시를 할 수 있다.
4. 우수품질인증의 유효기간은 5년의 범위에서 행정안전부령으로 정한다.
5. 소방청장은 다음 각 호의 어느 하나에 해당하는 경우에는 우수품질인증을 취소할 수 있다. 다만, 제①호에 해당하는 경우에는 우수품질인증을 취소하여야 한다.
   ① 거짓이나 그 밖의 부정한 방법으로 우수품질인증을 받은 경우
   ② 우수품질인증을 받은 제품이 「발명진흥법」 제2조 제4호에 따른 산업재산권 등 타인의 권리를 침해하였다고 판단되는 경우
6. 제1항부터 제5항까지에서 규정한 사항 외에 우수품질인증을 위한 기술기준, 제품의 품질관리 평가, 우수품질인증의 갱신, 수수료, 인증표시 등 우수품질인증에 관하여 필요한 사항은 행정안전부령으로 정한다.

■ 법 제40조의2(우수품질인증 소방용품에 대한 지원 등)

다음 각 호의 어느 하나에 해당하는 기관 및 단체는 건축물의 신축·증축 및 개축 등으로 소방용품을 변경 또는 신규 비치하여야 하는 경우 우수품질인증 소방용품을 우선 구매·사용 하도록 노력하여야 한다.

1. 중앙행정기관
2. 지방자치단체
3. 「공공기관의 운영에 관한 법률」 제4조에 따른 공공기관
4. 그 밖에 대통령령으로 정하는 기관

● 시행령 제37조의2 우수품질인증 소방용품 우선 구매·사용 기관

법 제40조의2 제4호에서 "대통령령으로 정하는 기관"이란 다음 각 호의 어느 하나에 해당하는 기관을 말한다.

1. 「지방공기업법」 제49조에 따라 설립된 지방공사 및 같은 법 제76조에 따라 설립된 지방공단
2. 「지방자치단체 출자·출연 기관의 운영에 관한 법률」 제2조에 따른 출자·출연기관

■ 법 제40조의3(소방용품의 수집검사 등)

1. 소방청장은 소방용품의 품질관리를 위하여 필요하다고 인정할 때에는 유통 중인 소방용품을 수집하여 검사할 수 있다.
2. 소방청장은 제1항에 따른 수집검사 결과 행정안전부령으로 정하는 중대한 결함이 있다고 인정되는 소방용품에 대하여는 그 제조자 및 수입자에게 행정안전부령으로 정하는 바에 따라 회수・교환・폐기 또는 판매중지를 명하고, 형식승인 또는 성능인증을 취소할 수 있다.
3. 소방청장은 제2항에 따라 회수・교환・폐기 또는 판매중지를 명하거나 형식승인 또는 성능인증을 취소한 때에는 행정안전부령으로 정하는 바에 따라 그 사실을 소방청 홈페이지 등에 공표할 수 있다.

(※ 법 36조~40조의3에서 정한 행정안전부령 : 소방용품의 품질관리 등에 관한 규칙〈시험범위 아님〉)

■ 법 제41조(소방안전관리자 등에 대한 교육)

1. 다음 각 호의 어느 하나에 해당하는 자는 화재 예방 및 안전관리의 효율화, 새로운 기술의 보급과 안전의식의 향상을 위하여 행정안전부령으로 정하는 바에 따라 소방청장이 실시하는 강습 또는 실무 교육을 받아야 한다(강습교육과 실무교육에 관련된 조항을 법 조문에 따라 정리).
   ① 제20조 제2항에 따라 선임된 소방안전관리자 및 소방안전관리보조자
   ② 제20조 제3항에 따라 선임된 소방안전관리자
   ③ 소방안전관리자의 자격을 인정받으려는 자로서 대통령령으로 정하는 자
2. 소방본부장이나 소방서장은 제1항 제1호 또는 제2호에 따른 소방안전관리자나 소방안전관리 업무 대행자가 정하여진 교육을 받지 아니하면 교육을 받을 때까지 행정안전부령으로 정하는 바에 따라 그 소방안전관리자나 소방안전관리 업무 대행자에 대하여 제20조에 따른 소방안전관리 업무를 제한할 수 있다.

● 시행령 제38조 소방안전관리자의 자격을 인정받으려는 사람

법 제41조 제1항 제3호에서 "대통령령으로 정하는 자"란 특급 소방안전관리대상물, 1급 소방안전관리대상물, 2급 소방안전관리대상물, 3급 소방안전관리대상물 또는 「공공기관의 소방안전관리에 관한 규정」 제2조에 따른 공공기관의 소방안전관리자가 되려는 사람을 말한다.

▲ 시행규칙 제29조(소방안전관리자에 대한 강습교육의 실시)

1. 법 제41조 제1항에 따른 소방안전관리자의 강습교육의 일정·횟수 등에 관하여 필요한 사항은 한국소방안전원의 장(이하 "안전원장"이라 한다)이 연간계획을 수립하여 실시하여야 한다.
2. 안전원장은 법 제41조 제1항의 규정에 의한 강습교육을 실시하고자 하는 때에는 강습교육 실시 20일 전까지 일시·장소 그 밖의 강습교육실시에 관하여 필요한 사항을 한국소방안전원의 인터넷 홈페이지 및 게시판에 공고하여야 한다.
3. 안전원장은 강습교육을 실시한 때에는 수료자에게 별지 제31호 서식의 수료증을 교부하고 별지 제32호 서식의 강습교육수료자 명부대장을 강습교육의 종류별로 작성·보관하여야 한다.
4. 제1항의 규정에 의하여 강습교육을 받는 자가 3시간 이상 결강한 때에는 수료증을 교부하지 아니한다.

▲ 시행규칙 제30조(강습교육 수강신청 등)

1. 법 제41조 제1항에 따른 강습교육을 받고자 하는 자는 강습교육의 종류별로 별지 제33호 서식의 강습교육원서(전자문서로 된 원서를 포함한다)에 다음 각 호의 서류(전자문서를 포함한다)를 첨부하여 안전원장에게 제출하여야 한다.
   가. 사진(가로 3.5cm × 세로 4.5cm) 1매
   나. 위험물안전관리자수첩 사본(위험물안전관리법령에 의하여 안전관리자 강습교육을 수료한 자에 한한다) 1부
   다. 재직증명서(공공기관에 재직하는 자에 한한다)
   라. 소방안전관리자 경력증명서(특급 또는 1급 소방안전관리대상물의 소방안전관리에 관한 강습교육을 받으려는 사람만 해당한다)
2. 안전원장은 강습교육 원서를 접수한 때에는 수강증을 교부하여야 한다.

▲ 시행규칙 제31조(강습교육의 강사)

강습교육을 담당할 강사는 과목별로 소방에 관한 학식과 경험이 풍부한 자 중에서 안전원장이 위촉한다.

▲ 시행규칙 제32조(강습교육의 과목, 시간 및 운영방법 등)

특급, 1급, 2급 및 3급 소방안전관리대상물의 소방안전관리에 관한 강습교육과 「공공기관의 소방안전관리에 관한 규정」 제5조 제1항 제2호 나목에 따른 공공기관 소방안전관리자에 대한 강습교육의 과목, 시간 및 운영방법 등은 별표 5와 같다.

시행규칙 별표 5(소방안전관리자 시험과목과 강습교육의 과목)

강습교육 과목, 시간 및 운영방법 등(제32조 관련)

1. 교육과정별 과목 및 시간

구 분	교육과목	교육시간
가. 특급 소방안전관리자	직업윤리 및 리더십	80시간
	소방관계법령	
	건축・전기・가스 관계법령 및 안전관리	
	재난관리 일반 및 관련법령	
	초고층특별법	
	소방기초이론	
	연소・방화・방폭공학	
	고층건축물 소방시설 적용기준	
	소방시설(소화설비, 경보설비, 피난설비, 소화용수설비, 소화활동설비)의 구조・점검・실습・평가	
	공사장 안전관리 계획 및 화기취급 감독	
	종합방재실 운용	
	고층건축물 화재 등 재난사례 및 대응방법	
	화재원인 조사실무	
	위험성 평가기법 및 성능위주 설계	
	소방계획 수립 이론・실습・평가	
	방재계획 수립 이론・실습・평가	
	작동기능점검표 작성 실습・평가	
	구조 및 응급처치 이론・실습・평가	
	소방안전 교육 및 훈련 이론・실습・평가	
	화재대응 및 피난 실습・평가	
	화재피해 복구	
	초고층 건축물 안전관리 우수사례 토의	
	소방신기술 동향	
	시청각 교육	
나. 1급 소방안전관리자	소방관계법령	40시간
	건축관계법령	
	소방학개론	
	화기취급감독(위험물・전기・가스 안전관리 등)	
	종합방재실 운영	
	소방시설(소화설비, 경보설비, 피난설비, 소화용수설비, 소화활동설비)의 구조・점검・실습・평가	
	소방계획 수립 이론・실습・평가	
	작동기능점검표 작성 실습・평가	
	구조 및 응급처치 이론・실습・평가	

	소방안전 교육 및 훈련 이론·실습·평가	
	화재대응 및 피난 실습·평가	
	형성평가(시험)	
다. 공공기관 소방안전관리자	소방관계법령	40시간
	건축관계법령	
	공공기관 소방안전규정의 이해	
	소방학개론	
	소방시설(소화설비, 경보설비, 피난설비, 소화용수설비, 소화활동설비)의 구조·점검·실습·평가	
	종합방재실 운영	
	소방안전관리 업무대행 감독	
	공사장 안전관리 계획 및 감독	
	화기취급감독(위험물·전기·가스 안전관리 등)	
	소방계획 수립 이론·실습·평가	
	외관점검표 작성 실습·평가	
	응급처치 이론·실습·평가	
	소방안전 교육 및 훈련 이론·실습·평가	
	화재대응 및 피난 실습·평가	
	공공기관 소방안전관리 우수사례 토의	
라. 2급 소방안전관리자	소방관계법령(건축관계법령 포함)	32시간
	소방학개론	
	화기취급감독(위험물·전기·가스 안전관리 등)	
	소방시설(소화설비, 경보설비, 피난설비)의 구조·점검·실습·평가	
	소방계획 수립 이론·실습·평가	
	작동기능점검 방법 및 점검표 작성방법 실습·평가	
	응급처치 이론·실습·평가	
	소방안전 교육 및 훈련 이론·실습·평가	
	화재대응 및 피난 실습·평가	
	형성평가(시험)	
마. 3급 소방안전관리자	화재예방, 소방시설 설치·유지 및 안전관리에 관한 법령	24시간
	화재일반	
	화기취급감독(위험물·전기·가스 안전관리 등)	
	소방시설(소화기, 경보설비, 피난설비)의 구조·점검·실습·평가	
	소방계획 수립 이론·실습·평가	
	작동기능점검표 작성 실습·평가	
	응급처치 이론·실습·평가	
	소방안전 교육 및 훈련 이론·실습·평가	
	화재대응 및 피난 실습·평가	
	형성평가(시험)	

2. 교육운영방법 등
가. 교육과정별 교육시간 운영 편성기준

구 분	이론(30%)	실무(70%)	
		일반(30%)	실습 및 평가(40%)
특급 소방안전관리자	24시간	24시간	32시간
1급 및 공공기관 소방안전관리자	12시간	12시간	16시간
2급 소방안전관리자	9시간	10시간	13시간
3급 소방안전관리자	7시간	7시간	10시간

나. 가목에 따른 평가는 서식작성, 설비운용(소방시설에 대한 점검능력을 포함한다) 및 비상대응 등 실습내용에 대한 평가를 말한다.
다. 교육과정을 수료하고자 하는 사람은 나목에 따른 실습내용 평가에 합격하여야 한다.
라. 「위험물안전관리법」 제28조 제1항에 따라 위험물 안전관리에 관한 강습교육을 받은 자가 2급 소방안전관리대상물의 소방안전관리에 관한 강습교육을 받으려는 경우에는 8시간 범위에서 면제할 수 있다.
라. 공공기관 소방안전관리 업무에 관한 강습과목 중 일부 과목은 16시간 범위에서 사이버교육으로 실시할 수 있다.
마. 구조 및 응급처치요령에는 「응급의료에 관한 법률 시행규칙」 제6조 제1항에 따른 구조 및 응급처치에 관한 교육의 내용과 시간이 포함되어야 한다.

▲ 시행규칙 제36조(소방안전관리자 및 소방안전관리보조자의 실무교육 등)

1. 안전원장은 법 제41조 제1항에 따른 소방안전관리자 및 소방안전관리보조자에 대한 실무교육의 교육대상, 교육일정 등 실무교육에 필요한 계획을 수립하여 매년 소방청장의 승인을 얻어 교육실시 30일 전까지 교육대상자에게 통보하여야 한다.
2. 소방안전관리자는 그 선임된 날부터 6개월 이내에 법 제41조 제1항에 따른 실무교육을 받아야 하며, 그 후에는 2년마다(최초 실무교육을 받은 날을 기준일로 하여 매 2년이 되는 해의 기준일과 같은 날 전까지를 말한다) 1회 이상 실무교육을 받아야 한다. 다만, 소방안전관리 강습교육 또는 실무교육을 받은 후 1년 이내에 소방안전관리자로 선임된 사람은 해당 강습교육 또는 실무교육을 받은 날에 실무교육을 받은 것으로 본다.
3. 소방안전관리보조자는 그 선임된 날부터 6개월(영 제23조 제5항 제4호에 따라 소방안전관리 보조자로 지정된 사람의 경우 3개월을 말한다) 이내에 법 제41조에 따른 실무교육을 받아야 하며, 그 후에는 2년마다(최초 실무교육을 받은 날을 기준일로 하여 매 2년이 되는 해의 기준일과 같은 날 전까지를 말한다) 1회 이상 실무교육을 받아야 한다. 다만, 소방안전관리자 강습교육 또는 실무교육이나 소방안전관리보조자 실무교육을 받은 후 1년 이내에 소방안전관리보조자로 선임된 사람은 해당 강습교육 또는 실무교육을 받은 날에 실무교육을 받은 것으로 본다.

※ 영 제23조 제5항 제4호 : 소방안전관리대상물에서 소방안전 관련 업무에 2년 이상 근무한 경력이 있는 사람은 지정된 날부터 3개월

4. 소방본부장 또는 소방서장은 제14조 및 제14조의2에 따라 소방안전관리자나 소방안전관리보조자의 선임신고를 받은 경우에는 신고일부터 1개월 이내에 별지 제42호 서식에 따라 그 내용을 안전원장에게 통보하여야 한다.

▲ 시행규칙 제37조(실무교육의 과목 및 시간)

제36조 제1항에 따른 실무교육의 과목 및 시간은 별표 5의2와 같다.

시행규칙 별표 5의2

소방안전관리자 및 소방안전관리보조자에 대한 실무교육의 과목 및 시간
(제37조 관련)

1. 소방안전관리자에 대한 실무교육의 과목 및 시간

교육과목	시 간
가. 소방관계법규 및 화재 사례 나. 소방시설의 구조원리 및 현장실습 다. 소방시설의 유지·관리요령 라. 소방계획서의 작성 및 운영 마. 자위소방대의 조직과 소방 훈련 바. 피난시설 및 방화시설의 유지·관리 사. 피난설비의 활용 및 인명 대피 요령 아. 소방 관련 질의회신 등	8시간 이내

비고 : 교육과목 중 이론 과목(가목의 소방관계법규, 아목의 소방 관련 질의회신 등)은 4시간 이내에서 사이버교육으로 실시할 수 있다.

2. 소방안전관리보조자에 대한 실무교육의 과목 및 시간

교육과목	시 간
가. 소방 관계 법규 및 화재사례 나. 화재의 예방·대비 다. 소방시설 유지관리 실습 라. 초기대응체계 교육 및 훈련 실습 마. 화재발생 시 대응 실습 등	4시간

▲ 시행규칙 제38조(실무교육 수료 사항의 기재 및 실무교육 결과의 통보 등)

1. 안전원장은 제36조 제1항에 따른 실무교육을 수료한 사람의 소방안전관리자수첩 또는 기술자격증에 실무교육 수료 사항을 기록하여 발급하고, 별지 제35호 서식의 실무교육수료자명부를 작성하여 관리하여야 한다.
2. 안전원장은 해당 연도의 실무교육이 끝난 날부터 30일 이내에 그 결과를 제36조 제4항에 따른 통보를 한 소방본부장 또는 소방서장에게 알려야 한다.
3. 안전원장은 해당 연도의 실무교육 결과를 다음 연도 1월 31일까지 소방청장에게 보고하여야 한다.

▲ 시행규칙 제39조(실무교육의 강사)

실무교육을 담당하는 강사는 과목별로 소방 또는 안전관리에 관한 학식과 경험이 풍부한 자 중에서 안전원장이 위촉한다.

▲ 시행규칙 제40조(소방안전관리자의 업무정지)

1. 소방본부장 또는 소방서장은 소방안전관리자가 제36조 제1항에 따른 실무교육을 받지 아니하면 법 제41조 제2항에 따라 실무교육을 받을 때까지 그 업무의 정지 및 소방안전관리자수첩의 반납을 명할 수 있다.
2. 소방본부장 또는 소방서장은 제1항에 따라 소방안전관리자 업무의 정지를 명하였을 때에는 그 사실을 시·도의 공보에 공고하고, 안전원장에게 통보하며, 소방안전관리자수첩에 적어 소방 안전관리자에게 내주어야 한다.

■ 법 제42조(제품검사 전문기관의 지정 등)

1. 소방청장은 제36조 제3항 및 제39조 제2항에 따른 제품검사를 전문적·효율적으로 실시하기 위하여 다음 각 호의 요건을 모두 갖춘 기관을 제품검사 전문기관(이하 "전문기관"이라 한다)으로 지정할 수 있다(※ 제42조에서 규정한 행정안전부령 : 소방용품의 품질관리 등에 관한 규칙).
   가. 다음 각 목의 어느 하나에 해당하는 기관일 것
      ① 「과학기술분야 정부출연연구기관 등의 설립·운영 및 육성에 관한 법률」 제8조에 따라 설립된 연구기관
      ② 「공공기관의 운영에 관한 법률」 제4조에 따라 지정된 공공기관
      ③ 소방용품의 시험·검사 및 연구를 주된 업무로 하는 비영리 법인
   나. 「국가표준기본법」 제23조에 따라 인정을 받은 시험·검사기관일 것
   다. 행정안전부령으로 정하는 검사인력 및 검사설비를 갖추고 있을 것
   라. 기관의 대표자가 제27조 제1호부터 제3호까지의 어느 하나에 해당하지 아니할 것
   마. 제43조에 따라 전문기관의 지정이 취소된 경우에는 지정이 취소된 날부터 2년이 경과하였을 것
2. 전문기관 지정의 방법 및 절차 등에 관하여 필요한 사항은 행정안전부령으로 정한다.
3. 소방청장은 제1항에 따라 전문기관을 지정하는 경우에는 소방용품의 품질 향상, 제품검사의 기술개발 등에 드는 비용을 부담하게 하는 등 필요한 조건을 붙일 수 있다. 이 경우 그 조건은 공공의 이익을 증진하기 위하여 필요한 최소한도에 한정하여야 하며, 부당한 의무를 부과하여서는 아니 된다.
4. 전문기관은 행정안전부령으로 정하는 바에 따라 제품검사 실시 현황을 소방청장에게 보고하여야 한다.

5. 소방청장은 전문기관을 지정한 경우에는 행정안전부령으로 정하는 바에 따라 전문기관의 제품검사 업무에 대한 평가를 실시할 수 있으며, 제품검사를 받은 소방용품에 대하여 확인검사를 할 수 있다.
6. 소방청장은 제5항에 따라 전문기관에 대한 평가를 실시하거나 확인검사를 실시한 때에는 그 평가 결과 또는 확인검사결과를 행정안전부령으로 정하는 바에 따라 공표할 수 있다.
7. 소방청장은 제5항에 따른 확인검사를 실시하는 때에는 행정안전부령으로 정하는 바에 따라 전문기관에 대하여 확인검사에 드는 비용을 부담하게 할 수 있다.

■ 법 제43조(전문기관의 지정취소 등)

소방청장은 전문기관이 다음 각 호의 어느 하나에 해당할 때에는 그 지정을 취소하거나 6개월 이내의 기간을 정하여 그 업무의 정지를 명할 수 있다. 다만, 제1호에 해당할 때에는 그 지정을 취소하여야 한다.

1. 거짓이나 그 밖의 부정한 방법으로 지정을 받은 경우
2. 정당한 사유 없이 1년 이상 계속하여 제품검사 또는 실무교육 등 지정받은 업무를 수행하지 아니한 경우
3. 제42조 제1항 각 호의 요건을 갖추지 못하거나 제42조 제3항에 따른 조건을 위반한 때
4. 제46조 제1항 제7호에 따른 감독 결과 이 법이나 다른 법령을 위반하여 전문기관으로서의 업무를 수행하는 것이 부적당하다고 인정되는 경우

■ 법 제44조(청문)

소방청장 또는 시·도지사는 다음 각 호의 어느 하나에 해당하는 처분을 하려면 청문을 하여야 한다.

1. 제28조에 따른 관리사 자격의 취소 및 정지
2. 제34조 제1항에 따른 관리업의 등록취소 및 영업정지
3. 제38조에 따른 소방용품의 형식승인 취소 및 제품검사 중지

3의2. 제39조의3에 따른 성능인증의 취소

4. 제40조 제5항에 따른 우수품질인증의 취소
5. 제43조에 따른 전문기관의 지정취소 및 업무정지

※ 청문 대상 암기 : 사업용품인전 취소정지(중지)

※ 일반적으로 청문절차를 두는 처분은 등록·허가·자격 등의 취소 등 그 처분으로 인한 상대방의 권익에 중대한 변화가 있는 처분이다. 이 법은 이 법에 근거한 처분 중 상대방에게 중대한 권익의 침해(등록·자격·지정 기관의 취소 등)가 있는 처분을 하기 전에 이해관계인에게 그 의견을 듣도록 하는 청문절차를 규정함으로써 상대방의 권익을 보호하는 한편, 관할 처분청의 일방적인 행사로 인하여 발생되는 부작용 등을 미연에 방지하며, 처분의 객관성 및 공정성을 확보하고자 함에

있다. 본 조에서 규정하고 있는 청문대상의 행정처분에 있어서 해당 처분 전에 청문의 절차를 거치지 않고 처분할 경우 법률상 규정하고 있는 중대한 절차상의 하자가 되어 처분행위는 무효가 될 수 있다.

■ 법 제45조(권한의 위임 · 위탁 등) ★

1. 이 법에 따른 소방청장 또는 시 · 도지사의 권한은 그 일부를 대통령령으로 정하는 바에 따라 시 · 도지사, 소방본부장 또는 소방서장에게 위임할 수 있다.
2. 소방청장은 다음 각 호의 업무를 「소방산업의 진흥에 관한 법률」 제14조에 따른 한국소방산업기술원(이하 "기술원"이라 한다)에 위탁할 수 있다. 이 경우 소방청장은 기술원에 소방시설 및 소방용품에 관한 기술개발 · 연구 등에 필요한 경비의 일부를 보조할 수 있다.
   ① 제13조에 따른 방염성능검사 중 대통령령으로 정하는 검사
   ② 제36조 제1항 · 제2항 및 제8항부터 제10항까지에 따른 소방용품의 형식승인
   ③ 제37조에 따른 형식승인의 변경승인
   ③의2. 제38조 제1항에 따른 형식승인의 취소
   ④ 제39조 제1항 · 제6항에 따른 성능인증 및 제39조의3에 따른 성능인증의 취소
   ⑤ 제39조의2에 따른 성능인증의 변경인증
   ⑥ 제40조에 따른 우수품질인증 및 그 취소
3. 소방청장은 제41조에 따른 소방안전관리자 등에 대한 교육 업무를 「소방기본법」 제40조에 따른 한국소방안전원(이하 "안전원"이라 한다)에 위탁할 수 있다.
4. 소방청장은 제36조 제3항 및 제39조 제2항에 따른 제품검사 업무를 기술원 또는 전문기관에 위탁할 수 있다.
5. 제2항부터 제4항까지의 규정에 따라 위탁받은 업무를 수행하는 안전원, 기술원 및 전문기관이 갖추어야 하는 시설기준 등에 관하여 필요한 사항은 행정안전부령으로 정한다.

시행규칙 별표 6

한국소방안전원이 갖추어야 하는 시설기준(제41조 관련)

1. 사무실 : 바닥면적 60제곱미터 이상일 것
2. 강의실 : 바닥면적 100제곱미터 이상이고 책상 · 의자, 음향시설, 컴퓨터 및 빔프로젝터 등 교육에 필요한 비품을 갖출 것
3. 실습실 : 바닥면적 100제곱미터 이상이고, 교육과정별 실습 · 평가를 위한 교육기자재 등을 갖출 것

4. 교육용기자재 등

교육 대상	교육용기자재 등	수 량
공통 (특급 · 1급 · 2급 · 3급 소방안전관리자, 소방안전관리보조자)	• 소화기(분말, 이산화탄소, 할로겐화합물 및 불활성기체) • 소화기 실습 · 평가설비 • 자동화재탐지설비(P형) 실습 · 평가설비 • 응급처치 실습 · 평가장비(마네킹, 심장충격기) • 피난설비(유도등, 완강기) • 별표 2의2에 따른 소방시설별 점검 장비 • 사이버교육을 위한 전산장비 및 콘텐츠	각 1개 1식 3식 각 1개 각 1식 각 1개 1식
특급 소방안전관리자	• 옥내소화전설비 실습 · 평가설비 • 스프링클러설비 실습 · 평가설비 • 가스계소화설비 실습 · 평가설비 • 자동화재탐지설비(R형) 실습 · 평가설비 • 제연설비 실습 · 평가설비	1식 1식 1식 1식 1식
1급 소방안전관리자	• 옥내소화전설비 실습 · 평가설비 • 스프링클러설비 실습 · 평가설비 • 자동화재탐지설비(R형) 실습 · 평가설비	1식 1식 1식
2급 소방안전관리자, 「공공기관의 소방안전관리에 관한 규정」 제2조에 따른 공공기관의 소방안전관리자	• 옥내소화전설비 실습 · 평가설비 • 스프링클러설비 실습 · 평가설비	1식 1식

6. 소방청장은 다음 각 호의 업무를 대통령령으로 정하는 바에 따라 소방기술과 관련된 법인 또는 단체에 위탁할 수 있다.
   ① 제26조 제4항 및 제5항에 따른 소방시설관리사증의 발급 · 재발급에 관한 업무
   ② 제33조의2 제1항에 따른 점검능력 평가 및 공시에 관한 업무
   ③ 제33조의2 제4항에 따른 데이터베이스 구축에 관한 업무
7. 소방청장은 제9조의4 제3항에 따른 건축 환경 및 화재위험특성 변화 추세 연구에 관한 업무를 대통령령이 정하는 바에 따라 화재안전 관련 전문 연구기관에 위탁할 수 있다. 이 경우 소방청장은 연구에 필요한 경비를 지원할 수 있다.
8. 제6항 및 제7항에 따라 위탁받은 업무에 종사하고 있거나 종사하였던 사람은 업무를 수행하면서 알게 된 비밀을 이 법에서 정한 목적 외의 용도로 사용하거나 다른 사람 또는 기관에 제공하거나 누설하여서는 아니 된다.

※ 권한의 위탁 : 각종 법률에 규정된 행정기관의 사무 중 일부를 법인 · 단체 또는 그 기관이나 개인에게 맡겨 그의 명의와 책임으로 행사하도록 하는 것을 말한다. 위탁은 수탁자에게 어느 정도 자유재량의 여지가 있고, 위탁을 한 자와의 사이에는 신탁관계가 성립되며, 일반적으로 객관성과 경제적

능률성이 중시되는 분야 중 민간 전문지식, 또는, 기술을 활용할 필요가 있을 경우 위탁을 주로 한다. 이러한 위탁도 법령으로 정하여진 권한분배의 실질적인 변경을 의미함으로 법적인 근거를 요구하는 바 본 조에서 이를 규정하고 있다(기술원, 안전원 등).

※ 권한의 위임 : 행정관청이 그 권한의 일부를 다른 행정기관에 위양(委讓)하는 것으로 권한의 위임을 받은 수임기관(受任機關)은 당해 행정관청의 보조기관·하급기관임이 통례이다. 이 때 위임기관은 그 위임사항을 처리할 권한을 잃고 수임기관이 그 권한을 자기의 이름과 책임으로 행사하며, 이는 법이 정하는 권한을 대외적으로 변경하는 일종의 사무 재배분이므로 법의 명시의 근거를 필요로 한다. 본 조는 이 법에서 규정하고 있는 업무의 적정성 및 효율성을 기하기 위하여 일정한 한도 내에서 권한의 위임·위탁을 하고 있다(소방청장의 권한이 시·도지사에게).

● 시행령 제39조(권한의 위임·위탁 등)

1. 삭제〈2020. 09. 08.〉

※ 삭제 이유 : 법 제36조 제7항 중 "소방청장"을 "소방청장, 소방본부장 또는 소방서장"으로 한다. 라고 개정(20년 2월) 되어 소방용품의 수거 폐기 등의 권한을 법에 명시했기 때문

2. 법 제45조 제2항에 따라 소방청장은 다음 각 호의 업무를 기술원에 위탁한다.
   가. 법 제13조에 따른 방염성능검사 업무(합판·목재를 설치하는 현장에서 방염 처리한 경우의 방염성능검사는 제외한다. : 시·도지사가 실시)
   나. 법 제36조 제1항·제2항 및 제8항부터 제10항까지의 규정에 따른 형식승인(시험시설의 심사를 포함한다)
   다. 법 제37조에 따른 형식승인의 변경승인
   라. 법 제38조 제1항에 따른 형식승인의 취소(법 제44조 제3호에 따른 청문을 포함한다)
   마. 법 제39조 제1항 및 제6항에 따른 성능인증
   바. 법 제39조의2에 따른 성능인증의 변경인증
   사. 법 제39조의3에 따른 성능인증의 취소(법 제44조 제3호의2에 따른 청문을 포함한다)
   아. 법 제40조에 따른 우수품질인증 및 그 취소(법 제44조 제4호에 따른 청문을 포함한다)
   ※ 법에 있는 내용과 같음. 법 제45조에 '위탁할 수 있다'라고 규정되어 있는 사항들을 시행령 39조에서 '위탁한다'라고 규정
3. 법 제45조 제3항에 따라 소방청장은 법 제41조에 따른 소방안전관리에 대한 교육 업무를 「소방기본법」 제40조에 따른 한국소방안전원에 위탁한다.
4. 법 제45조 제4항에 따라 소방청장은 법 제36조 제3항 및 제39조 제2항에 따른 제품검사 업무를 기술원 또는 법 제42조에 따른 전문기관에 위탁한다.
5. 소방청장은 법 제45조 제6항에 따라 다음 각 호의 업무를 소방청장의 허가를 받아 설립한 소방기술과 관련된 법인 또는 단체 중에서 해당 업무를 처리하는 데 필요한 관련 인력과 장비를 갖춘 법인 또는 단체에 위탁한다. 이 경우 소방청장은 위탁받는 기관의 명칭·주소·대표자 및 위탁 업무의 내용을 고시하여야 한다.

가. 법 제26조 제4항 및 제5항에 따른 소방시설관리사증의 발급·재발급에 관한 업무
나. 법 제33조의2 제1항에 따른 점검능력 평가 및 공시에 관한 업무
다. 법 제33조의2 제4항에 따른 데이터베이스 구축에 관한 업무
※ 참고만 하길 바란다.(제5항 전부 위탁)
「소방시설관리사증 발급 및 소방시설관리업의 점검능력 평가 등의 업무 위탁 고시」에 의거
위탁기관 : 사단법인 한국소방시설관리협회
※ 권한의 위임·위탁 조항은 위탁받은 기관이 하는 업무를 구분해서 암기해야 한다. 승진시험 문제에서는 법 조문이 지문으로 나온다(기술원, 안전원, 기술원 또는 전문기관, 소방기술과 관련된 법인 또는 단체, 화재안전 관련 전문 연구기관).

● 시행령 제39조의2(고유식별정보의 처리) 생략

● 시행령 제39조의3(규제의 재검토) 생략

▲ 시행규칙 제45조(규제의 재검토) 생략

■ 법 제45조의2(벌칙 적용 시의 공무원 의제)

제4조 제3항에 따른 소방특별조사위원회의 위원 중 공무원이 아닌 사람, 제4조의2 제1항에 따라 소방특별조사에 참여하는 전문가, 제45조 제2항부터 제6항까지의 규정에 따라 위탁받은 업무를 수행하는 안전원·기술원 및 전문기관, 법인 또는 단체의 담당 임직원은 「형법」 제129조부터 제132조까지의 규정을 적용할 때에는 공무원으로 본다.

※ 행정기관으로부터 위탁받은 사무를 수행하는 법인이나 단체의 임직원과 개인 등에 대하여 금품의 수수(收受)등 불법행위와 관련하여 형법을 적용함에 있어서 이들을 공무원과 같이 취급하여 처벌할 수 있도록 하는 규정을 법제상 "벌칙적용에 있어서의 공무원 의제"라 한다. 본 조는 이 법에 의하여 위탁업무를 수행하는 법인 또는 단체의 임원 및 직원에 대하여 벌칙적용에 있어서 공무원으로 의제함으로써 위탁받은 업무의 공정성과 투명성을 확보하고자 하고 있다.

■ 법 제46조(감독)

1. 소방청장, 시·도지사, 소방본부장 또는 소방서장은 다음 각 호의 어느 하나에 해당하는 자, 사업체 또는 소방대상물 등의 감독을 위하여 필요하면 관계인에게 필요한 보고 또는 자료제출을 명할 수 있으며, 관계 공무원으로 하여금 소방대상물·사업소·사무소 또는 사업장에 출입하여 관계 서류·시설 및 제품 등을 검사하거나 관계인에게 질문하게 할 수 있다.

가. 제29조 제1항에 따른 관리업자
나. 제25조에 따라 관리업자가 점검한 특정소방대상물
다. 제26조에 따른 관리사
라. 제36조 제1항부터 제3항까지 및 제10항의 규정에 따른 소방용품의 형식승인, 제품검사 및 시험시설의 심사를 받은 자
마. 제37조 제1항에 따라 변경승인을 받은 자
바. 제39조 제1항, 제2항 및 제6항에 따라 성능인증 및 제품검사를 받은 자
사. 제42조 제1항에 따라 지정을 받은 전문기관
아. 소방용품을 판매하는 자

2. 제1항에 따라 출입·검사 업무를 수행하는 관계 공무원은 그 권한을 표시하는 증표를 지니고 이를 관계인에게 내보여야 한다.
3. 제1항에 따라 출입·검사 업무를 수행하는 관계 공무원은 관계인의 정당한 업무를 방해하거나 출입·검사 업무를 수행하면서 알게 된 비밀을 다른 사람에게 누설하여서는 아니 된다.

※ 일반적으로 출입검사 보고 또는 자료제출 명령은 행정기관이 그 감독하에 있는 사업자나 당해 법률의 집행에 관계있는 사람에 대한 감독권 행사의 일종으로, 감독하에 있는 사업자의 적정·적법한 운영을 간접적으로 확보할 뿐만 아니라 법률에 위반한 사항이나 부적절한 사항에 대해서는 감독행정기관이 적극적으로 조치 및 배제할 수 있는 근거를 둠으로써, 사업자 또는 관계인의 적정·적법한 사업 및 영업을 하도록 함에 그 취지가 있다.

본 조는 이 법에서 규정하고 있는 자격자(관리사, 관리업자)·기관(지정기관)·대상물(관리업자가 점검을 실시한 소방대상물) 및 이 법과 관련한 특정인에 대하여 법의 실효성 확보 및 성실한 업무이행 등의 담보를 위하여 사업이나 영업에 대하여 보고를 받거나, 서류제출을 요구하는 자료제출 명령을 하거나, 특정소방대상물·사업소·사업장·사무실 및 관련 장소에 출입하여 관련사항에 대하여 적극적으로 질문하고, 점유하고 있는 장부·서류·기타 물건을 검사하는 출입검사에 관한 사항을 규정하고 있다.

■ 법 제47조(수수료 등) 생략

▲ 시행규칙 제43조(수수료 및 교육비)

1. 법 제47조에 따른 수수료 또는 교육비는 별표 7과 같다. ※ 별표 7 생략
2. 별표 7의 수수료 또는 교육비를 반환하는 경우에는 다음 각 호의 구분에 따라 반환하여야 한다.
   가. 수수료 또는 교육비를 과오납한 경우 : 그 과오납한 금액의 전부
   나. 시험시행기관 또는 교육실시기관의 귀책사유로 시험에 응시하지 못하거나 교육을 받지 못한 경우 : 납입한 수수료 또는 교육비의 전부

다. 원서접수기간 또는 교육신청기간 내에 접수를 철회한 경우 : 납입한 수수료 또는 교육비의 전부

라. 시험시행일 또는 교육실시일 20일 전까지 접수를 취소하는 경우 : 납입한 수수료 또는 교육비의 전부

마. 시험시행일 또는 교육실시일 10일 전까지 접수를 취소하는 경우 : 납입한 수수료 또는 교육비의 100분의 50

3. 법 제47조에 따라 수수료 또는 교육비를 납부하는 경우에는 정보통신망을 이용하여 전자화폐 · 전자결제 등의 방법으로 할 수 있다.

■ 법 제47조의2(조치명령 등의 기간연장) ★

1. 다음 각 호에 따른 조치명령 · 선임명령 또는 이행명령(이하 "조치명령 등"이라 한다)을 받은 관계인 등은 천재지변이나 그 밖에 대통령령으로 정하는 사유로 조치명령 등을 그 기간 내에 이행 할 수 없는 경우에는 조치명령 등을 명령한 소방청장, 소방본부장 또는 소방서장에게 대통령령으로 정하는 바에 따라 조치명령 등을 연기하여 줄 것을 신청할 수 있다.

가. 제5조 제1항 및 제2항에 따른 소방대상물의 개수 · 이전 · 제거, 사용의 금지 또는 제한, 사용폐쇄, 공사의 정지 또는 중지, 그 밖의 필요한 조치명령

나. 제9조 제2항에 따른 소방시설에 대한 조치명령

다. 제10조 제2항에 따른 피난시설, 방화구획 및 방화시설에 대한 조치명령

라. 제12조 제2항에 따른 방염성대상물품의 제거 또는 방염성능검사 조치명령

(※ 법 원문에도 방염성으로 표기되어 있다. 방염성능대상물품으로 개정이 필요하다)

마. 제20조 제12항에 따른 소방안전관리자 선임명령

바. 제20조 제13항에 따른 소방안전관리업무 이행명령

사. 제36조 제7항에 따른 형식승인을 받지 아니한 소방용품의 수거 · 폐기 또는 교체 등의 조치명령

아. 제40조의3 제2항에 따른 중대한 결함이 있는 소방용품의 회수 · 교환 · 폐기 조치명령

2. 제1항에 따라 연기신청을 받은 소방청장, 소방본부장 또는 소방서장은 연기신청 승인 여부를 결정하고 그 결과를 조치명령 등의 이행 기간 내에 관계인 등에게 알려주어야 한다.

● 시행령 제38조의2(조치명령 등의 연기)

1. 법 제47조의2 제1항 각 호 외의 부분에서 "그 밖에 대통령령으로 정하는 사유"란 다음 각 호의 어느 하나의 경우에 해당하는 사유를 말한다.

가. 태풍, 홍수 등 재난(「재난 및 안전관리 기본법」 제3조 제1호에 해당하는 재난을 말한다)이 발생 하여 법 제47조의2 각 호에 따른 조치명령 · 선임명령 또는 이행명령(이하 "조치명령 등"이라 한다)을 이행할 수 없는 경우

나. 관계인이 질병, 장기출장 등으로 조치명령 등을 이행할 수 없는 경우

다. 경매 또는 양도·양수 등의 사유로 소유권이 변동되어 조치명령기간에 시정이 불가능한 경우

라. 시장·상가·복합건축물 등 다수의 관계인으로 구성되어 조치명령기간 내에 의견조정과 시정이 불가능하다고 인정할 만한 상당한 이유가 있는 경우

2. 법 제47조의2 제1항에 따라 조치명령 등의 연기를 신청하려는 관계인 등은 행정안전부령으로 정하는 연기신청서에 연기의 사유 및 기간 등을 적어 소방청장, 소방본부장 또는 소방서장에게 제출하여야 한다.

3. 제2항에 따른 연기신청 및 연기신청서의 처리절차에 관하여 필요한 사항은 행정안전부령으로 정한다.

▲ 시행규칙 제44조의2(조치명령 등의 연기 신청 등) ★

1. 법 제47조의2 제1항에 따른 조치명령·선임명령 또는 이행명령(이하 "조치명령 등"이라 한다)의 연기를 신청하려는 관계인 등은 영 제38조의2 제2항에 따라 조치명령 등의 이행기간 만료 5일 전까지 별지 제43호 서식에 따른 조치명령 등의 연기신청서에 조치명령 등을 이행할 수 없음을 증명할 수 있는 서류를 첨부하여 소방청장, 소방본부장 또는 소방서장에게 제출하여야 한다.
2. 제1항에 따른 신청서를 제출받은 소방청장, 소방본부장 또는 소방서장은 신청 받은 날부터 3일 이내에 조치명령 등의 연기 여부를 결정하여 별지 제44호 서식의 조치명령 등의 연기 통지서를 관계인 등에게 통지하여야 한다.

■ 법 제47조의3(위반행위의 신고 및 신고포상금의 지급) ★

1. 누구든지 소방본부장 또는 소방서장에게 다음 각 호의 어느 하나에 해당하는 행위를 한 자를 신고할 수 있다.

   가. 제9조 제1항을 위반하여 소방시설을 설치 또는 유지·관리한 자

   나. 제9조 제3항을 위반하여 폐쇄·차단 등의 행위를 한 자

   다. 제10조 제1항 각 호의 어느 하나에 해당하는 행위를 한 자
2. 소방본부장 또는 소방서장은 제1항에 따른 신고를 받은 경우 신고내용을 확인하여 이를 신속하게 처리하고, 그 처리결과를 행정안전부령으로 정하는 방법 및 절차에 따라 신고자에게 통지하여야 한다.
3. 소방본부장 또는 소방서장은 제1항에 따른 신고를 한 사람에게 예산의 범위에서 포상금을 지급할 수 있다.
4. 제3항에 따른 신고포상금의 지급대상, 지급기준, 지급절차 등에 필요한 사항은 특별시·광역시·특별자치시·도 또는 특별자치도의 조례로 정한다.

▲ 시행규칙 제44조의3(위반행위 신고 내용 처리결과의 통지 등)

1. 소방본부장 또는 소방서장은 법 제47조의3 제2항에 따라 위반행위의 신고내용을 확인하여 이를 처리한 경우에는 처리한 날부터 10일 이내에 별지 제45호 서식의 위반행위 신고 내용 처리결과 통지서를 신고자에게 통지해야 한다.
2. 제1항에 따른 통지는 우편, 팩스, 정보통신망, 전자우편 또는 휴대전화 문자메시지 등의 방법으로 할 수 있다.

■ 법 제48조(벌칙) ★★

– 행정형벌과 과태료는 반드시 암기! 매년 기출

1. 제9조 제3항 본문(소방시설의 폐쇄・차단 등)을 위반하여 소방시설에 폐쇄・차단 등의 행위를 한 자는 5년 이하의 징역 또는 5천만원 이하의 벌금에 처한다.
2. 제1항의 죄를 범하여 사람을 상해에 이르게 한 때에는 7년 이하의 징역 또는 7천만원 이하의 벌금에 처하며, 사망에 이르게 한 때에는 10년 이하의 징역 또는 1억원 이하의 벌금에 처한다.

■ 법 제48조의2(벌칙)

3년 이하의 징역 또는 3천만원 이하의 벌금

1. 제5조 제1항・제2항, 제9조 제2항, 제10조 제2항, 제10조의2 제3항, 제12조 제2항, 제20조 제12항, 제20조 제13항, 제36조 제7항 또는 제40조의3 제2항에 따른 명령을 정당한 사유없이 위반한 자
2. 제29조 제1항을 위반하여 관리업의 등록을 하지 아니하고 영업을 한 자
3. 제36조 제1항, 제2항 및 제10항을 위반하여 소방용품의 형식승인을 받지 아니하고 소방용품을 제조하거나 수입한 자
4. 제36조 제3항을 위반하여 제품검사를 받지 아니한 자
5. 제36조 제6항을 위반하여 같은 항 각 호의 어느 하나에 해당하는 소방용품을 판매・진열하거나 소방시설공사에 사용한 자
6. 제39조 제5항을 위반하여 제품검사를 받지 아니하거나 합격표시를 하지 아니한 소방용품을 판매・진열하거나 소방시설공사에 사용한 자
7. 거짓이나 그 밖의 부정한 방법으로 제42조 제1항에 따른 전문기관으로 지정을 받은 자

■ 법 제49조(벌칙)

1년 이하의 징역 또는 1천만원 이하의 벌금

1. 제4조의4 제2항 또는 제46조 제3항을 위반하여 관계인의 정당한 업무를 방해한 자, 조사·검사 업무를 수행하면서 알게 된 비밀을 제공 또는 누설하거나 목적 외의 용도로 사용한 자
2. 제33조 제1항을 위반하여 관리업의 등록증이나 등록수첩을 다른 자에게 빌려준 자
3. 제34조 제1항에 따라 영업정지처분을 받고 그 영업정지기간 중에 관리업의 업무를 한 자
4. 제25조 제1항을 위반하여 소방시설등에 대한 자체점검을 하지 아니하거나 관리업자 등으로 하여금 정기적으로 점검하게 하지 아니한 자
5. 제26조 제6항을 위반하여 소방시설관리사증을 다른 자에게 빌려주거나 같은 조 제7항을 위반하여 동시에 둘 이상의 업체에 취업한 사람
6. 제36조 제3항에 따른 제품검사에 합격하지 아니한 제품에 합격표시를 하거나 합격표시를 위조 또는 변조하여 사용한 자
7. 제37조 제1항을 위반하여 형식승인의 변경승인을 받지 아니한 자
8. 제39조 제5항을 위반하여 제품검사에 합격하지 아니한 소방용품에 성능인증을 받았다는 표시 또는 제품검사에 합격하였다는 표시를 하거나, 성능인증을 받았다는 표시 또는 제품검사에 합격하였다는 표시를 위조 또는 변조하여 사용한 자
9. 제39조의2 제1항을 위반하여 성능인증의 변경인증을 받지 아니한 자
10. 제40조 제1항에 따른 우수품질인증을 받지 아니한 제품에 우수품질인증 표시를 하거나 우수품질인증 표시를 위조하거나 변조하여 사용한 자

■ 법 제50조(벌칙)

300만원 이하의 벌금

1. 제4조 제1항에 따른 소방특별조사를 정당한 사유 없이 거부·방해 또는 기피한 자
2. 9. 9의2. 10.〈삭제〉
3. 제13조를 위반하여 방염성능검사에 합격하지 아니한 물품에 합격표시를 하거나, 합격표시를 위조하거나 변조하여 사용한 자
4. 제13조 제2항을 위반하여 거짓 시료를 제출한 자
5. 제20조 제2항을 위반하여 소방안전관리자 또는 소방안전관리보조자를 선임하지 아니한 자

5의2. 제21조를 위반하여 공동 소방안전관리자를 선임하지 아니한 자

6. 제20조 제8항을 위반하여 소방시설·피난시설·방화시설 및 방화구획 등이 법령에 위반된 것을 발견하였음에도 필요한 조치를 할 것을 요구하지 아니한 소방안전관리자
7. 제20조 제9항을 위반하여 소방안전관리자에게 불이익한 처우를 한 관계인

8. 제33조의3 제1항을 위반하여 점검기록표를 거짓으로 작성하거나 해당 특정소방대상물에 부착하지 아니한 자

11. 제45조 제8항을 위반하여 업무를 수행하면서 알게 된 비밀을 이 법에서 정한 목적 외의 용도로 사용하거나 다른 사람 또는 기관에 제공하거나 누설한 사람

※ 소방시설법의 벌칙은 5가지이다.

1. 5년 이하의 징역 또는 5천만원 이하의 벌금
2. 상해 : 7년 이하의 징역 또는 7천만원 이하의 벌금, 사망 : 10년 이하의 징역 또는 1억원 이하의 벌금
3. 3년 이하의 징역 또는 3천만원 이하의 벌금
4. 1년 이하의 징역 또는 1천만원 이하의 벌금
5. 300만원 이하의 벌금

이상 5가지 벌칙과 과태료는 승진시험에서 항상 출제되고 있기 때문에 반드시 암기해야 하는데 본인만의 외우는 방법을 만드는 게 좋다.

저자의 경우 〈폐쇄, 차단 5년 5천, 명령 관리업 미등록 형식승인 제품검사 용품판매 합격표시 전문기관 3년 3천〉 이런 식으로 암기했다. 본인만의 두문자를 만들어서 확실히 암기하고, 최소한 벌칙 5가지 중 2개는 정확히 외워야 지문에서 거르거나 고를 수 있다. 밑으로 갈수록 금액이 적어진다는 걸 기억하고 계속 읽다 보면 암기할 수 있을 것이다.

■ 법 제51조 삭제 〈2011.8.4.〉

■ 법 제52조(양벌규정)

법인의 대표자나 법인 또는 개인의 대리인, 사용인, 그 밖의 종업원이 그 법인 또는 개인의 업무에 관하여 제48조부터 제51조까지의 어느 하나에 해당하는 위반행위를 하면 그 행위자를 벌하는 외에 그 법인 또는 개인에게도 해당 조문의 벌금형을 과(科)한다. 다만, 법인 또는 개인이 그 위반행위를 방지하기 위하여 해당 업무에 관하여 상당한 주의와 감독을 게을리하지 아니한 경우에는 그러하지 아니하다.

■ 법 제53조(과태료) ★★★

- 위반행위에 따른 1, 2, 3차 금액까지 암기!

1. 다음 각 호의 어느 하나에 해당하는 자에게는 300만원 이하의 과태료를 부과한다.
   ① 제9조 제1항 전단의 화재안전기준을 위반하여 소방시설을 설치 또는 유지·관리한 자
   ② 제10조 제1항을 위반하여 피난시설, 방화구획 또는 방화시설의 폐쇄·훼손·변경 등의 행위를 한 자
   ③ 제10조의2 제1항을 위반하여 임시소방시설을 설치·유지·관리하지 아니한 자
2. 다음 각 호의 어느 하나에 해당하는 자에게는 200만원 이하의 과태료를 부과한다.
   ① 제12조 제1항을 위반한 자
   ②, ③의2, ④ 〈삭제〉
   ③ 제20조 제4항, 제31조 또는 제32조 제3항에 따른 신고를 하지 아니한 자 또는 거짓으로 신고한 자
   ⑤ 제20조 제1항을 위반하여 소방안전관리 업무를 수행하지 아니한 자
   ⑥ 제20조 제6항에 따른 소방안전관리 업무를 하지 아니한 특정소방대상물의 관계인 또는 소방안전 관리대상물의 소방안전관리자
   ⑦ 제20조 제7항을 위반하여 지도와 감독을 하지 아니한 자
   ⑦의2. 제21조의2 제3항을 위반하여 피난유도 안내정보를 제공하지 아니한 자
   ⑧ 제22조 제1항을 위반하여 소방훈련 및 교육을 하지 아니한 자
   ⑨ 제24조 제1항을 위반하여 소방안전관리 업무를 하지 아니한 자
   ⑩ 제25조 제2항을 위반하여 소방시설등의 점검결과를 보고하지 아니한 자 또는 거짓으로 보고한 자
   ⑪ 제33조 제2항을 위반하여 지위승계, 행정처분 또는 휴업·폐업의 사실을 특정소방대상물의 관계인에게 알리지 아니하거나 거짓으로 알린 관리업자
   ⑫ 제33조 제3항을 위반하여 기술인력의 참여 없이 자체점검을 한 자
   ⑫의2. 제33조의2 제2항에 따른 서류를 거짓으로 제출한 자
   ⑬ 제46조 제1항에 따른 명령을 위반하여 보고 또는 자료제출을 하지 아니하거나 거짓으로 보고 또는 자료제출을 한 자 또는 정당한 사유 없이 관계 공무원의 출입 또는 조사·검사를 거부·방해 또는 기피한 자
3. 제41조 제1항 제1호 또는 제2호를 위반하여 실무 교육을 받지 아니한 소방안전관리자 및 소방안전관리보조자에게는 100만원 이하의 과태료를 부과한다.
4. 제1항부터 제3항까지에 따른 과태료는 대통령령으로 정하는 바에 따라 소방청장, 관할 시·도지사, 소방본부장 또는 소방서장이 부과·징수한다.

● 시행령 제40조(과태료의 부과기준)

법 제53조 제1항부터 제3항까지의 규정에 따른 과태료의 부과기준은 별표 10과 같다.

별표 10 ★★★

과태료의 부과기준(제40조 관련)

1. 일반기준
   가. 과태료 부과권자는 다음의 어느 하나에 해당하는 경우에는 제2호의 개별기준에 따른 과태료 금액의 2분의 1까지 그 금액을 줄여 부과할 수 있다. 다만, 과태료를 체납하고 있는 위반행위자에 대해서는 그러하지 아니하다.
   ① 위반행위자가 「질서위반행위규제법 시행령」 제2조의2 제1항 각 호의 어느 하나에 해당하는 경우(기초생활수급자, 장애인, 국가유공자, 미성년자 등)
   ② 위반행위자가 처음 위반행위를 하는 경우로서 3년 이상 해당 업종을 모범적으로 영위한 사실이 인정되는 경우
   ③ 위반행위자가 화재 등 재난으로 재산에 현저한 손실을 입거나 사업 여건의 악화로 그 사업이 중대한 위기에 처하는 등 사정이 있는 경우
   ④ 위반행위가 사소한 부주의나 오류 등 과실로 인한 것으로 인정되는 경우
   ⑤ 위반행위자가 같은 위반행위로 다른 법률에 따라 과태료・벌금・영업정지 등의 처분을 받은 경우
   ⑥ 위반행위자가 위법행위로 인한 결과를 시정하거나 해소한 경우
   ⑦ 그 밖에 위반행위의 정도, 위반행위의 동기와 그 결과 등을 고려하여 과태료를 줄일 필요가 있다고 인정되는 경우
   나. 위반행위의 횟수에 따른 과태료의 가중된 부과기준은 최근 1년간 같은 위반행위로 과태료 부과처분을 받은 경우에 적용한다. 이 경우 기간의 계산은 위반행위에 대하여 과태료 부과처분을 받은 날과 그 처분 후 다시 같은 위반행위를 하여 적발된 날을 기준으로 한다.
   다. 나목에 따라 가중된 부과처분을 하는 경우 가중처분의 적용 차수는 그 위반행위 전 부과처분 차수(나목에 따른 기간 내에 과태료 부과처분이 둘 이상 있었던 경우에는 높은 차수를 말한다)의 다음 차수로 한다.
2. 개별기준

위반행위	근거 법조문	과태료 금액(단위 : 만원)		
		1차 위반	2차 위반	3차 이상 위반
가. 법 제9조 제1항 전단을 위반한 경우	법 제53조 제1항 제1호			
① ② 및 ③의 규정을 제외하고 소방시설을 최근 1년 이내에 2회 이상 화재안전기준에 따라 관리・유지하지 않은 경우			100	
② 소방시설을 다음에 해당하는 고장 상태 등으로 방치한 경우			200	

㉠ 소화펌프를 고장 상태로 방치한 경우 ㉡ 수신반, 동력(감시)제어반 또는 소방시설용 비상전원을 차단하거나, 고장난 상태로 방치하거나, 임의로 조작하여 자동으로 작동이 되지 않도록 한 경우 ㉢ 소방시설이 작동하는 경우 소화배관을 통하여 소화수가 방수되지 않는 상태 또는 소화약제가 방출되지 않는 상태로 방치한 경우				
③ 소방시설을 설치하지 않은 경우		300		
나. 법 제10조 제1항을 위반하여 피난시설, 방화구획 또는 방화시설을 폐쇄·훼손·변경하는 등의 행위를 한 경우	법 제53조 제1항 제2호	100	200	300
다. 법 제10조의2 제1항을 위반하여 임시소방시설을 설치·유지·관리하지 않은 경우	법 제53조 제1항 제3호	300		
라. 법 제12조 제1항을 위반한 경우(방염)	법 제53조 제2항 제1호	200		
마. 법 제20조 제4항·제31조 또는 제32조 제3항에 따른 신고를 하지 않거나 거짓으로 신고한 경우	법 제53조 제2항 제3호			
① 지연신고기간이 1개월 미만인 경우		30		
② 지연신고기간이 1개월 이상 3개월 미만인 경우		50		
③ 지연신고기간이 3개월 이상이거나 신고를 하지 않은 경우		100		
④ 거짓으로 신고한 경우		200		
바. 삭제 〈2015.6.30.〉				
사. 법 제20조 제1항을 위반하여 소방안전관리 업무를 수행하지 않은 경우	법 제53조 제2항 제5호	50	100	200
아. 특정소방대상물의 관계인 또는 소방안전관리대상물의 소방안전관리자가 법 제20조 제6항에 따른 소방안전관리 업무를 하지 않은 경우	법 제53조 제2항 제6호	50	100	200
자. 법 제20조 제7항을 위반하여 소방안전관리대상물의 관계인이 소방안전관리자에 대한 지도와 감독을 하지 않은 경우	법 제53조 제2항 제7호	200		
차. 법 제21조의2 제3항을 위반하여 피난유도 안내정보를 제공하지 아니한 경우	법 제53조 제2항 제7호의2	50	100	200
카. 법 제22조 제1항을 위반하여 소방훈련 및 교육을 하지 않은 경우	법 제53조 제2항 제8호	50	100	200
타. 법 제24조 제1항을 위반하여 소방안전관리 업무를 하지 않은 경우	법 제53조 제2항 제9호	50	100	200

파. 법 제25조 제2항을 위반하여 소방시설 등의 점검결과를 보고하지 않거나 거짓으로 보고한 경우	법 제53조 제2항 제10호			
① 지연보고기간이 1개월 미만인 경우		30		
② 지연보고기간이 1개월 이상 3개월 미만인 경우		50		
③ 지연보고기간이 3개월 이상 또는 보고하지 않은 경우		100		
④ 거짓으로 보고한 경우		200		
하. 관리업자가 법 제33조 제2항을 위반하여 지위승계, 행정처분 또는 휴업·폐업의 사실을 특정소방대상물의 관계인에게 알리지 않거나 거짓으로 알린 경우	법 제53조 제2항 제11호	200		
거. 관리업자가 법 제33조 제3항을 위반하여 기술인력의 참여 없이 자체점검을 실시한 경우	법 제53조 제2항 제12호	200		
너. 관리업자가 법 제33조의2 제2항에 따른 서류를 거짓으로 제출한 경우	법 제53조 제2항 제12호의2	200		
더. 소방안전관리자 및 소방안전관리보조자가 법 제41조 제1항 제1호 또는 제2호를 위반하여 실무 교육을 받지 않은 경우	법 제53조 제3항	50		
러. 법 제46조 제1항에 따른 명령을 위반하여 보고 또는 자료제출을 하지 않거나 거짓으로 보고 또는 자료제출을 한 경우 또는 정당한 사유 없이 관계 공무원의 출입 또는 조사·검사를 거부·방해 또는 기피한 경우	법 제53조 제2항 제13호	50	100	200

※ 과태료 기준은 매년 출제된다고 생각하면 된다. 일반기준은 물론 개별기준도 굉장히 출제빈도가 높다. 일반기준의 감경 사항과 가중된 부과 기준을 잘 살펴보고, 개별기준은 과태료 금액을 기준으로 암기하는 게 좀 더 쉽다. 또한 법 제53조에서 정한 300만원, 200만원, 100만원 이하 과태료의 기준이 문제로 나올 수도 있고, 시행령 별표 1 과태료의 개별기준이 나올 수도 있기 때문에 문제의 요지를 잘 파악해서 풀어야 한다. 예를 들어 법 제53조의 내용만 문제로 나온다면 실무 교육을 받지 아니한 소방안전관리자의 과태료는 100만원 이하, 개별기준에서는 50만원이다. 문제에 법률인지 시행령인지 구분하고, 지문에 000만원 이하라는 문구가 있다면 법률, 00만원이라고 정확한 금액이 명시되어 있다면 시행령으로 구분하면 된다.

※ 개별기준 암기 : 임시 300, 안전관리 지도감독, 방염, 업자의 알림, 점검, 서류 200, 소피방화시설 123, 안전관리자의 업무, 거부 방해 기피 512, 민원인의 신고 보고 3512

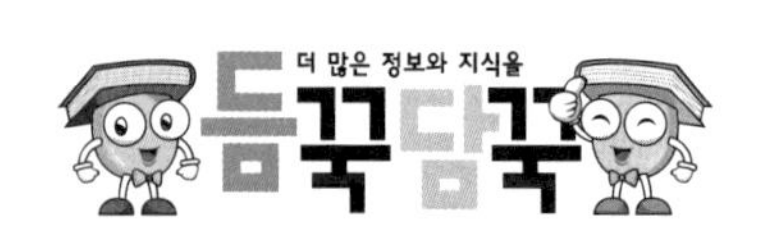
더 많은 정보와 지식을
듣꾹담꾹

소 / 방 / 승 / 진
소 방 시 설 법
최 종 모 의 고 사

빨간키

빨리 보는 간단한 키워드

시험장에서 보라

최종완성 D-30 빨간키

실제 문제에서 지문으로 나올 만한 법 조항들을 모았습니다.
시험 직전까지 회독을 멈추지 마시고, 계속해서 반복하시기 바랍니다.

빨리보는 간단한 키워드

- "소방시설"이란 소화설비, 경보설비, 피난구조설비, 소화용수설비, 그 밖에 소화활동설비로서 대통령령으로 정하는 것을 말한다.

- "소방시설등"이란 소방시설과 비상구(非常口), 그 밖에 소방 관련 시설로서 대통령령으로 정하는 것을 말한다[〈● 영 제4조 소방시설등〉 "방화문 및 방화셔터"].

- "무창층"(無窓層)이란 지상층 중 요건을 모두 갖춘 개구부(건축물에서 채광・환기・통풍 또는 출입 등을 위하여 만든 창・출입구, 그 밖에 이와 비슷한 것을 말한다)의 면적의 합계가 해당 층의 바닥면적의 30분의 1 이하가 되는 층을 말한다.

- 개구부의 요건
  ① 크기는 지름 50cm 이상의 원이 내접(內接)할 수 있는 크기일 것
  ② 해당 층의 바닥면으로부터 개구부 밑 부분까지의 높이가 1.2m 이내일 것
  ③ 도로 또는 차량이 진입할 수 있는 빈터를 향할 것
  ④ 화재 시 건축물로부터 쉽게 피난할 수 있도록 창살이나 그 밖의 장애물이 설치되지 아니할 것
  ⑤ 내부 또는 외부에서 쉽게 부수거나 열 수 있을 것

- "피난층"이란 곧바로 지상으로 갈 수 있는 출입구가 있는 층을 말한다.

- 소화설비의 종류 : 소화기구, 자동소화장치, 옥내소화전설비(호스릴옥내소화전설비를 포함한다), 스프링클러설비등, 물분무등소화설비, 옥외소화전설비

- 경보설비의 종류 : 단독경보형 감지기, 비상경보설비, 시각경보기, 자동화재탐지설비, 비상방송설비, 자동화재속보설비, 통합감시시설, 누전경보기, 가스누설경보기

- 피난구조설비의 종류 : 피난기구, 인명구조기구, 유도등, 비상조명등 및 휴대용비상조명등

- 소화용수설비의 종류 : 상수도소화용수설비, 소화수조・저수조, 그 밖의 소화용수설비

- 소화활동설비의 종류 : 제연설비, 연결송수관설비, 연결살수설비, 비상콘센트설비, 무선통신보조설비, 연소방지설비

■ **특정소방대상물** : 공동주택/근린생활시설/문화 및 집회시설/종교시설/판매시설/운수시설/ 의료시설/교육연구시설/노유자시설/수련시설/운동시설/업무시설/숙박시설/위락시설/공장/창고시설/위험물 저장 및 처리 시설/항공기 및 자동차 관련 시설/동물 및 식물 관련 시설/자원순환 관련 시설/교정 및 군사시설/방송통신시설/발전시설/묘지 관련 시설/관광 휴게시설/장례시설/지하가/지하구/문화재/복합건축물

■ 내화구조로 된 하나의 특정소방대상물이 개구부(건축물에서 채광・환기・통풍・출입 등을 위하여 만든 창이나 출입구를 말한다)가 없는 내화구조의 바닥과 벽으로 구획되어 있는 경우에는 그 구획된 부분을 각각 별개의 특정소방대상물로 본다.

■ 둘 이상의 특정소방대상물이 연결통로로 연결된 경우에는 이를 하나의 소방대상물로 본다.

① **내화구조로 된 연결통로가 다음의 어느 하나에 해당되는 경우**

㉠ 벽이 없는 구조로서 그 길이가 6m 이하인 경우

㉡ 벽이 있는 구조로서 그 길이가 10m 이하인 경우. 다만, 벽 높이가 바닥에서 천장까지의 높이의 2분의 1 이상인 경우에는 벽이 있는 구조로 보고, 벽 높이가 바닥에서 천장까지의 높이의 2분의 1 미만인 경우에는 벽이 없는 구조로 본다.

③ 내화구조가 아닌 연결통로로 연결된 경우

④ 컨베이어로 연결되거나 플랜트설비의 배관 등으로 연결되어 있는 경우

⑤ 지하보도, 지하상가, 지하가로 연결된 경우

⑥ 방화셔터 또는 갑종 방화문이 설치되지 않은 피트로 연결된 경우

⑦ 지하구로 연결된 경우

■ 연결통로 또는 지하구와 소방대상물의 양쪽에 다음 각 목의 어느 하나에 적합한 경우에는 각각 별개의 소방대상물로 본다.

① 화재 시 경보설비 또는 자동소화설비의 작동과 연동하여 자동으로 닫히는 방화셔터 또는 갑종방화문이 설치된 경우

② 화재 시 자동으로 방수되는 방식의 드렌처설비 또는 개방형 스프링클러헤드가 설치된 경우

■ 특정소방대상물의 지하층이 지하가와 연결되어 있는 경우 해당 지하층의 부분을 지하가로 본다. 다만, 다음 지하가와 연결되는 지하층에 지하층 또는 지하가에 설치된 방화문이 자동폐쇄장치・자동화재탐지설비 또는 자동소화설비와 연동하여 닫히는 구조이거나 그 윗부분에 드렌처설비가 설치된 경우에는 지하가로 보지 않는다.

■ **소방용품의 종류** : 소화설비를 구성하는 제품 또는 기기/경보설비를 구성하는 제품 또는 기기/피난구조설비를 구성하는 제품 또는 기기/소화용으로 사용하는 제품 또는 기기/그 밖에 행정안전부령으로 정하는 소방 관련 제품 또는 기기

■ 국가는 화재로부터 국민의 생명과 재산을 보호할 수 있도록 종합적인 화재안전정책을 수립・시행하여야 한다.

■ 지방자치단체는 국가의 화재안전정책에 맞추어 지역의 실정에 부합하는 화재안전정책을 수립・시행하여야 한다.

■ 국가와 지방자치단체가 화재안전정책을 수립・시행할 때에는 과학적 합리성, 일관성, 사전 예방의 원칙이 유지되도록 하되, 국민의 생명・신체 및 재산보호를 최우선적으로 고려하여야 한다.

■ 국가는 화재안전기반 확충을 위하여 화재안전정책에 관한 기본계획을 5년마다 수립・시행하여야 한다.

■ 기본계획은 대통령령으로 정하는 바에 따라 소방청장이 관계 중앙행정기관의 장과 협의하여 수립한다.

■ 소방청장은 기본계획을 시행하기 위하여 매년 시행계획을 수립・시행하여야 한다.

■ 소방청장은 수립된 기본계획 및 시행계획을 관계 중앙행정기관의 장, 시・도지사에게 통보한다.

■ 기본계획과 시행계획을 통보받은 관계 중앙행정기관의 장 또는 시・도지사는 소관 사무의 특성을 반영한 세부 시행계획을 수립하여 시행하여야 하고, 시행결과를 소방청장에게 통보하여야 한다.

■ 소방청장은 법 제2조의3에 따른 화재안전정책에 관한 기본계획을 계획 시행 전년도 8월 31일까지 관계 중앙행정기관의 장과 협의를 마친 후 계획 시행 전년도 9월 30일까지 수립하여야 한다.

■ 소방청장은 법 제2조의3 제4항에 따라 기본계획을 시행하기 위한 시행계획을 계획 시행 전년도 10월 31일까지 수립하여야 한다.

■ 관계 중앙행정기관의 장 또는 시・도지사 세부 시행계획을 계획 시행 전년도 12월 31일까지 수립하여야 한다.

■ **소방특별조사의 권한** : 소방청장, 소방본부장 또는 소방서장

■ 개인의 주거에 대하여는 관계인의 승낙이 있거나 화재발생의 우려가 뚜렷하여 긴급한 필요가 있는 때에 한정

■ 소방청장, 소방본부장 또는 소방서장은 객관적이고 공정한 기준에 따라 소방특별조사의 대상을 선정하여야 하며, 소방본부장은 소방특별조사의 대상을 객관적이고 공정하게 선정하기 위하여 필요하면 소방특별조사위원회를 구성하여 소방특별조사의 대상을 선정할 수 있다.

■ 소방청장은 소방특별조사를 할 때 필요하면 대통령령으로 정하는 바에 따라 중앙소방특별조사단을 편성하여 운영할 수 있다.

■ 소방특별조사위원회는 위원장 1명을 포함한 7명 이내의 위원으로 성별을 고려하여 구성하고, 위원장은 소방본부장이 된다.

■ 소방특별조사위원회 위촉위원의 임기는 2년으로 하고, 한 차례만 연임할 수 있다.

■ 소방대상물등의 관계인은 위원에게 공정한 심의·의결을 기대하기 어려운 사정이 있는 경우에는 위원회에 기피(忌避) 신청을 할 수 있고, 위원회는 의결로 이를 결정한다. 이 경우 기피 신청의 대상인 위원은 그 의결에 참여하지 못한다.

■ 위원이 제척 사유에 해당하는 경우에는 스스로 해당 안건의 심의·의결에서 회피(回避)하여야 한다.

■ 소방본부장은 위원회의 위원이 다음 각 호의 어느 하나에 해당하는 경우에는 해당 위원을 해임하거나 해촉(解囑)할 수 있다.

■ 중앙소방특별조사단은 단장을 포함하여 21명 이내의 단원으로 성별을 고려하여 구성한다.

■ 소방청장, 소방본부장 또는 소방서장은 소방특별조사를 하려면 7일 전에 관계인에게 조사대상, 조사기간 및 조사사유 등을 서면으로 알려야 한다.

■ 소방특별조사 통지를 받은 관계인은 천재지변이나 그 밖에 대통령령으로 정하는 사유로 소방특별조사를 받기 곤란한 경우에는 소방특별조사를 통지한 소방청장, 소방본부장 또는 소방서장에게 대통령령으로 정하는 바에 따라 소방특별조사를 연기하여 줄 것을 신청할 수 있다.

■ 연기신청을 받은 소방청장, 소방본부장 또는 소방서장은 연기신청 승인 여부를 결정하고 그 결과를 조사 개시 전까지 관계인에게 알려주어야 한다.

■ 소방청장, 소방본부장 또는 소방서장은 소방특별조사를 마친 때에는 그 조사결과를 관계인에게 서면으로 통지하여야 한다.

■ 소방특별조사의 연기신청서를 제출받은 소방청장, 소방본부장 또는 소방서장은 연기신청의 승인 여부를 결정한 때에는 소방특별조사 연기신청 결과 통지서를 조사 시작 전까지 연기신청을 한 자에게 통지하여야 하고, 연기기간이 종료하면 지체 없이 조사를 시작하여야 한다.

■ 소방청장, 소방본부장 또는 소방서장은 소방특별조사 결과 소방대상물의 위치・구조・설비 또는 관리의 상황이 화재나 재난・재해 예방을 위하여 보완될 필요가 있거나 화재가 발생하면 인명 또는 재산의 피해가 클 것으로 예상되는 때에는 행정안전부령으로 정하는 바에 따라 관계인에게 그 소방 대상물의 개수(改修)・이전・제거, 사용의 금지 또는 제한, 사용폐쇄, 공사의 정지 또는 중지, 그 밖의 필요한 조치를 명할 수 있다.

■ 소방청장, 소방본부장 또는 소방서장은 소방특별조사 결과 소방대상물이 법령을 위반하여 건축 또는 설비되었거나 소방시설등, 피난시설・방화구획, 방화시설 등이 법령에 적합하게 설치・유지・관리되고 있지 아니한 경우에는 관계인에게 위에 따른 조치를 명하거나 관계 행정기관의 장에게 필요한 조치를 하여 줄 것을 요청할 수 있다.

■ 소방청장, 소방본부장 또는 소방서장은 관계인이 조치명령을 받고도 이를 이행하지 아니한 때에는 그 위반사실 등을 인터넷 등에 공개할 수 있다.

■ 소방청장, 소방본부장 또는 소방서장은 소방특별조사 결과에 따른 조치명령의 미이행 사실 등을 공개하려면 공개내용과 공개방법 등을 공개 대상 소방대상물의 관계인에게 미리 알려야 한다.

■ 소방청장, 소방본부장 또는 소방서장은 조치명령 이행기간이 끝난 때부터 소방청, 소방본부 또는 소방서의 인터넷 홈페이지에 조치명령 미이행 소방대상물의 명칭, 주소, 대표자의 성명, 조치명령의 내용 및 미이행 횟수를 게재하고, 시행령에서 규정한 어느 하나에 해당하는 매체를 통하여 1회 이상 같은 내용을 알려야 한다.

■ 소방청장, 소방본부장 또는 소방서장은 조치명령으로 인하여 손실을 입은 자가 있는 경우에는 소방특별조사 조치명령 손실확인서를 작성하여 관련 사진 및 그 밖의 증빙자료와 함께 보관하여야 한다.

■ 소방청장, 시・도지사는 조치명령으로 인하여 손실을 입은 자가 있는 경우에는 대통령령으로 정하는 바에 따라 보상하여야 한다.

■ 시・도지사가 손실을 보상하는 경우에는 시가(時價)로 보상하여야 한다.

■ 건축물 등의 신축・증축・개축・재축(再築)・이전・용도변경 또는 대수선(大修繕)의 허가・협의 및 사용승인("건축허가등"이라 한다)의 권한이 있는 행정기관은 건축허가등을 할 때 미리 그 건축물 등의 시공지(施工地) 또는 소재지를 관할하는 소방본부장이나 소방서장의 동의를 받아야 한다.

■ 건축물 등의 대수선・증축・개축・재축 또는 용도변경의 신고를 수리(受理)할 권한이 있는 행정 기관은 그 신고를 수리하면 그 건축물 등의 시공지 또는 소재지를 관할하는 소방본부장이나 소방서장에게 지체 없이 그 사실을 알려야 한다.

■ 건축허가등의 권한이 있는 행정기관과 신고를 수리할 권한이 있는 행정기관은 건축허가등의 동의를 받거나 신고를 수리한 사실을 알릴 때 관할 소방본부장이나 소방서장에게 건축허가등을 하거나 신고를 수리할 때 건축허가등을 받으려는 자 또는 신고를 한 자가 제출한 설계도서 중 건축물의 내부구조를 알 수 있는 설계도면을 제출하여야 한다. 다만, 국가안보상 중요하거나 국가기밀에 속하는 건축물을 건축하는 경우로서 관계 법령에 따라 행정기관이 설계도면을 확보할 수 없는 경우에는 그러하지 아니하다.

■ 소방본부장이나 소방서장은 건축허가등의 동의를 요구받으면 그 건축물 등이 이 법 또는 이 법에 따른 명령을 따르고 있는지를 검토한 후 행정안전부령으로 정하는 기간 이내에 해당 행정기관에 동의 여부를 알려야 한다.

■ 다른 법령에 따른 인허가등의 시설기준에 소방시설등의 설치・유지 등에 관한 사항이 포함 되어 있는 경우 해당 인허가등의 권한이 있는 행정기관은 인허가등을 할 때 미리 그 시설의 소재지를 관할하는 소방본부장이나 소방서장에게 그 시설이 이 법 또는 이 법에 따른 명령을 따르고 있는지를 확인하여 줄 것을 요청할 수 있다. 이 경우 요청을 받은 소방본부장 또는 소방서장은 행정안전부령으로 정하는 기간 이내(7일)에 확인 결과를 알려야 한다.

■ 건축허가 동의 대상물 정리

※ 소방시설법 시행령 제12조 건축허가등의 동의대상 정리

- 연면적 400m^2 이상인 건축물
- 단, 학교 100m^2, 노유자 및 수련 200m^2

- 입원실이 없는 정신건강의학과 의원은 제외한 정신의료기관과 장애인 의료재활시설 $300m^2$
- 층수가 6층 이상
- 차고 · 주차장으로 사용되는 바닥면적이 $200m^2$ 이상
- 승강기 등 기계장치에 의한 주차시설로서 자동차 20대 이상
- 항공기격납고, 관망탑, 항공관제탑, 방송용 송수신탑
- 지하층 또는 무창층이 있는 건축물의 바닥면적이 $150m^2$(공연장의 경우에는 $100m^2$) 이상인 층이 있는 것
- 노유자시설 중 노인주거복지시설, 노인의료복시시설 및 재가노인복지시설, 단독주택 또는 공동주택에 설치되는 시설은 제외[학대피해노인 전용쉼터, 아동복지시설(아동상담소, 아동전용시설 및 지역아동센터는 제외), 장애인 거주시설]
- 공동생활가정을 제외한 재활훈련시설과 24시간 주거를 제공하지 아니하는 시설은 제외
- 정신질환자 관련 시설
- 노숙인 관련 시설 중 노숙인자활시설, 노숙인재활시설 및 노숙인요양시설
- 결핵환자나 한센인이 24시간 생활하는 노유자시설
- 정신의료기관 중 정신병원과 의료재활시설은 제외한 요양병원
- 조산원, 산후조리원, 위험물 저장 및 처리 시설, 발전시설 중 전기저장시설, 지하구

■ 건축허가등의 동의대상에서 제외

① 특정소방대상물에 설치되는 소화기구, 누전경보기, 피난기구, 방열복 · 방화복 · 공기호흡기 및 인공소생기, 유도등 또는 유도표지가 화재안전기준에 적합한 경우 그 특정소방대상물

② 건축물의 증축 또는 용도변경으로 인하여 해당 특정소방대상물에 추가로 소방시설이 설치되지 아니하는 경우 그 특정소방대상물

③ 성능위주설계를 한 특정소방대상물

■ 건축허가등의 동의 회신 : 5일(특급 소방안전관리대상물 10일)

■ 소방본부장 또는 소방서장은 제3항의 규정에 불구하고 제2항의 규정에 의한 동의 요구서 및 첨부서류의 보완이 필요한 경우에는 4일 이내의 기간을 정하여 보완을 요구할 수 있다. 이 경우 보완 기간은 회신기간에 산입하지 아니하고, 보완기간 내에 보완하지 아니하는 때에는 동의요구서를 반려하여야 한다.

■ 건축허가등의 동의를 요구한 기관이 그 건축허가등을 취소하였을 때에는 취소한 날부터 7일 이내에 건축물 등의 시공지 또는 소재지를 관할하는 소방본부장 또는 소방서장에게 그 사실을 통보하여야 한다.

■ **건축법상 단독주택, 공동주택에 설치하는 소방시설** : 소화기 및 단독경보형감지기

■ 특정소방대상물의 관계인은 소방시설을 유지·관리할 때 소방시설의 기능과 성능에 지장을 줄 수 있는 폐쇄(잠금을 포함한다. 이하 같다)·차단 등의 행위를 하여서는 아니 된다. 다만, 소방시설의 점검·정비를 위한 폐쇄·차단은 할 수 있다.

■ 수용인원 산정방법

① **침대가 있는 숙박시설** : 해당 특정소방물의 종사자 수에 침대 수(2인용 침대는 2개로 산정한다)를 합한 수

② **침대가 없는 숙박시설** : 해당 특정소방대상물의 종사자 수에 숙박시설 바닥면적의 합계를 $3m^2$로 나누어 얻은 수를 합한 수

③ **강의실·교무실·상담실·실습실·휴게실 용도로 쓰이는 특정소방대상물** : 해당 용도로 사용하는 바닥면적의 합계를 $1.9m^2$로 나누어 얻은 수

④ **강당, 문화 및 집회시설, 운동시설, 종교시설** : 해당 용도로 사용하는 바닥면적의 합계를 $4.6m^2$로 나누어 얻은 수(관람석이 있는 경우 고정식 의자를 설치한 부분은 그 부분의 의자 수로 하고, 긴 의자의 경우에는 의자의 정면너비를 0.45m로 나누어 얻은 수로 한다)

⑤ **그 밖의 특정소방대상물** : 해당 용도로 사용하는 바닥면적의 합계를 $3m^2$로 나누어 얻은 수

⑥ 바닥면적을 산정할 때에는 복도, 계단 및 화장실의 바닥면적을 포함하지 않는다.

■ 터널에 설치하여야 하는 소방시설의 종류

① **소화기구, 유도등** : 길이에 상관없이 설치

② **옥내소화전설비, 자동화재탐지설비, 연결송수관설비** : 지하가 중 터널로서 길이가 1000m 이상인 것

③ **비상경보설비, 비상조명등, 비상콘센트설비, 무선통신보조설비** : 지하가 중 터널로서 길이가 500m 이상인 것

④ **옥내소화전설비, 물분무소화설비, 제연설비** : 예상교통량, 경사도 등 터널의 특성을 고려하여 행정안전부령으로 정하는 터널

■ **소방시설의 내진설계** : 옥내소화전설비, 스프링클러 설비, 물분무등소화설비

■ **성능위주설계(신축하는 것만 해당한다)** : 그 용도, 위치, 구조, 수용 인원, 가연물(可燃物)의 종류 및 양 등을 고려하여 설계

■ 성능위주설계를 해야 하는 특정소방대상물의 범위

① 연면적 20만m^2 이상인 특정소방대상물. 다만, 별표 2 제1호에 따른 공동주택 중 주택으로 쓰이는 층수가 5층 이상인 주택(이하 이 조에서 "아파트등"이라 한다)은 제외한다.

② 다음 각 목의 특정소방대상물

㉠ 50층 이상(지하층은 제외한다)이거나 지상으로부터 높이가 200미터 이상인 아파트등

㉡ 30층 이상(지하층을 포함한다)이거나 지상으로부터 높이가 120미터 이상인 특정소방대상물(아파트등은 제외한다)

③ 연면적 3만m^2 이상인 특정소방대상물로서 다음 각 목의 어느 하나에 해당하는 특정소방대상물

㉠ 별표 2 제6호 나목의 철도 및 도시철도 시설

㉡ 별표 2 제6호 다목의 공항시설

④ 하나의 건축물에 「영화 및 비디오물의 진흥에 관한 법률」 제2조 제10호에 따른 영화상영관이 10개 이상인 특정소방대상물

⑤ 「초고층 및 지하연계 복합건축물 재난관리에 관한 특별법」 제2조 제2호에 따른 지하연계 복합건축물에 해당하는 특정소방대상물

■ 소방청장은 건축 환경 및 화재위험특성 변화사항을 효과적으로 반영할 수 있도록 위에 따른 소방시설 규정을 3년에 1회 이상 정비하여야 한다.

■ 분말형태의 소화약제를 사용하는 소화기의 내용연수는 10년으로 한다.

■ 특정소방대상물의 건축・대수선・용도변경 또는 설치 등을 위한 공사를 시공하는 자(시공자)는 공사현장에서 인화성(引火性) 물품을 취급하는 작업 등 대통령령으로 정하는 작업(화재위험작업)을 하기 전에 설치 및 철거가 쉬운 화재대비시설(임시소방시설)을 설치하고 유지・관리하여야 한다.

■ 소방본부장 또는 소방서장은 위에 따라 임시소방시설 또는 소방시설이 설치 또는 유지・관리되지 아니할 때에는 해당 시공자에게 필요한 조치를 하도록 명할 수 있다.

■ 임시소방시설을 설치하여야 하는 공사의 종류와 규모, 임시소방시설의 종류 등에 관하여 필요한 사항은 대통령령으로 정하고, 임시소방시설의 설치 및 유지・관리 기준은 소방청장이 정하여 고시한다.

■ 임시소방시설의 종류와 설치기준 등

① 임시소방시설의 종류

㉠ 소화기

㉡ 간이소화장치 : 물을 방사(放射)하여 화재를 진화할 수 있는 장치로서 소방청장이 정하는 성능을 갖추고 있을 것

㉢ 비상경보장치 : 화재가 발생한 경우 주변에 있는 작업자에게 화재사실을 알릴 수 있는 장치로서 소방청장이 정하는 성능을 갖추고 있을 것

㉣ 간이피난유도선 : 화재가 발생한 경우 피난구 방향을 안내할 수 있는 장치로서 소방청장이 정하는 성능을 갖추고 있을 것

② 임시소방시설을 설치하여야 하는 공사의 종류와 규모

㉠ 소화기 : 작업현장에 설치한다.

㉡ 간이소화장치 : 다음의 어느 하나에 해당하는 공사의 작업현장에 설치한다.

- 연면적 3천m^2 이상
- 지하층, 무창층 또는 4층 이상의 층. 이 경우 해당 층의 바닥면적이 600m^2 이상인 경우만 해당한다.

㉢ 비상경보장치 : 다음의 어느 하나에 해당하는 공사의 작업현장에 설치한다.

- 연면적 400m^2 이상
- 지하층 또는 무창층. 이 경우 해당 층의 바닥면적이 150m^2 이상인 경우만 해당한다.

㉣ 간이피난유도선 : 바닥면적이 150m^2 이상인 지하층 또는 무창층의 작업현장에 설치한다.

③ 임시소방시설과 기능 및 성능이 유사한 소방시설로서 임시소방시설을 설치한 것으로 보는 소방시설

㉠ 간이소화장치를 설치한 것으로 보는 소방시설 : 옥내소화전 또는 소방청장이 정하여 고시하는 기준에 맞는 소화기

㉡ 비상경보장치를 설치한 것으로 보는 소방시설 : 비상방송설비 또는 자동화재탐지설비

㉢ 간이피난유도선을 설치한 것으로 보는 소방시설 : 피난유도선, 피난구유도등, 통로유도등 또는 비상조명등

■ 소방본부장이나 소방서장은 대통령령 또는 화재안전기준이 변경되어 그 기준이 강화되는 경우 기존의 특정소방대상물(건축물의 신축·개축·재축·이전 및 대수선 중인 특정소방대상물을 포함)의 소방시설에 대하여는 변경 전의 대통령령 또는 화재안전기준을 적용한다.

■ 다음 각 호의 어느 하나에 해당하는 소방시설의 경우에는 대통령령 또는 화재안전기준의 변경으로 강화된 기준을 적용한다.

① 다음 소방시설 중 대통령령으로 정하는 것

[대통령령으로 정하는 것 : 특정소방대상물의 규모·용도 및 수용인원 등(시행령 별표 5)]

㉠ 소화기구

㉡ 비상경보설비

ⓒ 자동화재속보설비
ⓔ 피난구조설비

② 다음 각 목의 지하구에 설치하여야 하는 소방시설
㉠ 「국토의 계획 및 이용에 관한 법률」 제2조 제9호에 따른 공동구 : 무선통신보조설비
㉡ 전력 또는 통신사업용 지하구 : 연소방지설비

※ 시행령 별표 2 특정소방대상물 제28호 지하구의 종류
1. 전력 또는 통신사업용 지하 인공구조물로서 전력구(케이블 접속부가 없는 경우에는 제외한다) 또는 통신구 방식으로 설치된 것
2. 1 외의 지하 인공구조물로서 폭이 1.8미터 이상이고 높이가 2미터 이상이며 길이가 50미터 이상인 것
3. 「국토의 계획 및 이용에 관한 법률」 제2조 제9호에 따른 공동구

※ 지하구의 경우 크게 3가지로 구분
- 모든 종류의 지하구에 설치하여야 하는 소방시설은 소화기구, 자동화재탐지설비, 피난구유도등, 통로유도등 및 유도표지, 통합감시시설
- 대통령령 또는 화재안전기준의 변경으로 강화된 기준을 적용하는 소방시설 중 지하구에 설치하는 것은 8가지

③ 노유자(老幼者)시설, 의료시설에 설치하여야 하는 소방시설 중 대통령령으로 정하는 것
㉠ 노유자(老幼者)시설 : 간이스프링클러설비, 자동화재탐지설비 및 단독경보형 감지기
㉡ 의료시설 : 스프링클러설비, 간이스프링클러설비, 자동화재탐지설비 및 자동화재속보설비
(※ 암기 : 노간자단, 의스간자속)

■ 소방본부장이나 소방서장은 특정소방대상물에 설치하여야 하는 소방시설 가운데 기능과 성능이 유사한 물 분무 소화설비, 간이 스프링클러 설비, 비상경보설비 및 비상방송설비 등의 소방시설의 경우에는 대통령령으로 정하는 바에 따라 유사한 소방시설의 설치를 면제할 수 있다.

■ 소방본부장 또는 소방서장은 특정소방대상물이 증축되는 경우에는 기존 부분을 포함한 특정소방 대상물의 전체에 대하여 증축 당시의 소방시설의 설치에 관한 대통령령 또는 화재안전기준을 적용하여야 한다. 다만, 다음 각 호의 어느 하나에 해당하는 경우에는 기존 부분에 대해서는 증축 당시의 소방시설의 설치에 관한 대통령령 또는 화재안전기준을 적용하지 아니한다.
① 기존 부분과 증축 부분이 내화구조(耐火構造)로 된 바닥과 벽으로 구획된 경우
② 기존 부분과 증축 부분이 「건축법 시행령」 제46조 제1항 제2호에 따른 방화문 또는 자동방화셔터로 구획되어 있는 경우
③ 자동차 생산공장 등 화재 위험이 낮은 특정소방대상물 내부에 연면적 $33m^2$ 이하의 직원 휴게실을 증축하는 경우
④ 자동차 생산공장 등 화재 위험이 낮은 특정소방대상물에 캐노피(기둥으로 받치거나 매달아 놓은 덮개를 말하며, 3면 이상에 벽이 없는 구조의 것을 말한다)를 설치하는 경우

「건축법 시행령」 제46조 제1항 제2호에 대한 보충설명

- 기존 소방시설법 시행령 제17조 제1항 제2호 : '기존 부분과 증축 부분이 「건축법 시행령」 제64조에 따른 갑종 방화문(국토교통부장관이 정하는 기준에 적합한 자동방화셔터를 포함한다)으로 구획되어 있는 경우'
- 소방시설법 시행령 제17조 제1항 제2호 : 기존 부분과 증축 부분이 「건축법 시행령」 제46조 제1항 제2호에 따른 방화문 또는 자동방화셔터로 구획되어 있는 경우
- 건축법 시행령 제46조 제1항 제2호 : 건축법 시행령 제64조 제1항 제1호 · 제2호에 따른 방화문 또는 자동방화셔터(국토교통부령으로 정하는 기준에 적합한 것을 말한다)
- 건축법 시행령 제64조(방화문의 구분)
  1. 방화문은 다음 각 호와 같이 구분한다.
     ㉠ 60분+ 방화문 : 연기 및 불꽃을 차단할 수 있는 시간이 60분 이상이고, 열을 차단할 수 있는 시간이 30분 이상인 방화문
     ㉡ 60분 방화문 : 연기 및 불꽃을 차단할 수 있는 시간이 60분 이상인 방화문
     ㉢ 30분 방화문 : 연기 및 불꽃을 차단할 수 있는 시간이 30분 이상 60분 미만인 방화문
     〈기존 소방시설법 증축 특례 시 갑종방화문 → 건축법 시행령 제64조 제1항 제1호, 제2호로 바뀜〉

■ 소방본부장 또는 소방서장은 특정소방대상물이 용도변경되는 경우에는 용도변경되는 부분에 대해서만 용도변경 당시의 소방시설의 설치에 관한 대통령령 또는 화재안전기준을 적용한다. 다만, 다음 각 호의 어느 하나에 해당하는 경우에는 특정소방대상물 전체에 대하여 용도변경 전에 해당 특정소방대상물에 적용되던 소방시설의 설치에 관한 대통령령 또는 화재안전기준을 적용한다.

① 특정소방대상물의 구조 · 설비가 화재연소 확대 요인이 적어지거나 피난 또는 화재진압활동이 쉬워지도록 변경되는 경우
② 문화 및 집회시설 중 공연장 · 집회장 · 관람장, 판매시설, 운수시설, 창고시설 중 물류터미널이 불특정 다수인이 이용하는 것이 아닌 일정한 근무자가 이용하는 용도로 변경되는 경우
③ 용도변경으로 인하여 천장 · 바닥 · 벽 등에 고정되어 있는 가연성 물질의 양이 줄어드는 경우
④ 다중이용업소, 문화 및 집회시설, 종교시설, 판매시설, 운수시설, 의료시설, 노유자시설, 수련시설, 운동시설, 숙박시설, 위락시설, 창고시설 중 물류터미널, 위험물 저장 및 처리 시설 중 가스시설, 장례식장이 각각 이 호에 규정된 시설 외의 용도로 변경되는 경우

■ 다음 각 호의 어느 하나에 해당하는 특정소방대상물 가운데 대통령령으로 정하는 특정소방대상물에는 대통령령으로 정하는 소방시설을 설치하지 아니할 수 있다.

① 화재 위험도가 낮은 특정소방대상물
② 화재안전기준을 적용하기 어려운 특정소방대상물
③ 화재안전기준을 다르게 적용하여야 하는 특수한 용도 또는 구조를 가진 특정소방대상물
④ 「위험물안전관리법」 제19조에 따른 자체소방대가 설치된 특정소방대상물

■ 소방시설을 설치하지 아니하는 특정소방대상물의 범위

구 분	특정소방대상물	소방시설
화재 위험도가 낮은 특정소방대상물	석재, 불연성금속, 불연성 건축재료 등의 가공공장・기계조립공장・주물공장 또는 불연성 물품을 저장하는 창고	옥외소화전 및 연결살수설비
	「소방기본법」 제2조 제5호에 따른 소방대(消防隊)가 조직되어 24시간 근무하고 있는 청사 및 차고	옥내소화전설비, 스프링클러설비, 물분무등소화설비, 비상방송설비, 피난기구, 소화용수설비, 연결송수관설비, 연결살수설비
화재안전기준을 적용하기 어려운 특정소방대상물	펄프공장의 작업장, 음료수 공장의 세정 또는 충전을 하는 작업장, 그 밖에 이와 비슷한 용도로 사용하는 것	스프링클러설비, 상수도소화용수설비 및 연결살수설비
	정수장, 수영장, 목욕장, 농예・축산・어류양식용 시설, 그 밖에 이와 비슷한 용도로 사용되는 것	자동화재탐지설비, 상수도소화용수설비 및 연결살수설비
화재안전기준을 달리 적용하여야 하는 특수한 용도 또는 구조를 가진 특정소방대상물	원자력발전소, 핵폐기물처리시설	연결송수관설비 및 연결살수설비
「위험물안전관리법」 제19조에 따른 자체소방대가 설치된 특정소방대상물	자체소방대가 설치된 위험물 제조소등에 부속된 사무실	옥내소화전설비, 소화용수설비, 연결살수설비 및 연결송수관설비

■ 소방청에 중앙소방기술심의위원회(중앙위원회)를 둔다.

심의사항

- 화재안전기준에 관한 사항
- 소방시설의 구조 및 원리 등에서 공법이 특수한 설계 및 시공에 관한 사항
- 소방시설의 설계 및 공사감리의 방법에 관한 사항
- 소방시설공사의 하자를 판단하는 기준에 관한 사항
- 그 밖에 소방기술 등에 관하여 대통령령으로 정하는 사항
- 연면적 10만m^2 이상의 특정소방대상물에 설치된 소방시설의 설계・시공・감리의 하자 유무에 관한 사항
- 새로운 소방시설과 소방용품 등의 도입 여부에 관한 사항
- 그 밖에 소방기술과 관련하여 소방청장이 심의에 부치는 사항

■ 시 · 도에 지방소방기술심의위원회(지방위원회)를 둔다.

심의사항

- 소방시설에 하자가 있는지의 판단에 관한 사항
- 그 밖에 소방기술 등에 관하여 대통령령으로 정하는 사항
- 연면적 10만m^2 미만의 특정소방대상물에 설치된 소방시설의 설계 · 시공 · 감리의 하자 유무에 관한 사항
- 소방본부장 또는 소방서장이 화재안전기준 또는 위험물 제조소등의 시설기준의 적용에 관하여 기술검토를 요청하는 사항
- 그 밖에 소방기술과 관련하여 시 · 도지사가 심의에 부치는 사항

■ 중앙위원회의 위원은 과장급 직위 이상의 소방공무원과 다음 각 호의 어느 하나에 해당하는 사람 중에서 소방청장이 임명하거나 성별을 고려하여 위촉한다.

① 소방기술사

② 석사 이상의 소방 관련 학위를 소지한 사람

③ 소방시설관리사

④ 소방 관련 법인 · 단체에서 소방 관련 업무에 5년 이상 종사한 사람

⑤ 소방공무원 교육기관, 대학교 또는 연구소에서 소방과 관련된 교육이나 연구에 5년 이상 종사한 사람

■ 지방위원회의 위원은 해당 시 · 도 소속 소방공무원과 위의 어느 하나에 해당하는 사람 중에서 시 · 도지사가 임명하거나 성별을 고려하여 위촉한다.

■ 중앙위원회의 위원장은 소방청장이 해당 위원 중에서 위촉하고, 지방위원회의 위원장은 시 · 도지사가 해당 위원 중에서 위촉한다.

■ 중앙위원회 및 지방위원회의 위원 중 위촉위원의 임기는 2년으로 하되, 한 차례만 연임할 수 있다.

■ 위원회의 위원이 시행령 제18조의6에서 정한 어느 하나에 해당하는 경우에는 위원회의 심의 · 의결에서 제척(除斥)된다.

■ 위원이 제척사유에 해당하는 경우에는 스스로 해당 안건의 심의 · 의결에서 회피(回避)하여야 한다.

■ 소방청장 또는 시 · 도지사는 위원이 시행령 제18조의7에서 정한 어느 하나에 해당하는 경우에는 해당 위원을 해임하거나 해촉(解囑)할 수 있다.

■ 대통령령으로 정하는 특정소방대상물에 실내장식 등의 목적으로 설치 또는 부착하는 물품으로서 대통령령으로 정하는 물품(이하 "방염대상물품"이라 한다)은 방염성능기준 이상의 것으로 설치하여야 한다.

■ 방염성능기준 이상의 실내장식물 등을 설치해야 하는 특정소방대상물

① 근린생활시설 중 의원, 조산원, 산후조리원, 체력단련장, 공연장 및 종교집회장
② 건축물의 옥내에 있는 시설로서 다음 각 목의 시설
　㉠ 문화 및 집회시설
　㉡ 종교시설
　㉢ 운동시설(수영장은 제외한다)
③ 의료시설
④ 교육연구시설 중 합숙소
⑤ 노유자시설
⑥ 숙박이 가능한 수련시설
⑦ 숙박시설
⑧ 방송통신시설 중 방송국 및 촬영소
⑨ 다중이용업소
⑩ 제①호부터 제⑨호까지의 시설에 해당하지 않는 것으로서 층수가 11층 이상인 것(아파트는 제외한다)

■ 방염대상물품

① 제조 또는 가공 공정에서 방염처리를 한 물품(합판·목재류의 경우에는 설치 현장에서 방염처리를 한 것을 포함한다)으로서 다음 각 목의 어느 하나에 해당하는 것
　㉠ 창문에 설치하는 커튼류(블라인드를 포함한다)
　㉡ 카펫, 두께가 2밀리미터 미만인 벽지류(종이벽지는 제외한다)
　㉢ 전시용 합판 또는 섬유판, 무대용 합판 또는 섬유판
　㉣ 암막·무대막(영화상영관에 설치하는 스크린과 가상체험 체육시설업에 설치하는 스크린을 포함한다)
　㉤ 섬유류 또는 합성수지류 등을 원료로 하여 제작된 소파·의자(단란주점영업, 유흥주점영업 및 노래연습장업의 영업장에 설치하는 것만 해당한다)
② 건축물 내부의 천장이나 벽에 부착하거나 설치하는 것으로서 다음 각 목의 어느 하나에 해당하는 것. 다만, 가구류(옷장, 찬장, 식탁, 식탁용 의자, 사무용 책상, 사무용 의자, 계산대 및 그 밖에 이와 비슷한 것을 말한다)와 너비 10cm 이하인 반자돌림대 등과 내부마감재료는 제외한다.
　㉠ 종이류(두께 2mm 이상인 것을 말한다)·합성수지류 또는 섬유류를 주원료로 한 물품
　㉡ 합판이나 목재

㉢ 공간을 구획하기 위하여 설치하는 간이 칸막이(접이식 등 이동 가능한 벽체나 천장 또는 반자가 실내에 접하는 부분까지 구획하지 아니하는 벽체를 말한다)

㉣ 흡음이나 방음을 위하여 설치하는 흡음재(흡음용 커튼을 포함한다) 또는 방음재(방음용 커튼을 포함한다)

■ 방염성능기준

① 버너의 불꽃을 제거한 때부터 불꽃을 올리며 연소하는 상태가 그칠 때까지 시간은 20초 이내일 것

② 버너의 불꽃을 제거한 때부터 불꽃을 올리지 아니하고 연소하는 상태가 그칠 때까지 시간은 30초 이내일 것

③ 탄화(炭化)한 면적은 $50cm^2$ 이내, 탄화한 길이는 20cm 이내일 것

④ 불꽃에 의하여 완전히 녹을 때까지 불꽃의 접촉 횟수는 3회 이상일 것

⑤ 소방청장이 정하여 고시한 방법으로 발연량을 측정하는 경우 최대연기밀도는 400 이하일 것

■ 소방본부장 또는 소방서장은 방염대상물품 외에 다음 각 호의 어느 하나에 해당하는 물품의 경우에는 방염처리 된 물품을 사용하도록 권장할 수 있다.

① 다중이용업소, 의료시설, 노유자시설, 숙박시설 또는 장례식장에서 사용하는 침구류 · 소파 및 의자

② 건축물 내부의 천장 또는 벽에 부착하거나 설치하는 가구류

■ 시 · 도지사가 실시하는 방염성능검사란 방염대상물품 중 설치 현장에서 방염처리를 하는 합판 · 목재를 말한다.

■ 특정소방대상물의 관계인은 그 특정소방대상물에 대하여 소방안전관리 업무를 수행하여야 한다.

■ 대통령령으로 정하는 특정소방대상물(소방안전관리대상물)의 관계인은 소방안전관리 업무를 수행하기 위하여 대통령령으로 정하는 자를 행정안전부령으로 정하는 바에 따라 소방안전관리자 및 소방안전관리보조자로 선임하여야 한다.

■ 대통령령으로 정하는 소방안전관리대상물의 관계인은 소방시설관리업의 등록을 한 자(관리업자)로 하여금 소방안전관리 업무 중 대통령령으로 정하는 업무를 대행하게 할 수 있으며, 이 경우 소방안전관리 업무를 대행하는 자를 감독할 수 있는 자를 소방안전관리자로 선임할 수 있다.

① 대통령령으로 정하는 소방안전관리대상물

1급 중 아파트를 제외한 연면적 1만5천m^2에 해당하지 않는 층수가 11층 이상인 특정소방대상물, 2급, 3급 소방안전관리대상물

② 소방안전관리 업무 중 대통령령으로 정하는 업무
   ㉠ 피난시설, 방화구획 및 방화시설의 유지・관리
   ㉡ 소방시설이나 그 밖의 소방 관련 시설의 유지・관리

■ 소방안전관리대상물의 관계인이 소방안전관리자를 선임한 경우에는 선임한 날부터 14일 이내에 소방본부장이나 소방서장에게 신고하고, 소방안전관리 대상물의 출입자가 쉽게 알 수 있도록 소방안전관리자의 성명과 그 밖에 행정안전부령으로 정하는 사항을 게시하여야 한다.

행정안전부령으로 정하는 사항
① 소방안전관리대상물의 명칭
② 소방안전관리자의 선임일자
③ 소방안전관리대상물의 등급
④ 소방안전관리자의 연락처

■ 특정소방대상물의 관계인과 소방안전관리대상물의 소방안전관리자의 업무. 다만, 제①호・제②호 및 제④호의 업무는 소방안전관리대상물의 경우에만 해당한다.
① 피난계획에 관한 사항과 대통령령으로 정하는 사항이 포함된 소방계획서의 작성 및 시행
② 자위소방대(自衛消防隊) 및 초기대응체계의 구성・운영・교육
③ 피난시설, 방화구획 및 방화시설의 유지・관리
④ 소방훈련 및 교육
⑤ 소방시설이나 그 밖의 소방 관련 시설의 유지・관리
⑥ 화기(火氣) 취급의 감독
⑦ 그 밖에 소방안전관리에 필요한 업무

■ 소방안전관리자는 인명과 재산을 보호하기 위하여 소방시설・피난시설・방화시설 및 방화구획 등이 법령에 위반된 것을 발견한 때에는 지체 없이 소방안전관리대상물의 관계인에게 소방대상물의 개수・이전・제거・수리 등 필요한 조치를 할 것을 요구하여야 하며, 관계인이 시정하지 아니하는 경우 소방본부장 또는 소방서장에게 그 사실을 알려야 한다. 이 경우 소방안전관리자는 공정하고 객관적으로 그 업무를 수행하여야 한다.

■ 소방안전관리자로부터 제8항에 따른 조치요구 등을 받은 소방안전관리대상물의 관계인은 지체 없이 이에 따라야 하며 조치요구 등을 이유로 소방안전관리자를 해임하거나 보수의 지급을 거부하는 등 불이익한 처우를 하여서는 아니 된다.

■ 특급 소방안전관리대상물

① 50층 이상(지하층은 제외한다)이거나 지상으로부터 높이가 200m 이상인 아파트

② 30층 이상(지하층을 포함한다)이거나 지상으로부터 높이가 120m 이상인 특정소방대상물(아파트는 제외한다)

③ ②에 해당하지 아니하는 특정소방대상물로서 연면적이 20만m^2 이상인 특정소방대상물(아파트는 제외한다)

■ 특급 소방안전관리대상물의 소방안전관리자

1. 소방기술사 또는 소방시설관리사의 자격이 있는 사람
2. 소방설비기사의 자격을 취득한 후 5년 이상 1급 소방안전관리대상물의 소방안전관리자로 근무한 실무경력(법 제20조 제3항에 따라 소방안전관리자로 선임되어 근무한 경력은 제외한다)이 있는 사람
3. 소방설비산업기사의 자격을 취득한 후 7년 이상 1급 소방안전관리대상물의 소방안전관리자로 근무한 실무경력이 있는 사람
4. 소방공무원으로 20년 이상 근무한 경력이 있는 사람
5. 소방청장이 실시하는 특급 소방안전관리대상물의 소방안전관리에 관한 시험에 합격한 사람. 이 경우 해당 시험은 다음 각 목의 어느 하나에 해당하는 사람만 응시할 수 있다.

   ① 1급 소방안전관리대상물의 소방안전관리자로 5년(소방설비기사의 경우 2년, 소방설비산업기사의 경우 3년) 이상 근무한 실무경력이 있는 사람

   ② 1급 소방안전관리대상물의 소방안전관리자로 선임될 수 있는 자격이 있는 사람으로서 특급 또는 1급 소방안전관리대상물의 소방안전관리보조자로 7년 이상 근무한 실무경력이 있는 사람

   ③ 소방공무원으로 10년 이상 근무한 경력이 있는 사람

   ④ 대학에서 소방안전관리학과를 전공하고 졸업한 사람으로서 해당 학과를 졸업한 후 2년 이상 1급 소방안전관리대상물의 소방안전관리자로 근무한 실무경력이 있는 사람

   ⑤ 다음 ㉠부터 ㉢까지의 어느 하나에 해당하는 사람으로서 해당 요건을 갖춘 후 3년 이상 1급 소방안전관리대상물의 소방안전관리자로 근무한 실무경력이 있는 사람

   ㉠ 대학에서 소방안전 관련 교과목을 12학점 이상 이수하고 졸업한 사람

   ㉡ 법령에 따라 ㉠에 해당하는 사람과 같은 수준의 학력이 있다고 인정되는 사람으로서 해당 학력 취득 과정에서 소방안전 관련 교과목을 12학점 이상 이수한 사람

   ㉢ 대학에서 소방안전 관련 학과를 전공하고 졸업한 사람

   ⑥ 소방행정학(소방학 및 소방방재학을 포함한다) 또는 소방안전공학(소방방재공학 및 안전공학을 포함한다) 분야에서 석사학위 이상을 취득한 후 2년 이상 1급 소방안전관리대상물의 소방안전관리자로 근무한 실무경력이 있는 사람

   ⑦ 특급 소방안전관리대상물의 소방안전관리보조자로 10년 이상 근무한 실무경력이 있는 사람

⑧ 법 제41조 제1항 제3호 및 이 영 제38조에 따라 특급 소방안전관리대상물의 소방안전관리에 대한 강습교육을 수료한 사람
⑨ 「초고층 및 지하연계 복합건축물 재난관리에 관한 특별법」 제12조 제1항 본문에 따라 총괄재난관리자로 지정되어 1년 이상 근무한 경력이 있는 사람

■ 1급 소방안전관리대상물

특급 소방안전관리대상물을 제외한 다음 각 목의 어느 하나에 해당하는 것으로서 동·식물원, 철강 등 불연성 물품을 저장·취급하는 창고, 위험물 저장 및 처리 시설 중 위험물 제조소등, 지하구를 제외한 것

① 30층 이상(지하층은 제외한다)이거나 지상으로부터 높이가 120m 이상인 아파트
② 연면적 1만5천m^2 이상인 특정소방대상물(아파트는 제외한다)
③ 나목에 해당하지 아니하는 특정소방대상물로서 층수가 11층 이상인 특정소방대상물(아파트는 제외한다)
④ 가연성 가스를 1천톤 이상 저장·취급하는 시설

■ 1급 소방안전관리대상물의 소방안전관리자

제4호부터 제6호까지에 해당하는 사람은 안전관리자로 선임된 해당 소방안전관리대상물의 소방안전관리자로만 선임할 수 있다.

1. 소방설비기사 또는 소방설비산업기사의 자격이 있는 사람
2. 산업안전기사 또는 산업안전산업기사의 자격을 취득한 후 2년 이상 2급 소방안전관리대상물 또는 3급 소방안전관리대상물의 소방안전관리자로 근무한 실무경력이 있는 사람
3. 소방공무원으로 7년 이상 근무한 경력이 있는 사람
4. 위험물기능장·위험물산업기사 또는 위험물기능사 자격을 가진 사람으로서 「위험물안전관리법」 제15조 제1항에 따라 위험물안전관리자로 선임된 사람
5. 「고압가스 안전관리법」 제15조 제1항, 「액화석유가스의 안전관리 및 사업법」 제34조 제1항 또는 「도시가스사업법」 제29조 제1항에 따라 안전관리자로 선임된 사람
6. 「전기안전관리법」 제22조 제1항 및 제2항에 따라 전기안전관리자로 선임된 사람
7. 소방청장이 실시하는 1급 소방안전관리대상물의 소방안전관리에 관한 시험에 합격한 사람. 이 경우 해당 시험은 다음 각 목의 어느 하나에 해당하는 사람만 응시할 수 있다.
   가. 대학에서 소방안전관리학과를 전공하고 졸업한 사람(법령에 따라 이와 같은 수준의 학력이 있다고 인정되는 사람을 포함한다)으로서 해당 학과를 졸업한 후 2년 이상 2급 소방안전관리대상물 또는 3급 소방안전관리대상물의 소방안전관리자로 근무한 실무경력이 있는 사람
   나. 다음 ①부터 ③까지의 어느 하나에 해당하는 사람으로서 해당 요건을 갖춘 후 3년 이상 2급 소방안전관리대상물 또는 3급 소방안전관리대상물의 소방안전관리자로 근무한 실무경력이 있는 사람

① 대학에서 소방안전 관련 교과목을 12학점 이상 이수하고 졸업한 사람
② 법령에 따라 ①에 해당하는 사람과 같은 수준의 학력이 있다고 인정되는 사람으로서 해당 학력 취득 과정에서 소방안전 관련 교과목을 12학점 이상 이수한 사람
③ 대학에서 소방안전 관련 학과를 전공하고 졸업한 사람(법령에 따라 이와 같은 수준의 학력이 있다고 인정되는 사람을 포함한다)

다. 소방행정학(소방학, 소방방재학을 포함한다) 또는 소방안전공학(소방방재공학, 안전공학을 포함한다) 분야에서 석사학위 이상을 취득한 사람

라. 가목 및 나목에 해당하는 경우 외에 5년 이상 2급 소방안전관리대상물의 소방안전관리자로 근무한 실무경력이 있는 사람

마. 법 제41조 제1항 제3호 및 이 영 제38조에 따라 특급 소방안전관리대상물 또는 1급 소방안전관리대상물의 소방안전관리에 대한 강습교육을 수료한 사람

바. 「공공기관의 소방안전관리에 관한 규정」 제5조 제1항 제2호 나목에 따른 강습교육을 수료한 사람

사. 2급 소방안전관리대상물의 소방안전관리자로 선임될 수 있는 자격이 있는 사람으로서 특급 또는 1급 소방안전관리대상물의 소방안전관리보조자로 5년 이상 근무한 실무경력이 있는 사람

아. 2급 소방안전관리대상물의 소방안전관리자로 선임될 수 있는 자격이 있는 사람으로서 2급 소방안전관리대상물의 소방안전관리보조자로 7년 이상 근무한 실무경력(특급 또는 1급 소방안전 관리대상물의 소방안전관리보조자로 근무한 5년 미만의 실무경력이 있는 경우에는 이를 포함하여 합산한다)이 있는 사람

8. 제1항에 따라 특급 소방안전관리대상물의 소방안전관리자 자격이 인정되는 사람

■ 2급 소방안전관리대상물

특급 소방안전관리대상물 및 1급 소방안전관리대상물을 제외한 다음 각 목의 어느 하나에 해당하는 것

① 옥내소화전, 스프링클러, 간이스프링클러, 물분무등소화설비의 규정에 해당하는 특정소방대상물 [호스릴(Hose Reel) 방식의 물분무등소화설비만을 설치한 경우는 제외한다]
② 가스 제조설비를 갖추고 도시가스사업의 허가를 받아야 하는 시설 또는 가연성 가스를 100톤 이상 1천톤 미만 저장·취급하는 시설
③ 지하구
④ 「공동주택관리법 시행령」 제2조 각 호의 어느 하나에 해당하는 공동주택
⑤ 「문화재보호법」 제23조에 따라 보물 또는 국보로 지정된 목조건축물

■ 2급 소방안전관리대상물의 소방안전관리자

제3호에 해당하는 사람은 보안관리자 또는 보안감독자로 선임된 해당 소방안전관리대상물의 소방안전관리자로만 선임할 수 있다.

1. 건축사 · 산업안전기사 · 산업안전산업기사 · 건축기사 · 건축산업기사 · 일반기계기사 · 전기기능장 · 전기기사 · 전기산업기사 · 전기공사기사 또는 전기공사산업기사 자격을 가진 사람
2. 위험물기능장 · 위험물산업기사 또는 위험물기능사 자격을 가진 사람
3. 광산보안기사 또는 광산보안산업기사 자격을 가진 사람으로서 「광산안전법」 제13조에 따라 광산안전관리직원(안전관리자 또는 안전감독자만 해당한다)으로 선임된 사람
4. 소방공무원으로 3년 이상 근무한 경력이 있는 사람
5. 소방청장이 실시하는 2급 소방안전관리대상물의 소방안전관리에 관한 시험에 합격한 사람. 이 경우 해당 시험은 다음 각 목의 어느 하나에 해당하는 사람만 응시할 수 있다.
   가. 대학에서 소방안전관리학과를 전공하고 졸업한 사람(법령에 따라 이와 같은 수준의 학력이 있다고 인정되는 사람을 포함한다)
   나. 다음 ①부터 ③까지의 어느 하나에 해당하는 사람
      ① 대학에서 소방안전 관련 교과목을 6학점 이상 이수하고 졸업한 사람
      ② 법령에 따라 ①에 해당하는 사람과 같은 수준의 학력이 있다고 인정되는 사람으로서 해당 학력 취득 과정에서 소방안전 관련 교과목을 6학점 이상 이수한 사람
      ③ 대학에서 소방안전 관련 학과를 전공하고 졸업한 사람(법령에 따라 이와 같은 수준의 학력이 있다고 인정되는 사람을 포함한다)
   다. 소방본부 또는 소방서에서 1년 이상 화재진압 또는 그 보조 업무에 종사한 경력이 있는 사람
   라. 의용소방대원으로 3년 이상 근무한 경력이 있는 사람
   마. 군부대(주한 외국군부대를 포함한다) 및 의무소방대의 소방대원으로 1년 이상 근무한 경력이 있는 사람
   바. 「위험물안전관리법」 제19조에 따른 자체소방대의 소방대원으로 3년 이상 근무한 경력이 있는 사람
   사. 「대통령 등의 경호에 관한 법률」에 따른 경호공무원 또는 별정직공무원으로서 2년 이상 안전검측 업무에 종사한 경력이 있는 사람
   아. 경찰공무원으로 3년 이상 근무한 경력이 있는 사람
   자. 법 제41조 제1항 제3호 및 이 영 제38조에 따라 특급 소방안전관리대상물, 1급 소방안전관리대상물 또는 2급 소방안전관리대상물의 소방안전관리에 대한 강습교육을 수료한 사람
   차. 제2항 제7호 바목에 해당하는 사람(공공기관 강습수료)
   카. 소방안전관리보조자로 선임될 수 있는 자격이 있는 사람으로서 특급 소방안전관리대상물, 1급 소방안전관리대상물, 2급 소방안전관리대상물 또는 3급 소방안전관리대상물의 소방안전관리보조자로 3년 이상 근무한 실무경력이 있는 사람
   타. 3급 소방안전관리대상물의 소방안전관리자로 2년 이상 근무한 실무경력이 있는 사람
6. 특급 또는 1급 소방안전관리대상물의 소방안전관리자 자격이 인정되는 사람

■ 3급 소방안전관리대상물

특급, 1급, 2급 소방안전관리대상물을 제외한 별표 5 제2호 라목에 해당하는 특정소방대상물

- 별표 5 제2호 라목 : 자동화재탐지설비를 설치하여야 하는 특정소방대상물

■ 3급 소방안전관리대상물의 소방안전관리자

① 소방공무원으로 1년 이상 근무한 경력이 있는 사람

② 소방청장이 실시하는 3급 소방안전관리대상물의 소방안전관리에 관한 시험에 합격한 사람. 이 경우 해당 시험은 다음 각 목의 어느 하나에 해당하는 사람만 응시할 수 있다.

ㄱ 의용소방대원으로 2년 이상 근무한 경력이 있는 사람

ㄴ 자체소방대의 소방대원으로 1년 이상 근무한 경력이 있는 사람

ㄷ 경호공무원 또는 별정직공무원으로 1년 이상 안전 검측 업무에 종사한 경력이 있는 사람

ㄹ 경찰공무원으로 2년 이상 근무한 경력이 있는 사람

ㅁ 특급 소방안전관리대상물, 1급 소방안전관리 대상물, 2급 소방안전관리대상물 또는 3급 소방안전관리대상물의 소방안전관리에 대한 강습교육을 수료한 사람

ㅂ 제2항 제7호 바목에 해당하는 사람(공공기관 강습수료)

ㅅ 소방안전관리보조자로 선임될 수 있는 자격이 있는 사람으로서 특급 소방안전관리대상물, 1급 소방안전관리대상물, 2급 소방안전관리대상물 또는 3급 소방안전관리대상물의 소방안전관리보조자로 2년 이상 근무한 실무경력이 있는 사람

③ 특급 소방안전관리대상물, 1급 소방안전관리대상물 또는 2급 소방안전관리대상물의 소방안전관리자 자격이 인정되는 사람

■ 건축물대장의 건축물현황도에 표시된 대지경계선 안의 지역 또는 인접한 2개 이상의 대지에 소방안전관리자를 두어야 하는 특정소방대상물이 둘 이상 있고, 그 관리에 관한 권원을 가진 자가 동일인인 경우에는 이를 하나의 특정소방대상물로 보되, 그 특정소방대상물이 특급, 1급, 2급, 3급 소방안전관리대상물 중 둘 이상에 해당하는 경우에는 그 중에서 급수가 높은 특정소방대상물로 본다.

■ 특급 소방안전관리자시험은 선택형과 서술형으로 구분하여 실시하고, 1급 소방안전관리자시험, 2급 소방 안전관리자시험 및 3급 소방안전관리자시험)은 선택형을 원칙으로 하되, 기입형을 덧붙일 수 있다.

■ 소방청장은 특급, 1급, 2급 또는 3급 소방안전관리자시험을 실시하고자 하는 때에는 응시자격 · 시험과목 · 일시 · 장소 및 응시절차 등에 관하여 필요한 사항을 모든 응시 희망자가 알 수 있도록 시험 시행일 30일 전에 일간신문 또는 인터넷 홈페이지에 공고하여야 한다.

■ 보조자선임대상 특정소방대상물

제3호에 해당하는 특정소방대상물로서 해당 특정소방대상물이 소재하는 지역을 관할하는 소방서장이 야간이나 휴일에 해당 특정소방대상물이 이용되지 아니한다는 것을 확인한 경우에는 소방안전관리보조자를 선임하지 아니할 수 있다.

① 아파트(300세대 이상인 아파트만 해당한다)
② 제1호에 따른 아파트를 제외한 연면적이 1만5천m^2 이상인 특정소방대상물
③ 제1호 및 제2호에 따른 특정소방대상물을 제외한 특정소방대상물 중 다음 각 목의 어느 하나에 해당하는 특정소방대상물
 ㉠ 공동주택 중 기숙사
 ㉡ 의료시설
 ㉢ 노유자시설
 ㉣ 수련시설
 ㉤ 숙박시설(숙박시설로 사용되는 바닥면적의 합계가 1천500m^2 미만이고 관계인이 24시간 상시 근무하고 있는 숙박시설은 제외한다)

■ 보조자선임대상 특정소방대상물의 관계인이 선임하여야 하는 소방안전관리보조자의 최소 선임 기준

① **제1호의 경우** : 1명. 다만, 초과되는 300세대마다 1명 이상을 추가로 선임하여야 한다.
② **제2호의 경우** : 1명. 다만, 초과되는 연면적 1만5천m^2(특정소방대상물의 방재실에 자위소방대가 24시간 상시 근무하고 소방자동차 중 소방펌프차, 소방물탱크차, 소방화학차 또는 무인방수차를 운용하는 경우에는 3만m^2로 한다)마다 1명 이상을 추가로 선임해야 한다.
③ **제3호의 경우** : 1명

■ 소방안전관리대상물의 소방계획서

소방계획서에는 다음 각 호의 사항이 포함되어야 한다.

① 소방안전관리대상물의 위치・구조・연면적・용도 및 수용인원 등 일반 현황
② 소방안전관리대상물에 설치한 소방시설・방화시설, 전기시설・가스시설 및 위험물 시설의 현황
③ 화재 예방을 위한 자체점검계획, 소매시장 및 전통시장
④ 소방시설・피난시설 및 방화시설의 점검・정비계획
⑤ 피난층 및 피난시설의 위치와 피난경로의 설정, 장애인 및 노약자의 피난계획 등을 포함한 피난계획
⑥ 방화구획, 제연구획, 건축물의 내부 마감재료(불연재료・준불연재료 또는 난연재료로 사용된 것을 말한다) 및 방염물품의 사용현황과 그 밖의 방화구조 및 설비의 유지・관리계획
⑦ 법 제22조에 따른 소방훈련 및 교육에 관한 계획

⑧ 법 제22조를 적용받는 특정소방대상물의 근무자 및 거주자의 자위소방대 조직과 대원의 임무(장애인 및 노약자의 피난 보조 임무를 포함한다)에 관한 사항
⑨ 화기 취급 작업에 대한 사전 안전조치 및 감독 등 공사 중 소방안전관리에 관한 사항
⑩ 공동 및 분임 소방안전관리에 관한 사항
⑪ 소화와 연소 방지에 관한 사항
⑫ 위험물의 저장・취급에 관한 사항(예방규정을 정하는 제조소등은 제외한다)
⑬ 그 밖에 소방안전관리를 위하여 소방본부장 또는 소방서장이 소방안전관리대상물의 위치・구조・설비 또는 관리 상황 등을 고려하여 소방안전관리에 필요하여 요청하는 사항

■ 소방본부장 또는 소방서장은 특정소방대상물의 소방계획의 작성 및 실시에 관하여 지도・감독한다.

■ 특정소방대상물의 관계인은 소방안전관리자를 시행규칙 제14조 제1항 각 호에 해당하는 날부터 30일 이내에 선임하여야 한다.

■ 특정소방대상물의 관계인은 소방안전관리자보조자를 시행규칙 제14조의2 제1항 각 호에 해당하는 날부터 30일 이내에 선임하여야 한다.

■ 소방청장은 화재 등 재난이 발생할 경우 사회・경제적으로 피해가 큰 시설(소방안전 특별관리시설물)에 대하여 소방안전 특별관리를 하여야 한다.

■ 소방청장은 특별관리를 체계적이고 효율적으로 하기 위하여 시・도지사와 협의하여 소방안전 특별관리기본계획을 수립하여 시행하여야 한다.

■ 시・도지사는 소방안전 특별관리기본계획에 저촉되지 아니하는 범위에서 관할 구역에 있는 소방안전 특별관리시설물의 안전관리에 적합한 소방안전 특별관리시행계획을 수립하여 시행하여야 한다.

■ 소방안전 특별관리시설물

공항시설, 철도시설, 도시철도시설, 항만시설, 지정문화재인 시설(시설이 아닌 지정문화재를 보호하거나 소장하고 있는 시설을 포함한다), 산업기술단지, 산업단지, 초고층 건축물 및 지하연계 복합건축물, 영화 상영관 중 수용인원 1,000명 이상인 영화상영관, 지하구, 석유비축시설, 천연가스 인수기지 및 공급망, 전통시장으로서 점포가 500개 이상인 전통시장, 발전사업자가 가동 중인 발전소(시설용량이 2천kw 이하인 발전소는 제외)

■ 소방청장은 소방안전 특별관리기본계획(특별관리기본계획)을 5년 마다 수립 · 시행하여야 하고, 계획 시행 전년도 10월 31일까지 수립하여 시 · 도에 통보한다.

■ 특별관리기본계획에 포함되어야 할 사항

① 화재예방을 위한 중기 · 장기 안전관리정책
② 화재예방을 위한 교육 · 홍보 및 점검 · 진단
③ 화재대응을 위한 훈련
④ 화재대응 및 사후조치에 관한 역할 및 공조체계
⑤ 그 밖에 화재 등의 안전관리를 위하여 필요한 사항

■ 시 · 도지사는 특별관리기본계획을 시행하기 위하여 매년 소방안전 특별관리시행계획(특별관리시행계획)을 계획 시행 전년도 12월 31일까지 수립하여야 하고, 시행 결과를 계획 시행 다음 연도 1월 31일까지 소방청장에게 통보하여야 한다.

■ 특별관리시행계획에 포함되어야 할 사항

① 특별관리기본계획의 집행을 위하여 필요한 사항
② 시 · 도에서 화재 등의 안전관리를 위하여 필요한 사항

■ 관리의 권원이 분리되어 있는 것 가운데 소방본부장이나 소방서장이 지정하는 특정소방대상물의 관계인은 소방안전관리자의 선임신고 등에 따라 대통령령으로 정하는 자를 공동 소방안전관리자로 선임하여야 한다.

■ 공동 소방안전관리 특정소방대상물

① 고층 건축물(지하층을 제외한 층수가 11층 이상인 건축물만 해당한다)
② 지하가(지하의 인공구조물 안에 설치된 상점 및 사무실, 그 밖에 이와 비슷한 시설이 연속하여 지하도에 접하여 설치된 것과 그 지하도를 합한 것을 말한다)
③ 복합건축물로서 연면적이 5천m^2 이상인 것 또는 층수가 5층 이상인 것
④ 판매시설 중 도매시장, 소매시장 및 전통시장
⑤ 특정소방대상물 중 소방본부장 또는 소방서장이 지정하는 것

■ 공동 소방안전관리자는 2급 소방안전관리자 자격이 인정되는 사람을 말한다.

■ 소방안전관리대상물의 관계인이 소방안전관리대상물의 구조・위치, 소방시설 등을 고려하여 수립하는 피난계획에 포함되어야 할 사항
① 화재경보의 수단 및 방식
② 층별, 구역별 피난대상 인원의 현황
③ 장애인, 노인, 임산부, 영유아 및 어린이 등 이동이 어려운 사람(이하 "재해약자"라 한다)의 현황
④ 각 거실에서 옥외(옥상 또는 피난안전구역을 포함한다)로 이르는 피난경로
⑤ 재해약자 및 재해약자를 동반한 사람의 피난동선과 피난방법
⑥ 피난시설, 방화구획, 그 밖에 피난에 영향을 줄 수 있는 제반 사항

■ 소방안전관리대상물의 관계인은 피난시설의 위치, 피난경로 또는 대피요령이 포함된 피난유도 안내정보를 근무자 또는 거주자에게 정기적으로 제공하여야 한다.

■ 피난유도 안내정보의 제공 방법
① 연 2회 피난안내 교육을 실시하는 방법
② 분기별 1회 이상 피난안내방송을 실시하는 방법
③ 피난안내도를 층마다 보기 쉬운 위치에 게시하는 방법
④ 엘리베이터, 출입구 등 시청이 용이한 지역에 피난안내영상을 제공하는 방법

■ 상시 근무하거나 거주하는 인원(숙박시설의 경우에는 상시 근무하는 인원을 말한다)이 10명 이하인 특정소방대상물을 제외한 특정소방대상물의 관계인은 그 장소에 상시 근무하거나 거주하는 사람에게 소화・통보・피난 등의 훈련(소방훈련)과 소방안전관리에 필요한 교육을 하여야 한다. 이 경우 피난훈련은 그 소방대상물에 출입하는 사람을 안전한 장소로 대피시키고 유도하는 훈련을 포함하여야 한다.

■ 영 제22조의 규정에 의한 특정소방대상물의 관계인은 소방훈련과 교육을 연 1회 이상 실시하여야 한다. 나만, 소방서장이 화재예방을 위하여 필요하다고 인정하여 2회의 범위 안에서 추가로 실시할 것을 요청하는 경우에는 소방훈련과 교육을 실시하여야 한다.

■ 소방서장은 특급 및 1급 소방안전관리대상물의 관계인으로 하여금 소방훈련을 소방기관과 합동으로 실시하게 할 수 있다.

■ 소방안전관리대상물의 관계인은 소방훈련과 교육을 실시하였을 때에는 그 실시 결과를 소방훈련・교육 실시 결과 기록부에 기록하고, 이를 소방훈련과 교육을 실시한 날의 다음 날부터 2년간 보관하여야 한다.

■ 소방본부장이나 소방서장은 법 제22조를 적용받지 아니하는 특정소방대상물의 관계인에 대하여 특정소방대상물의 화재 예방과 소방안전을 위하여 행정안전부령으로 정하는 바에 따라 소방안전교육을 하여야 한다.

법 제22조 제1항 전단에서 "대통령령으로 정하는 특정소방대상물"이란 영 제22조 제1항에 따른 특정소방대상물 중 상시 근무하거나 거주하는 인원(숙박시설의 경우에는 상시 근무하는 인원을 말한다)이 10명 이하인 특정소방대상물을 제외한 것을 말한다.
※ 근무하거나 거주하는 인원이 10명 이하 : 관계인에게 소방안전교육을 하는 특정소방대상물 10명 이하 특정소방대상물을 제외한 것 : 그 특정소방대상물의 관계인이 특정소방대상물의 근무자 및 거주자에 대한 소방훈련과 교육을 실시하여야 한다.

■ 소방본부장 또는 소방서장은 특정소방대상물의 관계인에 대하여 소방안전교육을 실시하고자 하는 때에는 교육일시 · 장소 등 교육에 필요한 사항을 명시하여 교육일 10일 전까지 교육대상자에게 통보하여야 한다.

■ 다음 특정소방대상물의 관계인으로서 관할 소방서장이 교육이 필요하다고 인정하는 사람에게 소방안전 교육을 실시하고자 하는 때에는 교육일시 · 장소 등 교육에 필요한 사항을 명시하여 교육일 10일 전까지 교육 대상자에게 통보하여야 한다.
① 소규모의 공장 · 작업장 · 점포 등이 밀집한 지역 안에 있는 특정소방대상물
② 주택으로 사용하는 부분 또는 층이 있는 특정소방대상물
③ 목조 또는 경량철골조 등 화재에 취약한 구조의 특정소방대상물
④ 그 밖에 화재에 대하여 취약성이 높다고 관할 소방본부장 또는 소방서장이 인정하는 특정소방대상물

■ 특정소방대상물의 관계인은 그 대상물에 설치되어 있는 소방시설 등에 대하여 정기적으로 자체 점검을 하거나 관리업자 또는 소방안전관리자로 선임된 소방시설관리사 및 소방기술사로 하여금 정기적으로 점검하게 하여야 한다.

■ 소방시설관리업자는 점검을 실시한 경우 점검이 끝난 날부터 10일 이내에 점검인력 배치 상황을 포함한 소방시설등에 대한 자체점검실적(외관점검은 제외한다)을 소방시설관리업자에 대한 평가 등에 관한 업무를 위탁받은 법인 또는 단체(평가기관)에 통보하여야 한다.

■ 소방시설등의 자체점검 방법

① **작동기능점검** : 소방시설 등을 인위적으로 조작하여 정상작동여부를 점검하는 것(정상적으로 작동하는지 조작하여 점검)

② **종합정밀점검** : 소방시설 등의 작동기능점검을 포함하여 소방시설 설비별 주요 구성부품의 구조기준이 화재안전기준에 적합한지를 점검하는 것(작동기능점검 포함, 기준에 적합한지 점검)

■ 작동기능점검

점검구분	작동기능점검
대 상	영 제5조에 따른 특정소방대상물(위험물제조소 등, 소화기구만을 설치하는 특정소방대상물, 특급 제외) 〈위험물제조소등은 관련법에 따라 정기점검 및 정기검사 실시 특급은 종합정밀점검만〉
점검자의 자격	당해 특정소방대상물의 관계인 · 소방안전관리자 또는 소방시설 관리업자(소방시설관리사를 포함하여 등록된 기술인력을 말한다)
점검횟수 및 시기	1. 횟수 : 연 1회 이상 실시 2. 시 기 가. 작동기능점검결과보고대상 ① 건축물의 사용승인일이 속하는 달의 말일까지 ② 신규 사용승인 건축물은 그 다음해 실시하되, 소방시설 완공증명서를 받은 후 1년이 경과한 후에 사용 승인을 받은 경우는 그 해부터 실시(다만, 그 해의 작동기능점검은 ①에 불구하고 사용승인일부터 3개월 이내 실시가능) 나. 종합정밀점검대상 : 종합정밀점검을 받은 달부터 6개월이 되는 달에 실시 다. 그 밖의 대상 : 연중 실시

■ 종합정밀점검

점검구분	종합정밀점검
대 상	• 스프링클러 설치 • 물분무등소화설비 설치된 연면적 5천m^2 이상(호스릴 방식 제외) • 다중이용업소 영업장이 설치된 연면적 2천m^2 이상(단란, 유흥, 영화, 비디오, 복합영상, 노래, 산후, 고시원, 안마) – 비디오물소극장 제외 • 제연설비가 설치된 터널 • 공공기관 연면적 1천m^2 이상(옥내, 자탐)
점검자의 자격	• 소방시설관리업자(소방시설관리사가 참여한 경우만 해당) • 소방안전관리자로 선임된 소방시설관리사 • 소방기술사 1명 이상을 점검자로 한다. ※ 소방본부장 또는 소방서장은 소방청장이 소방안전관리가 우수하다고 인정한 특정 소방대상물에 대해서는 3년의 범위에서 소방청장이 고시하거나 정한 기간 동안 종합정밀점검을 면제할 수 있다.

점검횟수 및 시기	1. 횟수 : 연 1회 이상(특급은 반기별로 1회 이상, 안전관리 우수 : 3년 면제) 2. 시 기 가. 건축물의 사용승인일이 속하는 달에 실시(다만, 학교의 경우 해당건축물의 사용승인일이 1월에서 6월 사이에 있는 경우에는 6월 30일까지 실시할 수 있다. 나. 가목에도 불구하고 신규로 사용승인을 받은 건축물은 그 다음해부터 실시하되, 사용승인일이 속하는 달의 말일까지 실시(소방시설완공증명서를 받은 후 1년이 경과한 후에 사용승인을 받은 경우는 그 해부터 실시, 사용승인일 부터 3개월 이내에 실시할 수 있다) 다. 사용승인일 이후 다중이용업소의 영업장이 설치된 때에는 그 다음 해부터 실시 라. 하나의 대지경계선 안에 2개 이상의 점검대상 건축물이 있는 경우에는 그 건축물 중 사용승인일이 가장 빠른 건축물의 사용승인을 기준으로 점검할 수 있다.

■ 소방안전관리대상물의 관계인 및 소방안전관리자를 선임해야 하는 공공기관의 장은 작동기능점검 또는 종합정밀점검을 실시한 경우 7일 이내에 소방시설등 자체 점검 실시 결과 보고서를 소방본부장 또는 소방서장에게 제출하여야 한다.

■ 소방안전관리대상물의 관계인 및 소방안전관리자를 선임해야 하는 공공기관의 기관장은 작동기능점검 또는 종합정밀정검을 실시한 경우 그 점검결과를 2년간 자체 보관해야 한다.

■ 소방시설관리사(관리사)가 되려는 사람은 소방청장이 실시하는 관리사시험에 합격하여야 한다.

■ 소방시설관리사증을 발급받은 사람은 소방시설관리사증을 잃어버렸거나 못 쓰게 된 경우에는 행정안전부령으로 정하는 바에 따라 소방시설관리사증을 재발급받을 수 있다.

■ 관리사는 소방시설관리사증을 다른 자에게 빌려주어서는 아니 된다.

■ 관리사는 동시에 둘 이상의 업체에 취업하여서는 아니 된다.

■ 기술자격자 및 관리업의 기술 인력으로 등록된 관리사는 성실하게 자체점검 업무를 수행하여야 한다.

■ **소방시설관리사시험의 응시자격**

① 소방기술사・위험물기능장・건축사・건축기계설비기술사・건축전기설비기술사 또는 공조냉동기계기술사

② 소방설비기사 자격을 취득한 후 2년 이상 소방청장이 정하여 고시하는 소방에 관한 실무경력(소방실무경력)이 있는 사람

③ 소방설비산업기사 자격을 취득한 후 3년 이상 소방실무경력이 있는 사람

④ 이공계 분야를 전공한 사람으로서 다음 각 목의 어느 하나에 해당하는 사람
㉠ 이공계 분야의 박사학위를 취득한 사람
㉡ 이공계 분야의 석사학위를 취득한 후 2년 이상 소방실무경력이 있는 사람
㉢ 이공계 분야의 학사학위를 취득한 후 3년 이상 소방실무경력이 있는 사람

⑤ 소방안전공학 분야를 전공한 후 다음 각 목의 어느 하나에 해당하는 사람
㉠ 해당 분야의 석사학위 이상을 취득한 사람
㉡ 2년 이상 소방실무경력이 있는 사람

⑥ 위험물산업기사 또는 위험물기능사 자격을 취득한 후 3년 이상 소방실무경력이 있는 사람

⑦ 소방공무원으로 5년 이상 근무한 경력이 있는 사람

⑧ 소방안전 관련 학과의 학사학위를 취득한 후 3년 이상 소방실무경력이 있는 사람

⑨ 산업안전기사 자격을 취득한 후 3년 이상 소방실무경력이 있는 사람

⑩ 다음 각 목의 어느 하나에 해당하는 사람
㉠ 특급 소방안전관리대상물의 소방안전관리자로 2년 이상 근무한 실무경력이 있는 사람
㉡ 1급 소방안전관리대상물의 소방안전관리자로 3년 이상 근무한 실무경력이 있는 사람
㉢ 2급 소방안전관리대상물의 소방안전관리자로 5년 이상 근무한 실무경력이 있는 사람
㉣ 3급 소방안전관리대상물의 소방안전관리자로 7년 이상 근무한 실무경력이 있는 사람
㉤ 10년 이상 소방실무경력이 있는 사람

■ 소방시설관리사시험의 시험 과목

① 제1차 시험
㉠ 소방안전관리론 및 화재역학
㉡ 소방수리학, 약제화학 및 소방전기
㉢ 다음의 소방 관련 법령
- 「소방기본법」, 같은 법 시행령 및 같은 법 시행규칙
- 「소방시설공사업법」, 같은 법 시행령 및 같은 법 시행규칙
- 「화재예방, 소방시설 설치・유지 및 안전관리에 관한 법률」, 같은 법 시행령 및 같은 법 시행규칙
- 「위험물안전관리법」, 같은 법 시행령 및 같은 법 시행규칙
- 「다중이용업소의 안전관리에 관한 특별법」, 같은 법 시행령 및 같은 법 시행규칙

㉣ 위험물의 성질・상태 및 시설기준
㉤ 소방시설의 구조 원리(고장진단 및 정비를 포함한다)

② 제2차 시험
㉠ 소방시설의 점검실무행정(점검절차 및 점검기구 사용법을 포함한다)
㉡ 소방시설의 설계 및 시공

■ 소방시설관리사시험의 시험위원

① **출제위원** : 시험 과목별 3명

② **채점위원** : 시험 과목별 5명 이내(제2차 시험의 경우로 한정한다)

③ **출제 및 채점위원의 자격**

㉠ 소방 관련 분야의 박사학위를 가진 사람

㉡ 대학에서 소방안전 관련 학과 조교수 이상으로 2년 이상 재직한 사람

㉢ 소방위 이상의 소방공무원

㉣ 소방시설관리사

㉤ 소방기술사

■ 소방시설관리사시험의 시험 과목의 일부 면제

① 제1차 시험

㉠ 소방기술사 자격을 취득한 후 15년 이상 소방실무경력이 있는 사람 : 소방수리학, 약제화학 및 소방전기

㉡ 소방공무원으로 15년 이상 근무한 경력이 있는 사람으로서 5년 이상 소방청장이 정하여 고시하는 소방 관련 업무 경력이 있는 사람 : 소방관련법령

② 제2차 시험

㉠ 소방기술사・위험물기능장・건축사・건축기계설비기술사・건축전기설비기술사 또는 공조냉동기계기술사 : 소방시설의 설계 및 시공 면제

㉡ 소방공무원으로 5년 이상 근무한 경력이 있는 사람 : 소방시설의 점검실무행정 면제

③ 관리사시험의 제2차 시험 과목 가운데 일부를 면제받을 수 있는 사람에 모두 해당하는 사람은 본인이 선택한 한 과목만 면제받을 수 있다.

■ 소방청장은 관리사시험을 시행하려면 응시자격, 시험 과목, 일시・장소 및 응시절차 등에 관하여 필요한 사항을 모든 응시 희망자가 알 수 있도록 관리사시험 시행일 90일 전까지 소방청 홈페이지 등에 공고하여야 한다.

■ 소방청장은 시험에서 부정한 행위를 한 응시자에 대하여는 그 시험을 정지 또는 무효로 하고, 그 처분이 있은 날부터 2년간 시험 응시자격을 정지한다.

■ 관리사의 결격사유

① 피성년후견인

② 이 법, 「소방기본법」, 「소방시설공사업법」 또는 「위험물안전관리법」에 따른 금고 이상의 실형을 선고 받고 그 집행이 끝나거나(집행이 끝난 것으로 보는 경우를 포함한다) 집행이 면제된 날부터 2년이 지나지 아니한 사람

③ 이 법, 「소방기본법」, 「소방시설공사업법」 또는 「위험물안전관리법」에 따른 금고 이상의 형의 집행유예를 선고받고 그 유예기간 중에 있는 사람
④ 자격이 취소(피성년후견인에 해당하여 자격이 취소된 경우는 제외한다)된 날부터 2년이 지나지 아니한 사람

■ 소방청장은 관리사가 다음 각 호의 어느 하나에 해당할 때에는 행정안전부령으로 정하는 바에 따라 그 자격을 취소하거나 2년 이내의 기간을 정하여 그 자격의 정지를 명할 수 있다. 다만, 제①호, 제④호, 제⑤호 또는 제⑦호에 해당하면 그 자격을 취소하여야 한다.
① 거짓이나 그 밖의 부정한 방법으로 시험에 합격한 경우
② 소방안전관리 업무를 하지 아니하거나 거짓으로 한 경우
③ 점검을 하지 아니하거나 거짓으로 한 경우
④ 소방시설관리사증을 다른 자에게 빌려준 경우
⑤ 동시에 둘 이상의 업체에 취업한 경우
⑥ 성실하게 자체점검 업무를 수행하지 아니한 경우
⑦ 관리사 결격사유에 해당하게 된 경우

■ 소방시설관리사 및 관리업 행정처분의 일반기준

가. 위반행위가 동시에 둘 이상 발생한 때에는 그 중 중한 처분기준(중한 처분기준이 동일한 경우에는 그 중 하나의 처분기준을 말한다. 이하 같다)에 의하되, 둘 이상의 처분기준이 동일한 영업정지이거나 사용정지인 경우에는 중한 처분의 2분의 1까지 가중하여 처분할 수 있다.

나. 영업정지 또는 사용정지 처분기간 중 영업정지 또는 사용정지에 해당하는 위반사항이 있는 경우에는 종전의 처분기간 만료일의 다음 날부터 새로운 위반사항에 의한 영업정지 또는 사용정지의 행정처분을 한다.

다. 위반행위의 차수에 따른 행정처분의 가중된 처분기준은 최근 1년간 같은 위반행위로 행정처분을 받은 경우에 적용한다. 이 경우 기간의 계산은 위반행위에 대하여 행정처분을 받은 날과 그 처분 후 다시 같은 위반행위를 하여 적발된 날을 기준으로 한다.

라. 다목에 따라 가중된 행정처분을 하는 경우 가중처분의 적용 차수는 그 위반행위 전 행정처분 차수(다목에 따른 기간 내에 행정처분이 둘 이상 있었던 경우에는 높은 차수를 말한다)의 다음 차수로 한다.

마. 영업정지 등에 해당하는 위반사항으로서 위반행위의 동기·내용·횟수·사유 또는 그 결과를 고려하여 다음의 어느 하나에 해당하는 경우에는 그 처분을 가중하거나 감경할 수 있다. 이 경우 그 처분이 영업 정지 또는 자격정지일 때에는 그 처분기준의 2분의 1의 범위에서 가중하거나 감경할 수 있고, 등록취소 또는 자격취소일 때에는 등록취소 또는 자격취소 전 차수의 행정처분이 영업정지 또는 자격정지이면 그 처분 기준의 2배 이상의 영업정지 또는 자격정지로 감경(법 제19조 제1항 제1호·제3호, 법 제28조 제1호·제4호·제5호·제7호, 및 법 제34조 제1항 제1호·제4호·제7호를 위반하여 등록취소 또는 자격취소 된 경우는 제외한다)할 수 있다.

1. 가중 사유
   ① 위반행위가 사소한 부주의나 오류가 아닌 고의나 중대한 과실에 의한 것으로 인정되는 경우
   ② 위반의 내용・정도가 중대하여 관계인에게 미치는 피해가 크다고 인정되는 경우
2. 감경 사유
   ① 위반행위가 사소한 부주의나 오류 등 과실에 의한 것으로 인정되는 경우
   ② 위반의 내용・정도가 경미하여 관계인에게 미치는 피해가 적다고 인정되는 경우
   ③ 위반행위를 처음으로 한 경우로서, 5년 이상 방염처리업, 소방시설관리업 등을 모범적으로 해 온 사실이 인정되는 경우
   ④ 그 밖에 다음의 경미한 위반사항에 해당되는 경우
      ㉠ 스프링클러설비 헤드가 살수(撒水)반경에 미치지 못하는 경우
      ㉡ 자동화재탐지설비 감지기 2개 이하가 설치되지 않은 경우
      ㉢ 유도등(誘導燈)이 일시적으로 점등(點燈)되지 않는 경우
      ㉣ 유도표지(誘導標識)가 정해진 위치에 붙어 있지 않은 경우

■ 소방시설관리사 행정처분의 개별기준

위반사항	근거 법조문	행정처분기준		
		1차	2차	3차
거짓, 그 밖의 부정한 방법으로 시험에 합격한 경우	법 제28조 제1호	자격취소		
소방안전 관리 업무를 하지 않거나 거짓으로 한 경우	법 제28조 제2호	경고 (시정명령)	자격정지 6월	자격취소
점검을 하지 않거나 거짓으로 한 경우	법 제28조 제3호	경고 (시정명령)	자격정지 6월	자격취소
소방시설관리사증을 다른 자에게 빌려준 경우	법 제28조 제4호	자격취소		
동시에 둘 이상의 업체에 취업한 경우	법 제28조 제5호	자격취소		
성실하게 자체점검업무를 수행하지 아니한 경우	법 제28조 제6호	경 고	자격정지 6월	자격취소
결격사유에 해당하게 된 경우	법 제28조 제7호	자격취소		

■ 소방안전관리 업무의 대행 또는 소방시설등의 점검 및 유지・관리의 업을 하려는 자는 시・도지사에게 소방시설관리업(이하 "관리업"이라 한다)의 등록을 하여야 한다.

■ 소방시설관리업의 등록기준

소방시설관리업의 등록기준(제36조 제1항 관련)

1. 주된 기술인력 : 소방시설관리사 1명 이상
2. 보조 기술인력 : 다음의 어느 하나에 해당하는 사람 2명 이상. 다만, 나목부터 라목까지의 규정에 해당하는 사람은 「소방시설공사업법」 제28조 제2항에 따른 소방기술 인정자격수첩을 발급받은 사람이어야 한다.
   가. 소방설비기사 또는 소방설비산업기사
   나. 소방공무원으로 3년 이상 근무한 사람
   다. 소방 관련 학과의 학사학위를 취득한 사람
   라. 행정안전부령으로 정하는 소방기술과 관련된 자격·경력 및 학력이 있는 사람

■ 시·도지사는 소방시설관리업의 등록신청 내용이 소방시설관리업의 등록기준에 적합하다고 인정되면 신청인에게 소방시설 관리업등록증과 소방시설관리업 등록수첩을 발급하고, 소방시설관리업 등록대장을 작성하여 관리하여야 한다. 이 경우 시·도지사는 제출된 소방기술인력의 기술자격증(자격수첩을 포함한다)에 해당 소방기술 인력이 그 소방시설관리업자 소속임을 기록하여 내주어야 한다.

■ 시·도지사는 제출된 서류를 심사한 결과 다음 각 호의 1에 해당하는 때에는 10일 이내의 기간을 정하여 이를 보완하게 할 수 있다.
① 첨부서류가 미비 되어 있는 때
② 신청서 및 첨부서류의 기재내용이 명확하지 아니한 때

■ 시·도지사는 소방시설관리업등록증을 교부하거나 등록의 취소 또는 영업정지처분을 한 때에는 이를 시·도의 공보에 공고하여야 한다.

■ 소방시설관리업자는 소방시설관리업등록증 또는 등록수첩을 잃어버리거나 소방시설관리업등록증 또는 등록수첩이 헐어 못쓰게 된 경우에는 시·도지사에게 소방시설관리업등록증 또는 등록수첩의 재교부를 신청할 수 있다.

■ 소방시설관리업자는 재교부를 신청하는 때에는 소방시설관리업등록증(등록수첩) 재교부신청서(전자문서로 된 신청서를 포함한다)를 시·도지사에게 제출하여야 한다.

■ 시·도지사는 재교부신청서를 제출받은 때에는 3일 이내에 소방시설관리업 등록증 또는 등록수첩을 재교부하여야 한다.

■ 소방시설관리업자는 다음 각 호의 1에 해당하는 때에는 지체 없이 시·도지사에게 그 소방시설 관리업 등록증 및 등록수첩을 반납하여야 한다.

① 등록이 취소된 때

② 소방시설관리업을 휴·폐업한 때

③ 재교부를 받은 때. 다만, 등록증 또는 등록수첩을 잃어버리고 재교부를 받은 경우에는 이를 다시 찾은 때에 한한다.

■ 관리업의 결격사유

① 피성년후견인

② 이 법, 「소방기본법」, 「소방시설공사업법」 또는 「위험물안전관리법」에 따른 금고 이상의 실형을 선고 받고 그 집행이 끝나거나(집행이 끝난 것으로 보는 경우를 포함한다) 집행이 면제된 날부터 2년이 지나지 아니한 사람

③ 이 법, 「소방기본법」, 「소방시설공사업법」 또는 「위험물안전관리법」에 따른 금고 이상의 형의 집행유예를 선고받고 그 유예기간 중에 있는 사람

④ 관리업의 등록이 취소(피성년후견인에 해당하여 자격이 취소된 경우는 제외한다)된 날부터 2년이 지나지 아니한 사람

⑤ 임원 중에 제1호부터 제4호까지의 어느 하나에 해당하는 사람이 있는 법인

■ 관리업자는 등록한 사항 중 행정안전부령으로 정하는 중요 사항이 변경되었을 때에는 행정안전부령으로 정하는 바에 따라 시·도지사에게 변경사항을 신고하여야 한다.

① 명칭·상호 또는 영업소소재지

② 대표자

③ 기술인력

■ 소방시설관리업자는 등록사항의 변경이 있는 때에는 변경일부터 30일 이내에 소방시설관리업 등록사항변경신고서(전자문서로 된 신고서를 포함 한다)에 그 변경사항별로 다음 각 호의 구분에 의한 서류(전자문서를 포함한다)를 첨부하여 시·도지사에게 제출하여야 한다.

① 명칭·상호 또는 영업소소재지를 변경하는 경우 : 소방시설관리업등록증 및 등록수첩

② 대표자를 변경하는 경우 : 소방시설관리업등록증 및 등록수첩

③ 기술인력을 변경하는 경우

㉠ 소방시설관리업등록수첩

㉡ 변경된 기술인력의 기술자격증(자격수첩)

㉢ 별지 제23호서식의 기술인력연명부

■ 시・도지사는 변경신고를 받은 때에는 5일 이내에 소방시설관리업등록증 및 등록수첩을 새로 교부하거나 제출된 소방시설관리업등록증 및 등록수첩과 기술인력의 기술자격증(자격수첩)에 그 변경된 사항을 기재하여 교부하여야 한다.

■ 시・도지사는 변경신고를 받은 때에는 소방시설관리업 등록대장에 변경사항을 기재하고 관리하여야 한다.

■ 다음 각 호의 어느 하나에 해당하는 자는 관리업자의 지위를 승계한다.
① 관리업자가 사망한 경우 그 상속인
② 관리업자가 그 영업을 양도한 경우 그 양수인
③ 법인인 관리업자가 합병한 경우 합병 후 존속하는 법인이나 합병으로 설립되는 법인
④ 「민사집행법」에 따른 경매, 「채무자 회생 및 파산에 관한 법률」에 따른 환가, 「국세징수법」, 「관세법」 또는 「지방세징수법」에 따른 압류재산의 매각과 그 밖에 이에 준하는 절차에 따라 관리업의 시설 및 장비의 전부를 인수한 자는 그 관리업자의 지위를 승계한다.

■ 소방시설관리업자의 지위를 승계한 자는 그 지위를 승계한 날부터 30일 이내에 상속인, 영업을 양수한 자 또는 시설의 전부를 인수한 자는 소방시설관리업지위승계신고서(전자문서로 된 신고서를 포함한다)에, 합병 후 존속하는 법인 또는 합병에 의하여 설립되는 법인은 소방시설관리업합병 신고서(전자문서로 된 신고서를 포함한다)에 각각 다음 각 호의 서류(전자문서를 포함한다)를 첨부하여 시・도지사에게 제출하여야 한다.
① 소방시설관리업등록증 및 등록수첩
② 계약서사본 등 지위승계를 증명하는 서류 1부
③ 소방기술인력연명부 및 기술자격증(자격수첩)
④ 장비기준에 따른 장비명세서 1부

■ 관리업자는 관리업의 등록증이나 등록수첩을 다른 자에게 빌려주어서는 아니 된다.

■ 관리업자는 다음 각 호의 어느 하나에 해당하면 소방안전관리 업무를 대행하게 하거나 소방시설등의 점검업무를 수행하게 한 특정소방대상물의 관계인에게 지체 없이 그 사실을 알려야 한다.
① 관리업자의 지위를 승계한 경우
② 관리업의 등록취소 또는 영업정지처분을 받은 경우
③ 휴업 또는 폐업을 한 경우

■ 소방시설관리업자가 자체점검을 할 때 참여시켜야 하는 기술인력의 기준은 다음 각 호와 같다.

① 작동기능점검(소방안전관리대상물만 해당한다) 및 종합정밀점검 : 소방시설관리사와 보조기술인력

② 그 밖의 특정소방대상물에 대한 작동기능점검 : 소방시설관리사 또는 보조기술인력

> 소방시설관리업의 등록기준(제36조 제1항 관련)
>
> 1. 주된 기술인력 : 소방시설관리사 1명 이상
> 2. 보조 기술인력 : 다음의 어느 하나에 해당하는 사람 2명 이상. 다만, 나목부터 라목까지의 규정에 해당하는 사람은 「소방시설공사업법」 제28조 제2항에 따른 소방기술 인정자격수첩을 발급받은 사람이어야 한다.
>   가. 소방설비기사 또는 소방설비산업기사
>   나. 소방공무원으로 3년 이상 근무한 사람
>   다. 소방 관련 학과의 학사학위를 취득한 사람
>   라. 행정안전부령으로 정하는 소방기술과 관련된 자격·경력 및 학력이 있는 사람

■ 소방청장은 관계인 또는 건축주가 적정한 관리업자를 선정할 수 있도록 하기 위하여 관리업자의 신청이 있는 경우 해당 관리업자의 점검능력을 종합적으로 평가하여 공시할 수 있다.

■ 점검능력 평가를 신청하려는 관리업자는 소방시설등의 점검실적을 증명하는 서류 등 행정안전부령으로 정하는 서류를 소방청장에게 제출하여야 한다.

■ 점검능력 평가 및 공시방법, 수수료 등 필요한 사항은 행정안전부령으로 정한다.

■ 소방청장은 점검능력을 평가하기 위하여 관리업자의 기술인력 및 장비 보유현황, 점검실적, 행정처분이력 등 필요한 사항에 대하여 데이터베이스를 구축할 수 있다.

■ 점검능력을 평가받으려는 소방시설관리업자는 소방시설등 점검능력 평가신청서(전자문서로 된 신청서를 포함한다)에 시행규칙 제26조의3 제1항 각 호의 서류(전자문서를 포함한다)를 첨부하여 평가기관에 매년 2월 15일까지 제출하여야 한다.

■ 신청을 받은 평가기관의 장은 시행규칙 제26조의3 제1항 각 호의 서류가 첨부되어 있지 않은 경우에는 신청인으로 하여금 15일 이내의 기간을 정하여 보완하게 할 수 있다.

■ 다음 각 호의 어느 하나에 해당하는 자는 2월 15일 후에 점검능력 평가를 신청할 수 있다.

① 법 제29조에 따라 신규로 소방시설관리업의 등록을 한 자

② 법 제32조 제1항 또는 제2항에 따라 소방시설관리업자의 지위를 승계한 자

■ 점검능력 평가 항목

① 대행실적(소방안전관리 업무를 대행하여 수행한 실적을 말한다)

② 점검실적(소방시설등에 대한 점검실적을 말한다). 이 경우 점검실적은 점검인력 배치기준에 적합한 것으로 확인된 경우만 인정한다.

③ 기술력

④ 경 력

⑤ 신인도

■ 평가기관은 점검능력 평가 결과를 매년 7월 31일까지 1개 이상의 일간신문 또는 평가기관의 인터넷 홈페이지를 통하여 공시하고, 시・도지사에게 이를 통보하여야 한다.

■ 점검능력 평가 결과는 소방시설관리업자가 도급받을 수 있는 1건의 점검 도급금액으로 하고, 점검능력 평가의 유효기간은 평가 결과를 공시한 날(이하 이 조에서 "정기공시일"이라 한다)부터 1년간으로 한다. 다만, 다음 각 호에 해당하는 자에 대한 점검능력 평가 결과가 정기공시일 후에 공시된 경우에는 그 평가 결과를 공시한 날부터 다음 해의 정기공시일 전날까지를 유효기간으로 한다.

① 제출된 서류의 일부가 거짓으로 확인된 경우

② 신규로 소방시설관리업의 등록을 한 자

③ 소방시설관리업자의 지위를 승계한 자

■ 평가기관은 제출된 서류의 일부가 거짓으로 확인된 경우에는 확인된 날부터 10일 이내에 점검능력을 새로 평가하여 공시하고, 시・도지사에게 이를 통보하여야 한다.

■ 점검능력 평가 결과를 통보받은 시・도지사는 해당 소방시설관리업자의 등록수첩에 그 사실을 기록하여 발급하여야 한다.

■ 소방청장은 관리사가 다음 각 호의 어느 하나에 해당할 때에는 행정안전부령으로 정하는 바에 따라 그 자격을 취소하거나 2년 이내의 기간을 정하여 그 자격의 정지를 명할 수 있다. 다만, 제1호, 제4호, 제5호 또는 제7호에 해당하면 그 자격을 취소하여야 한다.

1. 거짓이나 그 밖의 부정한 방법으로 시험에 합격한 경우
2. 소방안전관리 업무를 하지 아니하거나 거짓으로 한 경우
3. 점검을 하지 아니하거나 거짓으로 한 경우
4. 소방시설관리사증을 다른 자에게 빌려준 경우
5. 동시에 둘 이상의 업체에 취업한 경우
6. 성실하게 자체점검 업무를 수행하지 아니한 경우
7. 관리사 결격사유에 해당하게 된 경우

■ 소방시설관리업 행정처분의 개별기준

위반사항	근거 법조문	행정처분기준		
		1차	2차	3차
거짓, 그 밖의 부정한 방법으로 등록을 한 경우	법 제34조 제1항 제1호	등록취소		
점검을 하지 않거나 거짓으로 한 경우	법 제34조 제1항 제2호	경고 (시정명령)	영업정지 3개월	등록취소
등록기준에 미달하게 된 경우. 다만, 기술인력이 퇴직하거나 해임되어 30일 이내에 재선임하여 신고하는 경우는 제외한다.	법 제34조 제1항 제3호	경고 (시정명령)	영업정지 3개월	등록취소
등록의 결격사유에 해당하게 된 경우	법 제34조 제1항 제4호	등록취소		
다른 자에게 등록증 또는 등록수첩을 빌려준 경우	법 제34조 제1항 제7호	등록취소		

■ 시・도지사는 영업정지를 명하는 경우로서 그 영업정지가 국민에게 심한 불편을 주거나 그 밖에 공익을 해칠 우려가 있을 때에는 영업정지처분을 갈음하여 3천만원 이하의 과징금을 부과할 수 있다.

■ 관리업 과징금 부과의 일반기준

① 영업정지 1개월은 30일로 계산한다.

② 과징금 산정은 영업정지기간(일)에 개별기준의 영업정지 1일에 해당하는 금액을 곱한 금액으로 한다.

③ 위반행위가 둘 이상 발생한 경우 과징금 부과에 의한 영업정지기간(일) 산정은 개별기준에 따른 각각의 영업정지 처분기간을 합산한 기간으로 한다.

④ 영업정지에 해당하는 위반사항으로서 위반행위의 동기・내용・횟수 또는 그 결과를 고려하여 그 처분기준의 2분의 1까지 감경한 경우 과징금 부과에 의한 영업정지기간(일) 산정은 감경한 영업정지 기간으로 한다.

⑤ 연간 매출액은 해당 업체에 대한 처분일이 속한 연도의 전년도의 1년간 위반사항이 적발된 업종의 각 매출금액을 기준으로 한다. 다만, 신규사업・휴업 등으로 인하여 1년간의 위반 사항이 적발된 업종의 각 매출금액을 산출할 수 없거나 1년간의 위반사항이 적발된 업종의 각 매출금액을 기준으로 하는 것이 불합리하다고 인정되는 경우에는 분기별・월별 또는 일별 매출금액을 기준으로 산출 또는 조정한다.

⑥ ①부터 ⑤까지의 규정에도 불구하고 과징금 산정금액이 3천만원을 초과하는 경우 3천만원으로 한다.

■ 대통령령으로 정하는 소방용품을 제조하거나 수입하려는 자는 소방청장의 형식승인을 받아야 한다. 다만, 연구개발 목적으로 제조하거나 수입하는 소방용품은 그러하지 아니하다.

※ 소방용품의 형식승인부터~소방용품의 수집검사까지 규정한 행정안전부령 : 소방용품의 품질관리 등에 관한 규칙〈시험 범위 아님〉

■ 형식승인대상 소방용품

① 소화설비를 구성하는 제품 또는 기기

㉠ 소화기구(소화약제 외의 것을 이용한 간이소화용구는 제외한다)

㉡ 자동소화장치

㉢ 소화설비를 구성하는 소화전, 관창(菅槍), 소방호스, 스프링클러헤드, 기동용 수압개폐장치, 유수제어밸브 및 가스관선택밸브

② 경보설비를 구성하는 제품 또는 기기

㉠ 누전경보기 및 가스누설경보기

㉡ 경보설비를 구성하는 발신기, 수신기, 중계기, 감지기 및 음향장치(경종만 해당한다)

③ 피난구조설비를 구성하는 제품 또는 기기

㉠ 피난사다리, 구조대, 완강기(간이완강기 및 지지대를 포함한다)

㉡ 공기호흡기(충전기를 포함한다)

㉢ 피난구유도등, 통로유도등, 객석유도등 및 예비 전원이 내장된 비상조명등

④ 소화용으로 사용하는 제품 또는 기기

㉠ 소화약제(별표 1 제1호 나목 2와 3의 자동소화장치와 같은 호 마목 3부터 8까지의 소화설비용만 해당한다)

※ **자동소화장치 중** 상업용 주방자동소화장치, 캐비닛형 자동소화장치에 사용하는 소화약제
※ **물분무등소화설비 중** 포소화설비, 이산화탄소소화설비, 할론소화설비, 할로겐화합물 및 불활성기체 소화설비, 분말소화설비, 강화액소화설비에 사용하는 소화약제

㉡ 방염제(방염액・방염도료 및 방염성물질을 말한다)

⑤ 그 밖에 행정안전부령으로 정하는 소방 관련 제품 또는 기기

■ 형식승인을 받으려는 자는 행정안전부령으로 정하는 기준에 따라 형식승인을 위한 시험시설을 갖추고 소방청장의 심사를 받아야 한다. 다만, 소방용품을 수입하는 자가 판매를 목적으로 하지 아니하고 자신의 건축물에 직접 설치하거나 사용하려는 경우 등 행정안전부령으로 정하는 경우에는 시험시설을 갖추지 아니할 수 있다.

■ 형식승인을 받은 자는 그 소방용품에 대하여 소방청장이 실시하는 제품검사를 받아야 한다.

■ 형식승인의 방법・절차 등과 제품검사의 구분・방법・순서・합격표시 등에 관한 사항은 행정안전부령으로 정한다.

■ 소방용품의 형상・구조・재질・성분・성능 등(이하 "형상등"이라 한다)의 형식승인 및 제품검사의 기술기준 등에 관한 사항은 소방청장이 정하여 고시한다.

■ 누구든지 다음 각 호의 어느 하나에 해당하는 소방용품을 판매하거나 판매 목적으로 진열하거나 소방시설공사에 사용할 수 없다.
① 형식승인을 받지 아니한 것
② 형상등을 임의로 변경한 것
③ 제품검사를 받지 아니하거나 합격표시를 하지 아니한 것

■ 소방청장, 소방본부장 또는 소방서장은 위의 사항에 해당하는 소방용품에 대하여는 그 제조자・수입자・판매자 또는 시공자에게 수거・폐기 또는 교체 등 행정안전부령으로 정하는 필요한 조치를 명할 수 있다.

■ 소방청장은 소방용품의 작동기능, 제조방법, 부품 등이 소방청장이 고시하는 형식승인 및 제품검사의 기술기준에서 정하고 있는 방법이 아닌 새로운 기술이 적용된 제품의 경우에는 관련 전문가의 평가를 거쳐 행정안전부령으로 정하는 바에 따라 제4항에 따른 방법 및 절차와 다른 방법 및 절차로 형식승인을 할 수 있으며, 외국의 공인기관으로부터 인정받은 신기술 제품은 형식승인을 위한 시험 중 일부를 생략하여 형식승인을 할 수 있다.

■ 다음 각 호의 어느 하나에 해당하는 소방용품의 형식승인 내용에 대하여 공인기관의 평가결과가 있는 경우 형식승인 및 제품검사 시험 중 일부만을 적용하여 형식승인 및 제품검사를 할 수 있다.
①「군수품관리법」 제2조에 따른 군수품
② 주한외국공관 또는 주한외국군 부대에서 사용되는 소방용품
③ 외국의 차관이나 국가 간의 협약 등에 의하여 건설되는 공사에 사용되는 소방용품으로서 사전에 합의된 것
④ 그 밖에 특수한 목적으로 사용되는 소방용품으로서 소방청장이 인정하는 것

■ 하나의 소방용품에 두 가지 이상의 형식승인 사항 또는 형식승인과 성능인증 사항이 결합된 경우에는 두 가지 이상의 형식승인 또는 형식승인과 성능인증 시험을 함께 실시하고 하나의 형식승인을 할 수 있다.

■ 형식승인을 받은 자가 해당 소방용품에 대하여 형상등의 일부를 변경하려면 소방청장의 변경승인을 받아야 한다.

■ 변경승인의 대상 · 구분 · 방법 및 절차 등에 관하여 필요한 사항은 행정안전부령으로 정한다.

■ 소방청장은 소방용품의 형식승인을 받았거나 제품검사를 받은 자가 다음 각 호의 어느 하나에 해당될 때에는 행정안전부령으로 정하는 바에 따라 그 형식승인을 취소하거나 6개월 이내의 기간을 정하여 제품 검사의 중지를 명할 수 있다. 다만, 제1호 · 제3호 또는 제5호의 경우에는 형식승인을 취소하여야 한다.
① 거짓이나 그 밖의 부정한 방법으로 형식승인을 받은 경우
② 시험시설의 시설기준에 미달되는 경우
③ 거짓이나 그 밖의 부정한 방법으로 제품검사를 받은 경우
④ 제품검사 시 기술기준에 미달되는 경우
⑤ 변경승인을 받지 아니하거나 거짓이나 그 밖의 부정한 방법으로 변경승인을 받은 경우

■ 소방용품의 형식승인이 취소된 자는 그 취소된 날부터 2년 이내에는 형식승인이 취소된 동일 품목에 대하여 형식승인을 받을 수 없다.

■ 소방청장은 제조자 또는 수입자 등의 요청이 있는 경우 소방용품에 대하여 성능인증을 할 수 있다.

■ 성능인증을 받은 자는 그 소방용품에 대하여 소방청장의 제품검사를 받아야 한다.

■ 성능인증의 대상 · 신청 · 방법 및 성능인증서 발급에 관한 사항과 제품검사의 구분 · 대상 · 절차 · 방법 · 합격표시 및 수수료 등에 관한 사항은 행정안전부령으로 정한다.

■ 성능인증 및 제품검사의 기술기준 등에 관한 사항은 소방청장이 정하여 고시한다.

■ 제품검사에 합격하지 아니한 소방용품에는 성능인증을 받았다는 표시를 하거나 제품검사에 합격하였다는 표시를 하여서는 아니 되며, 제품검사를 받지 아니하거나 합격표시를 하지 아니한 소방용품을 판매 또는 판매 목적으로 진열하거나 소방시설공사에 사용하여서는 아니 된다.

■ 하나의 소방용품에 성능인증 사항이 두 가지 이상 결합된 경우에는 해당 성능인증 시험을 모두 실시하고 하나의 성능인증을 할 수 있다.

■ 성능인증의 방법 및 절차 등에 관하여는 행정안전부령으로 정한다.

■ 성능인증을 받은 자가 해당 소방용품에 대하여 형상 등의 일부를 변경하려면 소방청장의 변경인증을 받아야 한다.

■ 변경인증의 대상·구분·방법 및 절차 등에 필요한 사항은 행정안전부령으로 정한다.

■ 소방청장은 소방용품의 성능인증을 받았거나 제품검사를 받은 자가 다음 각 호의 어느 하나에 해당되는 때에는 행정안전부령으로 정하는 바에 따라 해당 소방용품의 성능인증을 취소하거나 6개월 이내의 기간을 정하여 해당 소방용품의 제품검사 중지를 명할 수 있다. 다만, 제①호·제②호 또는 제⑤호에 해당하는 경우에는 해당 소방용품의 성능인증을 취소하여야 한다.
① 거짓이나 그 밖의 부정한 방법으로 제39조 제1항 및 제6항에 따른 성능인증을 받은 경우
② 거짓이나 그 밖의 부정한 방법으로 제39조 제2항에 따른 제품검사를 받은 경우
③ 제품검사 시 제39조 제4항에 따른 기술기준에 미달되는 경우
④ 제39조 제5항을 위반한 경우(합격표시에 관한)
⑤ 제39조의2에 따라 변경인증을 받지 아니하고 해당 소방용품에 대하여 형상 등의 일부를 변경하거나 거짓이나 그 밖의 부정한 방법으로 변경인증을 받은 경우

■ 소방용품의 성능인증이 취소된 자는 그 취소된 날부터 2년 이내에 성능인증이 취소된 소방용품과 동일한 품목에 대하여는 성능인증을 받을 수 없다.

■ 소방청장은 형식승인의 대상이 되는 소방용품 중 품질이 우수하다고 인정하는 소방용품에 대하여 인증(이하 "우수품질인증"이라 한다)을 할 수 있다.

■ 우수품질인증을 받으려는 자는 행정안전부령으로 정하는 바에 따라 소방청장에게 신청하여야 한다.

■ 우수품질인증을 받은 소방용품에는 우수품질인증 표시를 할 수 있다.

■ 우수품질인증의 유효기간은 5년의 범위에서 행정안전부령으로 정한다.

■ 소방청장은 다음 각 호의 어느 하나에 해당하는 경우에는 우수품질인증을 취소할 수 있다. 다만, 제1호에 해당하는 경우에는 우수품질인증을 취소하여야 한다.

① 거짓이나 그 밖의 부정한 방법으로 우수품질인증을 받은 경우

② 우수품질인증을 받은 제품이 「발명진흥법」 제2조 제4호에 따른 산업재산권 등 타인의 권리를 침해하였다고 판단되는 경우

■ 다음 각 호의 어느 하나에 해당하는 기관 및 단체는 건축물의 신축・증축 및 개축 등으로 소방용품을 변경 또는 신규 비치하여야 하는 경우 우수품질인증 소방용품을 우선 구매・사용하도록 노력하여야 한다.

① 중앙행정기관

② 지방자치단체

③ 「공공기관의 운영에 관한 법률」 제4조에 따른 공공기관

④ 「지방공기업법」 제49조에 따라 설립된 지방공사 및 같은 법 제76조에 따라 설립된 지방공단

⑤ 「지방자치단체 출자・출연 기관의 운영에 관한 법률」 제2조에 따른 출자・출연기관

■ 소방청장은 소방용품의 품질관리를 위하여 필요하다고 인정할 때에는 유통 중인 소방용품을 수집하여 검사할 수 있다.

■ 소방청장은 수집검사 결과 행정안전부령으로 정하는 중대한 결함이 있다고 인정되는 소방용품에 대하여는 그 제조자 및 수입자에게 행정안전부령으로 정하는 바에 따라 회수・교환・폐기 또는 판매 중지를 명하고, 형식승인 또는 성능인증을 취소할 수 있다.

■ 소방청장은 회수・교환・폐기 또는 판매중지를 명하거나 형식승인 또는 성능인증을 취소한 때에는 행정안전부령으로 정하는 바에 따라 그 사실을 소방청 홈페이지 등에 공표할 수 있다.

(※ 이상 규정한 행정안전부령 : 소방용품의 품질관리 등에 관한 규칙〈시험범위 아님〉)

■ 다음 각 호의 어느 하나에 해당하는 자는 화재 예방 및 안전관리의 효율화, 새로운 기술의 보급과 안전의식의 향상을 위하여 행정안전부령으로 정하는 바에 따라 소방청장이 실시하는 강습 또는 실무 교육을 받아야 한다.

① 제20조 제2항에 따라 선임된 소방안전관리자 및 소방안전관리보조자

② 제20조 제3항에 따라 선임된 소방안전관리자

③ 소방안전관리자의 자격을 인정받으려는 자로서 대통령령으로 정하는 자

- 특급, 1급, 2급, 3급 소방안전관리대상물 또는 공공기관의 소방안전관리자가 되려는 사람을 말한다.

■ 소방안전관리자의 강습교육의 일정・횟수 등에 관하여 필요한 사항은 한국소방안전원의 장(이하 "안전원장"이라 한다)이 연간계획을 수립하여 실시하여야 한다.

■ 안전원장은 강습교육을 실시하고자 하는 때에는 강습교육 실시 20일 전까지 일시・장소 그 밖의 강습교육실시에 관하여 필요한 사항을 한국소방안전원의 인터넷 홈페이지 및 게시판에 공고하여야 한다.

■ 안전원장은 소방안전관리자 및 소방안전관리보조자에 대한 실무교육의 교육대상, 교육일정 등 실무교육에 필요한 계획을 수립하여 매년 소방청장의 승인을 얻어 교육실시 30일 전까지 교육대상자에게 통보하여야 한다.

■ 소방안전관리자는 그 선임된 날부터 6개월 이내에 실무교육을 받아야 하며, 그 후에는 2년 마다(최초 실무교육을 받은 날을 기준일로 하여 매 2년이 되는 해의 기준일과 같은 날 전까지를 말한다) 1회 이상 실무교육을 받아야 한다. 다만, 소방안전관리 강습교육 또는 실무교육을 받은 후 1년 이내에 소방안전관리자로 선임된 사람은 해당 강습교육 또는 실무교육을 받은 날에 실무교육을 받은 것으로 본다.

■ 소방안전관리보조자는 그 선임된 날부터 6개월(소방안전관리대상물에서 소방안전 관련 업무에 2년 이상 근무한 경력이 있는 사람이 소방안전관리보조자로 지정된 사람의 경우 3개월을 말한다) 이내에 실무교육을 받아야 하며, 그 후에는 2년마다(최초 실무교육을 받은 날을 기준일로 하여 매 2년이 되는 해의 기준일과 같은 날 전까지를 말한다) 1회 이상 실무교육을 받아야 한다. 다만, 소방안전관리자 강습 교육 또는 실무 교육이나 소방안전관리보조자 실무교육을 받은 후 1년 이내에 소방안전관리보조자로 선임된 사람은 해당 강습교육 또는 실무교육을 받은 날에 실무교육을 받은 것으로 본다.

■ 소방본부장 또는 소방서장은 소방안전관리자나 소방안전관리보조자의 선임신고를 받은 경우에는 신고일부터 1개월 이내에 그 내용을 안전원장에게 통보하여야 한다.

■ 안전원장은 실무교육을 수료한 사람의 소방안전관리자수첩 또는 기술자격증에 실무교육 수료사항을 기록하여 발급하고, 실무교육수료자명부를 작성하여 관리하여야 한다.

■ 안전원장은 해당 연도의 실무교육이 끝난 날부터 30일 이내에 그 결과 통보를 한 소방본부장 또는 소방서장에게 알려야 한다.

■ 안전원장은 해당 연도의 실무교육 결과를 다음 연도 1월 31일까지 소방청장에게 보고하여야 한다.

■ 소방본부장 또는 소방서장은 소방안전관리자가 실무교육을 받지 아니하면 실무교육을 받을 때까지 그 업무의 정지 및 소방안전관리자수첩의 반납을 명할 수 있다.

■ 소방본부장 또는 소방서장은 소방안전관리자 업무의 정지를 명하였을 때에는 그 사실을 시·도의 공보에 공고하고, 안전원장에게 통보하며, 소방안전관리자수첩에 적어 소방안전관리자에게 내주어야 한다.

(※ 제품검사 전문기관에서 규정한 행정안전부령 : 소방용품의 품질관리 등에 관한 규칙)

■ 소방청장은 제품검사를 전문적·효율적으로 실시하기 위하여 다음 각 호의 요건을 모두 갖춘 기관을 제품검사 전문기관(이하 "전문기관"이라 한다)으로 지정할 수 있다.
① 다음 각 목의 어느 하나에 해당하는 기관일 것
㉠ 「과학기술분야 정부출연연구기관 등의 설립·운영 및 육성에 관한 법률」 제8조에 따라 설립된 연구기관
㉡ 「공공기관의 운영에 관한 법률」 제4조에 따라 지정된 공공기관
㉢ 소방용품의 시험·검사 및 연구를 주된 업무로 하는 비영리 법인
② 「국가표준기본법」 제23조에 따라 인정을 받은 시험·검사기관일 것
③ 행정안전부령으로 정하는 검사인력 및 검사설비를 갖추고 있을 것
④ 기관의 대표자가 결격사유에 해당하지 아니할 것
⑤ 전문기관의 지정이 취소된 경우에는 지정이 취소된 날부터 2년이 경과하였을 것

■ 소방청장은 전문기관을 지정하는 경우에는 소방용품의 품질 향상, 제품검사의 기술개발 등에 드는 비용을 부담하게 하는 등 필요한 조건을 붙일 수 있다. 이 경우 그 조건은 공공의 이익을 증진하기 위하여 필요한 최소한도에 한정하여야 하며, 부당한 의무를 부과하여서는 아니 된다.

■ 전문기관은 행정안전부령으로 정하는 바에 따라 제품검사 실시 현황을 소방청장에게 보고하여야 한다.

■ 소방청장은 전문기관을 지정한 경우에는 행정안전부령으로 정하는 바에 따라 전문기관의 제품검사 업무에 대한 평가를 실시할 수 있으며, 제품검사를 받은 소방용품에 대하여 확인검사를 할 수 있다.

■ 소방청장은 전문기관에 대한 평가를 실시하거나 확인검사를 실시한 때에는 그 평가결과 또는 확인검사 결과를 행정안전부령으로 정하는 바에 따라 공표할 수 있다.

■ 소방청장은 확인검사를 실시하는 때에는 행정안전부령으로 정하는 바에 따라 전문기관에 대하여 확인검사에 드는 비용을 부담하게 할 수 있다.

■ 소방청장은 전문기관이 다음 각 호의 어느 하나에 해당할 때에는 그 지정을 취소하거나 6개월 이내의 기간을 정하여 그 업무의 정지를 명할 수 있다. 다만, ①에 해당할 때에는 그 지정을 취소하여야 한다.
① 거짓이나 그 밖의 부정한 방법으로 지정을 받은 경우
② 정당한 사유 없이 1년 이상 계속하여 제품검사 또는 실무교육 등 지정받은 업무를 수행하지 아니한 경우
③ 전문기관이 갖춰야 하는 요건을 갖추지 못하거나 소방청장이 붙이는 조건을 위반한 때
④ 전문기관에 대한 소방청장, 시・도지사, 소방본부장 또는 소방서장이 하는 감독 결과 이 법이나 다른 법령을 위반하여 전문기관으로서의 업무를 수행하는 것이 부적당하다고 인정되는 경우

■ 소방청장 또는 시・도지사는 다음 각 호의 어느 하나에 해당하는 처분을 하려면 청문을 하여야 한다.
① 관리사 자격의 취소 및 정지
② 관리업의 등록취소 및 영업정지
③ 소방용품의 형식승인 취소 및 제품검사 중지
③의2. 성능인증의 취소
④ 우수품질인증의 취소
⑤ 전문기관의 지정취소 및 업무정지

■ 소방청장은 다음 각 호의 업무를 기술원에 위탁할 수 있다. 이 경우 소방청장은 기술원에 소방시설 및 소방 용품에 관한 기술개발・연구 등에 필요한 경비의 일부를 보조할 수 있다.
① 합판・목재를 설치하는 현장에서 방염 처리한 경우를 제외한 방염성능검사
② 소방용품의 형식승인
③ 형식승인의 변경승인
③의2. 형식승인의 취소
④ 성능인증 및 성능인증의 취소
⑤ 성능인증의 변경인증
⑥ 우수품질인증 및 그 취소

■ 소방청장은 제36조 제3항 및 제39조 제2항에 따른 제품검사 업무를 기술원 또는 전문기관에 위탁할 수 있다.

■ 소방청장은 다음 각 호의 업무를 대통령령으로 정하는 바에 따라 소방기술과 관련된 법인 또는 단체에 위탁할 수 있다.
① 소방시설관리사증의 발급·재발급에 관한 업무
② 점검능력 평가 및 공시에 관한 업무
③ 데이터베이스 구축에 관한 업무

■ 소방청장은 건축 환경 및 화재위험특성 변화 추세 연구에 관한 업무를 대통령령이 정하는 바에 따라 화재안전 관련 전문 연구기관에 위탁할 수 있다. 이 경우 소방청장은 연구에 필요한 경비를 지원할 수 있다.

■ 소방청장은 소방안전관리에 대한 교육 업무를 한국소방안전원에 위탁한다.

■ 소방청장, 시·도지사, 소방본부장 또는 소방서장은 다음 각 호의 어느 하나에 해당하는 자, 사업체 또는 소방대상물 등의 감독을 위하여 필요하면 관계인에게 필요한 보고 또는 자료제출을 명할 수 있으며, 관계 공무원으로 하여금 소방대상물·사업소·사무소 또는 사업장에 출입하여 관계 서류·시설 및 제품 등을 검사하거나 관계인에게 질문하게 할 수 있다.
① 관리업자
② 관리업자가 점검한 특정소방대상물
③ 관리사
④ 소방용품의 형식승인, 제품검사 및 시험시설의 심사를 받은 자
⑤ 변경승인을 받은 자
⑥ 성능인증 및 제품검사를 받은 자
⑦ 지정을 받은 전문기관
⑧ 소방용품을 판매하는 자

■ 출입·검사 업무를 수행하는 관계 공무원은 그 권한을 표시하는 증표를 지니고 이를 관계인에게 내보여야 한다.

■ 출입·검사 업무를 수행하는 관계 공무원은 관계인의 정당한 업무를 방해하거나 출입·검사 업무를 수행하면서 알게된 비밀을 다른 사람에게 누설하여서는 아니 된다.

■ 다음 각 호에 따른 조치명령・선임명령 또는 이행명령(이하 "조치명령 등"이라 한다)을 받은 관계인 등은 천재지변이나 그 밖에 대통령령으로 정하는 사유로 조치명령 등을 그 기간 내에 이행할 수 없는 경우에는 조치명령 등을 명령한 소방청장, 소방본부장 또는 소방서장에게 대통령령으로 정하는 바에 따라 조치명령 등을 연기하여 줄 것을 신청할 수 있다.

① 소방대상물의 개수・이전・제거, 사용의 금지 또는 제한, 사용폐쇄, 공사의 정지 또는 중지, 그 밖의 필요한 조치명령
② 소방시설에 대한 조치명령
③ 피난시설, 방화구획 및 방화시설에 대한 조치명령
④ 방염성대상물품의 제거 또는 방염성능검사 조치명령
⑤ 소방안전관리자 선임명령
⑥ 소방안전관리업무 이행명령
⑦ 형식승인을 받지 아니한 소방용품의 수거・폐기 또는 교체 등의 조치명령
⑧ 중대한 결함이 있는 소방용품의 회수・교환・폐기 조치명령

■ 연기신청을 받은 소방청장, 소방본부장 또는 소방서장은 연기신청 승인 여부를 결정하고 그 결과를 조치명령 등의 이행 기간 내에 관계인 등에게 알려주어야 한다.

■ 조치명령 등의 연기사유

① 태풍, 홍수 등 재난이 발생 하여 조치명령・선임명령 또는 이행명령(이하 "조치명령 등"이라 한다)을 이행할 수 없는 경우
② 관계인이 질병, 장기출장 등으로 조치명령 등을 이행할 수 없는 경우
③ 경매 또는 양도・양수 등의 사유로 소유권이 변동되어 조치명령기간에 시정이 불가능 한 경우
④ 시장・상가・복합건축물 등 다수의 관계인으로 구성되어 조치명령기간 내에 의견조정과 시정이 불가능하다고 인정할 만한 상당한 이유가 있는 경우

■ 조치명령 등의 연기를 신청하려는 관계인 등은 행정안전부령으로 정하는 연기신청서에 연기의 사유 및 기간 등을 적어 소방청장, 소방본부장 또는 소방서장에게 제출하여야 한다.

■ 조치명령・선임명령 또는 이행명령(이하 "조치명령 등"이라 한다)의 연기를 신청하려는 관계인 등은 조치명령 등의 이행기간 만료 5일 전까지 조치명령 등의 연기신청서에 조치명령 등을 이행할 수 없음을 증명할 수 있는 서류를 첨부하여 소방청장, 소방본부장 또는 소방서장에게 제출하여야 한다.

■ 신청서를 제출받은 소방청장, 소방본부장 또는 소방서장은 신청받은 날부터 3일 이내에 조치명령 등의 연기 여부를 결정하여 조치명령 등의 연기통지서를 관계인 등에게 통지하여야 한다.

■ 누구든지 소방본부장 또는 소방서장에게 다음 각 호의 어느 하나에 해당하는 행위를 한 자를 신고할 수 있다.

① 법 제9조 제1항을 위반하여 소방시설을 설치 또는 유지・관리한 자
② 법 제9조 제3항을 위반하여 폐쇄・차단 등의 행위를 한 자
③ 법 제10조 제1항 각 호의 어느 하나에 해당하는 행위를 한 자

■ 소방본부장 또는 소방서장은 신고를 받은 경우 신고 내용을 확인하여 이를 신속하게 처리하고, 처리한 날부터 10일 이내에 위반행위 신고 내용 처리결과 통지서를 신고자에게 통지해야 한다.

■ 소방본부장 또는 소방서장은 신고를 한 사람에게 예산의 범위에서 포상금을 지급할 수 있다.

■ 신고포상금의 지급대상, 지급기준, 지급절차 등에 필요한 사항은 특별시・광역시・특별자치시・도 또는 특별자치도의 조례로 정한다.

■ 소방시설에 폐쇄・차단 등의 행위를 한 자는 5년 이하의 징역 또는 5천만원 이하의 벌금에 처한다.

■ 소방시설의 폐쇄・차단 등 행위를 하여 사람을 상해에 이르게 한 때에는 7년 이하의 징역 또는 7천만원 이하의 벌금에 처하며, 사망에 이르게 한 때에는 10년 이하의 징역 또는 1억원 이하의 벌금에 처한다.

■ 3년 이하의 징역 또는 3천만원 이하의 벌금

① 법 제5조, 제9조, 제10조, 제10조의2, 제12조, 제20조, 제36조 또는 제40조의3에 따른 조치명령을 정당한 사유 없이 위반한 자
② 관리업의 등록을 하지 아니하고 영업을 한 자
③ 소방용품의 형식승인을 받지 아니하고 소방용품을 제조하거나 수입한 자
④ 제품검사를 받지 아니한 자
⑤ 제36조 제6항을 위반하여 같은 항 각 호의 어느 하나에 해당하는 소방용품을 판매・진열하거나 소방시설공사에 사용한 자
⑥ 제품검사를 받지 아니하거나 합격표시를 하지 아니한 소방용품을 판매・진열하거나 소방시설 공사에 사용한 자
⑦ 거짓이나 그 밖의 부정한 방법으로 전문기관으로 지정을 받은 자

■ 1년 이하의 징역 또는 1천만원 이하의 벌금

① 관계인의 정당한 업무를 방해한 자, 조사·검사 업무를 수행하면서 알게 된 비밀을 제공 또는 누설하거나 목적 외의 용도로 사용한 자
② 관리업의 등록증이나 등록수첩을 다른 자에게 빌려준 자
③ 영업정지처분을 받고 그 영업정지기간 중에 관리업의 업무를 한 자
④ 소방시설등에 대한 자체점검을 하지 아니하거나 관리업자 등으로 하여금 정기적으로 점검하게 하지 아니한 자
⑤ 소방시설관리사증을 다른 자에게 빌려주거나 같은 조 제7항을 위반하여 동시에 둘 이상의 업체에 취업한 사람
⑥ 제품검사에 합격하지 아니한 제품에 합격표시를 하거나 합격표시를 위조 또는 변조하여 사용한 자
⑦ 형식승인의 변경승인을 받지 아니한 자
⑧ 제품검사에 합격하지 아니한 소방용품에 성능인증을 받았다는 표시 또는 제품검사에 합격하였다는 표시를 하거나 성능인증을 받았다는 표시 또는 제품검사에 합격하였다는 표시를 위조 또는 변조하여 사용한 자
⑨ 성능인증의 변경인증을 받지 아니한 자
⑩ 우수품질인증을 받지 아니한 제품에 우수품질인증 표시를 하거나 우수품질인증 표시를 위조하거나 변조하여 사용한 자

■ 300만원 이하의 벌금

① 제4조 제1항에 따른 소방특별조사를 정당한 사유 없이 거부·방해 또는 기피한 자
② 제13조를 위반하여 방염성능검사에 합격하지 아니한 물품에 합격표시를 하거나 합격표시를 위조하거나 변조하여 사용한 자
③ 제13조 제2항을 위반하여 거짓 시료를 제출한 자
④ 제20조 제2항을 위반하여 소방안전관리자 또는 소방안전관리보조자를 선임하지 아니한 자
④의2. 제21조를 위반하여 공동 소방안전관리자를 선임하지 아니한 자
⑤ 제20조 제8항을 위반하여 소방시설·피난시설·방화시설 및 방화구획 등이 법령에 위반된 것을 발견하였음에도 필요한 조치를 할 것을 요구하지 아니한 소방안전관리자
⑥ 제20조 제9항을 위반하여 소방안전관리자에게 불이익한 처우를 한 관계인
⑦ 제33조의3 제1항을 위반하여 점검기록표를 거짓으로 작성하거나 해당 특정소방대상물에 부착하지 아니한 자
⑧ 제45조 제8항을 위반하여 업무를 수행하면서 알게 된 비밀을 이 법에서 정한 목적 외의 용도로 사용하거나 다른 사람 또는 기관에 제공하거나 누설한 사람

■ 법인의 대표자나 법인 또는 개인의 대리인, 사용인, 그 밖의 종업원이 그 법인 또는 개인의 업무에 관하여 벌칙의 어느 하나에 해당하는 위반행위를 하면 그 행위자를 벌하는 외에 그 법인 또는 개인에게도 해당 조문의 벌금형을 과(科)한다. 다만, 법인 또는 개인이 그 위반행위를 방지하기 위하여 해당 업무에 관하여 상당한 주의와 감독을 게을리 하지 아니한 경우에는 그러하지 아니하다.

■ 과태료의 일반기준

가. 과태료 부과권자는 다음의 어느 하나에 해당하는 경우에는 제2호의 개별기준에 따른 과태료 금액의 2분의 1까지 그 금액을 줄여 부과할 수 있다. 다만, 과태료를 체납하고 있는 위반행위자에 대해서는 그러하지 아니하다.
  ① 위반행위자가 기초생활수급자, 장애인, 국가유공자, 미성년자 등에 해당하는 경우
  ② 위반행위자가 처음 위반행위를 하는 경우로서 3년 이상 해당 업종을 모범적으로 영위한 사실이 인정되는 경우
  ③ 위반행위자가 화재 등 재난으로 재산에 현저한 손실을 입거나 사업 여건의 악화로 그 사업이 중대한 위기에 처하는 등 사정이 있는 경우
  ④ 위반행위가 사소한 부주의나 오류 등 과실로 인한 것으로 인정되는 경우
  ⑤ 위반행위자가 같은 위반행위로 다른 법률에 따라 과태료・벌금・영업정지 등의 처분을 받은 경우
  ⑥ 위반행위자가 위법행위로 인한 결과를 시정하거나 해소한 경우
  ⑦ 그 밖에 위반행위의 정도, 위반행위의 동기와 그 결과 등을 고려하여 과태료를 줄일 필요가 있다고 인정되는 경우

나. 위반행위의 횟수에 따른 과태료의 가중된 부과기준은 최근 1년간 같은 위반행위로 과태료 부과처분을 받은 경우에 적용한다. 이 경우 기간의 계산은 위반행위에 대하여 과태료 부과처분을 받은 날과 그 처분 후 다시 같은 위반행위를 하여 적발된 날을 기준으로 한다.

다. 나목에 따라 가중된 부과처분을 하는 경우 가중처분의 적용 차수는 그 위반행위 전 부과처분 차수(나목에 따른 기간 내에 과태료 부과처분이 둘 이상 있었던 경우에는 높은 차수를 말한다)의 다음 차수로 한다.

■ 과태료의 개별기준

(단위 : 만원)

위반행위	근거 법조문	과태료 금액		
		1차 위반	2차 위반	3차 이상
가. 법 제9조 제1항 전단을 위반한 경우	법 제53조 제1항 제1호			
① ② 및 ③의 규정을 제외하고 소방시설을 최근 1년 이내에 2회 이상 화재안전기준에 따라 관리·유지하지 않은 경우		100		
② 소방시설을 다음에 해당하는 고장 상태 등으로 방치한 경우 ㉠ 소화펌프를 고장 상태로 방치한 경우 ㉡ 수신반, 동력(감시)제어반 또는 소방시설용 비상전원을 차단하거나, 고장난 상태로 방치하거나, 임의로 조작하여 자동으로 작동이 되지 않도록 한 경우 ㉢ 소방시설이 작동하는 경우 소화배관을 통하여 소화수가 방수되지 않는 상태 또는 소화약제가 방출되지 않는 상태로 방치한 경우		200		
③ 소방시설을 설치하지 않은 경우		300		
나. 법 제10조 제1항을 위반하여 피난시설, 방화구획 또는 방화시설을 폐쇄·훼손·변경하는 등의 행위를 한 경우	법 제53조 제1항 제2호	100	200	300
다. 법 제10조의2 제1항을 위반하여 임시소방시설을 설치·유지·관리하지 않은 경우	법 제53조 제1항 제3호	300		
라. 법 제12조 제1항을 위반한 경우(방염)	법 제53조 제2항 제1호	200		
마. 법 제20조 제4항·제31조 또는 제32조 제3항에 따른 신고를 하지 않거나 거짓으로 신고한 경우	법 제53조 제2항 제3호			
① 지연신고 기간이 1개월 미만인 경우			30	
② 지연신고 기간이 1개월 이상 3개월 미만인 경우			50	
③ 지연신고 기간이 3개월 이상이거나 신고를 하지 않은 경우			100	
④ 거짓으로 신고한 경우			200	
사. 법 제20조 제1항을 위반하여 소방안전관리 업무를 수행하지 않은 경우	법 제53조 제2항 제5호	50	100	200

아. 특정소방대상물의 관계인 또는 소방안전관리대상물의 소방안전관리자가 법 제20조 제6항에 따른 소방안전관리 업무를 하지 않은 경우	법 제53조 제2항 제6호	50	100	200
자. 법 제20조 제7항을 위반하여 소방안전관리대상물의 관계인이 소방안전관리자에 대한 지도와 감독을 하지 않은 경우	법 제53조 제2항 제7호	200		
차. 법 제21조의2 제3항을 위반하여 피난유도 안내정보를 제공하지 아니한 경우	법 제53조 제2항 제7호의2	50	100	200
카. 법 제22조 제1항을 위반하여 소방훈련 및 교육을 하지 않은 경우	법 제53조 제2항 제8호	50	100	200
타. 법 제24조 제1항을 위반하여 소방안전관리 업무를 하지 않은 경우	법 제53조 제2항 제9호	50	100	200
파. 법 제25조 제2항을 위반하여 소방시설 등의 점검결과를 보고하지 않거나 거짓으로 보고한 경우	법 제53조 제2항 제10호			
① 지연보고 기간이 1개월 미만인 경우		30		
② 지연보고 기간이 1개월 이상 3개월 미만인 경우		50		
③ 지연보고 기간이 3개월 이상 또는 보고하지 않은 경우		100		
④ 거짓으로 보고한 경우		200		
하. 관리업자가 법 제33조 제2항을 위반하여 지위승계, 행정처분 또는 휴업·폐업의 사실을 특정소방대상물의 관계인에게 알리지 않거나 거짓으로 알린 경우	법 제53조 제2항 제11호	200		
거. 관리업자가 법 제33조 제3항을 위반하여 기술인력의 참여 없이 자체점검을 실시한 경우	법 제53조 제2항 제12호	200		
너. 관리업자가 법 제33조의2 제2항에 따른 서류를 거짓으로 제출한 경우	법 제53조 제2항 제12호의2	200		
더. 소방안전관리자 및 소방안전관리보조자가 법 제41조 제1항 제1호 또는 제2호를 위반하여 실무 교육을 받지 않은 경우	법 제53조 제3항	50		
러. 법 제46조 제1항에 따른 명령을 위반하여 보고 또는 자료제출을 하지 않거나 거짓으로 보고 또는 자료제출을 한 경우 또는 정당한 사유 없이 관계 공무원의 출입 또는 조사·검사를 거부·방해 또는 기피한 경우	법 제53조 제2항 제13호	50	100	200

■ 특정소방대상물

1. 공동주택
   가. 아파트등 : 주택으로 쓰이는 층수가 5층 이상인 주택
   나. 기숙사 : 학교 또는 공장 등에서 학생이나 종업원 등을 위하여 쓰는 것으로서 공동취사 등을 할 수 있는 구조를 갖추되, 독립된 주거의 형태를 갖추지 않은 것(학생복지주택을 포함한다)
2. 근린생활시설
   가. 슈퍼마켓과 일용품(식품, 잡화, 의류, 완구, 서적, 건축자재, 의약품, 의료기기 등) 등의 소매점으로서 같은 건축물(하나의 대지에 두 동 이상의 건축물이 있는 경우에는 이를 같은 건축물로 본다)에 해당 용도로 쓰는 바닥면적의 합계가 1천m^2 미만인 것
   나. 휴게음식점, 제과점, 일반음식점, 기원(棋院), 노래연습장 및 단란주점(단란주점은 같은 건축물에 해당 용도로 쓰는 바닥면적의 합계가 150m^2 미만인 것만 해당한다)
   다. 이용원, 미용원, 목욕장 및 세탁소(공장이 부설된 것과 배출시설의 설치허가 또는 신고의 대상이 되는 것은 제외한다)
   라. 의원, 치과의원, 한의원, 침술원, 접골원(接骨院), 조산원, 산후조리원 및 안마원(안마시술소를 포함한다)
   마. 탁구장, 테니스장, 체육도장, 체력단련장, 에어로빅장, 볼링장, 당구장, 실내낚시터, 골프연습장, 물놀이형 시설 그 밖에 이와 비슷한 것으로서 같은 건축물에 해당 용도로 쓰는 바닥면적의 합계가 500m^2 미만인 것
   바. 공연장(극장, 영화상영관, 연예장, 음악당, 서커스장, 비디오물감상실업의 시설, 비디오물소극장업의 시설) 또는 종교집회장[교회, 성당, 사찰, 기도원, 수도원, 수녀원, 제실(祭室), 사당]으로서 같은 건축물에 해당 용도로 쓰는 바닥면적의 합계가 300m^2 미만인 것
   사. 금융업소, 사무소, 부동산중개사무소, 결혼상담소 등 소개업소, 출판사, 서점으로서 같은 건축물에 해당 용도로 쓰는 바닥면적의 합계가 500m^2 미만인 것
   아. 제조업소, 수리점으로서 같은 건축물에 해당 용도로 쓰는 바닥면적의 합계가 500m^2 미만이고, 배출시설의 설치허가 또는 신고의 대상이 아닌 것
   자. 청소년게임제공업 및 일반게임제공업의 시설, 인터넷컴퓨터게임시설제공업의 시설, 복합유통게임 제공업의 시설로서 같은 건축물에 해당 용도로 쓰는 바닥면적의 합계가 500m^2 미만인 것
   차. 사진관, 표구점, 학원(같은 건축물에 해당 용도로 쓰는 바닥면적의 합계가 500m^2 미만인 것만 해당하며, 자동차학원 및 무도학원은 제외한다), 독서실, 고시원(다중이용업 중 고시원업의 시설로서 독립된 주거의 형태를 갖추지 않은 것으로서 같은 건축물에 해당 용도로 쓰는 바닥면적의 합계가 500m^2 미만인 것을 말한다), 장의사, 동물병원, 총포판매사, 그 밖에 이와 비슷한 것
   카. 의약품 판매소, 의료기기 판매소 및 자동차영업소로서 같은 건축물에 해당 용도로 쓰는 바닥면적의 합계가 1천m^2 미만인 것

3. 문화 및 집회시설
   가. 공연장으로서 근린생활시설에 해당하지 않는 것
   나. 집회장 : 예식장, 공회당, 회의장, 마권(馬券) 장외 발매소, 마권 전화투표소로서 근린생활시설에 해당하지 않는 것
   다. 관람장 : 경마장, 경륜장, 경정장, 자동차 경기장, 체육관 및 운동장으로서 관람석의 바닥면적의 합계가 1천m^2 이상인 것
   라. 전시장 : 박물관, 미술관, 과학관, 문화관, 체험관, 기념관, 산업전시장, 박람회장, 견본주택
   마. 동・식물원 : 동물원, 식물원, 수족관, 그 밖에 이와 비슷한 것

4. 종교시설
   가. 종교집회장으로서 근린생활시설에 해당하지 않는 것
   나. 가목의 종교집회장에 설치하는 봉안당(奉安堂)

5. 판매시설
   가. 도매시장 : 농수산물도매시장, 농수산물공판장(그 안에 있는 근린생활시설을 포함한다)
   나. 소매시장 : 시장, 대규모점포(그 안에 있는 근린생활시설을 포함한다)
   다. 전통시장 : 그 안에 있는 근린생활시설을 포함하며, 노점형 시장은 제외한다.
   라. 상점 : 다음의 어느 하나에 해당하는 것(그 안에 있는 근린생활시설을 포함한다)
      ① 제2호 가목에 해당하는 용도로서 같은 건축물에 해당 용도로 쓰는 바닥면적 합계가 1천m^2 이상인 것
      ② 제2호 자목에 해당하는 용도로서 같은 건축물에 해당 용도로 쓰는 바닥면적 합계가 500m^2 이상인 것

6. 운수시설
   가. 여객자동차터미널
   나. 철도 및 도시철도 시설(정비창 등 관련 시설을 포함한다)
   다. 공항시설(항공관제탑을 포함한다)
   라. 항만시설 및 종합여객시설

7. 의료시설
   가. 병원 : 종합병원, 병원, 치과병원, 한방병원, 요양병원
   나. 격리병원 : 전염병원, 마약진료소, 그 밖에 이와 비슷한 것
   다. 정신의료기관
   라. 「장애인복지법」 제58조 제1항 제4호에 따른 장애인 의료재활시설

8. 교육연구시설
   가. 학 교
      ① 초등학교, 중학교, 고등학교, 특수학교, 그 밖에 이에 준하는 학교 : 교사(校舍)(병설유치원으로 사용되는 부분은 제외), 체육관, 급식시설, 합숙소

② 대학, 대학교, 그 밖에 이에 준하는 각종 학교 : 교사 및 합숙소

나. 교육원(연수원, 그 밖에 이와 비슷한 것을 포함한다)

다. 직업훈련소

라. 학원(근린생활시설에 해당하는 것과 자동차운전학원 · 정비학원 및 무도학원은 제외한다)

마. 연구소(연구소에 준하는 시험소와 계량계측소를 포함한다)

바. 도서관

9. 노유자시설

가. 노인 관련 시설 : 노인주거복지시설, 노인의료복지시설, 노인여가복지시설, 주 · 야간보호서비스나 단기보호서비스를 제공하는 재가노인복지시설(재가장기요양기관을 포함), 노인보호전문기관, 노인 일자리지원기관, 학대피해노인 전용쉼터

나. 아동 관련 시설 : 아동복지시설, 어린이집, 유치원(제8호 가목 ①에 따른 학교의 교사 중 병설유치원으로 사용되는 부분을 포함)

다. 장애인 관련 시설 : 장애인 거주시설, 장애인 지역사회재활시설(장애인 심부름센터, 한국수어 통역 센터, 점자도서 및 녹음서 출판시설 등 장애인이 직접 그 시설 자체를 이용하는 것을 주된 목적으로 하지 않는 시설은 제외), 장애인 직업재활시설

라. 정신질환자 관련 시설 : 정신재활시설(생산품판매시설은 제외한다), 정신요양시설

마. 노숙인 관련 시설 : 노숙인복지시설(노숙인일시보호시설, 노숙인자활시설, 노숙인재활시설, 노숙인 요양시설 및 쪽방삼당소만 해당), 노숙인종합지원센터

바. 사회복지시설 중 결핵환자 또는 한센인 요양시설 등 다른 용도로 분류되지 않는 것

10. 수련시설

가. 생활권 수련시설 : 청소년수련관, 청소년문화의집, 청소년특화시설,

나. 자연권 수련시설 : 청소년수련원, 청소년야영장

다. 유스호스텔

11. 운동시설

가. 탁구장, 체육도장, 테니스장, 체력단련장, 에어로빅장, 볼링장, 당구장, 실내낚시터, 골프연습장, 물놀이형 시설, 그 밖에 이와 비슷한 것으로서 근린생활시설에 해당하지 않는 것

나. 체육관으로서 관람석이 없거나 관람석의 바닥면적이 1천m^2 미만인 것

다. 운동장 : 육상장, 구기장, 볼링장, 수영장, 스케이트장, 롤러스케이트장, 승마장, 사격장, 궁도장, 골프장 등과 이에 딸린 건축물로서 관람석이 없거나 관람석의 바닥면적이 1천m^2 미만인 것

12. 업무시설

가. 공공업무시설 : 국가 또는 지방자치단체의 청사와 외국공관의 건축물로서 근린생활시설에 해당하지 않는 것

나. 일반업무시설 : 금융업소, 사무소, 신문사, 오피스텔 그 밖에 이와 비슷한 것으로서 근린생활시설에 해당하지 않는 것

다. 주민자치센터(동사무소), 경찰서, 지구대, 파출소, 소방서, 119안전센터, 우체국, 보건소, 공공도서관, 국민건강보험공단

라. 마을회관, 마을공동작업소, 마을공동구판장

마. 변전소, 양수장, 정수장, 대피소, 공중화장실

13. 숙박시설

가. 일반형 숙박시설

나. 생활형 숙박시설

다. 고시원(근린생활시설에 해당하지 않는 것을 말한다)

14. 위락시설

가. 단란주점으로서 근린생활시설에 해당하지 않는 것

나. 유흥주점, 그 밖에 이와 비슷한 것

다. 유원시설업(遊園施設業)의 시설, 그 밖에 이와 비슷한 시설(근린생활시설에 해당하는 것은 제외)

라. 무도장 및 무도학원

마. 카지노영업소

15. 공 장

물품의 제조·가공[세탁·염색·도장(塗裝)·표백·재봉·건조·인쇄 등을 포함한다] 또는 수리에 계속적으로 이용되는 건축물로서 근린생활시설, 위험물 저장 및 처리 시설, 항공기 및 자동차 관련 시설, 분뇨 및 쓰레기 처리시설, 묘지 관련 시설 등으로 따로 분류되지 않는 것

16. 창고시설(위험물 저장 및 처리 시설 또는 그 부속용도에 해당하는 것은 제외한다)

가. 창고(물품저장시설로서 냉장·냉동 창고를 포함한다)

나. 하역장

다. 물류터미널

라. 집배송시설

17. 위험물 저장 및 처리 시설

가. 위험물 제조소등

나. 가스시설 : 지상에 노출된 산소 또는 가연성 가스 탱크의 저장용량의 합계가 100톤 이상이거나 저장용량이 30톤 이상인 탱크가 있는 가스시설로서 다음의 어느 하나에 해당하는 것

① 가스 제조시설

② 가스 저장시설

③ 가스 취급시설

18. 항공기 및 자동차 관련 시설(건설기계 관련 시설을 포함한다)

가. 항공기격납고

나. 차고, 주차용 건축물, 철골 조립식 주차시설(바닥면이 조립식이 아닌 것을 포함한다) 및 기계장치에 의한 주차시설

다. 세차장
라. 폐차장
마. 자동차 검사장
바. 자동차 매매장
사. 자동차 정비공장
아. 운전학원・정비학원
자. 다음의 건축물을 제외한 건축물의 내부(필로티와 건축물 지하를 포함한다)에 설치된 주차장
① 단독주택
② 공동주택 중 50세대 미만인 연립주택 또는 50세대 미만인 다세대주택
차. 「여객자동차 운수사업법」, 「화물자동차 운수사업법」 및 「건설기계관리법」에 따른 차고 및 주기장(駐機場)

19. 동물 및 식물 관련 시설
가. 축사[부화장(孵化場)을 포함한다]
나. 가축시설 : 가축용 운동시설, 인공수정센터, 관리사(管理舍), 가축용 창고, 가축시장, 동물검역소, 실험동물 사육시설
다. 도축장
라. 도계장
마. 작물 재배사(栽培舍)
바. 종묘배양시설
사. 화초 및 분재 등의 온실
아. 식물과 관련된 마목부터 사목까지의 시설과 비슷한 것(동・식물원은 제외한다)

20. 자원순환 관련 시설
가. 하수 등 처리시설
나. 고물상
다. 폐기물재활용시설
라. 폐기물처분시설
마. 폐기물감량화시설

21. 교정 및 군사시설
가. 보호감호소, 교도소, 구치소 및 그 지소
나. 보호관찰소, 갱생보호시설, 그 밖에 범죄자의 갱생・보호・교육・보건 등의 용도로 쓰는 시설
다. 치료감호시설
라. 소년원 및 소년분류심사원
마. 「출입국관리법」 제52조 제2항에 따른 보호시설
바. 「경찰관 직무집행법」 제9조에 따른 유치장
사. 국방・군사시설

22. 방송통신시설
    가. 방송국(방송프로그램 제작시설 및 송신・수신・중계시설을 포함한다)
    나. 전신전화국
    다. 촬영소
    라. 통신용 시설
    마. 그 밖에 가목부터 라목까지의 시설과 비슷한 것

23. 발전시설
    가. 원자력발전소
    나. 화력발전소
    다. 수력발전소(조력발전소를 포함한다)
    라. 풍력발전소
    마. 전기저장시설[20킬로와트시(kwh)를 초과하는 리튬・나트륨・레독스플로우 계열의 이차전지를 이용한 전기저장장치의 시설을 말한다]
    바. 그 밖에 가목부터 마목까지의 시설과 비슷한 것(집단에너지 공급시설을 포함한다)

24. 묘지 관련 시설
    가. 화장시설
    나. 봉안당(제4호 나목의 봉안당은 제외한다)
    다. 묘지와 자연장지에 부수되는 건축물
    라. 동물화장시설, 동물건조장(乾燥葬)시설 및 동물 전용의 납골시설

25. 관광 휴게시설
    가. 야외음악당
    나. 야외극장
    다. 어린이회관
    라. 관망탑
    마. 휴게소
    바. 공원・유원지 또는 관광지에 부수되는 건축물

26. 장례시설
    가. 장례식장(의료시설의 부수시설 제외)
    나. 동물 전용의 장례식장

27. 지하가

지하의 인공구조물 안에 설치되어 있는 상점, 사무실, 그 밖에 이와 비슷한 시설이 연속하여 지하도에 면하여 설치된 것과 그 지하도를 합한 것

가. 지하상가
나. 터널 : 차량(궤도차량용은 제외한다) 등의 통행을 목적으로 지하, 해저 또는 산을 뚫어서 만든 것

28. 지하구
가. 전력·통신용의 전선이나 가스·냉난방용의 배관 또는 이와 비슷한 것을 집합수용하기 위하여 설치한 지하 인공구조물로서 사람이 점검 또는 보수를 하기 위하여 출입이 가능한 것 중 다음의 어느 하나에 해당하는 것
① 전력 또는 통신사업용 지하 인공구조물로서 전력구(케이블 접속부가 없는 경우에는 제외) 또는 통신구 방식으로 설치된 것
② ①외의 지하 인공구조물로서 폭이 1.8m 이상이고 높이가 2m 이상이며 길이가 50m 이상인 것
나. 「국토의 계획 및 이용에 관한 법률」 제2조 제9호에 따른 공동구

29. 문화재
「문화재보호법」에 따라 문화재로 지정된 건축물

30. 복합건축물
가. 하나의 건축물이 제1호부터 제27호까지의 것 중 둘 이상의 용도로 사용되는 것. 다만, 다음의 어느 하나에 해당하는 경우에는 복합건축물로 보지 않는다.
① 관계 법령에서 주된 용도의 부수시설로서 그 설치를 의무화하고 있는 용도 또는 시설
② 주택 안에 부대시설 또는 복리시설이 설치되는 특정소방대상물
③ 건축물의 주된 용도의 기능에 필수적인 용도로서 다음의 어느 하나에 해당하는 용도
㉠ 건축물의 설비, 대피 또는 위생을 위한 용도, 그 밖에 이와 비슷한 용도
㉡ 사무, 작업, 집회, 물품저장 또는 주차를 위한 용도, 그 밖에 이와 비슷한 용도
㉢ 구내식당, 구내세탁소, 구내운동시설 등 종업원후생복리시설(기숙사는 제외) 또는 구내소각 시설의 용도, 그 밖에 이와 비슷한 용도
나. 하나의 건축물이 근린생활시설, 판매시설, 업무시설, 숙박시설 또는 위락시설의 용도와 주택의 용도로 함께 사용되는 것

■ 소방시설의 종류(소화설비)

소화설비 : 물 또는 그 밖의 소화약제를 사용하여 소화하는 기계·기구 또는 설비
가. 소화기구
① 소화기
② 간이소화용구 : 에어로졸식 소화용구, 투척용 소화용구, 소공간용 소화용구 및 소화약제 외의 것을 이용한 간이소화용구
③ 자동확산소화기

나. 자동소화장치
① 주거용 주방자동소화장치
② 상업용 주방자동소화장치
③ 캐비닛형 자동소화장치
④ 가스자동소화장치
⑤ 분말자동소화장치
⑥ 고체에어로졸자동소화장치

다. 옥내소화전설비(호스릴옥내소화전설비를 포함한다)

라. 스프링클러설비등
① 스프링클러설비
② 간이스프링클러설비(캐비닛형 간이스프링클러설비를 포함한다)
③ 화재조기진압용 스프링클러설비

마. 물분무등소화설비
① 물 분무 소화설비
② 미분무소화설비
③ 포소화설비
④ 이산화탄소소화설비
⑤ 할론소화설비
⑥ 할로겐화합물 및 불활성기체(다른 원소와 화학 반응을 일으키기 어려운 기체를 말한다) 소화설비
⑦ 분말소화설비
⑧ 강화액소화설비
⑨ 고체에어로졸소화설비

바. 옥외소화전설비

■ 소방시설의 종류(경보설비)

• 경보설비 : 화재발생 사실을 통보하는 기계·기구 또는 설비

가. 단독경보형 감지기

나. 비상경보설비
① 비상벨설비
② 자동식사이렌설비

다. 시각경보기

라. 자동화재탐지설비

마. 비상방송설비

바. 자동화재속보설비

사. 통합감시시설

아. 누전경보기

자. 가스누설경보기

■ 소방시설의 종류(피난구조설비)

• 피난구조설비 : 화재가 발생할 경우 피난하기 위하여 사용하는 기구 또는 설비

가. 피난기구

① 피난사다리

② 구조대

③ 완강기

④ 그 밖에 화재안전기준으로 정하는 것

나. 인명구조기구

① 방열복, 방화복(안전모, 보호장갑 및 안전화를 포함한다)

② 공기호흡기

③ 인공소생기

다. 유도등

① 피난유도선

② 피난구유도등

③ 통로유도등

④ 객석유도등

⑤ 유도표지

라. 비상조명등 및 휴대용비상조명등

■ 소방시설의 종류(소화용수설비)

• 소화용수설비 : 화재를 진압하는 데 필요한 물을 공급하거나 저장하는 설비

가. 상수도소화용수설비

나. 소화수조 · 저수조, 그 밖의 소화용수설비

■ 소방시설의 종류(소화활동설비)

• 소화활동설비 : 화재를 진압하거나 인명구조 활동을 위하여 사용하는 설비

가. 제연설비

나. 연결송수관설비

다. 연결살수설비

라. 비상콘센트설비

마. 무선통신보조설비

바. 연소방지설비

■ 특정소방대상물의 관계인이 특정소방대상물의 규모·용도 및 수용인원 등을 고려하여 갖추어야 하는 소방시설의 종류

1. 소화설비

가. 화재안전기준에 따라 소화기구를 설치하여야 하는 특정소방대상물은 다음의 어느 하나와 같다.

① 연면적 33m² 이상인 것. 다만, 노유자시설의 경우에는 투척용 소화용구 등을 화재안전기준에 따라 산정된 소화기 수량의 2분의 1 이상으로 설치할 수 있다.

② ①에 해당하지 않는 시설로서 가스시설, 발전시설 중 전기저장시설 및 지정문화재

③ 터 널

④ 지하구

나. 자동소화장치를 설치하여야 하는 특정소방대상물은 다음의 어느 하나와 같다.

① 주거용 주방자동소화장치를 설치하여야 하는 것 : 아파트등 및 30층 이상 오피스텔의 모든 층

② 캐비닛형 자동소화장치, 가스자동소화장치, 분말자동소화장치 또는 고체에어로졸자동소화장치를 설치하여야 하는 것 : 화재안전기준에서 정하는 장소

다. 옥내소화전설비를 설치하여야 하는 특정소방대상물(위험물 저장 및 처리 시설 중 가스시설, 지하구 및 방재실 등에서 스프링클러설비 또는 물분무등소화설비를 원격으로 조정할 수 있는 업무시설 중 무인변전소는 제외한다)은 다음의 어느 하나와 같다.

① 연면적 3천m² 이상(지하가 중 터널은 제외한다)이거나 지하층·무창층(축사는 제외한다) 또는 층수가 4층 이상인 것 중 바닥면적이 600m² 이상인 층이 있는 것은 모든 층

② 지하가 중 터널로서 다음에 해당하는 터널

㉠ 길이가 1천 미터 이상인 터널

㉡ 예상교통량, 경사도 등 터널의 특성을 고려하여 총리령으로 정하는 터널

③ ①에 해당하지 않는 근린생활시설, 판매시설, 운수시설, 의료시설, 노유자시설, 업무시설, 숙박시설, 위락시설, 공장, 창고시설, 항공기 및 자동차 관련 시설, 교정 및 군사시설 중 국방 ·군사시설, 방송통신시설, 발전시설, 장례시설 또는 복합건축물로서 연면적 1천5백m² 이상이거나 지하층·무창층 또는 층수가 4층 이상인 층 중 바닥면적이 300m² 이상인 층이 있는 것은 모든 층

④ 건축물의 옥상에 설치된 차고 또는 주차장으로서 차고 또는 주차의 용도로 사용되는 부분의 면적이 200m² 이상인 것

⑤ ① 및 ③에 해당하지 않는 공장 또는 창고시설로서 「소방기본법 시행령」 별표 2에서 정하는 수량의 750배 이상의 특수가연물을 저장・취급하는 것

라. 스프링클러설비를 설치하여야 하는 특정소방대상물(위험물 저장 및 처리 시설 중 가스시설 또는 지하구는 제외한다)은 다음의 어느 하나와 같다.

① 문화 및 집회시설(동・식물원은 제외한다), 종교시설(주요구조부가 목조인 것은 제외한다), 운동시설(물놀이형 시설은 제외한다)로서 다음의 어느 하나에 해당하는 경우에는 모든 층

㉠ 수용인원이 100명 이상인 것

㉡ 영화상영관의 용도로 쓰이는 층의 바닥면적이 지하층 또는 무창층인 경우에는 500m^2 이상, 그 밖의 층의 경우에는 1천m^2 이상인 것

㉢ 무대부가 지하층・무창층 또는 4층 이상의 층에 있는 경우에는 무대부의 면적이 300m^2 이상인 것

㉣ 무대부가 ㉢ 외의 층에 있는 경우에는 무대부의 면적이 500m^2 이상인 것

② 판매시설, 운수시설 및 창고시설(물류터미널에 한정한다)로서 바닥면적의 합계가 5천m^2 이상이거나 수용인원이 500명 이상인 경우에는 모든 층

③ 층수가 6층 이상인 특정소방대상물의 경우에는 모든 층. 다만, 다음의 어느 하나에 해당하는 경우에는 제외한다.

㉠ 주택 관련 법령에 따라 기존의 아파트 등을 리모델링하는 경우로서 건축물의 연면적 및 층높이가 변경되지 않는 경우. 이 경우 해당 아파트 등의 사용검사 당시의 소방시설의 설치에 관한 대통령령 또는 화재안전기준을 적용한다.

㉡ 스프링클러설비가 없는 기존의 특정소방대상물을 용도변경하는 경우. 다만, ①・②・④・⑤ 및 ⑧부터 ⑫까지의 규정에 해당하는 특정소방대상물로 용도변경 하는 경우에는 해당 규정에 따라 스프링클러설비를 설치한다.

④ 다음의 어느 하나에 해당하는 용도로 사용되는 시설의 바닥면적의 합계가 600m^2 이상인 것은 모든 층

㉠ 근린생활시설 중 조산원 및 산후조리원

㉡ 의료시설 중 정신의료기관

㉢ 의료시설 중 종합병원, 병원, 치과병원, 한방병원 및 요양병원(정신병원은 제외)

㉣ 노유자시설

㉤ 숙박이 가능한 수련시설

⑤ 창고시설(물류터미널은 제외한다)로서 바닥면적 합계가 5천m^2 이상인 경우에는 모든 층

⑥ 천장 또는 반자(반자가 없는 경우에는 지붕의 옥내에 면하는 부분)의 높이가 10m를 넘는 랙식 창고(rack warehouse, 물건을 수납할 수 있는 선반이나 이와 비슷한 것을 갖춘 것을 말한다)로서 바닥면적의 합계가 1천5백m^2 이상인 것

⑦ ①부터 ⑥까지의 특정소방대상물에 해당하지 않는 특정소방대상물의 지하층 · 무창층(축사는 제외) 또는 층수가 4층 이상인 층으로서 바닥면적이 1천m^2 이상인 층

⑧ ⑥에 해당하지 않는 공장 또는 창고시설로서 다음의 어느 하나에 해당하는 시설

㉠ 「소방기본법 시행령」 별표 2에서 정하는 수량의 1천배 이상의 특수가연물을 저장 · 취급하는 시설

㉡ 「원자력안전법 시행령」 제2조 제1호에 따른 중 · 저준위방사성폐기물의 저장시설 중 소화수를 수집 · 처리하는 설비가 있는 저장시설

⑨ 지붕 또는 외벽이 불연재료가 아니거나 내화구조가 아닌 공장 또는 창고시설로서 다음의 어느 하나에 해당하는 것

㉠ 창고시설(물류터미널에 한정한다) 중 ②에 해당하지 않는 것으로서 바닥면적의 합계가 2천5백m^2 이상이거나 수용인원이 250명 이상인 것

㉡ 창고시설(물류터미널은 제외한다) 중 ⑤에 해당하지 않는 것으로서 바닥면적의 합계가 2천5백m^2 이상인 것

㉢ 랙식 창고시설 중 ⑥에 해당하지 않는 것으로서 바닥면적의 합계가 750m^2 이상인 것

㉣ 공장 또는 창고시설 중 ⑦에 해당하지 않는 것으로서 지하층 · 무창층 또는 층수가 4층 이상인 것 중 바닥면적이 500m^2 이상인 것

㉤ 공장 또는 창고시설 중 ⑧ ㉠에 해당하지 않는 것으로서 「소방기본법 시행령」 별표 2에서 정하는 수량의 500배 이상의 특수가연물을 저장 · 취급하는 시설

⑩ 지하가(터널은 제외한다)로서 연면적 1천m^2 이상인 것

⑪ 기숙사(교육연구시설 · 수련시설 내에 있는 학생 수용을 위한 것을 말한다) 또는 복합건축물로서 연면적 5천m^2 이상인 경우에는 모든 층

⑫ 교정 및 군사시설 중 다음의 어느 하나에 해당하는 경우에는 해당 장소

㉠ 보호감호소, 교도소, 구치소 및 그 지소, 보호관찰소, 갱생보호시설, 치료감호시설, 소년원 및 소년분류심사원의 수용거실

㉡ 「출입국관리법」 제52조 제2항에 따른 보호시설(외국인보호소의 경우에는 보호대상자의 생활공간으로 한정한다. 이하 같다)로 사용하는 부분. 다만, 보호시설이 임차건물에 있는 경우는 제외한다.

㉢ 「경찰관 직무집행법」 제9조에 따른 유치장

⑬ 발전시설 중 전기저장시설

⑭ ①부터 ⑬까지의 특정소방대상물에 부속된 보일러실 또는 연결통로 등

마. 간이스프링클러설비를 설치하여야 하는 특정소방대상물은 다음의 어느 하나와 같다.

① 근린생활시설 중 다음의 어느 하나에 해당하는 것

㉠ 근린생활시설로 사용하는 부분의 바닥면적 합계가 1천m^2 이상인 것은 모든 층

㉡ 의원, 치과의원 및 한의원으로서 입원실이 있는 시설

㉢ 조산원 및 산후조리원으로서 연면적 600m^2 미만인 시설

② 교육연구시설 내에 합숙소로서 연면적 $100m^2$ 이상인 것
③ 의료시설 중 다음의 어느 하나에 해당하는 시설
㉠ 종합병원, 병원, 치과병원, 한방병원 및 요양병원(정신병원과 의료재활시설은 제외한다)으로 사용되는 바닥면적의 합계가 $600m^2$ 미만인 시설
㉡ 정신의료기관 또는 의료재활시설로 사용되는 바닥면적의 합계가 $300m^2$ 이상 $600m^2$ 미만인 시설
㉢ 정신의료기관 또는 의료재활시설로 사용되는 바닥면적의 합계가 $300m^2$ 미만이고, 창살(철재·플라스틱 또는 목재 등으로 사람의 탈출 등을 막기 위하여 설치한 것을 말하며, 화재 시 자동으로 열리는 구조로 되어 있는 창살은 제외한다)이 설치된 시설
④ 노유자시설로서 다음의 어느 하나에 해당하는 시설
㉠ 제12조 제1항 제6호 각 목에 따른 시설[제12조 제1항 제6호 가목 2) 및 같은 호 나목부터 바목까지의 시설 중 단독주택 또는 공동주택에 설치되는 시설은 제외하며, 이하 "노유자 생활시설"이라 한다]
㉡ ㉠에 해당하지 않는 노유자시설로 해당 시설로 사용하는 바닥면적의 합계가 $300m^2$ 이상 $600m^2$ 미만인 시설
㉢ ㉠에 해당하지 않는 노유자시설로 해당 시설로 사용하는 바닥면적의 합계가 $300m^2$ 미만이고, 창살(철재·플라스틱 또는 목재 등으로 사람의 탈출 등을 막기 위하여 설치한 것을 말하며, 화재 시 자동으로 열리는 구조로 되어 있는 창살은 제외한다)이 설치된 시설
⑤ 건물을 임차하여 「출입국관리법」 제52조 제2항에 따른 보호시설로 사용하는 부분
⑥ 숙박시설 중 생활형 숙박시설로서 해당 용도로 사용되는 바닥면적의 합계가 $600m^2$ 이상인 것
⑦ 복합건축물(별표 2 제30호 나목의 복합건축물만 해당한다)로서 연면적 1천m^2 이상인 것은 모든 층

바. 물분무등소화설비를 설치하여야 하는 특정소방대상물(위험물 저장 및 처리 시설 중 가스시설 또는 지하구는 제외)은 다음의 어느 하나와 같다.
① 항공기 및 자동차 관련 시설 중 항공기격납고
② 차고, 주차용 건축물 또는 철골 조립식 주차시설. 이 경우 연면적 $800m^2$ 이상인 것만 해당
③ 건축물 내부에 설치된 차고 또는 주차장으로서 차고 또는 주차의 용도로 사용되는 부분의 바닥 면적이 $200m^2$ 이상인 층
④ 기계장치에 의한 주차시설을 이용하여 20대 이상의 차량을 주차할 수 있는 것
⑤ 특정소방대상물에 설치된 전기실·발전실·변전실(가연성 절연유를 사용하지 않는 변압기·전류차단기 등의 전기기기와 가연성 피복을 사용하지 않은 전선 및 케이블만을 설치한 전기실·발전실 및 변전실은 제외한다)·축전지실·통신기기실 또는 전산실, 그 밖에 이와 비슷한 것으로서 바닥면적이 $300m^2$ 이상인 것[하나의 방화구획 내에 둘 이상의 실(室)

이 설치되어 있는 경우에는 이를 하나의 실로 보아 바닥면적을 산정한다]. 다만, 내화구조로 된 공정제어실 내에 설치된 주조정실로서 양압시설이 설치되고 전기기기에 220볼트 이하인 저전압이 사용되며 종업원이 24시간 상주하는 곳은 제외한다.

⑥ 소화수를 수집・처리하는 설비가 설치되어 있지 않은 중・저준위방사성폐기물의 저장시설. 다만, 이 경우에는 이산화탄소소화설비, 할론소화 설비 또는 할로겐화합물 및 불활성기체 소화설비를 설치하여야 한다.

⑦ 지하가 중 예상 교통량, 경사도 등 터널의 특성을 고려하여 행정안전부령으로 정하는 터널. 다만, 이 경우에는 물분무소화설비를 설치하여야 한다.

⑧ 「문화재보호법」 제2조 제3항 제1호 및 제2호에 따른 지정문화재 중 소방청장이 문화재청장과 협의하여 정하는 것

사. 옥외소화전설비를 설치하여야 하는 특정소방대상물(아파트등, 위험물 저장 및 처리 시설 중 가스시설, 지하구 또는 지하가 중 터널은 제외한다)은 다음의 어느 하나와 같다.

① 지상 1층 및 2층의 바닥면적의 합계가 9천m^2 이상인 것. 이 경우 같은 구(區) 내의 둘 이상의 특정소방대상물이 행정안전부령으로 정하는 연소(延燒) 우려가 있는 구조인 경우에는 이를 하나의 특정소방대상물로 본다.

② 「문화재보호법」 제23조에 따라 보물 또는 국보로 지정된 목조건축물

③ ①에 해당하지 않는 공장 또는 창고시설로서 「소방기본법 시행령」 별표 2에서 정하는 수량의 750배 이상의 특수가연물을 저장・취급하는 것

2. 경보설비

가. 비상경보설비를 설치하여야 할 특정소방대상물(지하구, 모래・석재 등 불연재료 창고 및 위험물 저장・처리 시설 중 가스시설은 제외한다)은 다음의 어느 하나와 같다.

① 연면적 400m^2(지하가 중 터널 또는 사람이 거주하지 않거나 벽이 없는 축사 등 동・식물 관련시설은 제외) 이상이거나 지하층 또는 무창층의 바닥면적이 150m^2(공연장의 경우 100m^2) 이상인 것

② 지하가 중 터널로서 길이가 500m 이상인 것

③ 50명 이상의 근로자가 작업하는 옥내 작업장

나. 비상방송설비를 설치하여야 하는 특정소방대상물(위험물 저장 및 처리 시설 중 가스시설, 사람이 거주하지 않는 동물 및 식물 관련 시설, 지하가 중 터널, 축사 및 지하구는 제외)은 다음의 어느 하나와 같다.

① 연면적 3천5백m^2 이상인 것

② 지하층을 제외한 층수가 11층 이상인 것

③ 지하층의 층수가 3층 이상인 것

다. 누전경보기는 계약전류용량(같은 건축물에 계약 종류가 다른 전기가 공급되는 경우에는 그 중 최대계약전류용량을 말한다)이 100암페어를 초과하는 특정소방대상물(내화구조가 아닌 건축물로서 벽·바닥 또는 반자의 전부나 일부를 불연재료 또는 준불연재료가 아닌 재료에 철망을 넣어 만든 것만 해당한다)에 설치하여야 한다. 다만, 위험물 저장 및 처리 시설 중 가스시설, 지하가 중 터널 또는 지하구의 경우에는 그러하지 아니하다.

라. 자동화재탐지설비를 설치하여야 하는 특정소방대상물은 다음의 어느 하나와 같다.

① 근린생활시설(목욕장은 제외), 의료시설(정신의료기관 또는 요양병원은 제외), 숙박시설, 위락시설, 장례시설 및 복합건축물로서 연면적 $600m^2$ 이상인 것

② 공동주택, 근린생활시설 중 목욕장, 문화 및 집회시설, 종교시설, 판매시설, 운수시설, 운동시설, 업무시설, 공장, 창고시설, 위험물 저장 및 처리 시설, 항공기 및 자동차 관련 시설, 교정 및 군사 시설 중 국방·군사시설, 방송통신시설, 발전시설, 관광 휴게시설, 지하가(터널은 제외)로서 연면적 1천m^2 이상인 것

③ 교육연구시설(교육시설 내에 있는 기숙사 및 합숙소를 포함), 수련시설(수련시설 내에 있는 기숙사 및 합숙소를 포함, 숙박시설이 있는 수련시설은 제외), 동물 및 식물 관련 시설(기둥과 지붕만으로 구성되어 외부와 기류가 통하는 장소는 제외), 분뇨 및 쓰레기 처리시설, 교정 및 군사시설 (국방·군사시설은 제외) 또는 묘지 관련 시설로서 연면적 2천m^2 이상인 것

④ 지하구

⑤ 지하가 중 터널로서 길이가 1천m 이상인 것

⑥ 노유자 생활시설

⑦ ⑥에 해당하지 않는 노유자시설로서 연면적 $400m^2$ 이상인 노유자시설 및 숙박시설이 있는 수련시설로서 수용인원 100명 이상인 것

⑧ ②에 해당하지 않는 공장 및 창고시설로서 「소방기본법 시행령」 별표 2에서 정하는 수량의 500배 이상의 특수가연물을 저장·취급하는 것

⑨ 의료시설 중 정신의료기관 또는 요양병원으로서 다음의 어느 하나에 해당하는 시설

㉠ 요양병원(정신병원과 의료재활시설은 제외한다)

㉡ 정신의료기관 또는 의료재활시설로 사용되는 바닥면적의 합계가 $300m^2$ 이상인 시설

㉢ 정신의료기관 또는 의료재활시설로 사용되는 바닥면적의 합계가 $300m^2$ 미만이고, 창살이 설치된 시설

⑩ 판매시설 중 전통시장

⑪ ①에 해당하지 않는 근린생활시설 중 조산원 및 산후조리원

⑫ ②에 해당하지 않는 발전시설 중 전기저장시설

마. 자동화재속보설비를 설치하여야 하는 특정소방대상물은 다음의 어느 하나와 같다.

① 업무시설, 공장, 창고시설, 교정 및 군사시설 중 국방·군사시설, 발전시설(사람이 근무하지 않는 시간에는 무인경비시스템으로 관리하는 시설만 해당)로서 바닥면적이 1천5백m^2 이상인 층이 있는 것. 다만, 사람이 24시간 상시 근무하고 있는 경우에는 자동화재속보설비를 설치하지 않을 수 있다.

② 노유자 생활시설

③ ②에 해당하지 않는 노유자시설로서 바닥면적이 500m^2 이상인 층이 있는 것. 다만, 사람이 24시간 상시 근무하고 있는 경우에는 자동화재속보설비를 설치하지 않을 수 있다.

④ 수련시설(숙박시설이 있는 건축물만 해당)로서 바닥면적이 500m^2 이상인 층이 있는 것. 다만, 사람이 24시간 상시 근무하고 있는 경우에는 자동화재속보설비를 설치하지 않을 수 있다.

⑤ 「문화재보호법」 제23조에 따라 보물 또는 국보로 지정된 목조건축물. 다만, 사람이 24시간 상시 근무하고 있는 경우에는 자동화재속보설비를 설치하지 않을 수 있다.

⑥ 근린생활시설 중 다음의 어느 하나에 해당하는 시설

㉠ 의원, 치과의원 및 한의원으로서 입원실이 있는 시설

㉡ 조산원 및 산후조리원

⑦ 의료시설 중 다음의 어느 하나에 해당하는 것

㉠ 종합병원, 병원, 치과병원, 한방병원 및 요양병원(정신병원과 의료재활시설은 제외한다)

㉡ 정신병원 및 의료재활시설로 사용되는 바닥면적의 합계가 500m^2 이상인 층이 있는 것

⑧ 판매시설 중 전통시장

⑨ ①에 해당하지 않는 발전시설 중 전기저장시설

⑩ ①부터 ⑨까지에 해당하지 않는 특정소방대상물 중 층수가 30층 이상인 것

바. 단독경보형 감지기를 설치하여야 하는 특정소방대상물은 다음의 어느 하나와 같다.

① 연면적 1천m^2 미만의 아파트등

② 연면적 1천m^2 미만의 기숙사

③ 교육연구시설 또는 수련시설 내에 있는 합숙소 또는 기숙사로서 연면적 2천m^2 미만인 것

④ 연면적 600m^2 미만의 숙박시설

⑤ 라목 ⑦에 해당하지 않는 수련시설(숙박시설이 있는 것만 해당한다)

⑥ 연면적 400m^2 미만의 유치원

사. 시각경보기를 설치하여야 하는 특정소방대상물은 라목에 따라 자동화재탐지설비를 설치하여야 하는 특정소방대상물 중 다음의 어느 하나에 해당하는 것과 같다.

① 근린생활시설, 문화 및 집회시설, 종교시설, 판매시설, 운수시설, 운동시설, 위락시설, 창고시설 중 물류터미널

② 의료시설, 노유자시설, 업무시설, 숙박시설, 발전시설 및 장례시설

③ 교육연구시설 중 도서관, 방송통신시설 중 방송국

④ 지하가 중 지하상가

아. 가스누설경보기를 설치하여야 하는 특정소방대상물(가스시설이 설치된 경우만 해당한다)은 다음의 어느 하나와 같다.

① 판매시설, 운수시설, 노유자시설, 숙박시설, 창고시설 중 물류터미널

② 문화 및 집회시설, 종교시설, 의료시설, 수련시설, 운동시설, 장례시설

자. 통합감시시설을 설치하여야 하는 특정소방대상물은 지하구로 한다.

3. 피난구조설비

가. 피난기구는 특정소방대상물의 모든 층에 화재안선기준에 적합한 것으로 설치하여야 한다. 다만, 피난층, 지상 1층, 지상 2층(별표 2 제9호에 따른 노유자시설 중 피난층이 아닌 지상 1층과 피난층이 아닌 지상 2층은 제외) 및 층수가 11층 이상인 층과 위험물 저장 및 처리시설 중 가스시설, 지하가 중 터널 또는 지하구의 경우에는 그러하지 아니하다.

나. 인명구조기구를 설치하여야 하는 특정소방대상물은 다음의 어느 하나와 같다.

① 방열복 또는 방화복(안전모, 보호장갑 및 안전화를 포함한다), 인공소생기 및 공기호흡기를 설치 하여야 하는 특정소방대상물 : 지하층을 포함하는 층수가 7층 이상인 관광호텔

② 방열복 또는 방화복(안전모, 보호장갑 및 안전화를 포함한다) 및 공기호흡기를 설치하여야 하는 특정소방대상물 : 지하층을 포함하는 층수가 5층 이상인 병원

③ 공기호흡기를 설치하여야 하는 특정소방대상물은 다음의 어느 하나와 같다.

㉠ 수용인원 100명 이상인 문화 및 집회시설 중 영화상영관

㉡ 판매시설 중 대규모점포

㉢ 운수시설 중 지하역사

㉣ 지하가 중 지하상가

㉤ 제1호 바목 및 화재안전기준에 따라 이산화탄소소화설비(호스릴이산화탄소소화설비는 제외)를 설치하여야 하는 특정소방대상물

다. 유도등을 설치하여야 할 대상은 다음의 어느 하나와 같다.

① 피난구유도등, 통로유도등 및 유도표지는 별표 2의 특정소방대상물에 설치한다. 다만, 다음의 어느 하나에 해당하는 경우는 제외한다.

㉠ 지하가 중 터널

㉡ 별표 2 제19호에 따른 동물 및 식물 관련 시설 중 축사로서 가축을 직접 가두어 사육하는 부분

② 객석유도등은 다음의 어느 하나에 해당하는 특정소방대상물에 설치한다.

㉠ 유흥주점영업시설(「식품위생법 시행령」 제21조 제8호 라목의 유흥주점영업 중 손님이 춤을 출 수 있는 무대가 설치된 카바레, 나이트클럽 또는 그 밖에 이와 비슷한 영업시설만 해당한다)

㉡ 문화 및 집회시설

㉢ 종교시설

㉣ 운동시설

라. 비상조명등을 설치하여야 하는 특정소방대상물(창고시설 중 창고 및 하역장, 위험물 저장 및 처리시설 중 가스시설은 제외한다)은 다음의 어느 하나와 같다.

① 지하층을 포함하는 층수가 5층 이상인 건축물로서 연면적 3천m^2 이상인 것

② ①에 해당하지 않는 특정소방대상물로서 그 지하층 또는 무창층의 바닥면적이 450m^2 이상인 경우에는 그 지하층 또는 무창층

③ 지하가 중 터널로서 그 길이가 500m 이상인 것

마. 휴대용 비상조명등을 설치하여야 하는 특정소방대상물은 다음의 어느 하나와 같다.

① 숙박시설

② 수용인원 100명 이상의 영화상영관, 판매시설 중 대규모점포, 철도 및 도시철도 시설 중 지하역사, 지하가 중 지하상가

4. 소화용수설비

상수도소화용수설비를 설치하여야 하는 특정소방대상물은 다음 각 목의 어느 하나와 같다. 다만, 상수도소화용수설비를 설치하여야 하는 특정소방대상물의 대지 경계선으로부터 180m 이내에 지름 75mm 이상인 상수도용 배수관이 설치되지 않은 지역의 경우에는 화재안전기준에 따른 소화수조 또는 저수조를 설치하여야 한다.

가. 연면적 5천m^2 이상인 것. 다만, 위험물 저장 및 처리 시설 중 가스시설, 지하가 중 터널 또는 지하구의 경우에는 그러하지 아니하다.

나. 가스시설로서 지상에 노출된 탱크의 저장용량의 합계가 100톤 이상인 것

5. 소화활동설비

가. 제연설비를 설치하여야 하는 특정소방대상물은 다음의 어느 하나와 같다.

① 문화 및 집회시설, 종교시설, 운동시설로서 무대부의 바닥면적이 200m^2 이상 또는 문화 및 집회시설 중 영화상영관으로서 수용인원 100명 이상인 것

② 지하층이나 무창층에 설치된 근린생활시설, 판매시설, 운수시설, 숙박시설, 위락시설, 의료시설, 노유자시설 또는 창고시설(물류터미널만 해당한다)로서 해당 용도로 사용되는 바닥면적의 합계가 1천m^2 이상인 층

③ 운수시설 중 시외버스정류장, 철도 및 도시철도 시설, 공항시설 및 항만시설의 대기실 또는 휴게시설로서 지하층 또는 무창층의 바닥면적이 1천m^2 이상인 것

④ 지하가(터널은 제외한다)로서 연면적 1천m^2 이상인 것

⑤ 지하가 중 예상 교통량, 경사도 등 터널의 특성을 고려하여 행정안전부령으로 정하는 터널

⑥ 특정소방대상물(갓복도형 아파트등은 제외한다)에 부설된 특별피난계단, 비상용 승강기의 승강장 또는 피난용 승강기의 승강장

나. 연결송수관설비를 설치하여야 하는 특정소방대상물(위험물 저장 및 처리 시설 중 가스시설 또는 지하구는 제외한다)은 다음의 어느 하나와 같다.

① 층수가 5층 이상으로서 연면적 6천m^2 이상인 것

② ①에 해당하지 않는 특정소방대상물로서 지하층을 포함하는 층수가 7층 이상인 것

③ ① 및 ②에 해당하지 않는 특정소방대상물로서 지하층의 층수가 3층 이상이고 지하층의 바닥면적의 합계가 1천m^2 이상인 것

④ 지하가 중 터널로서 길이가 1천m 이상인 것

다. 연결살수설비를 설치하여야 하는 특정소방대상물(지하구는 제외한다)은 다음의 어느 하나와 같다.

① 판매시설, 운수시설, 창고시설 중 물류터미널로서 해당 용도로 사용되는 부분의 바닥면적의 합계가 1천m^2 이상인 것

② 지하층(피난층으로 주된 출입구가 도로와 접한 경우는 제외한다)으로서 바닥면적의 합계가 150m^2 이상인 것. 다만, 「주택법 시행령」 제21조 제4항에 따른 국민 주택규모 이하인 아파트등의 지하층(대피시설로 사용하는 것만 해당한다)과 교육연구시설 중 학교의 지하층의 경우에는 700m^2 이상인 것으로 한다.

③ 가스시설 중 지상에 노출된 탱크의 용량이 30톤 이상인 탱크시설

④ ① 및 ②의 특정소방대상물에 부속된 연결통로

라. 비상콘센트설비를 설치하여야 하는 특정소방대상물(위험물 저장 및 처리 시설 중 가스시설 또는 지하구는 제외)은 다음의 어느 하나와 같다.

① 층수가 11층 이상인 특정소방대상물의 경우에는 11층 이상의 층

② 지하층의 층수가 3층 이상이고 지하층의 바닥면적의 합계가 1천m^2 이상인 것은 지하층의 모든 층

③ 지하가 중 터널로서 길이가 500m 이상인 것

마. 무선통신보조설비를 설치하여야 하는 특정소방대상물(위험물 저장 및 처리 시설 중 가스시설은 제외한다)은 다음의 어느 하나와 같다.

① 지하가(터널은 제외한다)로서 연면적 1천m^2 이상인 것

② 지하층의 바닥면적의 합계가 3천m^2 이상인 것 또는 지하층의 층수가 3층 이상이고 지하층의 바닥면적의 합계가 1천m^2 이상인 것은 지하층의 모든 층

③ 지하가 중 터널로서 길이가 500m 이상인 것

④ 「국토의 계획 및 이용에 관한 법률」 제2조 제9호에 따른 공동구

⑤ 층수가 30층 이상인 것으로서 16층 이상 부분의 모든 층

바. 연소방지설비는 지하구(전력 또는 통신사업용인 것만 해당한다)에 설치하여야 한다.

■ 소방시설등의 자체점검 시 점검인력 배치기준

1. 소방시설관리업자가 점검하는 경우에는 소방시설관리사 1명과 보조인력 2명을 점검인력 1단위로 하되, 점검인력 1단위에 2명(같은 건축물을 점검할 때에는 4명) 이내의 보조인력을 추가할 수 있다. 다만, 작동기능점검(이하 "소규모점검"이라 한다)의 경우에는 보조인력 1명을 점검인력 1단위로 한다.

1의2. 소방안전관리자로 선임된 소방시설관리사 및 소방기술사가 점검하는 경우에는 소방시설관리사 또는 소방기술사 중 1명과 보조인력 2명을 점검인력 1단위로 하되, 점검인력 1단위에 4명 이내의 보조인력을 추가할 수 있다. 다만, 보조인력은 해당 특정소방대상물의 관계인 또는 소방안전 관리보조자로 할 수 있으며, 소규모점검의 경우에는 보조인력 1명을 점검인력 1단위로 한다.

2. 점검인력 1단위가 하루 동안 점검할 수 있는 특정소방대상물의 연면적(점검한도면적)은 다음 각 목과 같다.
   가. 종합정밀점검 : 10,000m^2
   나. 작동기능점검 : 12,000m^2(소규모점검의 경우에는 3,500m^2)

3. 점검인력 1단위에 보조인력을 1명씩 추가할 때마다 종합정밀점검의 경우에는 3,000m^2, 작동기능점검의 경우에는 3,500m^2씩을 점검한도 면적에 더한다.

4. 소방시설관리업자 또는 소방안전관리자로 선임된 소방시설관리사 및 소방기술사가 하루 동안 점검한 면적은 실제 점검면적(지하구는 그 길이에 폭의 길이 1.8m를 곱하여 계산된 값을 말하며, 터널은 3차로 이하인 경우에는 그 길이에 폭의 길이 3.5m를 곱하고, 4차로 이상인 경우에는 그 길이에 폭의 길이 7m를 곱한 값을 말한다. 다만, 한쪽 측벽에 소방시설이 설치된 4차로 이상인 터널의 경우는 그 길이와 폭의 길이 3.5m를 곱한 값을 말한다. 이하 같다)에 다음 각 목의 기준을 적용하여 계산한 면적(점검면적)으로 하되, 점검면적은 점검한도 면적을 초과하여서는 아니 된다.
   가. 실제 점검면적에 다음의 가감계수를 곱한다.

구 분	대상용도	가감계수
1류	노유자시설, 숙박시설, 위락시설, 의료시설(정신보건의료기관), 수련시설, 복합건축물(1류에 속하는 시설이 있는 경우)	1.2
2류	문화 및 집회시설, 종교시설, 의료시설(정신보건시설 제외), 교정 및 군사시설(군사시설 제외), 지하가, 복합건축물(1류에 속하는 시설이 있는 경우 제외), 발전시설, 판매시설	1.1
3류	근린생활시설, 운동시설, 업무시설, 방송통신시설, 운수시설	1.0
4류	공장, 위험물 저장 및 처리시설, 창고시설	0.9
5류	공동주택(아파트 제외), 교육연구시설, 항공기 및 자동차 관련 시설, 동물 및 식물 관련 시설, 분뇨 및 쓰레기 처리시설, 군사시설, 묘지 관련 시설, 관광휴게시설, 장례식장, 지하구, 문화재	0.8

나. 점검한 특정소방대상물이 다음의 어느 하나에 해당할 때에는 다음에 따라 계산된 값을 가목에 따라 계산된 값에서 뺀다.

① 영 별표 5 제1호 라목에 따라 스프링클러설비가 설치되지 않은 경우 : 가목에 따라 계산된 값에 0.1을 곱한 값

② 영 별표 5 제1호 바목에 따라 물분무등소화설비가 설치되지 않은 경우 : 가목에 따라 계산된 값에 0.15를 곱한 값

③ 영 별표 5 제5호 가목에 따라 제연설비가 설치되지 않은 경우 : 가목에 따라 계산된 값에 0.1을 곱한 값

다. 2개 이상의 특정소방대상물을 하루에 점검하는 경우에는 나중에 점검하는 특정소방대상물에 대하여 특정소방대상물 간의 최단 주행거리 5km마다 나목에 따라 계산된 값(나목에 따라 계산된 값이 없을 때에는 가목에 따라 계산된 값을 말한다)에 0.02를 곱한 값을 더한다.

5. 제2호부터 제4호까지의 규정에도 불구하고 아파트(공용시설, 부대시설 또는 복리시설은 포함하고, 아파트가 포함된 복합건축물의 아파트 외의 부분은 제외한다)를 점검할 때에는 다음 각 목의 기준에 따른다.

가. 점검인력 1단위가 하루 동안 점검할 수 있는 아파트의 세대수(점검한도 세대수)는 다음과 같다.

① 종합정밀점검 : 300세대

② 작동기능점검 : 350세대(소규모점검의 경우에는 90세대)

나. 점검인력 1단위에 보조인력을 1명씩 추가할 때마다 종합정밀점검의 경우에는 70세대, 작동기능점검의 경우에는 90세대씩을 점검한도 세대수에 더한다.

다. 소방시설관리업자 또는 소방안전관리자로 선임된 소방시설관리사 및 소방기술사가 하루 동안 점검한 세대수는 실제 점검 세대수에 다음의 기준을 적용하여 계산한 세대수(점검세대수)로 하되, 점검세대수는 점검한도 세대수를 초과하여서는 아니 된다.

① 점검한 아파트가 다음의 어느 하나에 해당할 때에는 다음에 따라 계산된 값을 실제 점검 세대수에서 뺀다.

㉠ 영 별표 5 제1호 라목에 따라 스프링클러설비가 설치되지 않은 경우 : 실제 점검 세대수에 0.1을 곱한 값

㉡ 영 별표 5 제1호 바목에 따라 물분무등소화설비가 설치되지 않은 경우 : 실제 점검 세대수에 0.15를 곱한 값

㉢ 영 별표 5 제5호 가목에 따라 제연설비가 설치되지 않은 경우 : 실제 점검 세대수에 0.1을 곱한 값

② 2개 이상의 아파트를 하루에 점검하는 경우에는 나중에 점검하는 아파트에 대하여 아파트 간의 최단 주행거리 5km마다 ①에 따라 계산된 값(①에 따라 계산된 값이 없을 때에는 실제 점검 세대수를 말한다)에 0.02를 곱한 값을 더한다.

6. 아파트와 아파트 외 용도의 건축물을 하루에 점검할 때에는 종합정밀점검의 경우 제5호에 따라 계산된 값에 33.3, 작동기능점검의 경우 제5호에 따라 계산된 값에 34.3(소규모 점검의 경우에는 38.9)을 곱한 값을 점검면적으로 보고 제2호 및 제3호를 적용한다.
7. 종합정밀점검과 작동기능점검을 하루에 점검하는 경우에는 작동기능점검의 점검면적 또는 점검세대수에 0.8을 곱한 값을 종합정밀점검 점검면적 또는 점검세대수로 본다.
8. 제3호부터 제7호까지의 규정에 따라 계산된 값은 소수점 이하 둘째 자리에서 반올림한다.

여기서 멈출 거예요? 고지가 바로 눈앞에 있어요.
마지막 한 걸음까지 시대에듀가 함께할게요!

소 / 방 / 승 / 진
소 방 시 설 법
최 종 모 의 고 사

모의고사

최종 모의고사

(제1회 ~ 제16회 최종 모의고사)

소방승진 제 1 회

모의고사

01 **소방시설법의 궁극적인 목적에 대한 설명으로 적합한 내용은?** 학교교재 소방법령II

① 재난으로부터 안전이라는 목적 달성
② 방재로부터 안전이라는 목적 달성
③ 재해로부터 안전이라는 목적 달성
④ 화재로부터 안전이라는 목적 달성

02 **현재의 소방시설법의 최초 제정 당시의 정확한 법률 명칭에 해당하는 내용은?** 학교교재 소방법령II

① 소방시설 설치·유지 및 안전관리에 관한 법률
② 화재예방, 소방시설 설치·유지 및 안전관리에 관한 법률
③ 소방시설법
④ 소방시설 설치·유지관리법

03 **「화재예방, 소방시설 설치·유지 및 안전관리에 관한 법률」 및 같은 법 시행령상 용어의 정의에 관한 설명으로 옳지 않은 것은?**

① "피난층"이란 곧바로 지상으로 갈 수 있는 출입구가 있는 층을 말한다.
② "소방시설등"이란 소방시설과 비상구(非常口), 방화문 및 방화셔터를 말한다.
③ "소방시설"이란 소화설비, 경보설비, 피난설비, 소화용수설비, 그 밖에 소화활동설비로서 대통령령으로 정하는 것을 말한다.
④ "무창층"(無窓層)이란 지상층 중 요건을 모두 갖춘 개구부의 면적의 합계가 해당 층의 바닥면적의 30분의 1 이하가 되는 층을 말한다.

04 **「화재예방, 소방시설 설치·유지 및 안전관리에 관한 법률」 시행령상 정의에 관한 설명으로 옳은 것은?**

① "무창층(無窓層)"이란 지상층 중 요건을 모두 갖춘 개구부의 면적의 합계가 해당 층의 바닥면적의 50분의 1 이하가 되는 층을 말한다.
② 출입구란 건축물에서 채광·환기·통풍 또는 출입 등을 위하여 만든 것을 말한다.
③ 개구부의 크기는 지름 30cm 이상의 원이 내접(內接)할 수 있는 크기일 것
④ 개구부는 해당 층의 바닥면으로부터 개구부 밑 부분까지의 높이가 1.2m 이내여야 한다.

05 **소방시설의 종류에 관한 설명으로 옳은 것은?**

① 소화활동설비란 화재를 진압하거나 인명구조활동을 위하여 사용하는 설비로서 방화복과 공기호흡기 등이 있다.
② 소화설비 중 스프링클러설비등에는 캐비닛형 간이스프링클러설비도 포함된다.
③ 소화기구의 종류는 소화기, 간이소화용구, 자동소화장치이다.
④ 피난기구에는 피난사다리, 피난유도선, 구조대, 완강기 등이 있다.

06 **특정소방대상물 중 근린생활시설에 해당하는 것은?**

① 의약품 판매소, 의료기기 판매소 및 자동차영업소로서 같은 건축물에 해당 용도로 쓰는 바닥면적의 합계가 $500m^2$인 것
② 공연장 또는 종교집회장으로서 같은 건축물에 해당 용도로 쓰는 바닥면적의 합계가 $300m^2$인 것
③ 체육관으로서 관람석이 없거나 관람석의 바닥면적이 $500m^2$인 것
④ 단란주점으로서 같은 건축물에 해당 용도로 쓰는 바닥면적의 합계가 $150m^2$인 것

07 **화재안전정책에 관한 내용으로 옳지 않은 것은?**

① 국가는 화재안전기반 확충을 위하여 화재안전정책에 관한 기본계획을 5년마다 수립・시행하여야 한다.
② 소방청장은 화재안전정책에 관한 기본계획을 계획 시행 전년도 8월 31일까지 관계 중앙행정기관의 장과 협의를 마친 후 계획 시행 전년도 9월 30일까지 수립하여야 한다.
③ 관계 중앙행정기관의 장 또는 시・도지사는 기본계획을 시행하기 위하여 매년 시행계획을 수립・시행하여야 한다.
④ 기본계획은 대통령령으로 정하는 바에 따라 소방청장이 관계 중앙행정기관의 장과 협의하여 수립한다.

08 **소방특별조사에 관한 내용으로 옳지 않은 것은?**

① 소방청장, 소방본부장 또는 소방서장은 소방특별조사를 실시하는 경우 다른 목적을 위하여 조사권을 남용하여서는 아니 된다.
② 소방청장, 소방본부장 또는 소방서장은 객관적이고 공정한 기준에 따라 소방특별조사의 대상을 선정하여야 하며, 소방본부장은 소방특별조사의 대상을 객관적이고 공정하게 선정하기 위하여 소방특별조사 위원회를 구성하여 소방특별조사의 대상을 선정하여야 한다.
③ 소방청장은 소방특별조사를 할 때 필요하면 대통령령으로 정하는 바에 따라 중앙소방특별 조사단을 편성하여 운영할 수 있다.
④ 중앙소방특별조사단의 업무수행을 위하여 파견을 요청한 경우 공무원 또는 직원의 파견 요청을 받은 관계 기관의 장은 특별한 사유가 없으면 이에 협조하여야 한다.

09 건축허가등의 동의대상물이 아닌 것은?

21년 기출

① 노유자시설 및 수련시설 : 200m^2 이상
② 층수가 6층 이상인 건축물
③ 공연장의 바닥면적이 100m^2 이상인 층이 있는 것
④ 승강기 등 기계장치에 의한 주차시설로서 자동차 20대 이상을 주차할 수 있는 시설

10 건축허가등의 동의요구에 관한 사항으로 옳은 것은?

① 건축물 등의 "건축허가등"의 동의요구는 건축물 등의 시공지(施工地) 또는 소재지를 관할하는 소방본부장 또는 소방서장이 권한이 있는 행정기관에게 하여야 한다.
② 동의요구를 받은 담당공무원은 특별한 사정이 없는 한 행정정보의 공동 이용을 통하여 건축허가서를 확인함으로써 첨부서류의 제출에 갈음할 수 있다.
③ 건축허가등의 동의여부 회신기간은 건축허가등의 동의요구서류를 접수한 날부터 5일 이내이다.
④ 동의요구서 및 첨부서류의 보완기간은 회신기간에 산입하지 아니한다.

11 단독주택과 공동주택(아파트 및 기숙사는 제외한다)의 소유자가 설치하여야 하는 소방시설로 옳은 것은?

① 소화기 및 단독경보형감지기
② 비상조명등 및 휴대용비상조명등
③ 자동소화장치
④ 가스누설경보기

12 수용인원의 산정방법으로 옳지 않은 것은?

① 침대가 없는 숙박시설 : 해당 특정소방대상물의 종사자 수에 숙박시설 바닥면적의 합계를 3m^{2}로 나누어 얻은 수를 합한 수
② 강의실・교무실・상담실・실습실・휴게실 용도로 쓰이는 특정소방대상물 : 해당 용도로 사용하는 바닥면적의 합계를 1.9m^{2}로 나누어 얻은 수
③ 침대가 있는 숙박시설 : 해당 특정소방물의 종사자 수에 침대 수(2인용 침대는 2개로 산정한다)를 합한 수
④ 바닥면적을 산정할 때에는 복도, 계단 및 화장실의 바닥면적을 포함한다.

13 단독경보형 감지기를 설치하여야 하는 특정소방대상물이 아닌 것은?

① 연면적 500m^{2}의 아파트등
② 연면적 500m^{2}의 유치원
③ 연면적 500m^{2}의 숙박시설
④ 연면적 500m^{2}의 기숙사

14 특정소방대상물 중 사람이 24시간 상시 근무하고 있는 경우라도 자동화재속보설비를 설치하여야 되는 것은?

① 공장, 창고시설로서 바닥면적이 1천5백m^2 이상인 층이 있는 것
② 수련시설(숙박시설이 있는 건축물만 해당한다)로서 바닥면적이 500m^2 이상인 층이 있는 것
③ 보물 또는 국보로 지정된 목조건축물
④ 근린생활시설 중 의원, 치과의원 및 한의원으로서 입원실이 있는 시설

15 소방시설의 내진설계기준 설정 대상 특정소방대상물에 설치해야 하는 소방시설은? 21년 기출

① 간이스프링클러설비
② 스프링클러설비
③ 연결송수관설비
④ 제연설비

16 성능위주설계를 해야 하는 특정소방대상물의 범위로 옳지 않은 것은?

① 건축물의 높이가 100m인 특정소방대상물
② 연면적 3만m^2 이상인 공항시설
③ 지하층을 제외한 층수가 30층인 아파트등
④ 하나의 건축물에 영화상영관이 10개 이상인 특정소방대상물

17 임시소방시설의 정의로 옳은 것은?

① 특정소방대상물의 시공자가 공사 현장에서 화재위험작업을 하기 전에 설치하고 유지·관리하여야 하는 설치 및 철거가 쉬운 화재대비시설
② 특정소방대상물의 설계자가 공사 현장에서 화재위험작업을 하는 동안 설치하고 유지·관리하여야 하는 설치·유지 및 철거가 쉬운 화재예방시설
③ 특정소방대상물의 관계자가 공사 현장에서 화재위험작업을 하는 동안 설치하고 유지·관리하여야 하는 설치와 철거가 쉬운 화재예방시설
④ 특정소방대상물의 시공자가 공사 현장에서 화재위험작업을 하기 전에 설치신고 하고 유지·관리하여야 하는 설치 및 철거가 쉬운 화재대비시설

18 「화재예방, 소방시설 설치·유지 및 안전관리에 관한 법률」 및 같은 법 시행령상 소방시설기준 적용의 특례에 관한 사항으로 옳지 않은 것은?

① 소방본부장이나 소방서장은 대통령령 또는 화재안전기준이 변경되어 그 기준이 강화되는 경우 기존의 특정소방대상물(건축물의 신축·개축·재축·이전 및 대수선 중인 특정소방대상물을 포함)의 소방시설에 대하여는 변경 전의 대통령령 또는 화재안전기준을 적용하는 것이 원칙이다.
② 물분무등소화설비를 설치하여야 하는 차고·주차장에 스프링클러설비를 화재안전기준에 적합하게 설치한 경우에는 그 설비의 유효범위에서 설치가 면제된다.
③ 소방본부장 또는 소방서장은 특정소방대상물이 증축되는 경우에는 증축되는 부분에 대해서만 증축 당시의 소방시설의 설치에 관한 대통령령 또는 화재안전기준을 적용하는 것이 원칙이다.
④ 소방본부장 또는 소방서장은 특정소방대상물이 용도변경되는 경우에는 용도변경되는 부분에 대해서만 용도변경 당시의 소방시설의 설치에 관한 대통령령 또는 화재안전기준을 적용한다.

19 중앙소방기술심의위원회의 심의사항으로 옳지 않은 것은?

① 소방시설의 구조 및 원리 등에서 공법이 특수한 설계 및 시공에 관한 사항
② 소방시설에 하자가 있는지의 판단에 관한 사항
③ 연면적 10만m^2 이상의 특정소방대상물에 설치된 소방시설의 설계·시공·감리의 하자 유무에 관한 사항
④ 새로운 소방시설과 소방용품 등의 도입 여부에 관한 사항

20 특정소방대상물의 관계인의 업무로 옳지 않은 것은?

① 화기(火氣) 취급의 감독
② 소방 관련 시설의 유지·관리
③ 소방계획서의 작성 및 시행
④ 피난시설, 방화구획 및 방화시설의 유지·관리

소방승진 제2회 모의고사

01 무창층의 요건에 대한 설명으로 적합하지 않는 내용은? 학교교재 소방법령II

① 개구부의 크기는 지름 50센티미터 이상의 원이 내접할 수 있는 크기일 것
② 해당 층의 바닥면으로부터 개구부 밑부분까지의 높이가 1.5미터 이내일 것
③ 도로 또는 차량이 진입할 수 있는 빈터를 향할 것
④ 화재 시 건축물로부터 쉽게 피난할 수 있도록 창살이나 그 밖의 장애물이 설치되지 아니할 것

02 「화재예방, 소방시설 설치·유지 및 안전관리에 관한 법률」 시행령상 옳은 것은?

① 내화구조로 된 하나의 특정소방대상물이 개구부가 없는 내화구조의 바닥과 벽으로 구획되어 있는 경우에는 그 구획된 부분을 각각 별개의 특정소방대상물로 본다.
② 연결통로 또는 지하구와 소방대상물의 양쪽에 화재 시 자동으로 방수되는 방식의 드렌처 설비 또는 개방형 스프링클러 헤드가 설치된 경우 이를 하나의 소방대상물로 본다.
③ 둘 이상의 특정소방대상물이 내화구조가 아닌 연결통로로 연결된 경우 이를 각각 별개의 소방대상물로 본다.
④ 특정소방대상물의 지하층이 지하가와 연결되어 있는 경우 지하가와 연결되는 지하층에 지하층 또는 지하가에 설치된 방화문이 자동폐쇄장치·자동화재탐지설비 또는 자동소화 설비와 연동하여 닫히는 구조이거나 그 윗부분에 드렌처 설비가 설치된 경우 해당 지하층의 부분을 지하가로 본다.

03 건축허가등의 동의대상물이 아닌 것은?

① 아동상담소 및 지역아동센터
② 학교시설 : $100m^2$ 이상
③ 결핵환자나 한센인이 24시간 생활하는 노유자시설
④ 차고·주차장으로 사용되는 바닥면적이 $200m^2$ 이상인 층이 있는 건축물이나 주차시설

04 스프링클러설비를 설치하여야 하는 특정소방대상물로 옳은 것은?

① 창고시설(물류터미널에 한정한다)로서 바닥면적의 합계가 2천5백m^2 이상이거나 수용인원이 250명 이상인 것
② 주요구조부가 목조인 종교시설로서 수용인원이 100명 이상인 것
③ 지하가(터널은 제외한다)로서 연면적 1천m^2 이상인 것
④ 숙박이 가능한 수련시설로서 해당하는 용도로 사용되는 시설의 바닥면적의 합계가 600m^2 이상인 것은 해당층

05 「화재예방, 소방시설 설치 · 유지 및 안전관리에 관한 법률」 시행규칙상 연소 우려가 있는 건축물의 구조로 옳은 것은?

① 각각의 건축물이 다른 건축물의 외벽으로부터 수평거리가 1층의 경우에는 6미터 이하, 2층 이상의 층의 경우에는 12미터 이하인 경우
② 각각의 건축물이 다른 건축물의 외벽으로부터 수평거리가 1층의 경우에는 4미터 이하, 2층 이상의 층의 경우에는 10미터 이하인 경우
③ 각각의 건축물이 다른 건축물의 외벽으로부터 수평거리가 1층의 경우에는 3미터 이하, 2층 이상의 층의 경우에는 12미터 이하인 경우
④ 각각의 건축물이 다른 건축물의 외벽으로부터 수평거리가 1층의 경우에는 6미터 이하, 2층 이상의 층의 경우에는 10미터 이하인 경우

06 임시소방시설의 종류와 설치기준에 관한 설명으로 옳지 않은 것은?

① 비상경보장치는 공사의 작업현장이 연면적 400m^2 이상에 해당하는 경우 설치한다.
② 임시소방시설의 종류는 소화기, 간이소화장치, 비상경보장치, 간이피난유도선이다.
③ 간이소화장치는 바닥면적이 150m^2 이상인 지하층 또는 무창층의 작업현장에 설치한다.
④ 피난유도선, 피난구유도등, 통로유도등 또는 비상조명등은 간이피난유도선을 설치한 것으로 보는 소방시설이다.

07 국가는 화재안전정책 기본계획을 몇 년 마다 수립·시행하여야 하나? 학교교재 소방법령II

① 1년 ② 2년
③ 3년 ④ 5년

08 소방특별조사를 하는 경우 관계인에게 조사대상, 조사기간 및 조사사유 등을 서면으로 알려야 하는 기간은? 학교교재 소방법령II

① 1일 전
② 3일 전
③ 5일 전
④ 7일 전

09 「화재예방, 소방시설 설치 · 유지 및 안전관리에 관한 법률」 및 같은 법 시행령상 옳지 않은 것은?

① 성능위주설계를 해야 하는 특정소방대상물은 신축하는 것만 해당한다.
② 소방청장은 건축 환경 및 화재위험특성 변화사항을 효과적으로 반영할 수 있도록 소방시설 규정을 2년에 1회 이상 정비하여야 한다.
③ 소방본부장 또는 소방서장은 위에 따라 임시소방시설 또는 소방시설이 설치 또는 유지 · 관리되지 아니할 때에는 해당 시공자에게 필요한 조치를 하도록 명할 수 있다.
④ 내용연수를 설정하여야 하는 소방용품은 분말형태의 소화약제를 사용하는 소화기로 한다.

10 대통령령 또는 화재안전기준의 변경으로 강화된 기준을 적용하는 소방시설이 아닌 것은? **21년 기출**

① 소화기구
② 비상경보설비
③ 자동화재탐지설비
④ 피난구조설비

11 특정소방대상물의 소방시설 설치의 면제기준으로 옳지 않은 것은?

① 간이스프링클러설비를 설치하여야 하는 특정소방대상물에 스프링클러설비, 물분무소화설비 또는 미분무소화설비를 화재안전기준에 적합하게 설치한 경우에는 그 설비의 유효범위에서 설치가 면제된다.
② 물분무등소화설비를 설치하여야 하는 차고 · 주차장에 간이스프링클러설비 또는 미분무소화설비를 화재안전기준에 적합하게 설치한 경우에는 그 설비의 유효범위에서 설치가 면제된다.
③ 소방본부장 또는 소방서장이 옥내소화전설비의 설치가 곤란하다고 인정하는 경우로서 호스릴 방식의 미분무소화설비 또는 옥외소화전설비를 화재안전기준에 적합하게 설치한 경우에는 그 설비의 유효범위에서 설치가 면제된다.
④ 비상방송설비를 설치하여야 하는 특정소방대상물에 자동화재탐지설비 또는 비상경보설비와 같은 수준 이상의 음향을 발하는 장치를 부설한 방송설비를 화재안전기준에 적합하게 설치한 경우에는 그 설비의 유효범위에서 설치가 면제된다.

12 방염성능기준 이상의 실내장식물 등을 설치하여야 하는 특정소방대상물이 아닌 것은?

① 층수가 11층 이상인 아파트
② 건축물의 옥내에 있는 문화 및 집회시설
③ 근린생활시설 중 의원, 체력단련장, 공연장 및 종교집회장
④ 숙박시설, 다중이용업소

13 **소방기술심의위원회에 관한 사항으로 옳은 것은?**

① 중앙위원회의 회의는 위원장과 위원장이 회의마다 지정하는 5명 이상 9명 이하의 위원으로 구성하고, 중앙위원회는 분야별 소위원회를 구성·운영할 수 있다.

② 새로운 소방시설과 소방용품 등의 도입 여부에 관한 사항은 지방위원회의 심의사항이다.

③ 중앙위원회 및 지방위원회의 위원 중 위촉위원의 임기는 2년으로 하되, 한 차례만 연임할 수 있다.

④ 석사 이상의 소방 관련 학위를 소지한 사람과 소방 관련 법인·단체에서 소방 관련 업무에 5년 이상 종사한 사람은 중앙위원회의 위원으로만 위촉할 수 있다.

14 **「화재예방, 소방시설 설치·유지 및 안전관리에 관한 법률」상 옳지 않은 것은?**

① 건축물 등의 대수선·증축·개축·재축 또는 용도변경의 신고를 수리(受理)할 권한이 있는 행정기관은 그 신고를 수리하면 그 건축물 등의 시공지 또는 소재지를 관할하는 소방본부장이나 소방서장에게 지체 없이 그 사실을 알려야 한다.

② 건축허가등의 권한이 있는 행정기관은 건축허가등을 할 때 미리 그 건축물 등의 시공지 또는 소재지를 관할하는 소방본부장에게 그 시설이 이 법 또는 이 법에 따른 명령을 따르고 있는지를 확인하여 줄 것을 요청할 수 있다.

③ 소방청장, 소방본부장 또는 소방서장은 건축허가등의 동의 시 제출받은 설계도면의 체계적인 관리 및 공유를 위하여 전산시스템을 구축·운영하여야 한다.

④ 건축허가등을 할 때에 소방본부장이나 소방서장의 동의를 받아야 하는 건축물 등의 범위는 대통령령으로 정한다.

15 **방염대상물품에 관한 설명으로 옳지 않은 것은?**

① 제조 또는 가공 공정에서 방염처리를 한 물품 중 합판·목재류의 경우 설치 현장에서 방염처리를 한 것은 제외한다.

② 두께가 2mm 미만인 벽지류 중 종이벽지는 제외한다.

③ 건축물 내부의 천장이나 벽에 부착하거나 설치하는 것으로서 너비 10cm 이하인 반자돌림대와 내부마감재료는 제외한다.

④ 섬유류 또는 합성수지류 등을 원료로 하여 제작된 소파·의자는 단란주점영업, 유흥주점영업 및 노래연습장업의 영업장에 설치하는 것만 해당한다.

16 **소방안전관리대상물의 관계인이 소방안전관리자를 선임한 경우 소방안전관리대상물의 출입자가 쉽게 알 수 있도록 게시하여야 할 사항으로 옳지 않은 것은?**

① 소방안전관리자의 성명

② 소방안전관리대상물의 명칭

③ 소방안전관리대상물의 등급

④ 소방안전관리자의 선임자격

17 「화재예방, 소방시설 설치 · 유지 및 안전관리에 관한 법률」 시행규칙상 옳은 것은?

① 소방안전관리대상물의 소방안전관리자는 초기대응체계를 자위소방대와 분리하여 편성하고, 화재 발생 시 초기에 신속하게 대처할 수 있도록 해당 소방안전관리대상물에 근무하는 사람의 근무위치, 근무인원 등을 고려하여 편성하여야 한다.

② 소방안전관리대상물의 소방안전관리자는 해당 특정소방대상물에 화재 등 재난이 발생하면 초기 대응체계를 운영하여야 한다.

③ 소방안전관리대상물의 소방안전관리자는 연 1회 이상 자위소방대(초기대응체계를 포함한다)를 소집하여 그 편성 상태를 점검하고, 소방교육을 실시하여야 한다.

④ 소방안전관리대상물의 소방안전관리자는 소방교육을 실시하였을 때에는 그 실시 결과를 자위소방대 및 초기대응체계 소방교육 실시 결과 기록부에 기록하고, 이를 3년간 보관하여야 한다.

18 특급 소방안전관리대상물의 소방안전관리자 선임대상자로 옳지 않은 것은?

① 소방설비산업기사의 자격을 취득한 후 7년 이상 1급 소방안전관리대상물의 소방안전관리자로 근무한 실무경력이 있는 사람

② 소방공무원으로 20년 이상 근무한 경력이 있는 사람

③ 소방기술사 또는 소방시설관리사의 자격이 있는 사람

④ 소방안전관리학과를 전공하고 졸업한 사람으로서 해당 학과를 졸업한 후 2년 이상 1급 소방안전관리대상물의 소방안전관리자로 근무한 실무경력이 있는 사람

19 소방안전 특별관리시설물의 안전관리에 관한 사항으로 옳지 않은 것은?

① 소방청장은 소방안전 특별관리시설물에 대하여 소방안전 특별관리를 하여야 한다.

② 시 · 도지사는 소방안전 특별관리기본계획에 저촉되지 아니하는 범위에서 관할 구역에 있는 소방안전 특별관리 시설물의 안전관리에 적합한 소방안전 특별관리시행계획을 수립하여 시행하여야 한다.

③ 소방청장은 특별관리를 체계적이고 효율적으로 하기 위하여 시 · 도지사와 협의하여 소방안전 특별관리 기본계획을 수립하여 시행하여야 한다.

④ 소방청장은 소방안전 특별관리기본계획을 3년마다 수립 · 시행하여야 하고, 계획 시행 전년도 12월 31일까지 수립하여 시 · 도에 통보한다.

20 형식승인대상 소방용품에 해당하지 않는 것은?

① 누전경보기 및 가스누설경보기

② 상업용 주방자동소화장치

③ 피난구유도등, 통로유도등, 객석유도등

④ 소화설비를 구성하는 소화전, 관창, 소방호스

소방승진

제3회 모의고사

01 **소방청장이 기술원에 위탁하는 업무가 아닌 것은?**

① 방염성능검사
② 소방안전관리자 등에 대한 교육
③ 성능인증 및 성능인증의 취소
④ 형식승인의 변경승인

02 **「화재예방, 소방시설 설치 · 유지 및 안전관리에 관한 법률」 및 같은 법 시행령, 시행규칙상 조치명령 등에 관한 내용으로 옳지 않은 것은?**

① "조치명령 등"이라 함은 조치명령 · 선임명령 또는 이행명령을 말한다.
② 조치명령 등을 받은 관계인 등은 천재지변이나 그 밖에 대통령령으로 정하는 사유로 조치명령 등을 그 기간 내에 이행할 수 없는 경우에는 조치명령 등을 명령한 소방청장, 소방본부장 또는 소방서장에게 대통령령으로 정하는 바에 따라 조치명령 등을 연기하여 줄 것을 신청할 수 있다.
③ 조치명령 등의 연기신청서는 조치명령 등을 이행할 수 없음을 증명할 수 있는 서류를 첨부하여 이행기간 만료 5일 전까지 제출해야 한다.
④ 2021년 3월 15일(월)에 조치명령 등의 연기신청서를 제출받은 소방청장, 소방본부장 또는 소방서장은 2021년 3월 18일(목)까지 조치명령 등의 연기 여부를 결정하여 조치명령 등의 연기 통지서를 관계인 등에게 통지하여야 한다.

03 **건축허가 신청한 건축물이 특급 소방안전관리대상물인 경우 허가동의 기간은?**

학교교재 소방법령II

① 3일 ② 5일
③ 7일 ④ 10일

04 **「화재예방, 소방시설 설치 · 유지 및 안전관리에 관한 법률」상 내용으로 옳지 않은 것은?**

① 소방청장, 시 · 도지사, 소방본부장 또는 소방서장은 사업체 또는 소방대상물 등의 감독을 위하여 필요하면 관계인에게 필요한 보고 또는 자료제출을 명할 수 있으며, 관계 공무원으로 하여금 소방대상물 · 사업소 · 사무소 또는 사업장에 출입하여 관계 서류 · 시설 및 제품 등을 검사하거나 관계인에게 질문하게 할 수 있다.
② 소방시설법상 청문은 소방청장 또는 시 · 도지사가 하여야 한다.
③ 소방청장은 전문기관이 거짓이나 그 밖의 부정한 방법으로 지정을 받은 경우 지정을 취소하거나 6개월 이내의 기간을 정하여 그 업무의 정지를 명할 수 있다.
④ 건축물 등의 대수선 · 증축 · 개축 · 재축 또는 용도변경의 신고를 수리(受理)할 권한이 있는 행정 기관은 그 신고를 수리하면 그 건축물 등의 시공지 또는 소재지를 관할하는 소방본부장이나 소방서장에게 지체 없이 그 사실을 알려야 한다.

05 **「화재예방, 소방시설 설치·유지 및 안전관리에 관한 법률」 시행령상 과태료의 개별기준 중 금액이 가장 큰 것은?**

① 피난시설, 방화구획 또는 방화시설을 폐쇄·훼손·변경하는 등의 행위를 한 경우 2차 위반
② 특정소방대상물의 관계인 또는 소방안전관리대상물의 소방안전관리자가 소방안전관리 업무를 하지 않은 경우 2차 위반
③ 정당한 사유 없이 관계 공무원의 출입 또는 조사·검사를 거부·방해 또는 기피한 경우 2차 위반
④ 대통령령으로 정하는 특정소방대상물의 관계인이 소방훈련 및 교육을 하지 않은 경우 2차 위반

06 **소방안전관리자 및 소방안전관리보조자의 실무교육에 관한 설명 중 옳지 않은 것은?**

① 안전원장은 소방안전관리자 및 소방안전관리보조자에 대한 실무교육의 교육대상, 교육일정 등 실무교육에 필요한 계획을 수립하여 매년 소방청장의 승인을 얻어 교육실시 30일 전까지 교육 대상자에게 통보하여야 한다.
② 소방안전관리자는 최초 실무교육을 받은 후 2년마다(최초 실무교육을 받은 날을 기준일로 하여 매 2년이 되는 해의 기준일과 같은 날 전까지를 말한다) 1회 이상 실무교육을 받아야 한다.
③ 소방안전관리대상물에서 소방안전 관련 업무에 2년 이상 근무한 경력이 있는 사람이 소방안전관리보조자로 선임된 경우 그 선임된 날부터 6개월 이내에 실무교육을 받아야 한다.
④ 소방본부장 또는 소방서장은 소방안전관리자나 소방안전관리보조자의 선임신고를 받은 경우에는 신고일부터 1개월 이내에 소방안전관리자 및 소방안전관리보조자 선·해임 변동 내용을 안전원장에게 통보하여야 한다.

07 **「화재예방, 소방시설 설치·유지 및 안전관리에 관한 법률」상 내용으로 옳은 것은?**

① 연구개발 목적으로 제조하거나 수입하는 소방용품은 소방청장의 형식승인을 받아야 한다.
② 소방청장은 제조자 또는 수입자 등의 요청이 있는 경우 소방용품에 대하여 성능인증을 할 수 있다.
③ 형식승인을 받은 자는 그 소방용품에 대하여 소방청장이 실시하는 성능인증을 받아야 한다.
④ 소방청장은 형식승인을 받은 자가 해당 소방용품에 대하여 형상 등의 일부를 변경할 경우 변경 승인을 받지 아니하면 6개월 이내의 기간을 정하여 제품검사의 중지를 명할 수 있다.

08 **내진설계를 하여야 하는 소방시설에 대한 설명으로 적합하지 않는 내용은?**

학교교재 소방법령II

① 소화활동설비
② 옥내소화전설비
③ 스프링클러설비
④ 이산화탄소 소화설비

09 1년 이하의 징역 또는 1천만원 이하의 벌금에 해당하지 않는 것은?

① 관리업의 등록증이나 등록수첩을 다른 자에게 빌려준 자
② 영업정지처분을 받고 그 영업정지기간 중에 관리업의 업무를 한 자
③ 소방시설등에 대한 자체점검을 하지 아니하거나 관리업자 등으로 하여금 정기적으로 점검하게 하지 아니한 자
④ 업무를 수행하면서 알게 된 비밀을 이 법에서 정한 목적 외의 용도로 사용하거나 다른 사람 또는 기관에 제공하거나 누설한 사람

10 공동소방안전관리 대상으로 옳지 않은 것은?

① 연면적이 6천m^2인 복합건축물
② 지하층을 포함한 층수가 11층인 건축물
③ 판매시설 중 도매시장 및 소매시장
④ 지하가

11 소방시설완공검사증명서를 받은 후 1년이 경과한 후에 사용승인을 받은 경우 작동기능 점검의 점검 시기로 옳은 것은?

① 사용승인을 받은 그 다음 해부터 실시
② 사용승인을 받은 그 해부터 실시
③ 사용승인일이 속하는 달의 말일까지 실시
④ 사용승인일이 속하는 달의 다음 달 말일까지 실시

12 피난계획에 포함되어야 하는 내용에 관한 설명으로 적합하지 않는 내용은?

학교교재 소방법령II

① 층별, 구역별 피난대상 인원의 현황
② 재해약자의 현황
③ 각 거실에서 옥내로 이르는 피난경로
④ 재해약자 및 재해약자를 동반한 사람의 피난동선과 피난방법

13 1급 소방안전관리대상물로 옳지 않은 것은?

① 지하층을 제외한 30층 이상 아파트
② 높이가 120m 이상인 특정소방대상물
③ 아파트를 제외한 연면적 1만5천m^2 이상인 특정소방대상물
④ 가연성 가스를 1천톤 이상 저장·취급하는 시설

14 「화재예방, 소방시설 설치·유지 및 안전관리에 관한 법률」 시행령상 소방기술심의위원회의 위원에 관한 사항으로 옳은 것은?

① 위원이 해당 안건의 당사자와 친족인 경우 위원회의 심의·의결에서 제척할 수 있다.
② 해당 안건의 당사자는 위원에게 공정한 심의·의결을 기대하기 어려운 사정이 있는 경우에는 위원회에 기피신청을 할 수 있고, 위원회는 대상인 위원을 그 의결에 참여시켜 의결로 이를 결정한다.
③ 위원이 해당 안건에 관하여 증언, 진술, 자문, 연구, 용역 또는 감정을 한 경우 소방청장 또는 시·도지사는 해당 위원을 해임하거나 해촉할 수 있다.
④ 위원이 제척사유에 해당하는 경우에는 스스로 해당 안건의 심의·의결에서 회피하여야 한다.

15 특정소방대상물의 증축 시 소방시설기준 적용의 특례에 해당하지 않는 것은?

① 기존 부분과 증축 부분이 방화구조로 된 바닥과 벽으로 구획된 경우
② 기존 부분과 증축 부분이 60분+ 방화문 또는 자동방화셔터로 구획되어 있는 경우
③ 자동차 생산공장 등 화재 위험이 낮은 특정소방대상물 내부에 연면적 $30m^2$의 직원 휴게실을 증축하는 경우
④ 자동차 생산공장 등 화재 위험이 낮은 특정소방대상물에 캐노피를 설치하는 경우

16 대통령령 또는 화재안전기준의 변경으로 강화된 기준을 적용하는 소방시설이 아닌 것은?

① 전력 또는 통신사업용 지하구에 설치하여야 하는 소방시설
② 의료시설의 스프링클러설비, 간이스프링클러설비, 자동화재탐지설비 및 자동화재속보설비
③ 노유자시설의 스프링클러설비, 간이스프링클러설비, 자동화재탐지설비 및 단독경보형 감지기
④ 「국토의 계획 및 이용에 관한 법률」 제2조 제9호에 따른 공동구에 설치하여야 하는 소방시설

17 「화재예방, 소방시설 설치 · 유지 및 안전관리에 관한 법률」 시행령상 화재위험작업에 해당하지 않는 것은?

① 인화성 · 가연성 · 폭발성 물질을 취급하거나 가연성 가스를 발생시키는 작업
② 용접 · 용단 등 불꽃을 발생시키거나 화기(火氣)를 취급하는 작업
③ 불을 사용하는 설비와 특수가연물을 취급하는 작업
④ 폭발성 부유분진을 발생시킬 수 있는 작업

18 자동화재탐지설비를 설치하여야 하는 특정소방대상물로 옳지 않은 것은?

① 연면적 $600m^2$ 이상인 복합건축물
② 지하가 중 터널로서 길이가 1천m 이상인 것
③ 연면적 1천m^2 이상인 공동주택
④ 정신의료기관으로 사용되는 바닥면적의 합계가 $300m^2$ 미만이고, 화재 시 자동으로 열리는 구조로 되어 있는 창살이 설치된 시설

19 내용연수 설정 대상 소방용품과 그 소방용품의 내용연수로 옳은 것은?

① 분말형태의 소화약제를 사용하는 소화기 : 10년
② 분말형태의 소화약제를 사용하는 자동확산소화기 : 15년
③ 분말형태의 소화약제를 사용하는 소화기 : 15년
④ 분말형태의 소화약제를 사용하는 자동확산소화기 : 10년

20 지방소방기술심의위원회의 심의사항이 아닌 것은?

① 새로운 소방시설과 소방용품 등의 도입 여부에 관한 사항
② 연면적 10만m^2 미만의 특정소방대상물에 설치된 소방시설의 설계 · 시공 · 감리의 하자 유무에 관한 사항
③ 소방기술과 관련하여 시 · 도지사가 심의에 부치는 사항
④ 소방본부장 또는 소방서장이 화재안전기준 또는 위험물 제조소등의 시설기준의 적용에 관하여 기술검토를 요청하는 사항

소방승진 제4회 모의고사

01 「화재예방, 소방시설 설치 · 유지 및 안전관리에 관한 법률」 및 같은 법 시행령상 내용으로 옳지 않은 것은?

① 소방용품이란 소방시설등을 구성하거나 소방용으로 사용되는 제품 또는 기기로서 대통령령으로 정하는 것을 말한다.
② 피난층이란 곧바로 지상으로 갈 수 있는 출입구가 있는 층을 말한다.
③ 특정소방대상물이란 소방안전관리자를 선임하여야 하는 소방대상물로서 대통령령으로 정하는 것을 말한다.
④ 소방시설등에는 방화문도 포함된다.

02 다음 〈보기〉 중 피난구조설비에 포함되는 것을 모두 고르시오.

(가) 자동화재탐지설비
(나) 방열복
(다) 비상벨설비
(라) 피난유도선
(마) 시각경보기
(바) 완강기
(사) 통합감시시설
(아) 가스누설경보기

① (나), (라), (바)
② (가), (바), (아)
③ (다), (라), (마)
④ (나), (마), (사)

03 「화재예방, 소방시설 설치 · 유지 및 안전관리에 관한 법률」 시행령상 특정소방대상물에 관한 연결이 옳은 것은?

① 의료시설 : 침술원, 조산원, 마약진료소
② 동물 및 식물 관련 시설 : 축사, 동물원, 종묘배양시설
③ 교육연구시설 : 운전학원, 정비학원, 직업훈련소
④ 업무시설 : 금융업소, 보건소

04 소방청장이 소방안전관리가 우수하다고 인정한 특정소방대상물에 대해서는 몇 년의 범위에서 종합정밀점검을 면제할 수 있는가? 학교교재 소방법령II

① 1년 ② 2년
③ 3년 ④ 4년

05 방염성능기준에 관한 설명으로 옳은 것은?

① 버너의 불꽃을 제거한 때부터 불꽃을 올리며 연소하는 상태가 그칠 때까지 시간은 30초 이내일 것
② 불꽃에 의하여 완전히 녹을 때까지 불꽃의 접촉 횟수는 2회 이상일 것
③ 탄화(炭化)한 면적은 $20cm^2$ 이내, 탄화한 길이는 50cm 이내일 것
④ 발연량(發煙量)을 측정하는 경우 최대연기밀도는 400 이하일 것

06 **청문을 하여야 하는 처분으로 옳지 않은 것은?**

① 관리사 자격의 정지
② 소방용품의 형식승인 취소 및 제품검사 중지
③ 관리업의 등록취소 및 행정처분
④ 우수품질인증의 취소

07 **화재안전정책 기본계획에 포함되어야 할 사항으로 옳지 않은 것은?**

① 화재안전분야 전문인력의 육성・지원 및 관리에 관한 사항
② 소방시설의 설계 및 공사감리의 방법에 관한 사항
③ 소방시설의 설치・유지 및 화재안전기준의 개선에 관한 사항
④ 화재예방을 위한 대국민 홍보・교육에 관한 사항

08 **「화재예방, 소방시설 설치・유지 및 안전관리에 관한 법률」 시행규칙상 옳지 않은 것은?**

① 소방안전관리자의 강습교육의 일정・횟수 등에 관하여 필요한 사항은 한국소방안전원의 장이 연간계획을 수립하여 실시하여야 한다.
② 안전원장은 강습교육을 실시하고자 하는 때에는 강습교육 실시 20일 전까지 일시・장소 그 밖의 강습교육실시에 관하여 필요한 사항을 교육대상자에게 통보하여야 한다.
③ 안전원장은 강습교육을 실시한 때에는 수료자에게 수료증을 교부하고 강습교육수료자 명부대장을 강습교육의 종류별로 작성・보관하여야 한다.
④ 위험물 안전관리에 관한 강습교육을 받은 자가 2급 소방안전관리대상물의 소방안전관리에 관한 강습교육을 받으려는 경우에는 8시간 범위에서 면제할 수 있다.

09 **소방특별조사를 실시하는 경우에 해당하지 않는 것은?**

① 「소방기본법」 제13조에 따른 화재경계지구에 대한 소방특별조사 등 다른 법률에서 소방특별조사를 실시하도록 한 경우
② 국가적 행사 등 주요 행사가 개최되는 장소 및 그 주변의 관계 지역에 대하여 소방안전관리 실태를 점검할 필요가 있는 경우
③ 재난예측정보, 기상예보 등을 분석한 결과 소방대상물에 화재, 재난・재해의 발생 위험이 높다고 판단되는 경우
④ 관계인이 이 법 또는 다른 법령에 따라 실시하는 소방시설등, 방화시설, 피난시설 등에 대한 자체점검 등을 실시하지 않은 경우

10 **건축허가등의 동의 등에 관한 사항으로 옳지 않은 것은?**

① 건축물 등의 대수선의 허가·협의 및 사용승인도 "건축허가등"에 포함된다.
② 건축물 등의 용도변경 신고를 수리할 권한이 있는 행정 기관은 그 신고를 수리하면 그 건축물 등의 시공지 또는 소재지를 관할하는 소방본부장이나 소방서장에게 지체 없이 그 사실을 알려야 한다.
③ 다른 법령에 따른 인허가등의 시설기준에 소방시설등의 설치·유지 등에 관한 사항이 포함되어 있는 경우 해당 인허가등의 권한이 있는 행정기관은 인허가등을 할 때 미리 그 시설의 소재지를 관할하는 소방본부장이나 소방서장의 동의를 받아야 한다.
④ 건축허가등의 권한이 있는 행정기관은 건축허가등의 동의를 받은 사실을 알릴 때 관할 소방본부장이나 소방서장에게 건축허가등을 할 때 건축허가등을 받으려는 자가 제출한 설계도서 중 건축물의 내부구조를 알 수 있는 설계도면을 제출하여야 한다.

11 **소방시설관리사의 의무에 대한 설명으로 적합하지 않은 내용은?** 학교교재 소방법령II

① 자격증 대여금지
② 이중취업금지
③ 이 법 제46조의 규정에 따라 관할행정기관의 감독을 받을 의무
④ 이 법 또는 이 법외에 따른 명령준수 의무

12 **비상경보설비를 설치하여야 할 특정소방대상물로 옳지 않은 것은?**

① 연면적 400m^2 이상인 것
② 지하층 또는 무창층으로서 공연장의 바닥면적이 150m^2 이상인 것
③ 지하가 중 터널로서 길이가 500m 이상인 것
④ 50명 이상의 근로자가 작업하는 옥내 작업장

13 **복합건축물이란 하나의 건축물이 「화재예방, 소방시설 설치·유지 및 안전관리에 관한 법률」 시행령 별표 2 제1호부터 제27호까지의 것 중 둘 이상의 용도로 사용되는 것을 말한다. 다음 중 복합건축물로 보지 않는 경우로 틀린 것은?**

① 관계 법령에서 주된 용도의 부수시설로서 그 설치를 의무화하고 있는 용도 또는 시설
② 건축물의 주된 용도의 기능에 필수적인 용도로서 건축물의 설비, 대피 또는 위생을 위한 용도
③ 사무, 작업, 집회, 물품저장 또는 주차를 위한 용도
④ 구내식당, 구내운동시설 등 기숙사를 포함한 종업원후생복리시설의 용도

14 「화재예방, 소방시설 설치 · 유지 및 안전관리에 관한 법률」 시행령상 다음 〈보기〉 안의 과태료 금액의 합계는 얼마인가?

1. 임시소방시설을 설치 · 유지 · 관리하지 않은 경우 : ( )만원
2. 관리업자가 지위승계, 행정처분 또는 휴업 · 폐업의 사실을 특정소방대상물의 관계인에게 알리지 않거나 거짓으로 알린 경우 : ( )만원
3. 소방안전관리자 선임 지연신고기간이 1개월 미만인 경우 : ( )만원
4. 소방안전관리자 및 소방안전관리보조자가 실무 교육을 받지 않은 경우 : ( )만원

① 380만원
② 500만원
③ 580만원
④ 600만원

15 3급 소방안전관리대상물에 해당하지 않는 것은? (단, 지하층과 무창층 없음)

① 층수가 3층이고 연면적 600m^{2}인 생활형 숙박시설
② 층수가 2층이고 바닥면적의 합계가 1천m^{2}인 판매시설
③ 층수가 3층이고 연면적 1천m^{2}인 관광휴게시설
④ 층수가 2층이고 바닥면적의 합계가 600m^{2}인 장례시설

16 대통령령으로 정하는 특정소방대상물의 관계인은 그 장소의 사람에게 소방훈련을 하여야 한다. 다음 중 대통령령으로 정한 기준으로 옳은 것은?

① 특정소방대상물 중 상시 근무하거나 거주하는 인원이 10명 이하인 특정소방대상물을 말한다.
② 특정소방대상물 중 상시 근무하거나 거주하는 인원이 10명 이하인 특정소방대상물을 제외한 것을 말한다.
③ 특정소방대상물 중 상시 출입하거나 이용하는 인원이 10명 이하인 특정소방대상물을 말한다.
④ 특정소방대상물 중 상시 출입하거나 이용하는 인원이 10명 이하인 특정소방대상물을 제외한 것을 말한다.

17 소방안전관리자를 선임한 경우에는 선임한 날부터 며칠 이내에 신고하여야 하나?

학교교재 소방법령II

① 선임한 다음 날부터 14일 이내
② 선임한 날부터 30일 이내
③ 선임한 날부터 14일 이내
④ 선임한 다음 날부터 30일 이내

18 「화재예방, 소방시설 설치 · 유지 및 안전관리에 관한 법률」 시행령상 공동 소방안전관리자로 선임할 수 없는 사람은?

① 위험물기능장 · 위험물산업기사 또는 위험물기능사 자격을 가진 사람
② 경찰공무원으로 2년 이상 근무한 경력이 있는 사람이 소방청장이 실시하는 3급 소방안전관리대상물의 소방안전관리에 관한 시험에 합격한 사람
③ 의용소방대원으로 3년 이상 근무한 경력이 있는 사람이 소방청장이 실시하는 2급 소방안전관리대상물의 소방안전관리에 관한 시험에 합격한 사람
④ 소방공무원으로 3년 이상 근무한 경력이 있는 사람

19 「화재예방, 소방시설 설치 · 유지 및 안전관리에 관한 법률」 시행령에서 규정한 화재를 진압하거나 인명구조활동을 위하여 사용하는 설비에 해당하는 것은?

① 소화수조 · 저수조
② 통합감시시설
③ 무선통신보조설비
④ 자동화재속보설비

20 소방기술과 관련된 법인 또는 단체에 위탁할 수 있는 업무로 옳지 않은 것은?

① 점검능력 평가 및 공시에 관한 업무
② 건축 환경 및 화재위험특성 변화 추세 연구에 관한 업무
③ 소방시설관리사증의 발급 · 재발급에 관한 업무
④ 데이터베이스 구축에 관한 업무

소방승진 제5회

모의고사

01 특정소방대상물 중 운수시설로만 묶여진 것으로 옳은 것은?

> ㉠ 자동차 검사장
> ㉡ 여객자동차터미널
> ㉢ 운전학원
> ㉣ 주차장
> ㉤ 항만시설
> ㉥ 철도시설

① ㉠, ㉢, ㉣
② ㉠, ㉣, ㉤
③ ㉡, ㉣, ㉤
④ ㉡, ㉤, ㉥

02 소방시설관리업 등록의 결격사유에 대한 설명으로 적합하지 않은 내용은?

학교교재 소방법령II

① 피성년후견인
② 이 법에 따른 금고 이상의 실형을 선고받고 그 집행이 끝나거나 집행이 면제된 날부터 2년이 지나지 아니한 사람
③ 위험물안전관리법에 따른 금고 이상의 형의 집행유예를 선고받고 그 유예기간 중에 있는 사람
④ 소방시설관리업의 등록이 취소된 날부터 1년이 지나지 아니한 자

03 특정소방대상물의 근무자 및 거주자에 대한 소방훈련 등에 관한 내용으로 옳은 것은?

① 소방안전관리대상물 중 상시 근무하거나 거주하는 인원이 11명 이상인 특정소방대상물의 관계인은 그 장소에 상시 근무하거나 거주하는 사람에게 소화·통보·피난 등의 훈련과 소방안전관리에 필요한 교육을 하여야 한다.
② 소방서장이 관계인으로 하여금 소방기관과 합동으로 소방훈련을 실시하게 할 수 있는 소방안전관리대상물은 특급, 1급, 2급 소방안전관리대상물이다.
③ 소방안전관리대상물의 관계인은 소방훈련과 교육을 실시하였을 때에는 그 실시 결과를 소방훈련·교육 실시 결과 기록부에 기록하고, 이를 소방훈련과 교육을 실시한 날부터 2년간 보관하여야 한다.
④ 특정소방대상물의 관계인은 소방훈련과 교육을 연 2회 이상 실시하여야 한다. 다만, 소방서장이 화재예방을 위하여 필요하다고 인정하여 2회의 범위 안에서 추가로 실시할 것을 요청하는 경우에는 소방훈련과 교육을 실시하여야 한다.

04 **소방특별조사위원회의 심의 · 의결 시 위원의 제척사유로 옳지 않은 것은?**

① 위원의 배우자가 소방대상물 등의 설계, 공사, 감리 등을 수행한 경우
② 위원이 소방대상물 등에 관하여 자문, 연구, 용역, 감정 또는 조사를 한 경우
③ 직무태만, 품위손상이나 그 밖의 사유로 위원으로 적합하지 아니하다고 인정된 경우
④ 위원이 임원 또는 직원으로 재직하고 있거나 최근 3년 내에 재직하였던 기업 등이 소방대상물 등에 관하여 자문, 연구, 용역, 감정 또는 조사를 한 경우

05 **「화재예방, 소방시설 설치 · 유지 및 안전관리에 관한 법률」상 (　　) 안에 들어갈 내용으로 옳은 것은?**

> 소방청장은 건축 환경 및 화재위험특성 변화사항을 효과적으로 반영할 수 있도록 소방시설 규정을 (　　)년에 (　　)회 이상 정비하여야 한다.

① 2, 1　　② 3, 1
③ 2, 2　　④ 3, 2

06 **「화재예방, 소방시설 설치 · 유지 및 안전관리에 관한 법률」 시행령에서 정의한 "무창층"의 설명으로 옳지 않은 것은?**

① 무창층은 지상층 중 개구부의 면적의 합계가 해당 층의 바닥면적의 30분의 1 이하가 되는 층을 말한다.
② 개구부는 건축물에서 채광 · 환기 · 통풍 또는 출입 등을 위하여 만든 창 · 출입구, 그 밖에 이와 비슷한 것을 말한다.
③ 개구부의 크기는 지름 50cm 이상의 원이 내접할 수 있는 크기이고, 해당 층의 바닥면으로부터 개구부 밑부분까지의 높이는 1.2m 이내를 말한다.
④ 개구부는 도로 또는 차량이 진입할 수 있는 빈터를 향하고, 설치된 창살이나 그 밖의 장애물은 내부 또는 외부에서 쉽게 부수거나 열 수 있도록 한다.

07 **특정소방대상물의 용도가 근린생활시설에 해당되지 않는 것은?**

① 바닥면적 $100m^2$의 단란주점
② 바닥면적 $200m^2$의 공연장
③ 바닥면적 $300m^2$의 교회
④ 바닥면적 $400m^2$의 고시원

08 **"소방특별조사"에 관한 설명으로 옳지 않은 것은?**

① 소방청장, 소방본부장 또는 소방서장은 관계 공무원으로 하여금 관할구역에 있는 소방대상물, 관계 지역 또는 관계인에 대하여 소방특별조사를 하게 할 수 있다.
② 개인의 주거에 대한 소방특별조사는 화재발생 우려가 뚜렷하여 긴급한 필요가 있는 때에 한정한다.
③ 국가적 행사 등 주요 행사가 개최되는 장소 및 그 주변의 관계 지역에 대하여 소방안전관리 실태를 점검할 필요가 있는 경우 실시한다.
④ 소방특별조사위원회의 구성 · 운영에 필요한 사항은 대통령령으로 정한다.

09 **건축허가등을 할 때 미리 그 건축물 등의 시공지 또는 소재지를 관할하는 소방본부장 또는 소방서장의 동의를 받아야 하는 대상물의 범위로 옳지 않는 것은?**

① 노유자시설 및 수련시설 $200m^2$
② 지하층 또는 무창층이 있는 건축물로서 바닥면적이 $100m^2$(공연장의 경우에는 $150m^2$) 이상인 층이 있는 것
③ 장애인 의료재활시설 $300m^2$
④ 차고・주차장으로 사용되는 바닥연면적이 $200m^2$ 이상인 층이 있는 건축물이나 주차시설

10 **소방시설관리업의 과징금 처분에 관한 조항으로 괄호 안에 들어갈 내용으로 옳은 것은?** 21년 기출

(㉠)는 (㉡)를 명하는 경우로서 그 (㉡)가 국민에게 심한 불편을 주거나 그 밖에 공익을 해칠 우려가 있을 때에는 (㉡)처분을 (㉢) 하여 (㉣)의 과징금을 부과할 수 있다.

	㉠	㉡	㉢	㉣
①	소방본부장	영업정지	갈 음	3천만원 이하
②	시・도지사	영업취소	대 신	3천만원 이상
③	소방본부장	등록취소	연 장	3천만원 이상
④	시・도지사	영업정지	갈 음	3천만원 이하

11 **특정소방대상물의 용도변경 시 소방시설기준 적용의 특례에 해당하지 않는 것은?**

① 특정소방대상물의 구조・설비가 화재연소 확대 요인이 적어지거나 피난 또는 화재진압활동이 쉬워지도록 변경되는 경우
② 용도변경으로 인하여 천장・바닥・벽 등에 고정되어 있는 가연성 물질의 양이 줄어드는 경우
③ 운동시설, 물류터미널, 장례식장이 근린생활시설의 용도로 변경되는 경우
④ 운수시설, 창고시설이 불특정 다수인이 이용하는 것이 아닌 일정한 근무자가 이용하는 용도로 변경되는 경우

12 **「화재예방, 소방시설 설치・유지 및 안전관리에 관한 법률」 시행령에서 정한 수용인원 산정방법에 관한 설명으로 옳지 않은 것은?**

① 숙박시설이 있는 특정소방대상물 중 침대가 없는 숙박시설 : 해당 특정소방대상물의 종사자 수에 숙박시설 바닥면적의 합계를 $3m^2$로 나누어 얻은 수를 합한 수
② 상담실 용도로 쓰이는 특정소방대상물 : 해당 용도로 사용하는 바닥면적의 합계를 $4.6m^2$로 나누어 얻은 수
③ 관람석이 있는 경우 고정식 의자를 설치한 부분은 그 부분의 의자 수로 하고, 긴 의자의 경우에는 의자의 정면너비를 0.45m로 나누어 얻은 수로 한다.
④ 계산 결과 소수점 이하의 수는 반올림한다.

13 다음 〈보기〉 안에 숫자의 합은 얼마 인가?

> • 화재안전정책에 관한 기본계획 수립·시행 기간 : (   )년 마다
> • 소방특별조사위원회의 위원장을 제외한 위원 수 : (   )명 이내
> • 중앙소방특별조사단 단장을 포함한 단원 수 : (   )명 이내
> • 특급 소방안전관리대상물의 건축허가 등의 동의 회신 기간 : (   )일 이내

① 36　　② 37
③ 42　　④ 43

14 인명구조기구의 종류를 가장 많이 설치하여야 하는 특정소방대상물은?

① 수용인원 200명인 문화 및 집회시설 중 영화상영관
② 판매시설 중 대규모 점포
③ 지하층을 포함하는 층수가 7층인 병원
④ 지하층을 포함하는 층수가 7층인 관광호텔

15 임시소방시설의 유지·관리 등에 대한 설명으로 옳은 것은? 21년 기출

① 특정소방대상물의 건축·대수선·용도 변경 또는 설치 등을 위한 공사현장에서 화재위험 작업을 하기 전에 임시소방시설을 설치하고 유지·관리하여야 할 책임은 건축주에게 있다.
② 임시소방시설을 설치하여야 하는 공사의 종류와 규모, 임시소방시설의 종류 등에 관하여 필요한 사항과 임시소방시설의 설치 및 유지·관리 기준은 대통령령으로 정한다.
③ 간이소화장치는 연면적 3천m^2 이상이거나 지하층, 무창층 또는 4층 이상의 층으로서 해당 층의 바닥면적이 600m^2 이상인 공사의 작업현장에 설치한다.
④ 간이피난유도선을 설치한 것으로 보는 소방시설은 피난유도선, 피난구유도등, 통로유도등, 유도표지 또는 비상조명등이다.

16 1급 소방안전관리대상물의 소방안전관리자 선임대상자로 옳지 않은 것은?

① 2급 소방안전관리대상물의 소방안전관리자로 선임될 수 있는 자격이 있는 사람으로서 1급 소방안전관리대상물의 소방안전관리보조자로 근무한 실무경력이 2년, 2급 소방안전관리대상물의 소방안전관리보조자로 5년 근무한 실무경력이 있는 사람으로서 소방청장이 실시하는 1급 소방안전관리대상물의 소방안전관리에 관한 시험에 합격한 사람
② 소방공무원으로 7년 이상 근무한 경력이 있는 사람
③ 전기안전관리자로 선임된 사람(안전관리자로 선임된 해당 소방안전관리대상물의 소방안전관리자로만 선임할 수 있다)
④ 산업안전기사 또는 산업안전산업기사의 자격을 취득한 후 1년 이상 2급 소방안전관리대상물 또는 3급 소방안전관리대상물의 소방안전관리자로 근무한 실무경력이 있는 사람

17 **소방안전관리대상물의 소방계획서에 포함해야 할 내용으로 옳은 것은?**

① 소화와 연소 방지에 관한 사항
② 소방안전관리대상물의 위치·내부구조·연면적·용도 및 수용인원 등 일반 현황
③ 소방안전관리대상물에 설치한 소방시설·기계시설, 전기시설·가스시설 및 위험물 시설의 현황
④ 소방시설·피난시설 및 소화활동시설의 점검·정비계획

18 **종합정밀점검의 실시 대상으로 옳지 않은 것은?**

① 스프링클러설비가 설치된 특정소방대상물
② 옥내소화전설비가 설치된 연면적 1,000m^2 이상인 공공기관
③ 산후조리업의 영업장이 설치된 특정소방대상물로서 연면적이 2,000m^2 이상인 것
④ 물분무등소화설비가 설치된 연면적 5,000m^2 이상인 위험물 제조소

19 **건축물의 신축·증축 및 개축 등으로 소방용품을 변경 또는 신규 비치하여야 하는 경우 우수품질인증 소방용품을 우선 구매·사용하도록 노력하여야 하는 기관 및 단체가 아닌 것은?**

① 재단법인과 사단법인
② 지방공사 및 지방공단
③ 중앙행정기관
④ 출자·출연기관

20 **「화재예방, 소방시설 설치·유지 및 안전관리에 관한 법률」상 소방용품의 수집검사 등에 관한 사항으로 옳지 않은 것은?**

① 소방청장은 소방용품의 품질관리를 위하여 필요하다고 인정할 때에는 유통 중인 소방용품을 수집하여 검사할 수 있다.
② 소방청장은 수집검사 결과 중대한 결함이 있다고 인정되는 소방용품에 대하여는 그 제조자 및 수입자에게 회수·교환·폐기 또는 판매중지를 명한다.
③ 소방청장은 수집검사 결과 중대한 결함이 있다고 인정되는 소방용품에 대하여 형식승인 또는 성능인증을 취소하여야 한다.
④ 소방청장은 회수·교환·폐기 또는 판매중지를 명하거나 형식승인 또는 성능인증을 취소한 때에는 그 사실을 소방청 홈페이지 등에 공표할 수 있다.

소방승진 제6회 모의고사

01 다음 중 제조 또는 가공공장에서 방염처리 해야하는 방염대상물품으로 적합하지 않은 것은? 학교교재 소방법령II

① 창문에 설치하는 블라인드
② 무대막, 카펫
③ 두께가 2mm 미만인 종이벽지
④ 노래연습장업의 영업장에 설치하는 섬유류 원료로 하여 제작된 소파

02 소방청장, 소방본부장 또는 소방서장이 소방특별조사를 하기 7일 전에 관계인에게 서면으로 알려야 하는 내용에 포함되지 않는 것은?

① 소방특별조사 업무를 수행하는 공무원
② 소방특별조사 대상
③ 소방특별조사 기간
④ 소방특별조사 사유

03 특정소방대상물에 관한 연결이 옳은 것은?

① 의료시설 : 의원, 치과의원, 한의원
② 동물 및 식물 관련 시설 : 동·식물원, 동물건조장(乾燥葬)시설
③ 근린생활시설 : 운전학원 및 정비학원
④ 업무시설 : 금융업소, 보건소

04 대통령령 또는 화재안전기준이 변경되어 강화될 경우 기존의 특정소방대상물(건축물의 신축, 개축, 재축, 이전 및 대수선 중인 특정소방대상물을 포함한다)의 소방시설에 대해 강화된 기준을 적용하는 것은?

① 노유자시설에 설치하는 자동화재속보설비
② 의료시설에 설치하는 비상방송설비
③ 노유자시설에 설치하는 자동화재탐지설비
④ 의료시설에 설치하는 피난설비

05 소방청장이 화재안전정책 기본계획 2022년을 수립하려고 한다. 다음 〈보기〉 안에 기한으로 옳은 것은?

> ㉮ 중앙행정기관의 장과의 협의 : (　　　) 까지
> ㉯ 시행계획 수립 : (　　　) 까지
> ㉰ 시·도지사의 세부시행계획 : (　　　) 까지

	㉮	㉯	㉰
①	2021.8.31.	2021.9.30.	2021.10.31.
②	2021.8.31.	2021.10.31.	2021.12.31.
③	2021.9.30.	2021.12.31.	2022.03.31.
④	2021.8.31.	2021.10.31.	2022.12.31.

06 「화재예방, 소방시설 설치 · 유지 및 안전관리에 관한 법률」 시행령상 지하가 중 터널에 설치하여야 할 소방시설의 기준이 다른 하나는?

① 옥내소화전설비
② 연결송수관설비
③ 자동화재탐지설비
④ 비상경보설비

07 성능위주설계에 대한 내용으로 옳은 것은?

① 성능위주설계를 해야 하는 특정소방대상물은 신축과 증축하는 것만 해당한다.
② 성능위주설계란 특정소방대상물의 용도, 층수, 면적, 수용인원, 가연물의 종류 및 양 등을 고려하여 설계하는 것을 말한다.
③ 지하층을 제외한 층수가 50층 이상인 아파트등은 성능위주설계를 해야 하는 특정소방대상물에 해당한다.
④ 아파트등을 제외한 특정소방대상물로서 지하층을 제외한 층수가 30층 이상인 것은 성능위주설계를 해야 하는 특정소방대상물에 해당한다.

08 건축허가등의 동의 요구를 하는 해당 기관이 동의요구서에 첨부하여야 할 서류가 아닌 것은?

① 소방시설 설치계획표
② 임시소방시설 설치 계획서(설치시기 · 위치 · 종류 · 방법 등 임시소방시설의 설치와 관련한 세부 사항을 포함한다)
③ 소방시설공사업등록증과 소방시설을 설계한 기술인력자의 기술자격증 사본
④ 「소방시설공사업법」에 따라 체결한 소방시설설계 계약서 사본 1부

09 「화재예방, 소방시설 설치 · 유지 및 안전관리에 관한 법률」에서 정한 과태료 부과기준이 나머지 셋과 다른 하나는? 21년 기출

① 화재안전기준을 위반하여 소방시설을 설치 또는 유지 · 관리한 자
② 피난시설의 폐쇄 행위를 한 자
③ 방화구획의 변경행위를 한 자
④ 소방안전관리 업무를 수행하지 아니한 자

10 휴대용비상조명등을 설치하여야 하는 특정소방대상물이 아닌 것은?

① 철도 및 도시철도시설의 역사
② 수용인원 100명 이상의 영화상영관
③ 숙박시설
④ 지하가 중 지하상가

11 "지방소방기술심의위원회"의 심의사항으로 옳은 것은?

① 화재안전기준에 관한 사항
② 소방시설의 구조 및 원리 등에서 공법이 특수한 설계 및 시공에 관한 사항
③ 소방시설의 설계 및 공사감리의 방법에 관한 사항
④ 소방시설에 하자가 있는지의 판단에 관한 사항

12 「화재예방, 소방시설 설치·유지 및 안전관리에 관한 법률」 시행령상 내용으로 옳은 것은?

① 지하층·무창층 또는 층수가 4층 이상인 것 중 바닥면적이 500m^2 이상인 층이 있는 것은 모든 층에 옥내소화전설비를 설치하여야 한다.
② 문화 및 집회시설로서 무대부가 지하층·무창층 또는 4층 이상의 층에 있는 경우에는 무대부의 면적이 300m^2 이상인 것은 해당 층에 스프링클러설비를 설치하여야 한다.
③ 공항시설 및 항만시설의 대기실 또는 휴게시설로서 지하층 또는 무창층의 바닥면적이 1천m^2 이상인 것은 제연설비를 설치하여야 한다.
④ 지하층의 바닥면적의 합계가 3천m^2 이상인 것 또는 지하층의 층수가 3층 이상이고 지하층의 바닥면적의 합계가 1천m^2 이상인 것은 지하 3층 이상의 층에 무선통신보조설비를 설치하여야 한다.

13 소방시설관리사에 대한 자격의 정지를 명할 수 있는 행정처분으로 옳은 것은?

① 거짓, 그 밖의 부정한 방법으로 시험에 합격한 경우
② 소방안전관리 업무를 하지 아니하거나 거짓으로 한 경우
③ 소방시설관리증을 다른 자에게 빌려준 경우
④ 동시에 둘 이상의 업체에 취업한 경우

14 지상 4층의 건축물로 각 층의 바닥면적은 400m^{2}이고, 1층은 근린생활시설, 2층, 3층은 학원으로서 각각 강의실과 실습실의 용도로 사용하고, 4층은 종교시설일 때 해당 건축물의 수용인원으로 옳은 것은? (단, 복도, 계단 및 화장실 면적의 합은 층별 50m^{2}로 하고, 관람석은 없다) 21년 기출

① 428명
② 468명
③ 564명
④ 604명

15 형식승인을 받아야 할 피난구조설비에 대한 설명으로 적합하지 않는 내용은? 학교교재 소방법령II

① 피난밧줄
② 간이완강기
③ 공기호흡기 충전기
④ 예비 전원이 내장된 비상조명등

16 소방안전 특별관리시설물이 아닌 것은? 21년 기출

① 산업기술단지
② 수용인원 1,200명인 영화상영관
③ 점포가 300개인 전통시장
④ 초고층 건축물 및 지하연계 복합건축물

17 특정소방대상물에 관한 설명 중 옳지 않은 것은?

① 둘 이상의 특정소방대상물이 방화셔터 또는 갑종 방화문이 설치되지 않은 피트로 연결된 경우 하나의 소방대상물로 본다.
② 내화구조로 된 연결통로에 벽 높이가 바닥에서 천장까지의 높이의 2분의 1 이상인 경우로서 그 길이가 10m인 경우 별개의 소방대상물로 본다.
③ 연결통로와 소방대상물의 양쪽에 화재 시 자동으로 방수되는 방식의 드렌처설비가 설치되었다면, 컨베이어로 연결된 경우라도 별개의 소방대상물로 본다.
④ 둘 이상의 특정소방대상물이 지하보도, 지하상가로 연결된 경우 하나의 소방대상물로 본다.

18 특정소방대상물의 소방계획의 작성 및 실시에 관하여 지도・감독할 수 있는 권한이 있는 자로 옳은 것은?

① 소방청장
② 시・도지사
③ 소방본부장
④ 특정소방대상물의 소유자

19 소방시설등의 자체점검 시 점검인력 배치기준에 대한 설명으로 옳지 않은 것은?

① 점검인력 1단위의 점검한도 면적으로 작동기능점검은 12,000m^2이다(소규모점검의 경우 3,000m^2)
② 점검인력 1단위에 보조인력 1명씩 추가할 때마다 종합정밀점검의 경우에 3,000m^2씩을 점검한도 면적에 더한다.
③ 아파트를 점검할 때 점검인력 1단위로 종합정밀점검은 300세대를 점검할 수 있다.
④ 종합정밀점검과 작동기능점검을 하루에 점검하는 경우에는 작동기능점검의 점검면적 또는 점검 세대수에 0.8을 곱한 값을 종합정밀점검 점검면적 또는 점검 세대수로 본다.

20 소방안전관리대상물의 소방안전관리자의 업무에만 해당하는 것으로 옳은 것은?

① 피난시설, 방화구획 및 방화시설의 유지・관리
② 소방시설이나 그 밖의 소방 관련 시설의 유지・관리
③ 화기 취급의 감독
④ 자위소방대 및 초기대응체계의 구성・운영・교육

소방승진 제 7 회

모의고사

01 **특정소방대상물의 관계인이 갖추어야 할 소방시설을 정할 때 고려해야 할 사항으로 옳지 않은 것은?**

① 특정소방대상물의 용도
② 특정소방대상물의 위험특성
③ 특정소방대상물의 면적
④ 특정소방대상물의 수용인원

02 **다음 중 형식승인을 취소하여야 하는 경우에 해당하지 않는 내용은?**

학교교재 소방법령II

① 거짓이나 그 밖의 부정한 방법으로 형식승인을 받은 경우
② 거짓이나 그 밖의 부정한 방법으로 제품검사를 받은 경우
③ 변경승인을 받지 아니하거나 거짓이나 그 밖의 부정한 방법으로 변경승인을 받은 경우
④ 시험시설의 시설기준에 미달되는 경우

03 **형식승인 대상 소방용품 중 소화설비를 구성하는 제품 또는 기기로 옳지 않은 것은?**

① 투척용 소화용구
② 주거용 주방자동소화장치
③ 소화약제 외의 것을 이용한 간이소화용구
④ 자동확산소화기

04 **지진이 발생할 경우 소방시설이 정상적으로 작동될 수 있도록 내진설계기준에 적합하게 시공하여야 하는 소방시설로 옳지 않은 것은?**

① 포소화설비
② 옥내소화전설비
③ 옥외소화전설비
④ 스프링클러설비

05 **「화재예방, 소방시설 설치 · 유지 및 안전관리에 관한 법률」 시행규칙상 과징금의 부과기준에 관한 내용으로 옳지 않은 것은?**

① 영업정지 1개월은 30일로 계산한다.
② 위반행위가 둘 이상 발생한 경우 과징금 부과에 의한 영업정지기간(일) 산정은 개별기준에 따른 각각의 영업정지 처분기간을 합산한 기간으로 한다.
③ 영업정지에 해당하는 위반사항으로서 위반행위의 동기 · 내용 · 횟수 또는 그 결과를 고려하여 그 처분기준의 2분의 1까지 감경한 경우 과징금 부과에 의한 영업정지기간(일) 산정은 감경한 영업정지기간으로 한다.
④ 연간 매출액은 처분일이 속한 연도의 전년도 분기별 · 월별 또는 일별 매출금액을 기준으로 산출 또는 조정한다.

06 중앙소방기술심의위원회와 지방소방기술심의위원회의 위원장을 제외한 최대 구성인원 수의 합은 몇 명인가?

① 66명 ② 67명
③ 68명 ④ 69명

07 소방시설을 설치하지 아니할 수 있는 특정소방대상물 중 음료수 공장의 세정 또는 충전을 하는 작업장과 농예 · 축산 · 어류양식용 시설의 구분으로 옳은 것은?

① 화재 위험도가 낮은 특정소방대상물
② 화재안전기준을 적용하기 어려운 특정소방대상물
③ 화재안전기준을 달리 적용하여야 하는 특수한 용도 또는 구조를 가진 특정소방대상물
④ 소방시설을 설치하지 아니할 수 있는 특정소방대상물의 범위에 포함되지 않는다.

08 관리의 권원이 분리되어 있는 경우 공동 소방안전관리자로 선임할 수 있는 특정소방대상물로 옳지 않은 것은?

① 층수가 7층인 복합건축물
② 지하층을 제외한 층수가 10층 이상인 건축물
③ 판매시설 중 도매시장 및 소매시장
④ 특정소방대상물 중 소방본부장 또는 소방서장이 지정하는 것

09 자동화재탐지설비를 설치해야 하는 숙박시설, 위락시설, 장례시설의 면적으로 옳은 것은?

① 연면적 $600m^2$ 이상인 것
② 연면적 $400m^2$ 이상인 것
③ 연면적 $200m^2$ 이상인 것
④ 연면적 $100m^2$ 이상인 것

10 「화재예방, 소방시설 설치 · 유지 및 안전관리에 관한 법률」 시행령에서 정한 특정소방대상물에 관한 설명으로 옳지 않은 것은?

① 상점은 그 안에 있는 근린생활시설을 포함한다.
② 철골 조립식 주차시설은 바닥면이 조립식이 아닌 것을 제외한다.
③ 수력발전소는 조력발전소를 포함한다.
④ 철도 및 도시철도 시설은 정비창 등 관련 시설을 포함한다.

11 소방시설에 차단행위를 한 자에 대한 벌칙으로 옳은 것은?

① 3년 이하의 징역 또는 3천만원 이하의 벌금
② 5년 이하의 징역 또는 5천만원 이하의 벌금
③ 7년 이하의 징역 또는 7천만원 이하의 벌금
④ 10년 이하의 징역 또는 1억원 이하의 벌금

12 **건축물 내부의 천장이나 벽에 부착하거나 설치하는 방염대상물품이 아닌 것은?**

① 합판이나 목재
② 흡음용 커튼 또는 방음용 커튼
③ 두께 2밀리미터 이상인 종이류
④ 너비가 10센티미터인 반자돌림대

13 **화재안전기준을 적용하기 어려운 특정소방대상물로서 목욕장, 농예 · 축산 · 어류양식용 시설에 설치하지 아니할 수 있는 소방시설로 옳지 않은 것은?**

① 연결살수설비
② 자동화재탐지설비
③ 물분무소화설비
④ 상수도소화용수설비

14 **임시소방시설과 기능 및 성능이 유사하여 임시소방시설을 설치한 것으로 볼 수 있는 소방시설의 연결이 옳지 않은 것은?**

① 간이피난유도선 → 휴대용비상조명등
② 비상경보장치 → 자동화재탐지설비
③ 간이소화장치 → 옥내소화전
④ 비상경보장치 → 비상방송설비

15 **종합정밀점검의 점검 시기로 옳지 않은 것은?**

① 건축물의 사용승인일이 속하는 달에 실시한다. 학교의 경우에는 해당 건축물의 사용승인일이 1월에서 6월 사이에 있는 경우에는 6월 30일까지 실시할 수 있다.
② 건축물 사용승인일 이후 법에서 규정한 다중이용업의 영업장이 설치된 특정소방대상물로서 연면적이 2,000m^2 이상인 것은 영업장의 영업허가일이 속하는 달의 말일까지 실시한다.
③ 신규로 건축물의 사용승인을 받은 건축물은 그 다음 해부터 실시하되, 건축물의 사용승인일이 속하는 달의 말일까지 실시한다.
④ 하나의 대지경계선 안에 2개 이상의 점검 대상 건축물이 있는 경우에는 그 건축물 중 사용승인일이 가장 빠른 건축물의 사용승인일을 기준으로 점검할 수 있다.

16 특정소방대상물의 소방안전관리에 관한 설명으로 옳지 않은 것은?

① 소방안전관리대상물의 관계인이 소방안전관리자를 선임한 경우에는 행정안전부령으로 정하는 바에 따라 선임한 날부터 14일 이내에 소방본부장이나 소방서장에게 신고하여야 한다.

② 소방안전관리대상물의 관계인은 소방안전관리자가 소방안전관리 업무를 성실하게 수행할 수 있도록 지도・감독하여야 한다.

③ 소방안전관리대상물의 관계인이 소방안전관리자를 해임한 경우에는 그 관계인 또는 해임된 소방안전관리자는 소방본부장이나 소방서장에게 그 사실을 알려 해임한 사실의 확인을 받을 수 있다.

④ 소방안전관리자는 인명과 재산을 보호하기 위하여 소방시설・피난시설・방화시설 및 방화구획이 법령에 위반된 것을 발견한 때에는 지체 없이 소방본부장 또는 소방서장에게 그 사실을 알려야 한다.

17 소방특별조사에 관한 내용으로 옳은 것은?

① 소방특별조사를 하려면 3일 전에 관계인에게 조사대상, 조사기간 및 조사사유 등을 서면으로 알려야 한다.

② 원칙적으로 관계인의 승낙 없이 해가 뜨기 전이나 해가 진 뒤에 할 수 없다.

③ 통지를 받은 관계인은 천재지변이나 그 밖에 행정안전부령으로 정하는 사유로 소방특별조사를 받기 곤란한 경우에는 소방특별조사를 연기하여 줄 것을 신청할 수 있다.

④ 소방특별조사 결과 조치명령 사항이 없는 경우 관계인에게 서면통지는 하지 않을 수 있다.

18 「화재예방, 소방시설 설치・유지 및 안전관리에 관한 법률」 시행령상 소방기술심의 위원의 해임 및 해촉에 해당하는 사항이 아닌 것은?

① 직무태만, 품위손상이나 그 밖의 사유로 인하여 위원으로 적합하지 아니하다고 인정되는 경우

② 위원 스스로 직무를 수행하는 것이 곤란하다고 의사를 밝히는 경우

③ 심신장애로 인하여 직무를 수행할 수 없게된 경우

④ 위원이나 위원이 속한 법인・단체 등이 해당 안건의 당사자의 대리인이거나 대리인이었던 경우

19 비상방송설비를 설치하여야 할 특정소방대상물로 옳지 않은 것은?

① 연면적 3천5백m^2 이상인 것

② 지하층을 제외한 층수가 11층 이상인 것

③ 노유자시설로 사용하는 바닥면적의 합계가 3천m^2 이상

④ 지하층의 층수가 3층 이상인 것

20 피난구조설비의 종류가 아닌 것은?

① 객석유도등

② 시각경보기

③ 비상조명등

④ 유도표지

소방승진

제8회 모의고사

01 국가와 지방자치단체가 화재안전정책을 수립·시행할 때 최우선적으로 고려하여야 할 사항으로 옳은 것은?

① 과학적 합리성
② 국민의 생명·신체 및 재산보호
③ 일관성
④ 사전 예방의 원칙

02 「화재예방, 소방시설 설치·유지 및 안전관리에 관한 법률」 시행령에서 정한 특정소방대상물에 관한 설명으로 옳은 것은?

① 체육관 및 운동장으로서 관람석의 바닥면적의 합계가 1천m^2 이상인 것은 운동시설에 해당한다.
② 변전소, 양수장, 정수장은 근린생활시설에 해당한다.
③ 하수 등 처리시설은 업무시설에 해당한다.
④ 동물 전용의 장례식장은 장례시설에 해당한다.

03 「화재예방, 소방시설 설치·유지 및 안전관리에 관한 법률」 시행령상 개구부의 요건으로 옳지 않은 것은?

① 해당 층의 바닥면으로부터 개구부 밑부분까지의 높이가 1.2미터 이내일 것
② 크기는 지름 30센티미터 이상의 원이 내접할 수 있는 크기일 것
③ 화재 시 건축물로부터 쉽게 피난할 수 있도록 창살이나 그 밖의 장애물이 설치되지 아니할 것
④ 내부 또는 외부에서 쉽게 부수거나 열 수 있을 것

04 소방시설에 관한 설명으로 옳지 않은 것은?

① 간이스프링클러설비는 캐비닛형 간이스프링클러설비를 포함한다.
② 유도표지는 피난구조설비로서 유도등의 종류에 해당한다.
③ 불활성기체 소화설비에서 불활성기체란 다른 원소와 화학 반응을 쉽게 일으켜 연소반응을 억제하는 기체를 말한다.
④ 소화용수설비는 화재를 진압하는 데 필요한 물을 공급하거나 저장하는 설비를 말한다.

05 **화재안전정책 기본계획에 포함되어야 할 사항으로 옳지 않은 것은?**

① 화재안전 관련기관과의 협조체계에 관한 사항
② 화재예방을 위한 대국민 홍보・교육에 관한 사항
③ 화재현황, 화재발생 및 화재안전정책의 여건 변화에 관한 사항
④ 화재안전분야 국제경쟁력 향상에 관한 사항

06 **소화설비를 구성하는 소방용품에 해당하지 않는 것은?**

① 스프링클러헤드
② 기동용 수압개폐장치
③ 가스관선택밸브
④ 앵글밸브

07 **「화재예방, 소방시설 설치・유지 및 안전관리에 관한 법률」 시행령상 권한의 위임・위탁 등에 관한 설명으로 옳지 않은 것은?**

① 소방청장은 제품검사 업무를 기술원 또는 전문기관에 위탁한다.
② 소방청장은 합판・목재를 설치하는 현장에서 방염 처리한 경우의 방염성능검사를 기술원에 위탁한다.
③ 소방청장은 소방안전관리에 대한 교육 업무를 한국소방안전원에 위탁한다.
④ 소방청장은 점검능력 평가 및 공시에 관한 업무를 소방청장의 허가를 받아 설립한 소방기술과 관련된 법인 또는 단체 중에 위탁한다.

08 **소방본부장 또는 소방서장이 신고포상금을 지급할 수 있는 행위로 옳지 않은 것은?**

학교교재 소방법령Ⅱ

① 소방안전관리를 소홀히 관리한 자
② 소방시설을 폐쇄하는 행위
③ 방화시설을 앞에 장애물을 설치하는 행위
④ 피난시설을 변경하는 등의 행위

09 **방염성능기준에 관한 설명으로 괄호 안 숫자의 합은 얼마인가?**

> 1. 버너의 불꽃을 제거한 때부터 불꽃을 올리며 연소하는 상태가 그칠 때까지 시간은 (　　)초 이내일 것
> 2. 버너의 불꽃을 제거한 때부터 불꽃을 올리지 아니하고 연소하는 상태가 그칠 때까지 시간은 (　　)초 이내일 것
> 3. 탄화(炭化)한 면적은 (　　)cm^2 이내, 탄화한 길이는 (　　)cm 이내일 것
> 4. 불꽃에 의하여 완전히 녹을 때까지 불꽃의 접촉 횟수는 3회 이상일 것
> 5. 소방청장이 정하여 고시한 방법으로 발연량(發煙量)을 측정하는 경우 최대연기밀도는 (　　) 이하일 것

① 510　　② 520
③ 530　　④ 540

10 **신축된 아파트의 층수가 20층일 때 스프링클러설비를 설치하여야 하는 층으로 옳은 것은?**

① 10층 이상　　② 6층 이상
③ 전 층　　④ 15층 이상

11 소방청장, 소방본부장 또는 소방서장이 합동조사반을 편성하여 소방특별조사를 할 수 있는 기관으로 옳지 않은 것은?

① 한국전력공사
② 한국화재보험협회
③ 한국가스안전공사
④ 한국소방안전원

12 소방안전관리보조자를 두어야 하는 특정소방대상물이 아닌 것은?

① 300세대 이상인 아파트
② 아파트를 제외한 연면적 1만5천m^2 이상인 특정소방대상물
③ 공동주택 중 기숙사
④ 사용되는 바닥면적의 합계가 1천500m^2 미만이고 관계인이 24시간 상시 근무하고 있는 숙박시설

13 「화재예방, 소방시설 설치·유지 및 안전관리에 관한 법률 시행규칙」상 소방시설등에 대한 자체점검에 관한 설명으로 옳은 것은?

① 종합정밀점검은 소방시설등의 작동기능점검과 구분하여 소방시설등의 설비별 주요 구성부품의 구조기준이 소방청장이 정하여 고시하는 화재안전기준 및 「건축법」 등 관련 법령에서 정하는 기준에 적합한지 여부를 점검하는 것을 말한다.
② 소방시설관리업자는 점검을 실시한 경우 점검이 끝난 날부터 30일 이내에 점검인력 배치 상황을 포함한 소방시설등에 대한 자체점검실적을 평가기관에 통보하여야 한다.
③ 작동 기능점검과 종합 정밀점검을 실시한 경우 점검결과보고서를 소방본부장 또는 소방서장에게 제출하여야 하는 기간은 같다.
④ 종합정밀점검은 소방안전관리자, 소방시설관리업자 또는 소방안전관리자로 선임된 소방시설 관리사 및 소방기술사가 실시할 수 있다.

14 소방안전 특별관리기본계획에 포함되는 사항이 아닌 것은?

① 화재예방을 위한 중기·장기 안전관리 정책
② 화재대응을 위한 훈련
③ 화재대응 및 사전조치에 관한 역할 및 협력체계
④ 화재예방을 위한 교육·홍보 및 점검·진단

15 방염성능기준 이상의 실내장식물 등을 설치하여야 하는 특정소방대상물이 아닌 것은?

① 방송통신시설 중 방송국 및 촬영소
② 교육연구시설
③ 숙박이 가능한 수련시설
④ 운동시설(수영장은 제외한다)

16 "건축허가등의 동의"와 관련한 업무처리기간이다. (   ) 안에 숫자를 순서대로 나열한 것으로 옳은 것은?

가. 소방본부장 또는 소방서장은 건축물등의 동의요구서를 접수한 날부터 (   )일, 특급 소방안전관리대상물은 (   )일 이내에 건축허가등의 동의여부를 회신하여야 한다.
나. 소방본부장 또는 소방서장은 동의요구서 및 첨부서류의 보완이 필요한 경우 (   )일 이내의 기간을 정하여 보완을 요구할 수 있다.
다. 건축허가등의 동의를 요구한 기관이 그 건축허가등을 취소하였을 때에는 취소한 날부터 (   )일 이내에 건축물 등의 시공지 또는 소재지를 관할하는 소방본부장 또는 서장에게 그 사실을 통보하여야 한다.
라. 인허가등의 권한이 있는 행정기관이 인허가등을 할 때 그 시설이 이 법 또는 이 법에 따른 명령을 따르고 있는지를 확인하여 줄 것을 요청한 경우 요청을 받은 소방본부장 또는 소방서장은 (   )일 이내에 확인 결과를 알려야 한다.

① 5, 10, 4, 7, 7
② 3, 7, 5, 7, 10
③ 3, 7, 5, 7, 7
④ 5, 7, 4, 7, 10

17 성능위주설계를 해야 하는 특정소방대상물이 아닌 것은? 21년 기출

① 아파트등을 제외한 연면적 30만제곱미터인 특정소방대상물
② 아파트등을 제외한 층수가 30층인 특정소방대상물(지하층을 포함한다)
③ 연면적 2만제곱미터인 특정소방대상물 중 철도 및 도시철도 시설
④ 지상으로부터 높이가 200미터인 아파트등

18 2급 소방안전관리대상물에 해당하지 않는 것은?

① 간이스프링클러를 설치하여야 하는 특정소방대상물
② 가연성 가스를 1천톤 이상 저장·취급하는 시설
③ 지하구
④ 보물 또는 국보로 지정된 목조건축물

19 「화재예방, 소방시설 설치·유지 및 안전관리에 관한 법률」에서 정한 과태료 기준에서 부과 금액이 가장 적은 것은?

① 임시소방시설을 설치·유지·관리하지 아니한 자
② 실무 교육을 받지 아니한 소방안전관리자
③ 소방시설등의 점검결과를 보고하지 아니한 자
④ 소방훈련 및 교육을 하지 아니한 자

20 화재안전기준을 달리 적용하여야 하는 특수한 용도 또는 구조를 가진 특정소방대상물로서 핵폐기물처리시설에 설치하지 아니할 수 있는 소방시설로 옳은 것은?

① 스프링클러설비
② 자동화재탐지설비
③ 연결송수관설비
④ 상수도소화용수설비

소방승진 제 9 회

모의고사

01 화재가 발생한 경우 피난하기 위하여 사용하는 기구 또는 설비로 옳지 않은 것은?

① 방열복
② 휴대용비상조명등
③ 비상방송설비
④ 구조대

02 특급 소방안전관리대상물의 건축허가 등의 동의여부 회신기한으로 옳은 것은?

① 접수한 날부터 5일 이내
② 접수한 날부터 7일 이내
③ 접수한 날부터 10일 이내
④ 접수한 날부터 15일 이내

03 「화재예방, 소방시설 설치 · 유지 및 안전관리에 관한 법률」 시행령 제5조 관련 "특정소방대상물"의 용도별 구분상 근린생활시설이 아닌 것은?

① 바닥면적이 900m^{2}인 슈퍼마켓
② 바닥면적이 300m^{2}인 당구장
③ 바닥면적이 400m^{2}인 독서실
④ 바닥면적이 500m^{2}인 고시원

04 "소방특별조사위원회의 구성 등"에 관한 설명으로 옳지 않은 것은?

① 위원회는 위원장 1명을 포함한 7명 이내의 위원으로 성별을 고려하여 구성한다.
② 소관 업무와 관련하여 위원회에 출석한 공무원인 위원에게도 예산의 범위에서 수당, 여비, 그 밖에 필요한 경비를 지급할 수 있다.
③ 위촉위원의 임기는 2년으로 하고, 한 차례만 연임할 수 있다.
④ 소방공무원이 위원회의 위원으로 임명되려면 과장급 직위 이상이어야 한다.

05 특급 소방안전관리대상물에 해당하지 않는 것은? 21년 기출

① 50층 이상(지하층을 포함한다)인 아파트
② 아파트를 제외한 지상으로부터 높이가 120m 이상인 특정소방대상물
③ ②에 해당하지 아니하는 특정소방대상물로서 연면적 20만m^2 이상인 특정소방대상물(아파트 제외)
④ 지상으로부터 높이가 200m 이상인 아파트

06 **1년 이하의 징역 또는 1천만원 이하의 벌금에 해당하지 않는 것은?**

① 소방시설등에 대한 자체점검을 관리업자 등으로 하여금 정기적으로 점검하게 하지 아니한 자
② 형식승인의 변경승인을 받지 아니한 자
③ 영업정지처분을 받고 그 영업정지기간 중에 관리업의 업무를 한 자
④ 소방특별조사를 정당한 사유 없이 거부·방해 또는 기피한 자

07 **「화재예방, 소방시설 설치·유지 및 안전관리에 관한 법률」 및 같은 법 시행령상 소방시설기준 적용의 특례에 관한 사항으로 옳은 것은?**

① 소방본부장이나 소방서장은 대통령령 또는 화재안전기준이 변경되어 그 기준이 강화되는 경우 기존의 특정소방대상물(건축물의 신축·개축·재축·이전 및 대수선 중인 특정소방대상물을 포함)의 소방시설에 대해서 강화된 대통령령 또는 화재안전기준을 적용하는 것이 원칙이다.
② 소방본부장 또는 소방서장이 옥내소화전설비의 설치가 곤란하다고 인정하는 경우로서 물분무소화설비 또는 옥외소화전설비를 화재안전기준에 적합하게 설치한 경우에는 그 설비의 유효범위에서 설치가 면제된다.
③ 소방본부장 또는 소방서장은 특정소방대상물의 기존 부분과 증축 부분이 내화구조로 된 바닥과 벽으로 구획된 경우 기존 부분에 대해서는 증축 당시의 소방시설의 설치에 관한 대통령령 또는 화재안전기준을 적용하지 아니한다.
④ 소방본부장 또는 소방서장은 특정소방대상물이 용도변경되는 경우에는 특정소방대상물 전체에 대하여 용도변경 당시의 소방시설의 설치에 관한 대통령령 또는 화재안전기준을 적용하는 것이 원칙이다.

08 **청문을 한 후 처분을 하여야 하는 경우에 대한 설명으로 적합하지 않는 내용은?**

학교교재 소방법령II

① 소방시설관리사 자격의 정지
② 소방시설관리업의 시정명령
③ 소방용품의 형식승인 취소
④ 전문기관의 업무정지

09 **형식승인 대상 소방용품 중 경보설비를 구성하는 제품 또는 기기로 옳지 않은 것은?**

① 누전경보기
② 가스누설경보기
③ 단독경보형 감지기
④ 경보설비를 구성하는 발신기

10 **소방안전관리대상물의 관계인이 근무자 또는 거주자에게 정기적으로 하여야 하는 피난유도 안내정보의 제공 방법으로 옳은 것은?**

① 연 1회 피난안내 교육을 실시하는 방법
② 반기별 1회 이상 피난안내방송을 실시하는 방법
③ 피난안내도를 3층마다 보기 쉬운 위치에 게시하는 방법
④ 엘리베이터, 출입구 등 시청이 용이한 지역에 피난안내영상을 제공하는 방법

11 소방시설등의 자체점검 시 점검인력 배치 기준 등에 관한 사항으로 옳은 것은?

① 한쪽 측벽에 소방시설이 설치된 4차로 이상인 터널의 실제 점검면적은 그 길이에 폭의 길이 7m를 곱한 값을 말한다.
② 물분무등소화설비가 설치되지 않은 경우 실제 점검면적에 가감계수를 곱한 값에서 실제 점검면적에 가감계수를 곱한 값에 0.15를 곱한 값을 더한다.
③ 아파트를 점검할 때에는 공용시설, 부대시설 또는 복리시설은 포함하고, 아파트가 포함된 복합 건축물의 아파트 외의 부분은 제외한다.
④ 아파트의 경우 점검인력 1단위에 보조인력을 1명씩 추가할 때마다 작동기능점검의 경우에는 70세대씩을 점검한도 세대수에 더한다.

12 관리업자로 하여금 업무를 대행하게 할 수 있는 소방안전관리대상물로 옳은 것은?

① 가연성 가스를 1천톤 이상 저장·취급하는 시설
② 아파트를 제외한 연면적 1만5천m^2이고 층수가 11층인 특정소방대상물
③ 지하층을 제외한 층수가 20층이고 지상으로부터 높이가 110미터인 아파트
④ 지하층을 포함한 층수가 30층이고 지상으로부터 높이가 120미터인 특정소방대상물

13 소방특별조사 결과에 따른 조치명령에 관한 설명으로 옳지 않는 것은?

① 소방청장, 소방본부장 또는 소방서장은 관계인이 조치명령을 받고도 이를 이행하지 아니한 때에는 그 위반사실 등을 인터넷 등에 공개할 수 있다.
② 소방청장, 소방본부장 또는 소방서장은 조치명령의 미이행 사실 등을 공개하려면 공개내용과 공개방법 등을 공개 대상 소방대상물의 관계인에게 미리 알려야 한다.
③ 조치명령 미이행 사실 등의 공개가 제3자의 법익을 침해하는 경우에는 제3자와 관련된 사실을 제외하고 공개하여야 한다.
④ 소방청장, 시·도지사는 조치명령으로 인하여 손실을 입은 자가 있는 경우에는 소방특별조사 조치명령 손실확인서를 작성하여 관련 사진 및 그 밖의 증빙자료와 함께 보관하여야 한다.

14 소방시설관리사시험의 응시자격이 있는 자가 아닌 것은?

① 소방설비산업기사 자격을 취득한 후 3년 이상 소방실무경력이 있는 사람
② 소방공무원으로 5년 이상 근무한 경력이 있는 사람
③ 1급 소방안전관리대상물의 소방안전관리자로 3년 이상 근무한 실무경력이 있는 사람
④ 소방안전 관련 학과의 학사학위를 취득한 후 5년 이상 소방실무경력이 있는 사람

15 제연설비를 설치하여야 하는 특정소방대상물로 옳지 않은 것은?

① 문화 및 집회시설 중 영화상영관으로서 수용인원 100명 이상인 것
② 창고시설 중 물류터미널로서 해당 용도로 사용되는 바닥면적의 합계가 1천 이상인 층
③ 지하가(터널은 제외한다)로서 연면적 1천m^2 이상인 것
④ 공항시설 및 항만시설의 대기실 또는 휴게시설로서 지하층 또는 무창층의 바닥면적이 1천m^2 이상인 것

16 소방시설관리업의 등록의 결격사유에 해당하지 않는 것은?

① 피성년후견인
② 「위험물안전관리법」에 따른 금고 이상의 형의 집행유예를 선고받고 그 유예기간이 지난 사람
③ 소방시설공사업법에 따른 금고 이상의 실형을 선고받고 그 집행이 끝나거나 집행이 면제된 날부터 2년이 지나지 아니한 사람
④ 피성년후견인에 해당하여 등록이 취소된 경우를 제외한 관리업의 등록이 취소된 날부터 2년이 지나지 아니한 자

17 건축허가등의 동의대상물의 범위에 관한 사항으로 옳지 않은 것은?

① 항공기격납고, 관망탑, 항공관제탑, 방송용 송수신탑
② 장애인 의료재활시설로서 연면적 400m^2 이상
③ 공동주택에 설치되는 장애인 거주시설로서 연면적 150m^2
④ 노숙인재활시설

18 「화재예방, 소방시설 설치 · 유지 및 안전관리에 관한 법률」 시행령에서 정한 과태료의 부과 기준으로 옳은 것은?

① 과태료 부과권자는 위반행위자가 3년 이상 해당 업종을 모범적으로 영위한 사실이 인정되는 경우에는 개별기준에 따른 과태료 금액의 2분의 1까지 그 금액을 줄여 부과할 수 있다.
② 위반행위의 횟수에 따른 과태료의 가중된 부과기준은 최근 1년간 같은 위반행위로 과태료 부과처분을 받은 경우에 적용한다.
③ 기간의 계산은 위반행위를 하여 적발된 날과 다시 같은 위반행위를 하여 적발된 날을 기준으로 한다.
④ 위반행위의 횟수에 따른 과태료의 가중된 부과처분을 하는 경우 가중처분의 적용 차수는 그 위반행위 전 부과처분 차수(기간 내에 과태료 부과처분이 둘 이상 있었던 경우에는 낮은 차수를 말한다)의 다음 차수로 한다.

19 **화재안전기준을 적용하기 어려운 특정소방대상물에 설치하지 아니할 수 있는 소방시설의 범위로 옳지 않은 것은?**

① 스프링클러설비
② 상수도소화용수설비
③ 연결살수설비
④ 옥내소화전설비

20 **「화재예방, 소방시설 설치 · 유지 및 안전관리에 관한 법령」상 각종 위원회에 관한 설명으로 옳지 않은 것은?**

① 지방소방기술심의위원회의 위원은 시 · 도 소속 소방공무원이 반드시 포함된다.
② 소방청장은 소방특별조사를 할 때 필요하면 대통령령으로 정하는 바에 따라 중앙소방특별조사단을 편성하여 운영할 수 있다.
③ 우수 소방대상물 선정 평가위원회의 위원 구성 시 소방안전관리자로 선임된 소방기술사는 제외된다.
④ 소방청장 또는 시 · 도지사는 위원회의의 원활한 운영을 위하여 필요하다고 인정하는 경우 위원회 위원으로부터 의견을 청취하거나 해당 분야의 전문가 또는 이해관계자 등으로 하여금 관련 시설 등을 확인하게 할 수 있다.

소방승진 제 10 회

모의고사

01 「화재예방, 소방시설 설치ㆍ유지 및 안전관리에 관한 법률」 시행규칙상 관할 소방서장이 관계인에게 교육이 필요하다고 인정하는 특정소방대상물의 범위가 아닌 것은?

① 소규모의 공장ㆍ작업장ㆍ점포 등이 밀집한 지역 안에 있는 특정소방대상물
② 주택으로 사용하는 부분 또는 층이 있는 특정소방대상물
③ 목조 또는 경량철골조 등 화재에 취약한 구조의 특정소방대상물
④ 소방시설ㆍ소방용수시설 또는 소방 출동로가 없는 지역 안에 있는 특정소방대상물

02 종합정밀점검의 점검 자격자에 해당하지 않는 사람은?

① 특정소방대상물의 관계인
② 소방시설관리업자
③ 소방안전관리자로 선임된 소방시설관리사
④ 소방안전관리자로 선임된 소방기술사

03 점검면적을 계산할 때 적용하는 기준으로 연결이 옳은 것은?

	구 분	대상용도	가감계수
①	1류	노유자, 종교, 위락	1.2
②	2류	발전, 판매, 지하가	1.1
③	4류	근린생활, 운동, 업무	1.0
④	5류	관광휴게시설, 장례식장, 문화재	0.9

04 **소방시설관리사 및 소방시설관리업의 행정처분 기준으로 옳지 않은 것은?**

① 위반행위가 동시에 둘 이상 발생한 때에는 그 중 중한 처분기준(중한 처분기준이 동일한 경우에는 그 중 하나의 처분기준을 말한다. 이하 같다)에 의하되, 둘 이상의 처분기준이 동일한 영업정지이거나 사용정지인 경우에는 중한 처분의 2분의 1까지 가중하여 처분할 수 있다.
② 영업정지 또는 사용정지 처분기간 중 영업정지 또는 사용정지에 해당하는 위반사항이 있는 경우에는 종전의 처분기간 만료일의 다음 날부터 새로운 위반사항에 의한 영업정지 또는 사용정지의 행정처분을 한다.
③ 위반행위의 차수에 따른 행정처분의 가중된 처분기준은 최근 1년간 같은 위반행위로 행정처분을 받은 경우에 적용한다. 이 경우 기간의 계산은 위반행위에 대하여 행정처분을 받은 날과 그 처분 후 다시 같은 위반행위를 하여 처분을 받은 날을 기준으로 한다.
④ 영업정지 등에 해당하는 위반사항으로서 위반행위의 동기·내용·횟수·사유 또는 그 결과를 고려하여 그 처분을 가중하거나 감경할 수 있다.

05 **조치명령을 받은 관계인 등은 대통령령으로 정하는 사유로 조치명령 기간을 연기 신청할 수 없는 경우는?** 학교교재 소방법령II

① 소방안전관리업무 이행명령
② 피난시설에 대한 조치명령
③ 방화시설에 대한 조치명령
④ 소방안전관리자 해임명령

06 **소방시설관리업자의 점검능력 평가 및 공시 등에 관한 사항으로 옳은 것은?**

① 소방청장은 관계인 또는 건축주가 적정한 관리업자를 선정할 수 있도록 하기 위하여 관계인 또는 건축주의 신청이 있는 경우 해당 관리업자의 점검능력을 종합적으로 평가하여 공시할 수 있다.
② 점검능력 평가는 대행실적, 계약실적, 기술력, 경력, 신인도의 5가지 항목으로 한다.
③ 신청을 받은 평가기관의 장은 법에서 규정한 서류가 첨부되어 있지 않은 경우에는 신청인으로 하여금 15일 이내의 기간을 정하여 보완하게 할 수 있다.
④ 점검능력을 평가받으려는 자는 소방시설등 점검능력 평가신청서(전자문서로 된 신청서를 포함한다)에 법에서 규정한 서류(전자문서를 포함한다)를 첨부하여 평가기관에 매년 3월 15일까지 제출하여야 한다.

07 **「화재예방, 소방시설 설치·유지 및 안전관리에 관한 법률」 시행령에서 정한 특정소방대상물에 관한 사항으로 옳은 것은?**

① 유스호스텔은 숙박시설이다.
② 직업훈련소는 교육연구시설이다.
③ 정신질환자 관련 시설은 의료시설이다.
④ 지하가 중 터널은 차량이나 궤도차량 등의 통행을 목적으로 지하, 해저 또는 산을 뚫어서 만든 것을 말한다.

08 물 또는 그 밖의 소화약제를 사용하여 소화하는 기계·기구 또는 설비에 해당하지 않는 것은?

① 자동확산소화기
② 화재조기진압용 스프링클러설비
③ 옥외소화전설비
④ 연결살수설비

09 소화기구를 설치하여야 하는 특정소방대상물에 관한 내용 중 다음 괄호 안에 들어가는 것으로 옳은 것은?

> 노유자시설의 경우에는 투척용 소화용구 등을 화재안전기준에 따라 산정된 소화기 수량의 (　　　)으로 설치할 수 있다.

① 2분의 1 이상
② 2분의 1 이하
③ 3분의 1 이상
④ 3분의 1 이하

10 물분무등소화설비를 설치하여야 하는 특정소방대상물로 옳은 것은?

① 차고, 주차용 건축물 또는 철골 조립식 주차시설로서 연면적 600m^2 이상인 것
② 건축물 내부에 설치된 차고 또는 주차장으로서 차고 또는 주차의 용도로 사용되는 부분의 바닥면적이 800m^2 이상인 층
③ 기계장치에 의한 주차시설을 이용하여 30대 이상의 차량을 주차할 수 있는 것
④ 특정소방대상물에 설치된 전기실로서 바닥면적이 300m^2 이상인 것(가연성 피복을 사용하지 않은 전선 및 케이블만을 설치한 전기실은 제외한다)

11 다음 〈보기〉 안에 조건을 적용하여 수용인원을 산정한 방법으로 옳은 것은?

> • 1층 운동시설, 2층 강당
> • 각 층의 바닥면적은 500m^2(복도와 계단을 합친 면적 50m^2)
> • 1층의 관람석에 고정식 의자 수 50개, 긴 의자 20개(1개당 정면 너비 2m)

① 종사자 수와 각층의 바닥면적의 합계를 3m^{2}로 나누어 얻은 수를 합한 수에 관람석 고정식 의자와 긴 의자를 합한 수를 0.45m로 나누어 얻은 수를 전부 합한 수
② 해당 용도로 사용하는 바닥면적의 합계를 4.6m^{2}로 나누어 얻은 수에 관람석 고정식 의자를 설치한 부분은 그 부분의 의자 수로 하고, 긴 의자의 경우 의자의 정면너비를 0.45m로 나누어 얻은 수를 전부 합한 수
③ 해당 용도로 사용하는 바닥면적의 합계를 4.6m^{2}로 나누어 얻은 수를 합한 수에 관람석 고정식 의자와 긴 의자를 합한 수를 0.5m로 나누어 얻은 수를 전부 합한 수
④ 해당 용도로 사용하는 바닥면적의 합계를 3m^{2}로 나누어 얻은 수에 관람석 고정식 의자를 설치한 부분은 그 부분의 의자 수로 하고, 긴 의자의 경우 의자의 정면너비를 0.45m로 나누어 얻은 수를 전부 합한 수

12 설치가 면제되는 소방시설과 설치면제 기준이 바르게 연결된 것이 아닌 것은?

① 스프링클러설비 : 물분무등소화설비를 화재안전기준에 적합하게 설치한 경우
② 비상경보설비 : 단독경보형 감지기를 2개 이상의 단독경보형 감지기와 연동하여 설치하는 경우
③ 자동화재탐지설비 : 스프링클러설비 또는 물분무등소화설비를 화재안전기준에 적합하게 설치한 경우
④ 피난구조설비 : 특정소방대상물에 그 위치·구조 또는 설비의 상황에 따라 피난 상 지장이 없다고 인정되는 경우

13 소방안전 특별관리시설물로 옳지 않은 것은?

① 시설이 아닌 지정문화재를 보호하거나 소장하고 있는 시설
② 도시철도시설
③ 발전시설
④ 천연가스 인수기지 및 공급망

14 소방시설등 자체점검에 관한 내용으로 옳지 않은 것은?

① 작동기능점검은 위험물 제조소등과 영 별표 5에 따라 소화기구만을 설치하는 특정소방대상물은 제외한다.
② 호스릴 방식의 물분무등소화설비만을 설치한 경우는 종합정밀점검 대상에서 제외한다.
③ 작동기능점검과 종합정밀점검 실시결과 보고서는 시행규칙에 따로 구분되어 있다.
④ 「다중이용업소의 안전관리에 관한 특별법」 시행령에 따른 고시원업과 안마시술소의 영업장이 설치된 연면적 3,000m^2인 특정소방대상물은 종합정밀점검 실시 대상이다.

15 우수 소방대상물의 선정 등에 관한 사항으로 옳지 않은 것은?

① 소방청장은 우수 소방대상물의 선정 및 관계인에 대한 포상을 위하여 우수 소방대상물의 선정방법, 평가 대상물의 범위 및 평가 절차 등에 관한 내용이 포함된 기본계획을 3년마다 수립·시행하여야 한다.
② 소방청장은 우수 소방대상물로 선정된 소방대상물의 관계인 또는 소방안전관리자를 포상할 수 있다.
③ 소방청장은 우수 소방대상물 선정을 위하여 필요한 경우에는 소방대상물을 직접 방문하여 필요한 사항을 확인할 수 있다.
④ 소방청장은 우수 소방대상물 선정 등 업무의 객관성 및 전문성을 확보하기 위하여 필요한 경우에는 행정안전부령에서 정한 사람이 2명 이상 포함된 평가위원회를 구성하여 운영할 수 있다.

16 소방시설관리사가 소방안전관리 업무를 하지 않거나 거짓으로 한 경우 2차 행정처분 기준으로 옳은 것은?

① 경고(시정명령)
② 자격정지 3월
③ 자격정지 6월
④ 자격취소

17 「화재예방, 소방시설 설치·유지 및 안전관리에 관한 법률」 시행규칙상 관리업자 등록사항의 변경신고 사항으로 옳지 않은 것은? 21년 기출

① 명칭·상호 또는 영업소소재지
② 자본금
③ 대표자
④ 기술인력

18 판매하거나 판매 목적으로 진열하거나 소방시설공사에 사용할 수 없는 소방용품으로 옳지 않은 것은?

① 합격표시를 하지 아니한 것
② 형식승인을 받지 아니한 것
③ 성능인증을 받지 아니한 것
④ 형상등을 임의로 변경한 것

19 제품검사 전문기관의 지정 등에 관한 설명으로 옳지 않은 것은?

① 소방청장은 제품검사를 전문적·효율적으로 실시하기 위하여 법에서 정한 요건을 모두 갖춘 기관을 제품검사 전문기관으로 지정할 수 있다.
② 소방청장은 전문기관을 지정한 경우에는 행정안전부령으로 정하는 바에 따라 전문기관의 제품검사 업무에 대한 평가를 실시할 수 있으며, 제품검사를 받은 소방용품에 대하여 확인검사를 할 수 있다.
③ 소방청장은 전문기관에 대한 평가를 실시하거나 확인검사를 실시한 때에는 그 평가결과 또는 확인검사결과를 행정안전부령으로 정하는 바에 따라 공표할 수 있다.
④ 소방청장은 전문기관을 지정하는 경우에는 소방용품의 품질 향상, 제품검사의 기술개발 등에 드는 비용을 부담하게 하는 등 필요한 조건을 붙일 수 있다. 이 경우 그 조건은 공공의 이익을 증진하기 위하여 필요한 최대로 할 수 있으나 부당한 의무를 부과하여서는 아니 된다.

20 소방시설관리사증을 다른 자에게 빌려주거나 관리업의 등록증이나 등록수첩을 다른 자에게 빌려준 자의 벌칙으로 옳은 것은?

① 3년 이하의 징역 또는 3천만원 이하의 벌금
② 1년 이하의 징역 또는 1천만원 이하의 벌금
③ 300만원 이하의 벌금
④ 300만원 이하의 과태료

소방승진 제 11 회 모의고사

01 「화재예방, 소방시설 설치·유지 및 안전관리에 관한 법률」상 내용으로 옳지 않은 것은?

① 다른 법령에 따른 인허가등의 시설기준에 소방시설등의 설치·유지 등에 관한 사항이 포함되어 있는 경우 해당 인허가등의 권한이 있는 행정기관은 인허가등을 할 때 미리 그 시설의 소재지를 관할하는 소방본부장이나 소방서장에게 그 시설이 이 법 또는 이 법에 따른 명령을 따르고 있는지를 확인하여 줄 것을 요청할 수 있다.

② 소방청장, 소방본부장 또는 소방서장은 소방특별조사 결과에 따른 조치명령으로 인하여 손실을 입은 자가 있는 경우에는 대통령령으로 정하는 바에 따라 보상하여야 한다.

③ 시·도지사는 소방안전 특별관리기본계획에 저촉되지 아니하는 범위에서 관할구역에 있는 소방안전 특별관리시설물의 안전관리에 적합한 소방안전 특별관리시행계획을 수립하여 시행하여야 한다.

④ 소방안전관리대상물의 관계인은 그 장소에 근무하거나 거주 또는 출입하는 사람들이 화재가 발생한 경우에 안전하게 피난할 수 있도록 피난계획을 수립하여 시행하여야 한다.

02 소방시설을 설치하여야 하는 소방대상물로서 연결이 올바르지 않은 것은?

① 운수시설 : 여객자동차터미널, 항만시설 및 종합여객시설

② 운동시설 : 체육관으로서 관람석이 없거나 관람석의 바닥면적이 1천m^2 미만인 것

③ 창고시설 : 물품저장시설로서 냉장·냉동 창고, 하역장, 물류터미널

④ 묘지 관련 시설 : 화장시설, 종교집회장에 설치하는 봉안당, 동물 전용의 납골시설

03 소방특별조사의 목적을 달성하기 위하여 필요한 경우 조사할 수 있는 사항으로 옳은 것은?

① 자체점검 및 정기적 점검 등에 관한 사항

② 소방계획서의 이행에 관한 사항

③ 피난시설·방화구획·방화시설의 설치·유지 및 관리에 관한 사항

④ 「다중이용업소의 안전관리에 관한 특별법」의 규정에 따른 안전관리에 관한 사항

04 **소방특별조사위원회의 위원장과 위원을 임명하거나 위촉할 수 있는 사람으로 옳은 것은?**

① 소방청장, 소방본부장
② 소방본부장, 소방서장
③ 소방청장, 시·도지사
④ 소방본부장, 소방본부장

05 **「화재예방, 소방시설 설치·유지 및 안전관리에 관한 법률」 시행령상 권한의 위임·위탁 등에 관한 설명으로 옳지 않은 것은?**

① 소방청장은 시험시설의 심사를 포함한 형식승인 업무를 기술원에 위탁한다.
② 소방청장은 소방안전관리에 대한 교육 업무를 한국소방안전원에 위탁한다.
③ 소방청장은 제품검사 업무를 기술원 또는 전문기관에 위탁한다.
④ 소방청장은 점검능력 평가 및 공시에 관한 업무를 소방청장의 허가를 받아 설립한 소방기술과 관련된 법인 또는 단체 중에서 위탁한다.

06 **「화재예방, 소방시설 설치·유지 및 안전관리에 관한 법률」 시행령의 내용으로 옳은 것은?**

① 소방행정학 또는 소방안전공학 분야에서 석사학위 이상을 취득한 후 특급 소방안전관리대상물의 소방안전관리에 관한 시험에 합격한 경우 특급 소방안전관리자로 선임할 수 있다.
② 석사 이상의 소방 관련 학위를 소지한 사람은 중앙소방기술심의위원회의 위원으로 위촉될 수 있다.
③ 소방 관련 분야의 석사학위를 가진 사람은 관리사시험의 출제 및 채점위원으로 위촉할 수 있다.
④ 소방 관련 학과의 학사학위를 취득한 사람은 소방시설관리업의 보조기술인력으로 등록할 수 있다.

07 **소방시설관리사에 대한 행정처분기준에서 처분기준의 2분의 1의 범위에서 가중하거나 감경할 수 있는 경우가 아닌 것은?**

① 동시에 둘 이상의 업체에 취업한 경우
② 점검을 하지 않거나 거짓으로 한 경우
③ 성실하게 자체점검업무를 수행하지 아니한 경우
④ 소방안전 관리 업무를 하지 않거나 거짓으로 한 경우

08 소방용품의 형식승인 등에 관한 설명으로 옳지 않은 것은?

① 소방용품의 형상・구조・재질・성분・성능 등의 형식승인 및 제품검사의 기술기준 등에 관한 사항은 소방청장이 정하여 고시한다.
② 외국의 공인기관으로부터 인정받은 신기술 제품은 형식승인을 위한 시험 중 일부를 생략하여 형식승인을 할 수 있다.
③ 소방청장은 소방용품의 작동기능, 제조방법, 부품 등이 소방청장이 고시하는 형식승인 및 제품 검사의 기술기준에서 정하고 있는 방법이 아닌 새로운 기술이 적용된 제품의 경우에는 관련 전문가의 평가를 거쳐 행정안전부령으로 정하는 바에 따른 방법 및 절차와 다른 방법 및 절차로 형식승인을 할 수 있다.
④ 하나의 소방용품에 두 가지 이상의 형식승인 사항 또는 형식승인과 성능인증 사항이 결합된 경우에는 두 가지 이상의 형식승인 또는 형식승인과 성능인증 시험을 따로 실시하고 각각의 형식승인을 할 수 있다.

09 소방본부장 또는 소방서장이 방염처리된 물품을 사용하도록 권장할 수 있는 것으로 옳지 않은 것은?

① 다중이용업소에서 사용하는 소파
② 노유자시설에서 사용하는 침구류
③ 교정 및 군사시설에서 사용하는 의자
④ 건축물 내부의 벽에 부착하는 가구류

10 「화재예방, 소방시설 설치・유지 및 안전관리에 관한 법률 시행규칙」에서 정한 소방시설별 점검 장비 중 공통시설에 해당하는 것으로 옳지 않은 것은?

① 소화전밸브압력계
② 방수압력측정계
③ 절연저항계
④ 전류전압측정계

11 소방청장이 실시하는 3급 소방안전관리대상물의 소방안전관리에 관한 시험에 응시할 수 없는 자격으로 옳은 것은?

① 의용소방대원으로 2년 근무한 경력이 있는 사람
② 경찰공무원으로 1년 근무한 경력이 있는 사람
③ 경호공무원 또는 별정직공무원으로 1년 안전 검측 업무에 종사한 경력이 있는 사람
④ 3급 소방안전관리대상물의 소방안전관리에 대한 강습교육을 수료한 사람

12 비상콘센트설비를 설치하여야 하는 특정소방대상물에 관한 사항으로 옳은 것은?

① 지하층의 층수가 3층 이상이거나 지하층의 바닥면적의 합계가 1천m^2 이상인 것은 지하층의 모든 층
② 위험물 저장 및 처리 시설 중 가스시설 또는 지하구는 제외한다.
③ 층수가 11층 이상인 특정소방대상물의 경우에는 모든 층
④ 지하가 중 터널로서 길이가 1000m 이상인 것

13 다음 〈보기〉 안의 괄호에 들어갈 숫자로 옳은 것은?

> 상수도소화용수설비를 설치하여야 하는 특정소방대상물의 대지 경계선으로부터 (　　)m 이내에 지름 (　　　　) 인 상수도용 배수관이 설치되지 않은 지역의 경우에는 화재안전기준에 따른 소화수조 또는 저수조를 설치하여야 한다.

① 160, 70mm 이상
② 180, 70mm 이하
③ 160, 75mm 이하
④ 180, 75mm 이상

14 「화재예방, 소방시설 설치·유지 및 안전관리에 관한 법률」상 특정소방대상물에 설치하는 소방시설의 유지·관리 등에 관한 내용으로 옳은 것은?

① 소방본부장이나 소방서장은 소방시설이 화재안전기준에 따라 설치 또는 유지·관리되어 있지 아니할 때에는 해당 특정소방대상물의 관리자에게 필요한 조치를 명하여야 한다.
② 특정소방대상물의 관계인은 소방시설을 점검, 유지·관리할 때 소방시설의 기능과 성능에 지장을 줄 수 있는 폐쇄(잠금을 포함한다)·차단 등의 행위를 하여서는 아니 된다.
③ 소방시설법에서 규정한 장애인등이 사용하는 소방시설은 경보설비 및 피난구조설비를 말한다.
④ 특정소방대상물의 관계인은 특정소방대상물의 면적·층수 및 이용인원 등을 고려하여 소방시설을 갖추어야 한다.

15 임시소방시설의 설치기준에서 정한 공사의 작업현장 규모가 가장 큰 소방시설로 옳은 것은?

① 소화기
② 간이소화장치
③ 비상경보장치
④ 간이피난유도선

16 소방시설기준 적용의 특례에 관한 사항으로 옳지 않은 것은?

① 지하구에 설치하여야 하는 자동화재탐지설비는 대통령령 또는 화재안전기준의 변경으로 강화된 기준을 적용한다.
② 기존 부분과 증축 부분이 내화구조로 된 바닥과 벽으로 구획된 경우 기존 부분을 포함한 특정소방대상물의 전체에 대하여 증축 당시의 소방시설의 설치에 관한 대통령령 또는 화재안전기준을 적용하지 아니한다.
③ 문화 및 집회시설 중 공연장·집회장·관람장이 불특정 다수인이 이용하는 것이 아닌 일정한 근무자가 이용하는 용도로 변경되는 경우 특정소방대상물 전체에 대하여 용도변경 전에 해당 특정소방대상물에 적용되던 소방시설의 설치에 관한 대통령령 또는 화재안전기준을 적용한다.
④ 화재 위험도가 낮은 특정소방대상물 중 불연성 물품을 저장하는 창고는 옥외소화전 및 연결 살수설비를 설치하지 아니할 수 있다.

17 **소방기술심의위원회에 관한 사항으로 옳지 않은 것은?**

① 지방소방기술심의위원회는 위원장을 포함하여 5명 이상 9명 이하의 위원으로 구성한다.
② 중앙위원회의 회의는 위원장과 위원장이 회의마다 지정하는 6명 이상 12명 이하의 위원으로 구성하고, 중앙위원회는 분야별 소위원회를 구성・운영할 수 있다.
③ 중앙위원회 및 지방위원회의 위원 중 위촉위원의 임기는 2년으로 하되, 한 차례만 연임할 수 있다.
④ 위원장이 부득이한 사유로 직무를 수행할 수 없을 때에는 중앙위원회는 소방청장이, 지방위원회는 시・도지사가 지정한 위원이 그 직무를 대리한다.

18 **소방안전관리보조자를 두어야 하는 특정소방대상물로 옳지 않은 것은? (단, 아파트와 연면적이 1만5천m^2 이상인 특정소방대상물을 제외한다)**

① 의료시설 ② 노유자시설
③ 수련시설 ④ 업무시설

19 **「화재예방, 소방시설 설치・유지 및 안전관리에 관한 법률」 시행령에서 정한 소방안전 특별관리기본계획 수립・시행에 관한 사항으로 옳은 것은?**

① 소방청장은 소방안전 특별관리기본계획을 5년마다 수립・시행하여야 하고, 계획 시행 전년도 10월 31일까지 수립하여 소방본부장 또는 소방서장에게 통보한다.
② 특별관리시행계획에는 화재대응을 위한 훈련에 관한 사항이 포함되어야 한다.
③ 특별관리시행계획 결과는 계획 시행 다음 연도 1월 31일까지 소방청장에게 통보하여야 한다.
④ 소방청장은 특별관리기본계획을 수립하는 경우 지역별, 대상물별 화재 피해현황 및 실태 등에 관한 사항을 고려하여야 한다.

20 **「화재예방, 소방시설 설치・유지 및 안전관리에 관한 법률」 시행규칙상 소방시설관리업 등록에 관한 내용으로 옳지 않은 것은?**

① 소방시설관리업을 하려는 자는 소방시설관리업등록 신청서(전자문서로 된 신청서를 포함한다)에 기술인력연명부 및 기술자격증(자격수첩을 포함한다)을 첨부하여 시・도지사에게 제출(전자문서로 제출하는 경우를 포함한다)하여야 한다.
② 시・도지사는 소방시설관리업의 등록신청 내용이 소방시설관리업의 등록기준에 적합하다고 인정되면 신청인에게 소방시설관리업등록증과 소방시설관리업 등록수첩을 발급하고, 소방시설관리업 등록대장을 작성하여 관리하여야 한다.
③ 시・도지사는 제출된 서류를 심사한 결과 신청서 및 첨부서류의 기재내용이 명확하지 아니한 때에는 10일 이내의 기간을 정하여 이를 보완하게 할 수 있다.
④ 시・도지사는 등록의 취소 또는 영업정지처분을 한 때에는 관계인에게 지체 없이 그 사실을 알려야 한다.

소방승진 제 12 회

모의고사

01 「화재예방, 소방시설 설치 · 유지 및 안전관리에 관한 법률」의 궁극적인 목적으로 옳은 것은?

① 화재의 예방 및 안전관리에 관한 국가와 지방자치단체의 책무
② 소방시설등의 설치 · 유지
③ 소방대상물의 안전관리에 관하여 필요한 사항
④ 공공의 안전과 복리 증진에 이바지함

02 「화재예방, 소방시설 설치 · 유지 및 안전관리에 관한 법률」 및 같은 법 시행령에서 정한 소방시설등에 포함되지 않는 것은?

① 비상구
② 비상용승강기
③ 방화문
④ 방화셔터

03 소화설비 중 물분무등소화설비에 포함되지 않는 것은?

① 간이스프링클러설비
② 고체에어로졸소화설비
③ 미분무소화설비
④ 강화액소화설비

04 소방시설등의 자체점검 시 점검인력 배치기준에 관한 사항으로 옳지 않은 것은?

① 소규모점검의 경우에는 주된 기술인력 1명과 보조인력 1명을 점검인력 1단위로 한다.
② 소방안전관리자로 선임된 소방시설관리사 및 소방기술사가 점검하는 경우에는 소방시설관리사 또는 소방기술사 중 1명과 보조인력 2명을 점검인력 1단위로 하되, 점검인력 1단위에 4명 이내의 보조인력을 추가할 수 있다.
③ 점검한도 면적은 소규모점검의 경우 3,500m^2이다.
④ 종합정밀점검의 경우에는 시행규칙에서 정한 소방시설별 점검 장비를 사용하여야 하며, 작동기능점검의 경우에는 점검장비를 사용하지 않을 수 있다.

05 면적에 상관없이 근린생활시설에 해당하는 것은?

① 부동산중개사무소
② 테니스장
③ 미용원
④ 의약품 판매소

06 **다음 중 둘 이상의 특정소방대상물이 연결통로로 연결된 경우 하나의 소방대상물로 보지 않는 것은?**

① 컨베이어로 연결되거나 플랜트설비의 배관 등으로 연결되어 있는 경우
② 방화셔터 또는 갑종 방화문이 설치되지 않은 피트로 연결된 경우
③ 지하보도, 지하상가, 지하가로 연결된 경우
④ 내화구조로 된 연결통로가 벽이 있는 구조로서 그 길이가 7m인 경우(벽 높이가 바닥에서 천장까지의 높이의 2분의 1 미만이다)

07 **화재안전정책 세부시행계획에 포함되어야 할 사항으로 옳은 것은?**

① 화재안전과 관련하여 소방청장이 필요하다고 인정하는 사항
② 화재안전과 관련하여 관계 중앙행정기관의 장이 필요하다고 결정한 사항
③ 기본계획의 시행을 위하여 필요한 사항
④ 대통령령으로 정하는 화재안전 개선에 필요한 사항

08 **다음 중 특정소방대상물에 소방시설 설치 시 수용인원을 고려하는 기준이 없는 것으로 옳은 것은?**

① 옥내소화전설비
② 스프링클러설비
③ 자동화재탐지설비
④ 인명구조기구

09 **중앙소방기술심의위원회의 위원이 될 수 있는 사람으로 옳지 않은 것은?**

① 소방 관련 법인·단체에서 소방 관련 업무에 5년 이상 종사한 사람
② 석사 이상의 소방 관련 학위를 소지한 사람
③ 시·도 소속 소방공무원
④ 연구소에서 소방과 관련된 교육이나 연구에 5년 이상 종사한 사람

10 **다음 〈보기〉 안의 조건을 기준으로 할 때 점검한도 면적으로 옳은 것은?**

• 종합정밀점검
• 소방시설관리업자가 점검하는 경우
• 같은 건축물을 점검
• 최대 보조인력 추가

① 16,000m^2　② 18,000m^2
③ 20,000m^2　④ 22,000m^2

11 **위반행위의 신고 및 신고포상금의 지급에 관한 설명으로 옳지 않은 것은?**

① 누구든지 소방본부장 또는 소방서장에게 법에서 정한 위반행위를 한 자를 신고할 수 있다.
② 소방본부장 또는 소방서장은 신고를 한 사람에게 예산의 범위에서 포상금을 지급할 수 있다.
③ 신고포상금의 지급대상, 지급기준, 지급절차 등에 필요한 사항은 행정안전부령으로 정한다.
④ 소방본부장 또는 소방서장은 위반행위의 신고 내용을 확인하여 이를 처리한 경우에는 처리한 날부터 10일 이내에 위반행위 신고 내용 처리결과 통지서를 신고자에게 통지해야 한다.

12 **「화재예방, 소방시설 설치 · 유지 및 안전관리에 관한 법률」 시행령에서 정한 방염대상물품에 관한 설명으로 옳지 않은 것은?**

① 암막 · 무대막은 영화상영관과 다중이용업소 중 골프 연습장업에 설치하는 스크린을 포함한다.
② 건축물 내부의 천장이나 벽에 부착하거나 설치하는 종이류는 두께 2밀리미터 이상인 것을 말한다.
③ 공간을 구획하기 위하여 설치하는 간이칸막이는 접이식 등 이동 가능한 벽체를 제외한다.
④ 방음을 위하여 설치하는 방음재는 방음용 커튼을 포함한다.

13 **특정소방대상물의 소방안전관리에 관한 사항으로 옳은 것은?**

① 특정소방대상물의 관계인은 소방안전관리 업무를 수행하기 위하여 대통령령으로 정하는 자를 행정안전부령으로 정하는 바에 따라 소방안전관리자 및 소방안전관리보조자로 선임하여야 한다.
② 소방안전관리자를 선임한 경우에는 행정안전부령으로 정하는 바에 따라 선임한 날부터 30일 이내에 소방본부장이나 소방서장에게 신고하고, 소방안전관리대상물의 출입자가 쉽게 알 수 있도록 소방안전관리자의 성명과 그 밖에 행정안전부령으로 정하는 사항을 게시하여야 한다.
③ 1급 소방안전관리 대상물 중 아파트를 제외한 연면적이 1만5천m^2 미만 층수가 11층 이상인 특정소방대상물의 관계인은 관리업자로 하여금 소방안전관리 업무를 대행하게 할 수 있다.
④ 숙박시설로 사용되는 바닥면적의 합계가 1천500m^2 미만이고 관계인이 24시간 상시 근무하고 있는 숙박시설은 소방안전관리보조자를 두어야 하는 특정소방대상물에서 제외한다.

14 **소방시설관리사시험의 응시자격으로 옳지 않은 것은?**

① 소방설비산업기사 자격을 취득한 후 3년 이상 소방실무경력이 있는 사람
② 소방공무원으로 3년 이상 근무한 경력이 있는 사람
③ 소방안전 관련 학과의 학사학위를 취득한 후 3년 이상 소방실무경력이 있는 사람
④ 산업안전기사 자격을 취득한 후 3년 이상 소방실무경력이 있는 사람

15 **소방시설관리사 및 소방시설관리업의 행정처분기준에서 정한 감경사유 중 경미한 위반사항에 해당하지 않는 것은?**

① 스프링클러설비 헤드가 살수(撒水)반경에 미치지 못하는 경우
② 자동화재탐지설비의 감지기 2개 이하가 작동되지 않은 경우
③ 유도등이 일시적으로 점등되지 않는 경우
④ 유도표지가 정해진 위치에 붙어 있지 않은 경우

16 **소방시설관리업의 등록기준에 관한 내용으로 옳지 않은 것은?**

① 기술 인력, 장비 등 관리업의 등록기준에 관하여 필요한 사항은 대통령령으로 정한다.
② 주된 기술인력은 소방시설관리사 1명 이상이다.
③ 보조 기술인력의 기준 중 하나는 소방설비산업기사에 해당하는 사람 2명 이상이다.
④ 소방공무원으로 3년 이상 근무한 사람은 보조 기술인력이 될 수 있다.

17 **「화재예방, 소방시설 설치 · 유지 및 안전관리에 관한 법률」 시행령에서 정한 형식승인 대상 소방용품으로 옳지 않은 것은?**

① 완강기(간이완강기 및 지지대를 포함한다)
② 상업용자동소화장치에 사용되는 소화약제
③ 음향장치(경종을 포함한다)
④ 소화기구(소화약제 외의 것을 이용한 간이소화용구는 제외한다)

18 **「화재예방, 소방시설 설치 · 유지 및 안전관리에 관한 법률」에서 정한 사항으로 옳지 않은 것은?**

① 소방청장, 시 · 도지사, 소방본부장 또는 소방서장은 다음 각 호의 어느 하나에 해당하는 자, 사업체 또는 소방대상물 등의 감독을 위하여 필요하면 관계인에게 필요한 보고 또는 자료제출을 명할 수 있다.
② 출입 · 검사 업무를 수행하는 관계 공무원은 그 권한을 표시하는 증표를 지니고 이를 관계인에게 내보여야 한다.
③ 소방청장, 소방본부장 또는 소방서장은 관계 공무원으로 하여금 소방대상물 · 사업소 · 사무소 또는 사업장에 출입하여 관계 서류 · 시설 및 제품 등을 검사하거나 소방시설을 설치한 시공자 등 관련자에게 질문하게 할 수 있다.
④ 출입 · 검사 업무를 수행하는 관계 공무원은 관계인의 정당한 업무를 방해하거나 출입 · 검사 업무를 수행하면서 알게 된 비밀을 다른 사람에게 누설하여서는 아니 된다.

19 **소방본부장 또는 소방서장이 위반행위의 신고 내용을 확인하여 이를 처리한 경우 위반행위 신고 내용 처리결과 통지서를 신고자에게 통지해야 하는 기간으로 옳은 것은?**

① 처리한 날부터 10일 이내
② 처리한 다음날부터 10일 이내
③ 처리한 날부터 15일 이내
④ 처리한 다음날부터 15일 이내

20 **소방시설에 폐쇄 · 차단 등의 행위를 하여 사람을 상해에 이르게 한 때의 벌칙으로 옳은 것은?**

① 5년 이하의 징역 또는 5천만원 이하의 벌금
② 7년 이하의 징역 또는 7천만원 이하의 벌금
③ 3년 이하의 징역 또는 3천만원 이하의 벌금
④ 1년 이하의 징역 또는 1천만원 이하의 벌금

소방승진 제 13 회

모의고사

01 특정소방대상물에 관한 설명으로 옳지 않은 것은?

① 지하구의 종류에는 지하 인공구조물로서 폭이 1.8미터 이상이고 높이가 2미터 이상이며 길이가 50미터 이상인 것이 포함된다.
② 바닥에서 천장까지의 높이가 2m인 곳의 벽 높이가 1m인 경우에는 벽이 있는 구조로 본다.
③ 50세대 미만인 다세대주택의 지하에 설치된 주차장은 항공기 및 자동차 관련 시설에서 제외된다.
④ 주민자치센터(동사무소)는 업무시설 중 공공업무시설에 포함된다.

02 소방안전관리보조자를 두어야 하는 특정소방대상물로 옳은 것은?

① 200세대인 아파트
② 아파트를 제외한 연면적이 1만5천m^2인 특정소방대상물
③ 노유자시설로서 소재하는 지역을 관할하는 소방서장이 야간이나 휴일에 해당 특정소방대상물이 이용되지 아니한다는 것을 확인한 경우
④ 사용되는 바닥면적의 합계가 1천500m^2 미만이고 관계인이 24시간 상시 근무하고 있는 숙박시설

03 "소방특별조사위원회의 구성 등"에 관한 설명으로 옳은 것은?

① 위원회는 위원장 1명을 제외한 7명 이내의 위원으로 성별을 고려하여 구성한다.
② 소방 관련 분야의 석사학위 이상을 취득한 사람과 소방 관련 단체에서 5년 이상 종사한 사람은 위원회의 위원으로 임명될 수 있다.
③ 위원회의 위원장은 소방본부장 또는 소방서장이 된다.
④ 위촉위원의 임기는 2년으로 하고, 한 차례만 연임할 수 있다.

04 물분무등소화설비를 설치하여야 하는 특정소방대상물(위험물 저장 및 처리 시설 중 가스시설 또는 지하구는 제외한다) 중 소화수를 수집 · 처리하는 설비가 설치되어 있지 않은 중 · 저준위방사성폐기물의 저장시설에 설치해야 하는 소화설비가 아닌 것은?

① 분말소화설비
② 할론소화설비
③ 이산화탄소소화설비
④ 할로겐화합물 및 불활성기체 소화설비

05 소방시설완공검사증명서를 2020년 8월 5일에 받은 후 2021년 8월 10일에 사용승인을 받은 건축물의 경우 작동기능점검의 점검시기로 옳은 것은?

① 2021년 8월 31일까지
② 2022년 8월 31일까지
③ 2021년 11월 10일까지
④ 연 중 실시한다.

06 「화재예방, 소방시설 설치 · 유지 및 안전관리에 관한 법률」 시행령에서 정한 지하구의 모든 종류에 설치하여야 하는 소방시설이 아닌 것은?

① 소화기구
② 자동화재탐지설비
③ 통합감시시설
④ 연소방지설비

07 2급 소방안전관리대상물에 해당하지 않는 것은?

① 연면적 1만2천m^2인 판매시설
② 바닥면적의 합계가 600m^2 이상인 의료시설 중 정신의료기관
③ 연면적 1만m^2이고, 층수가 11층인 복합건축물
④ 층수가 20층이고, 지상으로부터 높이가 100m인 아파트

08 소방시설관리사시험에 관한 사항으로 옳지 않은 것은?

① 소방위 이상의 소방공무원은 출제 및 채점위원으로 위촉될 수 있다.
② 소방청장은 관리사시험을 시행하려면 응시자격, 시험 과목, 일시 · 장소 및 응시절차 등에 관하여 필요한 사항을 모든 응시 희망자가 알 수 있도록 관리사시험 시행일 90일 전까지 소방청 홈페이지 등에 공고하여야 한다.
③ 시험위원의 수는 출제위원 3명, 채점위원 5명 이내(제2차 시험의 경우로 한정한다)이다.
④ 제1차 시험 과목 가운데 소방공무원으로 15년 이상 근무한 경력이 있는 사람으로서 5년 이상 소방청장이 정하여 고시하는 소방 관련 업무 경력이 있는 사람은 소방관련법령을 면제 받을 수 있다.

09 각 위원 및 조사단을 임명 또는 위촉할 수 있는 사람으로 연결이 올바르지 않은 것은?

① 소방특별조사위원회 : 소방본부장
② 중앙소방특별조사단 : 소방청장
③ 중앙소방기술심의위원회 : 소방청장
④ 지방소방기술심의위원회 : 소방본부장

10 **소방특별조사 결과에 따른 조치명령에 관한 설명으로 옳지 않는 것은?**

① 소방청장, 소방본부장 또는 소방서장은 소방특별조사 결과 소방대상물의 위치·구조·설비 또는 관리의 상황이 화재나 재난·재해 예방을 위하여 보완될 필요가 있을 때에는 행정안전부령으로 정하는 바에 따라 관계인에게 그 소방 대상물의 개수(改修)·이전·제거, 사용의 금지 또는 제한, 사용폐쇄, 공사의 정지 또는 중지, 그 밖의 필요한 조치를 명할 수 있다.

② 소방청장, 소방본부장 또는 소방서장은 소방특별조사 결과 소방대상물이 법령을 위반하여 건축 또는 설비되었거나 소방시설등, 피난시설·방화구획, 방화시설 등이 법령에 적합하게 설치·유지·관리되고 있지 아니한 경우에는 관계인에게 위에 따른 조치를 명하거나 관계공무원으로 하여금 필요한 조치를 하게 할 수 있다.

③ 소방청장, 소방본부장 또는 소방서장은 소방특별조사 결과에 따른 조치명령의 미이행 사실 등을 공개하려면 공개내용과 공개방법 등을 공개 대상 소방대상물의 관계인에게 미리 알려야 한다.

④ 소방청장, 소방본부장 또는 소방서장은 조치명령 이행기간이 끝난 때부터 소방청, 소방본부 또는 소방서의 인터넷 홈페이지에 조치명령 미이행 소방대상물의 명칭, 주소, 대표자의 성명, 조치명령의 내용 및 미이행 횟수를 게재하고, 시행령에서 규정한 어느 하나에 해당하는 매체를 통하여 1회 이상 같은 내용을 알려야 한다.

11 **화재안전정책 계획 등의 수립·시행에 관한 내용으로 옳지 않은 것은?**

① 소방청장은 화재안전정책에 관한 기본계획을 계획 시행 전년도 6월 30일까지 관계 중앙행정기관의 장과 협의를 마친 후 계획 시행 전년도 8월 31일까지 수립하여야 한다.

② 소방청장은 기본계획을 시행하기 위한 시행계획을 계획 시행 전년도 10월 31일까지 수립하여야 한다.

③ 관계 중앙행정기관의 장 또는 시·도지사는 세부시행계획을 계획 시행 전년도 12월 31일까지 수립하여야 한다.

④ 국가는 화재안전기반 확충을 위하여 화재안전정책에 관한 기본계획을 5년마다 수립·시행하여야 한다.

12 **제조 또는 가공 공정에서 방염처리를 한 물품으로서 방염대상물품이 아닌 것은?**

① 섬유류 또는 합성수지류 등을 원료로 하여 제작된 소파·의자

② 설치 현장에서 방염처리를 한 합판·목재류

③ 두께가 2밀리미터 미만인 벽지류

④ 창문에 설치하는 블라인드

13 **연결살수설비를 설치하여야 하는 특정소방대상물로 옳지 않은 것은?**

① 운수시설로서 해당 용도로 사용되는 부분의 바닥면적의 합계가 1천m^2 이상인 것
② 교육연구시설 중 학교의 지하층으로서 바닥면적의 합계가 150m^2 이상인 것
③ 가스시설 중 지상에 노출된 탱크의 용량이 30톤 이상인 탱크시설
④ 판매시설로 사용되는 부분의 바닥면적의 합계가 1천m^2 이상인 특정소방대상물에 부속된 연결통로

14 **자위소방대 및 초기대응체계의 구성, 운영 및 교육 등에 관한 사항으로 옳은 것은?**

① 소방안전관리대상물의 소방안전관리자는 초기대응체계를 자위소방대에 포함하여 편성하되, 화재발생 시 초기에 신속하게 대처할 수 있도록 해당 소방안전관리대상물에 근무하는 사람의 근무위치, 근무인원 등을 고려하여 편성하여야 한다.
② 소방안전관리대상물의 소방안전관리자는 초기대응체계를 상시적으로 운영하여야 한다.
③ 소방안전관리대상물의 소방안전관리자는 연 2회 이상 자위소방대(초기대응체계를 포함한다)를 소집하여 그 편성 상태를 점검하고, 소방교육을 실시하여야 한다. 이 경우 초기대응체계에 편성된 근무자 등에 대하여는 소방시설의 점검 및 응급처치 등에 필요한 기본 요령을 숙지할 수 있도록 소방교육을 실시하여야 한다.
④ 소방안전관리대상물의 소방안전관리자는 소방교육을 실시하였을 때에는 그 실시 결과를 자위소방대 및 초기대응체계 소방교육 실시 결과 기록부에 기록하고, 이를 3년간 보관하여야 한다.

15 **소방안전관리대상물의 관계인이 하여야 하는 피난계획의 수립 및 시행에 관한 내용으로 옳지 않은 것은?**

① 소방안전관리대상물의 관계인은 피난시설의 위치, 피난경로 또는 대피요령이 포함된 피난유도 안내정보를 근무자 또는 거주자에게 정기적으로 제공하여야 한다.
② 피난계획에는 구역별 피난대상 인원의 현황과 경보시설의 작동방법이 포함되어야 한다.
③ 소방안전관리대상물의 관계인은 해당 소방안전관리대상물의 피난시설이 변경된 경우에는 그 변경사항을 반영하여 피난계획을 정비하여야 한다.
④ 피난계획의 수립·시행에 필요한 세부사항은 소방청장이 정하여 고시한다.

16 **「화재예방, 소방시설 설치·유지 및 안전관리에 관한 법률」 시행령에서 정한 과태료의 부과기준으로 옳지 않은 것은?**

① 과태료 부과권자는 체납 중인 위반행위자가 화재 등 재난으로 재산에 현저한 손실을 입거나 사업 여건의 악화로 그 사업이 중대한 위기에 처하는 등 사정이 있는 경우 개별기준에 따른 과태료 금액의 2분의 1까지 그 금액을 줄여 부과할 수 있다.
② 위반행위의 횟수에 따른 과태료의 가중된 부과기준은 최근 1년간 같은 위반행위로 과태료 부과처분을 받은 경우에 적용한다.
③ 최근 1년간 같은 위반행위로 과태료 부과처분을 받은 경우에 기간의 계산은 위반행위에 대하여 과태료 부과처분을 받은 날과 그 처분 후 다시 같은 위반행위를 하여 적발된 날을 기준으로 한다.

④ 가중된 부과처분을 하는 경우 가중처분의 적용 차수는 그 위반행위 전 부과처분 차수(기간 내에 과태료 부과처분이 둘 이상 있었던 경우에는 높은 차수를 말한다)의 다음 차수로 한다.

17 「화재예방, 소방시설 설치 · 유지 및 안전관리에 관한 법률」 시행규칙상 소방안전관리자 시험에 관한 사항으로 옳은 것은?

① 소방안전관리대상물의 소방안전관리에 관한 시험은 선택형을 원칙으로 하되, 기입형을 덧붙일 수 있다.
② 소방청장은 소방안전관리자시험을 실시하고자 하는 때에는 응시자격 · 시험과목 · 일시 · 장소 및 응시절차 등에 관하여 필요한 사항을 모든 응시 희망자가 알 수 있도록 시험 시행일 20일 전에 일간신문 또는 인터넷 홈페이지에 공고하여야 한다.
③ 시험에 있어서는 매 과목 100점을 만점으로 하여 매 과목 40점 이상, 전 과목 평균 60점 이상 득점한 자를 합격자로 한다.
④ 시험문제의 출제방법, 시험위원의 위촉, 합격자의 발표, 응시수수료 및 부정행위자에 대한 조치 등 시험실시에 관하여 필요한 사항은 소방청장이 이를 정하여 고시한다.

18 제품검사 전문기관의 요건에 대한 설명으로 옳지 않은 것은?

① 행정안전부령으로 규정한 각 법률에 따라 설립 · 지정된 연구기관, 공공기관 또는 소방용품의 시험 · 검사 및 연구를 주된 업무로 하는 비영리 법인일 것
② 「국가표준기본법」 제23조에 따라 인정을 받은 시험 · 검사기관일 것
③ 행정안전부령으로 정하는 검사인력 및 검사설비를 갖추고 있을 것
④ 전문기관의 지정이 취소되거나 업무가 정지된 이력이 없을 것

19 무창층의 바닥면적이 500m^2인 공사의 작업현장에 설치하여야 하는 임시소방시설로 옳지 않은 것은?

① 소화기
② 간이소화장치
③ 비상경보장치
④ 간이피난유도선

20 소방용품 성능인증의 취소사유로 옳지 않은 것은?

① 거짓이나 그 밖의 부정한 방법으로 성능인증을 받은 경우
② 거짓이나 그 밖의 부정한 방법으로 제품검사를 받은 경우
③ 제품검사에 합격하지 아니한 소방용품에 성능인증을 받았다는 표시를 한 경우
④ 변경인증을 받지 아니하고 해당 소방용품에 대하여 형상 등의 일부를 변경한 경우

소방승진 제 14 회

모의고사

01 **특정소방대상물로서 연결이 올바르지 않은 것은?**

① 항공기 및 자동차 관련 시설 : 항공기격납고, 공항시설, 자동차 검사장
② 근린생활시설 : 제조업소, 수리점으로서 바닥면적이 500m^2 미만인 것
③ 수련시설 : 생활권 수련시설, 자연권 수련시설, 유스호스텔
④ 관광 휴게시설 : 어린이회관, 관망탑, 공원·유원지 또는 관광지에 부수되는 건축물

02 **소방시설관리업의 영업정지 등에 해당하는 위반사항으로서 위반행위의 동기·내용·횟수·사유 또는 그 결과를 고려하여 감경할 수 있는 경우로 옳지 않은 것은?**

① 위반행위가 사소한 부주의나 오류 등 과실에 의한 것으로 인정되는 경우
② 위반행위를 처음으로 한 경우로서, 3년 이상 방염처리업, 소방시설관리업 등을 모범적으로 해 온 사실이 인정되는 경우
③ 위반의 내용·정도가 경미하여 관계인에게 미치는 피해가 적다고 인정되는 경우
④ 스프링클러설비 헤드가 살수(撒水)반경에 미치지 못하는 경우

03 **「화재예방, 소방시설 설치·유지 및 안전관리에 관한 법률」 시행령에서 정한 특정소방대상물에 관한 사항으로 옳지 않은 것은?**

① 하나의 건축물이 근린생활시설, 판매시설, 업무시설, 숙박시설 또는 위락시설의 용도와 주택의 용도로 함께 사용되는 것은 복합건축물로 보지 않는다.
② 지하구 지하 인공구조물로서 폭이 1.8미터 이상이고 높이가 2미터 이상이며 길이가 50미터 이상인 것을 말한다.
③ 둘 이상의 특정소방대상물의 내화구조로 된 연결통로가 벽이 없는 구조로서 그 길이가 6미터 이하인 경우 하나의 소방대상물로 본다.
④ 아파트등은 주택으로 쓰이는 층수가 5층 이상인 것으로 공동주택에 포함된다.

04 보조자선임대상 특정소방대상물의 관계인이 선임하여야 하는 소방안전관리보조자의 최소 선임 기준으로 옳지 않은 것은?

① 300세대 이상인 아파트의 경우 1명. 다만, 초과되는 300세대마다 1명 이상을 추가로 선임하여야 한다.
② 아파트를 제외한 연면적이 1만5천m^2 이상인 특정소방대상물 1명. 다만, 초과되는 연면적 1만5천m^2마다 1명 이상을 추가로 선임해야 한다.
③ 의료시설 1명. 다만, 초과되는 연면적 1만5천m^2마다 1명 이상을 추가로 선임해야 한다.
④ 아파트를 제외한 연면적이 1만5천m^2 이상인 특정소방대상물의 방재실에 자위소방대가 24시간 상시 근무하고 소방자동차 중 소방펌프차를 운용하는 경우에는 초과되는 연면적 3만m^2마다 1명 이상을 추가로 선임해야 한다.

05 건축허가등의 동의 요구를 하는 해당 기관이 첨부하여야 할 서류 중 소방시설공사 착공신고 대상에 해당하는 경우에 한하는 것으로 옳은 것은?

① 소방시설의 층별 평면도 및 층별 계통도
② 임시소방시설 설치 계획서(설치 시기, 위치, 종류, 방법 등 임시소방시설의 설치와 관련한 세부사항을 포함한다)
③ 창호도
④ 소방시설설계업등록증과 소방시설을 설계한 기술인력자의 기술자격증 사본

06 소방안전 특별관리기본계획 · 시행계획의 수립 · 시행에 관한 사항으로 옳은 것은?

① 소방청장은 소방안전 특별관리기본계획을 3년마다 수립 · 시행하여야 한다.
② 소방청장은 소방안전 특별관리기본계획을 시행 전년도 10월 31일까지 수립하여 관계 중앙 행정기관 및 시 · 도에 통보한다.
③ 시 · 도지사는 특별관리기본계획을 시행하기 위하여 매년 소방안전 특별관리시행계획을 계획 시행 전년도 12월 31일까지 수립하여야 한다.
④ 시 · 도지사는 특별관리시행계획 결과를 계획 시행 다음 연도 3월 31일까지 소방청장에게 통보하여야 한다.

07 「화재예방, 소방시설 설치 · 유지 및 안전관리에 관한 법률」 시행규칙상 내용으로 옳지 않은 것은?

① 소방시설관리업자는 소방시설관리업등록증 또는 등록수첩을 잃어버리거나 소방시설관리업등록증 또는 등록수첩이 헐어 못쓰게 된 경우에는 시 · 도지사에게 소방시설관리업등록증 또는 등록수첩의 재교부를 신청할 수 있다.
② 소방시설관리업자는 재교부를 신청하는 때에는 소방시설관리업등록증(등록수첩) 재교부신청서(전자문서로 된 신청서를 포함한다)를 시 · 도지사에게 제출하여야 한다.
③ 시 · 도지사는 재교부신청서를 제출받은 때에는 5일 이내에 소방시설관리업등록증 또는 등록수첩을 재교부하여야 한다.
④ 소방시설관리업자는 소방시설관리업을 휴 · 폐업한 때에는 지체 없이 시 · 도지사에게 그 소방시설관리업등록증 및 등록수첩을 반납하여야 한다.

08 **소방특별조사의 연기 사유로 옳지 않은 것은?**

① 태풍, 홍수 등 재난이 발생하여 소방대상물을 관리하기가 매우 어려운 경우
② 관계인이 질병, 장기출장 등으로 소방특별조사에 참여할 수 없는 경우
③ 자체점검기록부, 교육·훈련일지 등 소방특별조사에 필요한 장부·서류 등의 내용이 미흡한 경우
④ 천재지변이 발생한 경우

09 **한국소방안전원이 갖추어야 하는 시설기준으로 옳지 않은 것은?**

① 사무실은 바닥면적 $100m^2$ 이상일 것
② 강의실은 바닥면적 $100m^2$ 이상이고 책상·의자, 음향시설, 컴퓨터 및 빔프로젝터 등 교육에 필요한 비품을 갖출 것
③ 실습실은 바닥면적 $100m^2$ 이상이고, 교육과정별 실습·평가를 위한 교육기자재 등을 갖출 것
④ 가스계소화설비와 제연설비 실습·평가설비는 특급 소방안전관리자를 대상으로 하는 교육용 기자재이다.

10 **화재 위험도가 낮은 특정소방대상물 중 석재 가공공장 또는 불연성 물품을 저장하는 창고에 설치하지 아니할 수 있는 소방시설의 범위로 옳은 것은?**

① 스프링클러설비
② 옥외소화전
③ 물분무등소화설비
④ 연결송수관설비

11 **「소방기본법」 제2조 제5호에 따른 소방대(消防隊)가 조직되어 24시간 근무하고 있는 청사 및 차고에 소방시설을 설치하지 아니할 수 있는 특정소방대상물의 구분으로 옳은 것은?**

① 화재 위험도가 낮은 특정소방대상물
② 화재안전기준을 적용하기 어려운 특정소방대상물
③ 화재안전기준을 달리 적용하여야 하는 특수한 용도 또는 구조를 가진 특정소방대상물
④ 소방시설을 설치하지 아니할 수 있는 특정소방대상물의 범위에 포함되지 않는다.

12 **스프링클러설비를 설치하여야 하는 대상으로 옳지 않은 것은?**

① 운동시설(물놀이형 시설은 제외한다)로서 수용인원이 100명 이상인 것
② 숙박이 가능한 수련시설에 해당하는 용도로 사용되는 시설의 바닥면적의 합계가 $600m^2$ 이상인 것
③ 복합건축물로서 연면적 1천m^2 이상인 경우
④ 지하가(터널은 제외한다)로서 연면적 1천m^2 이상인 것

13 종합정밀점검의 실시 대상으로 옳은 것은?

① 호스릴 방식의 물분무등소화설비만 설치된 연면적 5,000m^2 이상인 특정소방대상물
② 간이스프링클러설비가 설치된 특정소방대상물
③ 비디오물소극장업의 영업장이 설치된 특정소방대상물로서 연면적이 2,000m^2 이상인 것
④ 제연설비가 설치된 터널

14 소방시설등의 자체점검 시 아파트의 점검 기준으로 옳은 것은?

① 점검한도 세대수는 종합정밀점검 300세대, 작동기능점검 350세대(소규모점검의 경우에는 70세대)이다.
② 점검인력 1단위에 보조인력을 1명씩 추가할 때마다 작동기능점검의 경우에는 70세대, 종합정밀점검의 경우에는 90세대씩을 점검한도 세대수에 더한다.
③ 점검한 아파트가 제연설비가 설치되지 않은 경우 점검세대수는 실제 점검세대수에서 실제 점검세대수에 0.1을 곱한 값을 뺀 세대수로 한다.
④ 종합정밀점검과 작동기능점검을 하루에 점검하는 경우에는 작동기능점검의 점검한도 세대수에 0.8을 곱한 값을 종합정밀점검 점검세대수로 한다.

15 관리업자가 소방안전관리 업무를 대행하게 하거나 소방시설등의 점검업무를 수행하게 한 특정소방대상물의 관계인에게 지체 없이 그 사실을 알려야 하는 경우로 옳지 않은 것은?

① 관리업자의 지위를 승계한 경우
② 관리업의 등록취소 또는 영업정지처분을 받은 경우
③ 휴업 또는 폐업을 한 경우
④ 영업소 소재지를 변경한 경우

16 소방용품의 형식승인 등에 관한 설명으로 옳은 것은?

① 소방용품을 수입하는 자가 판매를 목적으로 하지 아니하고 자신의 건축물에 직접 설치하거나 사용하려는 경우에는 시험시설을 갖추지 아니할 수 있다.
② 주한외국공관 또는 주한외국군 부대에서 사용되는 소방용품의 경우 형식승인 및 제품검사 시험 중 일부만을 적용하여 형식승인 및 제품검사를 할 수 있다.
③ 형식승인의 방법・절차 등과 제3항에 따른 제품검사의 구분・방법・순서・합격표시 등에 관한 사항은 소방청장이 정하여 고시한다.
④ 소방용품의 형상・구조・재질・성분・성능 등(이하 "형상등"이라 한다)의 형식승인 및 제품검사의 기술기준 등에 관한 사항은 행정안전부령으로 정한다.

17 방염성능기준 이상의 실내장식물 등을 설치하여야 하는 특정소방대상물로 옳지 않은 것은?

① 노유자시설
② 숙박이 가능한 수련시설
③ 의료시설
④ 업무시설

18 1급 소방안전관리대상물의 소방안전관리자의 자격으로 옳지 않은 것은?

① 소방설비기사 또는 소방설비산업기사의 자격이 있는 사람
② 소방공무원으로 7년 이상 근무한 경력이 있는 사람
③ 1급 소방안전관리대상물의 소방안전관리에 대한 강습교육을 수료한 사람
④ 특급 소방안전관리자의 자격이 있는 사람

19 소방시설관리사시험의 제2차시험 과목으로 옳은 것은?

① 소방안전관리론 및 화재역학
② 소방시설의 점검실무행정
③ 소방수리학, 약제화학 및 소방전기
④ 소방시설의 구조 원리

20 다음 <보기> 안에 과태료의 금액을 합한 것으로 옳은 것은?

1. 소방시설 중 소화펌프를 고장 상태로 방치한 경우
2. 피난시설, 방화구획 또는 방화시설을 폐쇄·훼손·변경하는 등의 행위를 한 경우 2차
3. 소방안전관리자 선임 지연신고기간이 3개월 이상이거나 신고를 하지 않은 경우
4. 피난유도 안내정보를 제공하지 아니한 경우 1차

① 450만원　② 500만원
③ 550만원　④ 600만원

소방승진 제 15 회 모의고사

01 「화재예방, 소방시설 설치 · 유지 및 안전관리에 관한 법률」 시행령상 소방시설을 설치하지 아니할 수 있는 범위에 모두 포함되는 소방시설은?

① 연결살수설비
② 자동화재탐지설비
③ 물분무등소화설비
④ 연결송수관설비

02 소방시설관리업 등록 등에 관한 사항으로 옳지 않는 것은?

① 시 · 도지사는 등록신청 시 제출된 서류를 심사한 결과 신청서 및 첨부서류의 기재내용이 명확하지 아니한 때에는 10일 이내의 기간을 정하여 이를 보완하게 할 수 있다.
② 시 · 도지사는 재교부신청서를 제출받은 때에는 3일 이내에 소방시설관리업등록증 또는 등록수첩을 재교부하여야 한다.
③ 관리업자는 등록한 사항 중 대표자가 변경되었을 때에는 행정안전부령으로 정하는 바에 따라 시 · 도지사에게 변경사항을 신고하여야 한다.
④ 소방시설관리업자는 기술인력을 변경하는 경우 변경일부터 30일 이내에 소방시설관리업등록 사항변경신고서(전자문서로 된 신고서를 포함 한다)에 소방시설관리업등록증 및 등록수첩, 변경된 기술인력의 기술자격증(자격수첩), 기술인력연명부(각 서류는 전자문서를 포함한다)를 첨부하여 시 · 도지사에게 제출하여야 한다.

03 건축허가등의 동의대상물에서 제외되는 특정소방대상물이 아닌 것은?

① 특정소방대상물에 설치되는 소화기구, 피난기구, 유도등 또는 유도표지가 화재안전기준에 적합한 경우 그 특정소방대상물
② 건축물의 용도변경으로 인하여 해당 특정소방대상물에 추가로 소방시설이 설치되지 아니하는 경우 그 특정소방대상물
③ 지하층을 포함한 층수가 30층 이상인 특정소방대상물(아파트등은 제외한다)
④ 지하층 또는 무창층이 있는 건축물로서 바닥면적이 150m^2인 층이 있는 특정소방대상물

04 **소방시설관리업자의 점검능력의 평가에 관한 사항으로 옳지 않은 것은?**

① 평가기관은 점검능력 평가 결과를 매년 7월 31일까지 1개 이상의 일간신문 또는 평가기관의 인터넷 홈페이지를 통하여 공시하고, 관계인 또는 건축주에게 이를 통보하여야 한다.
② 점검능력 평가 결과는 소방시설관리업자가 도급받을 수 있는 1건의 점검 도급금액으로 하고, 점검능력 평가의 유효기간은 평가 결과를 공시한 날부터 1년간으로 한다.
③ 평가기관은 제출된 서류의 일부가 거짓으로 확인된 경우에는 확인된 날부터 10일 이내에 점검능력을 새로 평가하여 공시하고, 시・도지사에게 이를 통보하여야 한다.
④ 점검능력 평가 결과를 통보받은 시・도지사는 해당 소방시설관리업자의 등록수첩에 그 사실을 기록해 발급하여야 한다.

05 **다음 〈보기〉 안에 특정소방대상물의 관계인이 각각 선임하여야 하는 소방안전관리보조자 최소수의 합계는 몇 명인가?**

- 600세대인 아파트
- 아파트를 제외한 연면적 4만5천m^2인 특정소방대상물
- 특정소방대상물의 방재실에 자위소방대가 24시간 상시 근무하고 소방펌프차를 운용하는 연면적 6만m^2인 특정소방대상물
- 수련시설

① 6명 ② 7명
③ 8명 ④ 9명

06 **「화재예방, 소방시설 설치・유지 및 안전관리에 관한 법률」 시행령에서 정한 소방시설관리업의 등록기준으로 옳지 않은 것은?**

① 주된 기술인력은 소방시설관리사 1명 이상이다.
② 소방설비기사와 소방설비산업기사를 각 1명씩 보유하는 경우 필요한 보조 기술인력에 해당한다.
③ 소방 관련 학과의 학사학위를 취득한 사람은 보조 기술인력으로 등록할 수 있다.
④ 소방공무원으로 3년 이상 근무한 사람을 보조 기술인력으로 등록하려면 소방기술 인정자격 수첩을 발급받은 사람이어야 한다.

07 **소방시설관리업의 행정처분기준으로 옳지 않은 것은?**

① 위반행위의 차수에 따른 행정처분의 가중된 처분기준은 최근 1년간 같은 위반행위로 행정처분을 받은 경우에 적용한다.
② 가중된 행정처분을 하는 경우 가중처분의 적용 차수는 그 위반행위 전 행정처분 차수(다목에 따른 기간 내에 행정처분이 둘 이상 있었던 경우에는 높은 차수를 말한다)의 다음 차수로 한다.
③ 자동화재탐지설비의 감지기 2개 이하가 설치되지 않은 경우 감경 사유에 해당한다.
④ 처분을 가중하거나 감경할 경우 그 처분이 영업정지 또는 자격정지일 때에는 그 처분기준의 2배의 범위에서 가중하거나 감경할 수 있다.

08 **소방특별조사의 연기에 관한 내용으로 옳지 않은 것은?**

① 관계인은 천재지변이나 그 밖에 대통령령으로 정하는 사유로 소방특별조사를 받기 곤란한 경우에는 소방특별조사를 통지한 소방청장, 소방본부장 또는 소방서장에게 대통령령으로 정하는 바에 따라 소방특별조사를 연기하여 줄 것을 신청할 수 있다.

② 소방청장, 소방본부장 또는 소방서장은 소방특별조사의 연기를 승인한 경우라도 연기기간이 끝나기 전에 연기사유가 없어졌거나 긴급히 조사를 하여야 할 사유가 발생하였을 때에는 지체 없이 소방특별조사를 할 수 있다.

③ 소방특별조사의 연기를 신청하려는 자는 소방특별조사 시작 3일 전까지 소방특별조사 연기신청서(전자문서로 된 신청서를 포함한다)에 소방특별조사를 받기가 곤란함을 증명할 수 있는 서류(전자문서로 된 서류를 포함한다)를 첨부하여 소방청장, 소방본부장 또는 소방서장에게 제출하여야 한다.

④ 연기신청을 받은 소방청장, 소방본부장 또는 소방서장은 연기신청 승인 여부를 결정하고 그 결과를 조사 개시 전까지 관계인에게 알려주어야 한다.

09 **건축허가등의 동의요구에 관한 사항으로 옳지 않은 것은?** 21년 기출

① 건축허가등의 동의요구는 권한이 있는 행정기관이 건축물 등의 시공지 또는 소재지를 관할하는 소방본부장 또는 소방서장에게 하여야 한다.

② 동의요구를 받은 소방본부장 또는 소방서장은 건축허가등의 동의요구서류를 접수한 날부터 5일(허가를 신청한 건축물 등이 특급 소방안전관리대상물에 해당하는 경우에는 10일) 이내에 건축허가등의 동의여부를 회신하여야 한다.

③ 소방본부장 또는 소방서장은 규정에 의한 동의 요구서 및 첨부서류의 보완이 필요한 경우에는 4일 이내의 기간을 정하여 보완을 요구할 수 있다. 이 경우 보완기간은 회신기간에 산입하고, 보완기간 내에 보완하지 아니하는 때에는 동의요구서를 반려하여야 한다.

④ 건축허가등의 동의를 요구한 기관이 그 건축허가등을 취소하였을 때에는 취소한 날부터 7일 이내에 건축물 등의 시공지 또는 소재지를 관할하는 소방본부장 또는 소방서장에게 그 사실을 통보하여야 한다.

10 **다음 보기의 소방시설 중 설치하여야 하는 특정소방대상물의 연면적이 가장 큰 것부터 순서대로 나열한 것으로 옳은 것은?** 21년 기출

> Ⓐ 차고, 주차용 건축물에 설치하는 물분무등소화설비
> Ⓑ 지하층을 포함하는 층수가 5층 이상인 건축물에 설치하는 비상조명등
> Ⓒ 교육연구시설에 설치하는 자동화재탐지설비
> Ⓓ 지하층이나 무창층에 설치된 판매시설에 설치하는 제연설비

① Ⓓ → Ⓑ → Ⓒ → Ⓐ
② Ⓑ → Ⓓ → Ⓐ → Ⓒ
③ Ⓓ → Ⓐ → Ⓒ → Ⓑ
④ Ⓑ → Ⓒ → Ⓓ → Ⓐ

11 「화재예방, 소방시설 설치 · 유지 및 안전관리에 관한 법률」 시행령에서 정한 방염성능기준으로 옳은 것은? 21년 기출

① 버너의 불꽃을 제거한 때부터 불꽃을 올리지 아니하고 연소하는 상태가 그칠 때까지 시간은 20초 이내일 것
② 탄화(炭化)한 면적은 50cm² 이내, 탄화한 길이는 20cm 이내일 것
③ 불꽃에 의하여 완전히 녹을 때까지 불꽃의 접촉 횟수는 2회 이상일 것
④ 소방청장이 정하여 고시한 방법으로 발연량을 측정하는 경우 최대연기밀도는 300 이하 일 것

12 다음 〈보기〉의 괄호 안에 들어갈 단어로 옳은 것은?

> 건축물대장의 건축물현황도에 표시된 대지경계선 안의 지역 또는 인접한 2개 이상의 대지에 소방안전관리자를 두어야 하는 특정소방대상물이 둘 이상 있고, 그 관리에 관한 권원(權原)을 가진 자가 동일인인 경우에는 이를 ( )의 특정소방대상물로 보되, 그 특정소방대상물이 특급, 1급, 2급, 3급 소방안전관리대상물 중 둘 이상에 해당하는 경우에는 그 중에서 급수가 ( ) 특정소방대상물로 본다.

① 하나, 낮은
② 공동관리, 가장 큰
③ 하나, 높은
④ 공동관리, 가장 낮은

13 「화재예방, 소방시설 설치 · 유지 및 안전관리에 관한 법률」 및 같은 법 시행령에서 정한 소방안전 특별관리시설물이 아닌 것은?

① 지하가
② 영화상영관 중 수용인원 1,000명 이상인 영화상영관
③ 발전사업자가 가동 중인 발전소
④ 지정문화재인 시설

14 특정소방대상물의 소방안전관리에 관한 사항으로 옳지 않은 것은?

① 소방안전관리대상물의 관계인이 소방안전관리자를 선임한 경우에는 행정안전부령으로 정하는 바에 따라 선임한 날부터 14일 이내에 소방본부장이나 소방서장에게 신고하고, 소방안전관리대상물의 출입자가 쉽게 알 수 있도록 소방안전관리자의 성명과 그 밖에 행정안전부령으로 정하는 사항을 게시하여야 한다.
② 소방본부장 또는 소방서장은 업무를 다하지 아니하는 특정소방대상물의 관계인 또는 소방안전관리자에게 그 업무를 이행하도록 명할 수 있다.
③ 소방본부장 또는 소방서장은 소방안전관리자를 선임하지 아니한 소방안전관리대상물의 관계인에게 소방안전관리자를 선임하도록 명할 수 있다.
④ 대통령령으로 정하는 소방안전관리대상물의 관계인은 관리업자로 하여금 소방안전관리 업무 중 대통령령으로 정하는 업무를 대행하게 할 수 있으며, 이 경우 소방안전관리 업무를 대행하는 자를 소방안전관리자로 선임할 수 있다.

15 **연결송수관설비를 설치하여야 하는 특정소방대상물로 옳지 않은 것은?**

① 층수가 5층 이상으로서 연면적 6천m^2 이상인 것
② ①에 해당하지 않는 특정소방대상물로서 층수가 7층 이상인 것
③ ① 및 ②에 해당하지 않는 특정소방대상물로서 지하층의 층수가 3층 이상이고 지하층의 바닥면적의 합계가 1천m^2 이상인 것
④ 지하가 중 터널로서 길이가 1천m 이상인 것

16 **소방시설관리업에 대한 행정처분에서 나머지 셋과 다른 하나는?**

① 다른 자에게 등록증 또는 등록수첩을 빌려준 경우
② 점검을 하지 않거나 거짓으로 한 경우
③ 등록의 결격사유에 해당하게 된 경우
④ 기술인력의 해임으로 등록기준에 미달하게 되어 30일 이내에 기술 인력을 재선임하여 신고하는 경우

17 **화재안전기준을 적용하기 어려운 특정소방대상물로서 펄프공장의 작업장, 음료수 공장의 세정 또는 충전을 하는 작업장에 설치하지 아니할 수 있는 소방시설로 옳지 않은 것은?**

① 연결살수설비
② 스프링클러설비
③ 옥내소화전설비
④ 상수도소화용수설비

18 **특급 소방안전관리대상물의 소방안전관리자의 자격으로 옳지 않는 것은?**

① 소방공무원으로서 20년 이상 근무한 경력이 있는 사람
② 소방설비기사의 자격을 취득한 후 5년 동안 업무대행을 하게 한 1급 소방안전관리대상물의 소방안전관리자로 근무한 경력이 있는 사람
③ 소방시설관리사의 자격이 있는 사람
④ 소방안전공학 분야에서 석사학위 이상을 취득한 후 2년 이상 1급 소방안전관리대상물의 소방안전관리자로 근무한 실무경력이 있는 사람이 소방청장이 실시하는 특급 소방안전관리대상물의 소방안전관리에 관한 시험에 합격한 경우

19 **「화재예방, 소방시설 설치 · 유지 및 안전관리에 관한 법률」 시행규칙상 내용으로 옳지 않는 것은?**

① 규제의 재검토는 시행규칙에서 정한 기준일을 기준으로 3년마다(매 3년이 되는 해의 기준일과 같은 날 전까지를 말한다) 그 타당성을 검토하여 개선 등의 조치를 하여야 한다.
② 소방시설관리업자의 지위를 승계한 자는 그 지위를 승계한 날부터 30일 이내에 시 · 도지사에게 신고하여야 한다.
③ 각각의 건축물이 다른 건축물의 외벽으로부터 수평거리가 1층의 경우에는 6미터 이하, 2층 이상의 층의 경우에는 10미터 이하인 경우 연소 우려가 있는 구조의 기준 중 하나에 해당한다.
④ 터널 · 지하구의 경우 그 최장 길이와 최장 폭을 곱하여 계산된 값이 1,000m^2 이상인 것으로서 옥내소화전설비 또는 자동화재탐지설비가 설치된 것은 종합정밀점검 대상이다.

20 「화재예방, 소방시설 설치 · 유지 및 안전관리에 관한 법률」 시행령에서 정한 지하구에 설치하여야 하는 소방시설이 아닌 것은?

① 무선통신보조설비
② 피난구유도등
③ 자동화재탐지설비
④ 연결살수설비

소방승진 제 16 회

모의고사

01 화재안전정책 기본계획 등의 수립·시행에 관한 설명으로 옳지 않은 것은?

① 국가는 화재안전 기반 확충을 위하여 화재안전정책에 관한 기본계획을 5년마다 수립·시행하여야 한다.
② 기본계획은 대통령령으로 정하는 바에 따라 소방청장이 관계 중앙행정기관의 장과 협의하여 수립한다.
③ 소방청장은 수립된 기본계획 및 시행계획을 관계 중앙행정기관의 장과 시·도지사에게 통보한다.
④ 기본계획과 시행계획을 통보받은 관계 중앙행정기관의 장 또는 시·도지사는 소관 사무의 특성을 반영한 자체 기본계획을 수립하여 시행하여야 하고, 시행결과를 소방청장에게 통보하여야 한다.

02 소방특별조사 등에 관한 내용으로 옳지 않은 것은?

① 소방청장, 소방본부장 또는 소방서장은 객관적이고 공정한 기준에 따라 소방특별조사의 대상을 선정하여야 하며, 소방본부장은 소방특별조사의 대상을 객관적이고 공정하게 선정하기 위하여 필요하면 소방특별조사위원회를 구성하여 소방특별조사의 대상을 선정할 수 있다.
② 소방청장은 중앙소방특별조사단의 업무수행을 위하여 필요하다고 인정하는 경우 관계 기관의 장에게 그 소속 공무원 또는 직원의 파견을 요청할 수 있다. 이 경우 공무원 또는 직원의 파견요청을 받은 관계 기관의 장은 특별한 사유가 없으면 이에 협조하여야 한다.
③ 소방청장, 소방본부장 또는 소방서장은 소방특별조사를 실시하는 경우 다른 목적을 위하여 조사권을 남용하여서는 아니 된다.
④ 소방특별조사의 세부 항목, 소방특별조사위원회의 구성·운영에 필요한 사항은 행정안전부령으로 정한다.

03 다음 중 벌칙의 기준이 가장 큰 것으로 옳은 것은?

① 제품검사를 받지 아니한 자
② 형식승인의 변경승인을 받지 아니한 자
③ 방염성능검사에 합격하지 아니한 물품에 합격표시를 하거나 합격표시를 위조하거나 변조하여 사용한 자
④ 소방안전관리 업무를 하지 아니한 자

04 소방특별조사에 따른 조치명령으로 인한 손실보상에 관한 내용으로 옳지 않은 것은?

① 시·도지사가 손실을 보상하는 경우에는 시가(時價)로 보상하여야 한다.
② 손실보상에 관하여는 시·도지사와 소방본부장·소방서장이 협의하여야 한다.
③ 보상금액에 관한 협의가 성립되지 아니한 경우에는 시·도지사는 그 보상금액을 지급하거나 공탁하고 이를 상대방에게 알려야 한다.
④ 보상금의 지급 또는 공탁의 통지에 불복하는 자는 지급 또는 공탁의 통지를 받은 날부터 30일 이내에 관할 토지수용위원회에 재결(裁決)을 신청할 수 있다.

05 건축허가등의 동의대상물의 범위로 옳지 않은 것은?

① 조산원
② 산후조리원
③ 지하가
④ 발전시설 중 전기저장시설

06 성능위주설계를 해야 하는 특정소방대상물의 범위로 옳은 것은?

① 아파트등을 제외한 연면적 15만제곱미터 이상인 특정소방대상물
② 30층 이상(지하층은 제외한다)이거나 지상으로부터 높이가 200미터 이상인 아파트등
③ 영화상영관이 5개 이상인 특정소방대상물
④ 지하연계 복합건축물에 해당하는 특정소방대상물

07 소방기술심의위원회의 구성 시 다음 괄호 안의 숫자의 합으로 옳은 것은?

- 중앙소방기술심의위원회는 성별을 고려하여 위원장을 포함한 (　　)명 이내의 위원으로 구성한다.
- 지방소방기술심의위원회는 위원장을 포함하여 (　　)명 이상 (　　)명 이하의 위원으로 구성한다.
- 중앙위원회의 회의는 위원장과 위원장이 회의마다 지정하는 (　　)명 이상 (　　)명 이하의 위원으로 구성하고, 중앙위원회는 분야별 소위원회를 구성·운영할 수 있다.

① 91　　② 92
③ 93　　④ 94

08 방염성능기준 이상의 실내장식물 등을 설치해야 하는 특정소방대상물로 옳지 않은 것은?

① 산후조리원
② 조산원
③ 업무시설
④ 숙박이 가능한 수련시설

09 1급 소방안전관리대상물에 해당하는 것으로 옳은 것은?

① 30층 이상(지하층을 포함한다)이거나 지상으로부터 높이가 120미터 이상인 특정소방대상물(아파트는 제외한다)
② 30층 이상(지하층은 제외한다)이거나 지상으로부터 높이가 120미터 이상인 아파트
③ 가스 제조설비를 갖추고 도시가스사업의 허가를 받아야 하는 시설 또는 가연성 가스를 100톤 이상 1천톤 미만 지장·취급하는 시설
④ 보물 또는 국보로 지정된 목조건축물

10 특급 소방안전관리대상물의 관계인이 선임하여야 할 소방안전관리자의 자격으로 옳은 것은?

① 소방설비산업기사의 자격을 취득한 후 7년 이상 1급 소방안전관리대상물의 소방안전관리자로 근무한 실무경력이 있는 사람
② 소방공무원으로 10년 이상 근무한 경력이 있는 사람
③ 위험물기능장·위험물산업기사 자격을 가진 사람으로서 위험물안전관리자로 선임된 사람
④ 특급 소방안전관리대상물의 소방안전관리보조자로 10년 이상 근무한 실무경력이 있는 사람

11 소방안전관리대상물의 소방계획서에 포함되어야 할 사항으로 옳지 않은 것은?

① 소방안전관리대상물의 위치·구조·연면적·용도 및 수용인원 등 일반 현황
② 화재 예방을 위한 자체점검계획 및 진압대책
③ 소방시설·피난시설 및 방화시설의 설치·점검계획
④ 소화와 연소 방지에 관한 사항

12 소방안전 특별관리기본계획과 시행계획의 수립·시행권자를 순서대로 나열한 것은?

① 소방청장, 시·도지사
② 시·도지사, 소방본부장
③ 소방청장, 소방본부장
④ 소방본부장, 소방서장

13 특정소방대상물 중 근린생활시설이 아닌 것은?

① 해당 용도로 쓰는 바닥면적의 합계가 150m^2 미만인 단란주점
② 해당 용도로 쓰는 바닥면적의 합계가 500m^2 미만인 인터넷컴퓨터게임시설제공업
③ 해당 용도로 쓰는 바닥면적의 합계가 500m^2 미만인 부동산중개사무소
④ 해당 용도로 쓰는 바닥면적의 합계가 500m^2 미만인 종교집회장

14 다음 중 소방용품에 해당하지 않는 것은?

① 소화설비를 구성하는 소화전, 관창(管槍), 소방호스
② 피난사다리, 구조대, 간이완강기
③ 피난구유도등, 통로유도등, 객석유도등
④ 누전경보기 및 가스누설탐지기

15 특정소방대상물에 설치하여야 하는 소방시설의 기준으로 옳은 것은?

① 자동소화장치 : 아파트등 및 오피스텔의 30층 이상
② 스프링클러설비 : 층수가 6층 이상인 특정소방대상물의 경우에는 6층 이상의 층
③ 물분무등소화설비 : 차고, 주차용 건축물인 경우 연면적 600m^2 이상인 것
④ 제연설비 : 지하층이나 무창층에 설치된 근린생활시설로서 해당 용도로 사용되는 바닥면적의 합계가 1천m^2 이상인 층

16 「화재예방, 소방시설 설치·유지 및 안전관리에 관한 법률」 시행규칙상 소방안전관리자의 실무교육에 관한 사항으로 옳지 않은 것은? 21년 기출

① 안전원장은 소방안전관리자에 대한 실무교육의 교육대상, 교육일정 등 실무교육에 필요한 계획을 수립하여 매년 소방청장에게 통보하고 교육실시 10일 전까지 교육대상자에게 통보하여야 한다.
② 소방안전관리자는 그 선임된 날부터 6개월 이내에 실무교육을 받아야 하며, 그 후에는 2년마다(최초 실무교육을 받은 날을 기준일로 하여 매 2년이 되는 해의 기준일과 같은 날 전까지를 말한다) 1회 이상 실무교육을 받아야 한다.
③ 소방안전관리 강습교육 또는 실무교육을 받은 후 1년 이내에 소방안전관리자로 선임된 사람은 해당 강습교육 또는 실무교육을 받은 날에 실무교육을 받은 것으로 본다.
④ 소방본부장 또는 소방서장은 소방안전관리자의 선임신고를 받은 경우에는 신고일부터 1개월 이내에 그 내용을 안전원장에게 통보하여야 한다.

17 **간이스프링클러설비를 설치하여야 할 특정 소방대상물이 아닌 것은?**

① 근린생활시설로 사용하는 부분의 바닥면적 합계가 1천m^2 이상인 것은 모든 층
② 종합병원, 병원, 치과병원, 한방병원 및 요양병원(정신병원과 의료재활시설은 제외한다)으로 사용되는 바닥면적의 합계가 300m^2 이상 600m^2 미만인 시설
③ 숙박시설 중 생활형 숙박시설로서 해당 용도로 사용되는 바닥면적의 합계가 600m^2 이상인 것
④ 복합건축물로서 연면적 1천m^2 이상인 것은 모든 층

18 **종합정밀점검에 관한 설명으로 옳지 않은 것은?**

① 물분무등소화설비[호스릴(Hose Reel) 방식의 물분무등소화설비만을 설치한 경우는 제외한다]가 설치된 연면적 5,000m^2 이상인 특정소방대상물(위험물 제조소등은 제외한다)은 종합정밀점검 대상이다.
② 종합정밀점검은 소방시설관리업자 또는 소방안전관리자로 선임된 소방시설관리사 및 소방기술사가 실시할 수 있다.
③ 소방시설완공검사증명서를 받은 후 1년이 경과한 이후에 사용승인을 받은 경우 사용승인을 받은 그 다음 해부터 실시하되, 그 해의 종합정밀점검은 사용승인일터 6개월 이내에 실시할 수 있다.
④ 하나의 대지경계선 안에 2개 이상의 점검대상 건축물이 있는 경우에는 그 건축물 중 사용승인일이 가장 빠른 건축물의 사용승인일을 기준으로 점검할 수 있다.

19 **소방안전 특별관리시설물의 안전관리에 관한 사항으로 옳지 않은 것은?**

① 소방청장은 화재 등 재난이 발생할 경우 사회・경제적으로 피해가 큰 소방안전 특별관리시설물에 대하여 소방안전 특별관리를 하여야 한다.
② 소방청장은 소방안전 특별관리를 체계적이고 효율적으로 하기 위하여 시・도지사와 협의하여 소방안전 특별관리기본계획을 수립하여 시행하여야 한다.
③ 소방본부장은 소방안전 특별관리기본계획에 저촉되지 아니하는 범위에서 관할 구역에 있는 소방안전 특별관리시설물의 안전관리에 적합한 소방안전 특별관리시행계획을 수립하여 시행하여야 한다.
④ 그 밖에 소방안전 특별관리기본계획 및 소방안전 특별관리시행계획의 수립・시행에 필요한 사항은 대통령령으로 정한다.

20 **다음 중 과태료 부과기준이 다른 하나는?**

① 소방시설등의 점검결과를 보고하지 아니한 자 또는 거짓으로 보고한 자
② 임시소방시설을 설치・유지・관리하지 아니한 자
③ 소방안전관리 업무를 하지 아니한 특정소방대상물의 관계인 또는 소방안전관리대상물의 소방안전관리자
④ 지위승계, 행정처분 또는 휴업・폐업의 사실을 특정소방대상물의 관계인에게 알리지 아니하거나 거짓으로 알린 관리업자

소 / 방 / 승 / 진
소 방 시 설 법
최 종 모 의 고 사

정답

정답 및 해설

(제1회 ~ 제16회 최종모의고사)

CHAPTER 01 정답 및 해설 소방시설법

1회

1회_정답 및 해설

01	④	02	①	03	③	04	④	05	②	06	①	07	③	08	②	09	③	10	④
11	①	12	④	13	②	14	④	15	②	16	③	17	①	18	③	19	②	20	③

01 소방시설법의 궁극적인 목적은 화재로부터 안전이라는 목적을 달성하는데 있다.

02 소방시설 설치・유지 및 안전관리에 관한 법률을 제정(2003. 5. 29.)한 후 2016년도에 법의 명칭을 「화재예방, 소방시설 설치・유지 및 안전관리에 관한 법률」(약칭 : 소방시설법)로 변경하면서 소방시설 외에 화재예방 및 피해저감을 위하여 필요한 사항을 함께 규정하게 되었다.

03 "소방시설"이란 소화설비, 경보설비, 피난구조설비, 소화용수설비, 그 밖에 소화활동설비로서 대통령령으로 정하는 것을 말한다.

04 ① "무창층(無窓層)"이란 지상층 중 요건을 모두 갖춘 개구부의 면적의 합계가 해당 층의 바닥 면적의 30분의 1 이하가 되는 층을 말한다.
② 개구부란 건축물에서 채광・환기・통풍 또는 출입 등을 위하여 만든 창・출입구, 그 밖에 이와 비슷한 것을 말한다.
③ 개구부의 크기는 지름 50cm 이상의 원이 내접(內接)할 수 있는 크기일 것

05 ① 방화복과 공기호흡기는 피난구조설비 중 인명구조기구이다.
③ 소화기구의 종류는 소화기, 간이소화용구, 자동확산소화기이다.
④ 피난유도선은 피난구조설비 중 유도등의 종류이다.

06 ① 의약품 판매소, 의료기기 판매소 및 자동차영업소로서 같은 건축물에 해당 용도로 쓰는 바닥면적의 합계가 1천m^2 미만인 것은 근린생활시설에 해당

② 공연장 또는 종교집회장으로서 같은 건축물에 해당 용도로 쓰는 바닥면적의 합계가 300m^2 미만인 것만 해당. 공연장으로서 근린생활시설에 해당하지 않는 것(300m^2 이상)은 문화 및 집회시설, 종교집회장으로서 근린생활시설에 해당하지 않는 것(300m^2 이상)은 종교시설

③ 체육관으로서 관람석이 없거나 관람석의 바닥면적이 1천m^2 미만인 것은 운동시설

④ 단란주점으로서 같은 건축물에 해당 용도로 쓰는 바닥면적의 합계가 150m^2 미만인 것만 해당. 단란주점으로서 근린생활시설에 해당하지 않는 것(150m^2 이상)은 위락시설

07 소방시설법 제2조의3

- 제4항 : 소방청장은 기본계획을 시행하기 위하여 매년 시행계획을 수립·시행하여야 한다.
- 제5항 : 소방청장은 수립된 기본계획 및 시행계획을 관계 중앙행정기관의 장, 특별시장·광역시장·특별자치시장·도지사·특별자치도지사(이하 이 조에서 "시·도지사"라 한다)에게 통보한다.
- 제6항 : 기본계획과 시행계획을 통보받은 관계 중앙행정기관의 장 또는 시·도지사는 소관 사무의 특성을 반영한 세부 시행계획을 수립하여 시행하여야 하고, 시행결과를 소방청장에게 통보하여야 한다.

08 소방시설법 제4조 제3항

소방본부장은 소방특별조사의 대상을 객관적이고 공정하게 선정하기 위하여 필요하면 소방특별조사위원회를 구성하여 소방특별조사의 대상을 선정할 수 있다(필요시 위원회 구성).

09 소방시설법 시행령 제12조 제1항 제4호

지하층 또는 무창층이 있는 건축물로서 바닥면적이 150m^2(공연장의 경우에는 100m^2) 이상인 층이 있는 것

10 ① 건축물 등의 "건축허가등"의 동의요구는 권한이 있는 행정기관이 건축물 등의 시공지(施工地) 또는 소재지를 관할하는 소방본부장 또는 소방서장에게 하여야 한다.

② 동의요구를 받은 담당공무원은 특별한 사정이 없는 한 「전자정부법」 제36조 제1항에 따른 행정정보의 공동 이용을 통하여 건축허가서를 확인함으로써 첨부서류의 제출에 갈음하여야 한다.

③ 동의요구를 받은 소방본부장 또는 소방서장은 법 제7조 제3항에 따라 건축허가등의 동의요구 서류를 접수한 날부터 5일[허가를 신청한 건축물 등이 영 제22조 제1항 제1호 각 목의 어느 하나에 해당하는 경우(특급 소방대상물)에는 10일] 이내에 건축허가등의 동의여부를 회신

※ ③번 지문은 문제 전체 지문에 따라 맞을 수도 틀릴 수도 있다. ④번 지문이 명백히 정답이기 때문에 상대적으로 ③번 지문은 틀리게 된다. ③번 지문 외에 다른 지문이 모두 틀리다면 정답이 될 수 있다. 승진시험에서는 이런 문제가 종종 출제된다.

11 주택에 설치하는 소방시설-소방시설법 제8조

① 설치대상 : 건축법상 단독주택, 공동주택(아파트 및 기숙사는 제외)

※ 기존 소방시설법상 특정소방대상물에 해당되는 아파트 및 기숙사뿐만 아니라 주택에서의 화재로 인한 인명피해를 방지하기 위하여 건축법상 주택에 소화기구 및 단독경보형감지기 설치 의무화

- 설치의무자 : 주택 소유자
- 소방시설 : 소화기 및 단독경보형감지기(시행령 제13조)
- 주택용 소방시설의 설치기준 및 자율적인 안전관리에 관한 사항은 특별시・광역시・특별자치시・도 또는 특별자치도의 조례로 정한다.

12 수용인원의 산정 방법-소방시설법 시행령 별표 4

바닥면적을 산정할 때에는 복도(「건축법 시행령」 제2조 제11호에 따른 준불연재료 이상의 것을 사용하여 바닥에서 천장까지 벽으로 구획한 것을 말한다), 계단 및 화장실의 바닥면적을 포함하지 않는다.

13 소방시설의 종류-소방시설법 시행령 별표 5

단독경보형 감지기를 설치하여야 하는 특정소방대상물은 다음의 어느 하나와 같다.

1. 연면적 1천m^2 미만의 아파트등
2. 연면적 1천m^2 미만의 기숙사
3. 교육연구시설 또는 수련시설 내에 있는 합숙소 또는 기숙사로서 연면적 2천m^2 미만인 것
4. 연면적 600m^2 미만의 숙박시설
5. 라목 7)에 해당하지 않는 수련시설(숙박시설이 있는 것만 해당한다)
6. 연면적 400m^2 미만의 유치원

14 소방시설의 종류-소방시설법 시행령 별표 5

자동화재속보설비를 설치하여야 하는 특정소방대상물은 다음의 어느 하나와 같다.

1. 업무시설, 공장, 창고시설, 교정 및 군사시설 중 국방・군사시설, 발전시설(사람이 근무하지 않는 시간에는 무인경비시스템으로 관리하는 시설만 해당한다)로서 바닥면적이 1천5백m^2 이상인 층이 있는 것. 다만, 사람이 24시간 상시 근무하고 있는 경우에는 자동화재속보설비를 설치하지 않을 수 있다.
2. 노유자 생활시설
3. 2에 해당하지 않는 노유자 시설로서 바닥면적이 500m^2 이상인 층이 있는 것. 다만, 사람이 24시간 상시 근무하고 있는 경우에는 자동화재속보설비를 설치하지 않을 수 있다.
4. 수련시설(숙박시설이 있는 건축물만 해당한다)로서 바닥면적이 500m^2 이상인 층이 있는 것. 다만, 사람이 24시간 상시 근무하고 있는 경우에는 자동화재속보설비를 설치하지 않을 수 있다.
5. 「문화재보호법」 제23조에 따라 보물 또는 국보로 지정된 목조건축물. 다만, 사람이 24시간 상시 근무하고 있는 경우에는 자동화재속보설비를 설치하지 않을 수 있다.
6. 근린생활시설 중 다음의 어느 하나에 해당하는 시설
   ㉠ 의원, 치과의원 및 한의원으로서 입원실이 있는 시설
   ㉡ 조산원 및 산후조리원
7. 의료시설 중 다음의 어느 하나에 해당하는 것
   가. 종합병원, 병원, 치과병원, 한방병원 및 요양병원(정신병원과 의료재활시설은 제외한다)
   나. 정신병원 및 의료재활시설로 사용되는 바닥면적의 합계가 500m^2 이상인 층이 있는 것

8. 판매시설 중 전통시장
9. 1에 해당하지 않는 발전시설 중 전기저장시설
10. 1부터 9까지에 해당하지 않는 특정소방대상물 중 층수가 30층 이상인 것

15 시행령 제15조의2 제2항

"대통령령으로 정하는 소방시설"이란 소방시설 중 옥내소화전설비, 스프링클러설비, 물분무등소화설비를 말한다.

16 성능위주설계를 하여야 하는 특정소방대상물의 범위에 아파트등 포함

50층 이상(지하층은 제외한다)이거나 지상으로부터 높이가 200미터 이상인 아파트등

17 특정소방대상물의 공사 현장에 설치하는 임시소방시설의 유지·관리 등–소방시설법 제10조의2 제1항

① 특정소방대상물의 건축·대수선·용도변경 또는 설치 등을 위한 공사를 시공하는 자(이하 이 조에서 "시공자"라 한다)는 공사 현장에서 인화성(引火性) 물품을 취급하는 작업 등 대통령령으로 정하는 작업(이하 이 조에서 "화재위험작업"이라 한다)을 하기 전에 설치 및 철거가 쉬운 화재대비시설 (이하 이 조에서 "임시소방시설"이라 한다)을 설치하고 유지·관리하여야 한다.

18 시행령 제17조 제1항

법 제11조 제3항에 따라 소방본부장 또는 소방서장은 특정소방대상물이 증축되는 경우에는 기존 부분을 포함한 특정소방대상물의 전체에 대하여 증축 당시의 소방시설의 설치에 관한 대통령령 또는 화재안전기준을 적용하여야 한다.

19

소방시설에 하자가 있는지의 판단에 관한 사항은 지방소방기술위원회의 심의사항이고, 중앙소방기술심의위원회의 심의사항은 소방시설공사의 하자를 판단하는 기준에 관한 사항이다.

20 소방시설법 제20조 제6항

특정소방대상물(소방안전관리대상물은 제외한다)의 관계인과 소방안전관리대상물의 소방안전관리자의 업무는 다음 각 호와 같다. 다만, 제1호·제2호 및 제4호의 업무는 소방안전관리 대상물의 경우에만 해당한다(제3호, 제5호, 제6호, 제7호는 관계인의 업무도 해당됨).

1. 제21조의2에 따른 피난계획에 관한 사항과 대통령령으로 정하는 사항이 포함된 소방계획서의 작성 및 시행
2. 자위소방대(自衛消防隊) 및 초기대응체계의 구성·운영·교육
3. 제10조에 따른 피난시설, 방화구획 및 방화시설의 유지·관리
4. 제22조에 따른 소방훈련 및 교육
5. 소방시설이나 그 밖의 소방 관련 시설의 유지·관리
6. 화기(火氣) 취급의 감독
7. 그 밖에 소방안전관리에 필요한 업무

※ 관계인과 소방안전관리자의 업무를 구분해야 한다.

CHAPTER 02 정답 및 해설 소방시설법

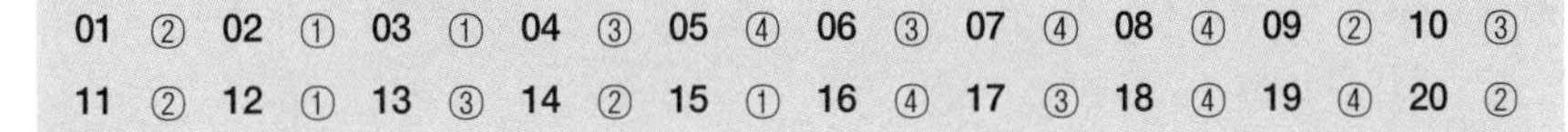

2회_정답 및 해설

01	②	02	①	03	①	04	③	05	④	06	③	07	④	08	④	09	②	10	③
11	②	12	①	13	③	14	②	15	①	16	④	17	③	18	④	19	④	20	②

01 "무창층(無窓層)"이란 지상층 중 다음 각 목의 요건을 모두 갖춘 개구부의 면적의 합계가 해당 층의 바닥면적의 30분의 1 이하가 되는 층을 말한다.

가. 크기는 지름 50센티미터 이상의 원이 내접(內接)할 수 있는 크기일 것
나. 해당 층의 바닥면으로부터 개구부 밑부분까지의 높이가 1.2미터 이내일 것
다. 도로 또는 차량이 진입할 수 있는 빈터를 향할 것
라. 화재 시 건축물로부터 쉽게 피난할 수 있도록 창살이나 그 밖의 장애물이 설치되지 아니할 것
마. 내부 또는 외부에서 쉽게 부수거나 열 수 있을 것

02 특정소방대상물-소방시설법 시행령 별표 2

② 연결통로 또는 지하구와 소방대상물의 양쪽에 화재 시 자동으로 방수되는 방식의 드렌처 설비 또는 개방형 스프링클러헤드가 설치된 경우 각각 별개의 소방대상물로 본다.
③ 둘 이상의 특정소방대상물이 내화구조가 아닌 연결통로로 연결된 경우에는 이를 하나의 소방대상물로 본다.
④ 시행령 별표 2 제1호부터 제30호까지의 특정소방대상물의 지하층이 지하가와 연결되어 있는 경우 해당 지하층의 부분을 지하가로 본다. 다만, 다음 지하가와 연결되는 지하층에 지하층 또는 지하가에 설치된 방화문이 자동폐쇄장치・자동화재탐지설비 또는 자동소화설비와 연동하여 닫히는 구조이거나 그 윗부분에 드렌처설비가 설치된 경우에는 지하가로 보지 않는다.

03 소방시설법 시행령 제12조 제1항 제6호

제1호에 해당하지 않는 노유자시설 중 다음 각 목의 어느 하나에 해당하는 시설. 다만, 가목 2) 및 나목부터 바목까지의 시설 중 「건축법 시행령」 별표 1의 단독주택 또는 공동주택에 설치되는 시설은 제외한다.

가. 별표 2 제9호 가목에 따른 노인 관련 시설 중 다음의 어느 하나에 해당하는 시설
  1) 「노인복지법」 제31조 제1호・제2호 및 제4호에 따른 노인주거복지시설・노인의료복지시설 및 재가노인복지시설
  2) 「노인복지법」 제31조 제7호에 따른 학대피해노인 전용쉼터
나. 「아동복지법」 제52조에 따른 아동복지시설(아동상담소, 아동전용시설 및 지역아동센터는 제외한다)
다. 「장애인복지법」 제58조 제1항 제1호에 따른 장애인 거주시설
라. 정신질환자 관련 시설(「정신건강증진 및 정신질환자 복지서비스 지원에 관한 법률」 제27조 제1항 제2호에 따른 공동생활가정을 제외한 재활훈련시설과 같은 법 시행령 제16조 제3호에 따른 종합시설 중 24시간 주거를 제공하지 아니하는 시설은 제외한다)

마. 별표 2 제9호 마목에 따른 노숙인 관련 시설 중 노숙인자활시설, 노숙인재활시설 및 노숙인요양시설
바. 결핵환자나 한센인이 24시간 생활하는 노유자시설

04 ① 지붕 또는 외벽이 불연재료가 아니거나 내화구조가 아닌 창고시설(물류터미널에 한정한다)로서 바닥면적의 합계가 2천5백m^2 이상이거나 수용인원이 250명 이상인 것
② 종교시설로서 주요구조부가 목조인 것은 제외
④ 숙박이 가능한 수련시설로서 해당하는 용도로 사용되는 시설의 바닥면적의 합계가 600m^2 이상인 것은 모든 층

05 연소 우려가 있는 건축물의 구조-시행규칙 제7조
영 별표 5 제1호 사목 1) 후단에서 "행정안전부령으로 정하는 연소(延燒) 우려가 있는 구조"란 다음 각 호의 기준에 모두 해당하는 구조를 말한다.
1. 건축물대장의 건축물 현황도에 표시된 대지경계선 안에 둘 이상의 건축물이 있는 경우
2. 각각의 건축물이 다른 건축물의 외벽으로부터 수평거리가 1층의 경우에는 6미터 이하, 2층 이상의 층의 경우에는 10미터 이하인 경우
3. 개구부(영 제2조 제1호에 따른 개구부를 말한다)가 다른 건축물을 향하여 설치되어 있는 경우

06 간이소화장치의 설치기준
• 연면적 3천m^2 이상
• 지하층, 무창층 또는 4층 이상의 층. 이 경우 해당 층의 바닥면적이 600m^2 이상인 경우만 해당한다.

07 국가는 화재안전정책에 관한 기본계획을 5년마다 수립・시행하여야 하며, 소방청장은 매년 기본계획을 시행하기 위한 시행계획을 수립하여야 한다.

08 소방청장, 소방본부장 또는 소방서장은 소방특별조사를 하려면 7일 전에 관계인에게 조사대상, 조사기간 및 조사사유 등을 서면으로 알려야 한다.

09 특정소방대상물별로 설치하여야 하는 소방시설의 정비 등-소방시설법 제9조의4 제2항
소방청장은 건축 환경 및 화재위험특성 변화사항을 효과적으로 반영할 수 있도록 소방시설 규정을 3년에 1회 이상 정비하여야 한다.

10 소방시설기준 적용의 특례-법 제11조

소방본부장이나 소방서장은 대통령령 또는 화재안전기준이 변경되어 그 기준이 강화되는 경우 기존의 특정소방대상물(건축물의 신축 · 개축 · 재축 · 이전 및 대수선 중인 특정소방대상물을 포함)의 소방 시설에 대하여는 변경 전의 대통령령 또는 화재안전기준을 적용한다. 다만, 다음 각 호의 어느 하나에 해당하는 소방시설의 경우에는 대통령령 또는 화재안전기준의 변경으로 강화된 기준을 적용한다(변경되기 전으로 적용하는 것이 원칙이나 강화된 기준을 적용하는 예외대상 규정).

- 다음 소방시설 중 대통령령령으로 정하는 것(암기 : 소비자속피구)

(대통령령으로 정하는 것 : 특정소방대상물의 규모 · 용도 및 수용인원 등-시행령 별표 5)

가. 소화기구

나. 비상경보설비

다. 자동화재속보설비

라. 피난구조설비

11 소방시설의 설치 면제의 기준-시행령 별표 6

물분무등소화설비를 설치하여야 하는 차고 · 주차장에 스프링클러설비를 화재안전기준에 적합하게 설치한 경우에는 그 설비의 유효범위에서 설치가 면제된다.

12 방염성능기준 이상의 실내장식물 등을 설치해야 하는 특정소방대상물-시행령 제19조

1. 근린생활시설 중 의원, 조산원, 산후조리원, 체력단련장, 공연장 및 종교집회장
2. 건축물의 옥내에 있는 시설로서 다음 각 목의 시설
   가. 문화 및 집회시설
   나. 종교시설
   다. 운동시설(수영장은 제외한다)
3. 의료시설
4. 교육연구시설 중 합숙소
5. 노유자시설
6. 숙박이 가능한 수련시설
7. 숙박시설
8. 방송통신시설 중 방송국 및 촬영소
9. 다중이용업소
10. 제1호부터 제9호까지의 시설에 해당하지 않는 것으로서 층수가 11층 이상인 것(아파트는 제외한다)

※ 암기 : (근린)의체종연 (옥내)문종운 의숙다방 숙수 노 11층 합숙

13 소방기술심의위원회-법 제11조의2, 소방기술심의위원회의 심의사항-시행령 제18조의2, 소방기술심의위원회의 구성 등-시행령 제18조의3, 위원의 임명·위촉-시행령 제18조의4

① 중앙위원회의 회의는 위원장과 위원장이 회의마다 지정하는 6명 이상 12명 이하의 위원으로 구성하고, 중앙위원회는 분야별 소위원회를 구성·운영할 수 있다.

② 새로운 소방시설과 소방용품 등의 도입 여부에 관한 사항은 중앙위원회의 심의사항이다.

④ 석사 이상의 소방 관련 학위를 소지한 사람과 소방 관련 법인·단체에서 소방 관련 업무에 5년 이상 종사한 사람은 중앙위원회의와 지방위원회 위원으로 위촉할 수 있다.

> ※ 중앙위원회의 위원은 과장급 직위 이상의 소방공무원과 다음 각 호의 어느 하나에 해당하는 사람 중에서 소방청장이 임명하거나 성별을 고려하여 위촉한다.
> 1. 소방기술사
> 2. 석사 이상의 소방 관련 학위를 소지한 사람
> 3. 소방시설관리사
> 4. 소방 관련 법인·단체에서 소방 관련 업무에 5년 이상 종사한 사람
> 5. 소방공무원 교육기관, 대학교 또는 연구소에서 소방과 관련된 교육이나 연구에 5년 이상 종사한 사람
>
> ※ 지방위원회의 위원은 해당 시·도 소속 소방공무원과 제1항 각 호의 어느 하나에 해당하는 사람 중에서 시·도지사가 임명하거나 성별을 고려하여 위촉한다.

14 건축허가등의 동의 등-법 제7조 제1항, 제7항

- 건축물 등의 신축·증축·개축·재축(再築)·이전·용도변경 또는 대수선(大修繕)의 허가·협의 및 사용승인의 권한이 있는 행정기관은 건축허가등을 할 때 미리 그 건축물 등의 시공지(施工地) 또는 소재지를 관할하는 소방본부장이나 소방서장의 동의를 받아야 한다.
- 인허가등의 시설기준에 소방시설등의 설치·유지 등에 관한 사항이 포함되어 있는 경우 해당 인허가등의 권한이 있는 행정기관은 인허가등을 할 때 미리 그 시설의 소재지를 관할하는 소방본부장이나 소방서장에게 그 시설이 이 법 또는 이 법에 따른 명령을 따르고 있는지를 확인하여 줄 것을 요청할 수 있다.

15 방염대상물품 및 방염성능기준-시행령 제20조

합판·목재류의 경우에는 설치 현장에서 방염처리를 한 것을 포함한다.

16 법 제20조, 시행규칙 제14조

소방안전관리 대상물의 출입자가 쉽게 알 수 있도록 소방안전관리자의 성명과 그 밖에 행정안전부령으로 정하는 사항을 게시하여야 한다.

> 소방안전관리자의 선임신고 등-시행규칙 제14조 제8항
> 법 제20조 제4항에서 "행정안전부령으로 정하는 사항"이란 다음 각 호의 사항을 말한다.
> 1. 소방안전관리대상물의 명칭
> 2. 소방안전관리자의 선임일자
> 3. 소방안전관리대상물의 등급
> 4. 소방안전관리자의 연락처

17 자위소방대 및 초기대응체계의 구성, 운영 및 교육 등–시행규칙 제14조의3

③ 소방안전관리대상물의 소방안전관리자는 연 1회 이상 자위소방대(초기대응체계를 포함한다)를 소집하여 그 편성 상태를 점검하고, 소방교육을 실시하여야 한다. 이 경우 초기대응체계에 편성된 근무자 등에 대하여는 화재 발생 초기대응에 필요한 기본 요령을 숙지할 수 있도록 소방교육을 실시하여야 한다.

① 소방안전관리대상물의 소방안전관리자는 자위소방대에 포함하여 편성하되, 화재 발생 시 초기에 신속하게 대처할 수 있도록 해당 소방안전관리대상물에 근무하는 사람의 근무위치, 근무인원 등을 고려하여 편성하여야 한다.

② 소방안전관리대상물의 소방안전관리자는 해당 특정소방대상물이 이용되고 있는 동안 초기대응체계를 상시적으로 운영하여야 한다.

※ 소방안전관리대상물의 소방안전관리자는 소방교육을 소방훈련과 병행하여 실시할 수 있다.

④ 소방안전관리대상물의 소방안전관리자는 제4항에 따른 소방교육을 실시하였을 때에는 그 실시 결과를 별지 제19호의5 서식의 자위소방대 및 초기대응체계 소방교육 실시 결과 기록부에 기록하고, 이를 2년간 보관하여야 한다.

18 소방안전관리자 및 소방안전관리보조자의 선임대상자–시행령 제23조

소방안전관리학과를 전공하고 졸업한 사람으로서 해당 학과를 졸업한 후 2년 이상 1급 소방안전관리대상물의 소방안전관리자로 근무한 실무경력이 있는 사람이 소방청장이 실시하는 특급 소방안전관리대상물의 소방안전관리에 관한 시험에 합격해야 선임 가능

※ 선임 가능한 자격과 시험응시 자격을 구분해야 한다.

19 법 제20조의2, 시행령 제24조의3

소방청장은 소방안전 특별관리기본계획을 5년마다 수립・시행하여야 하고, 계획 시행 전년도 10월 31일까지 수립하여 시・도에 통보한다.

20 시행령 제37조 형식승인대상 소방용품(상업용 주방자동소화장치는 제외)

CHAPTER 03 정답 및 해설 소방시설법

3회_정답 및 해설

01	②	02	④	03	④	04	③	05	①	06	③	07	②	08	①	09	④	10	②
11	②	12	③	13	②	14	④	15	①	16	③	17	③	18	④	19	①	20	①

01 권한의 위임 · 위탁 등–법 제45조

소방청장은 제41조에 따른 소방안전관리자 등에 대한 교육 업무를 「소방기본법」 제40조에 따른 한국소방안전원(이하 "안전원"이라 한다)에 위탁할 수 있다.

02 조치명령 등의 연기 신청 등–시행규칙 제44조의2

1. 법 제47조의2 제1항에 따른 조치명령 · 선임명령 또는 이행명령(이하 "조치명령 등"이라 한다)의 연기를 신청하려는 관계인 등은 영 제38조의2 제2항에 따라 조치명령 등의 이행기간 만료 5일 전까지 별지 제43호 서식에 따른 조치명령 등의 연기신청서에 조치명령 등을 이행할 수 없음을 증명할 수 있는 서류를 첨부하여 소방청장, 소방본부장 또는 소방서장에게 제출하여야 한다.
2. 제1항에 따른 신청서를 제출받은 소방청장, 소방본부장 또는 소방서장은 신청받은 날부터 3일 이내에 조치명령 등의 연기 여부를 결정하여 별지 제44호 서식의 조치명령 등의 연기 통지서를 관계인 등에게 통지하여야 한다.

03 건축허가 등의 동의기간

- 건축허가 등의 동의요구서류를 접수한 날부터 5일 이내
- 건축허가 신청한 건축물이 특급 소방안전관리대상물인 경우 : 10일

04 법 제43조 전문기관의 지정취소 등, 제44조 청문, 제46조 감독, 법 제7조 건축허가등의 동의 등

소방청장은 전문기관이 거짓이나 그 밖의 부정한 방법으로 지정을 받은 경우 그 지정을 취소하여야 한다.

05 과태료의 부과기준–시행령 별표 10

- ①번 : 200만원
- ②, ③, ④번 : 100만원

06 소방안전관리자 및 소방안전관리보조자의 실무교육 등-시행규칙 제36조 제3항

소방안전관리보조자는 그 선임된 날부터 6개월(영 제23조 제5항 제4호에 따라 소방안전관리보조자로 지정된 사람의 경우 3개월을 말한다) 이내에 법 제41조에 따른 실무교육을 받아야 하며, 그 후에는 2년마다(최초 실무교육을 받은 날을 기준일로 하여 매 2년이 되는 해의 기준일과 같은 날 전까지를 말한다) 1회 이상 실무교육을 받아야 한다. 다만, 소방안전관리자 강습교육 또는 실무 교육이나 소방안전관리보조자 실무교육을 받은 후 1년 이내에 소방안전관리보조자로 선임된 사람은 해당 강습교육 또는 실무교육을 받은 날에 실무교육을 받은 것으로 본다.

07 법 제36조, 제37조, 제38조

① 대통령령으로 정하는 소방용품을 제조하거나 수입하려는 자는 소방청장의 형식승인을 받아야 한다. 다만, 연구개발 목적으로 제조하거나 수입하는 소방용품은 그러하지 아니하다.

③ 형식승인을 받은 자는 그 소방용품에 대하여 소방청장이 실시하는 제품검사를 받아야 한다.

④ 변경승인을 받지 아니하면 형식승인을 취소하여야 한다.

08 내진설계를 하여야 하는 소방시설 : 옥내소화전설비, 스프링클러설비, 물분무 등 소화설비

09 법 제49조, 제50조

업무를 수행하면서 알게 된 비밀을 이 법에서 정한 목적 외의 용도로 사용하거나 다른 사람 또는 기관에 제공하거나 누설한 사람 : 300만원 이하의 벌금

10 공동 소방안전관리-법 제21조

1. 고층 건축물(지하층을 제외한 층수가 11층 이상인 건축물만 해당한다)
2. 지하가(지하의 인공구조물 안에 설치된 상점 및 사무실, 그 밖에 이와 비슷한 시설이 연속하여 지하도에 접하여 설치된 것과 그 지하도를 합한 것을 말한다)
3. 그 밖에 대통령령으로 정하는 특정소방대상물

공동 소방안전관리자 선임대상-시행령 제25조

특정소방대상물 법 제21조 제3호에서 "대통령령으로 정하는 특정소방대상물"이란 다음 각 호의 어느 하나에 해당하는 특정소방대상물을 말한다.

1. 별표 2에 따른 복합건축물로서 연면적이 5천m^2 이상인 것 또는 층수가 5층 이상인 것
2. 별표 2에 따른 판매시설 중 도매시장, 소매시장 및 전통시장
3. 제22조 제1항에 따른 특정소방대상물 중 소방본부장 또는 소방서장이 지정하는 것

11 시행규칙 별표 1

소방시설완공검사증명서를 받은 후 1년이 경과한 후에 사용승인을 받은 경우에는 사용승인을 받은 그 해부터 실시한다. 다만, 그 해의 작동기능점검은 건축물의 사용 승인일이 속하는 달의 말일까지 실시한다는 규정에도 불구하고 사용승인일부터 3개월 이내에 실시할 수 있다.

12 피난계획의 수립 · 시행–시행규칙 제14조의4

피난계획에는 다음의 사항이 포함되어야 한다.

가. 화재경보의 수단 및 방식

나. 층별, 구역별 피난대상 인원의 현황

다. 장애인, 노인, 임산부, 영유아 및 어린이 등 이동이 어려운 사람(이하 "재해약자"라 한다)의 현황

라. 각 거실에서 옥외(옥상 또는 피난안전구역을 포함한다)로 이르는 피난경로

마. 재해약자 및 재해약자를 동반한 사람의 피난동선과 피난방법

바. 피난시설, 방화구획, 그 밖에 피난에 영향을 줄 수 있는 제반 사항

13 1급 소방안전관리대상물–시행령 제22조 제1항 제2호

가. 30층 이상(지하층은 제외한다)이거나 지상으로부터 높이가 120m 이상인 아파트

나. 연면적 1만5천m^2 이상인 특정소방대상물(아파트는 제외한다)

다. 나목에 해당하지 아니하는 특정소방대상물로서 층수가 11층 이상인 특정소방대상물(아파트는 제외한다)

라. 가연성 가스를 1천톤 이상 저장 · 취급하는 시설

※ 1급 암기 : 아파트 지제 312, 아파트 제외 연만5 나머지 11층, 가스천

14 위원의 제척 · 기피 · 회피–시행령 제18조의6, 위원의 해임 및 해촉–시행령 제18조의7

④ 스스로 해당 안건의 심의 · 의결에서 회피하지 아니한 경우 소방청장 또는 시 · 도지사는 해당 위원을 해임하거나 해촉(解囑)할 수 있다.

① 위원이 해당 안건의 당사자와 친족인 경우 위원회의 심의 · 의결에서 제척(除斥)된다.

② 기피신청의 대상인 위원은 그 의결에 참여하지 못한다.

③ 제척(除斥)사유에 해당한다.

15 특정소방대상물의 증축 또는 용도변경 시의 소방시설기준 적용의 특례–시행령 제17조 제1항

법 제11조 제3항에 따라 소방본부장 또는 소방서장은 특정소방대상물이 증축되는 경우에는 기존 부분을 포함한 특정소방대상물의 전체에 대하여 증축 당시의 소방시설의 설치에 관한 대통령령 또는 화재안전기준을 적용해야 한다. 다만, 다음 각 호의 어느 하나에 해당하는 경우에는 기존 부분에 대해서는 증축 당시의 소방시설의 설치에 관한 대통령령 또는 화재안전기준을 적용하지 않는다(증축은 기존 부분 포함 대상물 전체가 원칙).

1. 기존 부분과 증축 부분이 내화구조(耐火構造)로 된 바닥과 벽으로 구획된 경우
2. 기존 부분과 증축 부분이 「건축법 시행령」 제46조 제1항 제2호에 따른 방화문 또는 자동방화셔터로 구획되어 있는 경우
3. 자동차 생산공장 등 화재 위험이 낮은 특정소방대상물 내부에 연면적 33m^2 이하의 직원 휴게실을 증축하는 경우
4. 자동차 생산공장 등 화재 위험이 낮은 특정소방대상물에 캐노피(기둥으로 받치거나 매달아 놓은 덮개를 말하며, 3면 이상에 벽이 없는 구조의 것을 말한다)를 설치하는 경우

※ 「건축법 시행령」 제46조 제1항 제2호에 대한 보충설명
- 기존 소방시설법 시행령 제17조 제1항 제2호 : '기존 부분과 증축 부분이 「건축법 시행령」 제64조에 따른 갑종 방화문(국토교통부장관이 정하는 기준에 적합한 자동방화셔터를 포함한다)으로 구획되어 있는 경우'
- 소방시설법 시행령 제17조 제1항 제2호 : 기존 부분과 증축 부분이 「건축법 시행령」 제46조 제1항 제2호에 따른 방화문 또는 자동방화셔터로 구획되어 있는 경우
- 건축법 시행령 제46조 제1항 제2호 : 건축법 시행령 제64조 제1항 제1호 · 제2호에 따른 방화문 또는 자동방화 셔터(국토교통부령으로 정하는 기준에 적합한 것을 말한다)
- 건축법 시행령 제64조(방화문의 구분)
  방화문은 다음 각 호와 같이 구분한다.
  1. 60분+ 방화문 : 연기 및 불꽃을 차단할 수 있는 시간이 60분 이상이고, 열을 차단할 수 있는 시간이 30분 이상인 방화문
  2. 60분 방화문 : 연기 및 불꽃을 차단할 수 있는 시간이 60분 이상인 방화문
  3. 30분 방화문 : 연기 및 불꽃을 차단할 수 있는 시간이 30분 이상 60분 미만인 방화문
  〈기존 소방시설법 증축 특례 시 갑종방화문 → 건축법 시행령 제64조 제1항 제1호, 제2호로 바뀜〉

16 강화된 소방시설기준의 적용대상–시행령 제15조의6
- 노유자(老幼者)시설 : 간이스프링클러설비, 자동화재탐지설비 및 단독경보형 감지기
- 의료시설 : 스프링클러설비, 간이스프링클러설비, 자동화재탐지설비 및 자동화재속보설비

※ 암기 : 노간자단, 의스간자자속

17 임시소방시설의 종류 및 설치기준 등–시행령 제15조의5 제1항
법 제10조의2 제1항에서 "인화성(引火性) 물품을 취급하는 작업 등 대통령령으로 정하는 작업"(화재위험작업)이란 다음 각 호의 어느 하나에 해당하는 작업을 말한다.
1. 인화성 · 가연성 · 폭발성 물질을 취급하거나 가연성 가스를 발생시키는 작업
2. 용접 · 용단 등 불꽃을 발생시키거나 화기(火氣)를 취급하는 작업
3. 전열기구, 가열전선 등 열을 발생시키는 기구를 취급하는 작업
4. 소방청장이 정하여 고시하는 폭발성 부유분진을 발생시킬 수 있는 작업
5. 그 밖에 제1호부터 제4호까지와 비슷한 작업으로 소방청장이 정하여 고시하는 작업

18 자동화재탐지설비를 설치하여야 하는 특정소방대상물–시행령 별표 5
정신의료기관 또는 의료재활시설로 사용되는 바닥면적의 합계가 300m^2 미만이고, 창살(철재 · 플라스틱 또는 목재 등으로 사람의 탈출 등을 막기 위하여 설치한 것을 말하며, 화재 시 자동으로 열리는 구조로 되어 있는 창살은 제외한다)이 설치된 시설

19 내용연수 설정 대상 소방용품–시행령 제15조의4
분말형태의 소화약제를 사용하는 소화기 : 10년

20 ①번은 중앙소방기술심의위원회의 심의사항이다.

CHAPTER 04 정답 및 해설 소방시설법

4회_정답 및 해설

01	③	02	①	03	④	04	③	05	④	06	③	07	②	08	②	09	④	10	③
11	④	12	②	13	④	14	③	15	①	16	②	17	③	18	②	19	③	20	②

01 법 제2조, 시행령 제5조
특정소방대상물이란 소방시설을 설치하여야 하는 소방대상물로서 대통령령으로 정하는 것
※ 소방안전관리자를 선임하여야 하는 특정소방대상물 : 소방안전관리대상물

02 소방시설-시행령 별표 1
피난구조설비 : 화재가 발생할 경우 피난하기 위하여 사용하는 기구 또는 설비로서 다음 각 목의 것
1. 피난기구
   가. 피난사다리
   나. 구조대
   다. 완강기
   라. 그 밖에 법 제9조 제1항에 따라 소방청장이 정하여 고시하는 화재안전기준(이하 "화재안전기준"이라 한다)으로 정하는 것
2. 인명구조기구
   가. 방열복, 방화복(안전모, 보호장갑 및 안전화를 포함한다)
   나. 공기호흡기
   다. 인공소생기
3. 유도등
   가. 피난유도선
   나. 피난구유도등
   다. 통로유도등
   라. 객석유도등
   마. 유도표지
4. 비상조명등 및 휴대용비상조명등

03 특정소방대상물-시행령 별표 2
① 침술원, 조산원 - 근린생활시설
② 동물원 - 문화 및 집회시설
③ 운전학원, 정비학원 - 항공기 및 자동차 관련 시설

04 시행규칙 별표 1

소방본부장 또는 소방서장은 소방청장이 소방안전관리가 우수하다고 인정한 특정소방대상물에 대해서는 3년의 범위에서 소방청장이 고시하거나 정한 기간 동안 종합정밀점검을 면제할 수 있다. 다만, 면제기간 중 화재가 발생한 경우는 제외한다.

05 방염대상물품 및 방염성능기준-시행령 제20조

1. 버너의 불꽃을 제거한 때부터 불꽃을 올리며 연소하는 상태가 그칠 때까지 시간은 20초 이내일 것
2. 버너의 불꽃을 제거한 때부터 불꽃을 올리지 아니하고 연소하는 상태가 그칠 때까지 시간은 30초 이내일 것
3. 탄화(炭化)한 면적은 50cm^2 이내, 탄화한 길이는 20cm 이내일 것
4. 불꽃에 의하여 완전히 녹을 때까지 불꽃의 접촉 횟수는 3회 이상일 것
5. 소방청장이 정하여 고시한 방법으로 발연량(發煙量)을 측정하는 경우 최대연기밀도는 400 이하일 것

06 청문-법 제44조

소방청장 또는 시·도지사는 다음 각 호의 어느 하나에 해당하는 처분을 하려면 청문을 하여야 한다.

1. 제28조에 따른 관리사 자격의 취소 및 정지
2. 제34조 제1항에 따른 관리업의 등록취소 및 영업정지
3. 제38조에 따른 소방용품의 형식승인 취소 및 제품검사 중지

3의2. 제39조의3에 따른 성능인증의 취소

4. 제40조 제5항에 따른 우수품질인증의 취소
5. 제43조에 따른 전문기관의 지정취소 및 업무정지

※ 청문 대상 암기 : 사업용품인전 취소정지(중지)

07 ②번은 중앙소방기술심의위원회의 심의사항

화재안전정책 기본계획 등의 수립·시행-법 제2조의3 제3항

기본계획에 포함되어야 할 사항

- 화재안전정책의 기본목표 및 추진방향
- 화재안전을 위한 법령·제도의 마련 등 기반 조성에 관한 사항
- 화재예방을 위한 대국민 홍보·교육에 관한 사항
- 화재안전 관련 기술의 개발·보급에 관한 사항
- 화재안전분야 전문인력의 육성·지원 및 관리에 관한 사항
- 화재안전분야 국제경쟁력 향상에 관한 사항
- 그 밖에 대통령령으로 정하는 화재안전 개선에 필요한 사항

기본계획의 내용(화재안전 개선에 필요한 사항)-시행령 제6조의3

- 화재현황, 화재발생 및 화재안전정책의 여건 변화에 관한 사항
- 소방시설의 설치·유지 및 화재안전기준의 개선에 관한 사항

08 소방안전관리자 및 소방안전관리보조자의 실무교육 등-시행규칙 제36조 제1항

안전원장은 법 제41조 제1항에 따른 소방안전관리자 및 소방안전관리보조자에 대한 실무교육의 교육대상, 교육일정 등 실무교육에 필요한 계획을 수립하여 매년 소방청장의 승인을 얻어 교육실시 30일 전까지 교육대상자에게 통보하여야 한다.

09 소방특별조사-법 제4조 제2항

소방특별조사는 다음 각 호의 어느 하나에 해당하는 경우에 실시한다.

1. 관계인이 이 법 또는 다른 법령에 따라 실시하는 소방시설등, 방화시설, 피난시설 등에 대한 자체점검 등이 불성실하거나 불완전하다고 인정되는 경우
2. 「소방기본법」 제13조에 따른 화재경계지구에 대한 소방특별조사 등 다른 법률에서 소방특별조사를 실시하도록 한 경우
3. 국가적 행사 등 주요 행사가 개최되는 장소 및 그 주변의 관계 지역에 대하여 소방안전관리 실태를 점검할 필요가 있는 경우
4. 화재가 자주 발생하였거나 발생할 우려가 뚜렷한 곳에 대한 점검이 필요한 경우
5. 재난예측정보, 기상예보 등을 분석한 결과 소방대상물에 화재, 재난・재해의 발생 위험이 높다고 판단되는 경우
6. 제1호부터 제5호까지에서 규정한 경우 외에 화재, 재난・재해, 그 밖의 긴급한 상황이 발생할 경우 인명 또는 재산 피해의 우려가 현저하다고 판단되는 경우

10 건축허가등의 동의 등-법 제7조 제7항

다른 법령에 따른 인가・허가 또는 신고 등(건축허가등과 제2항에 따른 신고는 제외하며, 이하 이 항에서 "인허가등"이라 한다)의 시설기준에 소방시설등의 설치・유지 등에 관한 사항이 포함되어 있는 경우 해당 인허가등의 권한이 있는 행정기관은 인허가등을 할 때 미리 그 시설의 소재지를 관할하는 소방본부장이나 소방서장에게 그 시설이 이 법 또는 이 법에 따른 명령을 따르고 있는지를 확인하여 줄 것을 요청할 수 있다. 이 경우 요청을 받은 소방본부장 또는 소방서장은 행정안전부령으로 정하는 기간 이내(7일)에 확인 결과를 알려야 한다.

11 소방시설관리사의 의무

자격증 대여금지, 이중취업 금지, 이 법 제46조의 규정에 따라 관할행정기관의 감독을 받을 의무, 이 법 또는 이 법에 따른 명령준수 의무

12 시행령 별표 5

지하층 또는 무창층의 바닥면적이 150m^2(공연장의 경우 100m^2) 이상인 것

13 특정소방대상물-시행령 별표 2

복합건축물

1. 하나의 건축물이 제1호부터 제27호까지의 것 중 둘 이상의 용도로 사용되는 것. 다만, 다음의 어느 하나에 해당하는 경우에는 복합건축물로 보지 않는다.
   가. 관계 법령에서 주된 용도의 부수시설로서 그 설치를 의무화하고 있는 용도 또는 시설
   나. 「주택법」 제35조 제1항 제3호 및 제4호에 따라 주택 안에 부대시설 또는 복리시설이 설치되는 특정소방대상물
   다. 건축물의 주된 용도의 기능에 필수적인 용도로서 다음의 어느 하나에 해당하는 용도
   - 건축물의 설비, 대피 또는 위생을 위한 용도, 그 밖에 이와 비슷한 용도
   - 사무, 작업, 집회, 물품저장 또는 주차를 위한 용도, 그 밖에 이와 비슷한 용도
   - 구내식당, 구내세탁소, 구내운동시설 등 종업원후생복리시설(기숙사는 제외한다) 또는 구내소각시설의 용도, 그 밖에 이와 비슷한 용도
2. 하나의 건축물이 근린생활시설, 판매시설, 업무시설, 숙박시설 또는 위락시설의 용도와 주택의 용도로 함께 사용되는 것

14 과태료의 부과기준-시행령 별표 10

1. 임시소방시설을 설치·유지·관리하지 않은 경우 : 300만원
2. 관리업자가 지위승계, 행정처분 또는 휴업·폐업의 사실을 특정소방대상물의 관계인에게 알리지 않거나 거짓으로 알린 경우 : 200만원
3. 소방안전관리자 선임 지연신고기간이 1개월 미만인 경우 : 30만원
4. 소방안전관리자 및 소방안전관리보조자가 실무 교육을 받지 않은 경우 : 50만원

15 소방안전관리자를 두어야 하는 특정소방대상물-시행령 제22조 제1항 제4호

- 3급 소방안전관리대상물 : 시행령 별표 2의 특정소방대상물 중 특급, 1급, 2급에 해당하지 아니하는 특정소방대상물로서 자동화재탐지설비를 설치하여야 하는 특정소방대상물
- 문제 해설 : 자동화재탐지설비를 설치해야 하는 특정소방대상물 중 특급, 1급, 2급 제외
  - 자동화재탐지설비를 설치해야 하는 대상물과 2급에 해당되는 스프링클러, 간이스프링클러, 옥내소화전, 물분무등소화설비 설치 대상 비교(연면적이란 바닥면적의 합계로 둘은 같은 개념이다)
- ①번 보기 숙박시설 중 생활형 숙박시설로서 해당 용도로 사용되는 바닥면적의 합계가 600m^2 이상인 것 : 간이스프링클러 설치 대상이므로 2급에 해당
- 자동화재탐지설비 설치대상 : 관광 휴게시설, 판매시설로서 연면적 1천m^2 이상인 것, 장례시설 연면적 600m^2 이상인 것
- 옥내소화전설비를 설치하여야 하는 특정소방대상물
  - 연면적 3천m^2 이상(지하가 중 터널은 제외한다)이거나 지하층·무창층(축사는 제외한다) 또는 층수가 4층 이상인 것 중 바닥면적이 600m^2 이상인 층이 있는 것은 모든 층
  - 위에 해당하지 않는 근린생활시설, 판매시설, 운수시설, 의료시설, 노유자시설, 업무시설, 숙박시설, 위락시설, 공장, 창고시설, 항공기 및 자동차 관련 시설, 교정 및 군사시설 중 국방·군사시설, 방송통신시설, 발전시설, 장례시설 또는 복합건축물로서 연면적 1천5백m^2 이상이거나 지하층·무창층 또는 층수가 4층 이상인 층 중 바닥면적이 300m^2 이상인 층이 있는 것은 모든 층
- 스프링클러를 설치하여야 하는 특정소방대상물
  - 판매시설, 운수시설 및 창고시설(물류터미널에 한정한다)로서 바닥면적의 합계가 5천m^2 이상이거나 수용인원이 500명 이상인 경우에는 모든 층
  - 층수가 6층 이상인 특정소방대상물의 경우에는 모든 층
- 보기의 대상들은 모두 지하층과 무창층 없음, 4층 이하이고, 스프링클러설비 설치 대상(6층 이상)도 해당 없음

16 근무자 및 거주자에게 소방훈련 · 교육을 실시하여야 하는 특정소방대상물-시행령 제26조
법 제22조 제1항 전단에서 "대통령령으로 정하는 특정소방대상물"이란 제22조 제1항에 따른 특정소방대상물 중 상시 근무하거나 거주하는 인원(숙박시설의 경우에는 상시 근무하는 인원을 말한다)이 10명 이하인 특정소방대상물을 제외한 것을 말한다.

17 소방안전관리자를 선임한 경우에는 선임한 날부터 14일 이내에 소방본부장이나 소방서장에게 신고하여야 한다.

18 공동 소방안전관리자-시행령 제24조의4
법 제21조 각 호 외의 부분에서 "대통령령으로 정하는 자"란 제23조 제3항 각 호의 어느 하나에 해당하는 사람을 말한다(2급 소방안전관리자 자격이 인정되는 사람).

19 시행령 별표 1
소화활동설비 : 화재를 진압하거나 인명구조활동을 위하여 사용하는 설비
가. 제연설비
나. 연결송수관설비
다. 연결살수설비
라. 비상콘센트설비
마. 무선통신보조설비
바. 연소방지설비

20 법 제45조 권한의 위임 · 위탁 등
소방청장은 제9조의4 제3항에 따른 건축 환경 및 화재위험특성 변화 추세 연구에 관한 업무를 대통령령이 정하는 바에 따라 화재안전 관련 전문 연구기관에 위탁할 수 있다. 이 경우 소방청장은 연구에 필요한 경비를 지원할 수 있다.

5회_정답 및 해설

01	④	02	④	03	①	04	③	05	②	06	④	07	③	08	②	09	②	10	④
11	④	12	②	13	③	14	④	15	③	16	④	17	①	18	④	19	①	20	③

01 운수시설-시행령 별표 2

가. 여객자동차터미널

나. 철도 및 도시철도 시설(정비창 등 관련 시설을 포함한다)

다. 공항시설(항공관제탑을 포함한다)

라. 항만시설 및 종합여객시설

02 소방시설관리업 등록의 결격사유

1. 피성년후견인
2. 「소방시설법」, 「소방기본법」, 「소방시설공사업법」 또는 「위험물안전관리법」에 따른 금고 이상의 실형을 선고받고 그 집행이 끝나거나 집행이 면제된 날부터 2년이 지나지 아니한 사람
3. 「소방시설법」, 「소방기본법」, 「소방시설공사업법」 또는 「위험물안전관리법」에 따른 금고 이상의 형의 집행유예를 선고받고 그 유예기간 중에 있는 사람
4. 제34조 제1항에 따라 관리업의 등록이 취소된 날부터 2년이 지나지 아니한 자
5. 임원 중에 제1호부터 제4호까지의 어느 하나에 해당하는 사람이 있는 법인

03 법 제22조, 시행령 제26조, 시행규칙 제15조

② 소방서장은 영 제22조 제1항 제1호 및 제2호에 따른 특급 및 1급 소방안전관리대상물의 관계인으로 하여금 소방훈련을 소방기관과 합동으로 실시하게 할 수 있다.

③ 소방훈련과 교육을 실시한 날의 다음 날부터 2년간 보관하여야 한다.

④ 영 제22조의 규정에 의한 특정소방대상물의 관계인은 법 제22조 제3항의 규정에 의한 소방훈련과 교육을 연 1회 이상 실시하여야 한다. 다만, 소방서장이 화재예방을 위하여 필요하다고 인정하여 2회의 범위 안에서 추가로 실시할 것을 요청하는 경우에는 소방훈련과 교육을 실시하여야 한다.

시행령 제26조

법 제22조 제1항 전단에서 "대통령령으로 정하는 특정소방대상물"이란 (영)제22조 제1항에 따른 특정소방대상물 중 상시 근무하거나 거주하는 인원(숙박시설의 경우에는 상시 근무하는 인원을 말한다)이 10명 이하인 특정소방대상물을 제외한 것을 말한다(10명 이하 제외이므로 11명 이상).

04 위원의 제척 · 기피 · 회피-시행령 제7조의3 제1항

위원회의 위원이 다음 각 호의 어느 하나에 해당하는 경우에는 위원회의 심의 · 의결에서 제척 (除斥)된다.

1. 위원, 그 배우자나 배우자였던 사람 또는 위원의 친족이거나 친족이었던 사람이 다음 각 목의 어느 하나에 해당하는 경우
   가. 해당 안건의 소방대상물 등(이하 이 조에서 "소방대상물등"이라 한다)의 관계인이거나 그 관계인과 공동권리자 또는 공동의무자인 경우
   나. 소방대상물등의 설계, 공사, 감리 등을 수행한 경우
   다. 소방대상물등에 대하여 제7조 각 호의 업무를 수행한 경우 등 소방대상물등과 직접적인 이해관계가 있는 경우
2. 위원이 소방대상물등에 관하여 자문, 연구, 용역(하도급을 포함한다), 감정 또는 조사를 한 경우
3. 위원이 임원 또는 직원으로 재직하고 있거나 최근 3년 내에 재직하였던 기업 등이 소방대상물등에 관하여 자문, 연구, 용역(하도급을 포함한다), 감정 또는 조사를 한 경우

※ ③번 지문은 위원의 해임 · 해촉 사유

05 법 제9조의4 제2항

소방청장은 건축 환경 및 화재위험특성 변화사항을 효과적으로 반영할 수 있도록 위에 따른 소방시설 규정을 3년에 1회 이상 정비하여야 한다.

06 정의-시행령 제2조

1. "무창층(無窓層)"이란 지상층 중 다음 각 목의 요건을 모두 갖춘 개구부(건축물에서 채광 · 환기 · 통풍 또는 출입 등을 위하여 만든 창 · 출입구, 그 밖에 이와 비슷한 것을 말한다)의 면적의 합계가 해당 층의 바닥면적(「건축법 시행령」 제119조 제1항 제3호에 따라 산정된 면적을 말한다. 이하 같다)의 30분의 1 이하가 되는 층을 말한다.
   가. 크기는 지름 50센티미터 이상의 원이 내접(內接)할 수 있는 크기일 것
   나. 해당 층의 바닥면으로부터 개구부 밑 부분까지의 높이가 1.2미터 이내일 것
   다. 도로 또는 차량이 진입할 수 있는 빈터를 향할 것
   라. 화재 시 건축물로부터 쉽게 피난할 수 있도록 창살이나 그 밖의 장애물이 설치되지 아니할 것
   마. 내부 또는 외부에서 쉽게 부수거나 열 수 있을 것

07 시행령 별표 2

- 휴게음식점, 제과점, 일반음식점, 기원(棋院), 노래연습장 및 단란주점(단란주점은 같은 건축물에 해당 용도로 쓰는 바닥면적의 합계가 150m^2 미만인 것만 해당한다)
- 공연장(극장, 영화상영관, 연예장, 음악당, 서커스장, 「영화 및 비디오물의 진흥에 관한 법률」 제2조 제16호 가목에 따른 비디오물감상실업의 시설, 같은 호 나목에 따른 비디오물소극장업의 시설, 그 밖에 이와 비슷한 것을 말한다. 이하 같다) 또는 종교집회장[교회, 성당, 사찰, 기도원, 수도원, 수녀원, 제실(祭室), 사당, 그 밖에 이와 비슷한 것을 말한다. 이하 같다]으로서 같은 건축물에 해당 용도로 쓰는 바닥면적의 합계가 300m^2 미만인 것
- 사진관, 표구점, 학원(같은 건축물에 해당 용도로 쓰는 바닥면적의 합계가 500m^2 미만인 것만 해당하며, 자동차학원 및 무도학원은 제외한다), 독서실, 고시원(「다중이용업소의 안전관리에 관한 특별법」에 따른 다중이용업 중 고시원업의 시설로서 독립된 주거의 형태를 갖추지 않은 것으로서 같은 건축물에 해당 용도로 쓰는 바닥면적의 합계가 500m^2 미만인 것을 말한다)

08 소방특별조사-법 제4조 제1항

소방청장, 소방본부장 또는 소방서장은 관할구역에 있는 소방대상물, 관계 지역 또는 관계인에 대하여 소방시설등이 이 법 또는 소방 관계 법령에 적합하게 설치·유지·관리되고 있는지, 소방대상물에 화재, 재난·재해 등의 발생 위험이 있는지 등을 확인하기 위하여 관계 공무원으로 하여금 소방안전관리에 관한 특별조사(이하 "소방특별조사"라 한다)를 하게 할 수 있다. 다만, 개인의 주거에 대하여는 관계인의 승낙이 있거나 화재발생의 우려가 뚜렷하여 긴급한 필요가 있는 때에 한정한다(승낙이 있는 경우도 가능).

09 건축허가등의 동의대상물의 범위 등-시행령 제12조

지하층 또는 무창층이 있는 건축물로서 바닥면적이 150m^2(공연장의 경우에는 100m^2) 이상인 층이 있는 것

10 과징금처분-법 제35조

시·도지사는 영업정지를 명하는 경우로서 그 영업정지가 국민에게 심한 불편을 주거나 그 밖에 공익을 해칠 우려가 있을 때에는 영업정지처분을 갈음하여 3천만원 이하의 과징금을 부과할 수 있다.

11 특정소방대상물의 용도변경 시의 소방시설기준 적용의 특례-시행령 제17조 제2항

법 제11조 제3항에 따라 소방본부장 또는 소방서장은 특정소방대상물이 용도변경되는 경우에는 용도변경되는 부분에 대해서만 용도변경 당시의 소방시설의 설치에 관한 대통령령 또는 화재안전기준을 적용한다. 다만, 다음 각 호의 어느 하나에 해당하는 경우에는 특정소방대상물 전체에 대하여 용도변경 전에 해당 특정소방대상물에 적용되던 소방시설의 설치에 관한 대통령령 또는 화재안전기준을 적용한다(용도변경은 용도변경 되는 부분에 대해서만 적용이 원칙).

1. 특정소방대상물의 구조·설비가 화재연소 확대 요인이 적어지거나 피난 또는 화재진압활동이 쉬워지도록 변경되는 경우
2. 문화 및 집회시설 중 공연장·집회장·관람장, 판매시설, 운수시설, 창고시설 중 물류터미널이 불특정 다수인이 이용하는 것이 아닌 일정한 근무자가 이용하는 용도로 변경되는 경우
3. 용도변경으로 인하여 천장·바닥·벽 등에 고정되어 있는 가연성 물질의 양이 줄어드는 경우
4. 「다중이용업소의 안전관리에 관한 특별법」 제2조 제1항 제1호에 따른 다중이용업의 영업소 (이하 "다중이용업소"라 한다), 문화 및 집회시설, 종교시설, 판매시설, 운수시설, 의료시설, 노유자시설, 수련시설, 운동시설, 숙박시설, 위락시설, 창고시설 중 물류터미널, 위험물 저장 및 처리 시설 중 가스시설, 장례식장이 각각 이 호에 규정된 시설 외의 용도로 변경되는 경우

12 시행령 별표 4

1. 숙박시설이 있는 특정소방대상물
   가. 침대가 있는 숙박시설 : 해당 특정소방물의 종사자 수에 침대 수(2인용 침대는 2개로 산정한다)를 합한 수
   나. 침대가 없는 숙박시설 : 해당 특정소방대상물의 종사자 수에 숙박시설 바닥면적의 합계를 3m^{2}로 나누어 얻은 수를 합한 수
2. 그 외의 특정소방대상물
   가. 강의실·교무실·상담실·실습실·휴게실 용도로 쓰이는 특정소방대상물 : 해당 용도로 사용하는 바닥면적의 합계를 1.9m^{2}로 나누어 얻은 수

나. 강당, 문화 및 집회시설, 운동시설, 종교시설 : 해당 용도로 사용하는 바닥면적의 합계를 4.6m^2로 나누어 얻은 수(관람석이 있는 경우 고정식 의자를 설치한 부분은 그 부분의 의자 수로 하고, 긴 의자의 경우에는 의자의 정면너비를 0.45m로 나누어 얻은 수로 한다)

다. 그 밖의 특정소방대상물 : 해당 용도로 사용하는 바닥면적의 합계를 3m^2로 나누어 얻은 수

13 법 제2조의3, 시행령 제7조의2, 시행령 제7조의6, 시행규칙 제4조

- 화재안전정책에 관한 기본계획을 5년 마다 수립・시행
- 소방특별조사위원회는 위원장 1명을 포함한 7명 이내의 위원으로 성별을 고려하여 구성
- 중앙소방특별조사단은 단장을 포함하여 21명 이내의 단원으로 성별을 고려하여 구성
- 건축허가등의 동의 요구서류를 접수한 날부터 5일(허가를 신청한 건축물 등이 영 제22조 제1항 제1호 각 목의 어느 하나에 해당하는 경우에는 10일) 이내

14 시행령 별표 5

인명구조기구를 설치하여야 하는 특정소방대상물은 다음의 어느 하나와 같다.

1. 방열복 또는 방화복(안전모, 보호장갑 및 안전화를 포함한다), 인공소생기 및 공기호흡기를 설치하여야 하는 특정소방대상물 : 지하층을 포함하는 층수가 7층 이상인 관광호텔
2. 방열복 또는 방화복(안전모, 보호장갑 및 안전화를 포함한다) 및 공기호흡기를 설치하여야 하는 특정소방대상물 : 지하층을 포함하는 층수가 5층 이상인 병원
3. 공기호흡기를 설치하여야 하는 특정소방대상물은 다음의 어느 하나와 같다.
   가. 수용인원 100명 이상인 문화 및 집회시설 중 영화상영관
   나. 판매시설 중 대규모점포
   다. 운수시설 중 지하역사
   라. 지하가 중 지하상가
   마. 제1호 바목 및 화재안전기준에 따라 이산화탄소소화설비(호스릴이산화탄소소화설비는 제외한다)를 설치하여야 하는 특정소방대상물

15 법 제10조의2, 시행령 별표 5의2

① 시공자(특정소방대상물의 건축・대수선・용도변경 또는 설치 등을 위한 공사를 시공하는 자)에게 있다.

② 임시소방시설을 설치하여야 하는 공사의 종류와 규모, 임시소방시설의 종류 등에 관하여 필요한 사항은 대통령령으로 정하고, 임시소방시설의 설치 및 유지・관리 기준은 소방청장이 정하여 고시한다.

④ 간이피난유도선을 설치한 것으로 보는 소방시설 : 피난유도선, 피난구유도등, 통로유도등 또는 비상조명등

16 소방안전관리자 및 소방안전관리보조자의 선임대상자-시행령 제23조

④ 산업안전기사 또는 산업안전산업기사의 자격을 취득한 후 2년 이상 2급 소방안전관리대상물 또는 3급 소방안전관리대상물의 소방안전관리자로 근무한 실무경력이 있는 사람

※ ①번 지문 보충설명 : 2급 소방안전관리대상물의 소방안전관리자로 선임될 수 있는 자격이 있는 사람으로서 2급 소방안전관리대상물의 소방안전관리보조자로 7년 이상 근무한 실무경력(특급 또는 1급 소방안전관리대상물의 소방안전관리보조자로 근무한 5년 미만의 실무경력이 있는 경우에는 이를 포함하여 합산한다)이 있는 사람

17 소방안전관리대상물의 소방계획서 작성 등-시행령 제24조 제1항

소방계획서에는 다음 각 호의 사항이 포함되어야 한다.

1. 소방안전관리대상물의 위치・구조・연면적・용도 및 수용인원 등 일반 현황
2. 소방안전관리대상물에 설치한 소방시설・방화시설(防火施設), 전기시설・가스시설 및 위험물 시설의 현황
3. 화재 예방을 위한 자체점검계획 및 진압대책
4. 소방시설・피난시설 및 방화시설의 점검・정비계획
5. 피난층 및 피난시설의 위치와 피난경로의 설정, 장애인 및 노약자의 피난계획 등을 포함한 피난계획
6. 방화구획, 제연구획, 건축물의 내부 마감재료(불연재료・준불연재료 또는 난연재료로 사용된 것을 말한다) 및 방염물품의 사용현황과 그 밖의 방화구조 및 설비의 유지・관리계획
7. 법 제22조에 따른 소방훈련 및 교육에 관한 계획
8. 법 제22조를 적용받는 특정소방대상물의 근무자 및 거주자의 자위소방대 조직과 대원의 임무(장애인 및 노약자의 피난 보조 임무를 포함한다)에 관한 사항
9. 화기 취급 작업에 대한 사전 안전조치 및 감독 등 공사 중 소방안전관리에 관한 사항
10. 공동 및 분임 소방안전관리에 관한 사항
11. 소화와 연소 방지에 관한 사항
12. 위험물의 저장・취급에 관한 사항(「위험물안전관리법」 제17조에 따라 예방규정을 정하는 제조소등은 제외한다)
13. 그 밖에 소방안전관리를 위하여 소방본부장 또는 소방서장이 소방안전관리대상물의 위치・구조・설비 또는 관리 상황 등을 고려하여 소방안전관리에 필요하여 요청하는 사항

18 시행규칙 별표 1

종합정밀점검은 다음의 어느 하나에 해당하는 특정소방대상물을 대상으로 한다.

1. 스프링클러설비가 설치된 특정소방대상물
2. 물분무등소화설비[호스릴(Hose Reel) 방식의 물분무등소화설비만을 설치한 경우는 제외한다]가 설치된 연면적 5,000m^2 이상인 특정소방대상물(위험물 제조소등은 제외)
3. 「다중이용업소의 안전관리에 관한 특별법 시행령」 제2조 제1호 나목(단란주점영업과 유흥주점영업), 같은 조 제2호(영화상영관・비디오물감상실업 및 복합영상물제공업, [비디오물소극장업은 제외한다])・제6호(노래연습장업)・제7호(산후조리업)・제7호의2(고시원업) 및 제7호의5(안마시술소)의 다중이용업의 영업장이 설치된 특정소방대상물로서 연면적이 2,000m^2 이상인 것
4. 제연설비가 설치된 터널
5. 「공공기관의 소방안전관리에 관한 규정」 제2조에 따른 공공기관 중 연면적(터널・지하구의 경우 그 길이와 평균폭을 곱하여 계산된 값을 말한다)이 1,000m^2 이상인 것으로서 옥내소화전설비 또는 자동화재탐지설비가 설치된 것. 다만, 「소방기본법」 제2조 제5호에 따른 소방대가 근무하는 공공기관은 제외한다.

19 법 제40조의2, 시행령 제37조의2

- 다음 각 호의 어느 하나에 해당하는 기관 및 단체는 건축물의 신축 · 증축 및 개축 등으로 소방용품을 변경 또는 신규 비치하여야 하는 경우 우수품질인증 소방용품을 우선 구매 · 사용하도록 노력하여야 한다.
  1. 중앙행정기관
  2. 지방자치단체
  3. 「공공기관의 운영에 관한 법률」 제4조에 따른 공공기관
  4. 그 밖에 대통령령으로 정하는 기관
- 법 제40조의2 제4호에서 “대통령령으로 정하는 기관”이란 다음 각 호의 어느 하나에 해당하는 기관을 말한다.
  1. 「지방공기업법」 제49조에 따라 설립된 지방공사 및 같은 법 제76조에 따라 설립된 지방공단
  2. 「지방자치단체 출자 · 출연 기관의 운영에 관한 법률」 제2조에 따른 출자 · 출연기관

20 소방용품의 수집검사 등-법 제40조의3 제2항

소방청장은 수집검사 결과 중대한 결함이 있다고 인정되는 소방용품에 대하여는 그 제조자 및 수입자에게 회수 · 교환 · 폐기 또는 판매중지를 명하고, 형식승인 또는 성능인증을 취소할 수 있다.

CHAPTER 06 # 정답 및 해설 소방시설법

6회

6회_정답 및 해설

01	③	02	①	03	④	04	③	05	②	06	④	07	③	08	③	09	④	10	①
11	④	12	③	13	②	14	③	15	①	16	③	17	②	18	③	19	①	20	④

01 방염대상물품으로서 다음 각 호의 어느 하나에 해당하는 방염대상물품은 제조 또는 가공공정에서 방염처리를 해야 한다.

1. 창문에 설치하는 커튼류(블라인드를 포함한다)
2. 카펫, 두께가 2mm 미만인 벽지류(종이벽지는 제외한다)
3. 전시용 합판 또는 섬유판, 무대용 합판 또는 섬유판
4. 암막・무대막
5. 섬유류 또는 합성수지류 등을 원료로 하여 제작된 소파・의자(다중이용업소 중 단란주점영업, 유흥주점영업 및 노래연습장업의 영업장에 설치하는 것만 해당한다)

02 소방특별조사의 방법・절차 등–법 제4조의3 제1항

소방청장, 소방본부장 또는 소방서장은 소방특별조사를 하려면 7일 전에 관계인에게 조사대상, 조사기간 및 조사사유 등을 서면으로 알려야 한다.

03 시행령 별표 2

① 의원, 치과의원, 한의원 : 근린생활시설
② 동물화장시설, 동물건조장(乾燥葬)시설 : 묘지 관련 시설
※ 동・식물원 : 문화 및 집회시설
③ 운전학원 및 정비학원 : 항공기 및 자동차 관련 시설
※ 교육연구시설 중 학원 : 근린생활시설에 해당하는 것과 자동차운전학원・정비학원 및 무도학원은 제외한다.

04 강화된 소방시설기준의 적용대상–시행령 제15조의6

법 제11조 제1항 제3호에서 "대통령령으로 정하는 것"이란 다음 각 호의 어느 하나에 해당하는 설비를 말한다.

- 노유자(老幼者)시설 : 간이스프링클러설비, 자동화재탐지설비 및 단독경보형 감지기
- 의료시설 : 스프링클러설비, 간이스프링클러설비, 자동화재탐지설비 및 자동화재속보설비

※ 암기 : 노간자단, 의스간자속

05 시행령 제6조의2, 시행령 제6조의4, 시행령 제6조의5

- 소방청장은 법 제2조의3에 따른 화재안전정책에 관한 기본계획(이하 "기본계획"이라 한다)을 계획 시행 전년도 8월 31일까지 관계 중앙행정기관의 장과 협의를 마친 후 계획 시행 전년도 9월 30일까지 수립하여야 한다.
- 소방청장은 법 제2조의3 제4항에 따라 기본계획을 시행하기 위한 시행계획(이하 "시행계획"이라 한다)을 계획 시행 전년도 10월 31일까지 수립하여야 한다.
- 관계 중앙행정기관의 장 또는 특별시장・광역시장・특별자치시장・도지사・특별자치도지사(이하 "시・도지사"라 한다)는 법 제2조의3 제6항에 따른 세부 시행계획(이하 "세부시행계획"이라 한다)을 계획 시행 전년도 12월 31일까지 수립하여야 한다.

06 터널에 설치하여야 하는 소방시설의 종류-시행령 별표 5

- 소화기구, 유도등 : 길이에 상관없이 설치
- 옥내소화전설비, 자동화재탐지설비, 연결송수관설비 : 지하가 중 터널로서 길이가 1천m 이상인 것
- 비상경보설비, 비상조명등, 비상콘센트설비, 무선통신보조설비 : 지하가 중 터널로서 길이가 500m 이상인 것
- 옥내소화전설비, 물분무소화설비, 제연설비 : 예상교통량, 경사도 등 터널의 특성을 고려하여 행정안전부령으로 정하는 터널

※ 터널 소방시설 암기 : 소유, 비(경조콘)무 5백, 옥자연 천, 행안부 제물옥

07 법 제9조의3, 시행령 제15조의3

③ 성능위주설계 대상 : 50층 이상(지하층은 제외한다)이거나 지상으로부터 높이가 200미터 이상인 아파트등

① 신축하는 것만 해당한다.

② 성능위주설계란 특정소방대상물의 용도, 위치, 구조, 수용인원, 가연물(可燃物)의 종류 및 양 등을 고려하여 설계하는 것을 말한다(암기 : 용구위수가).

④ 아파트등을 제외한 지하층을 포함한 층수가 30층 이상인 특정소방대상물이 해당한다.

08 건축허가등의 동의요구-시행규칙 제4조

③ 소방시설설계업등록증과 소방시설을 설계한 기술인력자의 기술자격증 사본

09 과태료-법 제53조

- ①, ②, ③번 : 300만원 이하의 과태료
- ④번 : 200만원 이하의 과태료

10 시행령 별표 5

휴대용 비상조명등을 설치하여야 하는 특정소방대상물은 다음의 어느 하나와 같다.

- 숙박시설
- 수용인원 100명 이상의 영화상영관, 판매시설 중 대규모점포, 철도 및 도시철도 시설 중 지하역사, 지하가 중 지하상가

11 소방기술심의위원회-법 제11조의2

①, ②, ③번은 중앙위원회 심의사항

12 시행령 별표 5

① 지하층·무창층 또는 층수가 4층 이상인 것 중 바닥면적이 600m^2 이상인 층이 있는 것은 모든 층에 옥내소화전설비를 설치하여야 한다.

② 문화 및 집회시설로서 무대부가 지하층·무창층 또는 4층 이상의 층에 있는 경우에는 무대부의 면적이 300m^2 이상인 것은 모든 층에 스프링클러설비를 설치하여야 한다.

④ 지하층의 바닥면적의 합계가 3천m^2 이상인 것 또는 지하층의 층수가 3층 이상이고 지하층의 바닥면적의 합계가 1천m^2 이상인 것은 지하층의 모든 층에 무선통신보조설비를 설치하여야 한다.

13 자격의 취소·정지-법 제28조

소방청장은 관리사가 다음 각 호의 어느 하나에 해당할 때에는 행정안전부령으로 정하는 바에 따라 그 자격을 취소하거나 2년 이내의 기간을 정하여 그 자격의 정지를 명할 수 있다. 다만, 제1호, 제4호, 제5호 또는 제7호에 해당하면 그 자격을 취소하여야 한다.

1. 거짓이나 그 밖의 부정한 방법으로 시험에 합격한 경우
2. 제20조 제6항에 따른 소방안전관리 업무를 하지 아니하거나 거짓으로 한 경우
3. 제25조에 따른 점검을 하지 아니하거나 거짓으로 한 경우
4. 제26조 제6항을 위반하여 소방시설관리사증을 다른 자에게 빌려준 경우
5. 제26조 제7항을 위반하여 동시에 둘 이상의 업체에 취업한 경우
6. 제26조 제8항을 위반하여 성실하게 자체점검 업무를 수행하지 아니한 경우
7. 제27조 각 호의 어느 하나에 따른 결격사유에 해당하게 된 경우

14 수용인원의 산정 방법-시행령 별표 4

※ 각층의 면적(400m^2)에서 복도 및 계단 화장실의 면적(50m^2)을 뺀 면적 : 350m^2

1층 : 350m^2 ÷ 3m^2 = 116.67 ≒ 117명

2층 : 350m^2 ÷ 1.9m^2 = 184.21 ≒ 185명

3층 : 350m^2 ÷ 1.9m^2 = 184.21 ≒ 185명

4층 : 350m^2 ÷ 4.6m^2 = 76.09 ≒ 77명

합 : 564명

※ 1. 바닥면적을 산정할 때에는 복도, 계단 및 화장실의 바닥면적을 포함하지 않는다.
   2. 계산 결과 소수점 이하의 수는 반올림한다.

15 형식승인대상 소방용품-시행령 제37조

피난구조설비를 구성하는 제품 또는 기기

1. 피난사다리, 구조대, 완강기(간이완강기 및 지지대를 포함한다)
2. 공기호흡기(충전기를 포함한다)
3. 피난구유도등, 통로유도등, 객석유도등 및 예비 전원이 내장된 비상조명등

16 소방안전 특별관리시설물-시행령 제24조의2 제1항

법 제20조의2 제1항 제13호에서 "대통령령으로 정하는 전통시장"이란 점포가 500개 이상인 전통시장을 말한다.

17 시행령 별표 2 비고 부분

둘 이상의 특정소방대상물이 다음 각 목의 어느 하나에 해당되는 구조의 복도 또는 통로(연결통로)로 연결된 경우에는 이를 하나의 소방대상물로 본다.

- 내화구조로 된 연결통로가 다음의 어느 하나에 해당되는 경우
  - 벽이 없는 구조로서 그 길이가 6m 이하인 경우
  - 벽이 있는 구조로서 그 길이가 10m 이하인 경우. 다만, 벽 높이가 바닥에서 천장까지의 높이의 2분의 1 이상인 경우에는 벽이 있는 구조로 보고, 벽 높이가 바닥에서 천장까지의 높이의 2분의 1 미만인 경우에는 벽이 없는 구조로 본다.

18 소방안전관리대상물의 소방계획서 작성 등-시행령 제24조 제2항

소방본부장 또는 소방서장은 특정소방대상물의 소방계획의 작성 및 실시에 관하여 지도・감독한다.

19 시행규칙 별표 2

점검인력 1단위가 하루 동안 점검할 수 있는 특정소방대상물의 연면적(이하 "점검한도 면적"이라 한다)은 다음 각 목과 같다.

가. 종합정밀점검 : 10,000m^2

나. 작동기능점검 : 12,000m^2(소규모점검의 경우에는 3,500m^2)

20 법 20조 제6항

특정소방대상물(소방안전관리대상물은 제외한다)의 관계인과 소방안전관리대상물의 소방안전관리자의 업무는 다음 각 호와 같다. 다만, 제1호・제2호 및 제4호의 업무는 소방안전관리대상물의 경우에만 해당한다.

1. 제21조의2에 따른 피난계획에 관한 사항과 대통령령으로 정하는 사항이 포함된 소방계획서의 작성 및 시행
2. 자위소방대(自衛消防隊) 및 초기대응체계의 구성・운영・교육
3. 제10조에 따른 피난시설, 방화구획 및 방화시설의 유지・관리
4. 제22조에 따른 소방훈련 및 교육
5. 소방시설이나 그 밖의 소방 관련 시설의 유지・관리
6. 화기(火氣) 취급의 감독
7. 그 밖에 소방안전관리에 필요한 업무

CHAPTER 07 정답 및 해설 소방시설법

7회

7회_정답 및 해설

01	②	02	④	03	③	04	③	05	④	06	②	07	②	08	②	09	①	10	②
11	②	12	④	13	③	14	①	15	②	16	④	17	②	18	④	19	③	20	②

01 시행령 제15조
특정소방대상물의 관계인이 특정소방대상물의 규모·용도 및 별표 4에 따라 산정된 수용 인원(이하 "수용인원"이라 한다) 등을 고려하여 갖추어야 하는 소방시설의 종류는 별표 5와 같다.

02 형식승인을 취소하여야 하는 경우
1. 거짓이나 그 밖의 부정한 방법으로 제36조 제1항 및 제10항에 따른 형식승인을 받은 경우
2. 거짓이나 그 밖의 부정한 방법으로 제36조 제3항에 따른 제품검사를 받은 경우
3. 제37조에 따른 변경승인을 받지 아니하거나 거짓이나 그 밖의 부정한 방법으로 변경승인을 받은 경우

03 소방용품-시행령 제37조
소화설비를 구성하는 제품 또는 기기
1. 별표 1 제1호 가목의 소화기구(소화약제 외의 것을 이용한 간이소화용구는 제외한다)
2. 별표 1 제1호 나목의 자동소화장치(※ 상업용 주방자동소화장치는 제외)

04 소방시설의 내진설계-시행령 제15조의2 제2항
법 제9조의2에서 "대통령령으로 정하는 소방시설"이란 소방시설 중 옥내소화전설비, 스프링클러설비, 물분무등소화설비를 말한다.

05 과징금의 부과기준-시행규칙 별표 4
연간 매출액은 해당 업체에 대한 처분일이 속한 연도의 전년도의 1년간 위반사항이 적발된 업종의 각 매출금액을 기준으로 한다. 다만, 신규사업·휴업 등으로 인하여 1년간의 위반사항이 적발된 업종의 각 매출금액을 산출할 수 없거나 1년간의 위반사항이 적발된 업종의 각 매출금액을 기준으로 하는 것이 불합리하다고 인정되는 경우에는 분기별·월별 또는 일별 매출금액을 기준으로 산출 또는 조정한다.

06 소방기술심의위원회의 구성 등–시행령 제18조의3

1. 법 제11조의2 제1항에 따른 중앙소방기술심의위원회는 성별을 고려하여 위원장을 포함한 60명 이내의 위원으로 구성한다.
2. 법 제11조의2 제2항에 따른 지방소방기술심의위원회는 위원장을 포함하여 5명 이상 9명 이하의 위원으로 구성한다.

07 소방시설을 설치하지 아니하는 특정소방대상물 및 소방시설의 범위–시행령 별표 7

1. 화재 위험도가 낮은 특정소방대상물
2. 화재안전기준을 적용하기 어려운 특정소방대상물
3. 화재안전기준을 다르게 적용하여야 하는 특수한 용도 또는 구조를 가진 특정소방대상물
4. 「위험물안전관리법」 제19조에 따른 자체소방대가 설치된 특정소방대상물

08 공동 소방안전관리 선임대상–법 제21조, 시행령 제25조

- 고층 건축물(지하층을 제외한 층수가 11층 이상인 건축물만 해당한다)
- 지하가(지하의 인공구조물 안에 설치된 상점 및 사무실, 그 밖에 이와 비슷한 시설이 연속하여 지하도에 접하여 설치된 것과 그 지하도를 합한 것을 말한다)
- 복합건축물로서 연면적이 5천m^2 이상인 것 또는 층수가 5층 이상인 것
- 판매시설 중 도매시장, 소매시장 및 전통시장
- 제22조 제1항에 따른 특정소방대상물 중 소방본부장 또는 소방서장이 지정하는 것

09 시행령 별표 5

자동화재탐지설비를 설치하여야 하는 특정소방대상물은 다음의 어느 하나와 같다.

1. 근린생활시설(목욕장은 제외한다), 의료시설(정신의료기관 또는 요양병원은 제외한다), 숙박시설, 위락시설, 장례시설 및 복합건축물로서 연면적 600m^2 이상인 것
2. 공동주택, 근린생활시설 중 목욕장, 문화 및 집회시설, 종교시설, 판매시설, 운수시설, 운동시설, 업무시설, 공장, 창고시설, 위험물 저장 및 처리 시설, 항공기 및 자동차 관련 시설, 교정 및 군사시설 중 국방·군사시설, 방송통신시설, 발전시설, 관광 휴게시설, 지하가(터널은 제외한다)로서 연면적 1천m^2 이상인 것
3. 교육연구시설(교육시설 내에 있는 기숙사 및 합숙소를 포함한다), 수련시설(수련시설 내에 있는 기숙사 및 합숙소를 포함하며, 숙박시설이 있는 수련시설은 제외한다), 동물 및 식물 관련 시설(기둥과 지붕만으로 구성되어 외부와 기류가 통하는 장소는 제외한다), 분뇨 및 쓰레기 처리시설, 교정 및 군사시설(국방·군사시설은 제외한다) 또는 묘지 관련 시설로서 연면적 2천m^2 이상인 것
4. 지하구
5. 지하가 중 터널로서 길이가 1천m 이상인 것
6. 노유자 생활시설
7. 6에 해당하지 않는 노유자시설로서 연면적 400m^2 이상인 노유자시설 및 숙박시설이 있는 수련시설로서 수용인원 100명 이상인 것
8. 2에 해당하지 않는 공장 및 창고시설로서 「소방기본법 시행령」 별표 2에서 정하는 수량의 500배 이상의 특수가연물을 저장·취급하는 것

9. 의료시설 중 정신의료기관 또는 요양병원으로서 다음의 어느 하나에 해당하는 시설
   가. 요양병원(정신병원과 의료재활시설은 제외한다)
   나. 정신의료기관 또는 의료재활시설로 사용되는 바닥면적의 합계가 $300m^2$ 이상인 시설
   다. 정신의료기관 또는 의료재활시설로 사용되는 바닥면적의 합계가 $300m^2$ 미만이고, 창살(철재・플라스틱 또는 목재 등으로 사람의 탈출 등을 막기 위하여 설치한 것을 말하며, 화재 시 자동으로 열리는 구조로 되어 있는 창살은 제외한다)이 설치된 시설
10. 판매시설 중 전통시장
11. 1에 해당하지 않는 근린생활시설 중 조산원 및 산후조리원
12. 2에 해당하지 않는 발전시설 중 전기저장시설

10 시행령 별표 2 비고 부분
항공기 및 자동차 관련 시설 : 차고, 주차용 건축물, 철골 조립식 주차시설(바닥면이 조립식이 아닌 것을 포함한다) 및 기계장치에 의한 주차시설

11 소방시설에 폐쇄・차단 등의 행위를 한 자는 5년 이하의 징역 또는 5천만원 이하의 벌금에 처한다.

12 시행령 제20조
너비 10센티미터 이하인 반자돌림대 등과 내부 마감재료는 제외한다.

13 시행령 별표 7
화재안전기준을 적용하기 어려운 특정소방대상물로서 정수장, 수영장, 목욕장, 농예・축산・어류양식용 시설, 그 밖에 이와 비슷한 용도로 사용되는 것 : 자동화재탐지설비, 상수도소화용수설비 및 연결살수설비

14 시행령 별표 5의2
- 간이소화장치를 설치한 것으로 보는 소방시설 : 옥내소화전 또는 소방청장이 정하여 고시하는 기준에 맞는 소화기
- 비상경보장치를 설치한 것으로 보는 소방시설 : 비상방송설비 또는 자동화재탐지설비
- 간이피난유도선을 설치한 것으로 보는 소방시설 : 피난유도선, 피난구유도등, 통로유도등 또는 비상조명등

15 시행규칙 별표 1
건축물 사용승인일 이후 다중이용업의 영업장이 설치되어 종합정밀점검 대상이 된 특정소방대상물은 그 다음 해부터 실시한다.

16 특정소방대상물의 소방안전관리-법 제20조 제8항

소방안전관리자는 인명과 재산을 보호하기 위하여 소방시설·피난시설·방화시설 및 방화구획 등이 법령에 위반된 것을 발견한 때에는 지체 없이 소방안전관리대상물의 관계인에게 소방대상물의 개수·이전·제거·수리 등 필요한 조치를 할 것을 요구하여야 하며, 관계인이 시정하지 아니하는 경우 소방본부장 또는 소방서장에게 그 사실을 알려야 한다.

17 소방특별조사의 방법·절차 등-법 제4조의3

① 소방청장, 소방본부장 또는 소방서장은 소방특별조사를 하려면 7일 전에 관계인에게 조사대상, 조사기간 및 조사사유 등을 서면으로 알려야 한다.

③ 관계인은 천재지변이나 그 밖에 대통령령으로 정하는 사유로 소방특별 조사를 받기 곤란한 경우에는 소방특별조사를 통지한 소방청장, 소방본부장 또는 소방서장에게 대통령령으로 정하는 바에 따라 소방특별조사를 연기하여 줄 것을 신청할 수 있다.

④ 소방청장, 소방본부장 또는 소방서장은 소방특별조사를 마친 때에는 그 조사결과를 관계인에게 서면으로 통지하여야 한다.

18 시행령 제18조의6 위원의 제척·기피·회피, 시행령 제18조의7 위원의 해임 및 해촉

④ 제척(除斥)사유에 해당한다.

19 시행령 별표 5

비상방송설비를 설치하여야 하는 특정소방대상물(위험물 저장 및 처리 시설 중 가스시설, 사람이 거주하지 않는 동물 및 식물 관련 시설, 지하가 중 터널, 축사 및 지하구는 제외한다)은 다음의 어느 하나와 같다.

1. 연면적 3천5백m^2 이상인 것
2. 지하층을 제외한 층수가 11층 이상인 것
3. 지하층의 층수가 3층 이상인 것

20 시각경보기는 경보설비에 해당

8회

8회_정답 및 해설

01	②	02	④	03	②	04	③	05	①	06	④	07	②	08	①	09	②	10	③
11	①	12	④	13	③	14	③	15	②	16	①	17	③	18	②	19	②	20	③

01 법 제2조의2 제3항 국가 및 지방자치단체의 책무
국가와 지방자치단체가 화재안전정책을 수립·시행할 때에는 과학적 합리성, 일관성, 사전 예방의 원칙이 유지되도록 하되, 국민의 생명·신체 및 재산보호를 최우선적으로 고려하여야 한다.

02 시행령 별표 2 특정소방대상물
① 체육관 및 운동장으로서 관람석의 바닥면적의 합계가 1천m^2 이상인 것 : 문화 및 집회시설
② 변전소, 양수장, 정수장 : 업무시설
③ 하수 등 처리시설 : 자원순환 관련 시설

03 정의-시행령 제2조
"무창층(無窓層)"이란 지상층 중 다음 각 목의 요건을 모두 갖춘 개구부(건축물에서 채광·환기·통풍 또는 출입 등을 위하여 만든 창·출입구, 그 밖에 이와 비슷한 것을 말한다)의 면적의 합계가 해당 층의 바닥면적(「건축법 시행령」 제119조 제1항 제3호에 따라 산정된 면적을 말한다. 이하 같다)의 30분의 1 이하가 되는 층을 말한다.
가. 크기는 지름 50센티미터 이상의 원이 내접(內接)할 수 있는 크기일 것
나. 해당 층의 바닥면으로부터 개구부 밑 부분까지의 높이가 1.2미터 이내일 것
다. 도로 또는 차량이 진입할 수 있는 빈터를 향할 것
라. 화재 시 건축물로부터 쉽게 피난할 수 있도록 창살이나 그 밖의 장애물이 설치되지 아니할 것
마. 내부 또는 외부에서 쉽게 부수거나 열 수 있을 것

04 소방시설-시행령 별표 1
물분무등소화설비 중
- 할로겐화합물 및 불활성기체(다른 원소와 화학 반응을 일으키기 어려운 기체를 말한다) 소화설비

05 화재안전정책 기본계획 등의 수립 · 시행-법 제2조의3
기본계획에 포함되어야 할 사항
- 화재안전정책의 기본목표 및 추진방향
- 화재안전을 위한 법령 · 제도의 마련 등 기반 조성에 관한 사항
- 화재예방을 위한 대국민 홍보 · 교육에 관한 사항
- 화재안전 관련 기술의 개발 · 보급에 관한 사항
- 화재안전분야 전문인력의 육성 · 지원 및 관리에 관한 사항
- 화재안전분야 국제경쟁력 향상에 관한 사항
- 그 밖에 대통령령으로 정하는 화재안전 개선에 필요한 사항

기본계획의 내용-시행령 제6조의3(화재안전 개선에 필요한 사항)
- 화재현황, 화재발생 및 화재안전정책의 여건 변화에 관한 사항
- 소방시설의 설치 · 유지 및 화재안전기준의 개선에 관한 사항

06 소방용품-시행령 별표 3
소화설비를 구성하는 제품 또는 기기
소화설비를 구성하는 소화전, 관창(菅槍), 소방호스, 스프링클러헤드, 기동용 수압개폐장치, 유수제어밸브 및 가스관선택밸브

07 권한의 위임 · 위탁 등-시행령 제39조
합판 · 목재를 설치하는 현장에서 방염 처리한 경우의 방염성능검사 : 시 · 도지사가 실시

08 위반행위의 신고 및 신고포상금의 지급-법 제47조의3
다음 각 호에 해당하는 행위를 한 자를 신고한 사람에게 신고포상금 지급
가. 제9조 제1항을 위반하여 소방시설을 설치 또는 유지 · 관리한 자
나. 제9조 제3항을 위반하여 폐쇄 · 차단 등의 행위를 한 자
다. 제10조 제1항 각 호의 어느 하나에 해당하는 행위를 한 자(피난시설 · 방화구획 · 방화시설을 폐쇄 · 훼손 · 변경하는 등의 행위, 장애물을 설치하는 행위, 용도에 장애를 주거나 소방활동에 지장을 주는 행위)

09 방염대상물품 및 방염성능기준-시행령 제20조
1. 버너의 불꽃을 제거한 때부터 불꽃을 올리며 연소하는 상태가 그칠 때까지 시간은 20초 이내일 것
2. 버너의 불꽃을 제거한 때부터 불꽃을 올리지 아니하고 연소하는 상태가 그칠 때까지 시간은 30초 이내일 것
3. 탄화(炭化)한 면적은 50cm^2 이내, 탄화한 길이는 20cm 이내일 것
4. 불꽃에 의하여 완전히 녹을 때까지 불꽃의 접촉 횟수는 3회 이상일 것
5. 소방청장이 정하여 고시한 방법으로 발연량(發煙量)을 측정하는 경우 최대연기밀도는 400 이하일 것

※ 계산과정 : 20 + 30 + 50 + 20 + 400 = 520

10 시행령 별표 5
층수가 6층 이상인 특정소방대상물의 경우에는 모든 층

11 소방특별조사의 방법-시행령 제9조

소방청장, 소방본부장 또는 소방서장은 필요하면 다음 각 호의 기관의 장과 합동조사반을 편성하여 소방특별조사를 할 수 있다.

1. 관계 중앙행정기관 및 시(행정시를 포함한다)・군・자치구
2. 「소방기본법」 제40조에 따른 한국소방안전원
3. 「소방산업의 진흥에 관한 법률」 제14조에 따른 한국소방산업기술원(이하 "기술원"이라 한다)
4. 「화재로 인한 재해보상과 보험가입에 관한 법률」 제11조에 따른 한국화재보험협회
5. 「고압가스 안전관리법」 제28조에 따른 한국가스안전공사
6. 「전기사업법」 제74조에 따른 한국전기안전공사
7. 그 밖에 소방청장이 정하여 고시한 소방 관련 단체

12 소방안전관리보조자를 두어야 하는 특정소방대상물-시행령 제22조의2

- 아파트(300세대 이상인 아파트만 해당한다)
- 아파트를 제외한 연면적이 1만5천m^2 이상인 특정소방대상물
- 위의 특정소방대상물을 제외한 특정소방대상물 중 다음 각 목의 어느 하나에 해당하는 특정소방대상물
  - 공동주택 중 기숙사
  - 의료시설
  - 노유자시설
  - 수련시설
  - 숙박시설(숙박시설로 사용되는 바닥면적의 합계가 1천500m^2 미만이고 관계인이 24시간 상시 근무하고 있는 숙박시설은 제외한다)

13 소방시설법 시행규칙 별표 1, 제19조

① 종합정밀점검 : 소방시설등의 작동기능점검을 포함하여 소방시설등의 설비별 주요 구성 부품의 구조기준이 법 제9조 제1항에 따라 소방청장이 정하여 고시하는 화재안전기준 및 「건축법」 등 관련 법령에서 정하는 기준에 적합한지 여부를 점검하는 것을 말한다.

② 소방시설관리업자는 법 제25조 제1항에 따라 점검을 실시한 경우 점검이 끝난 날부터 10일 이내에 별표 2에 따른 점검인력 배치 상황을 포함한 소방시설등에 대한 자체점검실적(별표 1 제4호에 따른 외관점검은 제외한다)을 법 제45조 제6항에 따라 소방시설관리업자에 대한 평가 등에 관한 업무를 위탁받은 법인 또는 단체(이하 "평가기관"이라 한다)에 통보하여야 한다.

④ 종합정밀점검은 소방시설관리업자 또는 소방안전관리자로 선임된 소방시설관리사 및 소방기술사가 실시할 수 있다.

14 시행령 제24조의3

특별관리기본계획에는 다음 각 호의 사항이 포함되어야 한다.

1. 화재예방을 위한 중기・장기 안전관리정책
2. 화재예방을 위한 교육・홍보 및 점검・진단
3. 화재대응을 위한 훈련
4. 화재대응 및 사후조치에 관한 역할 및 공조체계
5. 그 밖에 화재 등의 안전관리를 위하여 필요한 사항

15 방염성능기준 이상의 실내장식물 등을 설치해야 하는 특정소방대상물–시행령 제19조

1. 근린생활시설 중 의원, 조산원, 산후조리원, 체력단련장, 공연장 및 종교집회장
2. 건축물의 옥내에 있는 시설로서 다음 각 목의 시설
   가. 문화 및 집회시설
   나. 종교시설
   다. 운동시설(수영장은 제외한다)
3. 의료시설
4. 교육연구시설 중 합숙소
5. 노유자시설
6. 숙박이 가능한 수련시설
7. 숙박시설
8. 방송통신시설 중 방송국 및 촬영소
9. 다중이용업소
10. 제1호부터 제9호까지의 시설에 해당하지 않는 것으로서 층수가 11층 이상인 것(아파트는 제외한다)

※ 암기 : (근린)의체종연 (옥내)문종운 의숙다방 숙수 노 11층 합숙

16 건축허가등의 동의요구–시행규칙 제4조

가. 동의요구를 받은 소방본부장 또는 소방서장은 법 제7조 제3항에 따라 건축허가등의 동의요구서류를 접수한 날부터 5일(허가를 신청한 건축물 등이 영 제22조 제1항 제1호 각 목의 어느 하나에 해당하는 경우에는 10일) 이내에 건축허가등의 동의여부를 회신하여야 한다.

나. 소방본부장 또는 소방서장은 제3항의 규정에 불구하고 제2항의 규정에 의한 동의요구서 및 첨부서류의 보완이 필요한 경우에는 4일 이내의 기간을 정하여 보완을 요구할 수 있다.

다. 제1항에 따라 건축허가등의 동의를 요구한 기관이 그 건축허가등을 취소하였을 때에는 취소한 날부터 7일 이내에 건축물 등의 시공지 또는 소재지를 관할하는 소방본부장 또는 소방서장에게 그 사실을 통보하여야 한다.

라. 다른 법령에 따른 인허가등의 시설기준에 소방시설등의 설치・유지 등에 관한 사항이 포함되어 있는 경우 해당 인허가등의 권한이 있는 행정기관은 인허가등을 할 때 미리 그 시설의 소재지를 관할하는 소방본부장이나 소방서장에게 그 시설이 이 법 또는 이 법에 따른 명령을 따르고 있는지를 확인하여 줄 것을 요청했을 경우 확인결과 회신은 7일 이내에 해야 한다.

17 성능위주설계를 하여야 하는 특정소방대상물의 범위–시행령 제15조의3

1. 연면적 20만제곱미터 이상인 특정소방대상물. 다만, 별표 2 제1호에 따른 공동주택 중 주택으로 쓰이는 층수가 5층 이상인 주택(이하 이 조에서 "아파트등"이라 한다)은 제외한다.
2. 다음 각 목의 특정소방대상물
   가. 50층 이상(지하층은 제외한다)이거나 지상으로부터 높이가 200미터 이상인 아파트등
   나. 30층 이상(지하층을 포함한다)이거나 지상으로부터 높이가 120미터 이상인 특정소방대상물(아파트등은 제외한다)
3. 연면적 3만제곱미터 이상인 특정소방대상물로서 다음 각 목의 어느 하나에 해당하는 특정소방대상물
   가. 별표 2 제6호 나목의 철도 및 도시철도 시설
   나. 별표 2 제6호 다목의 공항시설
4. 하나의 건축물에 「영화 및 비디오물의 진흥에 관한 법률」 제2조 제10호에 따른 영화상영관이 10개 이상인 특정소방대상물
5. 「초고층 및 지하연계 복합건축물 재난관리에 관한 특별법」 제2조 제2호에 따른 지하연계 복합건축물에 해당하는 특정소방대상물

18 소방안전관리자를 두어야 하는 특정소방대상물-시행령 제22조
가연성 가스를 1천톤 이상 저장·취급하는 시설은 1급 소방안전관리대상물에 해당한다.

19 과태료-법 제53조
①번 : 300만원 이하의 과태료
②번 : 100만원 이하의 과태료
③, ④번 : 200만원 이하의 과태료

20 시행령 별표 7
화재안전기준을 달리 적용하여야 하는 특수한 용도 또는 구조를 가진 특정소방대상물로서 원자력발전소, 핵폐기물처리시설 : 연결송수관설비 및 연결살수설비

CHAPTER 09 # 정답 및 해설

소방시설법

9회

9회_정답 및 해설

01	③	02	③	03	④	04	②	05	①	06	④	07	③	08	②	09	③	10	④
11	③	12	③	13	④	14	④	15	②	16	②	17	③	18	②	19	④	20	④

01 비상방송설비는 경보설비에 해당한다.

02 건축허가등의 동의 회신 : 접수한 날부터 5일(특급 소방안전관리대상물 10일)

03 특정소방대상물-시행령 별표 2
- 고시원 : 해당 용도로 쓰는 바닥면적의 합계가 500m^2 미만인 것
- 슈퍼마켓 : 해당 용도로 쓰는 바닥면적의 합계가 1천m^2 미만인 것
- 당구장 : 해당 용도로 쓰는 바닥면적의 합계가 500m^2 미만인 것
- 독서실은 면적에 상관없이 근린생활시설

04 소방특별조사위원회의 구성 등-시행령 제7조의2
위원회에 출석한 위원에게는 예산의 범위에서 수당, 여비, 그 밖에 필요한 경비를 지급할 수 있다. 다만, 공무원인 위원이 그 소관 업무와 직접적으로 관련하여 위원회에 출석하는 경우는 그러하지 아니하다.

05 소방안전관리자를 두어야 하는 특정소방대상물-시행령 제22조
특급 소방안전관리대상물
가. 50층 이상(지하층은 제외한다)이거나 지상으로부터 높이가 200m 이상인 아파트
나. 30층 이상(지하층을 포함한다)이거나 지상으로부터 높이가 120m 이상인 특정소방대상물(아파트는 제외한다)
다. 나목에 해당하지 아니하는 특정소방대상물로서 연면적이 20만m^2 이상인 특정소방대상물(아파트는 제외한다)

06 소방특별조사를 정당한 사유 없이 거부・방해 또는 기피한 자 : 300만원 이하의 벌금

07 법 제11조, 시행령 제16조, 제17조

① 소방본부장이나 소방서장은 대통령령 또는 화재안전기준이 변경되어 그 기준이 강화되는 경우 기존의 특정소방대상물(건축물의 신축·개축·재축·이전 및 대수선 중인 특정소방대상물을 포함)의 소방시설에 대하여는 변경 전의 대통령령 또는 화재안전기준을 적용하는 것이 원칙이다.

② 소방본부장 또는 소방서장이 옥내소화전설비의 설치가 곤란하다고 인정하는 경우로서 호스릴 방식의 미분무소화설비 또는 옥외소화전설비를 화재안전기준에 적합하게 설치한 경우에는 그 설비의 유효범위에서 설치가 면제된다.

④ 소방본부장 또는 소방서장은 특정소방대상물이 용도변경되는 경우에는 용도변경되는 부분에 대해서만 용도변경 당시의 소방시설의 설치에 관한 대통령령 또는 화재안전기준을 적용한다.

08 청문을 한 후 처분을 하여야 하는 경우(소방청장 또는 시·도지사)

1. 제28조에 따른 관리사 자격의 취소 및 정지
2. 제34조 제1항에 따른 관리업의 등록취소 및 영업정지
3. 제38조에 따른 소방용품의 형식승인 취소 및 제품검사 중지
4. 제39조의3에 따른 성능인증의 취소
5. 제40조 제5항에 따른 우수품질인증의 취소
6. 제43조에 따른 전문기관의 지정취소 및 업무정지

09 소방용품-시행령 제37조

경보설비를 구성하는 제품 또는 기기

가. 누전경보기 및 가스누설경보기

나. 경보설비를 구성하는 발신기, 수신기, 중계기, 감지기 및 음향장치(경종만 해당한다)

10 시행규칙 제14조의5

피난유도 안내정보 제공은 다음 각 호의 어느 하나에 해당하는 방법으로 하여야 한다.

1. 연 2회 피난안내 교육을 실시하는 방법
2. 분기별 1회 이상 피난안내방송을 실시하는 방법
3. 피난안내도를 층마다 보기 쉬운 위치에 게시하는 방법
4. 엘리베이터, 출입구 등 시청이 용이한 지역에 피난안내영상을 제공하는 방법

11 소방시설등의 자체점검 시 점검인력 배치기준-시행규칙 별표 2

① 한쪽 측벽에 소방시설이 설치된 4차로 이상인 터널의 경우는 그 길이와 폭의 길이 3.5m를 곱한 값을 말한다.

② 물분무등소화설비가 설치되지 않은 경우 실제 점검면적에 가감계수를 곱한 값에 실제 점검면적에 가감계수를 곱한 값에 0.15를 곱한 값을 뺀다.

④ 점검인력 1단위에 보조인력을 1명씩 추가할 때마다 종합정밀점검의 경우에는 70세대, 작동기능점검의 경우에는 90세대씩을 점검한도 세대수에 더한다.

12 ③번은 특급, 1급에 해당하지 않은 공동주택이므로 2급 소방안전관리대상물이다.
① 가연성 가스를 1천톤 이상 저장·취급하는 시설 : 1급
② 연면적 1만5천m^2이고 층수가 11층인 특정소방대상물 : 1급(연면적 1만5천m^2 이상)
④ 지하층을 포함한 층수가 30층이고 지상으로부터 높이가 120미터인 특정소방대상물 : 아파트 1급, 그 외 특급

법 제20조 제3항
업무 대행 소방안전관리대상물
1. 1급 대상물 중 연면적 1만5천m^2 이상인 특정소방대상물을 제외한 층수가 11층 이상인 특정소방대상물(아파트는 제외한다)
2. 2급, 3급 소방안전관리대상물

13 시행규칙 제2조 제2항 소방특별조사에 따른 조치명령 등의 절차
소방청장, 소방본부장 또는 소방서장은 법 제5조에 따른 명령으로 인하여 손실을 입은 자가 있는 경우에는 별지 제2호의3 서식의 소방특별조사 조치명령 손실확인서를 작성하여 관련 사진 및 그 밖의 증빙자료와 함께 보관하여야 한다(법 제6조 손실보상의 주체 : 청장, 시·도지사).

14 소방시설관리사시험의 응시자격-시행령 제27조
소방안전 관련 학과의 학사학위를 취득한 후 3년 이상 소방실무경력이 있는 사람

15 시행령 별표 5
제연설비를 설치하여야 하는 특정소방대상물은 다음의 어느 하나와 같다.
1. 문화 및 집회시설, 종교시설, 운동시설로서 무대부의 바닥면적이 200m^2 이상 또는 문화 및 집회시설 중 영화상영관으로서 수용인원 100명 이상인 것
2. 지하층이나 무창층에 설치된 근린생활시설, 판매시설, 운수시설, 숙박시설, 위락시설, 의료시설, 노유자시설 또는 창고시설(물류터미널만 해당한다)로서 해당 용도로 사용되는 바닥면적의 합계가 1천m^2 이상인 층
3. 운수시설 중 시외버스정류장, 철도 및 도시철도 시설, 공항시설 및 항만시설의 대기실 또는 휴게시설로서 지하층 또는 무창층의 바닥면적이 1천m^2 이상인 것
4. 지하가(터널은 제외한다)로서 연면적 1천m^2 이상인 것
5. 지하가 중 예상 교통량, 경사도 등 터널의 특성을 고려하여 행정안전부령으로 정하는 터널
6. 특정소방대상물(갓복도형 아파트등은 제외한다)에 부설된 특별피난계단, 비상용 승강기의 승강장 또는 피난용 승강기의 승강장

16 등록의 결격사유-법 제30조
이 법, 「소방기본법」, 「소방시설공사업법」 또는 「위험물안전관리법」에 따른 금고 이상의 형의 집행유예를 선고받고 그 유예기간 중에 있는 사람

17 시행령 제12조 제1항

- 「장애인복지법」 제58조 제1항 제4호에 따른 장애인 의료재활시설(이하 "의료재활시설"이라 한다) : 300m^2
- 제1호에 해당하지 않는 노유자시설 중 다음 각 목의 어느 하나에 해당하는 시설. 다만, 가목2 및 나목부터 바목까지의 시설 중 「건축법 시행령」 별표 1의 단독주택 또는 공동주택에 설치되는 시설은 제외한다(가목 1은 단독주택 또는 공동주택에 설치되더라도 건축허가등의 동의대상).

  가. 별표 2 제9호 가목에 따른 노인 관련 시설 중 다음의 어느 하나에 해당하는 시설

  1. 「노인복지법」 제31조 제1호 · 제2호 및 제4호에 따른 노인주거복지시설 · 노인의료복지시설 및 재가노인복지시설
  2. 「노인복지법」 제31조 제7호에 따른 학대피해노인 전용쉼터

  나. 「아동복지법」 제52조에 따른 아동복지시설(아동상담소, 아동전용시설 및 지역아동센터는 제외한다)

  다. 「장애인복지법」 제58조 제1항 제1호에 따른 장애인 거주시설

  라. 정신질환자 관련 시설(「정신건강증진 및 정신질환자 복지서비스 지원에 관한 법률」 제27조 제1항 제2호에 따른 공동생활가정을 제외한 재활훈련시설과 같은 법 시행령 제16조 제3호에 따른 종합시설 중 24시간 주거를 제공하지 아니하는 시설은 제외한다)

  마. 별표 2 제9호 마목에 따른 노숙인 관련 시설 중 노숙인자활시설, 노숙인재활시설 및 노숙인요양시설

  바. 결핵환자나 한센인이 24시간 생활하는 노유자시설
- 「의료법」 제3조 제2항 제3호 라목에 따른 요양병원(이하 "요양병원"이라 한다). 다만, 정신의료기관 중 정신병원(이하 "정신병원"이라 한다)과 의료재활시설은 제외한다.

18 과태료의 부과기준-시행령 별표 10

① 위반행위자가 처음 위반행위를 하는 경우로서 3년 이상 해당 업종을 모범적으로 영위한 사실이 인정되는 경우 과태료 금액의 2분의 1까지 그 금액을 줄여 부과할 수 있다.

③ 기간의 계산은 위반행위에 대하여 과태료 부과처분을 받은 날과 그 처분 후 다시 같은 위반행위를 하여 적발된 날을 기준으로 한다.

④ 기간 내에 과태료 부과처분이 둘 이상 있었던 경우에는 높은 차수를 말한다.

19 소방시설을 설치하지 아니할 수 있는 특정소방대상물 및 소방시설의 범위-시행령 별표 7

화재안전기준을 적용하기 어려운 특정소방대상물

- 펄프공장의 작업장, 음료수 공장의 세정 또는 충전을 하는 작업장, 그 밖에 이와 비슷한 용도로 사용하는 것 : 스프링클러설비, 상수도소화용수설비 및 연결살수설비
- 정수장, 수영장, 목욕장, 농예 · 축산 · 어류양식용 시설, 그 밖에 이와 비슷한 용도로 사용되는 것 : 자동화재탐지설비, 상수도소화용수설비 및 연결살수설비

20 시설 등의 확인 및 의견청취-시행령 제18조의8

소방청장 또는 시 · 도지사는 위원회의의 원활한 운영을 위하여 필요하다고 인정하는 경우 위원회 위원으로 하여금 관련 시설 등을 확인하게 하거나 해당 분야의 전문가 또는 이해관계자 등으로부터 의견을 청취하게 할 수 있다.

10회

10회_정답 및 해설

01	④	02	①	03	②	04	③	05	④	06	③	07	②	08	④	09	①	10	④
11	②	12	③	13	③	14	③	15	①	16	③	17	②	18	③	19	④	20	②

01 특정소방대상물의 관계인에 대한 소방안전교육-법 제23조, 소방안전교육 대상자 등-시행규칙 제16조

- 소방본부장이나 소방서장은 법 제22조를 적용받지 아니하는 특정소방대상물의 관계인에 대하여 특정소방대상물의 화재 예방과 소방안전을 위하여 행정안전부령으로 정하는 바에 따라 소방안전교육을 하여야 한다.
- 소방본부장 또는 소방서장은 법 제23조 제1항의 규정에 의하여 소방안전교육을 실시하고자 하는 때에는 교육일시・장소 등 교육에 필요한 사항을 명시하여 교육일 10일 전까지 교육대상자에게 통보하여야 한다.
- 법 제23조 제2항에 따른 소방안전교육대상자는 다음 각 호의 어느 하나에 해당하는 특정소방대상물의 관계인으로서 관할 소방서장이 교육이 필요하다고 인정하는 사람으로 한다.

1. 소규모의 공장・작업장・점포 등이 밀집한 지역 안에 있는 특정소방대상물
2. 주택으로 사용하는 부분 또는 층이 있는 특정소방대상물
3. 목조 또는 경량철골조 등 화재에 취약한 구조의 특정소방대상물
4. 그 밖에 화재에 대하여 취약성이 높다고 관할 소방본부장 또는 소방서장이 인정하는 특정소방대상물

※ ④번은 화재경계지구에 해당

> ※ 시행령 제26조 근무자 및 거주자에게 소방훈련・교육을 실시하여야 하는 특정소방대상물과 비교해서 구분
> 법 제22조 제1항 전단에서 "대통령령으로 정하는 특정소방대상물"이란 (영)제22조 제1항에 따른 특정소방대상물 중 상시 근무하거나 거주하는 인원(숙박시설의 경우에는 상시 근무하는 인원을 말한다)이 10명 이하인 특정소방대상물을 제외한 것을 말한다.
> ※ 근무하거나 거주하는 인원이 10명 이하 : 관계인에게 소방안전교육을 하는 특정소방대상물
> ※ 10명 이하 특정소방대상물을 제외한 것 : 그 특정소방대상물의 관계인이 특정소방대상물의 근무자 및 거주자에 대한 소방훈련과 교육을 실시하여야 한다.

02 시행규칙 별표 1

종합정밀점검은 소방시설관리업자 또는 소방안전관리자로 선임된 소방시설관리사 및 소방기술사가 실시할 수 있다.

03 시행규칙 별표 2

실제 점검면적에 다음의 가감계수를 곱한다.

구 분	대상용도	가감계수
1류	노유자시설, 숙박시설, 위락시설, 의료시설(정신보건의료기관), 수련시설, 복합건축물(1류에 속하는 시설이 있는 경우)	1.2
2류	문화 및 집회시설, 종교시설, 의료시설(정신보건시설 제외), 교정 및 군사시설(군사시설 제외), 지하가, 복합건축물(1류에 속하는 시설이 있는 경우 제외), 발전시설, 판매시설	1.1
3류	근린생활시설, 운동시설, 업무시설, 방송통신시설, 운수시설	1.0
4류	공장, 위험물 저장 및 처리시설, 창고시설	0.9
5류	공동주택(아파트 제외), 교육연구시설, 항공기 및 자동차 관련 시설, 동물 및 식물 관련 시설, 분뇨 및 쓰레기 처리시설, 군사시설, 묘지 관련 시설, 관광휴게시설, 장례식장, 지하구, 문화재	0.8

04 시행규칙 별표 8

위반행위의 차수에 따른 행정처분의 가중된 처분기준은 최근 1년간 같은 위반행위로 행정처분을 받은 경우에 적용한다. 이 경우 기간의 계산은 위반행위에 대하여 행정처분을 받은 날과 그 처분 후 다시 같은 위반행위를 하여 적발된 날을 기준으로 한다.

05 조치명령 기간을 연기 신청할 수 있는 경우

1. 제5조 제1항 및 제2항에 따른 소방대상물의 개수・이전・제거, 사용의 금지 또는 제한, 사용폐쇄, 공사의 정지 또는 중지, 그 밖의 필요한 조치명령
2. 제9조 제2항에 따른 소방시설에 대한 조치명령
3. 제10조 제2항에 따른 피난시설, 방화구획 및 방화시설에 대한 조치명령
4. 제12조 제2항에 따른 방염대상물품의 제거 또는 방염성능검사 조치명령
5. 제20조 제12항에 따른 소방안전관리자 선임명령
6. 제20조 제13항에 따른 소방안전관리업무 이행명령
7. 제36조 제7항에 따른 형식승인을 받지 아니한 소방용품의 수거・폐기 또는 교체 등의 조치명령
8. 제40조의3 제2항에 따른 중대한 결함이 있는 소방용품의 회수・교환・폐기 조치명령

06 법 제33조의2, 시행규칙 제26조의3

① 소방청장은 관계인 또는 건축주가 적정한 관리업자를 선정할 수 있도록 하기 위하여 관리업자의 신청이 있는 경우 해당 관리업자의 점검능력을 종합적으로 평가하여 공시할 수 있다.
② 점검능력 평가는 대행실적, 점검실적, 기술력, 경력, 신인도의 5가지 항목으로 한다.
④ 소방시설관리업자는 소방시설등 점검능력 평가신청서(전자문서로 된 신청서를 포함한다)에 법에서 규정한 서류(전자문서를 포함한다)를 첨부하여 평가기관에 매년 2월 15일까지 제출하여야 한다.

07 특정소방대상물-시행령 별표 2

① 유스호스텔은 수련시설이다.

③ 정신질환자 관련 시설은 노유자시설이다.

④ 터널 : 차량(궤도차량용은 제외한다) 등의 통행을 목적으로 지하, 해저 또는 산을 뚫어서 만든 것

08 소방시설-시행령 제3조

연결살수설비는 소화활동설비이다.

09 시행령 별표 5

노유자시설의 경우에는 투척용 소화용구 등을 화재안전기준에 따라 산정된 소화기 수량의 2분의 1 이상으로 설치할 수 있다.

10 시행령 별표 5

물분무등소화설비를 설치하여야 하는 특정소방대상물

① 차고, 주차용 건축물 또는 철골 조립식 주차시설. 이 경우 연면적 800m^2 이상인 것만 해당한다.

② 건축물 내부에 설치된 차고 또는 주차장으로서 차고 또는 주차의 용도로 사용되는 부분의 바닥면적이 200m^2 이상인 층

③ 기계장치에 의한 주차시설을 이용하여 20대 이상의 차량을 주차할 수 있는 것

11 수용인원의 산정 방법-시행령 별표 4

- 강당, 문화 및 집회시설, 운동시설, 종교시설 : 해당 용도로 사용하는 바닥면적의 합계를 4.6m^2로 나누어 얻은 수(관람석이 있는 경우 고정식 의자를 설치한 부분은 그 부분의 의자 수로 하고, 긴 의자의 경우에는 의자의 정면 너비를 0.45m로 나누어 얻은 수로 한다)
- 바닥면적을 산정할 때에는 복도, 계단 및 화장실의 바닥면적을 포함하지 않는다.

[참고 1]
- 1층 운동시설 바닥면적(500m^2 − 50m^2) ÷ 4.6m^2 = 97.8 ∴ 98명
  관람석 고정식 의자 50개 ∴ 50명, + [긴 의자(2m ÷ 0.45m = 4.44) ∴ 5 × 20개 = 100명]
- 2층 강당 바닥면적(500m^2 − 50m^2) ÷ 4.6m^2 = 97.8 ∴ 98명

※ 98명 + 50명 + 100명 + 98명 = 수용인원 346명

[참고 2]
- 1층 운동시설 관람석 고정식 의자 50개 ∴ 50명, + [긴 의자(2m ÷ 0.45m = 4.44) ∴ 5 × 20개 = 100명]
- 2층 강당 바닥면적(500m^2 − 50m^2) ÷ 4.6m^2 = 97.8 ∴ 98명

※ 50명 + 100명 + 98명 = 수용인원 248명

※ 저자의 경우 두 가지로 해석해서 수용인원을 계산했다.

※ 수용인원 산정의 관람석 부분은 실무를 적용함에 있어 각각 다르게 해석할 여지는 있다. 관람석 부분의 규정은 침대가 있는 숙박시설처럼 명확하게 정해져 있지 않기 때문이다. 1. 전체 바닥면적과 관람석의 바닥면적을 분리해서 고정식 의자와 긴 의자를 계산 할 것인지, 2. 전체 바닥면적으로 계산하고 의자 부분을 계산해서 합할 건지, 3. 관람석이 있는 경우 관람석 부분의 의자로만 수용인원을 계산할 것인지 등등 의견이 있을 수 있지만, 승진시험에 있어서는 '법 규정 → 이해 → 암기 → 실무 적용'의 순에서 봤을 때 암기가 가장 중요하기 때문에, 수험생 여러분들이 계산 방법을 참고해서 규정을 더 쉽게 암기할 수 있도록 참고 부분을 추가했다.

12 특정소방대상물의 소방시설 설치의 면제기준-시행령 별표 6

자동화재탐지설비 - 자동화재탐지설비의 기능(감지·수신·경보 기능을 말한다)과 성능을 가진 스프링클러설비 또는 물분무등소화설비를 화재안전기준에 적합하게 설치한 경우

13 법 제20조의2

소방안전 특별관리시설물

공항시설, 철도시설, 도시철도시설, 항만시설, 지정문화재인 시설(시설이 아닌 지정문화재를 보호하거나 소장하고 있는 시설을 포함한다), 산업기술단지, 산업단지, 초고층 건축물 및 지하연계 복합건축물, 영화상영관 중 수용인원 1,000명 이상인 영화상영관, 전력용 및 통신용 지하구, 석유비축시설, 천연가스 인수기지 및 공급망, 전통시장(점포가 500개 이상)으로서 대통령령으로 정하는 전통시장, 그 밖에 대통령령으로 정하는 시설물

14 시행규칙 별지 제21호 서식

③ (작동기능점검, 종합정밀점검)소방시설등 자체점검 실시 결과 보고서가 하나로 개정됨

④ 다중이용업의 영업장이 설치된 특정소방대상물로서 연면적이 $2,000m^2$ 이상인 것이어야 한다.

15 우수 소방대상물의 선정 등-시행규칙 제20조의2

소방청장은 법 제25조의2에 따른 우수 소방대상물의 선정 및 관계인에 대한 포상을 위하여 우수 소방대상물의 선정 방법, 평가 대상물의 범위 및 평가 절차 등에 관한 내용이 포함된 시행계획(이하 "시행계획"이라 한다)을 매년 수립·시행하여야 한다.

16 행정처분기준-시행규칙 별표 8

위반사항	근거 법조문	행정처분기준		
		1차	2차	3차
법 제20조 제6항에 따른 소방안전관리 업무를 하지 않거나 거짓으로 한 경우	법 제28조 제2호	경고 (시정명령)	자격정지 6월	자격취소

17 등록사항의 변경신고-법 제31조, 규칙 제24조

법 제31조에서 "행정안전부령이 정하는 중요사항"이라 함은 다음 각 호의 1에 해당하는 사항을 말한다.

1. 명칭·상호 또는 영업소소재지
2. 대표자
3. 기술인력

※ 암기 : 명상소대기

18 법 제36조 제6항

누구든지 다음 각 호의 어느 하나에 해당하는 소방용품을 판매하거나 판매 목적으로 진열하거나 소방시설공사에 사용할 수 없다.

1. 형식승인을 받지 아니한 것
2. 형상등을 임의로 변경한 것
3. 제품검사를 받지 아니하거나 합격표시를 하지 아니한 것

19 제품검사 전문기관의 지정 등-법 제42조 제3항

소방청장은 제1항에 따라 전문기관을 지정하는 경우에는 소방용품의 품질 향상, 제품검사의 기술개발 등에 드는 비용을 부담하게 하는 등 필요한 조건을 붙일 수 있다. 이 경우 그 조건은 공공의 이익을 증진하기 위하여 필요한 최소한도에 한정하여야 하며, 부당한 의무를 부과하여서는 아니 된다.

20 벌칙-법 제49조

1년 이하의 징역 또는 1천만원 이하의 벌금

1. 제4조의4 제2항 또는 제46조 제3항을 위반하여 관계인의 정당한 업무를 방해한 자, 조사·검사 업무를 수행하면서 알게 된 비밀을 제공 또는 누설하거나 목적 외의 용도로 사용한 자
2. 제33조 제1항을 위반하여 관리업의 등록증이나 등록수첩을 다른 자에게 빌려준 자
3. 제34조 제1항에 따라 영업정지처분을 받고 그 영업정지기간 중에 관리업의 업무를 한 자
4. 제25조 제1항을 위반하여 소방시설등에 대한 자체점검을 하지 아니하거나 관리업자 등으로 하여금 정기적으로 점검하게 하지 아니한 자
5. 제26조 제6항을 위반하여 소방시설관리사증을 다른 자에게 빌려주거나 같은 조 제7항을 위반하여 동시에 둘 이상의 업체에 취업한 사람
6. 제36조 제3항에 따른 제품검사에 합격하지 아니한 제품에 합격표시를 하거나 합격표시를 위조 또는 변조하여 사용한 자
7. 제37조 제1항을 위반하여 형식승인의 변경승인을 받지 아니한 자
8. 제39조 제5항을 위반하여 제품검사에 합격하지 아니한 소방용품에 성능인증을 받았다는 표시 또는 제품검사에 합격하였다는 표시를 하거나 성능인증을 받았다는 표시 또는 제품검사에 합격하였다는 표시를 위조 또는 변조하여 사용한 자
9. 제39조의2 제1항을 위반하여 성능인증의 변경인증을 받지 아니한 자
10. 제40조 제1항에 따른 우수품질인증을 받지 아니한 제품에 우수품질인증 표시를 하거나 우수품질인증 표시를 위조하거나 변조하여 사용한 자

※ 1년 이하 1천만원 이하 벌금 암기 : 방해 빌려 정지 점검 표시 승인 성능 우수

CHAPTER 11 # 정답 및 해설 소방시설법

11회_정답 및 해설

01	②	02	④	03	③	04	④	05	④	06	②	07	①	08	④	09	③	10	①
11	②	12	②	13	④	14	③	15	②	16	②	17	④	18	④	19	③	20	④

01 손실보상–법 제6조

소방청장, 특별시장·광역시장·특별자치시장·도지사 또는 특별자치도지사(이하 "시·도지사"라 한다)는 제5조 제1항에 따른 명령으로 인하여 손실을 입은 자가 있는 경우에는 대통령령으로 정하는 바에 따라 보상하여야 한다.

02 특정소방대상물–시행령 별표 2

종교시설

가. 종교집회장으로서 근린생활시설에 해당하지 않는 것

나. 가목의 종교집회장에 설치하는 봉안당(奉安堂)

03 소방특별조사의 항목–시행령 제7조

소방특별조사는 다음 각 호의 세부 항목에 대하여 실시한다. 다만, 소방특별조사의 목적을 달성하기 위하여 필요한 경우에는 법 제9조에 따른 소방시설, 법 제10조에 따른 피난시설·방화구획·방화시설 및 법 제10조의2에 따른 임시소방시설의 설치·유지 및 관리에 관한 사항을 조사할 수 있다.

1. 법 제20조 및 제24조에 따른 소방안전관리 업무 수행에 관한 사항
2. 법 제20조 제6항 제1호에 따라 작성한 소방계획서의 이행에 관한 사항
3. 법 제25조 제1항에 따른 자체점검 및 정기적 점검 등에 관한 사항
4. 「소방기본법」 제12조에 따른 화재의 예방조치 등에 관한 사항
5. 「소방기본법」 제15조에 따른 불을 사용하는 설비 등의 관리와 특수가연물의 저장·취급에 관한 사항
6. 「다중이용업소의 안전관리에 관한 특별법」 제8조부터 제13조까지의 규정에 따른 안전관리에 관한 사항
7. 「위험물안전관리법」 제5조·제6조·제14조·제15조 및 제18조에 따른 안전관리에 관한 사항

04 소방특별조사위원회의 구성 등–시행령 제7조의2

- 소방특별조사위원회는 위원장 1명을 포함한 7명 이내의 위원으로 성별을 고려하여 구성하고, 위원장은 소방본부장이 된다.
- 위원회의 위원은 다음 각 호의 어느 하나에 해당하는 사람 중에서 소방본부장이 임명하거나 위촉한다.
  1. 과장급 직위 이상의 소방공무원
  2. 소방기술사

3. 소방시설관리사
4. 소방 관련 분야의 석사학위 이상을 취득한 사람
5. 소방 관련 법인 또는 단체에서 소방 관련 업무에 5년 이상 종사한 사람
6. 소방공무원 교육기관, 「고등교육법」 제2조의 학교 또는 연구소에서 소방과 관련한 교육 또는 연구에 5년 이상 종사한 사람

05 권한의 위임·위탁 등-시행령 제39조 제5항

소방청장은 다음 각 호의 업무를 소방청장의 허가를 받아 설립한 소방기술과 관련된 법인 또는 단체 중에서 해당 업무를 처리하는 데 필요한 관련 인력과 장비를 갖춘 법인 또는 단체에 위탁한다.

1. 법 제26조 제4항 및 제5항에 따른 소방시설관리사증의 발급·재발급에 관한 업무
2. 법 제33조의2 제1항에 따른 점검능력 평가 및 공시에 관한 업무
3. 법 제33조의2 제4항에 따른 데이터베이스 구축에 관한 업무

※ 참고

출제위원의 개인적인 성향이나 어떤 의도로 문제를 출제했는지는 정확히 파악하기 어렵다. 물론 시시비비를 가려야 할 문제는 아예 없어야 하는 게 당연하지만 매년 1~2 문제씩 나오곤 한다. 그 또한 시험의 일부라 생각하고 문제 지문을 꼼꼼히 보고 정답을 맞히는 것만이 최선이라 생각해야 한다. 저자의 경우 예전 승진시험을 봤을 때 어떤 문제의 답이 명백히 1번이라면 다른 지문은 보지도 않고 다음 문제를 풀었다. 그만큼 자신감을 가지기도 했었지만, 시험시간이 그리 넉넉하지 않기 때문에 시간을 줄이려는 게 가장 큰 이유였다. 하지만 위의 5번 문제처럼 모든 지문을 다 살펴봐야 풀 수 있는 문제라면 일단 체크 해놓고 제일 나중에 푸는 것이 시험 시간을 최대한 활용할 수 있는 방법이라 생각한다.

위의 5번 문제 4번 지문과 최종 모의고사 8회 7번 문제 4번 지문은 같지만 다른 지문에 따라서 맞는 지문이 되기도 하고 틀린 지문이 되기도 한다. 명백히 틀린 지문이 있다면 상대적으로 맞는 지문이 되지만 다른 지문이 전부 맞는 거라면 같은 지문이지만 틀린 것이 된다.

06 ① 소방행정학(소방학 및 소방방재학을 포함한다) 또는 소방안전공학(소방방재공학 및 안전공학을 포함한다) 분야에서 석사학위 이상을 취득한 후 2년 이상 1급 소방안전관리대상물의 소방안전관리자로 근무한 실무경력이 있는 사람이 특급 소방안전관리대상물의 소방안전관리에 관한 시험에 합격한 경우 특급 소방안전관리자로 선임할 수 있다.

③ 소방 관련 분야의 박사학위를 가진 사람은 관리사시험의 출제 및 채점위원으로 위촉할 수 있다.

④ 소방 관련 학과의 학사학위를 취득하고 소방기술 인정자격수첩을 발급받은 사람이어야 한다.

07 행정처분 기준-시행규칙 별표 8

영업정지 등에 해당하는 위반사항으로서 위반행위의 동기·내용·횟수·사유 또는 그 결과를 고려하여 기준에서 정한 어느 하나에 해당하는 경우에는 그 처분을 가중하거나 감경할 수 있다. 이 경우 그 처분이 영업정지일 때에는 그 처분기준의 2분의 1의 범위에서 가중하거나 감경할 수 있다.

※ ①번은 1차 행정처분기준이 자격취소에 해당한다.

08 소방용품의 형식승인 등-법 제36조 제8항

하나의 소방용품에 두 가지 이상의 형식승인 사항 또는 형식승인과 성능인증 사항이 결합된 경우에는 두 가지 이상의 형식승인 또는 형식승인과 성능인증 시험을 함께 실시하고 하나의 형식승인을 할 수 있다.

09 방염대상물품 및 방염성능기준-시행령 제20조 제3항

소방본부장 또는 소방서장은 제1항에 따른 물품 외에 다음 각 호의 어느 하나에 해당하는 물품의 경우에는 방염처리된 물품을 사용하도록 권장할 수 있다.

1. 다중이용업소, 의료시설, 노유자시설, 숙박시설 또는 장례식장에서 사용하는 침구류 · 소파 및 의자
2. 건축물 내부의 천장 또는 벽에 부착하거나 설치하는 가구류

10 시행규칙 별표 2의2

소방시설별 점검 장비(제18조 제2항 관련)

소방시설	장 비	규 격
공통시설	방수압력측정계, 절연저항계, 전류전압측정계	
소화기구	저 울	
옥내소화전설비 옥외소화전설비	소화전밸브압력계	
스프링클러설비 포소화설비	헤드결합렌치	
이산화탄소소화설비 분말소화설비 할론소화설비 할로겐화합물 및 불활성기체 소화설비	검량계, 기동관누설시험기, 그 밖에 소화약제의 저장량을 측정할 수 있는 점검기구	
자동화재탐지설비 시각경보기	열감지기시험기, 연(煙)감지기시험기, 공기주입시험기, 감지기시험기연결폴대, 음량계	
누전경보기	누전계	누전전류 측정용
무선통신보조설비	무선기	통화시험용
제연설비	풍속풍압계, 폐쇄력측정기, 차압계	
통로유도등 비상조명등	조도계	최소눈금이 0.1럭스 이하인 것

비고 : 종합정밀점검의 경우에는 위 점검 장비를 사용하여야 하며, 작동기능점검의 경우에는 점검 장비를 사용하지 않을 수 있다.

11 소방안전관리자 및 소방안전관리보조자의 선임대상자-시행령 제23조

소방청장이 실시하는 3급 소방안전관리대상물의 소방안전관리에 관한 시험에 합격한 사람. 이 경우 해당 시험은 다음 각 목의 어느 하나에 해당하는 사람만 응시할 수 있다.

가. 의용소방대원으로 2년 이상 근무한 경력이 있는 사람

나. 「위험물안전관리법」 제19조에 따른 자체소방대의 소방대원으로 1년 이상 근무한 경력이 있는 사람

다. 「대통령 등의 경호에 관한 법률」에 따른 경호공무원 또는 별정직공무원으로 1년 이상 안전 검측 업무에 종사한 경력이 있는 사람

라. 경찰공무원으로 2년 이상 근무한 경력이 있는 사람

마. 법 제41조 제1항 제3호 및 이 영 제38조에 따라 특급 소방안전관리대상물, 1급 소방안전관리대상물, 2급 소방안전관리대상물 또는 3급 소방안전관리대상물의 소방안전관리에 대한 강습교육을 수료한 사람

바. 제2항 제7호 바목에 해당하는 사람(공공기관 강습수료)

사. 소방안전관리보조자로 선임될 수 있는 자격이 있는 사람으로서 특급 소방안전관리대상물, 1급 소방안전관리대상물, 2급 소방안전관리대상물 또는 3급 소방안전관리대상물의 소방안전관리보조자로 2년 이상 근무한 실무 경력이 있는 사람

12 시행령 별표 5

비상콘센트설비를 설치하여야 하는 특정소방대상물(위험물 저장 및 처리 시설 중 가스시설 또는 지하구는 제외한다)은 다음의 어느 하나와 같다.

1. 층수가 11층 이상인 특정소방대상물의 경우에는 11층 이상의 층
2. 지하층의 층수가 3층 이상이고 지하층의 바닥면적의 합계가 1천m^2 이상인 것은 지하층의 모든 층
3. 지하가 중 터널로서 길이가 500m 이상인 것

13 시행령 별표 5

상수도소화용수설비를 설치하여야 하는 특정소방대상물은 다음 각 목의 어느 하나와 같다. 다만, 상수도소화용수설비를 설치하여야 하는 특정소방대상물의 대지 경계선으로부터 180m 이내에 지름 75mm 이상인 상수도용 배수관이 설치되지 않은 지역의 경우에는 화재안전기준에 따른 소화수조 또는 저수조를 설치하여야 한다.

가. 연면적 5천m^2 이상인 것. 다만, 위험물 저장 및 처리 시설 중 가스시설, 지하가 중 터널 또는 지하구의 경우에는 그러하지 아니하다.

나. 가스시설로서 지상에 노출된 탱크의 저장용량의 합계가 100톤 이상인 것

14 법 제9조, 시행령 제15조

① 소방본부장이나 소방서장은 소방시설이 화재안전기준에 따라 설치 또는 유지・관리되어 있지 아니할 때에는 해당 특정소방대상물의 관계인에게 필요한 조치를 명할 수 있다.

② 특정소방대상물의 관계인은 소방시설을 유지・관리할 때 소방시설의 기능과 성능에 지장을 줄 수 있는 폐쇄(잠금을 포함한다. 이하 같다)・차단 등의 행위를 하여서는 아니 된다. 다만, 소방시설의 점검・정비를 위한 폐쇄・차단은 할 수 있다.

④ 특정소방대상물의 관계인은 특정소방대상물의 규모・용도 및 수용인원 등을 고려하여 소방시설을 갖추어야 한다.

15 시행령 별표 5의2

임시소방시설을 설치하여야 하는 공사의 종류와 규모

가. 소화기 : 건축허가등을 할 때 소방본부장 또는 소방서장의 동의를 받아야 하는 특정소방대상물의 건축・대수선・용도변경 또는 설치 등을 위한 공사 중 시행령 제15조의5 제1항 각 호에 따른 작업을 하는 현장(이하 "작업현장"이라 한다)에 설치한다.

나. 간이소화장치 : 다음의 어느 하나에 해당하는 공사의 작업현장에 설치한다.

1. 연면적 3천m^2 이상
2. 지하층, 무창층 또는 4층 이상의 층. 이 경우 해당 층의 바닥면적이 600m^2 이상인 경우만 해당한다.

다. 비상경보장치 : 다음의 어느 하나에 해당하는 공사의 작업현장에 설치한다.

1. 연면적 400m^2 이상
2. 지하층 또는 무창층. 이 경우 해당 층의 바닥면적이 150m^2 이상인 경우만 해당한다.

라. 간이피난유도선 : 바닥면적이 150m^2 이상인 지하층 또는 무창층의 작업현장에 설치한다.

16 특정소방대상물의 증축 또는 용도변경 시의 소방시설기준 적용의 특례-시행령 제17조

기존 부분에 대해서만 증축 당시의 소방시설의 설치에 관한 대통령령 또는 화재안전기준을 적용하지 아니한다.

17 시행령 제18조의3, 시행령 제18조의4, 시행령 제18조의5

- 중앙위원회의 위원장은 소방청장이 해당 위원 중에서 위촉하고, 지방위원회의 위원장은 시・도지사가 해당 위원 중에서 위촉한다.
- 위원장이 부득이한 사유로 직무를 수행할 수 없을 때에는 위원장이 지정한 위원이 그 직무를 대리한다.

18 소방안전관리보조자를 두어야 하는 특정소방대상물-시행령 제22조의2

1. 「건축법 시행령」 별표 1 제2호 가목에 따른 아파트(300세대 이상인 아파트만 해당한다)
2. 제1호에 따른 아파트를 제외한 연면적이 1만5천m^2 이상인 특정소방대상물
3. 제1호 및 제2호에 따른 특정소방대상물을 제외한 특정소방대상물 중 다음 각 목의 어느 하나에 해당하는 특정소방대상물

   가. 공동주택 중 기숙사

   나. 의료시설

   다. 노유자시설

   라. 수련시설

   마. 숙박시설(숙박시설로 사용되는 바닥면적의 합계가 1천500m^2 미만이고 관계인이 24시간 상시 근무하고 있는 숙박시설은 제외한다)

※ 보조자 암기 : 아파트 300, 아파트 제외 연만5, 박(천5, 24) 수노의기

19 시행령 제24조의3

① 소방청장은 소방안전 특별관리기본계획을 5년마다 수립・시행하여야 하고, 계획 시행 전년도 10월 31일까지 수립하여 시・도에 통보한다.

② 화재대응을 위한 훈련은 특별관리기본계획에 포함되어야 할 사항이다.

④ 소방청장은 특별관리기본계획을 수립하는 경우 성별, 연령별, 재해약자(장애인・노인・임산부・영유아・어린이 등 이동이 어려운 사람을 말한다)별 화재 피해현황 및 실태 등에 관한 사항을 고려하여야 한다.

20 소방시설관리업의 등록신청 등-시행규칙 제21조, 제22조

• 시・도지사는 소방시설관리업등록증을 교부하거나 등록의 취소 또는 영업정지처분을 한 때에는 이를 시・도의 공보에 공고하여야 한다.

※ 참고 : 법 제33조 관리업의 운영

관리업자는 다음 각 호의 어느 하나에 해당하면 소방안전관리 업무를 대행하게 하거나 소방시설등의 점검업무를 수행하게 한 특정소방대상물의 관계인에게 지체 없이 그 사실을 알려야 한다.

1. 제32조에 따라 관리업자의 지위를 승계한 경우
2. 제34조 제1항에 따라 관리업의 등록취소 또는 영업정지처분을 받은 경우
3. 휴업 또는 폐업을 한 경우

CHAPTER 12 정답 및 해설 소방시설법

12회

12회_정답 및 해설

01	④	02	②	03	①	04	①	05	③	06	④	07	②	08	①	09	③	10	④
11	③	12	③	13	④	14	②	15	②	16	④	17	③	18	③	19	①	20	②

01 소방시설법의 목적-법 제1조
이 법은 화재와 재난・재해, 그 밖의 위급한 상황으로부터 국민의 생명・신체 및 재산을 보호하기 위하여 화재의 예방 및 안전관리에 관한 국가와 지방자치단체의 책무와 소방시설등의 설치・유지 및 소방대상물의 안전관리에 관하여 필요한 사항을 정함으로써 공공의 안전과 복리 증진에 이바지함을 목적으로 한다.

02 용어의 정의-법 제2조
"소방시설등"이란 소방시설과 비상구(非常口), 그 밖에 소방 관련 시설로서 대통령령(방화문, 방화셔터)으로 정하는 것

03 소방시설-시행령 별표 1
물분무등소화설비
1. 물 분무 소화설비
2. 미분무소화설비
3. 포소화설비
4. 이산화탄소소화설비
5. 할론소화설비
6. 할로겐화합물 및 불활성기체(다른 원소와 화학 반응을 일으키기 어려운 기체를 말한다. 이하 같다) 소화설비
7. 분말소화설비
8. 강화액소화설비
9. 고체에어로졸소화설비

04 소방시설등의 자체점검 시 점검인력 배치기준-시행규칙 별표 2
소규모점검의 경우에는 보조인력 1명을 점검인력 1단위로 한다.

05 특정소방대상물-시행령 제5조

- 금융업소, 사무소, 부동산중개사무소, 결혼상담소 등 소개업소, 출판사, 서점, 그 밖에 이와 비슷한 것으로서 같은 건축물에 해당 용도로 쓰는 바닥면적의 합계가 500m^2 미만인 것
- 탁구장, 테니스장, 체육도장, 체력단련장, 에어로빅장, 볼링장, 당구장, 실내낚시터, 골프연습장, 물놀이형 시설, 그 밖에 이와 비슷한 것으로서 같은 건축물에 해당 용도로 쓰는 바닥면적의 합계가 500m^2 미만인 것
- 의약품 판매소, 의료기기 판매소 및 자동차영업소로서 같은 건축물에 해당 용도로 쓰는 바닥면적의 합계가 1천m^2 미만인 것

06 시행령 별표 2

둘 이상의 특정소방대상물이 다음 각 목의 어느 하나에 해당되는 구조의 복도 또는 통로(이하 "연결통로"라 한다)로 연결된 경우에는 이를 하나의 소방대상물로 본다.

1. 내화구조로 된 연결통로가 다음의 어느 하나에 해당되는 경우
   가. 벽이 없는 구조로서 그 길이가 6m 이하인 경우
   나. 벽이 있는 구조로서 그 길이가 10m 이하인 경우. 다만, 벽 높이가 바닥에서 천장까지의 높이의 2분의 1 이상인 경우에는 벽이 있는 구조로 보고, 벽 높이가 바닥에서 천장까지의 높이의 2분의 1 미만인 경우에는 벽이 없는 구조로 본다.
2. 내화구조가 아닌 연결통로로 연결된 경우
3. 컨베이어로 연결되거나 플랜트설비의 배관 등으로 연결되어 있는 경우
4. 지하보도, 지하상가, 지하가로 연결된 경우
5. 방화셔터 또는 갑종 방화문이 설치되지 않은 피트로 연결된 경우
6. 지하구로 연결된 경우

07 법 제2조의3, 시행령 제6조의3, 제6조의4, 제6조의5

- ①, ③번은 시행계획
- ④번은 기본계획

08 수용인원을 고려하는 소방시설-시행령 별표 5

1. 스프링클러설비를 설치하여야 하는 특정소방대상물
   - 문화 및 집회시설(동 · 식물원은 제외한다), 종교시설(주요구조부가 목조인 것은 제외한다), 운동시설(물놀이형 시설은 제외한다)로서 다음의 어느 하나에 해당하는 경우에는 모든 층
     - 수용인원이 100명 이상인 것
   - 판매시설, 운수시설 및 창고시설(물류터미널에 한정한다)로서 바닥면적의 합계가 5천m^2 이상이거나 수용인원이 500명 이상인 경우에는 모든 층
   - 지붕 또는 외벽이 불연재료가 아니거나 내화구조가 아닌 공장 또는 창고시설로서 다음의 어느 하나에 해당하는 것
     - 창고시설(물류터미널에 한정한다) 중 판매시설, 운수시설 및 창고시설(물류터미널에 한정한다)로서 바닥면적의 합계가 5천m^2 이상이거나 수용인원이 500명 이상인 경우에는 모든 층에 해당하지 않는 것으로서 바닥면적의 합계가 2천5백m^2 이상이거나 수용인원이 250명 이상인 것

2. 자동화재탐지설비를 설치하여야 하는 특정소방대상물
   - 노유자 생활시설에 해당하지 않는 노유자시설로서 연면적 400m² 이상인 노유자시설 및 숙박시설이 있는 수련시설로서 수용인원 100명 이상인 것
3. 피난구조설비
   - 인명구조기구 중 공기호흡기를 설치하여야 하는 특정소방대상물
     - 수용인원 100명 이상인 문화 및 집회시설 중 영화상영관
   - 휴대용 비상조명등을 설치하여야 하는 특정소방대상물
     - 수용인원 100명 이상의 영화상영관
4. 소화활동설비
   - 제연설비를 설치하여야 하는 특정소방대상물
     - 문화 및 집회시설, 종교시설, 운동시설로서 무대부의 바닥면적이 200m² 이상 또는 문화 및 집회시설 중 영화 상영관으로서 수용인원 100명 이상인 것

09 위원의 임명 · 위촉-시행령 제18조의4

중앙위원회의 위원은 과장급 직위 이상의 소방공무원과 다음 각 호의 어느 하나에 해당하는 사람 중에서 소방청장이 임명하거나 성별을 고려하여 위촉한다.

1. 소방기술사
2. 석사 이상의 소방 관련 학위를 소지한 사람
3. 소방시설관리사
4. 소방 관련 법인 · 단체에서 소방 관련 업무에 5년 이상 종사한 사람
5. 소방공무원 교육기관, 대학교 또는 연구소에서 소방과 관련된 교육이나 연구에 5년 이상 종사한 사람

※ 시 · 도 소속 소방공무원은 지방위원회의 위원

10 시행규칙 별표 2

- 소방시설관리사 1명 + 보조인력 2 = 점검인력 1단위
- 점검인력 1단위가 하루 동안 점검할 수 있는 특정소방대상물의 연면적
  - 종합정밀점검 : 10,000m²
- 점검인력 1단위에 2명(같은 건축물을 점검할 때에는 4명) 이내의 보조인력을 추가할 수 있다.
- $10{,}000m^2 + (3{,}000m^2 \times 4) = 22{,}000m^2$

11 법 제47조의3, 시행규칙 제44조의3

신고포상금의 지급대상, 지급기준, 지급절차 등에 필요한 사항은 특별시 · 광역시 · 특별자치시 · 도 또는 특별자치도의 조례로 정한다.

12 방염대상물품 및 방염성능기준-시행령 제20조

공간을 구획하기 위하여 설치하는 간이 칸막이(접이식 등 이동 가능한 벽체나 천장 또는 반자가 실내에 접하는 부분까지 구획하지 아니하는 벽체를 말한다)

13 법 제20조, 시행령 제23조의2

① 대통령령으로 정하는 특정소방대상물(이하 이 조에서 “소방안전관리대상물”이라 한다)의 관계인은 소방안전관리 업무를 수행하기 위하여 대통령령으로 정하는 자를 행정안전부령으로 정하는 바에 따라 소방안전관리자 및 소방안전관리보조자로 선임하여야 한다.

② 소방안전관리자를 선임한 경우에는 행정안전부령으로 정하는 바에 따라 선임한 날부터 14일 이내에 소방본부장이나 소방서장에게 신고하고, 소방안전관리 대상물의 출입자가 쉽게 알 수 있도록 소방안전관리자의 성명과 그 밖에 행정안전부령으로 정하는 사항을 게시하여야 한다.

③ 1급 소방안전관리대상물 중 아파트를 제외한 연면적이 1만5천m^2 미만 층수가 11층 이상인 특정소방대상물의 관계인은 관리업자로 하여금 소방안전관리 업무 중 대통령령으로 정하는 업무를 대행하게 할 수 있다.

※ 특정소방대상물 중 소방안전관리자 및 소방안전관리보조자를 선임하여야 하는 대상을 소방안전관리대상물이라 하며, 관리업자로 하여금 소방안전관리 업무의 전부가 아닌 피난시설, 방화구획 및 방화시설의 유지·관리와 소방시설이나 그 밖의 소방 관련 시설의 유지·관리의 업무를 대행하게 할 수 있다.

14 소방시설관리사시험의 응시자격-시행령 제27조

소방시설관리사시험(이하 “관리사시험”이라 한다)에 응시할 수 있는 사람은 다음 각 호와 같다.

1. 소방기술사·위험물기능장·건축사·건축기계설비기술사·건축전기설비기술사 또는 공조냉동기계기술사
2. 소방설비기사 자격을 취득한 후 2년 이상 소방청장이 정하여 고시하는 소방에 관한 실무경력(이하 “소방실무경력”이라 한다)이 있는 사람
3. 소방설비산업기사 자격을 취득한 후 3년 이상 소방실무경력이 있는 사람
4. 「국가과학기술 경쟁력 강화를 위한 이공계지원 특별법」 제2조 제1호에 따른 이공계(이하 “이공계”라 한다) 분야를 전공한 사람으로서 다음 각 목의 어느 하나에 해당하는 사람
   가. 이공계 분야의 박사학위를 취득한 사람
   나. 이공계 분야의 석사학위를 취득한 후 2년 이상 소방실무경력이 있는 사람
   다. 이공계 분야의 학사학위를 취득한 후 3년 이상 소방실무경력이 있는 사람
5. 소방안전공학(소방방재공학, 안전공학을 포함한다) 분야를 전공한 후 다음 각 목의 어느 하나에 해당하는 사람
   가. 해당 분야의 석사학위 이상을 취득한 사람
   나. 2년 이상 소방실무경력이 있는 사람
6. 위험물산업기사 또는 위험물기능사 자격을 취득한 후 3년 이상 소방실무경력이 있는 사람
7. 소방공무원으로 5년 이상 근무한 경력이 있는 사람
8. 소방안전 관련 학과의 학사학위를 취득한 후 3년 이상 소방실무경력이 있는 사람
9. 산업안전기사 자격을 취득한 후 3년 이상 소방실무경력이 있는 사람
10. 다음 각 목의 어느 하나에 해당하는 사람
   가. 특급 소방안전관리대상물의 소방안전관리자로 2년 이상 근무한 실무경력이 있는 사람
   나. 1급 소방안전관리대상물의 소방안전관리자로 3년 이상 근무한 실무경력이 있는 사람
   다. 2급 소방안전관리대상물의 소방안전관리자로 5년 이상 근무한 실무경력이 있는 사람
   라. 3급 소방안전관리대상물의 소방안전관리자로 7년 이상 근무한 실무경력이 있는 사람
   마. 10년 이상 소방실무경력이 있는 사람

15 시행규칙 별표 8

그 밖에 경미한 위반사항에 해당되는 경우

1. 스프링클러설비 헤드가 살수(撒水)반경에 미치지 못하는 경우
2. 자동화재탐지설비 감지기 2개 이하가 설치되지 않은 경우
3. 유도등(誘導燈)이 일시적으로 점등(點燈)되지 않는 경우
4. 유도표지(誘導標識)가 정해진 위치에 붙어 있지 않은 경우

16 소방시설관리업의 등록기준-시행령 제36조

법 제29조 제2항에 따른 소방시설관리업의 등록기준은 별표 9와 같다.

> 시행령 별표 9
>
> 소방시설관리업의 등록기준(제36조 제1항 관련)
>
> 1. 주된 기술인력 : 소방시설관리사 1명 이상
> 2. 보조 기술인력 : 다음의 어느 하나에 해당하는 사람 2명 이상. 다만, 나목부터 라목까지의 규정에 해당하는 사람은 「소방시설공사업법」 제28조 제2항에 따른 소방기술 인정자격 수첩을 발급받은 사람이어야 한다.
>   가. 소방설비기사 또는 소방설비산업기사
>   나. 소방공무원으로 3년 이상 근무한 사람
>   다. 소방 관련 학과의 학사학위를 취득한 사람
>   라. 행정안전부령으로 정하는 소방기술과 관련된 자격·경력 및 학력이 있는 사람

17 형식승인대상 소방용품-시행령 제37조

- 소화기구(소화약제 외의 것을 이용한 간이소화용구는 제외한다)
- 자동소화장치(상업용 주방소화장치는 제외한다)
- 음향장치(경종만 해당한다)
- 완강기(간이완강기 및 지지대를 포함한다)
- 공기호흡기(충전기를 포함한다)
- 소화약제[별표 1 제1호 나목 2)와 3)의 자동소화장치와 같은 호 마목 3)부터 8)까지의 소화설비용만 해당한다]

> ※ 자동소화장치 중 상업용 주방자동소화장치, 캐비닛형 자동소화장치에 사용하는 소화약제
> ※ 물분무등소화설비 중 포소화설비, 이산화탄소소화설비, 할론소화설비, 할로겐화합물 및 불활성기체 소화설비, 분말소화설비, 강화액소화설비에 사용하는 소화약제
> ※ 상업용자동소화장치는 제외지만 소화장치에 사용되는 소화약제는 해당!

18 감독–법 제46조

1. 소방청장, 시・도지사, 소방본부장 또는 소방서장은 다음 각 호의 어느 하나에 해당하는 자, 사업체 또는 소방대상물 등의 감독을 위하여 필요하면 관계인에게 필요한 보고 또는 자료제출을 명할 수 있으며, 관계 공무원으로 하여금 소방대상물・사업소・사무소 또는 사업장에 출입하여 관계 서류・시설 및 제품 등을 검사하거나 관계인에게 질문하게 할 수 있다.
   가. 제29조 제1항에 따른 관리업자
   나. 제25조에 따라 관리업자가 점검한 특정소방대상물
   다. 제26조에 따른 관리사
   라. 제36조 제1항부터 제3항까지 및 제10항의 규정에 따른 소방용품의 형식승인, 제품검사 및 시험시설의 심사를 받은 자
   마. 제37조 제1항에 따라 변경승인을 받은 자
   바. 제39조 제1항, 제2항 및 제6항에 따라 성능인증 및 제품검사를 받은 자
   사. 제42조 제1항에 따라 지정을 받은 전문기관
   아. 소방용품을 판매하는 자
2. 제1항에 따라 출입・검사 업무를 수행하는 관계 공무원은 그 권한을 표시하는 증표를 지니고 이를 관계인에게 내보여야 한다.
3. 제1항에 따라 출입・검사 업무를 수행하는 관계 공무원은 관계인의 정당한 업무를 방해하거나 출입・검사 업무를 수행하면서 알게 된 비밀을 다른 사람에게 누설하여서는 아니 된다.

19 위반행위 신고 내용 처리결과의 통지 등–시행규칙 제44조의3

소방본부장 또는 소방서장은 위반행위의 신고 내용을 확인하여 이를 처리한 경우에는 처리한 날부터 10일 이내에 위반행위 신고 내용 처리결과 통지서를 신고자에게 통지해야 한다.

20 벌칙–법 제48조

- 소방시설에 폐쇄・차단 등의 행위를 한 자는 5년 이하의 징역 또는 5천만원 이하의 벌금에 처한다.
- 위 조항의 죄를 범하여 사람을 상해에 이르게 한 때에는 7년 이하의 징역 또는 7천만원 이하의 벌금에 처하며, 사망에 이르게 한 때에는 10년 이하의 징역 또는 1억원 이하의 벌금에 처한다.

CHAPTER 13 정답 및 해설 소방시설법

13회_정답 및 해설

01	④	02	②	03	④	04	①	05	③	06	④	07	③	08	③	09	④	10	②
11	①	12	①	13	②	14	①	15	②	16	①	17	④	18	④	19	②	20	③

01 업무시설-시행령 별표 2

가. 공공업무시설 : 국가 또는 지방자치단체의 청사와 외국공관의 건축물로서 근린생활시설에 해당하지 않는 것

나. 일반업무시설 : 금융업소, 사무소, 신문사, 오피스텔(업무를 주로 하며, 분양하거나 임대하는 구획 중 일부의 구획에서 숙식을 할 수 있도록 한 건축물로서 국토교통부장관이 고시하는 기준에 적합한 것을 말한다), 그 밖에 이와 비슷한 것으로서 근린생활시설에 해당하지 않는 것

다. 주민자치센터(동사무소), 경찰서, 지구대, 파출소, 소방서, 119안전센터, 우체국, 보건소, 공공도서관, 국민건강보험공단, 그 밖에 이와 비슷한 용도로 사용하는 것

라. 마을회관, 마을공동작업소, 마을공동구판장, 그 밖에 이와 유사한 용도로 사용되는 것

마. 변전소, 양수장, 정수장, 대피소, 공중화장실, 그 밖에 이와 유사한 용도로 사용되는 것

02 소방안전관리보조자를 두어야 하는 특정소방대상물-시행령 제22조의2

1. 「건축법 시행령」 별표 1 제2호 가목에 따른 아파트(300세대 이상인 아파트만 해당한다)
2. 제1호에 따른 아파트를 제외한 연면적이 1만5천m^2 이상인 특정소방대상물
3. 제1호 및 제2호에 따른 특정소방대상물을 제외한 특정소방대상물 중 다음 각 목의 어느 하나에 해당하는 특정소방대상물
   가. 공동주택 중 기숙사
   나. 의료시설
   다. 노유자시설
   라. 수련시설
   마. 숙박시설(숙박시설로 사용되는 바닥면적의 합계가 1천500m^2 미만이고 관계인이 24시간 상시 근무하고 있는 숙박시설은 제외한다)

※ 보조자 암기 : 아파트 300, 아파트 제외 연만5, 박(천5, 24) 수노의기

03 소방특별조사위원회의 구성 등-시행령 제7조의2

① 위원장 1명을 포함한 7명 이내의 위원으로 성별을 고려하여 구성한다.
② 소방관련 법인 또는 단체에서 소방관련 업무에 5년 이상 종사한 사람은 위원회의 위원으로 임명될 수 있다.
③ 위원회의 위원장은 소방본부장이 된다.

04 소방시설의 종류-소방시설법 시행령 별표 5
물분무등소화설비를 설치하여야 하는 특정소방대상물 : 소화수를 수집·처리하는 설비가 설치되어 있지 않은 중·저준위방사성폐기물의 저장시설. 다만, 이 경우에는 이산화탄소소화설비, 할론소화설비 또는 할로겐화합물 및 불활성기체 소화설비를 설치하여야 한다.

05 시행규칙 별표 1
소방시설완공검사증명서를 받은 후 1년이 경과한 후에 사용승인을 받은 경우에는 사용승인을 받은 그 해부터 실시한다. 다만, 그 해의 작동기능점검은 건축물의 사용승인일이 속하는 달의 말일까지 실시한다는 규정에도 불구하고 사용승인일부터 3개월 이내에 실시할 수 있다.

06 연소방지설비는 지하구(전력 또는 통신사업용인 것만 해당한다)에 설치하여야 한다.

07 소방안전관리자를 두어야 하는 특정소방대상물-시행령 제22조
1. 2급 : 옥내소화전, 스프링클러, 간이스프링클러, 물분무등소화설비 설치대상 특정소방대상물
   가. 판매시설로서 연면적 1천5백m^2 이상은 옥내소화전 설치 대상(1급은 연면적 1만5천m^2 이상인 특정소방대상물)
   나. 바닥면적의 합계가 600m^2 이상인 의료시설 중 정신의료기관은 스프링클러 설치 대상
2. 1급 소방안전관리대상물
   가. 30층 이상(지하층은 제외한다)이거나 지상으로부터 높이가 120m 이상인 아파트
   나. 연면적 1만5천m^2 이상인 특정소방대상물(아파트는 제외한다)
   다. 나목에 해당하지 아니하는 특정소방대상물로서 층수가 11층 이상인 특정소방대상물(아파트는 제외한다)
   라. 가연성 가스를 1천톤 이상 저장·취급하는 시설

08 시험위원-시행령 제30조
시험위원의 수는 다음 각 호의 구분에 따른다.
• 출제위원 : 시험 과목별 3명
• 채점위원 : 시험 과목별 5명 이내(제2차 시험의 경우로 한정한다)

09 위원의 임명·위촉-시행령 제18조의4 제2항
지방위원회의 위원은 해당 시·도 소속 소방공무원과 제1항 각 호의 어느 하나에 해당하는 사람 중에서 시·도지사가 임명하거나 성별을 고려하여 위촉한다.

10 소방특별조사 결과에 따른 조치명령-법 제5조

1. 소방청장, 소방본부장 또는 소방서장은 소방특별조사 결과 소방대상물의 위치・구조・설비 또는 관리의 상황이 화재나 재난・재해 예방을 위하여 보완될 필요가 있거나 화재가 발생하면 인명 또는 재산의 피해가 클 것으로 예상되는 때에는 행정안전부령으로 정하는 바에 따라 관계인에게 그 소방대상물의 개수(改修)・이전・제거, 사용의 금지 또는 제한, 사용폐쇄, 공사의 정지 또는 중지, 그 밖의 필요한 조치를 명할 수 있다.
2. 소방청장, 소방본부장 또는 소방서장은 소방특별조사 결과 소방대상물이 법령을 위반하여 건축 또는 설비되었거나 소방시설등, 피난시설・방화구획, 방화시설 등이 법령에 적합하게 설치・유지・관리되고 있지 아니한 경우에는 관계인에게 위에 따른 조치를 명하거나 관계 행정기관의 장에게 필요한 조치를 하여 줄 것을 요청할 수 있다.
3. 소방청장, 소방본부장 또는 소방서장은 관계인이 제1항 및 제2항에 따른 조치명령을 받고도 이를 이행하지 아니한 때에는 그 위반사실 등을 인터넷 등에 공개할 수 있다.

11 시행령 제6조의2

소방청장은 법 제2조의3에 따른 화재안전정책에 관한 기본계획(이하 "기본계획"이라 한다)을 계획 시행 전년도 8월 31일까지 관계 중앙행정기관의 장과 협의를 마친 후 계획 시행 전년도 9월 30일까지 수립하여야 한다.

12 시행령 제20조

섬유류 또는 합성수지류 등을 원료로 하여 제작된 소파・의자(「다중이용업소의 안전관리에 관한 특별법 시행령」 제2조 제1호 나목 및 같은 조 제6호에 따른 단란주점영업, 유흥주점영업 및 노래연습장업의 영업장에 설치하는 것만 해당한다)

13 시행령 별표 5

연결살수설비를 설치하여야 하는 특정소방대상물(지하구는 제외한다)은 다음의 어느 하나와 같다.

1. 판매시설, 운수시설, 창고시설 중 물류터미널로서 해당 용도로 사용되는 부분의 바닥면적의 합계가 1천m^2 이상인 것
2. 지하층(피난층으로 주된 출입구가 도로와 접한 경우는 제외한다)으로서 바닥면적의 합계가 150m^2 이상인 것. 다만, 「주택법 시행령」 제21조 제4항에 따른 국민 주택규모 이하인 아파트등의 지하층(대피시설로 사용하는 것만 해당한다)과 교육연구시설 중 학교의 지하층의 경우에는 700m^2 이상인 것으로 한다.
3. 가스시설 중 지상에 노출된 탱크의 용량이 30톤 이상인 탱크시설
4. 1 및 2의 특정소방대상물에 부속된 연결통로

14 자위소방대 및 초기대응체계의 구성, 운영 및 교육 등-시행규칙 제14조의3

① 소방안전관리대상물의 소방안전관리자는 초기대응체계를 자위소방대에 포함하여 편성하되, 화재 발생 시 초기에 신속하게 대처할 수 있도록 해당 소방안전관리대상물에 근무하는 사람의 근무위치, 근무인원 등을 고려하여 편성하여야 한다.

② 소방안전관리대상물의 소방안전관리자는 해당 특정소방대상물이 이용되고 있는 동안 초기대응체계를 상시적으로 운영하여야 한다.

③ 소방안전관리대상물의 소방안전관리자는 연 1회 이상 자위소방대(초기대응체계를 포함한다)를 소집하여 그 편성 상태를 점검하고, 소방교육을 실시하여야 한다. 이 경우 초기대응체계에 편성된 근무자 등에 대하여는 화재 발생 초기대응에 필요한 기본 요령을 숙지할 수 있도록 소방교육을 실시하여야 한다.

④ 소방안전관리대상물의 소방안전관리자는 소방교육을 실시하였을 때에는 그 실시 결과를 자위소방대 및 초기대응체계 소방교육 실시 결과 기록부에 기록하고, 이를 2년간 보관하여야 한다.

15 피난계획의 수립·시행-시행규칙 제14조의4

피난계획에는 다음 각 호의 사항이 포함되어야 한다.

1. 화재경보의 수단 및 방식
2. 층별, 구역별 피난대상 인원의 현황
3. 장애인, 노인, 임산부, 영유아 및 어린이 등 이동이 어려운 사람(이하 "재해약자"라 한다)의 현황
4. 각 거실에서 옥외(옥상 또는 피난안전구역을 포함한다)로 이르는 피난경로
5. 재해약자 및 재해약자를 동반한 사람의 피난동선과 피난방법
6. 피난시설, 방화구획, 그 밖에 피난에 영향을 줄 수 있는 제반 사항

16 과태료의 부과기준-시행령 별표 10

과태료를 체납하고 있는 위반행위자에 대해서는 그러하지 아니하다.

17 시험방법, 시험의 공고 및 합격자 결정 등-시행규칙 제34조

① 특급 소방안전관리자 시험은 선택형과 서술형으로 구분하여 실시하고, 1급, 2급, 3급 소방안전관리자 시험은 선택형을 원칙으로 하되, 기입형을 덧붙일 수 있다.

② 소방청장은 특급, 1급, 2급 또는 3급 소방안전관리자시험을 실시하고자 하는 때에는 응시자격·시험과목·일시·장소 및 응시절차 등에 관하여 필요한 사항을 모든 응시 희망자가 알 수 있도록 시험 시행일 30일 전에 일간신문 또는 인터넷 홈페이지에 공고하여야 한다.

③ 시험에 있어서는 매 과목 100점을 만점으로 하여 매 과목 40점 이상, 전 과목 평균 70점 이상을 득점한 자를 합격자로 한다.

18 제품검사 전문기관의 지정 등-법 제42조

소방청장은 제품검사를 전문적·효율적으로 실시하기 위하여 다음 각 호의 요건을 모두 갖춘 기관을 제품검사 전문기관(이하 "전문기관"이라 한다)으로 지정할 수 있다.

1. 다음 각 목의 어느 하나에 해당하는 기관일 것
   가. 「과학기술분야 정부출연연구기관 등의 설립·운영 및 육성에 관한 법률」 제8조에 따라 설립된 연구기관
   나. 「공공기관의 운영에 관한 법률」 제4조에 따라 지정된 공공기관
   다. 소방용품의 시험·검사 및 연구를 주된 업무로 하는 비영리 법인
2. 「국가표준기본법」 제23조에 따라 인정을 받은 시험·검사기관일 것
3. 행정안전부령으로 정하는 검사인력 및 검사설비를 갖추고 있을 것
4. 기관의 대표자가 제27조 제1호부터 제3호까지의 어느 하나에 해당하지 아니할 것
5. 제43조에 따라 전문기관의 지정이 취소된 경우에는 지정이 취소된 날부터 2년이 경과하였을 것

19 시행령 별표 5의2

임시소방시설을 설치하여야 하는 공사의 종류와 규모

1. 소화기 : 건축허가등을 할 때 소방본부장 또는 소방서장의 동의를 받아야 하는 특정소방대상물의 건축・대수선・용도변경 또는 설치 등을 위한 공사 중 시행령 제15조의5 제1항 각 호에 따른 작업을 하는 현장(이하 "작업현장"이라 한다)에 설치한다.
2. 간이소화장치 : 다음의 어느 하나에 해당하는 공사의 작업현장에 설치한다.
   가. 연면적 3천m^2 이상
   나. 지하층, 무창층 또는 4층 이상의 층. 이 경우 해당 층의 바닥면적이 600m^2 이상인 경우만 해당한다.
3. 비상경보장치 : 다음의 어느 하나에 해당하는 공사의 작업현장에 설치한다.
   가. 연면적 400m^2 이상
   나. 지하층 또는 무창층. 이 경우 해당 층의 바닥면적이 150m^2 이상인 경우만 해당한다.
4. 간이피난유도선 : 바닥면적이 150m^2 이상인 지하층 또는 무창층의 작업현장에 설치한다.

20 성능인증의 취소 등–법 제39조의3

1. 소방청장은 소방용품의 성능인증을 받았거나 제품검사를 받은 자가 다음 각 호의 어느 하나에 해당되는 때에는 행정안전부령으로 정하는 바에 따라 해당 소방용품의 성능인증을 취소하거나 6개월 이내의 기간을 정하여 해당 소방용품의 제품검사 중지를 명할 수 있다. 다만, 제①호・제②호 또는 제⑤호에 해당하는 경우에는 해당 소방용품의 성능인증을 취소하여야 한다.
   ① 거짓이나 그 밖의 부정한 방법으로 제39조 제1항 및 제6항에 따른 성능인증을 받은 경우
   ② 거짓이나 그 밖의 부정한 방법으로 제39조 제2항에 따른 제품검사를 받은 경우
   ③ 제품검사 시 제39조 제4항에 따른 기술기준에 미달되는 경우
   ④ 제39조 제5항을 위반한 경우(합격표시에 관한)
   ⑤ 제39조의2에 따라 변경인증을 받지 아니하고 해당 소방용품에 대하여 형상 등의 일부를 변경하거나 거짓이나 그 밖의 부정한 방법으로 변경인증을 받은 경우
2. 제1항에 따라 소방용품의 성능인증이 취소된 자는 그 취소된 날부터 2년 이내에 성능인증이 취소된 소방용품과 동일한 품목에 대하여는 성능인증을 받을 수 없다.

CHAPTER 14 정답 및 해설 소방시설법

14회_정답 및 해설

01	①	02	②	03	①	04	③	05	③	06	③	07	③	08	③	09	①	10	②
11	①	12	③	13	④	14	③	15	④	16	①	17	④	18	③	19	②	20	③

01 특정소방대상물-시행령 별표 2

운수시설

가. 여객자동차터미널

나. 철도 및 도시철도 시설(정비창 등 관련 시설을 포함한다)

다. 공항시설(항공관제탑을 포함한다)

라. 항만시설 및 종합여객시설

02 시행규칙 별표 8

관리업 행정처분의 감경 사유

1. 위반행위가 사소한 부주의나 오류 등 과실에 의한 것으로 인정되는 경우
2. 위반의 내용·정도가 경미하여 관계인에게 미치는 피해가 적다고 인정되는 경우
3. 위반행위를 처음으로 한 경우로서, 5년 이상 방염처리업, 소방시설관리업 등을 모범적으로 해 온 사실이 인정되는 경우
4. 그 밖에 다음의 경미한 위반사항에 해당되는 경우
   가. 스프링클러설비 헤드가 살수(撒水)반경에 미치지 못하는 경우
   나. 자동화재탐지설비 감지기 2개 이하가 설치되지 않은 경우
   다. 유도등(誘導燈)이 일시적으로 점등(點燈)되지 않는 경우
   라. 유도표지(誘導標識)가 정해진 위치에 붙어 있지 않은 경우

03 특정소방대상물-시행령 별표 2

복합건축물

1. 하나의 건축물이 시행령 [별표 2] 제1호부터 제27호까지의 것 중 둘 이상의 용도로 사용되는 것
2. 하나의 건축물이 근린생활시설, 판매시설, 업무시설, 숙박시설 또는 위락시설의 용도와 주택의 용도로 함께 사용되는 것

04 시행령 제22조의2 제2항

1. 시행령 제22조의2 제1항 제1호의 경우 : 1명. 다만, 초과되는 300세대마다 1명 이상을 추가로 선임하여야 한다.
2. 시행령 제22조의2 제1항 제2호의 경우 : 1명. 다만, 초과되는 연면적 1만5천m^2(특정소방대상물의 방재실에 자위소방대가 24시간 상시 근무하고 「소방장비관리법 시행령」 별표 1 제1호 가목에 따른 소방자동차 중 소방펌프차, 소방물탱크차, 소방화학차 또는 무인방수차를 운용하는 경우에는 3만m^2로 한다)마다 1명 이상을 추가로 선임해야 한다.
3. 시행령 제22조의2 제1항 제3호의 경우 : 1명

05 건축허가등의 동의요구-시행규칙 제4조

소방시설공사 착공신고대상에 해당되는 경우에 한하는 설계도서

- 건축물의 단면도 및 주단면 상세도(내장재료를 명시한 것에 한한다)
- 창호도

06 시행령 제24조의3

- 소방청장은 소방안전 특별관리기본계획을 5년마다 수립・시행하여야 하고, 계획 시행 전년도 10월 31일까지 수립하여 시・도에 통보한다.
- 시・도지사는 특별관리기본계획을 시행하기 위하여 매년 소방안전 특별관리시행계획을 계획 시행 전년도 12월 31일까지 수립하여야 하고, 시행 결과를 계획 시행 다음 연도 1월 31일까지 소방청장에게 통보하여야 한다.

07 소방시설관리업의 등록증・등록수첩의 재교부 및 반납-시행규칙 제23조

시・도지사는 제1항의 규정에 의한 재교부신청서를 제출받은 때에는 3일 이내에 소방시설관리업등록증 또는 등록수첩을 재교부하여야 한다.

08 법 제4조의3, 시행령 제8조

- 관계인은 천재지변이나 그 밖에 대통령령으로 정하는 사유로 소방특별조사를 받기 곤란한 경우에는 소방특별조사를 통지한 소방청장, 소방본부장 또는 소방서장에게 대통령령으로 정하는 바에 따라 소방특별조사를 연기하여 줄 것을 신청할 수 있다.
- 법 제4조의3 제3항에서 "대통령령으로 정하는 사유"란 다음 각 호의 어느 하나에 해당하는 사유를 말한다.
  1. 태풍, 홍수 등 재난(「재난 및 안전관리 기본법」 제3조 제1호에 해당하는 재난을 말한다)이 발생하여 소방대상물을 관리하기가 매우 어려운 경우
  2. 관계인이 질병, 장기출장 등으로 소방특별조사에 참여할 수 없는 경우
  3. 권한 있는 기관에 자체점검기록부, 교육・훈련일지 등 소방특별조사에 필요한 장부・서류 등이 압수되거나 영치(領置)되어 있는 경우

09 시행규칙 별표 6

한국소방안전원이 갖추어야 하는 시설기준(제41조 관련)

1. 사무실 : 바닥면적 60m^2 이상일 것
2. 강의실 : 바닥면적 100m^2 이상이고 책상·의자, 음향시설, 컴퓨터 및 빔프로젝터 등 교육에 필요한 비품을 갖출 것
3. 실습실 : 바닥면적 100m^2 이상이고, 교육과정별 실습·평가를 위한 교육기자재 등을 갖출 것
4. 교육용기자재 등

교육 대상	교육용기자재 등	수 량
공통 (특급·1급·2급·3급 소방안전관리자, 소방안전관리보조자)	1. 소화기(분말, 이산화탄소, 할로겐화합물 및 불활성기체) 2. 소화기 실습·평가설비 3. 자동화재탐지설비(P형) 실습·평가설비 4. 응급처치 실습·평가장비(마네킹, 심장충격기) 5. 피난설비(유도등, 완강기) 6. 별표 2의2에 따른 소방시설별 점검 장비 7. 사이버교육을 위한 전산장비 및 콘텐츠	각 1개 1식 3식 각 1개 각 1식 각 1개 1식
특급 소방안전관리자	1. 옥내소화전설비 실습·평가설비 2. 스프링클러설비 실습·평가설비 3. 가스계소화설비 실습·평가설비 4. 자동화재탐지설비(R형) 실습·평가설비 5. 제연설비 실습·평가설비	1식 1식 1식 1식 1식
1급 소방안전관리자	1. 옥내소화전설비 실습·평가설비 2. 스프링클러설비 실습·평가설비 3. 자동화재탐지설비(R형) 실습·평가설비	1식 1식 1식
2급 소방안전관리자, 「공공기관의 소방안전관리에 관한 규정」 제2조에 따른 공공기관의 소방안전관리자	1. 옥내소화전설비 실습·평가설비 2. 스프링클러설비 실습·평가설비	1식 1식

10 소방시설을 설치하지 아니할 수 있는 특정소방대상물 및 소방시설의 범위-시행령 별표 7

화재 위험도가 낮은 특정소방대상물로서 석재, 불연성금속, 불연성 건축재료 등의 가공공장·기계조립공장·주물공장 또는 불연성 물품을 저장하는 창고 : 옥외소화전 및 연결살수설비

11 소방시설을 설치하지 아니할 수 있는 특정소방대상물 및 소방시설의 범위-시행령 별표 7

1. 화재 위험도가 낮은 특정소방대상물
2. 화재안전기준을 적용하기 어려운 특정소방대상물
3. 화재안전기준을 다르게 적용하여야 하는 특수한 용도 또는 구조를 가진 특정소방대상물
4. 「위험물안전관리법」 제19조에 따른 자체소방대가 설치된 특정소방대상물

12 시행령 별표 5

복합건축물로서 연면적 5천m^2 이상인 경우에는 모든 층에 설치한다.

13 시행규칙 별표 1

종합정밀점검은 다음의 어느 하나에 해당하는 특정소방대상물을 대상으로 한다.

1. 스프링클러설비가 설치된 특정소방대상물
2. 물분무등소화설비[호스릴(Hose Reel) 방식의 물분무등소화설비만을 설치한 경우는 제외한다]가 설치된 연면적 5,000m^2 이상인 특정소방대상물(위험물 제조소등은 제외)
3. 「다중이용업소의 안전관리에 관한 특별법 시행령」 제2조 제1호 나목(단란주점영업과 유흥주점영업), 같은 조 제2호[영화상영관・비디오물감상실업 및 복합영상물제공업, (비디오물소극장업은 제외한다)]・제6호(노래연습장업)・제7호(산후조리업)・제7호의2(고시원업) 및 제7호의5(안마시술소)의 다중이용업의 영업장이 설치된 특정소방대상물로서 연면적이 2,000m^2 이상인 것
4. 제연설비가 설치된 터널
5. 「공공기관의 소방안전관리에 관한 규정」 제2조에 따른 공공기관 중 연면적(터널・지하구의 경우 그 길이와 평균폭을 곱하여 계산된 값을 말한다)이 1,000m^2 이상인 것으로서 옥내소화전설비 또는 자동화재탐지설비가 설치된 것. 다만, 「소방기본법」 제2조 제5호에 따른 소방대가 근무하는 공공기관은 제외한다.

14 소방시설등의 자체점검 시 점검인력 배치기준–시행규칙 별표 2

① 점검한도 세대수는 종합정밀점검 300세대, 작동기능점검 350세대(소규모점검의 경우에는 90세대)이다.

② 점검인력 1단위에 보조인력을 1명씩 추가할 때마다 종합정밀점검의 경우에는 70세대, 작동기능점검의 경우에는 90세대씩을 점검한도 세대수에 더한다.

④ 종합정밀점검과 작동기능점검을 하루에 점검하는 경우에는 작동기능점검의 점검세대수에 0.8을 곱한 값을 종합정밀점검 점검세대수로 본다.

15 관리업의 운영–법 제33조 제2항

관리업자는 다음 각 호의 어느 하나에 해당하면 소방안전관리 업무를 대행하게 하거나 소방시설등의 점검업무를 수행하게 한 특정소방대상물의 관계인에게 지체 없이 그 사실을 알려야 한다.

1. 제32조에 따라 관리업자의 지위를 승계한 경우
2. 제34조 제1항에 따라 관리업의 등록취소 또는 영업정지처분을 받은 경우
3. 휴업 또는 폐업을 한 경우

16 소방용품의 형식승인 등–법 제36조 제8항

- 주한외국공관 또는 주한외국군 부대에서 사용되는 소방용품의 형식승인 내용에 대하여 공인기관의 평가결과가 있는 경우 형식승인 및 제품검사 시험 중 일부만을 적용하여 형식승인 및 제품검사를 할 수 있다.
- 형식승인의 방법・절차 등과 제3항에 따른 제품검사의 구분・방법・순서・합격표시 등에 관한 사항은 행정안전부령으로 정한다.
- 소방용품의 형상・구조・재질・성분・성능 등(이하 "형상등"이라 한다)의 형식승인 및 제품검사의 기술기준 등에 관한 사항은 소방청장이 정하여 고시한다.

17 방염성능기준 이상의 실내장식물 등을 설치해야 하는 특정소방대상물–시행령 제19조

1. 근린생활시설 중 의원, 조산원, 산후조리원, 체력단련장, 공연장 및 종교집회장
2. 건축물의 옥내에 있는 시설로서 다음 각 목의 시설
   가. 문화 및 집회시설
   나. 종교시설
   다. 운동시설(수영장은 제외한다)
3. 의료시설
4. 교육연구시설 중 합숙소
5. 노유자시설
6. 숙박이 가능한 수련시설
7. 숙박시설
8. 방송통신시설 중 방송국 및 촬영소
9. 다중이용업소
10. 제1호부터 제9호까지의 시설에 해당하지 않는 것으로서 층수가 11층 이상인 것(아파트는 제외한다)

18 시행령 제23조

1급 소방안전관리대상물의 관계인은 다음 각 호의 어느 하나에 해당하는 사람 중에서 소방안전관리자를 선임하여야 한다.

1. 소방청장이 실시하는 1급 소방안전관리대상물의 소방안전관리에 관한 시험에 합격한 사람. 이 경우 해당 시험은 다음 각 목의 어느 하나에 해당하는 사람만 응시할 수 있다.
   가. 대학에서 소방안전관리학과를 전공하고 졸업한 사람(법령에 따라 이와 같은 수준의 학력이 있다고 인정되는 사람을 포함한다)으로서 해당 학과를 졸업한 후 2년 이상 2급 소방안전관리대상물 또는 3급 소방안전관리대상물의 소방안전관리자로 근무한 실무경력이 있는 사람
   나. 다음 ①부터 ③까지의 어느 하나에 해당하는 사람으로서 해당 요건을 갖춘 후 3년 이상 2급 소방안전관리대상물 또는 3급 소방안전관리대상물의 소방안전관리자로 근무한 실무경력이 있는 사람
      ① 대학에서 소방안전 관련 교과목을 12학점 이상 이수하고 졸업한 사람
      ② 법령에 따라 ①에 해당하는 사람과 같은 수준의 학력이 있다고 인정되는 사람으로서 해당 학력 취득 과정에서 소방안전 관련 교과목을 12학점 이상 이수한 사람
      ③ 대학에서 소방안전 관련 학과를 전공하고 졸업한 사람(법령에 따라 이와 같은 수준의 학력이 있다고 인정되는 사람을 포함한다)
   다. 소방행정학(소방학, 소방방재학을 포함한다) 또는 소방안전공학(소방방재공학, 안전공학을 포함한다) 분야에서 석사학위 이상을 취득한 사람
   라. 가목 및 나목에 해당하는 경우 외에 5년 이상 2급 소방안전관리대상물의 소방안전관리자로 근무한 실무경력이 있는 사람
   마. 법 제41조 제1항 제3호 및 이 영 제38조에 따라 특급 소방안전관리대상물 또는 1급 소방안전관리대상물의 소방안전관리에 대한 강습교육을 수료한 사람
   바. 「공공기관의 소방안전관리에 관한 규정」 제5조 제1항 제2호 나목에 따른 강습교육을 수료한 사람
   사. 2급 소방안전관리대상물의 소방안전관리자로 선임될 수 있는 자격이 있는 사람으로서 특급 또는 1급 소방안전관리대상물의 소방안전관리보조자로 5년 이상 근무한 실무경력이 있는 사람
   아. 2급 소방안전관리대상물의 소방안전관리자로 선임될 수 있는 자격이 있는 사람으로서 2급 소방안전관리대상물의 소방안전관리보조자로 7년 이상 근무한 실무경력(특급 또는 1급 소방안전관리대상물의 소방안전관리보조자로 근무한 5년 미만의 실무경력이 있는 경우에는 이를 포함하여 합산한다)이 있는 사람

19 시험 과목-시행령 제29조

제2차시험

가. 소방시설의 점검실무행정(점검절차 및 점검기구 사용법을 포함한다)

나. 소방시설의 설계 및 시공

20 과태료의 부과기준-시행령 제40조

1. 소방시설 중 소화펌프를 고장 상태로 방치한 경우 : 200만원
2. 피난시설, 방화구획 또는 방화시설을 폐쇄・훼손・변경하는 등의 행위를 한 경우 2차 : 200만원
3. 소방안전관리자 선임 지연신고기간이 3개월 이상이거나 신고를 하지 않은 경우 : 100만원
4. 피난유도 안내정보를 제공하지 아니한 경우 1차 : 50만원

CHAPTER 15 # 정답 및 해설 소방시설법

15회

15회_정답 및 해설

01	①	02	④	03	④	04	①	05	③	06	③	07	④	08	②	09	③	10	④
11	②	12	③	13	①	14	④	15	②	16	④	17	③	18	②	19	④	20	④

01 소방시설을 설치하지 아니할 수 있는 특정소방대상물 및 소방시설의 범위-시행령 별표 7

구 분	특정소방대상물	소방시설
화재 위험도가 낮은 특정소방대상물	석재, 불연성금속, 불연성 건축재료 등의 가공공장·기계조립공장·주물공장 또는 불연성 물품을 저장하는 창고	옥외소화전 및 연결살수설비
	「소방기본법」 제2조 제5호에 따른 소방대(消防隊)가 조직되어 24시간 근무하고 있는 청사 및 차고	옥내소화전설비, 스프링클러설비, 물분무등소화설비, 비상방송설비, 피난기구, 소화용수설비, 연결송수관설비, 연결살수설비
화재안전기준을 적용하기 어려운 특정소방대상물	펄프공장의 작업장, 음료수 공장의 세정 또는 충전을 하는 작업장, 그 밖에 이와 비슷한 용도로 사용하는 것	스프링클러설비, 상수도소화용수설비 및 연결살수설비
	정수장, 수영장, 목욕장, 농예·축산·어류양식용 시설, 그 밖에 이와 비슷한 용도로 사용되는 것	자동화재탐지설비, 상수도소화용수설비 및 연결살수설비
화재안전기준을 달리 적용하여야 하는 특수한 용도 또는 구조를 가진 특정소방대상물	원자력발전소, 핵폐기물처리시설	연결송수관설비 및 연결살수설비
「위험물안전관리법」 제19조에 따른 자체소방대가 설치된 특정소방대상물	자체소방대가 설치된 위험물 제조소등에 부속된 사무실	옥내소화전설비, 소화용수설비, 연결살수설비 및 연결송수관설비

02 등록사항의 변경신고 등-시행규칙 제25조
기술인력을 변경하는 경우 소방시설관리업등록증은 첨부서류에 포함되지 않는다.

03 건축허가등의 동의대상물의 범위 등-시행령 제12조 제2항

다음 각 호의 어느 하나에 해당하는 특정소방대상물은 소방본부장 또는 소방서장의 건축허가등의 동의대상에서 제외된다.

1. 별표 5에 따라 특정소방대상물에 설치되는 소화기구, 누전경보기, 피난기구, 방열복·방화복·공기호흡기 및 인공소생기, 유도등 또는 유도표지가 화재안전기준에 적합한 경우 그 특정소방대상물(암기 : 소누피 열화공 인유표)
2. 건축물의 증축 또는 용도변경으로 인하여 해당 특정소방대상물에 추가로 소방시설이 설치되지 아니하는 경우 그 특정소방대상물
3. 법 제9조의3 제1항에 따라 성능위주설계를 한 특정소방대상물

04 점검능력의 평가-시행규칙 제26조의4

평가기관은 점검능력 평가 결과를 매년 7월 31일까지 1개 이상의 일간신문(「신문 등의 진흥에 관한 법률」 제9조 제1항에 따라 전국을 보급지역으로 등록한 일간신문을 말한다) 또는 평가기관의 인터넷 홈페이지를 통하여 공시하고, 시·도지사에게 이를 통보하여야 한다.

05 시행령 제22조의2 제2항

보조자선임대상 특정소방대상물의 관계인이 선임하여야 하는 소방안전관리보조자의 최소 선임기준은 다음 각 호와 같다.

1. 300세대 이상인 아파트 1명. 다만, 초과되는 300세대마다 1명 이상을 추가로 선임하여야 한다.
   ※ 600세대 : 최소 2명
2. 아파트를 제외한 연면적이 1만5천m^2 이상인 특정소방대상물 1명. 다만, 초과되는 연면적 1만5천m^2(특정소방대상물의 방재실에 자위소방대가 24시간 상시 근무하고 「소방장비관리법 시행령」 별표 1 제1호 가목에 따른 소방자동차 중 소방펌프차, 소방물탱크차, 소방화학차 또는 무인방수차를 운용하는 경우에는 3만m^2로 한다)마다 1명 이상을 추가로 선임해야 한다.
   ※ 아파트를 제외한 연면적 4만5천m^2인 특정소방대상물 : 3명
   ※ 특정소방대상물의 방재실에 자위소방대가 24시간 상시 근무하고 소방펌프차를 운용하는 연면적 6만m^2인 특정소방대상물 : 2명
3. 공동주택 중 기숙사, 의료시설, 노유자시설, 수련시설, 숙박시설(숙박시설로 사용되는 바닥면적의 합계가 1천500m^2 미만이고 관계인이 24시간 상시 근무하고 있는 숙박시설은 제외한다) 1명
   ※ 수련시설 : 1명

06 소방시설관리업의 등록기준-시행령 제36조

시행령 별표 9

소방시설관리업의 등록기준(제36조 제1항 관련)

1. 주된 기술인력 : 소방시설관리사 1명 이상
2. 보조 기술인력 : 다음의 어느 하나에 해당하는 사람 2명 이상. 다만, 나목부터 라목까지의 규정에 해당하는 사람은 「소방시설공사업법」 제28조 제2항에 따른 소방기술 인정자격 수첩을 발급받은 사람이어야 한다.
   가. 소방설비기사 또는 소방설비산업기사
   나. 소방공무원으로 3년 이상 근무한 사람
   다. 소방 관련 학과의 학사학위를 취득한 사람
   라. 행정안전부령으로 정하는 소방기술과 관련된 자격·경력 및 학력이 있는 사람

07 시행규칙 별표 8

그 처분이 영업정지 또는 자격정지일 때에는 그 처분기준의 2분의 1 범위에서 가중하거나 감경할 수 있고, 등록취소 또는 자격취소일 때에는 등록취소 또는 자격취소 전 차수의 행정처분이 영업정지 또는 자격정지이면 그 처분기준의 2배 이상의 영업정지 또는 자격정지로 감경(법 제19조 제1항 제1호·제3호, 법 제28조 제1호·제4호·제5호·제7호, 및 법 제34조 제1항 제1호·제4호·제7호를 위반하여 등록취소 또는 자격취소 된 경우는 제외한다)할 수 있다.

※ 밑줄부분 보충설명 : 법 제19조는 삭제되었으나 시행규칙은 개정이 되지 않았다. 나머지는 관리사, 관리업의 당연취소 사유에 해당한다. 1차 행정처분이 자격 또는 등록취소인데 전 차수도 없을 뿐더러 가중이나 감경사유를 적용시킬 수도 없기 때문이다.

08 법 제4조의3, 시행령 제8조, 시행규칙 제1조의2

소방청장, 소방본부장 또는 소방서장은 법 제4조의3 제4항에 따라 소방특별조사의 연기를 승인한 경우라도 연기기간이 끝나기 전에 연기사유가 없어졌거나 긴급히 조사를 하여야 할 사유가 발생하였을 때에는 관계인에게 통보하고 소방특별조사를 할 수 있다.

09 건축허가등의 동의요구-시행규칙 제4조

보완기간은 회신기간에 산입하지 아니한다.

10 시행령 별표 5

Ⓐ 물분무등소화설비 : 차고, 주차용 건축물 또는 철골 조립식 주차시설. 이 경우 연면적 800m^2 이상인 것만 해당한다.

Ⓑ 비상조명등 : 지하층을 포함하는 층수가 5층 이상인 건축물로서 연면적 3천m^2 이상인 것

Ⓒ 자동화재탐지설비 : 교육연구시설(교육시설 내에 있는 기숙사 및 합숙소를 포함한다), 수련시설(수련시설 내에 있는 기숙사 및 합숙소를 포함하며, 숙박시설이 있는 수련시설은 제외한다), 동물 및 식물 관련 시설(기둥과 지붕만으로 구성되어 외부와 기류가 통하는 장소는 제외한다), 분뇨 및 쓰레기 처리시설, 교정 및 군사시설(국방·군사시설은 제외한다) 또는 묘지 관련 시설로서 연면적 2천m^2 이상인 것

Ⓓ 제연설비 : 지하층이나 무창층에 설치된 근린생활시설, 판매시설, 운수시설, 숙박시설, 위락시설, 의료시설, 노유자시설 또는 창고시설(물류터미널만 해당한다)로서 해당 용도로 사용되는 바닥면적의 합계가 1천m^2 이상인 층

11 방염대상물품 및 방염성능기준-시행령 제20조 제2항

1. 버너의 불꽃을 제거한 때부터 불꽃을 올리며 연소하는 상태가 그칠 때까지 시간은 20초 이내일 것
2. 버너의 불꽃을 제거한 때부터 불꽃을 올리지 아니하고 연소하는 상태가 그칠 때까지 시간은 30초 이내일 것
3. 탄화(炭化)한 면적은 50cm^2 이내, 탄화한 길이는 20cm 이내일 것
4. 불꽃에 의하여 완전히 녹을 때까지 불꽃의 접촉 횟수는 3회 이상일 것
5. 소방청장이 정하여 고시한 방법으로 발연량(發煙量)을 측정하는 경우 최대연기밀도는 400 이하일 것

12 소방안전관리자를 두어야 하는 특정소방대상물-시행령 제22조 제2항

건축물대장의 건축물현황도에 표시된 대지경계선 안의 지역 또는 인접한 2개 이상의 대지에 소방안전관리자를 두어야 하는 특정소방대상물이 둘 이상 있고, 그 관리에 관한 권원(權原)을 가진 자가 동일인인 경우에는 이를 하나의 특정소방대상물로 보되, 그 특정소방대상물이 시행령 제1항 제1호부터 제4호까지의 규정 중 둘 이상에 해당하는 경우에는 그 중에서 급수가 높은 특정소방대상물로 본다.

13 법 제20조의2, 시행령 제24조의2

- 소방안전 특별관리시설물
  공항시설, 철도시설, 도시철도시설, 항만시설, 지정문화재인 시설(시설이 아닌 지정문화재를 보호하거나 소장하고 있는 시설을 포함한다), 산업기술단지, 산업단지, 초고층 건축물 및 지하연계 복합건축물, 영화상영관 중 수용인원 1,000명 이상인 영화상영관, 전력용 및 통신용 지하구, 석유비축시설, 천연가스 인수기지 및 공급망, 전통시장으로서 대통령령으로 정하는 전통시장(점포 500개), 그 밖에 대통령령으로 정하는 시설물
- 법 제20조의2 제1항 제14호에서 "대통령령으로 정하는 시설물"이란 「전기사업법」 제2조 제4호에 따른 발전사업자가 가동 중인 발전소[발전원의 종류별로 「발전소주변지역 지원에 관한 법률 시행령」 제2조 제2항에 따른 발전소(시설용량이 2천킬로와트 이하인 발전소)는 제외한다]를 말한다.

※ 참고 : 발전소주변지역 지원에 관한 법률 시행령 제2조 제2항

- 신에너지 및 재생에너지를 이용하여 발전하는 발전소(수력을 생산하는 발전소 중 시설용량이 1만킬로와트를 초과하는 수력발전소는 제외한다) : 시설용량이 2천킬로와트 이하인 발전소

14 특정소방대상물의 소방안전관리-법 제20조

대통령령으로 정하는 소방안전관리대상물의 관계인은 관리업자로 하여금 소방안전관리 업무 중 대통령령으로 정하는 업무를 대행하게 할 수 있으며, 이 경우 소방안전관리 업무를 대행하는 자를 감독할 수 있는 자를 소방안전관리자로 선임할 수 있다.

15 시행령 별표 5

연결송수관설비를 설치하여야 하는 특정소방대상물(위험물 저장 및 처리 시설 중 가스시설 또는 지하구는 제외한다)은 다음의 어느 하나와 같다.

1. 층수가 5층 이상으로서 연면적 6천m^2 이상인 것
2. 1에 해당하지 않는 특정소방대상물로서 지하층을 포함하는 층수가 7층 이상인 것
3. 1 및 2에 해당하지 않는 특정소방대상물로서 지하층의 층수가 3층 이상이고 지하층 바닥면적의 합계가 1천m^2 이상인 것
4. 지하가 중 터널로서 길이가 1천m 이상인 것

16 시행규칙 별표 8

등록기준에 미달하게 된 경우 1차 경고(시정명령)이지만 기술 인력이 퇴직하거나 해임되어 30일 이내에 재선임하여 신고하는 경우는 제외한다(행정처분 없음).

①번 등록취소, ②번 경고(시정명령), ③번 등록취소(①, ②, ③ 모두 행정처분 있음)

17 시행령 별표 7

화재안전기준을 적용하기 어려운 특정소방대상물로서 펄프공장의 작업장, 음료수 공장의 세정 또는 충전을 하는 작업장, 그 밖에 이와 비슷한 용도로 사용하는 것 : 스프링클러설비, 상수도소화용수설비 및 연결살수설비

18 시행령 제23조 제1항

소방설비기사의 자격을 취득한 후 5년 이상 1급 소방안전관리대상물의 소방안전관리자로 근무한 실무경력(법 제20조 제3항에 따라 소방안전관리자로 선임되어 근무한 경력은 제외한다. 이하 이 조에서 같다)이 있는 사람

(※ 업무대행 경력 제외 : 업무대행을 하게 한 경우 소방안전관리 업무를 대행하는 자를 감독할 수 있는 자를 소방안전관리자로 선임하기 때문에 실무경력에 포함되지 않는다)

19 규제의 재검토-시행규칙 제45조, 지위승계신고 등-제26조, 연소 우려가 있는 건축물의 구조-제7조, 별표 1

터널・지하구의 경우 그 길이와 평균 폭을 곱하여 계산된 값을 말한다.

20 특정소방대상물-시행령 별표 2

※ 제28호 지하구의 종류
1. 전력 또는 통신사업용 지하 인공구조물로서 전력구(케이블 접속부가 없는 경우에는 제외한다) 또는 통신구 방식으로 설치된 것
2. 1 외의 지하 인공구조물로서 폭이 1.8미터 이상이고 높이가 2미터 이상이며 길이가 50미터 이상인 것
3. 「국토의 계획 및 이용에 관한 법률」 제2조 제9호에 따른 공동구

- 「국토의 계획 및 이용에 관한 법률」 제2조 제9호에 따른 공동구 : 무선통신보조설비
- 전력 또는 통신사업용 지하구 : 연소방지설비

※ 지하구의 경우 크게 3가지로 구분할 수 있다.
모든 종류의 지하구에 설치하여야 하는 소방시설은 소화기구, 자동화재탐지설비, 피난구유도등, 통로유도등 및 유도표지, 통합감시시설이다.

CHAPTER 16 정답 및 해설

소방시설법

16회_정답 및 해설

01	④	02	④	03	①	04	②	05	③	06	④	07	②	08	③	09	②	10	①
11	③	12	①	13	④	14	④	15	④	16	①	17	②	18	③	19	③	20	②

01 화재안전정책기본계획 등의 수립 · 시행–법 제2조의3
기본계획과 시행계획을 통보받은 관계 중앙행정기관의 장 또는 시 · 도지사는 소관 사무의 특성을 반영한 세부 시행계획을 수립하여 시행하여야 하고, 시행결과를 소방청장에게 통보하여야 한다.

02 소방특별조사–법 제4조
소방특별조사의 세부 항목, 소방특별조사위원회의 구성 · 운영에 필요한 사항은 대통령령으로 정한다.

03 ① 3년 이하의 징역 또는 3천만원 이하의 벌금
② 1년 이하의 징역 또는 1천만원 이하의 벌금
③ 300만원 이하의 벌금
④ 200만원 이하의 과태료

04 손실보상–시행령 제11조
손실보상에 관하여는 시 · 도지사와 손실을 입은 자가 협의하여야 한다.

05 건축허가등의 동의대상물의 범위 등–시행령 제12조 제1항 제5호
특정소방대상물 중 조산원, 산후조리원, 위험물 저장 및 처리 시설, 발전시설 중 전기저장시설, 지하구

06 성능위주설계를 해야 하는 특정소방대상물의 범위–시행령 제15조의3
1. 연면적 20만제곱미터 이상인 특정소방대상물. 다만, 별표 2 제1호에 따른 공동주택 중 주택으로 쓰이는 층수가 5층 이상인 주택(이하 이 조에서 "아파트등"이라 한다)은 제외한다.
2. 다음 각 목의 특정소방대상물
가. 50층 이상(지하층은 제외한다)이거나 지상으로부터 높이가 200미터 이상인 아파트등

나. 30층 이상(지하층을 포함한다)이거나 지상으로부터 높이가 120미터 이상인 특정소방대상물(아파트등은 제외한다)

3. 연면적 3만제곱미터 이상인 특정소방대상물로서 다음 각 목의 어느 하나에 해당하는 특정소방대상물
   가. 별표 2 제6호 나목의 철도 및 도시철도 시설
   나. 별표 2 제6호 다목의 공항시설
4. 하나의 건축물에 「영화 및 비디오물의 진흥에 관한 법률」 제2조 제10호에 따른 영화상영관이 10개 이상인 특정소방대상물
5. 「초고층 및 지하연계 복합건축물 재난관리에 관한 특별법」 제2조 제2호에 따른 지하연계 복합건축물에 해당하는 특정소방대상물

07 60 + 5 + 9 + 6 + 12 = 92

08 방염성능기준 이상의 실내장식물 등을 설치해야 하는 특정소방대상물-시행령 제19조

1. 근린생활시설 중 의원, 조산원, 산후조리원, 체력단련장, 공연장 및 종교집회장
2. 건축물의 옥내에 있는 시설로서 다음 각 목의 시설
   가. 문화 및 집회시설
   나. 종교시설
   다. 운동시설(수영장은 제외한다)
3. 의료시설
4. 교육연구시설 중 합숙소
5. 노유자시설
6. 숙박이 가능한 수련시설
7. 숙박시설
8. 방송통신시설 중 방송국 및 촬영소
9. 다중이용업소
10. 제1호부터 제9호까지의 시설에 해당하지 않는 것으로서 층수가 11층 이상인 것(아파트는 제외한다)

09 1급 소방안전관리대상물-시행령 제22조 제1항 제2호

가. 30층 이상(지하층은 제외한다)이거나 지상으로부터 높이가 120미터 이상인 아파트
나. 연면적 1만5천제곱미터 이상인 특정소방대상물(아파트는 제외한다)
다. 나목에 해당하지 아니하는 특정소방대상물로서 층수가 11층 이상인 특정소방대상물(아파트는 제외한다)
라. 가연성 가스를 1천톤 이상 저장・취급하는 시설

10 ②・④의 응시자격을 갖추고 소방청장이 실시하는 특급 소방안전관리대상물의 소방안전관리에 관한 시험에 합격한 사람
③은 1급 소방안전관리 대상물의 소방안전관리자

11 소방안전관리대상물의 소방계획서 작성 등–시행령 제24조

소방계획서에는 다음 각 호의 사항이 포함되어야 한다.

1. 소방안전관리대상물의 위치 · 구조 · 연면적 · 용도 및 수용인원 등 일반 현황
2. 소방안전관리대상물에 설치한 소방시설 · 방화시설(防火施設), 전기시설 · 가스시설 및 위험물시설의 현황
3. 화재 예방을 위한 자체점검계획 및 진압대책
4. 소방시설 · 피난시설 및 방화시설의 점검 · 정비계획
5. 피난층 및 피난시설의 위치와 피난경로의 설정, 장애인 및 노약자의 피난계획 등을 포함한 피난계획
6. 방화구획, 제연구획, 건축물의 내부 마감재료(불연재료 · 준불연재료 또는 난연재료로 사용된 것을 말한다) 및 방염물품의 사용현황과 그 밖의 방화구조 및 설비의 유지 · 관리계획
7. 법 제22조에 따른 소방훈련 및 교육에 관한 계획
8. 법 제22조를 적용받는 특정소방대상물의 근무자 및 거주자의 자위소방대 조직과 대원의 임무(장애인 및 노약자의 피난 보조 임무를 포함한다)에 관한 사항
9. 화기 취급 작업에 대한 사전 안전조치 및 감독 등 공사 중 소방안전관리에 관한 사항
10. 공동 및 분임 소방안전관리에 관한 사항
11. 소화와 연소 방지에 관한 사항
12. 위험물의 저장 · 취급에 관한 사항(「위험물안전관리법」 제17조에 따라 예방규정을 정하는 제조소등은 제외한다)
13. 그 밖에 소방안전관리를 위하여 소방본부장 또는 소방서장이 소방안전관리대상물의 위치 · 구조 · 설비 또는 관리 상황 등을 고려하여 소방안전관리에 필요하여 요청하는 사항

12 소방안전 특별관리기본계획 · 시행계획의 수립 · 시행–시행령 제24조의3

- 소방청장은 소방안전 특별관리기본계획을 5년마다 수립 · 시행하여야 하고, 계획 시행 전년도 10월 31일까지 수립하여 시 · 도에 통보한다.
- 시 · 도지사는 특별관리기본계획을 시행하기 위하여 매년 소방안전 특별관리시행계획을 계획 시행 전년도 12월 31일까지 수립하여야 하고, 시행 결과를 계획 시행 다음 연도 1월 31일까지 소방청장에게 통보하여야 한다.

13 특정소방대상물–시행령 별표 5

종교집회장은 해당 용도로 쓰는 바닥면적의 합계가 300m^2 미만이 근린생활시설에 해당

14 소방용품–시행령 별표 3

누전경보기 및 가스누설경보기

15 ① 자동소화장치 : 아파트등 및 30층 이상 오피스텔의 모든 층

② 스프링클러설비 : 층수가 6층 이상인 특정소방대상물의 경우에는 모든 층

③ 물분무등소화설비 : 차고, 주차용 건축물 또는 철골 조립식 주차시설. 이 경우 연면적 800m^2 이상인 것만 해당

16 소방안전관리자 및 소방안전관리보조자의 실무교육 등-시행규칙 제36조

안전원장은 법 제41조 제1항에 따른 소방안전관리자 및 소방안전관리보조자에 대한 실무교육의 교육대상, 교육일정 등 실무교육에 필요한 계획을 수립하여 매년 소방청장의 승인을 얻어 교육실시 30일 전까지 교육대상자에게 통보하여야 한다.

17 간이스프링클러설비 설치대상-시행령 별표 5

종합병원, 병원, 치과병원, 한방병원 및 요양병원(정신병원과 의료재활시설은 제외한다)으로 사용되는 바닥면적의 합계가 600m^2 미만인 시설

18 시행규칙 별표 1

소방시설완공검사증명서를 받은 후 1년이 경과한 이후에 사용승인을 받은 경우에는 사용승인을 받은 그 해부터 실시하되, 그 해의 종합정밀점검은 사용승인일부터 3개월 이내에 실시할 수 있다.

19 소방안전 특별관리시설물의 안전관리-법 제20조의2

시・도지사는 소방안전 특별관리기본계획에 저촉되지 아니하는 범위에서 관할 구역에 있는 소방안전 특별관리시설물의 안전관리에 적합한 소방안전 특별관리시행계획을 수립하여 시행하여야 한다.

20 ② : 300만원 이하의 과태료

①・③・④ : 200만원 이하의 과태료

소 / 방 / 승 / 진
소 방 시 설 법
최 종 모 의 고 사

복원문제

최신기출 유사문제

2017년 기출유사문제
2018년 기출유사문제
2019년 기출유사문제
2020년 기출유사문제
2021년 기출유사문제

2017 소방승진 01

소방시설법 소방법령 II 기출유사문제

※ 승진시험이 2017년 중앙소방학교로 통합된 이후 출제된 문제를 담았습니다. 수험생분들의 기억에 의해 복원했기 때문에 지문이 정확하지 않을 수 있으니 참고하시고, 기출문제를 풀어봄으로써 출제 흐름을 익히시기 바랍니다.

01 소방본부장 또는 소방서장은 특정소방대상물이 증축되는 경우에는 기존 부분을 포함한 특정소방대상물의 전체에 대하여 증축 당시의 소방시설의 설치에 관한 대통령령 또는 화재안전기준을 적용하여야 한다. 다음 중 기존 부분에 대해서는 증축 당시의 소방시설의 설치에 관한 대통령령 또는 화재안전기준을 적용하지 아니하는 대상으로 옳은 것은? 소방교 소방장

① 기존 부분과 증축 부분이 방화구조로 된 바닥과 벽으로 구획된 경우

② 기존 부분과 증축 부분이 을종방화문으로 구획되어 있는 경우

③ 자동차 생산공장 등 화재 위험이 낮은 특정소방대상물 내부에 연면적 50제곱미터 이하의 직원휴게실을 증축하는 경우

④ 자동차 생산공장 등 화재 위험이 낮은 특정소방대상물에 캐노피(기둥으로 받치거나 매달아 놓은 덮개를 말하며, 3면 이상에 벽이 없는 구조의 것을 말한다)를 설치하는 경우

해설

특정소방대상물의 증축 또는 용도변경 시의 소방시설기준 적용의 특례-시행령 제17조 제1항

법 제11조 제3항에 따라 소방본부장 또는 소방서장은 특정소방대상물이 증축되는 경우에는 기존 부분을 포함한 특정소방대상물의 전체에 대하여 증축 당시의 소방시설의 설치에 관한 대통령령 또는 화재안전기준을 적용하여야 한다. 다만, 다음 각 호의 어느 하나에 해당하는 경우에는 기존 부분에 대해서는 증축 당시의 소방시설의 설치에 관한 대통령령 또는 화재안전기준을 적용하지 아니한다.

1. 기존 부분과 증축 부분이 내화구조(耐火構造)로 된 바닥과 벽으로 구획된 경우
2. 기존 부분과 증축 부분이 「건축법 시행령」 제46조 제1항 제2호에 따른 방화문 또는 자동방화셔터로 구획되어 있는 경우(법 개정 전에는 갑종방화문으로 규정)
3. 자동차 생산공장 등 화재 위험이 낮은 특정소방대상물 내부에 연면적 33제곱미터 이하의 직원 휴게실을 증축하는 경우
4. 자동차 생산공장 등 화재 위험이 낮은 특정소방대상물에 캐노피(기둥으로 받치거나 매달아 놓은 덮개를 말하며, 3면 이상에 벽이 없는 구조의 것을 말한다)를 설치하는 경우

※ 「건축법 시행령」 제46조 제1항 제2호에 대한 보충설명

- 기존 소방시설법 시행령 제17조 제1항 제2호 : '기존 부분과 증축 부분이 「건축법 시행령」 제64조에 따른 갑종방화문(국토교통부장관이 정하는 기준에 적합한 자동방화셔터를 포함한다)으로 구획되어 있는 경우'
- 소방시설법 시행령 제17조 제1항 제2호 : 기존 부분과 증축 부분이 「건축법 시행령」 제46조 제1항 제2호에 따른 방화문 또는 자동방화셔터로 구획되어 있는 경우

정답 01 ④

- 건축법 시행령 제46조 제1항 제2호 : 건축법 시행령 제64조 제1항 제1호 · 제2호에 따른 방화문 또는 자동방화셔터(국토교통부령으로 정하는 기준에 적합한 것을 말한다)
- 건축법 시행령 제64조(방화문의 구분)
  방화문은 다음 각 호와 같이 구분한다.
  1. 60분+ 방화문 : 연기 및 불꽃을 차단할 수 있는 시간이 60분 이상이고, 열을 차단할 수 있는 시간이 30분 이상인 방화문
  2. 60분 방화문 : 연기 및 불꽃을 차단할 수 있는 시간이 60분 이상인 방화문
  3. 30분 방화문 : 연기 및 불꽃을 차단할 수 있는 시간이 30분 이상 60분 미만인 방화문
  〈기존 소방시설법 증축 특례 시 갑종방화문 → 건축법 시행령 제64조 제1항 제1호, 제2호로 바뀜〉

02 방염성능기준 이상의 실내장식물 등을 설치하여야 하는 특정소방대상물이 아닌 것은?

소방교 소방장

① 숙박이 가능한 수련시설
② 건축물의 옥외에 있는 문화 및 집회시설
③ 의료시설
④ 방송통신시설 중 방송국 및 촬영소

해설

방염성능기준 이상의 실내장식물 등을 설치해야 하는 특정소방대상물-시행령 제19조
1. 근린생활시설 중 의원, 조산원, 산후조리원, 체력단련장, 공연장 및 종교집회장
2. 건축물의 옥내에 있는 시설로서 다음 각 목의 시설
   가. 문화 및 집회시설
   나. 종교시설
   다. 운동시설(수영장은 제외한다)
3. 의료시설
4. 교육연구시설 중 합숙소
5. 노유자시설
6. 숙박이 가능한 수련시설
7. 숙박시설
8. 방송통신시설 중 방송국 및 촬영소
9. 다중이용업소
10. 제1호부터 제9호까지의 시설에 해당하지 않는 것으로서 층수가 11층 이상인 것(아파트는 제외한다)

02 ② 정답

03 다음 중 300만원 이하의 벌금에 해당하지 않는 것은? 소방교 소방장

① 방염성능검사에 합격하지 아니한 물품에 합격표시를 하거나 합격표시를 위조하거나 변조하여 사용한 자
② 소방안전관리자 또는 소방안전관리보조자를 선임하지 아니한 자
③ 피난시설, 방화구획 또는 방화시설의 폐쇄・훼손・변경 등의 행위를 한 자
④ 점검기록표를 거짓으로 작성하거나 해당 특정소방대상물에 부착하지 아니한 자

해설

300만원 이하의 벌금-법 제50조(벌칙)
1. 제4조 제1항에 따른 소방특별조사를 정당한 사유 없이 거부・방해 또는 기피한 자
2. 제13조를 위반하여 방염성능검사에 합격하지 아니한 물품에 합격표시를 하거나 합격표시를 위조하거나 변조하여 사용한 자
3. 제13조 제2항을 위반하여 거짓 시료를 제출한 자
4. 제20조 제2항을 위반하여 소방안전관리자 또는 소방안전관리보조자를 선임하지 아니한 자
5. 제21조를 위반하여 공동 소방안전관리자를 선임하지 아니한 자
6. 제20조 제8항을 위반하여 소방시설・피난시설・방화시설 및 방화구획 등이 법령에 위반된 것을 발견하였음에도 필요한 조치를 할 것을 요구하지 아니한 소방안전관리자
7. 제20조 제9항을 위반하여 소방안전관리자에게 불이익한 처우를 한 관계인
8. 제33조의3 제1항을 위반하여 점검기록표를 거짓으로 작성하거나 해당 특정소방대상물에 부착하지 아니한 자
9. 제45조 제8항을 위반하여 업무를 수행하면서 알게 된 비밀을 이 법에서 정한 목적 외의 용도로 사용하거나 다른 사람 또는 기관에 제공하거나 누설한 사람

※ 피난시설, 방화구획 또는 방화시설의 폐쇄・훼손・변경 등의 행위를 한 자 : 300만원 이하의 과태료

04 둘 이상의 특정소방대상물이 연결통로로 연결된 경우 하나의 특정소방대상물로 보는 경우가 아닌 것은? 소방교

① 벽이 없는 구조로서 그 길이가 6m 이하인 경우
② 벽이 있는 구조로서 그 길이가 12m 이하인 경우
③ 내화구조가 아닌 연결통로로 연결된 경우
④ 방화셔터 또는 갑종 방화문이 설치되지 않은 피트로 연결된 경우

해설

특정소방대상물-시행령 별표 2
둘 이상의 특정소방대상물이 다음 각 목의 어느 하나에 해당되는 구조의 복도 또는 통로(이하 이 표에서 "연결통로"라 한다)로 연결된 경우에는 이를 하나의 소방대상물로 본다.
1. 내화구조로 된 연결통로가 다음의 어느 하나에 해당되는 경우
   ㉠ 벽이 없는 구조로서 그 길이가 6m 이하인 경우
   ㉡ 벽이 있는 구조로서 그 길이가 10m 이하인 경우. 다만, 벽 높이가 바닥에서 천장까지의 높이의 2분의 1 이상인 경우에는 벽이 있는 구조로 보고, 벽 높이가 바닥에서 천장까지의 높이의 2분의 1 미만인 경우에는 벽이 없는 구조로 본다.
2. 내화구조가 아닌 연결통로로 연결된 경우
3. 컨베이어로 연결되거나 플랜트설비의 배관 등으로 연결되어 있는 경우
4. 지하보도, 지하상가, 지하가로 연결된 경우
5. 방화셔터 또는 갑종 방화문이 설치되지 않은 피트로 연결된 경우
6. 지하구로 연결된 경우

정답 03 ③ 04 ②

05 소방특별조사 결과에 따른 조치명령에 해당하지 않는 것은? 소방교 소방장

① 소방대상물의 개수(改修)・이전・제거
② 소방대상물의 사용의 금지 또는 제한
③ 소방대상물의 사용폐쇄 또는 용도변경
④ 소방대상물의 공사의 정지 또는 중지

해설

소방특별조사 결과에 따른 조치명령-법 제5조

1. 소방청장, 소방본부장 또는 소방서장은 소방특별조사 결과 소방대상물의 위치・구조・설비 또는 관리의 상황이 화재나 재난・재해 예방을 위하여 보완될 필요가 있거나 화재가 발생하면 인명 또는 재산의 피해가 클 것으로 예상되는 때에는 행정안전부령으로 정하는 바에 따라 관계인에게 그 소방대상물의 개수(改修)・이전・제거, 사용의 금지 또는 제한, 사용폐쇄, 공사의 정지 또는 중지, 그 밖의 필요한 조치를 명할 수 있다.
2. 소방청장, 소방본부장 또는 소방서장은 소방특별조사 결과 소방대상물이 법령을 위반하여 건축 또는 설비되었거나 소방시설등, 피난시설・방화구획, 방화시설 등이 법령에 적합하게 설치・유지・관리되고 있지 아니한 경우에는 관계인에게 위에 따른 조치를 명하거나 관계 행정기관의 장에게 필요한 조치를 하여 줄 것을 요청할 수 있다.
3. 소방청장, 소방본부장 또는 소방서장은 관계인이 제1항 및 제2항에 따른 조치명령을 받고도 이를 이행하지 아니한 때에는 그 위반사실 등을 인터넷 등에 공개할 수 있다.

06 내진설계기준 설정 대상 특정소방대상물에 설치해야 하는 소방시설로 옳지 않은 것은? 소방교 소방장

① 포소화설비
② 강화액소화설비
③ 스프링클러설비
④ 옥외소화전설비

해설

시행령 제15조의2 제2항

- "대통령령으로 정하는 소방시설"이란 소방시설 중 옥내소화전설비, 스프링클러설비, 물분무등소화설비를 말한다.
- 물분무등소화설비 : 물 분무 소화설비, 미분무소화설비, 포소화설비, 이산화탄소소화설비, 할론소화설비, 할로겐화합물 및 불활성기체(다른 원소와 화학 반응을 일으키기 어려운 기체를 말한다) 소화설비, 분말소화설비, 강화액소화설비, 고체에어로졸소화설비

05 ③ 06 ④ 정답

07 다음 〈보기〉에서 소방안전 특별관리시설물에 해당하는 것을 모두 고르시오. 소방교 소방장

> ㉠ 공항시설
> ㉡ 항만시설
> ㉢ 지하가
> ㉣ 산업단지
> ㉤ 수용인원 1,000명 이상인 영화상영관
> ㉥ 층수가 11층 이상인 건물

① ㉠, ㉡, ㉣, ㉤
② ㉠, ㉡, ㉢, ㉤, ㉥
③ ㉡, ㉣, ㉥
④ ㉠, ㉡, ㉢, ㉣, ㉤, ㉥

해설

소방안전 특별관리시설물–법 제20조의2
공항시설, 철도시설, 도시철도시설, 항만시설, 지정문화재인 시설(시설이 아닌 지정문화재를 보호하거나 소장하고 있는 시설을 포함한다), 산업기술단지, 산업단지, 초고층 건축물 및 지하연계 복합건축물, 영화상영관 중 수용인원 1,000명 이상인 영화상영관, 전력용 및 통신용 지하구, 석유비축시설, 천연가스 인수기지 및 공급망, 전통시장으로서 대통령령으로 정하는 전통시장(점포가 500개 이상), 그 밖에 대통령령으로 정하는 시설물

08 다음 중 노유자시설을 제외한 피난기구 설치 대상으로 옳은 것은? 소방교 소방장

① 1층
② 2층
③ 4층
④ 11층

해설

피난구조설비–시행령 별표 5
피난기구는 특정소방대상물의 모든 층에 화재안전기준에 적합한 것으로 설치하여야 한다. 다만, 피난층, 지상 1층, 지상 2층(별표 2 제9호에 따른 노유자시설 중 피난층이 아닌 지상 1층과 피난층이 아닌 지상 2층은 제외한다) 및 층수가 11층 이상인 층과 위험물 저장 및 처리시설 중 가스시설, 지하가 중 터널 또는 지하구의 경우에는 그러하지 아니하다(1층, 2층, 11층 이상 제외).

정답 07 ① 08 ③

09 다음 중 임시소방시설을 설치하여야 하는 공사의 규모에 관한 내용으로 옳은 것은?

소방교 소방장

① 소화기 : 연면적 1천m^2 이상인 작업현장
② 간이소화장치 : 해당 층의 바닥면적이 500m^2 이상인 지하층, 무창층 또는 4층 이상인 작업현장
③ 비상경보장치 : 해당 층의 바닥면적이 100m^2 이상인 지하층 또는 무창층의 작업현장
④ 간이피난유도선 : 바닥면적이 150m^2 이상인 지하층 또는 무창층의 작업현장

해설

임시소방시설을 설치하여야 하는 공사의 종류와 규모-시행령 별표 5의 2

1. 소화기 : 건축허가등을 할 때 소방본부장 또는 소방서장의 동의를 받아야 하는 특정소방대상물의 건축・대수선・용도 변경 또는 설치 등을 위한 공사 중 제15조의5 제1항 각 호에 따른 작업현장에 설치한다.
2. 간이소화장치 : 다음의 어느 하나에 해당하는 공사의 작업현장에 설치한다.
   ㉠ 연면적 3천m^2 이상
   ㉡ 지하층, 무창층 또는 4층 이상의 층. 이 경우 해당 층의 바닥면적이 600m^2 이상인 경우만 해당한다.
3. 비상경보장치 : 다음의 어느 하나에 해당하는 공사의 작업현장에 설치한다.
   ㉠ 연면적 400m^2 이상
   ㉡ 지하층 또는 무창층. 이 경우 해당 층의 바닥면적이 150m^2 이상인 경우만 해당한다.
4. 간이피난유도선 : 바닥면적이 150m^2 이상인 지하층 또는 무창층의 작업현장에 설치한다.

09 ④ 정답

10 소방시설관리사 제1차시험 과목 중 소방공무원으로 15년 이상 근무한 경력이 있는 사람으로서 5년 이상 소방청장이 정하여 고시하는 소방 관련 업무 경력이 있는 사람이 면제받을 수 있는 과목으로 옳은 것은? 소방교 소방장

① 소방수리학
② 소방관련법령
③ 약제화학 및 소방전기
④ 위험물의 성질·상태 및 시설기준

해설

시험 과목-시행령 제29조, 시험 과목의 일부 면제-시행령 제31조
관리사시험의 제1차시험 및 제2차시험 과목은 다음 각 호와 같다.
1. 제1차시험
   가. 소방안전관리론(연소 및 소화, 화재예방관리, 건축물소방안전기준, 인원수용 및 피난계획에 관한 부분으로 한정한다) 및 화재역학[화재의 성질·상태, 화재하중(火災荷重), 열전달, 화염 확산, 연소속도, 구획화재, 연소생성물 및 연기의 생성·이동에 관한 부분으로 한정한다]
   나. 소방수리학, 약제화학 및 소방전기(소방 관련 전기공사재료 및 전기제어에 관한 부분으로 한정한다)
   다. 다음의 소방 관련 법령
      ①「소방기본법」, 같은 법 시행령 및 같은 법 시행규칙
      ②「소방시설공사업법」, 같은 법 시행령 및 같은 법 시행규칙
      ③「화재예방, 소방시설 설치·유지 및 안전관리에 관한 법률」, 같은 법 시행령 및 같은 법 시행규칙
      ④「위험물안전관리법」, 같은 법 시행령 및 같은 법 시행규칙
      ⑤「다중이용업소의 안전관리에 관한 특별법」, 같은 법 시행령 및 같은 법 시행규칙
   라. 위험물의 성질·상태 및 시설기준
   마. 소방시설의 구조 원리(고장진단 및 정비를 포함한다)
2. 제2차시험
   가. 소방시설의 점검실무행정(점검절차 및 점검기구 사용법을 포함한다)
   나. 소방시설의 설계 및 시공

• 법 제26조 제3항에 따라 관리사시험의 제1차시험 과목 가운데 일부를 면제받을 수 있는 사람과 그 면제과목은 다음 각 호의 구분에 따른다. 다만, 제1호 및 제2호에 모두 해당하는 사람은 본인이 선택한 한 과목만 면제받을 수 있다.
  1. 소방기술사 자격을 취득한 후 15년 이상 소방실무경력이 있는 사람 : 제29조 제1호 나목의 과목 면제(소방수리학, 약제화학 및 소방전기)
  2. 소방공무원으로 15년 이상 근무한 경력이 있는 사람으로서 5년 이상 소방청장이 정하여 고시하는 소방 관련 업무 경력이 있는 사람 : 제29조 제1호 다목의 과목 면제(소방관련법령)

• 법 제26조 제3항에 따라 관리사시험의 제2차시험 과목 가운데 일부를 면제받을 수 있는 사람과 그 면제과목은 다음 각 호의 구분에 따른다. 다만, 제1호 및 제2호에 모두 해당하는 사람은 본인이 선택한 한 과목만 면제받을 수 있다.
  1. 제27조 제1호에 해당하는 사람 : 제29조 제2호 나목의 과목
     ※ 소방기술사·위험물기능장·건축사·건축기계설비기술사·건축전기설비기술사 또는 공조냉동기계기술사 : 소방시설의 설계 및 시공 면제
  2. 제27조 제7호에 해당하는 사람 : 제29조 제2호 가목의 과목
     ※ 소방공무원으로 5년 이상 근무한 경력이 있는 사람 : 소방시설의 점검실무행정 면제

정답 10 ②

11 다음 중 건축허가등의 동의대상물의 범위에 해당하지 않는 것은? 소방교 소방장

① 수련시설로서 연면적 $200m^2$

② 지하층 또는 무창층이 있는 건축물로서 공연장의 바닥면적이 $100m^2$

③ 정신의료기관로서 연면적 $300m^2$

④ 의료재활시설로서 연면적 $200m^2$

해설

건축허가등의 동의대상물의 범위 등-시행령 제12조

건축허가등을 할 때 미리 소방본부장 또는 소방서장의 동의를 받아야 하는 건축물 등의 범위는 다음 각 호와 같다.

1. 연면적(「건축법 시행령」 제119조 제1항 제4호에 따라 산정된 면적을 말한다. 이하 같다)이 $400m^2$ 이상인 건축물. 다만, 다음 각 목의 어느 하나에 해당하는 시설은 해당 목에서 정한 기준 이상인 건축물로 한다.
   가. 「학교시설사업 촉진법」 제5조의2 제1항에 따라 건축 등을 하려는 학교시설 : $100m^2$
   나. 노유자시설(老幼者施設) 및 수련시설 : $200m^2$
   다. 「정신건강증진 및 정신질환자 복지서비스 지원에 관한 법률」 제3조 제5호에 따른 정신의료기관(입원실이 없는 정신건강의학과 의원은 제외하며, 이하 "정신의료기관"이라 한다) : $300m^2$
   라. 「장애인복지법」 제58조 제1항 제4호에 따른 장애인 의료재활시설(이하 "의료재활시설"이라 한다) : $300m^2$

1의 2. 층수(「건축법 시행령」 제119조 제1항 제9호에 따라 산정된 층수를 말한다. 이하 같다)가 6층 이상인 건축물

2. 차고·주차장 또는 주차용도로 사용되는 시설로서 다음 각 목의 어느 하나에 해당하는 것
   가. 차고·주차장으로 사용되는 바닥면적이 $200m^2$ 이상인 층이 있는 건축물이나 주차시설
   나. 승강기 등 기계장치에 의한 주차시설로서 자동차 20대 이상을 주차할 수 있는 시설
3. 항공기격납고, 관망탑, 항공관제탑, 방송용 송수신탑
4. 지하층 또는 무창층이 있는 건축물로서 바닥면적이 $150m^2$(공연장의 경우에는 $100m^2$) 이상인 층이 있는 것
5. 별표 2의 특정소방대상물 중 조산원, 산후조리원, 위험물 저장 및 처리 시설, 발전시설 중 전기저장시설, 지하구
6. 제1호에 해당하지 않는 노유자시설 중 다음 각 목의 어느 하나에 해당하는 시설. 다만, 가목 2) 및 나목부터 바목까지의 시설 중 「건축법 시행령」 별표 1의 단독주택 또는 공동주택에 설치되는 시설은 제외한다.
   가. 별표 2 제9호 가목에 따른 노인 관련 시설 중 다음의 어느 하나에 해당하는 시설
      1) 「노인복지법」 제31조 제1호·제2호 및 제4호에 따른 노인주거복지시설·노인의료복지시설 및 재가노인복지시설
      2) 「노인복지법」 제31조 제7호에 따른 학대피해노인 전용쉼터
   나. 「아동복지법」 제52조에 따른 아동복지시설(아동상담소, 아동전용시설 및 지역아동센터는 제외한다)
   다. 「장애인복지법」 제58조 제1항 제1호에 따른 장애인 거주시설
   라. 정신질환자 관련 시설(「정신건강증진 및 정신질환자 복지서비스 지원에 관한 법률」 제27조 제1항 제2호에 따른 공동생활가정을 제외한 재활훈련시설과 같은 법 시행령 제16조 제3호에 따른 종합시설 중 24시간 주거를 제공하지 아니하는 시설은 제외한다)
   마. 별표 2 제9호 마목에 따른 노숙인 관련 시설 중 노숙인자활시설, 노숙인재활시설 및 노숙인요양시설
   바. 결핵환자나 한센인이 24시간 생활하는 노유자시설
7. 「의료법」 제3조 제2항 제3호 라목에 따른 요양병원(이하 "요양병원"이라 한다). 다만, 정신의료기관 중 정신병원(이하 "정신병원"이라 한다)과 의료재활시설은 제외한다.

11 ④ 정답

12 **다음 중 성능위주설계를 해야 하는 특정소방대상물로 옳은 것은?** 소방교 소방장

① 영화상영관이 10개 이상인 특정소방대상물
② 아파트등을 제외한 건축물의 높이가 90m인 특정소방대상물
③ 연면적 2만m^2인 특정소방대상물 중 공항시설
④ 아파트등을 제외한 지하층을 포함한 층수가 25층인 특정소방대상물

해 설

성능위주설계를 해야 하는 특정소방대상물의 범위-시행령 제15조의3

1. 연면적 20만m^2 이상인 특정소방대상물. 다만, 별표 2 제1호에 따른 공동주택 중 주택으로 쓰이는 층수가 5층 이상인 주택(이하 이 조에서 "아파트등"이라 한다)은 제외한다.
2. 다음 각 목의 특정소방대상물
   가. 50층 이상(지하층은 제외한다)이거나 지상으로부터 높이가 200미터 이상인 아파트등
   나. 30층 이상(지하층을 포함한다)이거나 지상으로부터 높이가 120미터 이상인 특정소방대상물(아파트등은 제외한다)
3. 연면적 3만m^2 이상인 특정소방대상물로서 다음 각 목의 어느 하나에 해당하는 특정소방대상물
   가. 별표 2 제6호 나목의 철도 및 도시철도 시설
   나. 별표 2 제6호 다목의 공항시설
4. 하나의 건축물에 「영화 및 비디오물의 진흥에 관한 법률」 제2조 제10호에 따른 영화상영관이 10개 이상인 특정소방대상물
5. 「초고층 및 지하연계 복합건축물 재난관리에 관한 특별법」 제2조 제2호에 따른 지하연계 복합건축물에 해당하는 특정소방대상물

13 **「화재예방, 소방시설 설치 · 유지 및 안전관리에 관한 법률」 시행령상 내용으로 옳은 것은?** 소방교 소방장

① 소방용품 : 방염액, 방염도료
② 숙박시설 : 유스호스텔
③ 소화활동시설 : 통합감시시설
④ 피난구조설비 : 시각경보기

해 설

시행령 별표 2, 별표 3, 별표 5
② 유스호스텔 - 수련시설
③ 통합감시시설 - 경보설비
④ 시각경보기 - 경보설비

정답 12 ① 13 ①

14 다음 중 화재안전정책 계획 등의 수립 · 시행에 관한 설명으로 옳지 않은 것은? 소방교 소방장

① 국가는 화재안전기반 확충을 위하여 화재안전정책에 관한 기본계획을 5년마다 수립 · 시행하여야 한다.

② 소방청장은 기본계획을 시행하기 위한 시행계획을 계획 시행 전년도 11월 30일까지 수립하여야 한다.

③ 관계 중앙행정기관의 장 또는 시 · 도지사는 세부 시행계획을 계획 시행 전년도 12월 31일까지 수립하여야 한다.

④ 소방청장은 화재안전정책에 관한 기본계획을 계획 시행 전년도 8월 31일까지 관계 중앙행정기관의 장과 협의를 마친 후 계획 시행 전년도 9월 30일까지 수립하여야 한다.

해설

시행령 제6조의4 제1항
소방청장은 법 제2조의3 제4항에 따라 기본계획을 시행하기 위한 시행계획을 계획 시행 전년도 10월 31일까지 수립하여야 한다.

15 다음 중 연소 우려가 있는 구조의 기준으로 옳지 않은 것은? 소방장

① 각각의 건축물이 다른 건축물의 외벽으로부터 수평거리가 1층의 경우에는 6m 이하

② 건축물대장의 건축물 현황도에 표시된 대지경계선 안에 둘 이상의 건축물이 있는 경우

③ 각각의 건축물이 다른 건축물의 외벽으로부터 수평거리가 5층 이상의 층의 경우에는 12m 이하인 경우

④ 개구부가 다른 건축물을 향하여 설치되어 있는 경우

해설

연소 우려가 있는 건축물의 구조-시행규칙 제7조
행정안전부령으로 정하는 연소(延燒) 우려가 있는 구조란 다음 각 호의 기준에 모두 해당하는 구조를 말한다.

1. 건축물대장의 건축물 현황도에 표시된 대지경계선 안에 둘 이상의 건축물이 있는 경우
2. 각각의 건축물이 다른 건축물의 외벽으로부터 수평거리가 1층의 경우에는 6m 이하, 2층 이상의 층의 경우에는 10m 이하인 경우
3. 개구부(영 제2조 제1호에 따른 개구부를 말한다)가 다른 건축물을 향하여 설치되어 있는 경우

14 ② 15 ③ 정답

2018
소방승진

02

소방시설법
소방법령 II 기출유사문제

※ 승진시험이 2017년 중앙소방학교로 통합된 이후 출제된 문제를 담았습니다. 수험생분들의 기억에 의해 복원했기 때문에 지문이 정확하지 않을 수 있으니 참고하시고, 기출문제를 풀어봄으로써 출제 흐름을 익히시기 바랍니다.

01 **화재예방, 소방시설 설치 · 유지 및 안전관리에 관한 법령상 주택에 설치하는 소방시설에 관한 내용으로 옳은 것은?** 소방교

① 설치대상 : 단독주택, 아파트 등
② 설치자 : 주택의 소유자
③ 소방시설 : 주거용 주방자동소화장치, 단독경보형감지기
④ 설치기준 : 대통령령

해설

주택에 설치하는 소방시설–법 제8조
- 설치대상 : 건축법상 단독주택, 공동주택(아파트 및 기숙사는 제외)
- 설치의무자 : 주택의 소유자
- 소방시설 : 소화기 및 단독경보형감지기(시행령 제13조)
- 주택용 소방시설의 설치기준 및 자율적인 안전관리에 관한 사항은 특별시 · 광역시 · 특별자치시 · 도 또는 특별자치도의 조례로 정한다.

02 **특정소방대상물의 관계인은 특정일이 해당하는 날부터 30일 이내에 소방안전관리자를 선임하여야 한다. 특정일에 대한 설명 중 옳지 않은 것은?** 소방교

① 증축으로 소방안전관리자를 신규로 선임해야 하는 경우 : 특정소방대상물의 완공일
② 민사집행법에 의한 경매에 의하여 관계인의 권리를 취득한 경우 : 권리 취득일
③ 공동 소방안전관리자를 선임하는 경우 : 특정소방대상물의 완공일
④ 소방안전관리자를 해임한 경우 : 소방안전관리자 해임일

해설

소방안전관리자의 선임신고 등–시행규칙 제14조
특정소방대상물의 관계인은 법 제20조 제2항 및 법 제21조(공동 소방안전관리)에 따라 소방안전관리자를 다음 각 호의 어느 하나에 해당하는 날부터 30일 이내에 선임하여야 한다.

정답 01 ② 02 ③

1. 신축 · 증축 · 개축 · 재축 · 대수선 또는 용도변경으로 해당 특정소방대상물의 소방안전관리자를 신규로 선임하여야 하는 경우 : 해당 특정소방대상물의 완공일(건축물의 경우에는 「건축법」 제22조에 따라 건축물을 사용할 수 있게 된 날을 말한다. 이하 이 조 및 제14조의2에서 같다)
2. 증축 또는 용도변경으로 인하여 특정소방대상물이 영 제22조 제1항에 따른 소방안전관리대상물(이하 "소방안전관리대상물"이라 한다)로 된 경우 : 증축공사의 완공일 또는 용도변경 사실을 건축물 관리 대장에 기재한 날
3. 특정소방대상물을 양수하거나 「민사집행법」에 의한 경매, 「채무자 회생 및 파산에 관한 법률」에 의한 환가, 「국세징수법」 · 「관세법」 또는 「지방세기본법」에 의한 압류재산의 매각 그 밖에 이에 준하는 절차에 의하여 관계인의 권리를 취득한 경우 : 해당 권리를 취득한 날 또는 관할 소방서장으로부터 소방안전관리자 선임 안내를 받은 날. 다만, 새로 권리를 취득한 관계인이 종전의 특정소방대상물의 관계인이 선임 신고한 소방안전관리자를 해임하지 아니하는 경우를 제외한다.
4. 법 제21조에 따른 특정소방대상물(공동 소방안전관리)의 경우 : 소방본부장 또는 소방서장이 공동 소방안전관리 대상으로 지정한 날
5. 소방안전관리자를 해임한 경우 : 소방안전관리자를 해임한 날
6. 법 제20조 제3항에 따라 소방안전관리업무를 대행하는 자를 감독하는 자를 소방안전관리자로 선임한 경우로서 그 업무대행 계약이 해지 또는 종료된 경우 : 소방안전관리업무 대행이 끝난 날

03 **화재예방, 소방시설 설치 · 유지 및 안전관리에 관한 법령상 소방청장 업무의 위탁 내용으로 옳지 않은 것은?** 소방교

① 방염성능검사(합판 · 목재를 설치하는 현장에서 방염처리한 경우의 방염성능검사는 제외한다)
② 소방안전관리자에 대한 교육
③ 소방용품에 대한 성능인증
④ 형식승인을 받지 않고 판매 중인 소방용품에 대한 수거 · 폐기

해설

권한의 위임과 위탁을 구분하는 문제로 4번 지문은 2018년 소방시설법상 소방청장만의 권한으로 시 · 도지사에게 위임한 사항이다. 현재는 소방시설법 제36조 제7항 소방청장, 소방본부장, 소방서장의 권한으로 개정되었다(법에 권한이 명시되어 위임사항이 아니다).

04 **「화재예방, 소방시설 설치 · 유지 및 안전관리에 관한 법률」상 소방특별조사에 관한 설명 중 옳은 것은?** 소방교

① 개인의 주거에 대하여는 화재발생의 우려가 뚜렷하여 긴급한 필요가 있는 때라도 관계인의 승낙이 있어야만 출입검사를 할 수 있다.
② 소방특별조사 업무를 수행하는 관계 공무원의 의무 준수 여부를 감시하기 위하여 소방특별조사위원회를 구성하여 운영한다.
③ 소방특별조사를 마친 때에는 그 조사결과를 관계인에게 서면으로 통지하여야 한다.
④ 소방특별조사 연기신청을 받은 소방청장, 소방본부장 또는 소방서장은 연기신청 승인 여부를 결정하고 그 결과를 조사 개시 7일 전까지 관계인에게 알려주어야 한다.

03 ④ 04 ③ 정답

해설

법 제4조 제1항, 제3항, 시행규칙 제1조의2 제2항

① 개인의 주거에 대하여는 관계인의 승낙이 있거나 화재발생의 우려가 뚜렷하여 긴급한 필요가 있는 때에 한정(승낙 또는 화재발생 우려)

② 소방본부장은 소방특별조사의 대상을 객관적이고 공정하게 선정하기 위하여 필요하면 소방특별조사위원회를 구성하여 소방특별조사의 대상을 선정할 수 있다.

④ 신청서를 제출받은 소방청장, 소방본부장 또는 소방서장은 연기신청의 승인 여부를 결정한 때에는 소방특별조사 연기신청 결과 통지서를 조사 시작 전까지 연기 신청을 한 자에게 통지하여야 하고, 연기기간이 종료하면 지체 없이 조사를 시작하여야 한다.

05 「화재예방, 소방시설 설치·유지 및 안전관리에 관한 법률」 시행규칙상 소방시설 자체점검은 작동기능점검과 종합정밀점검으로 구분하고 있다. 종합정밀점검 대상으로 옳지 않은 것은?

소방교 소방장

① 물분무등소화설비[호스릴(Hose Reel) 방식의 물분무등소화설비만을 설치한 경우는 제외한다]가 설치된 연면적 5,000m^2 이상인 위험물제조소

② 스프링클러설비가 설치된 연면적 5,000m^2 이상인 판매시설

③ 「다중이용업소의 안전관리에 관한 특별법 시행령」상 노래연습장업이 설치된 특정소방대상물로서 연면적 2,000m^2 이상인 것

④ 자동화재탐지설비가 설치된 연면적 1,000m^2 이상인 공공기관인 국공립학교

해설

시행규칙 별표 1

종합정밀점검은 다음의 어느 하나에 해당하는 특정소방대상물을 대상으로 한다.

1. 스프링클러설비가 설치된 특정소방대상물
2. 물분무등소화설비[호스릴(Hose Reel) 방식의 물분무등소화설비만을 설치한 경우는 제외한다]가 설치된 연면적 5,000m^2 이상인 특정소방대상물(위험물 제조소등은 제외)
3. 「다중이용업소의 안전관리에 관한 특별법 시행령」 제2조 제1호 나목(단란주점영업과 유흥주점영업), 같은 조 제2호(영화상영관·비디오물감상실업 및 복합영상물제공업, [비디오물소극장업은 제외한다])·제6호(노래연습장업)·제7호(산후조리업)·제7호의2(고시원업) 및 제7호의5(안마시술소)의 다중이용업의 영업장이 설치된 특정소방대상물로서 연면적이 2,000m^2 이상인 것
4. 제연설비가 설치된 터널
5. 「공공기관의 소방안전관리에 관한 규정」 제2조에 따른 공공기관 중 연면적(터널·지하구의 경우 그 길이와 평균폭을 곱하여 계산된 값을 말한다)이 1,000m^2 이상인 것으로서 옥내소화전설비 또는 자동화재탐지설비가 설치된 것. 다만, 「소방기본법」 제2조 제5호에 따른 소방대가 근무하는 공공기관은 제외한다.

정답 05 ①

06 **대통령령 또는 화재안전기준이 변경되어 그 기준이 강화되는 경우 기존의 특정소방대상물에 변경되어 강화된 기준을 적용하여야 하는 소방시설로 옳게 짝지어진 것은?** 소방교

① 소화기구, 비상방송설비, 자동화재탐지설비, 피난구조설비
② 소화기구, 비상경보설비, 자동화재탐지설비, 피난구조설비
③ 소화기구, 비상방송설비, 자동화재속보설비, 피난구조설비
④ 소화기구, 비상경보설비, 자동화재속보설비, 피난구조설비

해설

소방시설기준 적용의 특례-법 제11조
소방본부장이나 소방서장은 대통령령 또는 화재안전기준이 변경되어 그 기준이 강화되는 경우 기존의 특정소방대상물(건축물의 신축・개축・재축・이전 및 대수선 중인 특정소방대상물을 포함)의 소방시설에 대하여는 변경 전의 대통령령 또는 화재안전기준을 적용한다. 다만, 다음의 어느 하나에 해당하는 소방시설의 경우에는 대통령령 또는 화재안전기준의 변경으로 강화된 기준을 적용한다.

1. 다음 소방시설 중 대통령령으로 정하는 것
   [대통령령으로 정하는 것 : 특정소방대상물의 규모・용도 및 수용인원 등(시행령 별표 5)]
   가. 소화기구
   나. 비상경보설비
   다. 자동화재속보설비
   라. 피난구조설비
2. 다음 각 목의 지하구에 설치하여야 하는 소방시설
   가. 「국토의 계획 및 이용에 관한 법률」 제2조 제9호에 따른 공동구 : 무선통신보조설비
   나. 전력 또는 통신사업용 지하구 : 연소방지설비

> ※ 시행령 별표 2 특정소방대상물 제28호 지하구의 종류
> ① 전력 또는 통신사업용 지하 인공구조물로서 전력구(케이블 접속부가 없는 경우에는 제외한다) 또는 통신구 방식으로 설치된 것
> ② ①외의 지하 인공구조물로서 폭이 1.8미터 이상이고 높이가 2미터 이상이며 길이가 50미터 이상인 것
> ③ 「국토의 계획 및 이용에 관한 법률」 제2조 제9호에 따른 공동구

   ※ 지하구의 경우 크게 3가지로 구분할 수 있다.
   모든 종류의 지하구에 설치하여야 하는 소방시설은 소화기구, 자동화재탐지설비, 피난구유도등, 통로유도등 및 유도표지, 통합감시시설이다. 따라서 대통령령 또는 화재안전기준의 변경으로 강화된 기준을 적용하는 소방시설 중 지하구에 설치하는 것은 위에 8가지이다.
3. 노유자(老幼者)시설, 의료시설에 설치하여야 하는 소방시설 중 대통령령으로 정하는 것
   • 시행령 제15조의6 강화된 소방시설기준의 적용대상
   • 법 제11조 제1항 제3호에서 "대통령령으로 정하는 것"
     - 노유자(老幼者)시설 : 간이스프링클러설비, 자동화재탐지설비 및 단독경보형 감지기
     - 의료시설 : 스프링클러설비, 간이스프링클러설비, 자동화재탐지설비 및 자동화재속보설비

06 ④ 정답

07 다음 ( ) 안에 들어갈 숫자의 합은 얼마인가? 소방교 소방장

> ㄱ. 소방청장, 소방본부장 또는 소방서장은 소방특별조사를 하려면 ( )일 전에 관계인에게 조사대상, 조사기간 및 조사사유 등을 서면으로 알려야 한다.
> ㄴ. 건축허가등의 동의요구를 받은 소방본부장 또는 소방서장은 동의요구서류를 접수한 날부터 ( )일 이내에 동의여부를 회신하여야 한다. 특급 소방안전관리대상인 경우에는 10일 이내에 회신하여야 한다.
> ㄷ. 소방안전관리자를 해임한 경우 해임한 날부터 ( )일 이내에 소방안전관리자를 선임하여야 한다.
> ㄹ. 소방시설관리업자 지위를 승계한 자는 그 지위를 승계한 날부터 ( )일 이내에 시・도지사에게 신고하여야 한다.

① 56 ② 70
③ 72 ④ 74

해설

법 제4조의3 제1항, 시행규칙 제4조 제3항, 시행규칙 제14조 제1항 제5호, 시행규칙 제26조 제1항
- 소방청장, 소방본부장 또는 소방서장은 소방특별조사를 하려면 7일 전에 관계인에게 조사대상, 조사기간 및 조사사유 등을 서면으로 알려야 한다.
- 동의요구를 받은 소방본부장 또는 소방서장은 건축허가등의 동의요구서류를 접수한 날부터 5일(허가를 신청한 건축물 등이 영 제22조 제1항 제1호〈특급〉 각 목의 어느 하나에 해당하는 경우에는 10일)이내에 건축허가등의 동의여부를 회신하여야 한다.
- 특정소방대상물의 관계인은 소방안전관리자를 해임한 경우 해임한 날부터 30일 이내에 선임하여야 한다.
- 소방시설관리업자의 지위를 승계한 자는 그 지위를 승계한 날부터 30일 이내에 신고하여야 한다.

08 「화재예방, 소방시설 설치・유지 및 안전관리에 관한 법률」 시행령상 특정소방대상물의 용도에 해당하지 않는 것은? 소방교 소방장

① 농수산물공판장은 판매시설에 해당한다.
② 「관광진흥법」에 따른 유원시설업(遊園施設業)의 시설은 위락시설에 해당한다.
③ 의료시설의 부수시설로서 장례식장은 의료시설에 해당한다.
④ 항공관제탑은 항공기 및 자동차 관련 시설에 해당한다.

해설

특정소방대상물-시행령 제5조, 별표 2
- 항공관제탑은 운수시설에 해당한다.
- 운수시설
  - 여객자동차터미널
  - 철도 및 도시철도 시설(정비창 등 관련 시설을 포함한다)
  - 공항시설(항공관제탑을 포함한다)
  - 항만시설 및 종합여객시설

정답 07 ③ 08 ④

09 **화재예방, 소방시설 설치 · 유지 및 안전관리에 관한 법령상 과태료 부과에 대한 설명으로 옳은 것은?** 소방교 소방장

ㄱ. 과태료 부과 · 징수권자는 소방청장, 관할 시 · 도지사, 소방본부장 또는 소방서장이다.
ㄴ. 피난시설을 훼손한 자에게는 500만원의 과태료를 부과한다.
ㄷ. 위반행위자가 위법행위로 인한 결과를 시정하거나 해소한 경우에는 과태료를 부과하지 않을 수 있다.
ㄹ. 위반행위의 횟수에 따른 과태료의 가중된 부과기준은 최근 1년간 같은 위반행위로 과태료 부과처분을 받은 경우에 적용한다.

① ㄱ, ㄷ　② ㄱ, ㄹ
③ ㄴ, ㄹ　④ ㄷ, ㄹ

해설

법 제53조 제4항, 시행령 제40조

- 피난시설, 방화구획 또는 방화시설을 폐쇄 · 훼손 · 변경하는 등의 행위를 한 경우 1차 : 100만원, 2차 : 200만원, 3차 : 300만원의 과태료
- 과태료 부과권자는 다음의 어느 하나에 해당하는 경우에는 제2호의 개별기준에 따른 과태료 금액의 2분의 1까지 그 금액을 줄여 부과할 수 있다. 다만, 과태료를 체납하고 있는 위반행위자에 대해서는 그러하지 아니하다.
  - 위반행위자가 「질서위반행위규제법 시행령」 제2조의2 제1항 각 호의 어느 하나에 해당하는 경우(기초생활수급자, 장애인, 국가유공자, 미성년자 등)
  - 위반행위자가 처음 위반행위를 하는 경우로서 3년 이상 해당 업종을 모범적으로 영위한 사실이 인정되는 경우
  - 위반행위자가 화재 등 재난으로 재산에 현저한 손실을 입거나 사업 여건의 악화로 그 사업이 중대한 위기에 처하는 등 사정이 있는 경우
  - 위반행위가 사소한 부주의나 오류 등 과실로 인한 것으로 인정되는 경우
  - 위반행위자가 같은 위반행위로 다른 법률에 따라 과태료 · 벌금 · 영업정지 등의 처분을 받은 경우
  - 위반행위자가 위법행위로 인한 결과를 시정하거나 해소한 경우
  - 그 밖에 위반행위의 정도, 위반행위의 동기와 그 결과 등을 고려하여 과태료를 줄일 필요가 있다고 인정되는 경우

09 ② 정답

10 특정소방대상물의 관계인은 특정소방대상물의 규모 · 용도 및 수용인원 등을 고려하여 소방시설을 갖추어야 한다. 다음과 같은 특정소방대상물의 수용인원 산정 값으로 옳은 것은? 소방장

- 용도 : 강의실
- 강의실의 바닥면적 : $200m^2$
- 강의실 내부에 위치한 화장실의 바닥면적 : $10m^2$

① 64명 ② 67명
③ 100명 ④ 106명

해설

수용인원의 산정방법-시행령 별표 4

1. 숙박시설이 있는 특정소방대상물
   가. 침대가 있는 숙박시설 : 해당 특정소방방물의 종사자 수에 침대 수(2인용 침대는 2개)를 합한 수
   나. 침대가 없는 숙박시설 : 해당 특정소방대상물의 종사자 수에 숙박시설 바닥면적의 합계를 $3m^2$로 나누어 얻은 수를 합한 수
2. 제1호 외의 특정소방대상물
   가. 강의실 · 교무실 · 상담실 · 실습실 · 휴게실 용도로 쓰이는 특정소방대상물 : 해당 용도로 사용하는 바닥 면적의 합계를 $1.9m^2$로 나누어 얻은 수
   나. 강당, 문화 및 집회시설, 운동시설, 종교시설 : 해당 용도로 사용하는 바닥면적의 합계를 $4.6m^2$로 나누어 얻은 수(관람석이 있는 경우 고정식 의자를 설치한 부분은 그 부분의 의자 수로 하고, 긴 의자의 경우에는 의자의 정면너비를 0.45m로 나누어 얻은 수로 한다)
   다. 그 밖의 특정소방대상물 : 해당 용도로 사용하는 바닥면적의 합계를 $3m^2$로 나누어 얻은 수

비 고

1. 위 표에서 바닥면적을 산정할 때에는 복도(「건축법 시행령」 제2조 제11호에 따른 준불연재료 이상의 것을 사용하여 바닥에서 천장까지 벽으로 구획한 것을 말한다), 계단 및 화장실의 바닥면적을 포함하지 않는다.
2. 계산 결과 소수점 이하의 수는 반올림한다.

※ 계산과정 : $(200m^2 - 10m^2) \div 1.9m^2 = 100m^2$ ∴ 100명

정답 10 ③

11 중앙소방기술심의위원회의 심의사항이 아닌 것은? 소방장

① 화재안전기준에 관한 사항
② 소방시설의 설계 및 공사감리의 방법에 관한 사항
③ 소방시설에 하자가 있는지의 판단에 관한 사항
④ 새로운 소방시설과 소방용품 등의 도입 여부에 관한 사항

해설

법 제11조의2, 시행령 제18조의2

• 소방청에 중앙소방기술심의위원회("중앙위원회"라 한다)를 둔다.
심의사항
- 화재안전기준에 관한 사항
- 소방시설의 구조 및 원리 등에서 공법이 특수한 설계 및 시공에 관한 사항
- 소방시설의 설계 및 공사감리의 방법에 관한 사항
- 소방시설공사의 하자를 판단하는 기준에 관한 사항
- 그 밖에 소방기술 등에 관하여 대통령령으로 정하는 사항

> 법 제11조의2 제1항 제5호에서 "대통령령으로 정하는 사항"이란 다음 각 호의 사항을 말한다.
> 1. 연면적 10만m^2 이상의 특정소방대상물에 설치된 소방시설의 설계·시공·감리의 하자 유무에 관한 사항
> 2. 새로운 소방시설과 소방용품 등의 도입 여부에 관한 사항
> 3. 그 밖에 소방기술과 관련하여 소방청장이 심의에 부치는 사항

• 특별시·광역시·특별자치시·도 및 특별자치도에 지방소방기술심의위원회("지방위원회"라 한다)를 둔다.
심의사항
- 소방시설에 하자가 있는지의 판단에 관한 사항
- 그 밖에 소방기술 등에 관하여 대통령령으로 정하는 사항

> 법 제11조의2 제2항 제2호에서 "대통령령으로 정하는 사항"이란 다음 각 호의 사항을 말한다.
> 1. 연면적 10만m^2 미만의 특정소방대상물에 설치된 소방시설의 설계·시공·감리의 하자 유무에 관한 사항
> 2. 소방본부장 또는 소방서장이 화재안전기준 또는 위험물 제조소등(「위험물안전관리법」 제2조 제1항 제6호에 따른 제조소등을 말한다)의 시설기준의 적용에 관하여 기술검토를 요청하는 사항
> 3. 그 밖에 소방기술과 관련하여 시·도지사가 심의에 부치는 사항

11 ③ 정답

12 소방안전관리대상물 관계인은 다음의 하나에 해당하는 방법으로 피난유도 안내정보를 근무자 또는 거주자에게 정기적으로 제공하여야 한다. ( ) 안에 들어갈 내용으로 옳은 것은? 소방장

- 연 2회 피난안내 (ㄱ)을(를) 실시하는 방법
- 분기별 1회 이상 피난안내(ㄴ)을(를) 실시하는 방법
- (ㄷ)을(를) 층마다 보기 쉬운 위치에 게시하는 방법

	(ㄱ)	(ㄴ)	(ㄷ)
①	교 육	방 송	피난안내도
②	방 송	교 육	피난안내도
③	피난안내도	방 송	교 육
④	교 육	피난안내도	방 송

해설

피난유도 안내정보의 제공–시행규칙 제14조의5

피난유도 안내정보 제공은 다음 각 호의 어느 하나에 해당하는 방법으로 하여야 한다.

- 연 2회 피난안내 교육을 실시하는 방법
- 분기별 1회 이상 피난안내방송을 실시하는 방법
- 피난안내도를 층마다 보기 쉬운 위치에 게시하는 방법
- 엘리베이터, 출입구 등 시청이 용이한 지역에 피난안내영상을 제공하는 방법

13 「화재예방, 소방시설 설치·유지 및 안전관리에 관한 법률」 시행령상 스프링클러를 설치하여야 하는 특정소방대상물이 아닌 것은? 소방장

① 연면적 1,000m^{2}의 지하가(터널은 제외함)

② 판매시설로서 바닥면적의 합계가 3,500m^2 이상인 경우에는 모든 층

③ 천장 또는 반자(반자가 없는 경우에는 지붕의 옥내에 면하는 부분)의 높이가 10m를 넘는 랙식 창고(rack warehouse, 물건을 수납할 수 있는 선반이나 이와 비슷한 것을 갖춘 것을 말한다)로서 바닥면적의 합계가 1천 5백m^2 이상인 것

④ 문화 및 집회시설로서 수용인원 100명 이상인 경우 모든 층

해설

시행령 별표 5

스프링클러설비를 설치하여야 하는 특정소방대상물(위험물 저장 및 처리 시설 중 가스시설 또는 지하구는 제외한다)

1. 문화 및 집회시설(동·식물원은 제외한다), 종교시설(주요구조부가 목조인 것은 제외한다), 운동시설(물놀이형 시설은 제외한다)로서 다음의 어느 하나에 해당하는 경우에는 모든 층
   가. 수용인원이 100명 이상인 것
   나. 영화상영관의 용도로 쓰이는 층의 바닥면적이 지하층 또는 무창층인 경우에는 500m^2 이상, 그 밖의 층의 경우에는 1천m^2 이상인 것
   다. 무대부가 지하층·무창층 또는 4층 이상의 층에 있는 경우에는 무대부의 면적이 300m^2 이상인 것
   라. 무대부가 다 외의 층에 있는 경우에는 무대부의 면적이 500m^2 이상인 것

정답 12 ① 13 ②

2. 판매시설, 운수시설 및 창고시설(물류터미널에 한정한다)로서 바닥면적의 합계가 5천m^2 이상이거나 수용인원이 500명 이상인 경우에는 모든 층
3. 층수가 6층 이상인 특정소방대상물의 경우에는 모든 층. 다만, 다음의 어느 하나에 해당하는 경우에는 제외한다.
   가. 주택 관련 법령에 따라 기존의 아파트등을 리모델링하는 경우로서 건축물의 연면적 및 층높이가 변경되지 않는 경우. 이 경우 해당 아파트등의 사용검사 당시의 소방시설의 설치에 관한 대통령령 또는 화재안전기준을 적용한다.
   나. 스프링클러설비가 없는 기존의 특정소방대상물을 용도변경하는 경우. 다만, 1・2・4・5 및 8부터 12까지의 규정에 해당하는 특정소방대상물로 용도변경하는 경우에는 해당 규정에 따라 스프링클러설비를 설치한다.
4. 다음의 어느 하나에 해당하는 용도로 사용되는 시설의 바닥면적의 합계가 600m^2 이상인 것은 모든 층
   가. 근린생활시설 중 조산원 및 산후조리원
   나 의료시설 중 정신의료기관
   다 의료시설 중 종합병원, 병원, 치과병원, 한방병원 및 요양병원(정신병원은 제외)
   라 노유자시설
   마 숙박이 가능한 수련시설
5. 창고시설(물류터미널은 제외한다)로서 바닥면적 합계가 5천m^2 이상인 경우에는 모든 층
6. 천장 또는 반자(반자가 없는 경우에는 지붕의 옥내에 면하는 부분)의 높이가 10m를 넘는 랙식 창고(rack warehouse, 물건을 수납할 수 있는 선반이나 이와 비슷한 것을 갖춘 것을 말한다)로서 바닥면적의 합계가 1천5백m^2 이상인 것
7. 1부터 6까지의 특정소방대상물에 해당하지 않는 특정소방대상물의 지하층・무창층(축사는 제외) 또는 층수가 4층 이상인 층으로서 바닥면적이 1천m^2 이상인 층
8. 6에 해당하지 않는 공장 또는 창고시설로서 다음의 어느 하나에 해당하는 시설
   가. 「소방기본법 시행령」 별표 2에서 정하는 수량의 1천 배 이상의 특수가연물을 저장・취급하는 시설
   나. 「원자력안전법 시행령」 제2조 제1호에 따른 중・저준위방사성폐기물의 저장시설 중 소화수를 수집・처리하는 설비가 있는 저장시설
9. 지붕 또는 외벽이 불연재료가 아니거나 내화구조가 아닌 공장 또는 창고시설로서 다음의 어느 하나에 해당하는 것
   가. 창고시설(물류터미널에 한정한다) 중 2에 해당하지 않는 것으로서 바닥면적의 합계가 2천5백m^2 이상이거나 수용인원이 250명 이상인 것
   나. 창고시설(물류터미널은 제외한다) 중 5에 해당하지 않는 것으로서 바닥면적의 합계가 2천5백m^2 이상인 것
   다. 랙식 창고시설 중 6에 해당하지 않는 것으로서 바닥면적의 합계가 750m^2 이상인 것
   라. 공장 또는 창고시설 중 7에 해당하지 않는 것으로서 지하층・무창층 또는 층수가 4층 이상인 것 중 바닥면적이 500m^2 이상인 것
   마. 공장 또는 창고시설 중 8 가에 해당하지 않는 것으로서 「소방기본법 시행령」 별표 2에서 정하는 수량의 500배 이상의 특수가연물을 저장・취급하는 시설
10. 지하가(터널은 제외한다)로서 연면적 1천m^2 이상인 것
11. 기숙사(교육연구시설・수련시설 내에 있는 학생 수용을 위한 것을 말한다) 또는 복합건축물로서 연면적 5천m^2 이상인 경우에는 모든 층
12. 교정 및 군사시설 중 다음의 어느 하나에 해당하는 경우에는 해당 장소
    가. 보호감호소, 교도소, 구치소 및 그 지소, 보호관찰소, 갱생보호시설, 치료감호시설, 소년원 및 소년분류심사원의 수용거실
    나. 「출입국관리법」 제52조 제2항에 따른 보호시설(외국인보호소의 경우에는 보호대상자의 생활공간으로 한정한다. 이하 같다)로 사용하는 부분. 다만, 보호시설이 임차건물에 있는 경우는 제외한다.
    다. 「경찰관 직무집행법」 제9조에 따른 유치장
13. 발전시설 중 전기저장시설
14. 1부터 13까지의 특정소방대상물에 부속된 보일러실 또는 연결통로 등

14 소방시설관리사에 대한 1차 행정처분의 기준이 다른 하나는? 소방장

① 거짓, 그 밖의 부정한 방법으로 시험에 합격한 경우
② 소방시설등의 자체점검을 하지 않거나 거짓으로 한 경우
③ 소방시설관리증을 다른 자에게 빌려준 경우
④ 동시에 둘 이상의 업체에 취업한 경우

해설

소방시설관리사에 대한 행정처분기준(개별기준)-시행규칙 별표 8

위반사항	근거 법조문	행정처분기준		
		1차	2차	3차
거짓, 그 밖의 부정한 방법으로 시험에 합격한 경우	법 제28조 제1호	자격취소		
소방안전관리 업무를 하지 않거나 거짓으로 한 경우	법 제28조 제2호	경고 (시정명령)	자격정지 6월	자격취소
점검을 하지 않거나 거짓으로 한 경우	법 제28조 제3호	경고 (시정명령)	자격정지 6월	자격취소
소방시설관리사증을 다른 자에게 빌려준 경우	법 제28조 제4호	자격취소		
동시에 둘 이상의 업체에 취업한 경우	법 제28조 제5호	자격취소		
성실하게 자체점검업무를 수행하지 아니한 경우	법 제28조 제6호	경 고	자격정지 6월	자격취소
결격사유에 해당하게 된 경우	법 제28조 제7호	자격취소		

15 소화활동설비는 모두 몇 개인가? 소방장

• 연소방지설비, 비상콘센트설비, 공기호흡기, 연결송수관설비
• 통합감시시설, 제연설비

① 3개
② 4개
③ 5개
④ 6개

해설

시행령 별표 1
소화활동설비 : 화재를 진압하거나 인명구조활동을 위하여 사용하는 설비로서 다음 각 목의 것
• 제연설비
• 연결송수관설비
• 연결살수설비
• 비상콘센트설비
• 무선통신보조설비
• 연소방지설비

정답 14 ② 15 ②

16 「화재예방, 소방시설 설치 · 유지 및 안전관리에 관한 법령」상 특정소방대상물로서 그 관리의 권원이 분리되어 있는 것 가운데 소방본부장이나 소방서장이 지정하는 특정소방대상물의 관계인은 공동 소방안전관리자를 선임해야 한다. 다음 중 이에 해당하지 않는 특정소방대상물은? 소방장

① 지하가로서 지하의 인공구조물 안에 설치된 사무실
② 연면적이 5천m^2이고 층수가 5층인 복합건축물
③ 지하층을 포함하여 11층 규모의 고층 건축물
④ 판매시설 중 도매시장 및 소매시장

해설

법 제21조, 시행령 제25조
관리의 권원(權原)이 분리되어 있는 것 가운데 소방본부장이나 소방서장이 지정하는 특정소방대상물의 관계인은 행정안전부령으로 정하는 바(시행규칙 제14조 소방안전관리자의 선임신고 등)에 따라 대통령령으로 정하는 자를 공동 소방안전관리자로 선임하여야 한다.
1. 고층 건축물(지하층을 제외한 층수가 11층 이상인 건축물만 해당한다)
2. 지하가(지하의 인공구조물 안에 설치된 상점 및 사무실, 그 밖에 이와 비슷한 시설이 연속하여 지하도에 접하여 설치된 것과 그 지하도를 합한 것을 말한다)
3. 그 밖에 대통령령으로 정하는 특정소방대상물

법 제21조 제3호에서 "대통령령으로 정하는 특정소방대상물"이란 다음 각 호의 어느 하나에 해당하는 특정소방대상물을 말한다.
- 별표 2에 따른 복합건축물로서 연면적이 5천m^2 이상인 것 또는 층수가 5층 이상인 것
- 별표 2에 따른 판매시설 중 도매시장, 소매시장 및 전통시장
- 제22조 제1항에 따른 특정소방대상물 중 소방본부장 또는 소방서장이 지정하는 것

17 「화재예방, 소방시설 설치 · 유지 및 안전관리에 관한 법률」 시행령상 소방용품 가운데 피난 구조설비를 구성하는 제품 또는 기기에 해당하지 않는 것은? 소방장

① 완강기(간이완강기 및 지지대를 포함한다)
② 구조대
③ 피난유도선
④ 공기호흡기(충전기를 포함한다)

해설

형식승인대상 소방용품-시행령 제37조, 별표 3
피난구조설비를 구성하는 제품 또는 기기
- 피난사다리, 구조대, 완강기(간이완강기 및 지지대를 포함한다)
- 공기호흡기(충전기를 포함한다)
- 피난구유도등, 통로유도등, 객석유도등 및 예비 전원이 내장된 비상조명등

16 ③ 17 ③ 정답

18 「화재예방, 소방시설 설치 · 유지 및 안전관리에 관한 법률」 시행령상 800m 길이의 지하가 중 터널에 설치해야 하는 소방시설이 아닌 것은? 소방장

① 연결송수관설비
② 비상조명등설비
③ 비상콘센트설비
④ 비상경보설비

해설

시행령 별표 5

터널에 설치하여야 하는 소방시설의 종류
• 소화기구, 유도등 : 길이에 상관없이 설치 • 옥내소화전설비, 자동화재탐지설비, 연결송수관설비 : 지하가 중 터널로서 길이가 1천m 이상인 것 • 비상경보설비, 비상조명등, 비상콘센트설비, 무선통신보조설비 : 지하가 중 터널로서 길이가 500m 이상인 것 • 옥내소화전설비, 물분무소화설비, 제연설비 : 예상교통량, 경사도 등 터널의 특성을 고려하여 행정안전부령으로 정하는 터널

정답 18 ①

2019 소방승진

03 소방시설법 소방법령 Ⅱ 기출유사문제

※ 승진시험이 2017년 중앙소방학교로 통합된 이후 출제된 문제를 담았습니다. 수험생분들의 기억에 의해 복원했기 때문에 지문이 정확하지 않을 수 있으니 참고하시고, 기출문제를 풀어봄으로써 출제 흐름을 익히시기 바랍니다.

01 비상방송설비를 설치하여야 하는 특정소방대상물로 옳지 않은 것은? 소방교

① 연면적 3천 5백m^2 이상인 것
② 지하가 중 터널로서 길이가 1,000m 이상인 것
③ 지하층의 층수가 3층 이상인 것
④ 지하층을 제외한 층수가 11층 이상인 것

해설

시행령 별표 5
비상방송설비를 설치하여야 하는 특정소방대상물(위험물 저장 및 처리 시설 중 가스시설, 사람이 거주하지 않는 동물 및 식물 관련 시설, 지하가 중 터널, 축사 및 지하구는 제외한다)은 다음의 어느 하나와 같다.
1. 연면적 3천5백m^2 이상인 것
2. 지하층을 제외한 층수가 11층 이상인 것
3. 지하층의 층수가 3층 이상인 것

터널에 설치하여야 하는 소방시설의 종류
• 소화기구, 유도등 : 길이에 상관없이 설치
• 옥내소화전설비, 자동화재탐지설비, 연결송수관설비 : 지하가 중 터널로서 길이가 1천m 이상인 것
• 비상경보설비, 비상조명등, 비상콘센트설비, 무선통신보조설비 : 지하가 중 터널로서 길이가 500m 이상인 것
• 옥내소화전설비, 물분무소화설비, 제연설비 : 예상교통량, 경사도 등 터널의 특성을 고려하여 행정안전부령으로 정하는 터널

01 ② 정답

02 건축허가등의 동의대상물에서 제외되는 특정소방대상물이 아닌 것은? 소방교

① 건축물의 증축으로 인하여 해당 특정소방대상물에 추가로 소방시설이 설치되지 아니하는 경우 그 특정소방대상물

② 성능위주설계를 한 특정소방대상물

③ 층수가 6층 이상인 건축물

④ 특정소방대상물에 설치되는 소화기구, 누전경보기, 피난기구가 화재안전기준에 적합한 경우 그 특정소방대상물

해설

시행령 제12조 제2항

다음 각 호의 어느 하나에 해당하는 특정소방대상물은 소방본부장 또는 소방서장의 건축허가등의 동의대상에서 제외된다.

1. 별표 5에 따라 특정소방대상물에 설치되는 소화기구, 누전경보기, 피난기구, 방열복 · 방화복 · 공기호흡기 및 인공소생기, 유도등 또는 유도표지가 법 제9조 제1항 전단에 따른 화재안전기준(이하 "화재안전기준"이라 한다)에 적합한 경우 그 특정소방대상물
2. 건축물의 증축 또는 용도변경으로 인하여 해당 특정소방대상물에 추가로 소방시설이 설치되지 아니하는 경우 그 특정소방대상물
3. 법 제9조의3 제1항에 따라 성능위주설계를 한 특정소방대상물

03 「화재예방, 소방시설 설치 · 유지 및 안전관리에 관한 법령」에서 정한 과태료에 관한 내용으로 옳지 않은 것은? 소방교

① 실무교육을 받지 아니한 소방안전관리자는 100만원 이하의 과태료를 부과한다.

② 소방안전관리업무를 수행하지 아니한 자는 200만원 이하의 과태료를 부과한다.

③ 화재안전기준을 위반하여 소방시설을 설치한 자는 300만원 이하의 과태료를 부과한다.

④ 위반행위의 횟수에 따른 과태료의 가중된 부과기준은 최근 2년간 같은 위반행위로 과태료 부과처분을 받은 경우에 적용한다.

해설

시행령 별표 10

위반행위의 횟수에 따른 과태료의 가중된 부과기준은 최근 1년간 같은 위반행위로 과태료 부과처분을 받은 경우에 적용한다. 이 경우 기간의 계산은 위반행위에 대하여 과태료 부과처분을 받은 날과 그 처분 후 다시 같은 위반행위를 하여 적발된 날을 기준으로 한다.

정답 02 ③ 03 ④

04 **특정소방대상물의 공사 현장에 설치하는 임시소방시설의 유지·관리 등에 관한 사항으로 옳지 않은 것은?** 소방교

① 특정소방대상물의 관계자는 공사 현장에서 화재위험작업을 하기 전에 임시소방시설을 설치하고 유지·관리하여야 한다.

② 임시소방시설의 종류에는 소화기, 간이소화장치, 비상경보장치, 간이피난유도선이 있다.

③ 간이소화장치는 연면적 3천m^2 이상이거나 해당 층의 바닥면적이 600m^2 이상인 지하층, 무창층 또는 4층 이상의 층인 공사의 작업현장에 설치한다.

④ 간이피난유도선은 바닥면적이 150m^2 이상인 지하층 또는 무창층의 작업현장에 설치한다.

해설

법 제10조의2, 시행령 별표 5의2

특정소방대상물의 건축·대수선·용도변경 또는 설치 등을 위한 공사를 시공하는 자(이하 이 조에서 "시공자"라 한다)는 공사 현장에서 인화성(引火性) 물품을 취급하는 작업 등 대통령령으로 정하는 작업(이하 이 조에서 "화재위험작업"이라 한다)을 하기 전에 설치 및 철거가 쉬운 화재대비시설(이하 이 조에서 "임시소방시설"이라 한다)을 설치하고 유지·관리하여야 한다.

05 **대통령령 또는 화재안전기준의 변경으로 강화된 기준을 적용하는 노유자시설의 소방시설로 옳지 않은 것은?** 소방교

① 단독경보형감지기

② 자동화재속보설비

③ 자동화재탐지설비

④ 간이스프링클러설비

해설

소방시설기준 적용의 특례-법 제11조 제1항

소방본부장이나 소방서장은 대통령령 또는 화재안전기준이 변경되어 그 기준이 강화되는 경우 기존의 특정소방대상물(건축물의 신축·개축·재축·이전 및 대수선 중인 특정소방대상물을 포함)의 소방시설에 대하여는 변경 전의 대통령령 또는 화재안전기준을 적용한다. 다만, 다음 각 호의 어느 하나에 해당하는 소방시설의 경우에는 대통령령 또는 화재안전기준의 변경으로 강화된 기준을 적용한다.

강화된 소방시설기준의 적용대상-시행령 제15조의6

법 제11조 제1항 제3호에서 "대통령령으로 정하는 것"이란 다음 각 호의 어느 하나에 해당하는 설비를 말한다.

- 노유자(老幼者)시설 : 간이스프링클러설비, 자동화재탐지설비 및 단독경보형감지기
- 의료시설 : 스프링클러설비, 간이스프링클러설비, 자동화재탐지설비 및 자동화재속보설비

04 ① 05 ② 정답

06 성능위주설계를 해야 하는 특정소방대상물의 범위에 관한 사항으로 ( ) 안에 들어갈 내용으로 옳은 것은? 소방교

> 1. 연면적 (ㄱ)제곱미터 이상인 특정소방대상물. 다만, 공동주택 중 주택으로 쓰이는 층수가 5층 이상인 주택(아파트등)은 제외한다.
> 2. 아파트를 제외한 건축물의 높이가 (ㄴ) 이상이거나 지하층 (ㄷ) 층수가 (ㄹ) 이상인 특정소방대상물

	(ㄱ)	(ㄴ)	(ㄷ)	(ㄹ)
①	20만	120미터	포 함	30층
②	20만	100미터	제 외	30층
③	30만	120미터	포 함	20층
④	30만	120미터	제 외	20층

해설

성능위주설계를 해야 하는 특정소방대상물의 범위-시행령 제15조의3

법 제9조의3 제1항에서 "대통령령으로 정하는 특정소방대상물"이란 다음 각 호의 어느 하나에 해당하는 특정소방대상물(신축하는 것만 해당한다)을 말한다.

1. 연면적 20만m^2 이상인 특정소방대상물. 다만, 별표 2 제1호에 따른 공동주택 중 주택으로 쓰이는 층수가 5층 이상인 주택(이하 이 조에서 "아파트등"이라 한다)은 제외한다.
2. 다음 각 목의 특정소방대상물
   가. 50층 이상(지하층은 제외한다)이거나 지상으로부터 높이가 200미터 이상인 아파트등
   나. 30층 이상(지하층을 포함한다)이거나 지상으로부터 높이가 120미터 이상인 특정소방대상물(아파트등은 제외한다)
3. 연면적 3만m^2 이상인 특정소방대상물로서 다음 각 목의 어느 하나에 해당하는 특정소방대상물
   가. 별표 2 제6호 나목의 철도 및 도시철도 시설
   나. 별표 2 제6호 다목의 공항시설
4. 하나의 건축물에 「영화 및 비디오물의 진흥에 관한 법률」 제2조 제10호에 따른 영화상영관이 10개 이상인 특정소방대상물
5. 「초고층 및 지하연계 복합건축물 재난관리에 관한 특별법」 제2조 제2호에 따른 지하연계 복합건축물에 해당하는 특정소방대상물

정답 06 ①

07 소방시설등의 자체점검 시 점검인력 배치기준에 관한 사항으로 옳지 않은 것은? 소방교

① 점검인력 1단위의 점검한도 면적은 종합정밀점검의 경우 10,000m²이다.
② 점검인력 1단위에 보조인력을 1명씩 추가할 때마다 작동기능점검의 경우 4,000m²씩을 점검한도 면적에 더한다.
③ 작동기능점검의 경우 보조인력 1명을 점검인력 1단위로 한다.
④ 소방안전관리자로 선임된 소방시설관리사 및 소방기술사가 점검하는 경우에는 소방시설관리사 또는 소방기술사 중 1명과 보조인력 2명을 점검인력 1단위로 하되, 점검인력 1단위에 4명 이내의 보조인력을 추가할 수 있다.

해설

소방시설등의 자체점검 시 점검인력 배치기준-시행규칙 별표 2
점검인력 1단위에 보조인력을 1명씩 추가할 때마다 종합정밀점검의 경우에는 3,000m², 작동기능점검의 경우에는 3,500m²씩을 점검한도 면적에 더한다.

08 방염성능기준 이상의 실내장식물 등을 설치하여야 하는 특정소방대상물이 아닌 것은? 소방교

① 근린생활시설 중 의원, 체력단련장, 공연장 및 종교집회장
② 노유자시설
③ 숙박이 가능한 수련시설
④ 아파트를 포함한 층수가 11층 이상인 것

해설

방염성능기준 이상의 실내장식물 등을 설치해야 하는 특정소방대상물-시행령 제19조
1. 근린생활시설 중 의원, 조산원, 산후조리원, 체력단련장, 공연장 및 종교집회장
2. 건축물의 옥내에 있는 시설로서 다음 각 목의 시설
   가. 문화 및 집회시설
   나. 종교시설
   다. 운동시설(수영장은 제외한다)
3. 의료시설
4. 교육연구시설 중 합숙소
5. 노유자시설
6. 숙박이 가능한 수련시설
7. 숙박시설
8. 방송통신시설 중 방송국 및 촬영소
9. 다중이용업소
10. 제1호부터 제9호까지의 시설에 해당하지 않는 것으로서 층수가 11층 이상인 것(아파트는 제외한다)

07 ② 08 ④ 정답

09 소방시설관리사에 대한 행정처분기준에서 1차 처분기준이 나머지 셋과 다른 하나는? 소방교

① 거짓이나 그 밖의 부정한 방법으로 시험에 합격한 경우
② 소방시설관리사증을 다른 자에게 빌려준 경우
③ 소방시설의 자체점검 등을 하지 않거나 거짓으로 한 경우
④ 동시에 둘 이상의 업체에 취업한 경우

해설

행정처분기준-시행규칙 별표 8

위반사항	근거 법조문	행정처분기준		
		1차	2차	3차
거짓, 그 밖의 부정한 방법으로 시험에 합격한 경우	법 제28조 제1호	자격취소		
소방안전관리 업무를 하지 않거나 거짓으로 한 경우	법 제28조 제2호	경고 (시정명령)	자격정지 6월	자격취소
점검을 하지 않거나 거짓으로 한 경우	법 제28조 제3호	경고 (시정명령)	자격정지 6월	자격취소
소방시설관리사증을 다른 자에게 빌려준 경우	법 제28조 제4호	자격취소		
동시에 둘 이상의 업체에 취업한 경우	법 제28조 제5호	자격취소		
성실하게 자체점검업무를 수행하지 아니한 경우	법 제28조 제6호	경 고	자격정지 6월	자격취소
결격사유에 해당하게 된 경우	법 제28조 제7호	자격취소		

10 조치명령 등의 연기를 신청하려는 관계인이 이행기간 만료 전 조치명령 등의 연기신청서를 제출하여야 하는 기간과 신청서를 제출받은 소방청장, 소방본부장 또는 소방서장이 신청받은 날부터 조치명령 등의 연기 여부를 결정하여야 하는 기간으로 옳은 것은? 소방교

① 5일 전, 3일 이내
② 5일 전, 5일 이내
③ 7일 전, 3일 이내
④ 7일 전, 5일 이내

해설

조치명령 등의 연기 신청 등-시행규칙 제44조의2

① 법 제47조의2 제1항에 따른 조치명령·선임명령 또는 이행명령(이하 "조치명령 등"이라 한다)의 연기를 신청하려는 관계인 등은 조치명령 등의 이행기간 만료 5일 전까지 조치명령 등의 연기신청서에 조치명령 등을 이행할 수 없음을 증명할 수 있는 서류를 첨부하여 소방청장, 소방본부장 또는 소방서장에게 제출하여야 한다.
② 제1항에 따른 신청서를 제출받은 소방청장, 소방본부장 또는 소방서장은 신청받은 날부터 3일 이내에 조치명령 등의 연기 여부를 결정하여 조치명령 등의 연기 통지서를 관계인 등에게 통지하여야 한다.

정답 09 ③ 10 ①

11 화재안전정책 계획 등의 수립 · 시행에 관한 내용으로 옳지 않은 것은? 소방교

① 국가는 화재안전기반 확충을 위하여 화재안전정책에 관한 기본계획을 5년마다 수립 · 시행하여야 한다.

② 소방청장은 화재안전정책에 관한 기본계획을 계획 시행 전년도 9월 30일까지 수립하여야 한다.

③ 관계 중앙행정기관의 장 또는 시 · 도지사는 시행계획을 계획 시행 전년도 12월 31일까지 수립하여야 한다.

④ 기본계획, 시행계획, 세부시행계획의 수립 · 시행에 관하여 필요한 사항은 대통령령으로 정한다.

해설

시행령 제6조의2, 제6조의4, 제6조의5

- 소방청장은 법 제2조의3에 따른 화재안전정책에 관한 기본계획(이하 "기본계획"이라 한다)을 계획 시행 전년도 8월 31일까지 관계 중앙행정기관의 장과 협의를 마친 후 계획 시행 전년도 9월 30일까지 수립하여야 한다.
- 소방청장은 법 제2조의3 제4항에 따라 기본계획을 시행하기 위한 시행계획(이하 "시행계획"이라 한다)을 계획 시행 전년도 10월 31일까지 수립하여야 한다.
- 시행계획에는 다음 각 호의 사항이 포함되어야 한다.
  - 기본계획의 시행을 위하여 필요한 사항
  - 그 밖에 화재안전과 관련하여 소방청장이 필요하다고 인정하는 사항
- 관계 중앙행정기관의 장 또는 시 · 도지사는 법 제2조의3 제6항에 따른 세부 시행계획(이하 "세부시행계획"이라 한다)을 계획 시행 전년도 12월 31일까지 수립하여야 한다.
- 세부시행계획에는 다음 각 호의 사항이 포함되어야 한다.
  - 기본계획 및 시행계획에 대한 관계 중앙행정기관 또는 특별시 · 광역시 · 특별자치시 · 도 · 특별자치도(이하 "시 · 도"라 한다)의 세부 집행계획
  - 그 밖에 화재안전과 관련하여 관계 중앙행정기관의 장 또는 시 · 도지사가 필요하다고 결정한 사항

12 간이스프링클러설비를 설치하여야 하는 특정소방대상물로 옳지 않은 것은? 소방교

① 의료시설 중 종합병원, 병원, 치과병원, 한방병원 및 요양병원으로 사용되는 바닥면적의 합계가 600m^2 이상인 시설

② 의원, 치과의원, 한의원으로서 입원실이 있는 시설

③ 근린생활시설로 사용하는 바닥면적 합계가 1천m^2 이상인 것은 모든 층

④ 생활형 숙박시설로서 사용되는 바닥면적의 합계가 600m^2 이상인 것

해설

시행령 별표 5

간이스프링클러설비를 설치하여야 하는 특정소방대상물은 다음의 어느 하나와 같다.

1. 근린생활시설 중 다음의 어느 하나에 해당하는 것
   가. 근린생활시설로 사용하는 부분의 바닥면적 합계가 1천m^2 이상인 것은 모든 층
   나. 의원, 치과의원 및 한의원으로서 입원실이 있는 시설
   다. 조산원 및 산후조리원으로서 연면적 600m^2 미만인 시설

11 ③ 12 ① 정답

2. 교육연구시설 내에 합숙소로서 연면적 $100m^2$ 이상인 것
3. 의료시설 중 다음의 어느 하나에 해당하는 시설
   가. 종합병원, 병원, 치과병원, 한방병원 및 요양병원(정신병원과 의료재활시설은 제외한다)으로 사용되는 바닥면적의 합계가 $600m^2$ 미만인 시설
   나. 정신의료기관 또는 의료재활시설로 사용되는 바닥면적의 합계가 $300m^2$ 이상 $600m^2$ 미만인 시설
   다. 정신의료기관 또는 의료재활시설로 사용되는 바닥면적의 합계가 $300m^2$ 미만이고, 창살(철재・플라스틱 또는 목재 등으로 사람의 탈출 등을 막기 위하여 설치한 것을 말하며, 화재 시 자동으로 열리는 구조로 되어 있는 창살은 제외한다)이 설치된 시설
4. 노유자시설로서 다음의 어느 하나에 해당하는 시설
   가. 제12조 제1항 제6호 각 목에 따른 시설(제12조 제1항 제6호 가목 2) 및 같은 호 나목부터 바목까지의 시설 중 단독주택 또는 공동주택에 설치되는 시설은 제외하며, 이하 "노유자 생활시설"이라 한다)
   나. 가에 해당하지 않는 노유자시설로 해당 시설로 사용하는 바닥면적의 합계가 $300m^2$ 이상 $600m^2$ 미만인 시설
   다. 가에 해당하지 않는 노유자시설로 해당 시설로 사용하는 바닥면적의 합계가 $300m^2$ 미만이고, 창살(철재・플라스틱 또는 목재 등으로 사람의 탈출 등을 막기 위하여 설치한 것을 말하며, 화재 시 자동으로 열리는 구조로 되어 있는 창살은 제외한다)이 설치된 시설
5. 건물을 임차하여 「출입국관리법」 제52조 제2항에 따른 보호시설로 사용하는 부분
6. 숙박시설 중 생활형 숙박시설로서 해당 용도로 사용되는 바닥면적의 합계가 $600m^2$ 이상인 것
7. 복합건축물(별표 2 제30호 나목의 복합건축물만 해당한다)로서 연면적 1천m^2 이상인 것은 모든 층

13 다음 중 소방용품의 형식승인에 대한 설명으로 옳지 않은 것은? 소방장

① 형식승인을 받은 자는 그 소방용품에 대하여 소방청장이 실시하는 제품검사를 받아야 한다.
② 형식승인을 받으려는 자는 행정안전부령으로 정하는 기준에 따라 형식승인을 위한 시험시설을 갖추고 소방청장의 인가를 받아야 한다.
③ 하나의 소방용품에 두 가지 이상의 형식승인 사항 또는 형식승인과 성능인증 사항이 결합된 경우에는 두 가지 이상의 형식승인 또는 형식승인과 성능인증 시험을 함께 실시하고 하나의 형식승인을 할 수 있다.
④ 소방청장, 소방본부장 또는 소방서장은 형식승인을 받지 아니한 소방용품에 대하여는 그 제조자・수입자・판매자 또는 시공자에게 수거・폐기 또는 교체 등 행정안전부령으로 정하는 필요한 조치를 명할 수 있다.

해설

소방용품의 형식승인 등-법 제36조
형식승인을 받으려는 자는 행정안전부령으로 정하는 기준에 따라 형식승인을 위한 시험시설을 갖추고 소방청장의 심사를 받아야 한다.

정답 13 ②

14 특정소방대상물의 용도가 근린생활시설에 해당되지 않는 것은? 소방장

① 종교집회장으로서 같은 건축물에 해당 용도로 쓰는 바닥면적의 합계가 300m^2 미만인 것
② 단란주점으로서 같은 건축물에 해당 용도로 쓰는 바닥면적의 합계가 150m^2 미만인 것
③ 의료기기 판매소로서 같은 건축물에 해당 용도로 쓰는 바닥면적의 합계가 1천m^2 미만인 것
④ 자동차학원으로서 같은 건축물에 해당 용도로 쓰는 바닥면적의 합계가 500m^2 미만인 것

해설

시행령 별표 2

- 휴게음식점, 제과점, 일반음식점, 기원(棋院), 노래연습장 및 단란주점(단란주점은 같은 건축물에 해당 용도로 쓰는 바닥면적의 합계가 150m^2 미만인 것만 해당한다)
- 공연장(극장, 영화상영관, 연예장, 음악당, 서커스장, 「영화 및 비디오물의 진흥에 관한 법률」 제2조 제16호 가목에 따른 비디오물감상실업의 시설, 같은 호 나목에 따른 비디오물소극장업의 시설, 그 밖에 이와 비슷한 것을 말한다. 이하 같다) 또는 종교집회장[교회, 성당, 사찰, 기도원, 수도원, 수녀원, 제실(祭室), 사당, 그 밖에 이와 비슷한 것을 말한다. 이하 같다]으로서 같은 건축물에 해당 용도로 쓰는 바닥면적의 합계가 300m^2 미만인 것
- 사진관, 표구점, 학원(같은 건축물에 해당 용도로 쓰는 바닥면적의 합계가 500m^2 미만인 것만 해당하며, 자동차학원 및 무도학원은 제외한다), 독서실, 고시원(「다중이용업소의 안전관리에 관한 특별법」에 따른 다중이용업 중 고시원업의 시설로서 독립된 주거의 형태를 갖추지 않은 것으로서 같은 건축물에 해당 용도로 쓰는 바닥면적의 합계가 500m^2 미만인 것을 말한다)
- 의약품 판매소, 의료기기 판매소 및 자동차영업소로서 같은 건축물에 해당 용도로 쓰는 바닥면적의 합계가 1천m^2 미만인 것

15 다음 중 소방청장이 정하는 내진설계기준에 맞게 설치하여야 하는 소방시설로 옳은 것은? 소방장

① 옥외소화전설비, 물 분무 소화설비
② 자동화재탐지설비, 옥내소화전설비
③ 스프링클러설비, 이산화탄소소화설비
④ 옥외소화전설비, 스프링클러설비

해설

소방시설의 내진설계-시행령 제15조의2

- 법 제9조의2에서 "대통령령으로 정하는 소방시설"이란 소방시설 중 옥내소화전설비, 스프링클러설비, 물분무등소화설비를 말한다.
- 물분무등소화설비
  - 물 분무 소화설비
  - 미분무소화설비
  - 포소화설비
  - 이산화탄소소화설비
  - 할론소화설비
  - 할로겐화합물 및 불활성기체 소화설비
  - 분말소화설비
  - 강화액소화설비
  - 고체에어로졸소화설비

14 ④ 15 ③ 정답

16 화재안전기준을 적용하기 어려운 특정소방대상물로서 펄프공장의 작업장, 음료수 공장의 세정 또는 충전을 하는 작업장, 그 밖에 이와 비슷한 용도로 사용하는 곳에 설치하지 아니할 수 있는 소방시설로 옳은 것은? 소방장

① 자동화재속보설비
② 상수도소화용수설비
③ 옥내소화전설비
④ 연결송수관설비

해설

소방시설을 설치하지 아니할 수 있는 특정소방대상물의 범위–시행령 제18조

구 분	특정소방대상물	소방시설
화재 위험도가 낮은 특정소방대상물	석재, 불연성금속, 불연성 건축재료 등의 가공공장・기계조립공장・주물공장 또는 불연성 물품을 저장하는 창고	옥외소화전 및 연결살수설비
	「소방기본법」 제2조 제5호에 따른 소방대(消防隊)가 조직되어 24시간 근무하고 있는 청사 및 차고	옥내소화전설비, 스프링클러설비, 물분무등소화설비, 비상방송설비, 피난기구, 소화용수설비, 연결송수관설비, 연결살수설비
화재안전기준을 적용하기 어려운 특정소방대상물	펄프공장의 작업장, 음료수 공장의 세정 또는 충전을 하는 작업장, 그 밖에 이와 비슷한 용도로 사용하는 것	스프링클러설비, 상수도소화용수설비 및 연결살수설비
	정수장, 수영장, 목욕장, 농예・축산・어류양식용 시설, 그 밖에 이와 비슷한 용도로 사용되는 것	자동화재탐지설비, 상수도소화용수설비 및 연결살수설비
화재안전기준을 달리 적용하여야 하는 특수한 용도 또는 구조를 가진 특정소방대상물	원자력발전소, 핵폐기물처리시설	연결송수관설비 및 연결살수설비
「위험물안전관리법」 제19조에 따른 자체소방대가 설치된 특정소방대상물	자체소방대가 설치된 위험물 제조소등에 부속된 사무실	옥내소화전설비, 소화용수설비, 연결살수설비 및 연결송수관설비

17 다음 중 소방시설관리업 등록사항의 변경신고에 대한 설명 중 틀린 것은? 소방장

① 등록사항의 변경이 있는 때에는 변경일부터 30일 이내에 시・도지사에게 신고하여야 한다.
② 등록사항의 변경신고 사항은 명칭・상호 또는 영업소소재지, 대표자, 기술인력이다.
③ 기술인력을 변경하는 경우 소방시설관리업 등록수첩, 변경된 기술인력의 기술자격증(자격수첩), 기술인력연명부를 제출하여야 한다.
④ 변경신고를 받은 때에는 15일 이내에 등록증 및 등록수첩을 새로 교부하거나 제출된 등록증 및 등록수첩과 기술인력의 기술자격증에 그 변경된 사항을 기재하여 교부하여야 한다.

해설

등록사항의 변경신고 등–시행규칙 제25조
시・도지사는 변경신고를 받은 때에는 5일 이내에 소방시설관리업등록증 및 등록수첩을 새로 교부하거나 제출된 소방시설관리업등록증 및 등록수첩과 기술인력의 기술자격증(자격수첩)에 그 변경된 사항을 기재하여 교부하여야 한다.

정답 16 ② 17 ④

18 위반행위의 신고 및 신고포상금의 지급에 관한 사항으로 옳지 않은 것은? 소방장

① 피난시설, 방화구획 및 방화시설을 폐쇄하거나 훼손하는 등의 행위를 한 자는 신고의 대상이다.
② 소방본부장 또는 소방서장은 위반행위의 신고 내용을 확인하여 이를 처리한 경우에는 신고한 날부터 10일 이내에 신고 내용 처리결과 통지서를 신고자에게 통지해야 한다.
③ 점검을 위한 목적이 아닌 소방시설의 패쇄 차단 등의 경우에도 신고의 대상이다.
④ 통지는 우편, 팩스, 정보통신망, 전자우편 또는 휴대전화 문자메시지 등의 방법으로 할 수 있다.

해설

법 제47조의3, 시행규칙 제44조의3
누구든지 소방본부장 또는 소방서장에게 다음 각 호의 어느 하나에 해당하는 행위를 한 자를 신고할 수 있다.
1. 화재안전기준을 위반하여 소방시설을 설치 또는 유지·관리한 자
2. 소방시설의 기능과 성능에 지장을 줄 수 있는 폐쇄(잠금을 포함한다. 이하 같다)·차단 등의 행위를 한 자
3. 제10조 제1항 각 호의 어느 하나에 해당하는 행위를 한 자

피난시설, 방화구획 및 방화시설의 유지·관리-법 제10조
특정소방대상물의 관계인은 피난시설, 방화구획 및 방화시설에 대하여 다음 각 호의 행위를 하여서는 아니 된다.
1. 피난시설, 방화구획 및 방화시설을 폐쇄하거나 훼손하는 등의 행위
2. 피난시설, 방화구획 및 방화시설의 주위에 물건을 쌓아두거나 장애물을 설치하는 행위
3. 피난시설, 방화구획 및 방화시설의 용도에 장애를 주거나 「소방기본법」 제16조에 따른 소방활동에 지장을 주는 행위
4. 그 밖에 피난시설, 방화구획 및 방화시설을 변경하는 행위

소방본부장 또는 소방서장은 위반행위의 신고 내용을 확인하여 이를 처리한 경우에는 처리한 날부터 10일 이내에 위반행위 신고 내용 처리결과 통지서를 신고자에게 통지해야 한다.

19 소방기술심의위원회의 구성 등에 관한 사항으로 괄호 안에 알맞은 것은? 소방장

1. 중앙소방기술심의위원회는 성별을 고려하여 위원장을 포함한 (ㄱ)명 이내의 위원으로 구성한다.
2. 지방소방기술심의위원회는 위원장을 포함하여 (ㄴ)명 이상 (ㄷ)명 이하의 위원으로 구성한다.
3. 중앙위원회의 회의는 위원장과 위원장이 회의마다 지정하는 6명 이상 (ㄹ)명 이하의 위원으로 구성하고, 중앙위원회는 분야별 소위원회를 구성·운영할 수 있다.

	(ㄱ)	(ㄴ)	(ㄷ)	(ㄹ)
①	60	5	7	11
②	60	5	9	12
③	60	3	7	11
④	60	5	7	12

18 ② 19 ② 정답

해설

소방기술심의위원회의 구성 등–시행령 제18조의3

1. 법 제11조의2 제1항에 따른 중앙소방기술심의위원회(이하 "중앙위원회"라 한다)는 성별을 고려하여 위원장을 포함한 60명 이내의 위원으로 구성한다.
2. 법 제11조의2 제2항에 따른 지방소방기술심의위원회(이하 "지방위원회"라 한다)는 위원장을 포함하여 5명 이상 9명 이하의 위원으로 구성한다.
3. 중앙위원회의 회의는 위원장과 위원장이 회의마다 지정하는 6명 이상 12명 이하의 위원으로 구성하고, 중앙위원회는 분야별 소위원회를 구성·운영할 수 있다(위원장 제외 12명 이하이므로 최대 13명).

20 방염성능기준에 관한 사항으로 괄호 안에 알맞은 것은? 소방장

> 1. 버너의 불꽃을 제거한 때부터 불꽃을 올리며 연소하는 상태가 그칠 때까지 시간은 (ㄱ) 이내일 것
> 2. 버너의 불꽃을 제거한 때부터 불꽃을 올리지 아니하고 연소하는 상태가 그칠 때까지 시간은 (ㄴ) 이내일 것
> 3. 탄화(炭化)한 면적은 (ㄷ)cm^2 이내, 탄화한 길이는 (ㄹ)cm 이내일 것

	(ㄱ)	(ㄴ)	(ㄷ)	(ㄹ)
①	20초	30초	50	20
②	20초	30초	40	20
③	30초	20초	30	30
④	30초	20초	50	30

해설

방염성능기준은 다음 각 호의 기준에 따르되, 방염대상물품의 종류에 따른 구체적인 방염성능기준은 다음 각 호의 기준의 범위에서 소방청장이 정하여 고시하는 바에 따른다.

1. 버너의 불꽃을 제거한 때부터 불꽃을 올리며 연소하는 상태가 그칠 때까지 시간은 20초 이내일 것
2. 버너의 불꽃을 제거한 때부터 불꽃을 올리지 아니하고 연소하는 상태가 그칠 때까지 시간은 30초 이내일 것
3. 탄화(炭化)한 면적은 50cm^2 이내, 탄화한 길이는 20cm 이내일 것
4. 불꽃에 의하여 완전히 녹을 때까지 불꽃의 접촉 횟수는 3회 이상일 것
5. 소방청장이 정하여 고시한 방법으로 발연량(發煙量)을 측정하는 경우 최대연기밀도는 400 이하 일 것

정답 20 ①

21 「화재예방, 소방시설 설치 · 유지 및 안전관리에 관한 법률」 시행규칙상 과징금의 부과기준으로 틀린 것은? 소방장

① 과징금 산정금액이 3천만원을 초과하는 경우 3천만원으로 한다.

② 영업정지 1개월은 30일로 계산한다.

③ 과징금 산정은 영업정지기간(일)에 영업정지 1일에 해당하는 금액을 곱한 금액으로 한다.

④ 영업정지에 해당하는 위반사항으로서 위반행위의 동기·내용·횟수 또는 그 결과를 고려하여 그 처분기준의 2분의 1까지 감경한 경우 과징금 부과에 의한 영업정지기간(일) 산정은 감경 전 영업정지기간으로 한다.

해설

관리업 과징금 부과의 일반기준–시행규칙 별표 4

가. 영업정지 1개월은 30일로 계산한다.

나. 과징금 산정은 영업정지기간(일)에 개별기준의 영업정지 1일에 해당하는 금액을 곱한 금액으로 한다.

다. 위반행위가 둘 이상 발생한 경우 과징금 부과에 의한 영업정지기간(일) 산정은 개별기준에 따른 각각의 영업정지 처분기간을 합산한 기간으로 한다.

라. 영업정지에 해당하는 위반사항으로서 위반행위의 동기 · 내용 · 횟수 또는 그 결과를 고려하여 그 처분기준의 2분의 1까지 감경한 경우 과징금 부과에 의한 영업정지기간(일) 산정은 감경한 영업정지기간으로 한다.

마. 연간 매출액은 해당 업체에 대한 처분일이 속한 연도의 전년도의 1년간 위반사항이 적발된 업종의 각 매출금액을 기준으로 한다. 다만, 신규사업 · 휴업 등으로 인하여 1년간의 위반사항이 적발된 업종의 각 매출금액을 산출할 수 없거나 1년간의 위반사항이 적발된 업종의 각 매출금액을 기준으로 하는 것이 불합리하다고 인정되는 경우에는 분기별 · 월별 또는 일별 매출금액을 기준으로 산출 또는 조정한다.

바. 가목부터 마목까지의 규정에도 불구하고 과징금 산정금액이 3천만원을 초과하는 경우 3천만원으로 한다.

22 소방시설등의 자체점검 시 점검인력 배치기준에 관한 사항으로 옳지 않은 것은? 소방장

① 점검인력 1단위의 점검한도 면적은 종합정밀점검의 경우 10,000m^2이다.

② 점검인력 1단위가 하루 동안 점검할 수 있는 특정소방대상물의 연면적은 소규모점검의 경우 3,000m^2이다.

③ 종합정밀점검과 작동기능점검을 하루에 점검하는 경우에는 작동기능점검의 점검면적 또는 점검세대수에 0.8을 곱한 값을 종합정밀점검 점검면적 또는 점검세대수로 본다.

④ 소방안전관리자로 선임된 소방시설관리사 및 소방기술사가 점검하는 경우에는 소방시설관리사 또는 소방기술사 중 1명과 보조인력 2명을 점검인력 1단위로 하되, 점검인력 1단위에 4명 이내의 보조인력을 추가할 수 있다.

해설

소방시설등의 자체점검 시 점검인력 배치기준–시행규칙 별표 2

점검인력 1단위가 하루 동안 점검할 수 있는 특정소방대상물의 연면적(점검한도 면적)은 다음 각 목과 같다.

가. 종합정밀점검 : 10,000m^2

나. 작동기능점검 : 12,000m^2(소규모점검의 경우에는 3,500m^2)

21 ④ 22 ② 정답

23 특정소방대상물에 대한 다음 설명 중 옳지 않은 것은? 소방장

① 둘 이상의 특정소방대상물의 내화구조로 된 연결통로가 벽이 없는 구조로서 그 길이가 10m인 경우 이를 하나의 소방대상물로 본다.

② 내화구조로 된 하나의 특정소방대상물이 개구부가 없는 내화구조의 바닥과 벽으로 구획되어 있는 경우에는 그 구획된 부분을 각각 별개의 특정소방대상물로 본다.

③ 연결통로 또는 지하구와 소방대상물의 양쪽에 화재 시 자동소화설비의 작동과 연동하여 자동으로 닫히는 방화셔터가 설치된 경우 각각 별개의 특정소방대상물로 본다.

④ 특정소방대상물의 지하층이 지하가와 연결되어 있는 경우 해당 지하층의 부분을 지하가로 본다.

해설

시행령 별표 2 비고 부분

1. 내화구조로 된 하나의 특정소방대상물이 개구부(건축물에서 채광・환기・통풍・출입 등을 위하여 만든 창이나 출입구를 말한다)가 없는 내화구조의 바닥과 벽으로 구획되어 있는 경우에는 그 구획된 부분을 각각 별개의 특정소방대상물로 본다.
2. 둘 이상의 특정소방대상물이 연결통로로 연결된 경우에는 이를 하나의 소방대상물로 본다.
   가. 내화구조로 된 연결통로가 다음의 어느 하나에 해당되는 경우
      ① 벽이 없는 구조로서 그 길이가 6m 이하인 경우
      ② 벽이 있는 구조로서 그 길이가 10m 이하인 경우. 다만, 벽 높이가 바닥에서 천장까지의 높이의 2분의 1 이상인 경우에는 벽이 있는 구조로 보고, 벽 높이가 바닥에서 천장까지의 높이의 2분의 1 미만인 경우에는 벽이 없는 구조로 본다.
   나. 내화구조가 아닌 연결통로로 연결된 경우
   다. 컨베이어로 연결되거나 플랜트설비의 배관 등으로 연결되어 있는 경우
   라. 지하보도, 지하상가, 지하가로 연결된 경우
   마. 방화셔터 또는 갑종 방화문이 설치되지 않은 피트로 연결된 경우
   바. 지하구로 연결된 경우
3. 연결통로 또는 지하구와 소방대상물의 양쪽에 다음 각 목의 어느 하나에 적합한 경우에는 각각 별개의 소방대상물로 본다.
   가. 화재 시 경보설비 또는 자동소화설비의 작동과 연동하여 자동으로 닫히는 방화셔터 또는 갑종 방화문이 설치된 경우
   나. 화재 시 자동으로 방수되는 방식의 드렌처설비 또는 개방형 스프링클러헤드가 설치된 경우
4. 특정소방대상물의 지하층이 지하가와 연결되어 있는 경우 해당 지하층의 부분을 지하가로 본다. 다만, 다음 지하가와 연결되는 지하층에 지하층 또는 지하가에 설치된 방화문이 자동폐쇄장치・자동화재탐지설비 또는 자동소화설비와 연동하여 닫히는 구조이거나 그 윗부분에 드렌처설비가 설치된 경우에는 지하가로 보지 않는다.

정답 23 ①

24 다음은 양벌규정에 대한 내용이다. 이에 해당하는 것을 바르게 고른 것은? 소방장

> 법인의 대표자나 법인 또는 개인의 대리인, 사용인, 그 밖의 종업원이 그 법인 또는 개인의 업무에 관하여 제48조부터 제51조까지의 어느 하나에 해당하는 위반행위를 하면 그 행위자를 벌하는 외에 그 법인 또는 개인에게도 해당 조문의 벌금형을 과(科)한다. 다만, 법인 또는 개인이 그 위반행위를 방지하기 위하여 해당 업무에 관하여 상당한 주의와 감독을 게을리하지 아니한 경우에는 그러하지 아니하다.

① 피난시설, 방화구획 또는 방화시설을 폐쇄 · 훼손 · 변경하는 등의 행위를 한 경우
② 소방안전관리 업무를 하지 아니한 경우
③ 피난유도 안내정보를 제공하지 아니한 경우
④ 점검기록표를 거짓으로 작성하거나 해당 특정소방대상물에 부착하지 아니한 경우

해설

법 제48조부터 제51조는 벌칙에 해당한다. 과태료와 벌칙을 구분해서 벌칙을 고르면 된다.
① 피난시설, 방화구획 또는 방화시설을 폐쇄 · 훼손 · 변경하는 등의 행위를 한 경우 : 300만원 이하의 과태료
② 소방안전관리 업무를 하지 아니한 경우 : 200만원 이하의 과태료
③ 피난유도 안내정보를 제공하지 아니한 경우 : 200만원 이하의 과태료
④ 점검기록표를 거짓으로 작성하거나 해당 특정소방대상물에 부착하지 아니한 경우 : 300만원 이하의 벌금

24 ④ 정답

25 다음 〈보기〉의 수용인원을 산정하여 큰 순서대로 나열한 것으로 옳은 것은? 소방장

> 가. 숙박시설이 있는 특정소방대상물로서 1인용 침대와 2인용 침대 각 20개, 종사자 3명
> 나. 판매시설로서 바닥면적 $480m^2$
> 다. 강의실용도로 쓰이는 특정소방대상물로서 해당 용도로 사용하는 바닥면적 $239m^2$
> 라. 종교시설로서 해당 용도로 사용하는 바닥면적 $490m^2$
> (※ 나~라의 경우 계단 및 화장실을 합한 면적은 층별 $30m^2$이다)

① 다 - 라 - 가 - 나
② 나 - 라 - 가 - 다
③ 나 - 다 - 라 - 가
④ 다 - 가 - 라 - 나

해설

계산과정
가. 종사자 3명 + [1인용 침대 20개 + 2인용침대($2 \times 20 = 40$)] = 63명
나. $(480m^2 - 30m^2) \div 3m^2 = 150$명
다. $(239m^2 - 30m^2) \div 1.9m^2 = 110$명
라. $(490m^2 - 30m^2) \div 4.6m^2 = 100$명

수용인원의 산정 방법-시행령 별표 4
1. 숙박시설이 있는 특정소방대상물
   가. 침대가 있는 숙박시설 : 해당 특정소방물의 종사자 수에 침대 수(2인용 침대는 2개로 산정한다)를 합한 수
   나. 침대가 없는 숙박시설 : 해당 특정소방대상물의 종사자 수에 숙박시설 바닥면적의 합계를 $3m^2$로 나누어 얻은 수를 합한 수
2. 제1호 외의 특정소방대상물
   가. 강의실 · 교무실 · 상담실 · 실습실 · 휴게실 용도로 쓰이는 특정소방대상물 : 해당 용도로 사용하는 바닥면적의 합계를 $1.9m^2$로 나누어 얻은 수
   나. 강당, 문화 및 집회시설, 운동시설, 종교시설 : 해당 용도로 사용하는 바닥면적의 합계를 $4.6m^2$로 나누어 얻은 수(관람석이 있는 경우 고정식 의자를 설치한 부분은 그 부분의 의자 수로 하고, 긴 의자의 경우에는 의자의 정면너비를 0.45m로 나누어 얻은 수로 한다)
   다. 그 밖의 특정소방대상물 : 해당 용도로 사용하는 바닥면적의 합계를 $3m^2$로 나누어 얻은 수

비 고
1. 위 표에서 바닥면적을 산정할 때에는 복도, 계단 및 화장실의 바닥면적을 포함하지 않는다.
2. 계산 결과 소수점 이하의 수는 반올림한다.

정답 25 ③

2020 소방승진 04 소방시설법 소방법령 II 기출유사문제

※ 승진시험이 2017년 중앙소방학교로 통합된 이후 출제된 문제를 담았습니다. 수험생분들의 기억에 의해 복원했기 때문에 지문이 정확하지 않을 수 있으니 참고하시고, 기출문제를 풀어봄으로써 출제 흐름을 익히시기 바랍니다.

01 임시소방시설의 유지 · 관리에 대한 설명으로 틀린 것은? 소방교

① 특정소방대상물의 시공자는 공사현장에서 인화성 물품을 취급하는 작업 등 화재위험작업을 하기 전에 설치 및 철거가 쉬운 화재대비시설을 설치하고 유지 · 관리하여야 한다.

② 소방본부장 또는 소방서장은 임시소방시설 또는 소방시설이 설치 또는 유지 · 관리되지 아니할 때에는 해당 관계인에게 필요한 조치를 하도록 명할 수 있다.

③ 임시소방시설의 설치 및 유지 · 관리 기준은 소방청장이 정하여 고시한다.

④ 임시소방시설을 설치하여야 하는 공사의 종류와 규모, 임시소방시설의 종류 등에 관하여 필요한 사항은 대통령령으로 정한다.

해설

특정소방대상물의 공사 현장에 설치하는 임시소방시설의 유지 · 관리 등–법 제10조의2

1. 특정소방대상물의 건축 · 대수선 · 용도변경 또는 설치 등을 위한 공사를 시공하는 자(이하 이 조에서 "시공자"라 한다)는 공사 현장에서 인화성(引火性) 물품을 취급하는 작업 등 대통령령으로 정하는 작업(이하 이 조에서 "화재위험작업"이라 한다)을 하기 전에 설치 및 철거가 쉬운 화재대비시설(이하 이 조에서 "임시소방시설"이라 한다)을 설치하고 유지 · 관리하여야 한다.
2. 제1항에도 불구하고 시공자가 화재위험작업 현장에 소방시설 중 임시소방시설과 기능 및 성능이 유사한 것으로서 대통령령으로 정하는 소방시설을 제9조 제1항 전단에 따른 화재안전기준에 맞게 설치하고 유지 · 관리하고 있는 경우에는 임시소방시설을 설치하고 유지 · 관리한 것으로 본다.
3. 소방본부장 또는 소방서장은 위에 따라 임시소방시설 또는 소방시설이 설치 또는 유지 · 관리되지 아니할 때에는 해당 시공자에게 필요한 조치를 하도록 명할 수 있다.
4. 제1항에 따라 임시소방시설을 설치하여야 하는 공사의 종류와 규모, 임시소방시설의 종류 등에 관하여 필요한 사항은 대통령령으로 정하고, 임시소방시설의 설치 및 유지 · 관리 기준은 소방청장이 정하여 고시한다.

01 ② 정답

02 용도변경 시의 소방시설기준 적용의 특례로 옳은 것을 모두 고른 것은? 소방교

가. 특정소방대상물의 구조·설비가 화재연소 확대 요인이 적어지거나 피난 또는 화재진압 활동이 쉬워지도록 변경되는 경우
나. 문화 및 집회시설 중 공연장·집회장·관람장, 판매시설, 운수시설, 창고시설 중 하역장이 불특정 다수인이 이용하는 것이 아닌 일정한 근무자가 이용하는 용도로 변경되는 경우
다. 용도변경으로 천장·바닥·벽 등에 고정되어 있는 인화성 물질의 양이 줄어드는 경우

① 가 ② 나, 다
③ 가, 나, 다 ④ 가, 다

해설

시행령 제17조 제2항
소방본부장 또는 소방서장은 특정소방대상물이 용도변경되는 경우에는 용도변경되는 부분에 대해서만 용도변경 당시의 소방시설의 설치에 관한 대통령령 또는 화재안전기준을 적용한다. 다만, 다음 각 호의 어느 하나에 해당하는 경우에는 특정소방대상물 전체에 대하여 용도변경 전에 해당 특정소방대상물에 적용되던 소방시설의 설치에 관한 대통령령 또는 화재안전기준을 적용한다.

1. 특정소방대상물의 구조·설비가 화재연소 확대 요인이 적어지거나 피난 또는 화재진압활동이 쉬워지도록 변경되는 경우
2. 문화 및 집회시설 중 공연장·집회장·관람장, 판매시설, 운수시설, 창고시설 중 물류터미널이 불특정 다수인이 이용하는 것이 아닌 일정한 근무자가 이용하는 용도로 변경되는 경우
3. 용도변경으로 인하여 천장·바닥·벽 등에 고정되어 있는 가연성 물질의 양이 줄어드는 경우
4. 「다중이용업소의 안전관리에 관한 특별법」 제2조 제1항 제1호에 따른 다중이용업의 영업소(이하 "다중이용업소"라 한다), 문화 및 집회시설, 종교시설, 판매시설, 운수시설, 의료시설, 노유자시설, 수련시설, 운동시설, 숙박시설, 위락시설, 창고시설 중 물류터미널, 위험물 저장 및 처리 시설 중 가스시설, 장례식장이 각각 이 호에 규정된 시설 외의 용도로 변경되는 경우

03 다음 중 방염대상물품으로 옳지 않은 것은? 소방교

① 무대용 합판 또는 섬유판
② 암막·무대막
③ 두께가 2밀리미터 이상인 종이벽지
④ 창문에 설치하는 커튼류

해설

방염대상물품 및 방염성능기준–시행령 제20조
방염대상물품

1. 제조 또는 가공 공정에서 방염처리를 한 물품(합판·목재류의 경우에는 설치 현장에서 방염처리를 한 것을 포함한다)으로서 다음 각 목의 어느 하나에 해당하는 것
   가. 창문에 설치하는 커튼류(블라인드를 포함한다)
   나. 카펫, 두께가 2mm 미만인 벽지류(종이벽지는 제외한다)
   다. 전시용 합판 또는 섬유판, 무대용 합판 또는 섬유판

정답 02 ① 03 ③

라. 암막·무대막(영화상영관에 설치하는 스크린과 골프 연습장업에 설치하는 스크린을 포함한다)
마. 섬유류 또는 합성수지류 등을 원료로 하여 제작된 소파·의자(단란주점영업, 유흥주점영업 및 노래연습장업의 영업장에 설치하는 것만 해당한다)

2. 건축물 내부의 천장이나 벽에 부착하거나 설치하는 것으로서 다음 각 목의 어느 하나에 해당하는 것. 다만, 가구류(옷장, 찬장, 식탁, 식탁용 의자, 사무용 책상, 사무용 의자, 계산대 및 그 밖에 이와 비슷한 것을 말한다)와 너비 10cm 이하인 반자돌림대 등과 내부마감재료는 제외한다.
가. 종이류(두께 2mm 이상인 것을 말한다)·합성수지류 또는 섬유류를 주원료로 한 물품
나. 합판이나 목재
다. 공간을 구획하기 위하여 설치하는 간이 칸막이(접이식 등 이동 가능한 벽체나 천장 또는 반자가 실내에 접하는 부분까지 구획하지 아니하는 벽체를 말한다)
라. 흡음이나 방음을 위하여 설치하는 흡음재(흡음용 커튼을 포함한다) 또는 방음재(방음용 커튼을 포함한다)

04 관리업자로 하여금 소방안전관리 업무를 대행하게 할 수 있는 소방안전관리대상물로 옳은 것은?

소방교

① 연면적 1만5천m^2 미만이고 층수가 11층 이상인 복합건축물
② 30층(지하층 제외) 이상이거나 지상으로부터 높이가 120m 이상인 아파트
③ 30층(지하층 포함) 이상이거나 지상으로부터 높이가 120m 이상인 특정소방대상물(아파트 제외)
④ 가연성 가스를 1천톤 이상 저장·취급하는 시설

해설

② 30층(지하층 제외) 이상이거나 지상으로부터 높이가 120m 이상인 아파트 : 1급
③ 30층(지하층 포함) 이상이거나 지상으로부터 높이가 120m 이상인 것(아파트 제외) : 특급
④ 가연성 가스를 1천톤 이상 저장·취급하는 시설 : 1급 중 업무대행 제외 대상

소방안전관리 업무의 대행-시행령 제23조의2
대통령령으로 정하는 소방안전관리대상물의 관계인은 소방시설관리업의 등록을 한 자(관리업자)로 하여금 소방안전관리 업무 중 대통령령으로 정하는 업무를 대행하게 할 수 있으며, 이 경우 소방안전관리 업무를 대행하는 자를 감독할 수 있는 자를 소방안전관리자로 선임할 수 있다.

- 대통령령으로 정하는 소방안전관리대상물
  1급 중 아파트를 제외한 연면적 1만5천m^2에 해당하지 않는 층수가 11층 이상인 특정소방대상물, 2급, 3급 소방안전관리대상물
- 소방안전관리 업무 중 대통령령으로 정하는 업무
  - 피난시설, 방화구획 및 방화시설의 유지·관리
  - 소방시설이나 그 밖의 소방 관련 시설의 유지·관리

04 ① 정답

05 다음 중 임시소방시설을 설치하여야 하는 대상에 관한 내용으로 옳지 않은 것은? 소방교 소방장

① 소화기 : 건축허가 등의 동의를 받아야 하는 특정소방대상물의 건축·대수선·용도변경 또는 설치 등을 위한 공사 중 화재위험 작업현장
② 간이소화장치 : 연면적 1천m^2 이상인 작업현장
③ 비상경보장치 : 연면적 400m^2 이상인 작업현장
④ 간이피난유도선 : 바닥면적이 150m^2 이상인 지하층 또는 무창층의 작업현장

해설

시행령 별표 5의2
임시소방시설을 설치하여야 하는 공사의 종류와 규모
1. 소화기 : 건축허가등을 할 때 소방본부장 또는 소방서장의 동의를 받아야 하는 특정소방대상물의 건축·대수선·용도변경 또는 설치 등을 위한 공사 중 제15조의5 제1항 각 호에 따른 작업현장에 설치한다.
2. 간이소화장치 : 다음의 어느 하나에 해당하는 공사의 작업현장에 설치한다.
   가. 연면적 3천m^2 이상
   나. 지하층, 무창층 또는 4층 이상의 층. 이 경우 해당 층의 바닥면적이 600m^2 이상인 경우만 해당한다.
3. 비상경보장치 : 다음의 어느 하나에 해당하는 공사의 작업현장에 설치한다.
   가. 연면적 400m^2 이상
   나. 지하층 또는 무창층. 이 경우 해당 층의 바닥면적이 150m^2 이상인 경우만 해당한다.
4. 간이피난유도선 : 바닥면적이 150m^2 이상인 지하층 또는 무창층의 작업현장에 설치한다.

06 다음 중 스프링클러설비의 설치 대상으로 옳지 않은 것은? 소방교 소방장

① 판매시설로서 바닥면적의 합계가 5천m^2 이상이거나 수용인원이 500명 이상인 경우에는 모든 층
② 지하가(터널은 제외한다)로서 연면적 1천m^2 이상인 것
③ 영화상영관 용도로 쓰이는 층의 바닥면적이 지하층 또는 무창층인 경우에는 400m^2 이상, 그 밖의 층의 경우에는 1천m^2 이상인 것
④ 의료시설 중 정신의료기관으로서 해당하는 용도로 사용되는 시설의 바닥면적의 합계가 600m^2 이상인 것은 모든 층

해설

시행령 별표 5
스프링클러설비를 설치하여야 하는 특정소방대상물(위험물 저장 및 처리 시설 중 가스시설 또는 지하구는 제외한다)
1. 문화 및 집회시설(동·식물원은 제외한다), 종교시설(주요구조부가 목조인 것은 제외한다), 운동시설(물놀이형 시설은 제외한다)로서 다음의 어느 하나에 해당하는 경우에는 모든 층
   가. 수용인원이 100명 이상인 것
   나. 영화상영관의 용도로 쓰이는 층의 바닥면적이 지하층 또는 무창층인 경우에는 500m^2 이상, 그 밖의 층의 경우에는 1천m^2 이상인 것
   다. 무대부가 지하층·무창층 또는 4층 이상의 층에 있는 경우에는 무대부의 면적이 300m^2 이상인 것
   라. 무대부가 다 외의 층에 있는 경우에는 무대부의 면적이 500m^2 이상인 것

정답 05 ② 06 ③

2. 판매시설, 운수시설 및 창고시설(물류터미널에 한정한다)로서 바닥면적의 합계가 5천m^2 이상이거나 수용인원이 500명 이상인 경우에는 모든 층
3. 층수가 6층 이상인 특정소방대상물의 경우에는 모든 층. 다만, 다음의 어느 하나에 해당하는 경우에는 제외한다.
   가. 주택 관련 법령에 따라 기존의 아파트등을 리모델링하는 경우로서 건축물의 연면적 및 층 높이가 변경되지 않는 경우. 이 경우 해당 아파트등의 사용검사 당시의 소방시설의 설치에 관한 대통령령 또는 화재안전기준을 적용한다.
   나. 스프링클러설비가 없는 기존의 특정소방대상물을 용도변경하는 경우. 다만, 1・2・4・5 및 8부터 12까지의 규정에 해당하는 특정소방대상물로 용도변경하는 경우에는 해당 규정에 따라 스프링클러설비를 설치한다.
4. 다음의 어느 하나에 해당하는 용도로 사용되는 시설의 바닥면적의 합계가 600m^2 이상인 것은 모든 층
   가. 근린생활시설 중 조산원 및 산후조리원
   나. 의료시설 중 정신의료기관
   다. 의료시설 중 종합병원, 병원, 치과병원, 한방병원 및 요양병원(정신병원은 제외)
   라. 노유자시설
   마. 숙박이 가능한 수련시설
5. 창고시설(물류터미널은 제외한다)로서 바닥면적 합계가 5천m^2 이상인 경우에는 모든 층
6. 천장 또는 반자(반자가 없는 경우에는 지붕의 옥내에 면하는 부분)의 높이가 10m를 넘는 랙식 창고(rack warehouse, 물건을 수납할 수 있는 선반이나 이와 비슷한 것을 갖춘 것을 말한다)로서 바닥면적의 합계가 1천5백m^2 이상인 것
7. 1부터 6까지의 특정소방대상물에 해당하지 않는 특정소방대상물의 지하층・무창층(축사는 제외) 또는 층수가 4층 이상인 층으로서 바닥면적이 1천m^2 이상인 층
8. 6에 해당하지 않는 공장 또는 창고시설로서 다음의 어느 하나에 해당하는 시설
   가. 「소방기본법 시행령」 별표 2에서 정하는 수량의 1천 배 이상의 특수가연물을 저장・취급하는 시설
   나. 「원자력안전법 시행령」 제2조 제1호에 따른 중・저준위방사성폐기물의 저장시설 중 소화수를 수집・처리하는 설비가 있는 저장시설
9. 지붕 또는 외벽이 불연재료가 아니거나 내화구조가 아닌 공장 또는 창고시설로서 다음의 어느 하나에 해당하는 것
   가. 창고시설(물류터미널에 한정한다) 중 2에 해당하지 않는 것으로서 바닥면적의 합계가 2천5백m^2 이상이거나 수용인원이 250명 이상인 것
   나. 창고시설(물류터미널은 제외한다) 중 5에 해당하지 않는 것으로서 바닥면적의 합계가 2천5백m^2 이상인 것
   다. 랙식 창고시설 중 6에 해당하지 않는 것으로서 바닥면적의 합계가 750m^2 이상인 것
   라. 공장 또는 창고시설 중 7에 해당하지 않는 것으로서 지하층・무창층 또는 층수가 4층 이상인 것 중 바닥면적이 500m^2 이상인 것
   마. 공장 또는 창고시설 중 8 가에 해당하지 않는 것으로서 「소방기본법 시행령」 별표 2에서 정하는 수량의 500배 이상의 특수가연물을 저장・취급하는 시설
10. 지하가(터널은 제외한다)로서 연면적 1천m^2 이상인 것
11. 기숙사(교육연구시설・수련시설 내에 있는 학생 수용을 위한 것을 말한다) 또는 복합건축물로서 연면적 5천m^2 이상인 경우에는 모든 층
12. 교정 및 군사시설 중 다음의 어느 하나에 해당하는 경우에는 해당 장소
    가. 보호감호소, 교도소, 구치소 및 그 지소, 보호관찰소, 갱생보호시설, 치료감호시설, 소년원 및 소년분류심사원의 수용거실
    나. 「출입국관리법」 제52조 제2항에 따른 보호시설(외국인보호소의 경우에는 보호대상자의 생활공간으로 한정한다. 이하 같다)로 사용하는 부분. 다만, 보호시설이 임차건물에 있는 경우는 제외한다.
    다. 「경찰관 직무집행법」 제9조에 따른 유치장
13. 발전시설 중 전기저장시설
14. 1부터 13까지의 특정소방대상물에 부속된 보일러실 또는 연결통로 등

07 다음 중 소방안전관리대상물의 관계인이 소방안전관리 업무를 대행하게 할 수 있는 것으로 옳게 짝지어진 것은? 소방교

가. 대통령령으로 정하는 사항이 포함된 소방계획서의 작성 및 시행
나. 자위소방대 및 초기대응체계의 구성・운영・교육
다. 피난시설, 방화구획 및 방화시설의 유지・관리
라. 소방훈련 및 교육
마. 소방시설이나 그 밖의 소방 관련 시설의 유지・관리

① 가, 나　　② 나, 다
③ 다, 마　　④ 라, 마

해설

소방안전관리 업무의 대행-시행령 제23조의2

- 대통령령으로 정하는 소방안전관리대상물의 관계인은 소방시설관리업의 등록을 한 자(관리업자)로 하여금 소방안전관리 업무 중 대통령령으로 정하는 업무를 대행하게 할 수 있으며, 이 경우 소방안전관리 업무를 대행하는 자를 감독할 수 있는 자를 소방안전관리자로 선임할 수 있다.
- 대통령령으로 정하는 소방안전관리대상물
  1급 중 아파트를 제외한 연면적 1만5천에 해당하지 않는 층수가 11층 이상인 특정소방대상물, 2급, 3급 소방안전관리대상물
- 소방안전관리 업무 중 대통령령으로 정하는 업무
  - 피난시설, 방화구획 및 방화시설의 유지・관리
  - 소방시설이나 그 밖의 소방 관련 시설의 유지・관리

08 소방안전관리대상물의 관계인이 소방안전관리자를 선임한 경우 게시하여야 할 사항으로 옳지 않은 것은? 소방교 소방장

① 소방안전관리대상물의 명칭　　② 소방안전관리자의 선임일자
③ 소방안전관리대상물의 등급　　④ 소방대상물에 설치된 수신기의 위치

해설

법 제20조 제4항
소방안전관리대상물의 관계인이 소방안전관리자를 선임한 경우에는 행정안전부령으로 정하는 바에 따라 선임한 날부터 14일 이내에 소방본부장이나 소방서장에게 신고하고, 소방안전관리대상물의 출입자가 쉽게 알 수 있도록 소방안전관리자의 성명과 그 밖에 행정안전부령으로 정하는 사항을 게시하여야 한다.

소방안전관리자의 선임신고 등-시행규칙 제14조
법 제20조 제4항에서 "행정안전부령으로 정하는 사항"이란 다음 각 호의 사항을 말한다.
1. 소방안전관리대상물의 명칭
2. 소방안전관리자의 선임일자
3. 소방안전관리대상물의 등급
4. 소방안전관리자의 연락처

정답 07 ③ 08 ④

09 공동 소방안전관리자 선임대상 특정소방대상물로 옳지 않은 것은? 소방교

① 복합건축물로서 연면적이 3천m^2 이상인 것
② 지하층을 제외한 층수가 11층 이상인 고층 건축물
③ 복합건축물로서 층수가 5층 이상인 것
④ 판매시설 중 도매시장 및 소매시장

해설

법 제21조, 시행령 제25조
관리의 권원(權原)이 분리되어 있는 것 가운데 소방본부장이나 소방서장이 지정하는 특정소방대상물의 관계인은 시행규칙 제14조 소방안전관리자의 선임신고 등에 따라 대통령령으로 정하는 자를 공동 소방안전관리자로 선임하여야 한다.

1. 고층 건축물(지하층을 제외한 층수가 11층 이상인 건축물만 해당한다)
2. 지하가(지하의 인공구조물 안에 설치된 상점 및 사무실, 그 밖에 이와 비슷한 시설이 연속하여 지하도에 접하여 설치된 것과 그 지하도를 합한 것을 말한다)
3. 그 밖에 대통령령으로 정하는 특정소방대상물

> 특정소방대상물 법 제21조 제3호에서 "대통령령으로 정하는 특정소방대상물"이란 다음 각 호의 어느 하나에 해당하는 특정소방대상물을 말한다.
> 1. 별표 2에 따른 복합건축물로서 연면적이 5천m^2 이상인 것 또는 층수가 5층 이상인 것
> 2. 별표 2에 따른 판매시설 중 도매시장, 소매시장 및 전통시장
> 3. 제22조 제1항에 따른 특정소방대상물 중 소방본부장 또는 소방서장이 지정하는 것

10 피난유도 안내정보 제공방법 중 괄호 안에 들어갈 내용으로 바르게 나열한 것은? 소방교 소방장

> ㉠ (　　)회 피난안내 교육을 실시하는 방법
> ㉡ (　　)회 이상 피난안내방송을 실시하는 방법
> ㉢ (　　)(를) 층마다 보기 쉬운 위치에 게시하는 방법
> ㉣ 엘리베이터, 출입구 등 시청이 용이한 지역에 (　　)을(를) 제공하는 방법

	㉠	㉡	㉢	㉣
①	연 1	분기별 1	피난설명도	피난유도영상
②	연 2	반기별 1	피난안내도	피난안내영상
③	연 1	반기별 1	피난설명도	피난유도영상
④	연 2	분기별 1	피난안내도	피난안내영상

해설

피난유도 안내정보의 제공-시행규칙 제14조의5
피난유도 안내정보 제공은 다음 각 호의 어느 하나에 해당하는 방법으로 하여야 한다.

1. 연 2회 피난안내 교육을 실시하는 방법
2. 분기별 1회 이상 피난안내방송을 실시하는 방법
3. 피난안내도를 층마다 보기 쉬운 위치에 게시하는 방법
4. 엘리베이터, 출입구 등 시청이 용이한 지역에 피난안내영상을 제공하는 방법

09 ① 10 ④ 정답

11 **소방시설 등의 자체점검 중 종합정밀점검에 관한 설명으로 옳지 않은 것은?** 소방교

① 건축물의 사용승인일이 속하는 달에 실시한다.

② 신규로 사용승인을 받은 건축물은 그 다음 해부터 실시하되, 사용승인일이 속하는 달의 말일까지 실시한다.

③ 소방시설 완공증명서를 받은 후 1년이 경과한 이후에 사용승인을 받은 경우에는 사용승인일로부터 6개월 이내에 실시할 수 있다.

④ 소방안전관리대상물의 관계인은 종합정밀점검을 실시한 경우 7일 이내에 소방시설등 종합정밀점검 실시 결과 보고서에 소방시설등 점검표를 첨부하여 소방본부장 또는 소방서장에게 제출하여야 한다.

해설

점검결과보고서의 제출-시행규칙 별표 1, 제19조

종합정밀점검의 점검 시기는 다음 기준에 의한다.

1. 건축물의 사용승인일이 속하는 달에 실시한다. 다만, 「공공기관의 안전관리에 관한 규정」 제2조 제2호 또는 제5호에 따른 학교의 경우에는 해당 건축물의 사용승인일이 1월에서 6월 사이에 있는 경우에는 6월 30일까지 실시할 수 있다.
2. 1에도 불구하고 신규로 건축물의 사용승인을 받은 건축물은 그 다음 해부터 실시하되, 건축물의 사용승인일이 속하는 달의 말일까지 실시한다. 다만, 소방시설 완공검사증명서를 받은 후 1년이 경과한 이후에 사용승인을 받은 경우에는 사용승인을 받은 그 해부터 실시하되, 그 해의 종합정밀점검은 사용승인일부터 3개월 이내에 실시할 수 있다.
3. 건축물 사용승인일 이후 제3호 가목 3에 해당하게 된 때에는 그 다음 해부터 실시한다.
4. 하나의 대지경계선 안에 2개 이상의 점검 대상 건축물이 있는 경우에는 그 건축물 중 사용승인일이 가장 빠른 건축물의 사용승인일을 기준으로 점검할 수 있다.

12 **「화재예방, 소방시설 설치 · 유지 및 안전관리에 관한 법률 시행령」상 과태료의 부과기준에 관한 내용으로 옳지 않은 것은?** 소방교

① 위반행위의 횟수에 따른 과태료의 가중된 부과기준은 최근 1년간 같은 위반행위로 과태료 부과처분을 받은 경우에 적용한다.

② 위의 경우 기간의 계산은 위반행위에 대하여 적발된 날과 적발 후 다시 같은 위반행위를 하여 처분받은 날을 기준으로 한다.

③ 위반행위자가 처음 위반행위를 하는 경우로서 3년 이상 해당 업종을 모범적으로 영위한 사실이 인정되는 경우 과태료 금액의 2분의 1까지 그 금액을 줄여 부과할 수 있다.

④ 과태료를 체납하고 있는 위반행위자에 대해서는 감경하지 아니한다.

해설

과태료의 부과기준-시행령 별표 10

위반행위의 횟수에 따른 과태료의 가중된 부과기준은 최근 1년간 같은 위반행위로 과태료 부과처분을 받은 경우에 적용한다. 이 경우 기간의 계산은 위반행위에 대하여 과태료 부과처분을 받은 날과 그 처분 후 다시 같은 위반행위를 하여 적발된 날을 기준으로 한다.

정답 11 ③ 12 ②

13 다음 중 경보설비에 해당하는 것을 모두 고르시오. 소방장

㉮ 자동화재속보설비	㉯ 인공소생기
㉰ 휴대용비상조명등	㉱ 누전경보기
㉲ 통합감시시설	㉳ 자동소화장치

① ㉯, ㉰, ㉳　　② ㉮, ㉰, ㉱
③ ㉮, ㉱, ㉲　　④ ㉰, ㉱, ㉳

해설

시행령 별표 1
경보설비 : 화재발생 사실을 통보하는 기계·기구 또는 설비로서 다음 각 목의 것
가. 단독경보형 감지기
나. 비상경보설비(비상벨설비, 자동식사이렌설비)
다. 시각경보기
라. 자동화재탐지설비
마. 비상방송설비
바. 자동화재속보설비
사. 통합감시시설
아. 누전경보기
자. 가스누설경보기

14 성능위주설계를 해야 하는 특정소방대상물의 범위로 옳지 않은 것은? 소방장

① 연면적 2만m^2인 철도 및 도시철도 시설
② 지하 2층, 지상 29층인 특정소방대상물(아파트 제외)
③ 영화상영관이 15개인 특정소방대상물
④ 연면적 30만m^2 이상인 특정소방대상물

해설

성능위주설계를 해야 하는 특정소방대상물의 범위-시행령 제15조의3
법 제9조의3 제1항에서 "대통령령으로 정하는 특정소방대상물"이란 다음 각 호의 어느 하나에 해당하는 특정소방대상물(신축하는 것만 해당한다)을 말한다.

1. 연면적 20만m^2 이상인 특정소방대상물. 다만, 별표 2 제1호에 따른 공동주택 중 주택으로 쓰이는 층수가 5층 이상인 주택(이하 이 조에서 "아파트등"이라 한다)은 제외한다.
2. 다음 각 목의 특정소방대상물
   가. 50층 이상(지하층은 제외한다)이거나 지상으로부터 높이가 200미터 이상인 아파트등
   나. 30층 이상(지하층을 포함한다)이거나 지상으로부터 높이가 120미터 이상인 특정소방대상물(아파트등은 제외한다)
3. 연면적 3만m^2 이상인 특정소방대상물로서 다음 각 목의 어느 하나에 해당하는 특정소방대상물
   가. 별표 2 제6호 나목의 철도 및 도시철도 시설
   나. 별표 2 제6호 다목의 공항시설
4. 하나의 건축물에 「영화 및 비디오물의 진흥에 관한 법률」 제2조 제10호에 따른 영화상영관이 10개 이상인 특정소방대상물
5. 「초고층 및 지하연계 복합건축물 재난관리에 관한 특별법」 제2조 제2호에 따른 지하연계 복합건축물에 해당하는 특정소방대상물

13 ③ 14 ① 정답

15 **「화재예방, 소방시설 설치 · 유지 및 안전관리에 관한 법률」 시행규칙에서 정한 종합정밀점검에 관한 사항으로 옳지 않은 것은?** 소방장

① 종합정밀점검은 소방시설관리업자 또는 소방안전관리자로 선임된 소방시설관리사 및 소방기술사가 실시할 수 있다.

② 스프링클러설비가 설치된 특정소방대상물은 종합정밀점검의 대상이다.

③ 제연설비가 설치된 터널은 종합정밀점검의 대상이다.

④ 특급 소방안전관리대상물의 경우 점검횟수는 연 1회 이상 실시한다.

해설

시행규칙 별표 1

특급 소방안전관리대상물의 경우에는 반기에 1회 이상 실시한다.

16 **근린생활시설에 해당하는 특정소방대상물의 면적에 관한 사항 중 (   )의 수의 합계로 옳은 것은?** 소방장

- 금융업소, 사무소, 부동산중개사무소, 결혼상담소 등 소개업소, 출판사, 서점, 그 밖에 이와 비슷한 것으로서 같은 건축물에 해당 용도로 쓰는 바닥면적의 합계가 (ㄱ)m^2 미만인 것
- 의약품 판매소, 의료기기 판매소 및 자동차영업소로서 같은 건축물에 해당 용도로 쓰는 바닥면적의 합계가 (ㄴ)m^2 미만인 것
- 단란주점은 같은 건축물에 해당 용도로 쓰는 바닥면적의 합계가 (ㄷ)m^2 미만인 것만 해당한다.
- 공연장으로서 같은 건축물에 해당 용도로 쓰는 바닥면적의 합계가 (ㄹ)m^2 미만인 것

① 1950
② 2250
③ 2300
④ 2550

해설

시행령 별표 2

- 금융업소, 사무소, 부동산중개사무소, 결혼상담소 등 소개업소, 출판사, 서점, 그 밖에 이와 비슷한 것으로서 같은 건축물에 해당 용도로 쓰는 바닥면적의 합계가 500m^2 미만인 것
- 의약품 판매소, 의료기기 판매소 및 자동차영업소로서 같은 건축물에 해당 용도로 쓰는 바닥면적의 합계가 1천m^2 미만인 것
- 휴게음식점, 제과점, 일반음식점, 기원(棋院), 노래연습장 및 단란주점(단란주점은 같은 건축물에 해당 용도로 쓰는 바닥면적의 합계가 150m^2 미만인 것만 해당한다)
- 공연장 또는 종교집회장으로서 같은 건축물에 해당 용도로 쓰는 바닥면적의 합계가 300m^2 미만인 것

※ 계산과정 : 500m^2 + 1천m^2 + 150m^2 + 300m^2 = 1950m^2

정답 15 ④ 16 ①

17 건축허가등의 동의대상물 범위에 포함되는 것을 모두 고르시오. 소방장

가. 노유자시설로서 연면적이 $300m^2$인 건축물
나. 차고·주차장으로 사용되는 바닥면적이 $300m^2$인 층이 있는 건축물
다. 승강기 등 기계장치에 의한 주차시설로서 자동차 30대를 주차할 수 있는 시설
라. 항공기격납고, 관망탑, 항공관제탑, 방송용 송수신탑
마. 정신의료기관으로서 연면적이 $200m^2$인 건축물

① 가, 나, 다
② 가, 다, 라, 마
③ 가, 나, 다, 라
④ 가, 나, 다, 마

해설

시행령 제12조 제1항
법 제7조 제1항에 따라 건축허가등을 할 때 미리 소방본부장 또는 소방서장의 동의를 받아야 하는 건축물 등의 범위는 다음 각 호와 같다.

1. 연면적(「건축법 시행령」 제119조 제1항 제4호에 따라 산정된 면적을 말한다. 이하 같다)이 $400m^2$ 이상인 건축물. 다만, 다음 각 목의 어느 하나에 해당하는 시설은 해당 목에서 정한 기준 이상인 건축물로 한다.
   가. 「학교시설사업 촉진법」 제5조의2 제1항에 따라 건축 등을 하려는 학교시설 : $100m^2$
   나. 노유자시설(老幼者施設) 및 수련시설 : $200m^2$
   다. 「정신건강증진 및 정신질환자 복지서비스 지원에 관한 법률」 제3조 제5호에 따른 정신의료기관(입원실이 없는 정신건강의학과 의원은 제외하며, 이하 "정신의료기관"이라 한다) : $300m^2$
   라. 「장애인복지법」 제58조 제1항 제4호에 따른 장애인 의료재활시설(이하 "의료재활시설"이라 한다) : $300m^2$

1의2. 층수(「건축법 시행령」 제119조 제1항 제9호에 따라 산정된 층수를 말한다. 이하 같다)가 6층 이상인 건축물

2. 차고·주차장 또는 주차용도로 사용되는 시설로서 다음 각 목의 어느 하나에 해당하는 것
   가. 차고·주차장으로 사용되는 바닥면적이 $200m^2$ 이상인 층이 있는 건축물이나 주차시설
   나. 승강기 등 기계장치에 의한 주차시설로서 자동차 20대 이상을 주차할 수 있는 시설
3. 항공기격납고, 관망탑, 항공관제탑, 방송용 송수신탑
4. 지하층 또는 무창층이 있는 건축물로서 바닥면적이 $150m^2$(공연장의 경우에는 $100m^2$) 이상인 층이 있는 것
5. 별표 2의 특정소방대상물 중 조산원, 산후조리원, 위험물 저장 및 처리 시설, 발전시설 중 전기저장시설, 지하구
6. 제1호에 해당하지 않는 노유자시설 중 다음 각 목의 어느 하나에 해당하는 시설. 다만, 가목 ② 및 나목부터 바목까지의 시설 중 「건축법 시행령」 별표 1의 단독주택 또는 공동주택에 설치되는 시설은 제외한다.
   가. 별표 2 제9호 가목에 따른 노인 관련 시설 중 다음의 어느 하나에 해당하는 시설
      ① 「노인복지법」 제31조 제1호·제2호 및 제4호에 따른 노인주거복지시설·노인의료복지시설 및 재가노인복지시설
      ② 「노인복지법」 제31조 제7호에 따른 학대피해노인 전용쉼터
   나. 「아동복지법」 제52조에 따른 아동복지시설(아동상담소, 아동전용시설 및 지역아동센터는 제외한다)
   다. 「장애인복지법」 제58조 제1항 제1호에 따른 장애인 거주시설
   라. 정신질환자 관련 시설(「정신건강증진 및 정신질환자 복지서비스 지원에 관한 법률」 제27조 제1항 제2호에 따른 공동생활가정을 제외한 재활훈련시설과 같은 법 시행령 제16조 제3호에 따른 종합시설 중 24시간 주거를 제공하지 아니하는 시설은 제외한다)
   마. 별표 2 제9호 마목에 따른 노숙인 관련 시설 중 노숙인자활시설, 노숙인재활시설 및 노숙인요양시설
   바. 결핵환자나 한센인이 24시간 생활하는 노유자시설
7. 「의료법」 제3조 제2항 제3호 라목에 따른 요양병원(이하 "요양병원"이라 한다). 다만, 정신의료기관 중 정신병원(이하 "정신병원"이라 한다)과 의료재활시설은 제외한다.

17 ③ 정답

18 종합정밀점검의 점검면적을 계산할 때 가감계수와 관련하여 옳게 짝지어진 것은? 소방장

	대상용도	가감계수
①	숙박시설	1.0
②	판매시설	1.1
③	방송통신시설	0.9
④	항공기 및 자동차 관련 시설	1.2

해 설

시행규칙 별표 2
실제 점검면적에 다음의 가감계수를 곱한다.

구 분	대상용도	가감계수
1류	노유자시설, 숙박시설, 위락시설, 의료시설(정신보건의료기관), 수련시설, 복합건축물(1류에 속하는 시설이 있는 경우)	1.2
2류	문화 및 집회시설, 종교시설, 의료시설(정신보건시설 제외), 교정 및 군사시설(군사시설 제외), 지하가, 복합건축물(1류에 속하는 시설이 있는 경우 제외), 발전시설, 판매시설	1.1
3류	근린생활시설, 운동시설, 업무시설, 방송통신시설, 운수시설	1.0
4류	공장, 위험물 저장 및 처리시설, 창고시설	0.9
5류	공동주택(아파트 제외), 교육연구시설, 항공기 및 자동차 관련 시설, 동물 및 식물 관련 시설, 분뇨 및 쓰레기 처리시설, 군사시설, 묘지 관련 시설, 관광휴게시설, 장례식장, 지하구, 문화재	0.8

19 다음 중 과태료의 금액을 순서대로 바르게 나열한 것은? 소방장

위반행위	과태료 금액(단위 : 만원)		
	1차 위반	2차 위반	3차 이상 위반
법 제10조 제1항을 위반하여 피난시설, 방화구획 또는 방화시설을 폐쇄・훼손・변경하는 등의 행위를 한 경우	(ㄱ)	(ㄴ)	(ㄷ)
법 제12조 제1항을 위반하여 방염성능기준 이상의 것을 설치하지 아니한 경우	(ㄹ)		

	(ㄱ)	(ㄴ)	(ㄷ)	(ㄹ)
①	50	100	200	300
②	30	50	100	300
③	100	200	300	200
④	50	100	200	200

정답 18 ② 19 ③

해설

과태료의 부과기준-시행령 별표 10

위반행위	과태료 금액(단위 : 만원)		
	1차 위반	2차 위반	3차 이상 위반
법 제10조 제1항을 위반하여 피난시설, 방화구획 또는 방화시설을 폐쇄・훼손・변경하는 등의 행위를 한 경우	100	200	300
법 제12조 제1항을 위반하여 방염성능기준 이상의 것을 설치하지 아니한 경우	200		

20 **조치명령 등을 받은 관계인이 천재지변이나 그 밖에 대통령령으로 정하는 사유로 조치명령 등을 그 기간 내에 이행할 수 없는 경우 조치명령 등을 명령한 소방청장, 소방본부장 또는 소방서장에게 연기하여 줄 것을 신청할 수 있는 내용이 아닌 것은?** 소방장

① 피난시설, 방화구획 및 방화시설에 대한 조치명령

② 소방안전관리자 해임명령

③ 형식승인을 받지 아니한 소방용품의 수거・폐기 또는 교체 등의 조치명령

④ 방염성대상물품의 제거 또는 방염성능검사 조치명령

해설

조치명령 등의 기간연장-법 제47조의2

다음 각 호에 따른 조치명령・선임명령 또는 이행명령(이하 "조치명령 등"이라 한다)을 받은 관계인 등은 천재지변이나 그 밖에 대통령령으로 정하는 사유로 조치명령 등을 그 기간 내에 이행할 수 없는 경우에는 조치명령 등을 명령한 소방청장, 소방본부장 또는 소방서장에게 대통령령으로 정하는 바에 따라 조치명령 등을 연기하여 줄 것을 신청할 수 있다.

1. 제5조 제1항 및 제2항에 따른 소방대상물의 개수・이전・제거, 사용의 금지 또는 제한, 사용폐쇄, 공사의 정지 또는 중지, 그 밖의 필요한 조치명령
2. 제9조 제2항에 따른 소방시설에 대한 조치명령
3. 제10조 제2항에 따른 피난시설, 방화구획 및 방화시설에 대한 조치명령
4. 제12조 제2항에 따른 방염성능대상물품의 제거 또는 방염성능검사 조치명령
5. 제20조 제12항에 따른 소방안전관리자 선임명령
6. 제20조 제13항에 따른 소방안전관리업무 이행명령
7. 제36조 제7항에 따른 형식승인을 받지 아니한 소방용품의 수거・폐기 또는 교체 등의 조치명령
8. 제40조의3 제2항에 따른 중대한 결함이 있는 소방용품의 회수・교환・폐기 조치명령

※ 조치명령 등이란 조치명령・선임명령 또는 이행명령을 말한다.

※ 문제를 복잡하게 낸 것처럼 보이지만 결국 조치명령 등에 해당하지 않은 것을 고르면 된다.

20 ② 정답

21 종합정밀점검 시 점검인력 1단위에 보조인력을 1명씩 추가할 때마다 점검한도 세대수에 더하는 세대수로 옳은 것은? 소방장

① 50세대
② 60세대
③ 70세대
④ 90세대

해설

소방시설등의 자체점검 시 점검인력 배치기준–시행규칙 별표 2
점검인력 1단위에 보조인력을 1명씩 추가할 때마다 종합정밀점검의 경우에는 70세대, 작동기능점검의 경우에는 90세대씩을 점검한도 세대수에 더한다.

22 다음 〈보기〉 안에 들어갈 내용으로 옳은 것은? 소방장

> 지하구란 전력・통신용의 전선이나 가스・냉난방용의 배관 또는 이와 비슷한 것을 집합, 수용하기 위하여 설치한 지하 인공구조물로서 사람이 점검 또는 보수를 하기 위하여 출입이 가능한 것 중 폭이 (ㄱ)미터 이상이고 높이가 (ㄴ)미터 이상이며 길이가 (ㄷ)미터 이상인 것을 말한다.

	(ㄱ)	(ㄴ)	(ㄷ)
①	1.8	2	50
②	1.5	2	100
③	1.8	2.5	500
④	1.5	2.5	50

해설

시행령 별표 2
지하 인공구조물로서 폭이 1.8m 이상이고 높이가 2m 이상이며 길이가 50m 이상인 것
※ 개정된 시행령 별표 2 제28호 지하구의 내용으로 문제를 변경하였다.

정답 21 ③ 22 ①

2021 소방승진

05

소방시설법 소방법령 II 기출유사문제

※ 승진시험이 2017년 중앙소방학교로 통합된 이후 출제된 문제를 담았습니다. 수험생분들의 기억에 의해 복원했기 때문에 지문이 정확하지 않을 수 있으니 참고하시고, 기출문제를 풀어봄으로써 출제 흐름을 익히시기 바랍니다.

01 **지진이 발생할 경우 소방시설이 정상적으로 작동될 수 있도록 소방청장이 정하는 내진설계기준에 맞게 설치하여야 하는 소방시설로 옳은 것은?** 소방교 소방장

① 포소화설비, 옥내소화전설비, 자동화재탐지설비
② 옥내소화전설비, 스프링클러설비, 물분무등소화설비
③ 옥외소화전설비, 스프링클러설비, 자동화재속보설비
④ 옥내소화전설비, 비상경보설비, 연결송수관설비

해설

소방시설의 내진설계–시행령 제15조의2 제2항
법 제9조의2에서 "대통령령으로 정하는 소방시설"이란 소방시설 중 옥내소화전설비, 스프링클러설비, 물분무등소화설비를 말한다.

02 **소방특별조사를 정당한 사유 없이 거부·방해 또는 기피한 자와 소방안전관리자를 선임하지 아니한 자에 대한 벌칙으로 옳은 것은?** 소방교 소방장

① 200만원 이하의 과태료, 300만원 이하의 벌금
② 300만원 이하의 벌금, 200만원 이하의 과태료
③ 300만원 이하의 벌금, 300만원 이하의 벌금
④ 200만원 이하의 과태료, 200만원 이하의 과태료

해설

300만원 이하의 벌금–법 제50조
1. 제4조 제1항에 따른 소방특별조사를 정당한 사유 없이 거부·방해 또는 기피한 자
2. 제13조를 위반하여 방염성능검사에 합격하지 아니한 물품에 합격표시를 하거나 합격표시를 위조하거나 변조하여 사용한 자
3. 제13조 제2항을 위반하여 거짓 시료를 제출한 자
4. 제20조 제2항을 위반하여 소방안전관리자 또는 소방안전관리보조자를 선임하지 아니한 자
5. 제21조를 위반하여 공동 소방안전관리자를 선임하지 아니한 자

01 ② 02 ③ 정답

6. 제20조 제8항을 위반하여 소방시설 · 피난시설 · 방화시설 및 방화구획 등이 법령에 위반된 것을 발견하였음에도 필요한 조치를 할 것을 요구하지 아니한 소방안전관리자
7. 제20조 제9항을 위반하여 소방안전관리자에게 불이익한 처우를 한 관계인
8. 제33조의3 제1항을 위반하여 점검기록표를 거짓으로 작성하거나 해당 특정소방대상물에 부착하지 아니한 자
9. 제45조 제8항을 위반하여 업무를 수행하면서 알게 된 비밀을 이 법에서 정한 목적 외의 용도로 사용하거나 다른 사람 또는 기관에 제공하거나 누설한 사람

03 다음 중 소방안전 특별관리시설물로 옳지 않은 것은? 소방교 소방장

① 산업기술단지
② 수용인원 1,200명인 영화상영관
③ 점포가 300개인 전통시장
④ 초고층 건축물 및 지하연계 복합건축물

해설

소방안전 특별관리시설물-시행령 제24조의2 제1항
법 제20조의2 제1항 제13호에서 "대통령령으로 정하는 전통시장"이란 점포가 500개 이상인 전통시장을 말한다.

04 「화재예방, 소방시설 설치 · 유지 및 안전관리에 관한 법률 시행령」상 방염에 대한 설명으로 옳지 않은 것은? 소방교

① 방염대상물품은 건축물 내부의 천장이나 벽에 부착하거나 설치하는 것으로서 합판이나 목재, 가구류와 너비 10센티미터 이하인 반자돌림대 등이 해당한다.
② 방염성능기준은 버너의 불꽃을 제거한 때부터 불꽃을 올리며 연소하는 상태가 그칠 때까지 시간은 20초 이내여야 한다.
③ 소방청장이 정하여 고시한 방법으로 발연량(發煙量)을 측정하는 경우 최대연기밀도는 400 이하여야 한다.
④ 소방본부장 또는 소방서장은 다중이용업소에서 사용하는 침구류 · 소파 및 의자의 경우 방염 처리된 물품을 사용하도록 권장할 수 있다.

정답 03 ③ 04 ①

해설

방염대상물품 및 방염성능기준-시행령 제20조

① 법 제12조 제1항에서 "대통령령으로 정하는 물품"이란 다음 각 호의 어느 하나에 해당하는 것을 말한다.

1. 제조 또는 가공 공정에서 방염처리를 한 물품(합판·목재류의 경우에는 설치 현장에서 방염처리를 한 것을 포함한다)으로서 다음 각 목의 어느 하나에 해당하는 것
   가. 창문에 설치하는 커튼류(블라인드를 포함한다)
   나. 카펫, 두께가 2밀리미터 미만인 벽지류(종이벽지는 제외한다)
   다. 전시용 합판 또는 섬유판, 무대용 합판 또는 섬유판
   라. 암막·무대막(「영화 및 비디오물의 진흥에 관한 법률」 제2조 제10호에 따른 영화상영관에 설치하는 스크린과 「다중이용업소의 안전관리에 관한 특별법 시행령」 제2조 제7호의4에 따른 가상체험 체육시설업에 설치하는 스크린을 포함한다)
   마. 섬유류 또는 합성수지류 등을 원료로 하여 제작된 소파·의자(「다중이용업소의 안전관리에 관한 특별법 시행령」 제2조 제1호 나목 및 같은 조 제6호에 따른 단란주점영업, 유흥주점영업 및 노래연습장업의 영업장에 설치하는 것만 해당한다)
2. 건축물 내부의 천장이나 벽에 부착하거나 설치하는 것으로서 다음 각 목의 어느 하나에 해당하는 것. 다만, 가구류(옷장, 찬장, 식탁, 식탁용 의자, 사무용 책상, 사무용 의자, 계산대 및 그 밖에 이와 비슷한 것을 말한다. 이하 이 조에서 같다)와 너비 10센티미터 이하인 반자돌림대 등과 「건축법」 제52조에 따른 내부마감재료는 제외한다.
   가. 종이류(두께 2밀리미터 이상인 것을 말한다)·합성수지류 또는 섬유류를 주원료로 한 물품
   나. 합판이나 목재
   다. 공간을 구획하기 위하여 설치하는 간이 칸막이(접이식 등 이동 가능한 벽체나 천장 또는 반자가 실내에 접하는 부분까지 구획하지 아니하는 벽체를 말한다)
   라. 흡음(吸音)이나 방음(防音)을 위하여 설치하는 흡음재(흡음용 커튼을 포함한다) 또는 방음재(방음용 커튼을 포함한다)

② 법 제12조 제3항에 따른 방염성능기준은 다음 각 호의 기준에 따르되, 제1항에 따른 방염대상물품의 종류에 따른 구체적인 방염성능기준은 다음 각 호의 기준의 범위에서 소방청장이 정하여 고시하는 바에 따른다.

1. 버너의 불꽃을 제거한 때부터 불꽃을 올리며 연소하는 상태가 그칠 때까지 시간은 20초 이내일 것
2. 버너의 불꽃을 제거한 때부터 불꽃을 올리지 아니하고 연소하는 상태가 그칠 때까지 시간은 30초 이내일 것
3. 탄화(炭化)한 면적은 50제곱센티미터 이내, 탄화한 길이는 20센티미터 이내일 것
4. 불꽃에 의하여 완전히 녹을 때까지 불꽃의 접촉 횟수는 3회 이상일 것
5. 소방청장이 정하여 고시한 방법으로 발연량(發煙量)을 측정하는 경우 최대연기밀도는 400 이하일 것

③ 소방본부장 또는 소방서장은 제1항에 따른 물품 외에 다음 각 호의 어느 하나에 해당하는 물품의 경우에는 방염처리된 물품을 사용하도록 권장할 수 있다.

1. 다중이용업소, 의료시설, 노유자시설, 숙박시설 또는 장례식장에서 사용하는 침구류·소파 및 의자
2. 건축물 내부의 천장 또는 벽에 부착하거나 설치하는 가구류

05 「화재예방, 소방시설 설치·유지 및 안전관리에 관한 법률」 시행규칙상 관리업자 등록사항의 변경신고 사항으로 옳지 않은 것은?

① 영업소소재지　② 자본금
③ 대표자　④ 기술인력

해설

등록사항의 변경신고 사항-시행규칙 제24조

법 제31조에서 "행정안전부령이 정하는 중요사항"이라 함은 다음 각 호의 1에 해당하는 사항을 말한다.

1. 명칭·상호 또는 영업소소재지
2. 대표자
3. 기술인력

05 ② 정답

06 특정소방대상물의 관계인이 특정소방대상물의 규모·용도 및 수용인원 등을 고려하여 갖추어야 하는 소방시설에 대한 설명으로 옳지 않은 것은? 소방교

① 판매시설, 운수시설, 창고시설 중 물류터미널로서 해당 용도로 사용되는 부분의 바닥면적의 합계가 1천m^2 이상인 특정소방대상물에는 연결살수설비를 설치하여야 한다.

② 지하층의 층수가 3층 이상이고 지하층의 바닥면적의 합계가 1천m^2 이상인 특정소방대상물에는 지하층의 모든 층에 비상콘센트설비를 설치하여야 한다.

③ 근린생활시설로 사용하는 부분의 바닥면적 합계가 500m^2 이상인 특정소방대상물에는 모든 층에 간이스프링클러설비를 설치하여야 한다.

④ 정신병원 및 의료재활기관으로 사용되는 바닥면적의 합계가 500m^2 이상인 층이 있는 특정 소방대상물에는 자동화재속보설비를 설치하여야 한다.

해설

시행령 별표 5

근린생활시설로 사용하는 부분의 바닥면적 합계가 1천m^2 이상인 특정소방대상물은 모든 층에 간이스프링클러설비를 설치하여야 한다.

07 다음 중 건축허가등의 동의대상물로 옳지 않은 것은? 소방교

① 승강기 등 기계장치에 의한 주차시설로서 자동차 20대 이상을 주차할 수 있는 시설

② 항공기격납고, 관망탑, 항공관제탑, 방송용 송수신탑

③ 연면적 200제곱미터 이상인 수련시설

④ 차고·주차장으로 사용되는 바닥면적이 100제곱미터 이상인 층이 있는 건축물이나 주차시설

해설

건축허가등의 동의대상물의 범위 등-시행령 제12조

차고·주차장 또는 주차용도로 사용되는 시설로서 다음 각 목의 어느 하나에 해당하는 것

가. 차고·주차장으로 사용되는 바닥면적이 200제곱미터 이상인 층이 있는 건축물이나 주차시설

나. 승강기 등 기계장치에 의한 주차시설로서 자동차 20대 이상을 주차할 수 있는 시설

정답 06 ③ 07 ④

08 대통령령 또는 화재안전기준의 변경으로 강화된 기준을 적용하는 소방시설이 아닌 것은?

소방교 소방장

① 자동화재속보설비 및 피난구조설비
② 판매시설에 설치하여야 하는 스프링클러설비
③ 노유자시설에 설치하여야 하는 간이스프링클러설비 및 단독경보형감지기
④ 전력 또는 통신사업용 지하구와 공동구

해설

소방시설법 제11조 제1항
소방본부장이나 소방서장은 제9조 제1항 전단에 따른 대통령령 또는 화재안전기준이 변경되어 그 기준이 강화되는 경우 기존의 특정소방대상물(건축물의 신축・개축・재축・이전 및 대수선 중인 특정소방대상물을 포함한다)의 소방시설에 대하여는 변경 전의 대통령령 또는 화재안전기준을 적용한다. 다만, 다음 각 호의 어느 하나에 해당하는 소방시설의 경우에는 대통령령 또는 화재안전기준의 변경으로 강화된 기준을 적용한다.
1. 다음 소방시설 중 대통령령으로 정하는 것
   가. 소화기구
   나. 비상경보설
   다. 자동화재속보설비
   라. 피난구조설비
2. 다음 각 목의 지하구에 설치하여야 하는 소방시설
   가. 「국토의 계획 및 이용에 관한 법률」 제2조 제9호에 따른 공동구
   나. 전력 또는 통신사업용 지하구
3. 노유자시설, 의료시설에 설치하여야 하는 소방시설
   가. 노유자시설에 설치하는 간이스프링클러설비, 자동화재탐지설비 및 단독경보형감지기
   나. 의료시설에 설치하는 스프링클러설비, 간이스프링클러설비, 자동화재탐지설비 및 자동화재속보설비

09 「화재예방, 소방시설의 설치・유지 및 안전관리에 관한 법률」상 과태료 부과기준이 다른 것은?

소방교 소방장

① 화재안전기준을 위반하여 소방시설을 설치 또는 유지・관리한 자
② 임시소방시설을 설치・유지・관리하지 아니한 자
③ 피난시설, 방화구획 또는 방화시설의 폐쇄・훼손・변경 등의 행위를 한 자
④ 소방시설등의 점검결과를 보고하지 아니한 자 또는 거짓으로 보고한 자

해설

과태료-법 제53조
④ 200만원 이하의 과태료
①・②・③ 300만원 이하의 과태료

08 ② 09 ④ 정답

10 **다음 중 성능위주설계를 해야 할 특정소방대상물로 옳지 않은 것은?** 소방교 소방장

① 지하층 포함한 층수가 27층인 특정소방대상물
② 연면적 23만제곱미터인 특정소방대상물(아파트등은 제외한다)
③ 지상으로부터 높이가 210미터인 아파트등
④ 하나의 건축물에 영화상영관이 12개인 특정소방대상물

해설

성능위주설계를 해야 하는 특정소방대상물의 범위-시행령 제15조의3

1. 연면적 20만제곱미터 이상인 특정소방대상물. 다만, 별표 2 제1호에 따른 공동주택 중 주택으로 쓰이는 층수가 5층 이상인 주택(이하 이 조에서 "아파트등"이라 한다)은 제외한다.
2. 다음 각 목의 특정소방대상물
   가. 50층 이상(지하층은 제외한다)이거나 지상으로부터 높이가 200미터 이상인 아파트등
   나. 30층 이상(지하층을 포함한다)이거나 지상으로부터 높이가 120미터 이상인 특정소방대상물(아파트등은 제외한다)
3. 연면적 3만제곱미터 이상인 특정소방대상물로서 다음 각 목의 어느 하나에 해당하는 특정소방대상물
   가. 별표 2 제6호 나목의 철도 및 도시철도 시설
   나. 별표 2 제6호 다목의 공항시설
4. 하나의 건축물에 「영화 및 비디오물의 진흥에 관한 법률」 제2조 제10호에 따른 영화상영관이 10개 이상인 특정소방대상물
5. 「초고층 및 지하연계 복합건축물 재난관리에 관한 특별법」 제2조 제2호에 따른 지하연계 복합건축물에 해당하는 특정소방대상물

11 **소방본부장 또는 소방서장이 소방안전교육을 실시하고자 하는 때에 교육에 필요한 사항을 명시하여 통보하여야 할 시기로 옳은 것은?** 소방교

① 교육일 5일 전까지 통보하여야 한다.
② 교육일 7일 전까지 통보하여야 한다.
③ 교육일 10일 전까지 통보하여야 한다.
④ 교육일 15일 전까지 통보하여야 한다.

해설

시행규칙 제16조
소방본부장 또는 소방서장은 소방안전교육을 실시하고자 하는 때에는 교육일시·장소 등 교육에 필요한 사항을 명시하여 교육일 10일 전까지 교육대상자에게 통보하여야 한다.

정답 10 ① 11 ③

12 소방안전관리자를 두어야 하는 특정소방대상물 중 ( ) 안의 숫자의 합으로 옳은 것은? 소방교 소방장

> (ㄱ) ( ) 층 이상이거나 지상으로부터 높이가 ( )미터 이상인 특급 소방안전관리대상물(지하층 포함, 아파트 제외)
> (ㄴ) ( ) 층 이상이거나 지상으로부터 높이가 ( )미터 이상인 아파트로서 1급 소방안전관리대상물에 해당하는 것(지하층 제외)

① 250 ② 300
③ 350 ④ 400

해설

시행령 제22조
- 특급 : 30층 이상(지하층을 포함한다)이거나 지상으로부터 높이가 120미터 이상인 특정소방대상물(아파트는 제외한다)
- 1급 : 30층 이상(지하층은 제외한다)이거나 지상으로부터 높이가 120미터 이상인 아파트

13 「화재예방, 소방시설 설치 · 유지 및 안전관리에 관한 법률」 및 같은 법 시행규칙상 옳지 않은 것은? 소방교 소방장

① 작동기능점검 및 종합정밀점검을 실시한 경우 7일 이내에 소방시설등 자체점검 실시결과 보고서를 소방본부장 또는 소방서장에게 제출해야 한다.
② 건축허가등의 동의요구를 받은 소방본부장 또는 소방서장은 건축허가등의 동의요구서류를 접수한 날부터 5일(허가를 신청한 건축물 등이 특급 소방안전관리대상물에 해당하는 경우에는 10일) 이내에 건축허가등의 동의여부를 회신하여야 한다.
③ 시 · 도지사는 소방시설관리업등록증 또는 등록수첩의 재교부신청서를 제출받은 때에는 3일 이내에 소방시설관리업등록증 또는 등록수첩을 재교부하여야 한다.
④ 소방본부장 또는 소방서장은 건축허가 등의 동의요구서 및 첨부 서류의 보완이 필요한 경우에는 7일 이내의 기간을 정하여 보완을 요구할 수 있다.

해설

시행규칙 제4조 제4항
소방본부장 또는 소방서장은 동의 요구서 및 첨부 서류의 보완이 필요한 경우에는 4일 이내의 기간을 정하여 보완을 요구할 수 있다.

12 ② 13 ④ 정답

14 임시소방시설의 유지 · 관리에 대한 설명으로 옳은 것은? 소방장

① 특정소방대상물의 건축(대수선 · 용도변경 제외)을 위한 공사를 시공하는 자는 대통령령으로 정하는 화재위험작업을 하기 전에 임시소방시설을 설치하고 유지 · 관리하여야 한다.

② 소방청장, 소방본부장 또는 소방서장은 임시소방시설이 설치 또는 유지 · 관리되지 아니할 때에는 해당 시공자에게 필요한 조치를 하도록 명할 수 있다.

③ 임시소방시설의 종류는 소화기, 자동소화장치, 비상경보장치, 간이피난유도선이다.

④ 간이소화장치는 연면적 3천m^2 이상이거나 해당 층의 바닥면적이 600m^2 이상인 지하층, 무창층 또는 4층 이상인 층의 어느 하나에 해당하는 공사의 작업현장에 설치한다.

해설

법 제10조의2

① 특정소방대상물의 건축 · 대수선 · 용도변경 또는 설치 등을 위한 공사를 시공하는 자(이하 이 조에서 "시공자"라 한다)는 공사 현장에서 인화성(引火性) 물품을 취급하는 작업 등 대통령령으로 정하는 작업(이하 이 조에서 "화재위험작업"이라 한다)을 하기 전에 설치 및 철거가 쉬운 화재대비시설(이하 이 조에서 "임시소방시설"이라 한다)을 설치하고 유지 · 관리하여야 한다.

② 제1항에도 불구하고 시공자가 화재위험작업 현장에 소방시설 중 임시소방시설과 기능 및 성능이 유사한 것으로서 대통령령으로 정하는 소방시설을 제9조 제1항 전단에 따른 화재안전기준에 맞게 설치하고 유지 · 관리하고 있는 경우에는 임시소방시설을 설치하고 유지 · 관리한 것으로 본다.

③ 소방본부장 또는 소방서장은 제1항이나 제2항에 따라 임시소방시설 또는 소방시설이 설치 또는 유지 · 관리되지 아니할 때에는 해당 시공자에게 필요한 조치를 하도록 명할 수 있다.

④ 제1항에 따라 임시소방시설을 설치하여야 하는 공사의 종류와 규모, 임시소방시설의 종류 등에 관하여 필요한 사항은 대통령령으로 정하고, 임시소방시설의 설치 및 유지 · 관리 기준은 소방청장이 정하여 고시한다.

시행령 별표 5의2

1. 임시소방시설의 종류
   가. 소화기
   나. 간이소화장치 : 물을 방사(放射)하여 화재를 진화할 수 있는 장치로서 소방청장이 정하는 성능을 갖추고 있을 것
   다. 비상경보장치 : 화재가 발생한 경우 주변에 있는 작업자에게 화재사실을 알릴 수 있는 장치로서 소방청장이 정하는 성능을 갖추고 있을 것
   라. 간이피난유도선 : 화재가 발생한 경우 피난구 방향을 안내할 수 있는 장치로서 소방청장이 정하는 성능을 갖추고 있을 것

정답 14 ④

15 「화재예방, 소방시설 설치 · 유지 및 안전관리에 관한 법률」상 과징금에 대한 설명으로 옳지 않은 것은? 소방장

① 영업정지를 명하는 경우로서 그 영업정지가 국민에게 심한 불편을 주거나 그 밖에 공익을 해칠 우려가 있을 때에는 영업정지처분을 갈음하여 3천만원 이하의 과징금을 부과할 수 있다.

② 과징금을 부과하는 위반행위의 종류와 위반 정도 등에 따른 과징금의 금액, 그 밖의 필요한 사항은 행정안전부령으로 정한다.

③ 과징금 부과권자는 소방청장, 소방본부장, 소방서장이다.

④ 과징금을 내야 하는 자가 납부기한까지 내지 아니하면 「지방행정제재 · 부과금의 징수 등에 관한 법률」에 따라 징수한다.

해설

법 제35조
시 · 도지사는 제34조 제1항에 따라 영업정지를 명하는 경우로서 그 영업정지가 국민에게 심한 불편을 주거나 그 밖에 공익을 해칠 우려가 있을 때에는 영업정지처분을 갈음하여 3천만원 이하의 과징금을 부과할 수 있다.

16 특정소방대상물에 설치하는 소방시설의 기준 연면적이 작은 순서대로 옳은 것은? 소방장

ㄱ. 주차용 건축물의 물분무등소화설비
ㄴ. 지하층을 포함하는 층수가 5층 이상인 건축물의 비상조명등
ㄷ. 아파트에 설치하는 비상방송설비
ㄹ. 복합건축물에 설치하는 자동화재탐지설비

① ㄹ, ㄴ, ㄷ, ㄱ
② ㄹ, ㄱ, ㄴ, ㄷ
③ ㄱ, ㄴ, ㄹ, ㄷ
④ ㄱ, ㄹ, ㄷ, ㄴ

해설

- ㄹ : 자동화재탐지설비를 설치하여야 하는 특정소방대상물은 복합건축물로서 연면적 600m^2 이상인 것
- ㄱ : 물분무등소화설비를 설치하여야 하는 특정소방대상물은 차고, 주차용 건축물 또는 철골 조립식 주차시설. 이 경우 연면적 800m^2 이상인 것만 해당한다.
- ㄴ : 비상조명등을 설치하여야 하는 특정소방대상물은 지하층을 포함하는 층수가 5층 이상인 건축물로서 연면적 3천m^2 이상인 것
- ㄷ : 비상방송설비를 설치하여야 하는 특정소방대상물은 연면적 3천5백m^2 이상인 것

15 ③ 16 ② 정답

17 다음 특정소방대상물의 수용인원을 모두 합한 것으로 옳은 것은? 소방장

> ㉠ 강의실 $190m^2$
> ㉡ 강당 $460m^2$(관람석 없음)
> ㉢ 휴게실 $190m^2$

① 300명 ② 320명
③ 350명 ④ 400명

해 설

㉠ 강의실 $190m^2$ ÷ 1.9 = 100명
㉡ 강당 $460m^2$ ÷ 4.6 = 100명
㉢ 휴게실 $190m^2$ ÷ 1.9 = 100명

시행령 별표 4
• 수용인원 산정방법
1. 숙박시설이 있는 특정소방대상물
  가. 침대가 있는 숙박시설 : 해당 특정소방물의 종사자 수에 침대 수(2인용 침대는 2개로 산정한다)를 합한 수
  나. 침대가 없는 숙박시설 : 해당 특정소방대상물의 종사자 수에 숙박시설 바닥면적의 합계를 $3m^2$로 나누어 얻은 수를 합한 수
2. 제1호 외의 특정소방대상물
  가. 강의실・교무실・상담실・실습실・휴게실 용도로 쓰이는 특정소방대상물 : 해당 용도로 사용하는 바닥면적의 합계를 $1.9m^2$로 나누어 얻은 수
  나. 강당, 문화 및 집회시설, 운동시설, 종교시설 : 해당 용도로 사용하는 바닥면적의 합계를 $4.6m^2$로 나누어 얻은 수(관람석이 있는 경우 고정식 의자를 설치한 부분은 그 부분의 의자 수로 하고, 긴 의자의 경우에는 의자의 정면너비를 0.45m로 나누어 얻은 수로 한다)
  다. 그 밖의 특정소방대상물 : 해당 용도로 사용하는 바닥면적의 합계를 $3m^2$로 나누어 얻은 수
• 비 고
1. 위 표에서 바닥면적을 산정할 때에는 복도(「건축법 시행령」 제2조 제11호에 따른 준불연재료 이상의 것을 사용하여 바닥에서 천장까지 벽으로 구획한 것을 말한다), 계단 및 화장실의 바닥면적을 포함하지 않는다.
2. 계산 결과 소수점 이하의 수는 반올림한다.

정답 17 ①

18 「화재예방, 소방시설 설치 · 유지 및 안전관리에 관한 법률」상 벌칙에 대한 설명으로 틀린 것은?

소방장

① 피난시설, 방화구획 또는 방화시설의 폐쇄 · 훼손 · 변경 등의 행위를 한 자는 300만원 이하의 과태료를 부과한다.

② 제품검사를 받지 아니하거나 합격표시를 하지 아니한 소방용품을 판매 · 진열하거나 소방시설공사에 사용한 한 자는 3년 이하 징역 또는 3천만원 이하의 벌금에 처한다.

③ 점검기록표를 거짓으로 작성하거나 해당 특정소방대상물에 부착하지 아니한 자는 300만원 이하의 과태료를 부과한다.

④ 영업정지처분을 받고 그 영업기간 중에 관리업의 업무를 한 자는 1년 이하 징역 또는 1천만원 이하의 벌금에 처한다.

해 설

벌칙-법 제50조
점검기록표를 거짓으로 작성하거나 해당 특정소방대상물에 부착하지 아니한 자 : 300만원 이하의 벌금

18 ③ 정답

여기서 멈출 거예요? 고지가 바로 눈앞에 있어요.
마지막 한 걸음까지 시대에듀가 함께할게요!

여기서 멈출 거예요? 고지가 바로 눈앞에 있어요.
마지막 한 걸음까지 시대에듀가 함께할게요!

좋은 책을 만드는 길
독자님과 함께하겠습니다.

도서나 동영상에 궁금한 점, 아쉬운 점, 만족스러운 점이
있으시다면 어떤 의견이라도 말씀해 주세요.
SD에듀는 독자님의 의견을 모아 더 좋은 책으로 보답하겠습니다.

www.sdedu.co.kr

2022 소방승진 화재예방, 소방시설 설치 · 유지 및 안전관리에 관한 법률 최종모의고사

개정1판1쇄 발행	2022년 05월 04일(인쇄 2022년 3월 25일)
초 판 발 행	2021년 07월 05일(인쇄 2021년 05월 31일)
발 행 인	박영일
책 임 편 집	이해욱
저 자	박정주 · 김영규
편 집 진 행	박종옥
표지디자인	이미애
편집디자인	장하늬 · 곽은슬
발 행 처	(주)시대고시기획
출 판 등 록	제10-1521호
주 소	서울시 마포구 큰우물로 75 [도화동 538 성지 B/D] 9F
전 화	1600-3600
팩 스	02-701-8823
홈 페 이 지	www.sidaegosi.com
I S B N	979-11-383-1982-9
정 가	27,000원